授業の理解から入試対策まで

よくわかる
生物基礎
＋ 生物

執筆
生物基礎　赤坂甲治／東京大学大学院理学系研究科教授
生物　　　池田博明／元神奈川県立高校
　　　　　白石直樹／東京都立豊島高等学校（定時制）
　　　　　早崎博之／東京都立江北高等学校
　　　　　日野綾子／元東京都立高校

まえがき

　私たちは生きています。生きているということは，どういうことでしょうか。45億年前に地球に生命が誕生しました。現在生きている生物は，細菌や植物，ヒトを含めて，すべてその共通の祖先から命を引き継いでいます。したがって，命のしくみはどの生物もほとんど共通しています。共通のしくみで営まれている生命ですが，人間が名前をつけた生物だけでも180万種もいます。どのように多様な生物が進化してきたのでしょうか。

　人間は環境の中で活動しています。環境は，空気や水のような非生物的環境ばかりでなく，生物も環境の構成要素です。生物たちも食べたり食べられたり，侵入したり，侵入を防御したり，互いに影響を及ぼし合っています。また，生物は非生物的環境にも影響を与えています。もちろん，人間の活動は環境に大きな影響を与えており，環境の変化は人間にも大きな影響を与えます。多様な生物と環境とのかかわり合いを理解することは，人類が生存できる環境を保全するためにも重要です。

　生物も宇宙の物理法則にしたがって生きています。整然と区画化されたものは，常に雑然に向かうという法則です。岩は風化していずれ砂になります。生物も，生きていれば一定の形を保てますが，死ねば朽ちて土になります。生命活動にはエネルギーが必要です。生命活動に使われるエネルギーのほぼすべては太陽から供給されています。太陽の物理的状態も徐々に雑然とした方向に向かっており，その時に放出されるエネルギーが太陽光です。植物は太陽光エネルギーを利用して化学エネルギーをつくり出し，そのエネルギーを利用してすべての生物が生きています。その巧妙なしくみを学びましょう。

　『生物基礎』では，生命のしくみを理解するための基礎を学びます。『生物』では，『生物基礎』の知識をもとに分子の視点でタンパク質の機能を学び，タンパク質が中心的役割を担う代謝，生殖，発生のしくみ，及び個体の環境応答を学びます。さらには，視野を地球規模に広げて生態と環境を学び，時間軸を生命誕生から45億年の現在まで広げて，生物の多様性を生み出した進化と系統分類を学びます。

　この本は，現役の生物学研究者の視点で編集しました。『マイベスト生物基礎』と『生物』が生命科学への扉となり，自分自身を知り，自分と環境とのかかわりを学んでいただければと思います。

赤坂甲治

本書の使い方

1 学校の授業の理解に役立ち，基礎から入試レベルまでよくわかる参考書

　本書は，高校の授業の理解に役立つ生物基礎，生物の参考書です。教科書で学習する内容を見やすい章立てにまとめ，わかりやすく解説しているので，授業の予習や復習に最適です。

　各章末には「この章で学んだこと」として，各章の学習内容を簡潔にまとめています。学習内容の全体像が把握できるため，理解の定着を助けます。また，テスト前に短時間で要点をチェックする際にも役立ちます。

　本書は，各章の詳しい解説を読んで内容を理解し，各章末に設けられた問題を解いて基礎力を練成し，大学入試やセンター試験に向けて効果的に学習できるように構成されています。

2 図や表，写真が豊富で，見やすく，わかりやすい

　カラーの図や表，写真を使うことで，学習内容のイメージがつかみやすく，視覚的にも記憶しやすくなっています。

3 キーワードや学習のポイントが一目でわかる

　各章のキーワードが一目でわかるよう，重要な単語は文字の太さや文字色を変えて強調しています。

　また，各項目を理解するためのキーポイントを POINT としてわかりやすく提示しました。おさえるべき内容を整理するのに役立ちます。

4 確認テストや センター試験対策問題，巻末の二次試験対策問題で学習の理解度をチェック

　解説を読んだあと，各章末に設けられた 確認テスト を解くことで，理解した内容の定着をはかることができます。また， センター試験対策問題 にチャレンジすることにより，センター試験問題を解く実力をつけることができます。そして，巻末にある，生物基礎・生物の全範囲を網羅した，二次試験対策問題を解き，実力を試すことができます。

　各問題にはわかりやすく詳細な解答・解説がついているので，学習者が 1 人でも学習できるようになっています。学習者がつまづきやすい問題には，問題を解くための手がかりを POINT として解説を加えています。

5 補足・参考・コラム で関連事項にふれ，知識を深められる

　補足 と 参考 では，知っておくと役に立つ事柄を解説し， コラム では，生物学を身近に感じてもらえるような話題を盛り込んでいます。関連事項を理解することで知識を深め，学習の助けになります。

　なお，本書には， 発展 として教科書の学習範囲を超える内容が含まれています。自分の興味・関心に応じて更に進んだ内容を勉強することができます。

CONTENTS もくじ

まえがき ……………… 2
本書の使い方 …………… 3

生物基礎

第1部 生物の特徴　11

第1章 生物の共通性と多様性　12

1 進化と生物の多様性 ……………… 13
2 生物の共通性 ……………………… 15
3 生物体を構成する細胞 …………… 18
　確認テスト1 ……………………… 35

第2章 細胞とエネルギー　37

1 生命活動とエネルギー …………… 38
2 呼吸と光合成 ……………………… 45
　確認テスト2 ……………………… 53
　センター試験対策問題 …………… 55

第2部 遺伝子とその働き　59

第1章 遺伝情報とDNA　60

1 遺伝子とDNA ……………………… 61
2 DNAの構造 ………………………… 65
3 遺伝子とゲノム …………………… 67
　確認テスト1 ……………………… 71

第2章 遺伝子とその働き　73

1　DNAの複製 …… 74
2　遺伝情報の分配 …… 75
　確認テスト2 …… 79

第3章 遺伝情報とタンパク質の合成　81

1　遺伝情報とRNA …… 82
2　転写 …… 84
3　翻訳 …… 86
4　タンパク質のさまざまな働き …… 89
5　遺伝子の発現と生命活動 …… 90
　確認テスト3 …… 93
　センター試験対策問題 …… 95

第3部 生物の体内環境の維持　99

第1章 体内環境と恒常性　100

1　恒常性とは …… 101
2　体液とその成分 …… 102
3　体液の恒常性 …… 109
　確認テスト1 …… 114

第2章 体内環境の維持のしくみ　116

1　神経系と内分泌系 …… 117
2　自律神経による調節 …… 118
3　ホルモン …… 120
　確認テスト2 …… 130

第3章 免疫　132

1. 生体防御 …… 133
2. 体液性免疫 …… 135
3. 細胞性免疫 …… 141
4. 免疫にかかわる疾患 …… 143
- 確認テスト3 …… 146
- センター試験対策問題 …… 148

第4部 生物の多様性と生態系　151

第1章 植生の多様性と分布　152

1. さまざまな植生 …… 153
2. 遷移 …… 159
3. 気候とバイオーム …… 163
- 確認テスト1 …… 170

第2章 生態系とその保全　172

1. 生態系とは …… 173
2. 物質循環とエネルギーの流れ …… 176
3. 生態系のバランスと保全 …… 181
- 確認テスト2 …… 190
- センター試験対策問題 …… 192

生物
第1部 生命現象と物質　195

第1章 生命と物質　196
1. 生体物質と細胞 …… 197
2. 生命現象とタンパク質 …… 208
- 確認テスト1 …… 226

第2章 代謝　228
1. 代謝とATP …… 229
2. 呼吸と発酵 …… 232
3. 光合成 …… 242
4. 窒素同化と窒素固定 …… 251
- 確認テスト2 …… 254

第3章 遺伝現象と物質　256
1. DNAの構造と複製 …… 257
2. 遺伝情報の発現 …… 264
3. 遺伝子の発現調節 …… 275
4. バイオテクノロジー …… 270
5. バイオテクノロジーの応用 …… 285
- 確認テスト3 …… 290
- センター試験対策問題 …… 292

第2部 生殖と発生　295

第1章　生殖と遺伝子　296

1. 生殖と染色体 …… 297
2. 減数分裂と遺伝子 …… 302
- 確認テスト1 …… 311

第2章　動物の発生　312

1. 動物の配偶子形成と受精 …… 313
2. 初期発生 …… 316
3. 細胞の分化と形態形成 …… 325
- 確認テスト2 …… 336

第3章　植物の生殖と発生　339

1. 配偶子形成と受精，胚発生 …… 340
2. 植物の器官分化 …… 344
- 確認テスト3 …… 348
- センター試験対策問題 …… 350

第3部 生物の環境応答　353

第1章　動物の反応と行動　354

1. 刺激の受容 …… 355
2. 神経と情報 …… 364
3. 動物の行動 …… 379
- 確認テスト1 …… 385

第2章 植物の環境応答　387

1. 刺激に対する植物の反応 ……… 388
2. 環境応答と植物ホルモン ……… 391
3. 花芽形成のしくみ ……… 397
4. 種子の休眠と発芽 ……… 400
5. 植物と光 ……… 402
6. 植物の一生と環境応答 ……… 405
- 確認テスト 2 ……… 411
- センター試験対策問題 ……… 413

第4部 生態系と環境　417

第1章 個体群と生物群集　418

1. 個体群 ……… 419
2. 個体群内の個体間の関係 ……… 427
3. 異種個体群間の関係 ……… 431
- 確認テスト 1 ……… 437

第2章 生物の生活と環境　439

1. 生態系における物質生産 ……… 440
2. 生態系と生物多様性 ……… 448
- 確認テスト 2 ……… 455
- センター試験対策問題 ……… 457

第5部 進化と系統 — 459

第1章 生物の進化 — 460

1. 生命の起源 ……………………………… 461
2. 生物の出現と多様化 …………………… 465
3. 古生代 …………………………………… 469
4. 中生代 …………………………………… 474
5. 新生代 …………………………………… 476
- 確認テスト 1 …………………………… 480

第2章 生物の系統 — 482

1. 生物の分類と系統 ……………………… 483
2. 進化のしくみ …………………………… 495
- 確認テスト 2 …………………………… 510
- センター試験対策問題 ………………… 511

二次試験対策問題 ………………………… 514

解答・解説 …………… 524
さくいん ……………… 552

生物基礎

第1部

生物の特徴

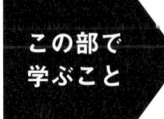
この部で学ぶこと

1 生物の進化と多様性
2 生物の共通性
3 生物体を構成する細胞
4 細胞の構造と細胞小器官の働き
5 細胞の観察方法
6 代謝とエネルギー
7 同化と異化
8 酵素の働き
9 呼吸のしくみ
10 光合成のしくみ

BASIC BIOLOGY

第1章

生物の共通性と多様性

この章で学習するポイント

- ☐ 生物の共通性と多様性
- ☐ 生物の進化と系統樹
- ☐ 生物に共通する特徴
- ☐ 生物の体の階層性

- ☐ 生物体を構成する細胞
- ☐ 細胞とは何か
- ☐ 単細胞生物と多細胞生物
- ☐ 細胞の構造
- ☐ 原核細胞と真核細胞
- ☐ 細胞小器官の働き
- ☐ 細胞の観察方法

1 進化と生物の多様性

　地球上には、顕微鏡でしか見ることができない小さな細菌から、体長が20 mを超える動物のクジラ、高さが100 mにもなる樹木のセコイアなどさまざまな生物がいる。**これらの多様な生物は、すべて共通の祖先から生じてきた。**これまでに知られている生物種の数は約180万種であるが、これは研究者が学術誌に記載した数であり、実際には1億種以上いると予想されている。

　親のもつ形態や機能といった形質が、子やそれ以降の世代に現れる現象を**遺伝**といい、集団内において遺伝する形質が変化することを**進化**という。遺伝する形質のもとは**遺伝子**であり、DNA(→p.61)の塩基配列(→p.66)が遺伝子の情報を担っている。DNAの塩基配列が変化すると遺伝子の情報が変化し、形質が変わる。進化は遺伝的な性質の変化が累積して起きる。遺伝的な性質の変化は一様ではなく、その結果、さまざまな形質が生じ、さらに変化と淘汰を繰り返しながら新しい世代へとつながってゆく。生物が進化してきた経路をもとにした、種や集団の類縁関係を**系統**という。進化経路を一本の幹から枝分かれしている樹木に例えて図にしたものを**系統樹**という。

参考　種とは何か

　マイア(1940〜1969)による「生物学的種概念」では、「相互に交配しあい、かつ他の集団から生殖的に隔離されている自然集団の集合体」として種が定義されている。形態がよく似ているウマとロバが交配すると子孫はできる。しかしその子孫は稔性*ではない。したがって、マイアの定義によればウマとロバは別種となる。一方、非常に小さいチワワと、大きく形態も異なるシェパードが交配すると稔性の子孫が生じる。そのため、チワワとシェパードは同じイヌという種に分類される。概ねマイアの概念があてはまるが、異なる種として定義されている種間でも、まれに交配して生じた子孫が稔性であることもある。

＊交配して子孫をつくる力があること。

図1-1 系統樹

コラム 新種を発見したら…

　普段，私たちが目にするほとんどの生物には名前がつけられている。しかし，実際には名前がない生物というものはたくさん存在する。新種を発見するのは意外と簡単なのだが，新種であることを証明するには大変な作業が必要だ。新種として認定されるには，発見した生物が「タイプ標本」と明らかに異なることを証明し，専門の学会で認められなくてはならない。タイプ標本とは，ある生物種の基準となる標本のことである。一つの種のタイプ標本は世界に一つしかなく，世界のどこかの博物館か大学に大切に保管されている。この認定作業は大変な労力を要するため，新種として登録できていない生物がたくさんいる。間違った分類や新種登録は，学術の発展の妨げになるため，厳しい審査が必要なのだ。

2 生物の共通性

1 生物に共通する特徴

多様な生物が存在するが，生物には以下のような共通する特徴がある。
- 細胞を単位として形づくられており，細胞の基本的な構造は共通する。
- 生殖により，自身とほぼ同じ形質の子をつくる。
- 親の形質は遺伝子によって子に伝えられる。
- 生命活動のために，エネルギー通貨である **ATP**(→p.40)を合成し，利用する。
- 環境からの刺激に応答し，体の状態を調節する。

2 生物の階層性

多細胞生物の体は，分子，細胞，組織，器官，個体といった，いくつもの階層構造をもつものとしてとらえることができる。

タンパク質や脂質などの分子が組み合わさると，細胞構造が形成される。同じ形と働きをもつ細胞が集まると，結合組織や筋組織などの**組織**を構成する。さらに，組織が組み合わされることにより，腎臓や眼などの**器官**が形成される。器官の働きが統合されると**個体**となり，個体は他の生物や環境も含めた**生態系**の一員となる。

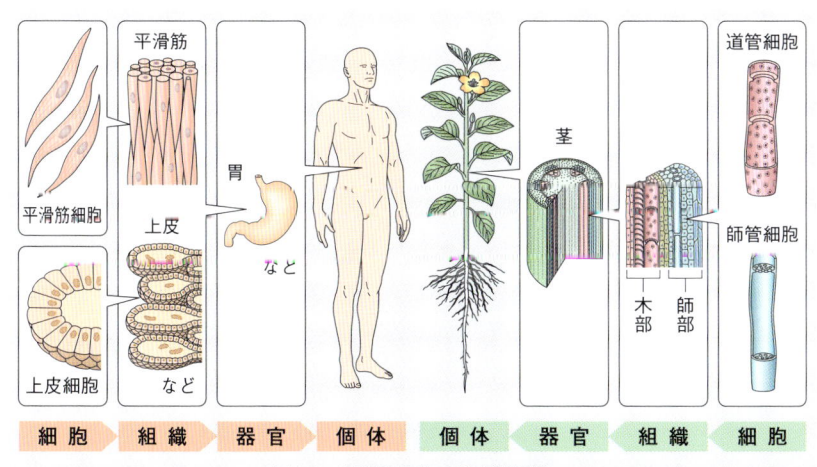

図1-2 多細胞生物の体の階層性

第1章 生物の共通性と多様性

> **参考** 体の構造の共通性

1 動物に共通する体の構成

動物の組織は,形態や機能により **上皮組織**, **結合組織**, **筋組織**, **神経組織** の4つに分けられる。

上皮組織→体の表面や体の中にある器官の表面にある。体の中と外,他の器官との境界になっている。**外分泌腺**や**内分泌腺**があり,それらから分泌される物質は**恒常性**(→p.101)にかかわる。

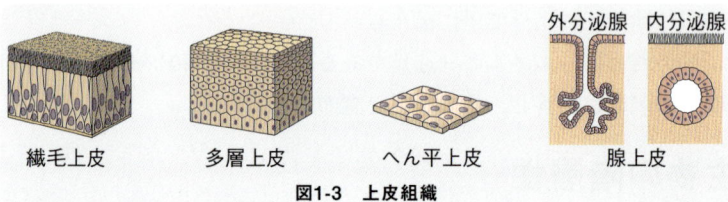

図1-3 上皮組織

結合組織→組織や器官の間にあり,体構造の支持にかかわっている。血液は結合組織に分類される。

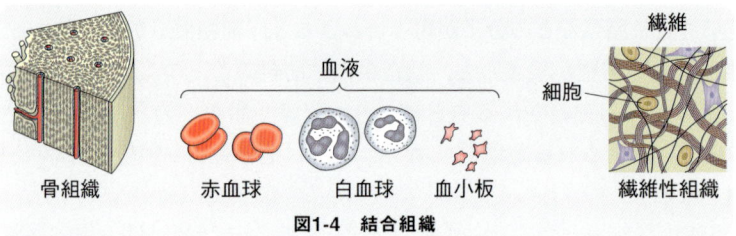

図1-4 結合組織

筋組織→運動を担う。骨格筋と心筋を構成する横紋筋,腸など内臓の筋肉を構成する平滑筋がある。

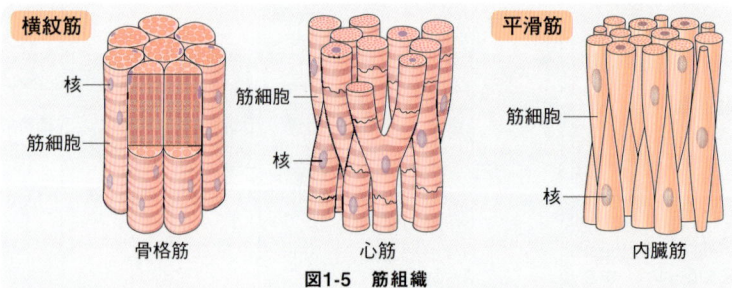

図1-5 筋組織

神経組織→すばやい情報伝達にかかわり、神経細胞と支持細胞からなる。神経細胞は細胞体、樹状突起、軸索で構成されている。

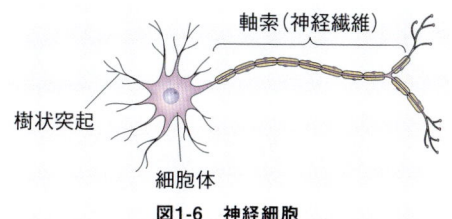

図1-6 神経細胞

2 植物に共通する体の構成

　植物体は、細胞分裂が盛んな**分裂組織**と、分裂組織から形成された**組織系**に大別される。分裂組織は、茎や根の先端にある**頂端分裂組織**と、**維管束**の中の**形成層**にある。頂端分裂組織は植物体の伸長成長にかかわり、形成層は茎や根の肥大成長*にかかわる。　*伸びるのではなく、太くなる成長。

　植物体の葉、茎、根の器官は3つの組織系で構成される。体の表面には**表皮系**が、体の内部には水や養分の通路となる**維管束系**がある。表皮系と維管束系以外の組織をまとめて**基本組織系**という。

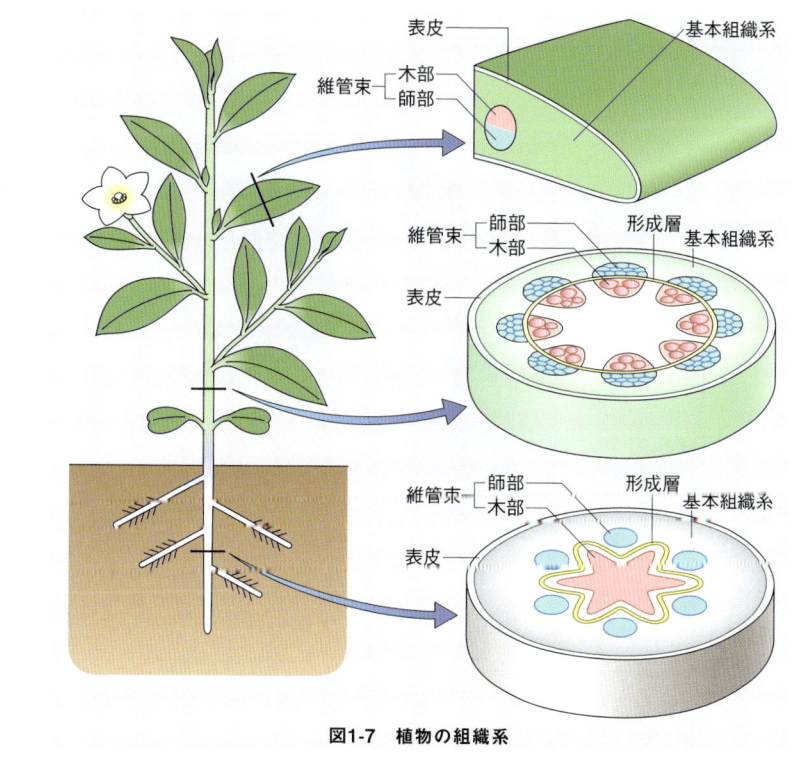

図1-7 植物の組織系

3 生物体を構成する細胞

すべての生物は細胞を単位としてできている。細胞とは，**細胞膜**に囲まれることで外部と隔てられ，内部には染色体や生命の維持に必要な物質をもつ機能的基本単位である。

1 生命の単位

顕微鏡が開発されると，生物体の微細な構造を観察することができるようになった。**ロバート・フック**(英)はコルクの薄片(はくへん)を顕微鏡で観察したとき，ハチの巣のように壁で仕切られた小さな部屋があることに気付き，この部屋を**細胞**(Cell：小部屋の意味)と名付けた(1665 年)。

(補足) コルクは，コルクガシというブナ科の樹木のコルク組織を乾燥させたものである。コルク組織は樹木の表皮のすぐ内側にある。ロバート・フックが見たのは，死んだ細胞の**細胞壁**だった。

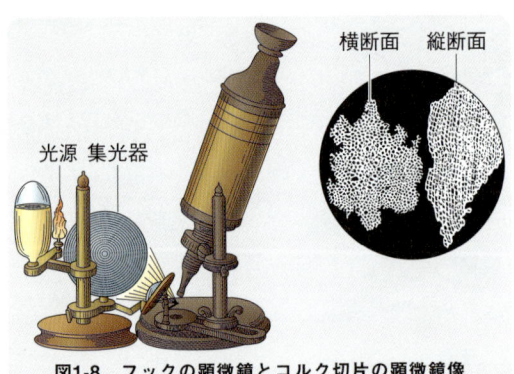

図1-8 フックの顕微鏡とコルク切片の顕微鏡像

19 世紀になると，顕微鏡の性能が向上し，細胞の中は単なる中空ではないことが明らかになってきた。**シュライデン**(独)は 1838 年に植物について，**シュワン**(独)は 1839 年に動物について，それぞれ「生物の体は細胞でできている」と提唱し，**細胞が生物体の基本単位である**という**細胞説**が生まれた。

その後，1852 年にレマーク(独)が，細胞の増殖は細胞の分裂によると主張し，1855 年にフィルヒョーが「すべての細胞は細胞からできる(どの細胞も細胞分裂でできる)」と発表して，細胞説が広く認められるようになった。

2 単細胞生物と多細胞生物

生物には，一つの細胞で構成される**単細胞生物**と，複数の細胞で構成される**多細胞生物**がある。多細胞生物は，上皮細胞や筋細胞など体を構成する**体細胞**と，生殖のための特別な細胞である**生殖細胞**からなる。

Ⓐ 単細胞生物

池の水をとって顕微鏡で観察すると，小さな生物が泳いでいるのがわかる。ゾウリムシ（200 μm）やミドリムシ（65 μm），クラミドモナス（20 μm）は**細胞1つで生活する**単細胞生物である。単細胞生物の中には，オオヒゲマワリ（ボルボックス）のように複数の細胞が集まって**細胞群体**をつくるものもある。

光学顕微鏡では，ほとんど点にしか見えない大腸菌や乳酸菌などの**細菌**（1 μm～4 μm）も単細胞生物である。

補足1　$1\ \mu m = 1 \times 10^{-6}\ m = \dfrac{1}{1000}\ mm$，$1\ nm = 1 \times 10^{-9}\ m = \dfrac{1}{1000}\ \mu m$

補足2　**ウイルス**（20 nm～100 nm）は細胞の構造をもたないため，厳密には生物とはいえない。しかし細胞に感染して増殖することができる。

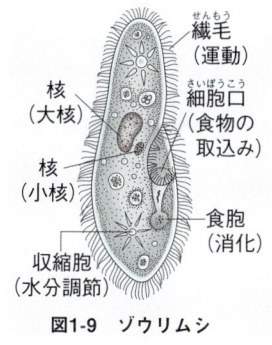

図1-9　ゾウリムシ 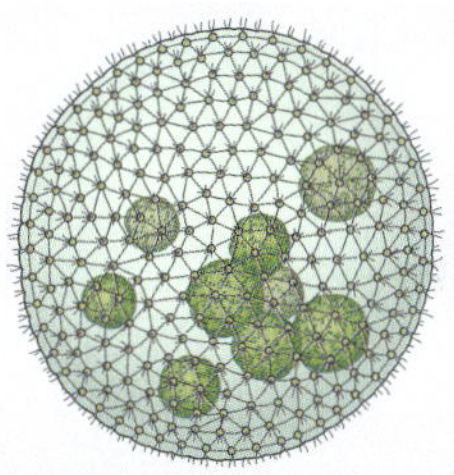　　　　図1-10　オオヒゲマワリ

Ⓑ 多細胞生物

ヒトの体は60兆個もの細胞でできており，上皮細胞，神経細胞，筋細胞など**細胞の種類は200種**に及ぶ。細胞には役割に応じてさまざまな形や大きさがある。例えば，骨格筋は多数の細胞が融合し，収縮に適した1つの長い細胞をつくっている。そして，その径は10 μm～100 μm，長さは数 cm もある。神経細胞も長いものが多く，ヒトの坐骨神経では，軸索とよばれる突起は1 m にも及ぶ。生殖細胞である卵は，さまざまな物質を蓄積していることもあり，比較的大きく約140 μm もある。

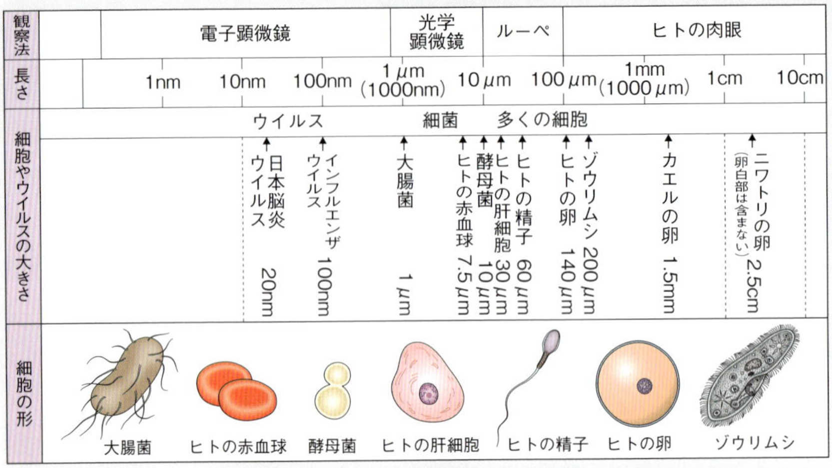

観察法	電子顕微鏡			光学顕微鏡		ルーペ	ヒトの肉眼		
長さ	1nm	10nm	100nm	1μm (1000nm)	10μm	100μm	1mm (1000μm)	1cm	10cm
細胞やウイルスの大きさ		ウイルス		細菌	多くの細胞				
		日本脳炎ウイルス 20nm	インフルエンザウイルス 100nm	大腸菌 1μm	ヒトの赤血球 7.5μm / 酵母菌 10μm / ヒトの肝細胞 30μm / ヒトの精子 60μm	ゾウリムシ 200μm / ヒトの卵 140μm	カエルの卵 1.5mm	ニワトリの卵（卵白部は含まない）2.5cm	
細胞の形				大腸菌	ヒトの赤血球　酵母菌　ヒトの肝細胞　ヒトの精子	ヒトの卵　ゾウリムシ			

図1-11　さまざまな細胞の大きさと形

> **POINT**
> - すべての生物は細胞を単位としてできている。
> - 「細胞が生物体の基本単位である」という考えを**細胞説**とよぶ。
> - 多細胞生物の体は，体を構成する**体細胞**と生殖のための細胞である**生殖細胞**からなる。

3 細胞の構造

　細胞は**細胞膜**によって囲まれ，細胞の中に外界とは異なる環境をつくっている。細胞膜とその内部をまとめて**原形質**とよぶ。細胞には，核をもつ**真核細胞**と，核をもたない**原核細胞**がある。

❹真核細胞

　細胞には通常，**核**とよばれる球形の構造が一つある。核の最外層に**核膜**があり，核膜の内側に**染色体**がある。**染色体には遺伝情報を担うDNAが含まれる**。核をもつ細胞を**真核細胞**という。体が真核細胞でできている生物を**真核生物**といい，動物や植物は真核生物である。

B 真核細胞の構造

真核細胞にはさまざまな特有の働きや構造をもつ**細胞小器官**がある。細胞のほぼ中央にある球状の細胞小器官が**核**である。原形質のうち，核以外の部分を**細胞質**という。細胞小器官の間をうめる，構造がみられない部分は**細胞質基質**という。

植物の細胞には，細胞膜の外側に**細胞壁**がある。細胞壁は主にセルロースなどの繊維状の物質からなり，細胞の形の維持や細胞を保護する働きがある。

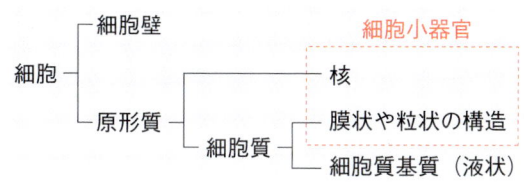

C 原核細胞とその構造

核をもたない細胞を**原核細胞**という。原核細胞でできている生物を**原核生物**といい，細菌は原核生物に属する。原核生物の染色体は核膜に包まれない状態で細胞質に存在する。原核細胞も植物と同様に細胞膜の外側に細胞壁をもつ。

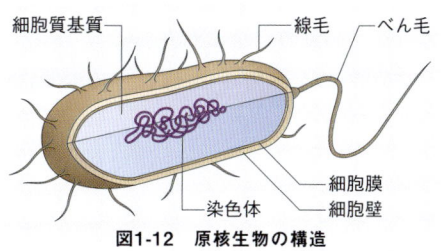

図1-12 原核生物の構造

原核細胞の構造は真核細胞に比べると単純であり，細胞の内部に細胞小器官をもたない。しかし，細胞の中にミトコンドリア（→p.24）と同じ働きをする構造をもつ。また，**シアノバクテリア**（ラン藻）は，葉緑体（→p.24）と同じ働きをする構造をもち，光合成を行うことができる。

補足　シアノバクテリアと細菌は，学術的には異なるグループに分類されるが，ともに原核生物であり，『生物基礎』ではまとめて細菌として分類する。

> **POINT**
>
> 真核生物の細胞は核をもち，染色体が核膜に包まれている。原核生物の細胞は核をもたず，染色体はむき出しの状態になっている。

4 細胞小器官

　細胞の微細な構造を観察するには顕微鏡が用いられる。細胞小器官は，ふつう無色透明であり見ることができないが，染色したり屈折率の違いを利用すると識別できる。可視光を用いる**光学顕微鏡**は，さまざまな色を識別して観察できる特徴があり，**分解能**(識別できる2点の間の最小距離)は約 0.2 μm である。電子線を用いる**電子顕微鏡**は色の識別はできないが，分解能は光学顕微鏡の 1000 倍もあり 0.2 nm 以下まで観察できる。

(補足) 光学顕微鏡では見えにくい構造や，電子顕微鏡でしか見ることができない微細な構造については『生物』で学ぶ。

A 核

　通常，真核細胞は一つの核をもつ。直径は 10～20 μm が多い。核の最外層には**核膜**があり，核膜によって核の内部と細胞質は仕切られている。核には**染色体**があり，染色体は遺伝情報を担う DNA をもつ。**核は細胞の生存と増殖に必要であり，形質の発現にかかわる。**

　染色体は**酢酸カーミン**などの塩基性色素によく染まる。細胞分裂期以外は核の中に分散して存在しており，個々の染色体は区別がつかない。しかし，細胞分裂期には凝集して光学顕微鏡で見える棒状の染色体になる。

(補足) 核は細胞の中央にある構造という意味で名付けられた。ヒトの体を構成する細胞は 46 本の染色体をもつ。

発展　核の構造

　電子顕微鏡で核を観察すると，核膜は二重の膜でできていることがわかる。核膜には，**核膜孔**とよばれる穴がいくつも開いており，核膜孔を通じて，核の中と細胞質との間を物質が行き来している。また，核には1～数個の**核小体**とよばれる構造がある。

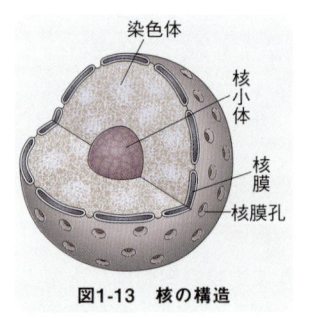

図1-13　核の構造

参考 核の働きを調べる実験

1 アメーバを使った実験

単細胞生物のアメーバを，核をもつ部分と核をもたない部分の2つに切り分ける実験をした。その結果，核をもつ細胞片は活動を続け，成長してもとの大きさに戻り，やがて分裂した。一方，核をもたない細胞片は成長することなく，やがて活動を停止し，死んだ。核をもたない細胞片でも，核を移植すると成長してもとの大きさに戻り，分裂した。この実験から，無核の細胞片は生命活動を維持で

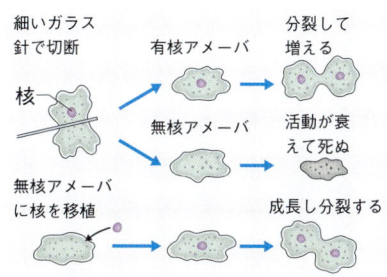

図1-14　アメーバを使った実験

きないことがわかる。また，無核となった細胞片でも，核を移植すると成長を再開し，分裂して生命を持続させることから，核は細胞の生存と増殖にかかわることがわかる。

2 カサノリの仮根の移植実験

カサノリは海で生育する単細胞生物である。細胞にはカサ，柄，仮根の3つの構造があり，核は仮根にある。カサの形は系統により異なっている。A型の仮根にB型の柄を継ぐと，はじめは中間型のカサを生じる。柄の部分に残っていたB型の核の影響を受けるためである。しかし，中間型のカサを除くと，次にできるカサはA型のものである。今度はA型の核からの影響しか受けないためである。AとBを逆にして実験した場合も，同様のことが起こる。このことから，核にはカサの形を決める働きがあることがわかる。

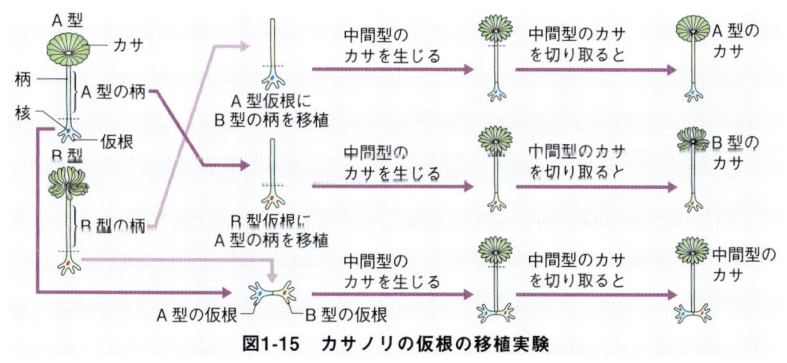

図1-15　カサノリの仮根の移植実験

Ⓑ ミトコンドリア

長さ 1 μm 〜 10 μm，太さ約 0.5 μm の粒または棒状の構造をしている。**呼吸を行う場**であり，酸素を消費して有機物を分解し，ATP の形でエネルギーを取り出している。酸素消費量の多い代謝が活発な細胞に多く存在し，肝臓では細胞あたり約 2500 個含まれている。

Ⓒ 葉緑体

光合成を行う細胞小器官であり，多くの植物の細胞にみられる。直径 5 μm 〜 10 μm，厚さ 2 μm 〜 3 μm の粒状の構造をしており，細胞あたり数十〜数百個含まれる。光合成色素である**クロロフィル**をもつ。

> 補足　根などの白色の部分の細胞には，葉緑体に似ているが色素をもたない**白色体**がある。白色体にはデンプンの合成と蓄積を行う働きがある。ニンジンの根などには色素を含む**有色体**がある。葉緑体，白色体，有色体をあわせて**色素体**とよぶ。

発展　ミトコンドリアと葉緑体の構造

ミトコンドリアの構造

ミトコンドリアは染色色素のヤヌスグリーンによって特異的に染色されるため，光学顕微鏡で見ることができる。二重の生体膜で構成されており，内側の膜を**内膜**，外側の膜を**外膜**という。内膜はひだのような突起になっており，これをクリステという。内膜には ATP を合成するための酵素が含まれている。内膜の内側は**マトリックス**とよぶ。

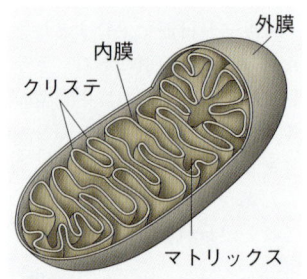

図1-16　ミトコンドリアの構造

葉緑体の構造

葉緑体は，外膜と内膜に包まれた構造をしており，内膜の内側に**チラコイド**とよばれるへん平な袋状の構造をもつ。チラコイドは**チラコイド膜**で囲まれており，**クロロフィルはチラコイド膜に含まれている**。葉緑体内膜の内側でチラコイド以外の部分を**ストロマ**という。

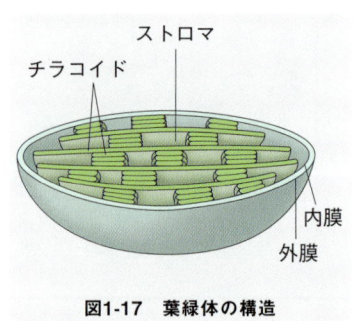

図1-17　葉緑体の構造

D 液胞

成長した植物細胞で発達している。**液胞膜**で囲まれており，中は**細胞液**で満たされている。植物では，細胞の成長にともない，細胞の体積に占める割合が大きくなる。**細胞内の水分含量の調節や，老廃物の貯蔵**にかかわっている。動物細胞にはほとんどみられず，あっても小さい。

（補足）細胞液に，有機物や無機塩類のほか，赤・青・紫などの**アントシアン**とよばれる色素を含む細胞もある。赤シソの葉や赤キャベツの色は細胞液のアントシアンの色である。

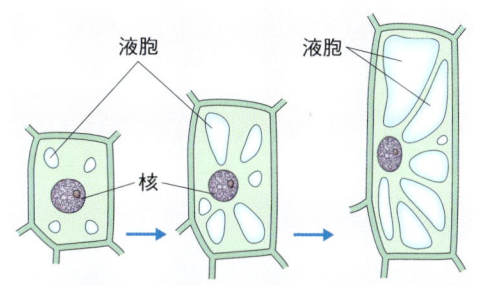

図1-18 植物細胞の成長と液胞の発達

POINT

光学顕微鏡で観察できる細胞小器官には，核，ミトコンドリア，葉緑体，液胞などがある。

核→遺伝情報を担う DNA を内部にもつ。
ミトコンドリア→ ATP をつくる。
葉緑体→光合成を行う。
液胞→水分含量の調節などにかかわる。

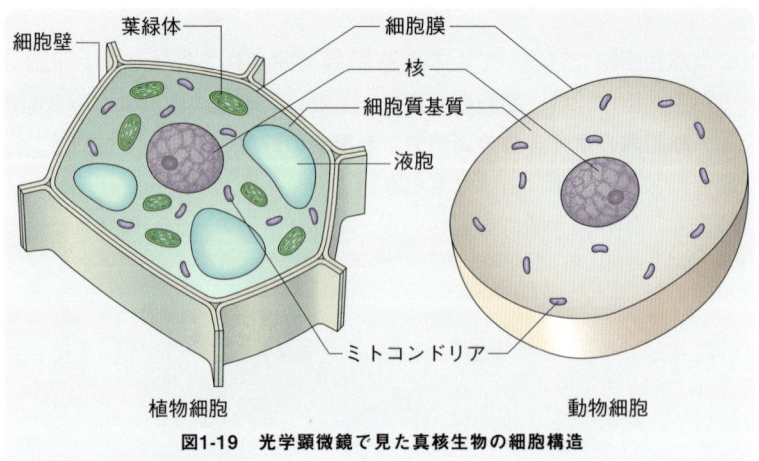

図1-19　光学顕微鏡で見た真核生物の細胞構造

コラム　真核生物は大企業!?

　真核生物の細胞は，細胞の中を膜で区画化し，細胞小器官を進化させた。細胞小器官はそれぞれ専門的な役割を果たしており，細胞小器官が連携することにより，より効率的な生命活動ができるようになった。原核生物は細胞小器官をもたないが，一つの区画の中ですべての生命活動を行っている。例えるならば，原核生物は，開発，製造，営業，販売のすべてを一人で行っている会社，真核生物は，専門的な部署が分業している大企業ということができる。

　原核生物は単純なため，個々はほとんど環境に対して適応せず，栄養などの環境が悪くなると多くは死滅する。一部は休眠状態に入り，耐え続け，環境がよくなると再び爆発的に増殖する。一方，真核生物の多くは，爆発的な増殖はしないが，恒常性を維持し，環境の変化に適応しながら生きている。

発展　主に電子顕微鏡で観察される細胞小器官

解像度のよい光学顕微鏡や，電子顕微鏡を用いなければ見ることができないが，生命活動に重要な働きをしている細胞小器官がある。

1 ゴルジ体

動物細胞では，へん平な袋が重なった構造をしており，袋の中には細胞外に分泌されるタンパク質が入っている。活発に分泌を行う細胞ではゴルジ体はよく発達している。ゴルジ(伊)が開発した銀染色という染色法で染めることができ，まとまった構造をとる動物細胞では光学顕微鏡で見ることができる。

植物細胞にもゴルジ体はあるが，まとまった構造ではなく，細胞質に分散しているため見えにくい。

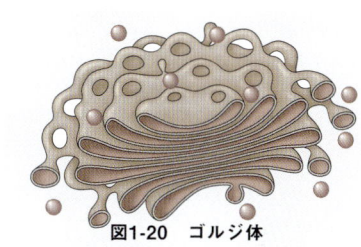
図1-20　ゴルジ体

2 中心体

粒状の中心粒とそれを取巻く不定形の構造を合わせて中心体という。細胞分裂では，中心体が2つに分かれ，それぞれ核の反対側に移動する。動物細胞では，紡錘体*の形成にかかわる。植物ではコケ植物やシダ植物などの精子をつくる細胞にみられる。

*染色体の分離に関与する構造体。

中心体は，染色色素の鉄ヘマトキシリンで濃く染まる構造として，光学顕微鏡で観察される。

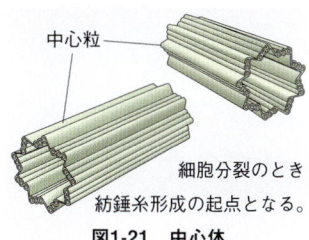
図1-21　中心体

3 リボソームと小胞体

リボソームは微小な粒状の構造であり，**タンパク質の合成の場**となる。小胞体は核膜とつながった膜構造をとり，膜からなるへん平な袋状の構造をもつ。小胞体の中にはリボソームが結合しているものもある。細胞膜のタンパク質や細胞外に分泌されるタンパク質は，小胞体に結合したリボソームで合成される。一方，細胞質基質や核，ミトコンドリア，葉緑体で働くタンパク質は，遊離したリボソームで合成される。

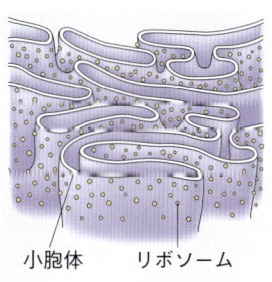
図1-22　リボソームと小胞体

発展　電子顕微鏡で見た細胞の構造のまとめ

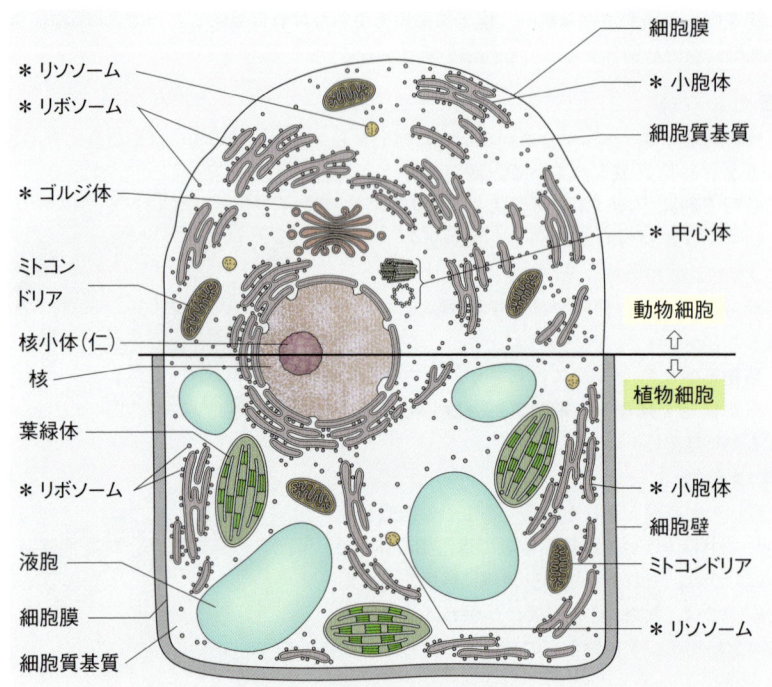

（＊は電子顕微鏡を用いないと観察できない）
図1-23　電子顕微鏡で見た細胞の構造

　動物細胞には，植物細胞にある葉緑体や細胞壁はない。植物細胞のゴルジ体は分散しているため光学顕微鏡では見えにくい。中心体はおもに動物細胞にみられ，高等植物には存在しないが，繊毛やべん毛をもつ一部の植物細胞には存在する。また，液胞は，植物細胞では大きく発達するが，正常な動物細胞では発達しない。リソソームは物質の分解にかかわる。

発展　小胞体とゴルジ体の働き

　小胞体とゴルジ体は，**細胞外に分泌されるタンパク質の輸送にかかわる**。遺伝子の大部分はタンパク質の情報をもっており，遺伝子の情報をもとに細胞質でタンパク質が合成される。細胞外にタンパク質が分泌されるまでには次の過程を経る。

1. 核の中で，遺伝子の情報が mRNA（→p.83）として写し取られる。
2. mRNA が細胞質に移動する。
3. リボソームが mRNA と結合する。
4. mRNA の情報をもとに，リボソームでタンパク質が合成される。
5. タンパク質が小胞体の中に入る。
6. 小胞体の一部がタンパク質を含む小胞として分かれる。
7. 小胞がゴルジ体と融合する。
8. ゴルジ体にタンパク質が蓄積され，一部が小胞として分かれる。
9. 小胞が細胞膜に移動して，細胞膜と融合する。
10. 小胞内のタンパク質が細胞外に分泌される。

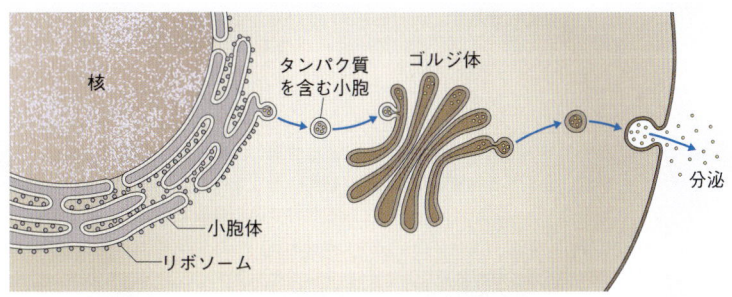

図1-24　タンパク質の分泌経路

　小胞体は，いくつもの袋が重なり合ったように見えるが，核も含めて一つの袋で構成されている。例えるならば，空気が抜けた一つの風船が，折りたたまれて核と小胞体の構造をつくっているといえる。

発展　細胞分画法

　細胞小器官の役割を実験で調べるには，それぞれの細胞小器官を集める必要がある。**複数種類の物質や構造体から，特定のものを分け集めることを分画という。** 細胞小器官ごとに大きさが異なることを利用して，特定の細胞小器官ごとに分画することができる。この方法を **細胞分画法** という。

　細胞小器官がこわれない程度に細胞を破壊し，水溶液に懸濁する（混ぜる）。大きいものは水溶液の中で早く沈む性質がある。細胞小器官はいずれも微小なため，普通の地球の重力では沈まないが，遠心力を利用して，重力の数百倍〜10万倍もの重力をかけることにより，沈ませることができる。

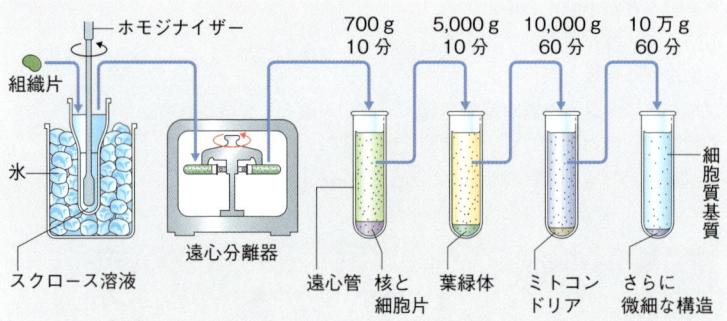

組織片をホモジナイザーですりつぶすときは氷冷し，細胞に含まれる物質の変化を抑える。

（gは重力加速度を示す。700 gは重力の700倍のこと。）

遠心分離により遠心管の底部に集まった細胞小器官を残し，上澄み液をさらに大きな力で遠心分離する操作を重ねると，より小さい細胞小器官を，順次，分画することができる。

図1-25　細胞分画法

　土と砂が混じった土砂を水に懸濁して，水を満たした透明なビーカーにそそぐと最初に砂が沈む。次に比較的粒が大きい土が沈み，粘土のように粒が小さい粒子はなかなか沈まない。水に溶ける物質は沈むことはない。この原理を利用して，細胞小器官ごとに分けるのが細胞分画法である。

| 実験 | 細胞の観察 |

 顕微鏡の特性と取り扱い，ミクロメーターの使用法を理解する。いろいろな細胞を観察し，大きさを測定する。

　生物の体はすべて細胞からできている。植物細胞はおよそ100 μm, 動物細胞はおよそ10 μm, 細菌（バクテリア）の多くは1～5 μmである。顕微鏡の使い方を復習し，自在に使いこなして細胞を観察しよう。

［準備］　材料…新聞紙，オオカナダモ，ヒトの口腔上皮細胞など
　　　　　器具…光学顕微鏡，（光源内蔵タイプの顕微鏡でない場合は）光源装置，スライドガラス，カバーガラス，ピンセット（または柄つき針），ろ紙，つまようじ，メチレンブルー，スポイト，接眼ミクロメーター，対物ミクロメーター

実験Ⅰ　顕微鏡の使い方と特性

━━━━━━━━━━━━━━ 実験手順 ━━━━━━━━━━━━━━

❶ 顕微鏡を持ち運ぶときは，きき手でアームを握り，もう一方の手で鏡台を下から支え，体につけてしっかり持つ。

❷ 接眼レンズを先に取り付け，次に対物レンズを取り付ける。外すときは逆に，対物レンズを先にレボルバーから外す。これは鏡筒内にごみが入らないようにするためである。はじめは低倍率のレンズの組み合わせで観察する。接眼レンズと対物レンズの倍率をかけ合わせたものが総合倍率となる。しぼりを開け，反射鏡の平面鏡側を用いて光が視野によく入るように調節する。直射日光を光源にしてはならない。

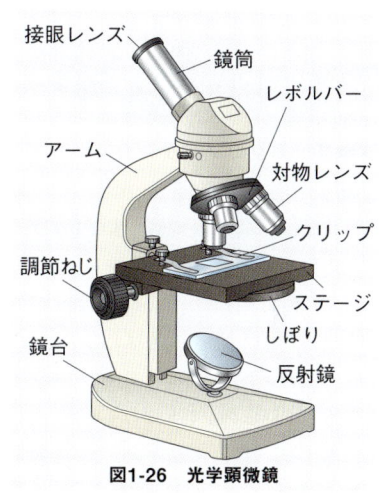

図1-26　光学顕微鏡

❸ 新聞紙のなるべく小さな活字の部分を1 cm四方くらいに切り取り，スライドガラスに乗せ，水を一滴スポイトでたらしてカバーガラスをかける。カバーガラスをかける際はピンセットか柄つき針を使い，気泡が入らないようにする。余分な水はろ紙で吸い取り，プレパラートをつくる。

❹ プレパラートをステージに乗せてクリップでおさえ，新聞紙が対物レンズの真下にくるように固定する。

❺ 横から対物レンズを見ながら、プレパラートに最大限近づける。接眼レンズをのぞきながら調節ねじをゆっくり動かし、ステージを遠ざけながらピントを合わせる。粗動ねじと微動ねじがあれば、まず粗動ねじで大まかな位置を決め、微動ねじで微調節する。

❻ プレパラートを動かして、小さな文字を視野の中央に入れる。顕微鏡の像はプレパラートの動きと同じように動くだろうか。

❼ 平面鏡の角度を調節し、最も明るい視野にする。しぼりを絞り、見やすい明るさに調節する。絞ると暗くなるが見え方はシャープになる。見る物によってその都度よりよい視野になるよう調節する。

❽ 調節ねじは動かさず、レボルバーを回転させて対物レンズを高倍率に変える。観察する部分が視野の中央にあれば、すでに視野には像が見えている。反射鏡を凹面に変え、改めて絞りを調節する。調節ねじをわずかに上下して（微動ねじがあれば粗動ねじは使わなくてもよい）ピント合わせをする。

結果 新聞紙の繊維が観察できた。インクの点が繊維に乗っているのがわかった。プレパラートを右に動かすと顕微鏡像は左、上なら下に動いた。顕微鏡の像は上下左右が逆であった。対物レンズは低倍率より高倍率のほうが長く、レンズの先端がプレパラートにより近かった。高倍率のほうが視野は狭く、暗くなった。

実験Ⅱ　ミクロメーターの使い方

実験手順

❶ 接眼レンズのふたを外し接眼ミクロメーターを入れる。表裏を間違えないよう注意する。

❷ 対物ミクロメーターをステージに乗せ、低倍率でピントを合わせる。対物ミクロメーターには1目盛り10μmの目盛りが刻まれている。

❸ 接眼ミクロメーターをまわして、対物ミクロメーターの目盛りと平行にする。対物ミクロメーターの位置を調節して、両方の目盛りを重ねる。両方の目盛りがぴったり重なっている2か所を探し、その間の目盛り数を数えて接眼レンズ1目盛りの長さを計算する。対物レンズを変えて、各倍率における値を計算する。

$$\frac{対物ミクロメーターの目盛り数}{接眼ミクロメーターの目盛り数} \times 10\,\mu m = 接眼ミクロメーター1目盛りの長さ(\mu m)$$

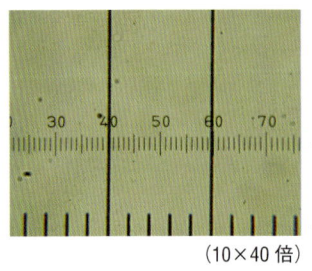

←接眼ミクロメーターの目盛り

←対物ミクロメーターの目盛り

（10×40倍）

写真の場合は，

$$\frac{5}{20} \times 10\,\mu m = 2.5\,\mu m \quad \text{となる。}$$

実験Ⅲ　細胞の観察

―――――― 実験手順 ――――――

❶ プレパラートをつくる。
　A．オオカナダモの葉を1枚取り，表を上にして水に浸し，カバーガラスをかける。
　B．つまようじの丸い端で軽くほほの内側をこする。スライドガラスになすりつけ，少し乾かしてから，メチレンブルーで2分間ほど染色する。スライドガラスの裏側からそっと水をかけて洗う。カバーガラスをかける。

❷ それぞれのプレパラートで，適した倍率を選び，細胞の形や細胞小器官の見え方，原形質流動のようすなどを観察してスケッチする。

❸ プレパラートを動かし，より観察に適した部分を探して観察する。各部の大きさを測定する。倍率を変えると接眼ミクロメーターの1目盛りの大きさが変わるので注意する。スケッチには，日付，材料名，倍率，試薬名，各部の名称のほか，観察してわかったことや気付いたことを書いておくとよい。

オオカナダモの葉では，大きさ約5 μm（写真の接眼ミクロメーター1目盛りは2.5 μm）の葉緑体（緑色の粒）がたくさん見えた。細胞壁にそって動いていた（原形質流動）。
　ヒトの口腔上皮細胞では，メチレンブルーに染まった核が観察できた。

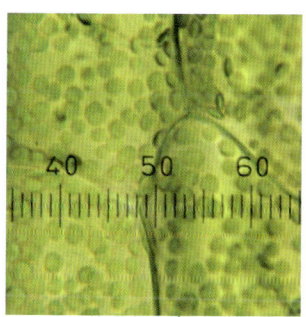
▲オオカナダモの葉

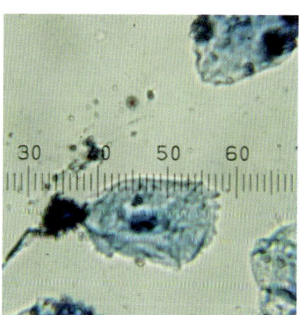
▲口腔上皮細胞

この章で学んだこと

地球上に生息する生物は実に多様であるが，すべての生物は共通の祖先から進化によって生じてきた。親の形質が子やそれ以降の世代に現れる現象を遺伝といい，遺伝する形質が変化することを進化という。この章では，生物に共通する形質と，共通する形質から生み出される多様性について学んだ。

1 生物の多様性と共通性

1 生物の多様性 生物は共通の祖先から生じた。親のもつ形質が，あとの世代に受け継がれることを遺伝といい，進化は集団内において遺伝する形質が変化することで起きる。進化をもとにした種や集団の類縁関係を系統という。

2 生物の共通性 生物は細胞を単位としてできており，自身とほぼ同じ形質の子をつくる。親の形質は遺伝子によって子に伝えられる。また，ATPを合成し生命活動に利用するとともに，環境からの刺激に応答して体内環境を一定に保つ。

3 生物の階層性 多細胞生物の体は，細胞→組織→器官→個体といった階層構造をもつ。

2 細胞の発見と研究

1 細胞とは 細胞膜に囲まれることで外部と隔てられ，内部に染色体など生命の維持に必要な物質をもつ生物の基本単位。ロバート・フックにより発見された。

2 細胞説 生物の体は細胞でできており，細胞は生物体の基本単位であるとする考え。シュライデンとシュワンにより提唱された。

3 単細胞生物と多細胞生物 単細胞生物は一つの細胞で構成され，多細胞生物は複数の細胞で構成される。多細胞生物は体細胞と生殖細胞から成る。

3 細胞の構造

1 真核生物 染色体が核膜に包まれており，核をもつ細胞を真核細胞という。真核細胞でできている生物を真核生物という。

2 原核生物 核をもたない細胞を原核細胞という。原核細胞でできている生物を原核生物という。

3 原形質 細胞膜とその内部をまとめて原形質という。

4 真核細胞の構造 真核細胞は，特有の働きを担う細胞小器官をもつ。原形質のうち，核以外の部分を細胞質といい，細胞小器官の間をうめる，構造がみられない部分を細胞質基質という。

4 細胞小器官の働き

1 核 染色体を保持し，細胞の生存と増殖，形質の発現にかかわる。

2 ミトコンドリア 呼吸を行い，ATPの形でエネルギーを取り出している。

3 葉緑体 植物の細胞に存在し，光合成を行う。

4 液胞 植物細胞内において，水分量の調節や老廃物の貯蔵にかかわっている。

発展 リボソーム タンパク質の合成にかかわる。

発展 ゴルジ体 タンパク質の輸送にかかわる。

発展 中心体 細胞分裂にかかわる。

確認テスト1

解答・解説は p.524

生物基礎 1部

1 生物の特徴について述べた文を読み，以下の問いに答えよ。

　これまで知られている生物は約（　ア　）種であり，大きさも形質も生息する環境も（　イ　）である。一方，生物は皆，共通する特徴をもつ。（　イ　）な生物はすべて（　ウ　）の祖先から生じ，進化してきたと考えられる。親のもつ形質が子に現れる現象を（　エ　）という。（　エ　）する形質のもとは（　オ　）である。（　オ　）の情報を担っているのは（　カ　）という分子の塩基配列である。（　カ　）の塩基配列が変化すると，遺伝子の情報が変化し，形質が変化する。この変化が累積して生物は進化した。生物が進化してきた経路をもとに生物の類縁関係を示した図を（　キ　）という。

(1) 文中の（　）に適する語を下記から選べ。

細胞	DNA	ATP	RNA	遺伝	多様
一様	共通	遺伝子	酵素	3000	180万
1億	形質	進化	模式図	系統樹	分類図

(2) 文中の下線，生物は皆，共通する特徴をもつについて述べた文①〜⑤の（　）内に適語を記せ。

① すべての生物は（　）を単位としてできており，その基本的構造は共通する。
② （　）により，自身とほぼ同じ形質の子をつくる。
③ 親の（　）は遺伝子によって子に伝えられる。
④ エネルギー通貨としての（　）を合成し，生命活動に利用する。
⑤ 環境からの（　）を受容して応答し，体の状態を調節する。

2 (1)〜(5)の文中の（　）に適する語を答えよ。

(1) 生物には，体が一つの細胞でできている（　ア　）と，多くの細胞で構成される（　イ　）がある。
(2) 多細胞生物の細胞は，体を構成する（　ア　）と生殖の為の（　イ　）からなる。
(3) 核をもたない細胞を（　ア　）細胞といい，（　ア　）細胞でできている生物を（　イ　）という。ラン藻ともよばれる細菌の仲間の（　ウ　）は真核生物の葉緑体と同じ働きをする構造をもち，光合成を行う。
(4) 多細胞生物の体は，器官でできている。それぞれの器官は，同じ形と働きをもつ細胞が集まった（　ア　）でできている。このように，多細胞生物の体はいくつもの（　イ　）構造をもつ。

第1章　生物の共通性と多様性　35

(5) コルクの薄片を顕微鏡で観察し，小さな部屋に細胞と名付けたのは（　ア　）である。植物と動物について，それぞれ「生物の体は細胞でできている」と提唱したのは（　イ　）と（　ウ　）である。細胞が生物体の基本単位であるという考えが（　エ　）である。

3　図は，光学顕微鏡で観察した植物細胞の模式図である。eは，クロロフィルを含む。以下の問いに答えよ。
(1) a〜fの名称を次のア〜クから選べ。
　ア　液胞　　　イ　核　　　　ウ　染色体
　エ　細胞壁　　オ　細胞膜　　カ　細胞質基質
　キ　ミトコンドリア　　　　ク　葉緑体
(2) a〜fで動物細胞に含まれないものを2つ，特に成長した植物細胞で発達している構造を1つ記せ。
(3) 次のア〜エに関連のある構造をa〜fから選べ。
　ア．DNAを持ち，細胞の生存と増殖に必要であり，形質の発現にかかわる。
　イ．呼吸の場，酸素を消費して有機物を分解し，ATPをつくる。
　ウ．細胞液で満たされている。アントシアンを含む場合もある。
　エ．光エネルギーを利用してATPをつくり，光合成を行う。
(4) 細胞を破壊し，細胞小器官を大きさごとに集めて取り出す方法を何というか。

4　光学顕微鏡について，次の文中の{　}内から適切なものを選べ。
(1) 対物レンズの長さは，倍率が高いほど{長い，短い}。
(2) 焦点(ピント)があったときの対物レンズと試料との距離は，倍率が高いほど{長い，短い}。
(3) コントラストを強くするには，しぼりを{しぼる，開く}とよい。
(4) 活字pを光学顕微鏡で見ると，{b，d，p，q}に見える。
(5) 総合倍率を100倍から400倍にすると，視野に見える試料の範囲は，$\left\{8倍，4倍，2倍，同じ，\frac{1}{2}，\frac{1}{4}，\frac{1}{8}，\frac{1}{16}\right\}$になる。
(6) はじめは{低倍率，高倍率}で観察する。反射鏡には，平面鏡と凹面鏡があるが，低倍率のときは{平面鏡，凹面鏡}を用いる。

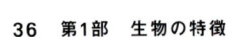

第 2 章

細胞とエネルギー

> この章で学習するポイント

- □ 生命活動とエネルギー
- □ 代謝とエネルギー
- □ 同化と異化
- □ エネルギーとATP
- □ 酵素の働き

- □ 呼吸
- □ 呼吸とは
- □ 呼吸とエネルギー
- □ 呼吸のしくみ

- □ 光合成
- □ 光合成とは
- □ 光合成とエネルギー
- □ 光合成のしくみ

- □ 細胞内共生説
- □ ミトコンドリアと葉緑体の起源

1 生命活動とエネルギー

1 細胞と代謝

　細胞は，取り込んだ物質を分解して化学エネルギーを取り出している。また，取り出したエネルギーを使って有機物を合成する。このような**合成や分解といった生体内での化学反応の過程をまとめて代謝**という。

Ⓐ 代謝とエネルギー

　代謝の過程では化学物質が変化する。**化学物質が変化するとエネルギーの移動が起こる**。エネルギーの移動とは，エネルギーが放出されたり(エネルギー放出反応)，吸収(エネルギー吸収反応)されたりすることを指す。

　光合成は，光エネルギーを吸収して二酸化炭素と水から炭水化物などの有機物を合成するエネルギー吸収反応である。一方，呼吸は炭水化物などの有機物を二酸化炭素と水に分解するエネルギー放出反応である。化学エネルギーをもつ物質が分解されるときにはエネルギーの放出が起こる。

(補足) 光合成では，光エネルギーは化学エネルギーに変換される。

> **POINT**
> 代謝の過程では，**エネルギーの移動**が起こる。

Ⓑ 同化と異化

　光合成では，二酸化炭素や水のような単純な物質から，複雑な物質である有機物が合成される。このように，単純な物質から，体を構成する化学的に複雑な物質や，生命活動に必要な物質を合成する代謝の過程を**同化**という。

　体内の複雑な物質を化学的に単純な物質に分解する過程は**異化**という。呼吸のように，有機物を分解してエネルギーを得る過程は異化である。

(補足) 葉のような，光合成を行う器官を**同化器官**という。茎や根のような，光合成を行わない器官は**非同化器官**とよぶ。

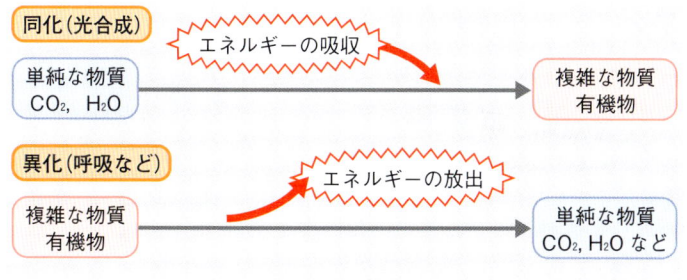

図2-1　同化と異化

> **POINT**
> - **同化**→光合成のように，単純な物質から複雑な物質を合成すること。
> - **異化**→呼吸のように，複雑な物質を単純な物質に分解すること。

◉独立栄養生物と従属栄養生物

　光合成を行う植物のように，外界から取り入れた無機物だけを利用して有機物を合成し，生命を維持することができる生物を**独立栄養生物**という。一方，動物や細菌のように，無機物だけでは有機物を合成することができない生物を**従属栄養生物**という。従属栄養生物は，食べたり吸収したりした有機物を取り込み，その有機物を分解することで体を構成する物質の素材を得ている。また，分解する過程で生じるエネルギーを利用して，体を構成する物質を合成している。

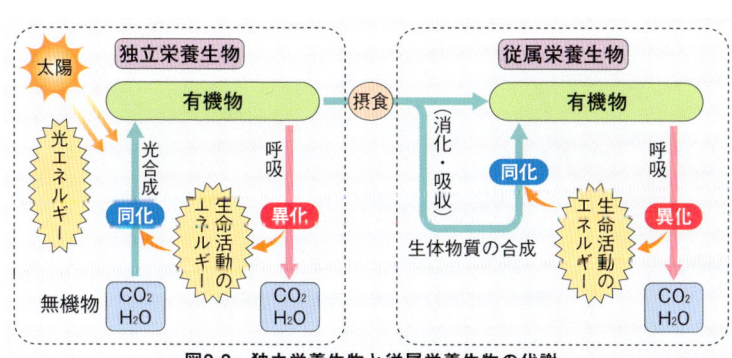

図2-2　独立栄養生物と従属栄養生物の代謝

第2章　細胞とエネルギー

2 エネルギー通貨 ATP

　代謝の過程ではエネルギーの移動が起こる。エネルギーの移動には，**ATP（アデノシン三リン酸）**とよばれる化合物が重要な働きをしている。

　ATPは，糖の一種であるリボースと塩基の一種であるアデニンが結合したアデノシンに，3つのリン酸が結合している。ATP内のリン酸どうしの結合を**高エネルギーリン酸結合**という。生体の中でATPは，ふつう**ADP（アデノシン二リン酸）**と1つのリン酸に分解される。**分解の際に，高エネルギーリン酸結合が切れることで大きなエネルギーが放出される**。ATPから放出されるエネルギーは，生体物質の合成や筋肉の運動，発熱や発光などさまざまな場面で使われる。

　ATPは，すべての生物で共通してエネルギーの移動の仲立ちとして使われているため，**エネルギーの通貨**に例えられる。**ATPはおもに呼吸と光合成で合成される**。ATPが合成される反応は，エネルギーを吸収してADPとリン酸が結合するエネルギー吸収反応である。

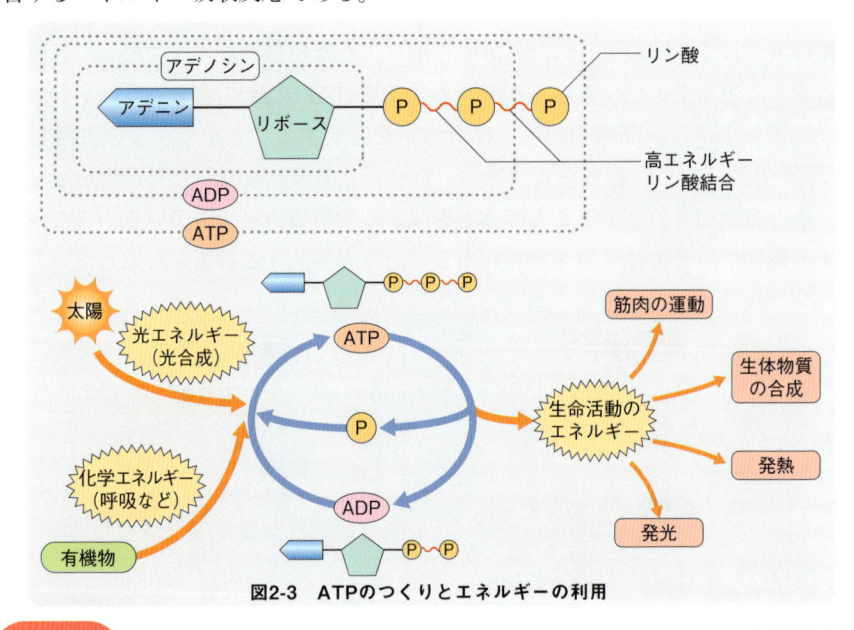

図2-3　ATPのつくりとエネルギーの利用

> **POINT**
> - ATPはエネルギーの移動の仲立ちとして使われる。
> - ATPのリン酸どうしの結合を，**高エネルギーリン酸結合**という。

3 代謝と酵素

Ⓐ酵素の触媒作用

ある化学物質が別の化学物質に変化する化学反応は、一般的には起こりにくい。人工的に化学反応を起こすには、強酸または強アルカリ、高温、高圧にする必要がある。特定の化学反応を促進する物質を**触媒**といい、**触媒によって反応条件を穏やかにすることができる**。生体では**酵素**とよばれるタンパク質が触媒として働き、代謝を促進している。酵素の触媒作用により、中性、体温という穏やかな条件でも、化学反応は速やかに進行する。触媒は化学物質の変化を促進するが、それ自体は変化しない。そのため、酵素は何度も触媒として働くことができる。

酸化マンガン(Ⅳ)は、過酸化水素(H_2O_2)を水と酸素に分解する触媒作用がある。酵素のカタラーゼも触媒として働き、過酸化水素を水と酸素に分解する反応を促進する。酸化マンガン(Ⅳ)は無機物であるため、無機触媒とよばれる。これに対して、酵素はタンパク質でできているため、**生体触媒**とよばれる。

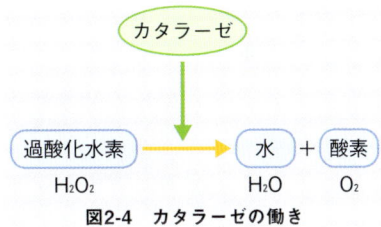

図2-4 カタラーゼの働き

Ⓑ代謝と酵素

ヒトの小腸では、アミラーゼとマルターゼとよばれる酵素が働き、デンプンはマルトースを経てグルコース(ブドウ糖)に分解される。デンプンをマルトースに分解するのはアミラーゼ、マルトースをグルコースに分解するのはマルターゼである。アミラーゼやマルターゼなど、消化にかかわる酵素を消化酵素とよぶ。

デンプンを人工的に分解するには、強い酸性の条件下で100℃に加熱しなくてはならない。しかし消化酵素の働きにより、デンプンは中性、体温という条件でも速やかに分解される。

図2-5 デンプンの分解

> **POINT**
> 生物の体内では、**酵素が代謝を促進**している。酵素の働きにより、化学反応は速やかに進行する。

図2-6　酵素の働き

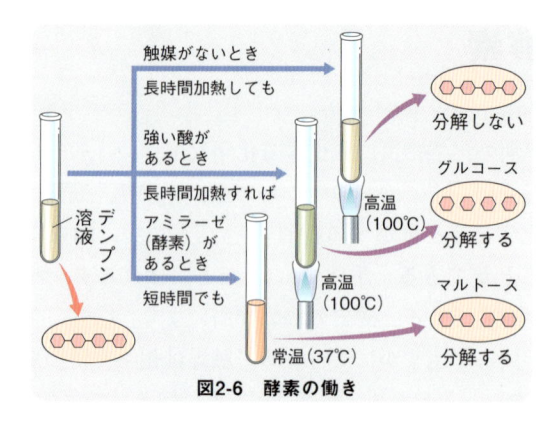

　消化酵素は細胞外に分泌されて働く酵素であるが，多くの酵素は細胞内で働く。細胞内で働く酵素は，細胞の生命活動に必要な化学反応にかかわっている。

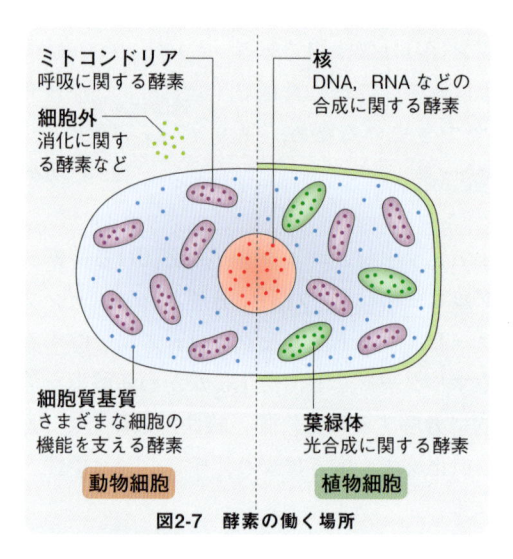

図2-7　酵素の働く場所

コラム　ヒトの酵素はいくつある？

　生命活動を円滑に行うためには，体に取り込んだ物質から，活動に必要な物質を速やかに合成しなくてはならない。生体内では，化学反応の一つ一つをそれぞれ専門の酵素が担当している。そのため，反応は流れ作業のようにスムーズに進む。ヒトの場合，3000種類以上の酵素が働いている。

発展　酵素の働きとその特徴

1 基質特異性

アミラーゼはデンプンに作用してマルトースに分解するが，マルトースをグルコースにする働きはない。マルトースをグルコースに分解するのはマルターゼである。酵素の作用を受ける物質を**基質**といい，酵素が特定の物質だけに作用する性質を**基質特異性**という。基質特異性には分子の立体構造がかかわる。酵素タンパク質にはそれぞれ固有の立体構造があり，触媒作用を担う**活性部位**は立体構造の凹みの中にある。その凹みの立体構造と，凸凹（カギとカギ穴）のように相補的に結合できる物質（基質）のみが，**酵素－基質複合体**を形成する。

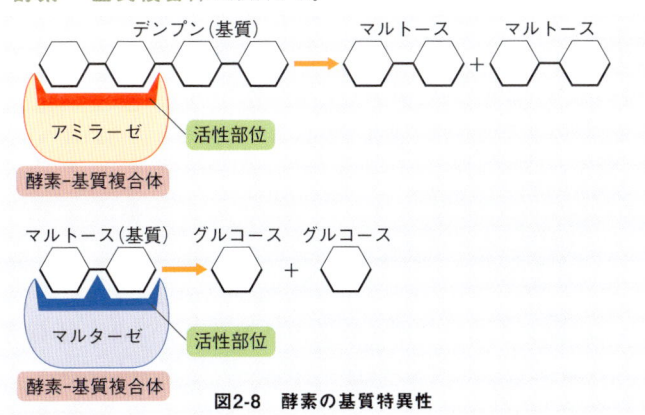

図2-8　酵素の基質特異性

2 酵素反応の速度と温度

化学反応の速度は，温度が高ければ高いほど大きくなる。熱エネルギーにより分子の動きが活発になると，分子がぶつかり合う確率が高くなるからである。酵素反応も温度が高くなると酵素と基質が出合う確率が高くなり，反応速度が大きくなる。しかし，酵素はタンパク質でできているため，温度が高くなりすぎると立体構造が変化し，触媒として働くことができなくなる。多くの酵素は，40℃以上になると反応速度が急激に下がる。酵素反応の速度が最大になる温度を**最適温度**という。

3 酵素反応の速度と pH

pHはタンパク質の立体構造に影響を与える。そのため，酵素反応の速度はpHの影響を受ける。反応速度が最大のときのpHを**最適pH**という。だ液中で働くアミラーゼのように，多くの酵素は中性のpH7付近に最適pHがある。働く環境によっては，最適pHが中性でない酵素もある。強い酸性の胃液が分泌される胃で働くペプシンの最適pHは2，弱アルカリ性の小腸で働くトリプシンは8，アルカリ性のすい液に含まれる脂肪分解酵素リパーゼは9である。

図2-9 酵素反応の速度と温度

図2-10 酵素反応の速度と最適pH

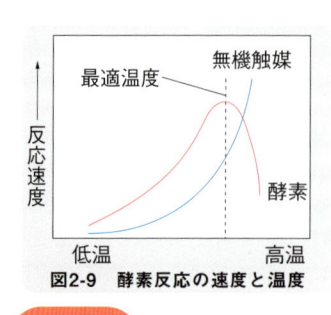

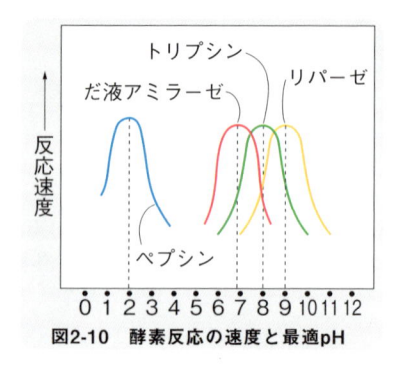

POINT
- 酵素と基質の立体構造が基質特異性にかかわる。
- 温度が高くなると，熱エネルギーにより酵素と基質が出合う確率が高くなる。

コラム インフルエンザウイルスの特効薬タミフルと基質特異性

　インフルエンザウイルスは，細胞に感染すると増殖し，さらに細胞から出て拡散し，感染の範囲を爆発的に広げる。ウイルスが細胞から出るためには，ウイルスと細胞を結びつけている結合を切断する必要がある。この反応を促進する触媒として働くのが，ウイルスのノイラミニダーゼとよばれる酵素である。ノイラミニダーゼの活性部位にはまり込むように設計されたのがタミフルであり，タミフルが活性部位をふさぐと酵素の活性が失われる。その結果，ウイルスは細胞に閉じ込められたままになり，免疫細胞によって感染した細胞と共に死滅させられる。

2 呼吸と光合成

1 呼吸

　酸素（O_2）を用いて体内にある炭水化物や脂肪，タンパク質などの有機物からエネルギーを取り出し，ATPを合成することを**呼吸**という。炭水化物や脂肪，タンパク質など呼吸の材料となる物質を**呼吸基質**という。多くの生物の主な呼吸基質はグルコース（$C_6H_{12}O_6$）である。呼吸によりグルコースは段階的に分解され，最終的に二酸化炭素（CO_2）と水（H_2O）になる。この過程で多量のATPが生成される。真核細胞において，呼吸で重要な働きを担っているのはミトコンドリアである。

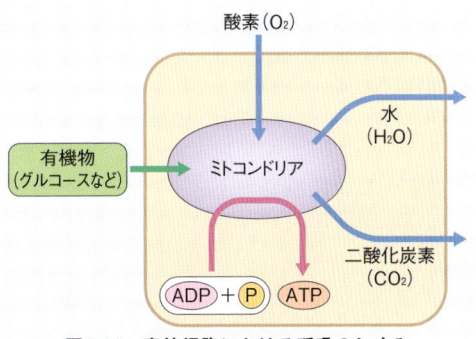

図2-11　真核細胞における呼吸のしくみ

　グルコースは燃えると二酸化炭素と水になる。燃焼は呼吸とよく似た現象であるが，燃焼ではグルコースに蓄えられたエネルギーは，熱と光になって放散してしまう。呼吸では，さまざまな酵素がグルコースを段階的に分解することで発熱を抑え，エネルギーを効率的にATPの合成に使っている。

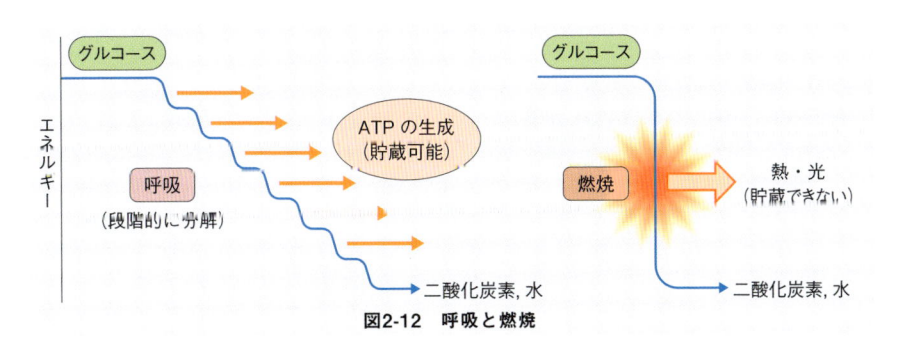

図2-12　呼吸と燃焼

第2章　細胞とエネルギー

> **発展** 呼吸のしくみ

呼吸によりATPが合成される過程は大きく3つに分かれる。第1は，グルコースを分解してピルビン酸にする過程（**1**）である。第2は，ピルビン酸を分解して二酸化炭素と水素にする過程（**2**），第3は水素を電子（e^-）と水素イオン（H^+）に分離し，電子のエネルギーを利用してATPを合成する過程（**3**）である。第3の過程で酸素が消費される。

1 解糖系

グルコースを分解してピルビン酸を合成する一連の化学反応には，多くの種類の酵素がかかわる。この一連の反応系を**解糖系**という。解糖系は細胞質基質で働く。解糖系では，炭素を6つもつグルコース1分子から，炭素を3つもつピルビン酸が2分子合成される。この過程で，2分子のATPが消費され，4分子のATPが合成される。差し引き，グルコース1分子あたり2分子のATPが合成されることになる。酸素は消費されない。

2 クエン酸回路

細胞質基質で合成されたピルビン酸はミトコンドリアの中に入り，二酸化炭素と水素が取り出される。この化学反応の過程にも多くの酵素がかかわっている。一連の反応過程でクエン酸が生じることと，反応が回路のように循環することから，この反応経路は**クエン酸回路**とよばれる。クエン酸回路を巡る間に，炭素を3つもつピルビン酸1分子から，炭素を1つもつ二酸化炭素3分子と1分子のATPが合成される。

解糖系では1分子のグルコースから2分子のピルビン酸が合成されるため，クエン酸回路では2分子のピルビン酸から6分子の二酸化炭素と2分子のATPが合成されることになる。

3 電子伝達系

クエン酸回路で生成された水素は，マトリックスで電子（e^-）と水素イオン（H^+）に分けられる。この電子は高いエネルギーをもっている。電子が，ミトコンドリアの内膜にある**電子伝達系**とよばれる一連のタンパク質群を通る間に，電子のエネルギーが利用されてH^+はマトリックスから内膜と外膜の間に運搬され，そこで濃縮される。ATP合成酵素は内膜にあり，濃縮されたH^+はATP合成酵素を通ってマトリックスに吹き出る。ATP合成酵素はH^+が噴き出る物理的エネルギーを使って回転し，回転のエネルギーを用いてADPとリン酸を結合する。一方，H^+は酸素と結合して水になり，この時に酸素が消費される。この過程で，1分子のグルコースあたり，最大で34分子のATPが合成される。

解糖系で合成されるATP2分子と，クエン酸回路で合成される2分子を合わせて，グルコース1分子あたり，最大で38分子のATPが合成されることになる。

$$C_6H_{12}O_6 + 6H_2O + 6O_2 \rightarrow 6CO_2 + 12H_2O + エネルギー（最大38ATP）$$

図2-13　呼吸のしくみ

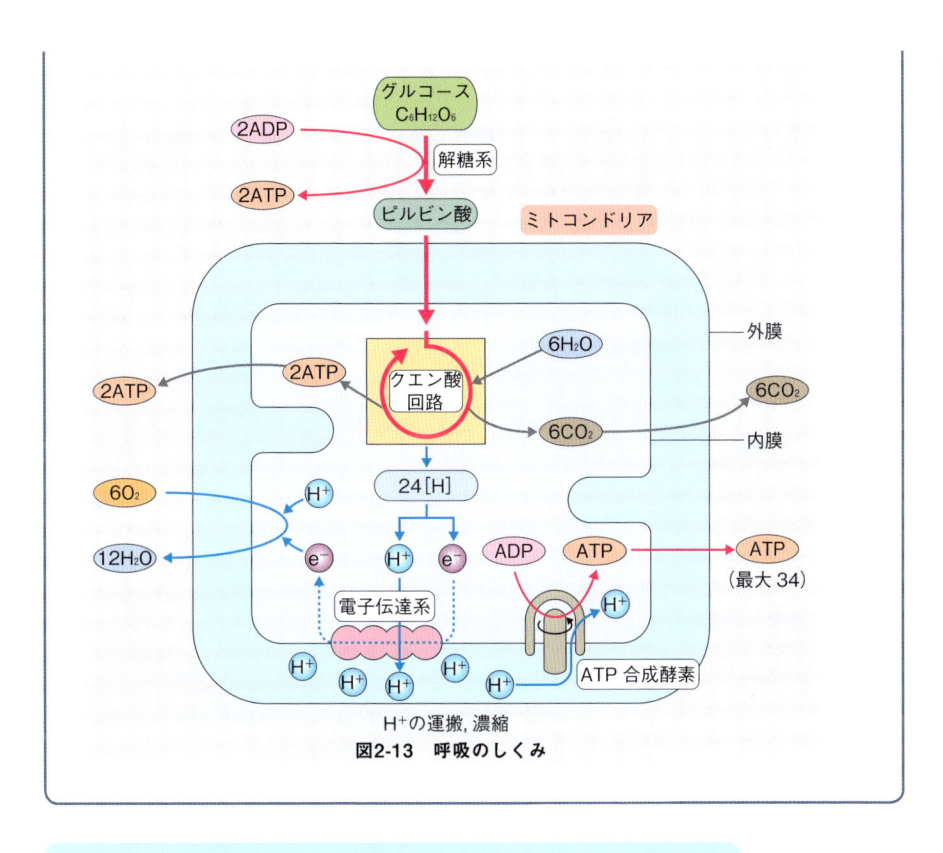

コラム　ATPがエネルギー通貨として広まった理由

　ATPがエネルギー通貨として用いられているのはなぜだろうか。結合エネルギーの大きさは，結合が切れるときに放出されるエネルギー量で表される。C–C（炭素-炭素結合）やC–H（炭素-水素結合）などの一般的な化学結合は，ATPのリン酸の結合より10倍も大きなエネルギーをもつ。しかし，大きなエネルギーをもつ結合とは，それだけ強い結合であることも意味しており，取り出しにくい。ATPのリン酸結合は，比較的高いエネルギーをもちながら，体温という条件で簡単に切断され，エネルギーを取り出しやすい特徴がある。また，ATPは，遺伝情報の伝達を担うRNAの素材でもあり，細胞内に十分な量がある。
　エネルギーを取り出しやすく，量も豊富。生物界にエネルギー通貨として広まったのはそのためだと考えられている。

2 光合成

　生物が光エネルギーを利用して，二酸化炭素と水から有機物を合成することを**光合成**という。植物や藻類では，光合成は葉緑体で行われる。

　光合成には多くの種類の酵素がかかわっており，これらの酵素が，吸収した光エネルギーを利用してATPを合成する。さらにATPに蓄えられたエネルギーを使って二酸化炭素と水から有機物を合成する。植物体に取り込まれた二酸化炭素の多くは，デンプンや細胞壁を構成するセルロースになる。

補足　光合成によって葉緑体の中に生じたデンプンを**同化デンプン**という。同化デンプンはスクロース(ショ糖)に変えられ，**転流***によって植物体のさまざまな場所に移動し，生命活動に利用される。
養分をためる器官(貯蔵器官)に移動したスクロースはデンプンに変えられる。貯蔵器官に蓄えられたデンプンを**貯蔵デンプン**という。イモや豆，米などのデンプンは貯蔵デンプンである。
*植物体内に吸収された栄養素や，光合成により合成された有機物やその代謝産物が，師管を通って植物体内を運搬されること。

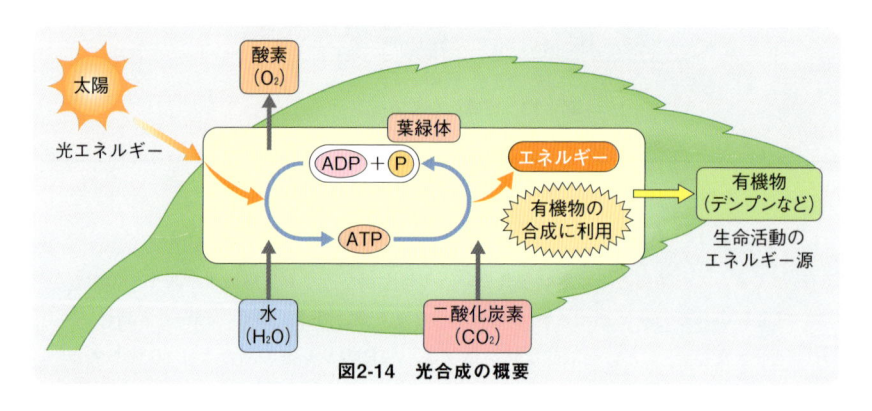

図2-14　光合成の概要

POINT

呼吸　…有機物＋酸素→二酸化炭素＋水＋ATP
光合成…二酸化炭素＋水＋光エネルギー→有機物＋酸素

> 発展　光合成のしくみ

光合成により有機物がつくられる過程は大きく2つに分けられる。第1は，光エネルギーを利用して水を水素と酸素に分解し，ATPをつくる過程(**1**)である。第2は，ATPの化学エネルギーを利用して水と二酸化炭素から有機物を合成する過程(**2**)である。

1 光エネルギーの吸収とATP合成

● 光エネルギーの吸収

光エネルギーは，葉緑体のチラコイド膜にあるクロロフィルに吸収される。光エネルギーを吸収したクロロフィルからは電子が飛び出す。この電子のエネルギーを利用して水素イオン(H^+)がチラコイド膜内に蓄積され，最終的にATPが合成される。

● 水の分解

電子を放出したクロロフィルは反応性が高くなり，電子を補充しようとして水を分解する。その結果，酸素が生成される。光合成により合成される酸素は，この酸素である。

● ATPの生成

クロロフィルから放出された電子は高いエネルギーをもっており，チラコイド膜の電子伝達系を通る過程で，H^+がチラコイド膜の内側に運搬される。その結果，H^+がチラコイドの中に濃縮される。濃縮されたH^+はATP合成酵素を通ってチラコイド外に吹き出る。ATP合成酵素は，水車のように回転するタンパク質であり，放出されるH^+によって回転する。この回転の物理的エネルギーによりADPとリン酸が結合され，ATPが合成される。

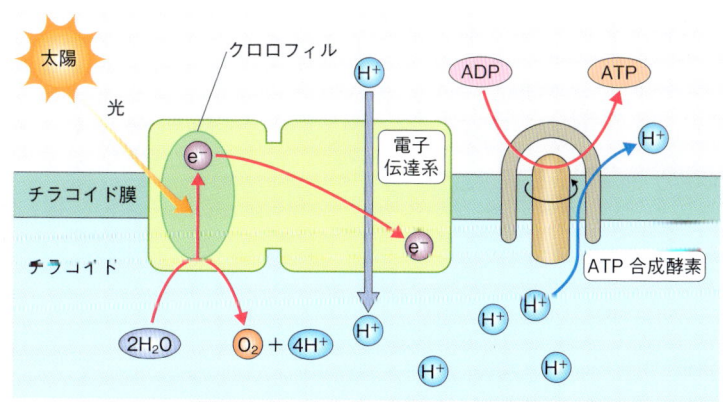

図2-15　光エネルギーの吸収とATP合成

2 二酸化炭素の固定

　気体の二酸化炭素が有機物に取り込まれる過程を炭酸固定という。二酸化炭素が有機物として固定される反応は，ストロマ(→p.24)で行われる。ストロマでATPの化学エネルギーを利用して，二酸化炭素と水から有機物が合成される。

　1と2をまとめると，光合成全体として次のような式が得られる。

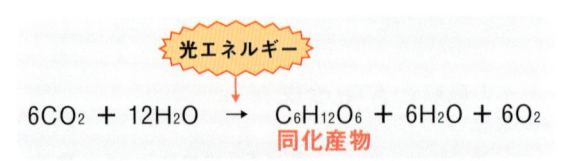

$$6CO_2 + 12H_2O \xrightarrow{\text{光エネルギー}} \underset{\text{同化産物}}{C_6H_{12}O_6} + 6H_2O + 6O_2$$

　生命体を構成する物質は，複雑で整然としているほどエネルギーを多くもつ。二酸化炭素(CO_2)や水(H_2O)は単純な分子であり，エネルギーレベルは極めて低い。

　生物は呼吸の過程において，エネルギーレベルの高い脂肪やグルコース($C_6H_{12}O_6$)を酸素を用いて酸化し，CO_2とH_2Oに分解する。その過程で発生するエネルギーを利用してATPを合成し，ATPのエネルギーを用いて様々な生命活動を行う。光合成では，光エネルギーを用いてATPを合成し，このATPを利用してCO_2とH_2Oから有機物を合成している。

コラム　エネルギーの移動

　エネルギーは常に，高いところから低い方に移動する。動物が，エネルギーレベルの低いリン酸とADPから高エネルギーのATPを合成できるのは，食物からエネルギーを取り出し，そのエネルギーを使うからである。ATPは合成されるものの，食物はエネルギーレベルの低い二酸化炭素と水になり，エネルギーの収支はマイナスとなる。地球上の生物が生きていられるのは，太陽の光エネルギーを植物が利用してエネルギーレベルの高い有機物を合成しているからにほかならない。一方，太陽はエネルギーを放出し続け，エネルギーレベルは常に下がり続けている。

3 ミトコンドリアと葉緑体の起源

　ミトコンドリアと葉緑体は独自のDNAをもっており，どちらもかつては独立した生物だったと考えられている。ミトコンドリアの起源は酸素を使って呼吸することのできる細菌，葉緑体の起源は光合成をするシアノバクテリアである。これらの細菌が他の細胞の中に入り込んで共生*したとする考えがある。これを**細胞内共生説**といい，マーグリスらが提唱した。

*異なる種の生物が一緒に生活している状態。

(補足) ミドリゾウリムシはクロレラが細胞内に共生しており，細胞内のクロレラが光合成により合成した有機物を利用している。クロレラはミドリゾウリムシの細胞内という安定した環境の恩恵を受けている。

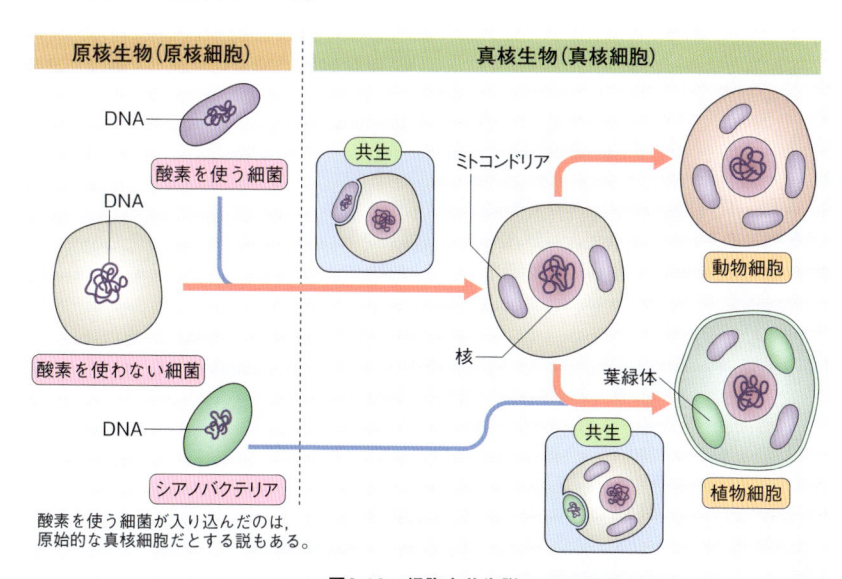

図2-16　細胞内共生説

コラム　有害な酸素を利用したミトコンドリアの祖先

　原始の地球は無酸素状態であった。生物は環境にあるわずかな有機物を利用し少量のATPをつくり出し，生きていた。葉緑体の祖先が生じると，光合成の廃棄物として酸素が蓄積した。酸素は反応性が高く，DNAやタンパク質に損傷を与えるため有害であったが，うまく利用するとエネルギーを効率よく取り出すことができた。酸素の利用に成功したのが原始ミトコンドリアである。原始葉緑体の光合成により有機物と酸素が蓄積し，それを利用する原始ミトコンドリアが出現したことで地球上の生命活動は活発になっていった。

第2章　細胞とエネルギー

この章で学んだこと

細胞は外界から物質を取り込み，有機物を分解して得たエネルギーや，光のエネルギーを利用して物質を合成する。この章では，生命活動に必要なエネルギーの取り出し方や，エネルギーを取り出す細胞の構造について学んだ。

1 生命活動とエネルギー
1 **代謝** 合成や分解といった，生体内での化学反応の過程のこと。
2 **エネルギーの移動** 代謝の過程では，エネルギーの放出や吸収といった，エネルギーの移動が起きる。
3 **同化** 二酸化炭素や水などの単純な物質から，複雑な物質である有機物を合成すること。エネルギーは吸収される。
4 **異化** 有機物を二酸化炭素や水などに分解すること。エネルギーは放出される。
5 **独立栄養生物** 無機物だけを利用して有機物を合成できる生物。緑色植物，藻類，シアノバクテリアなど。
6 **従属栄養生物** 無機物だけでは有機物を合成できない生物。動物，菌類，細菌など。

2 エネルギー通貨 ATP
1 **ATP** 代謝の過程で起こるエネルギーの移動には，ATP（アデノシン三リン酸）がかかわっている。ATP はおもに呼吸と光合成で合成される。
2 **エネルギー通貨** ATP はすべての生物で共通してエネルギーの移動の仲立ちをしているため，エネルギーの通貨に例えられる。
3 **ATP の構造** アデニンとリボースが結合したアデノシンに，3つのリン酸が結合している。
4 **高エネルギーリン酸結合** ATP 内のリン酸どうしの結合のこと。この結合が切れる際に，大きなエネルギーが放出される。

3 代謝と酵素
1 **酵素** 生体内では，酵素が代謝を促進している。
2 **生体触媒** 酵素はタンパク質でできており，生体触媒とよばれる。
発展 **酵素の性質** 基質特異性，最適温度，最適 pH がある。

4 呼吸
1 **呼吸** 酸素を消費して，呼吸基質からエネルギーを取り出し，ATP を合成すること。
2 **ミトコンドリア** 真核細胞では，ミトコンドリアが呼吸の場となる。
発展 **呼吸のしくみ** 解糖系，クエン酸回路，電子伝達系の3つのステップがある。

5 光合成
1 **光合成** 光のエネルギーを利用して，二酸化炭素と水から有機物を合成すること。
2 **葉緑体** 緑色植物では，葉緑体が光合成の場となる。

6 細胞内共生説
1 **細胞内共生説** 原核生物が他の細胞内に入り込み，共生して細胞小器官になったとする説。
2 **細胞小器官の起源** シアノバクテリアは葉緑体の，酸素を使って呼吸をする細菌はミトコンドリアの，それぞれ起源であるといわれている。

確認テスト2

1 生体内の化学反応について述べた次の文中の（　）に語群から適切な語を選べ。

生体内での合成, 分解などの化学反応の過程をまとめて（ ア ）という。（ ア ）において, 物質が変化すると,（ イ ）の移動や変換が起こる。

簡単な物質から複雑な有機物を合成する過程を（ ウ ）といい, 代表的な反応に（ エ ）がある。この反応では光エネルギーが（ オ ）される。植物は, 無機物だけを利用して生命を維持できるので（ カ ）栄養生物という。

複雑な有機物を分解する過程を（ キ ）といい, 代表的な反応は（ ク ）である。この反応では, エネルギーが（ ケ ）される。

エネルギーの移動には, エネルギー通貨とも例えられる（ コ ）が利用され, 化学反応を促進する触媒として働くのが（ サ ）である。

語群
ADP	ATP	DNA	RNA	異化	エネルギー
従属	酵素	呼吸	吸収	細胞	光合成
代謝	同化	独立	物質	放出	

2 図はATPの構造を示したものである。
(1) ATPは何という物質の略号か。
(2) 右図のア〜ウの名称を答えよ。
(3) ATPを合成する細胞小器官を2つ答えよ。

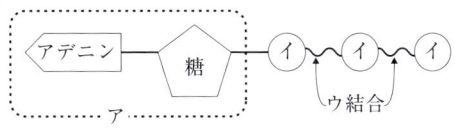

3 酵素について述べた文の(ア)〜(エ)に適する語を記せ。

酵素の本体は（ ア ）である。デンプンを分解してマルトース(麦芽糖)にするのが（ イ ）であり, マルトースを分解してグルコース(ブドウ糖)にするのが（ ウ ）である。酵素には微量で効率的に化学反応を促進する（ エ ）作用がある。酵素の作用を受ける物質を基質という。

第2章　細胞とエネルギー

4 光合成と呼吸について，以下の問いに答えよ。

(1) 文中の（ ）に適する語を下の語群から選んで答えよ。同じ語を二回使ってもよい。

呼吸の材料には，炭水化物や脂肪，タンパク質などが使われるが，おもな呼吸基質は（ ア ）である。呼吸により，（ ア ）は段階的に分解され，最終的に（ イ ）と（ ウ ）となる。取り出されたエネルギーで（ エ ）がつくられる。真核細胞で，酸素を用いた呼吸を行う細胞小器官は（ オ ）である。

光合成では，（ カ ）エネルギーが吸収されて（ キ ）がつくられる。そのエネルギーを用いて（ ク ）と（ ケ ）からグルコースやデンプンが合成され，（ コ ）が放出される。光合成は，真核生物の植物や藻類の細胞小器官である（ サ ）で行われる。

語群
ATP　ADP　DNA　グルコース　スクロース　光
タンパク質　デンプン　ミトコンドリア　化学　呼吸
光合成　酸素　燃焼　二酸化炭素　水　葉緑体

(2) ① 酸素を消費する呼吸の反応全体をまとめて1つの式で示せ。
② 光合成の反応全体をまとめて1つの式で示せ。

5 細胞小器官の起源と真核生物の進化について，以下の問いに答えよ。

(1) 光合成をするシアノバクテリアが起源と考えられる細胞小器官は何か。
(2) 酸素を使って呼吸することのできる細菌が起源と考えられる細胞小器官は何か。
(3) かつては独立した生物だった細菌が他の細胞の中に入り込んで共生し，細胞小器官のもととなったとする考えを何というか。
(4) (3)の説を提唱した科学者の名を答えよ。

センター試験対策問題

1 細胞に関する次の文章を読み，次の問い(問1〜4)に答えよ。

17世紀にオランダのレーウェンフックは，生きた細胞を初めて顕微鏡で観察した。19世紀になり，ドイツのシュライデンとシュワンは「生物の体は細胞を基本単位としてできている」という細胞説を発表した。さらにドイツのフィルヒョーは　ア　し，細胞説の発展に大いに寄与した。ィ細胞の大きさは生物の種類，組織や器官によりさまざまである。現在では細胞は，細胞を構成する構造体の特徴に基づいて，ゥ核やミトコンドリアなどの細胞小器官をもつ細胞とそれらをもたない細胞に大きく分けられている。

問1　ア　にあてはまる語句として最も適当なものを，次の①〜⑥のうちから一つ選べ。
① 細胞は細胞から生じることを提唱
② 遺伝子が細胞内の染色体にあることを発見
③ 精子や卵は減数分裂により生じることを記述
④ 白血球に食作用があることを発表
⑤ ウニ卵で割球の分離に成功
⑥ ゾウリムシで原形質流動を観察

問2　下線部イと関連して，顕微鏡を用いて細胞の大きさを測定するには，接眼ミクロメーターと対物ミクロメーターが用いられる。ある生物の細胞の長さを接眼ミクロメーターで測定したところ，49目盛りであった。このときの接眼ミクロメーターの20目盛りは，対物ミクロメーターの5目盛り(1目盛りは10 μm)に相当する。この細胞の長さに最も近い値は約　イ　μmである。
　イ　にあてはまる数字を次の①〜⑥のうちから一つ選べ。
① 60　② 80　③ 100　④ 120　⑤ 140　⑥ 160

問3 下線部**ウ**と関連して，膜で囲まれた細胞小器官をもたない生物の組合わせとして最も適当なものを，次の①〜⑩のうちから一つ選べ。
① クラミドモナス　大腸菌　　② クラミドモナス　ネンジュモ
③ クラミドモナス　酵母　　　④ クラミドモナス　アメーバ
⑤ アメーバ　ネンジュモ　　　⑥ アメーバ　大腸菌
⑦ アメーバ　酵母　　　　　　⑧ ネンジュモ　大腸菌
⑨ ネンジュモ　酵母　　　　　⑩ 大腸菌　酵母

問4 次の文章中の(1)・(2)に入る語は何か。最も適当なものを，下の①〜⑧のうちからそれぞれ一つずつ選べ(選択肢に発展的内容を含む)。
　植物の細胞では，核やミトコンドリアのように動物細胞にも共通に存在する細胞小器官のほかに，植物に特徴的な細胞小器官として，葉緑体や大きく発達した(1)を観察できる。また，細胞の外層には(2)を主な成分とする細胞壁を見ることができる。細胞壁はかたい構造で，細胞間の接着や植物体の支持体としての役割を果たしているが，単なる外被ではなく，伸長成長やその他の細胞機能の発現にも重要な構造である。
① 小胞体　　② 中心体　　③ ゴルジ体　　④ 液胞
⑤ デンプン　⑥ 脂質　　　⑦ セルロース　⑧ タンパク質
　　　　　　　(問1〜3　センター試験追試験，問4　センター試験本試験)

2 代謝に関して，次の問いに答えよ。

問1 代謝に関する記述として誤っているものを，次の①〜⑥のうちから二つ選べ。ただし，解答の順序は問わない。
① 独立栄養生物は，炭素源として大気からの二酸化炭素を利用する。
② 従属栄養生物は，大気からの二酸化炭素も利用できるが，グルコースのような比較的複雑な有機化合物の形の炭素も利用できる。
③ エネルギーに富む栄養物を分解したり，太陽エネルギーを捕捉したりして，化学エネルギーを獲得する過程も代謝に含まれる。
④ 獲得されたエネルギーは，他の物質の合成など，さまざまな生命活動に利用される。
⑤ 同化はエネルギーを吸収する反応であり，異化はエネルギーを放出する反応である。
⑥ 異化の過程で放出されるエネルギーの量は，この過程でATPの形に蓄えられるエネルギーの量と等しくなる。

問2 デンプンが消化されグルコース(ブドウ糖)になる前の反応段階を次の図1に示した。酵素(ア)，糖(イ)，酵素(ウ)の組合わせとして正しいものはどれか。下の①〜⑤のうちから1つ選べ。

$$\text{デンプン} \xrightarrow{\text{酵素(ア)}} \text{糖(イ)} \xrightarrow{\text{酵素(ウ)}} \text{グルコース(ブドウ糖)}$$

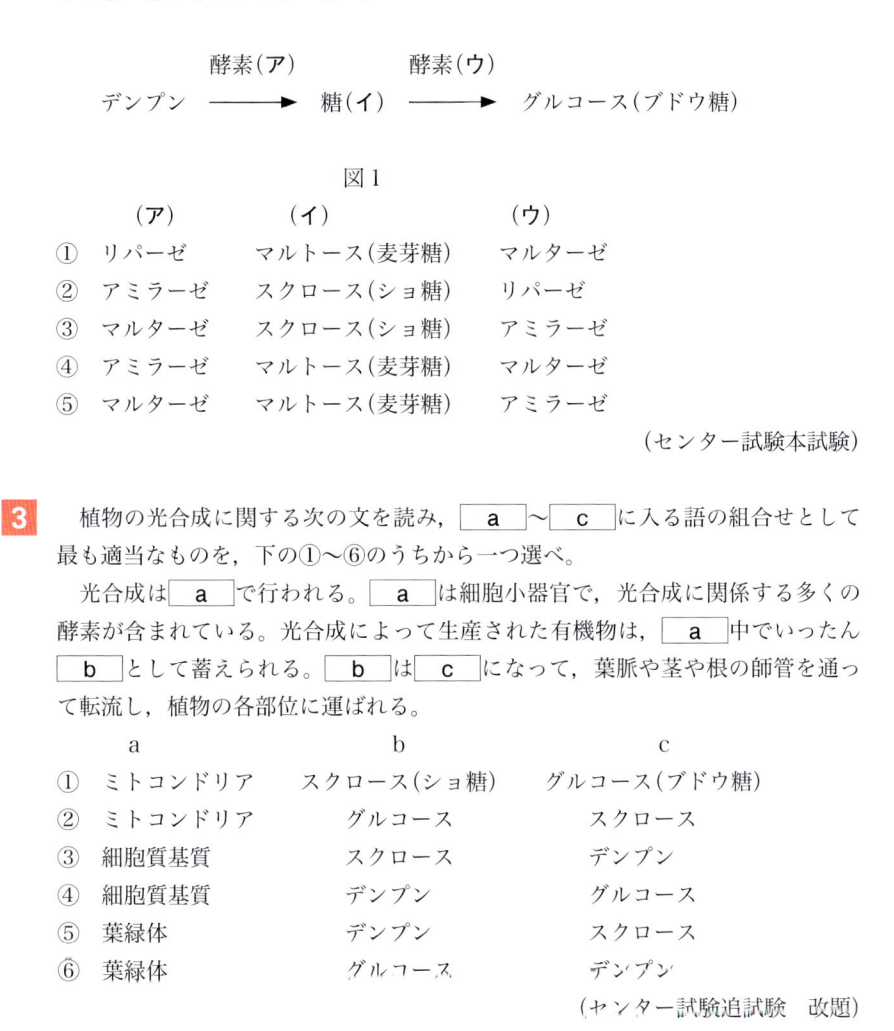

図1

	(ア)	(イ)	(ウ)
①	リパーゼ	マルトース(麦芽糖)	マルターゼ
②	アミラーゼ	スクロース(ショ糖)	リパーゼ
③	マルターゼ	スクロース(ショ糖)	アミラーゼ
④	アミラーゼ	マルトース(麦芽糖)	マルターゼ
⑤	マルターゼ	マルトース(麦芽糖)	アミラーゼ

(センター試験本試験)

3 植物の光合成に関する次の文を読み，ａ〜ｃに入る語の組合せとして最も適当なものを，下の①〜⑥のうちから一つ選べ。

光合成は ａ で行われる。ａ は細胞小器官で，光合成に関係する多くの酵素が含まれている。光合成によって生産された有機物は，ａ 中でいったん ｂ として蓄えられる。ｂ は ｃ になって，葉脈や茎や根の師管を通って転流し，植物の各部位に運ばれる。

	a	b	c
①	ミトコンドリア	スクロース(ショ糖)	グルコース(ブドウ糖)
②	ミトコンドリア	グルコース	スクロース
③	細胞質基質	スクロース	デンプン
④	細胞質基質	デンプン	グルコース
⑤	葉緑体	デンプン	スクロース
⑥	葉緑体	グルコース	デンプン

(センター試験追試験　改題)

生物基礎 第2部
遺伝子とその働き

この部で学ぶこと

1 遺伝子の本体
2 DNA の構造
3 遺伝子とゲノム
4 DNA の複製
5 細胞周期
6 遺伝情報の流れ
7 転写
8 翻訳
9 タンパク質の働き
10 遺伝子の発現

BASIC BIOLOGY

第1章
遺伝情報とDNA

この章で学習するポイント

- **遺伝子とDNA**
  - 遺伝のしくみ
  - 遺伝子の本体の解明

- **DNAの構造**
  - DNAをつくる物質
  - 二重らせん構造
  - 塩基の相補性

- **遺伝子とゲノム**
  - ゲノムとは何か
  - ゲノムのサイズ

1 遺伝子とDNA

　個々の生物に現れる形や性質などの特徴を**形質**といい，親の形質が子やそれ以降の世代に現れる現象を**遺伝**という。形質の遺伝には一定の法則がある。遺伝の法則を発見したのは**メンデル**だった。形質を決める要素を**遺伝子**といい，現在では，遺伝子の情報は染色体に含まれる**DNA**（**デオキシリボ核酸**）にあることがわかっている。

　メンデルが遺伝の法則を発表した当時(1865年)は，遺伝子が細胞のどこにあるのかわからなかった。細胞に関する理解が次第に深まり，細胞分裂にともなう染色体の動きが明らかになると，染色体のふるまいが遺伝子のふるまいと同じであることがわかった。

染色体のふるまい

　1個の体細胞には，形や大きさが同じ染色体が2本ずつあり，この対になる染色体を**相同染色体**という。1対の相同染色体は減数分裂の際，分かれて別々の細胞に入るが，受精によって再び新たな対をつくる。

遺伝子のふるまい

　各個体は，1つの形質に関して1対の遺伝子をもつ。1対の遺伝子は，減数分裂の際，分かれて別々の細胞に入るが，受精によって再び新たな対をつくる。

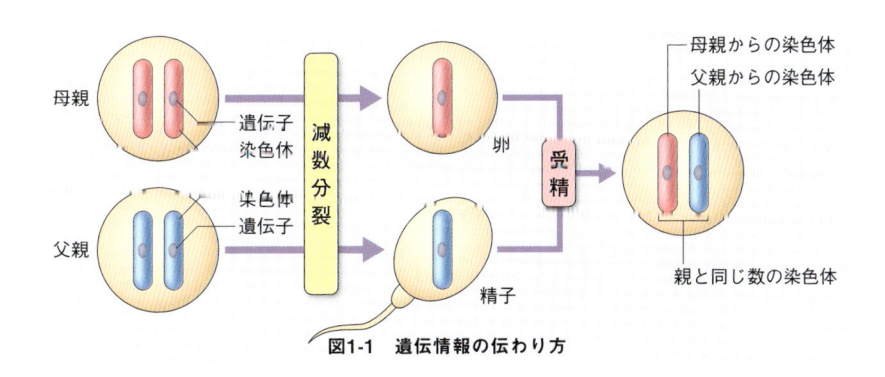

図1-1　遺伝情報の伝わり方

発展　真核生物の染色体とDNA

真核生物のDNAは，**ヒストン**とよばれるタンパク質に巻きついている。細胞分裂のときは，その巻きついたものが規則正しく集合して，光学顕微鏡で見える棒状の染色体となる。

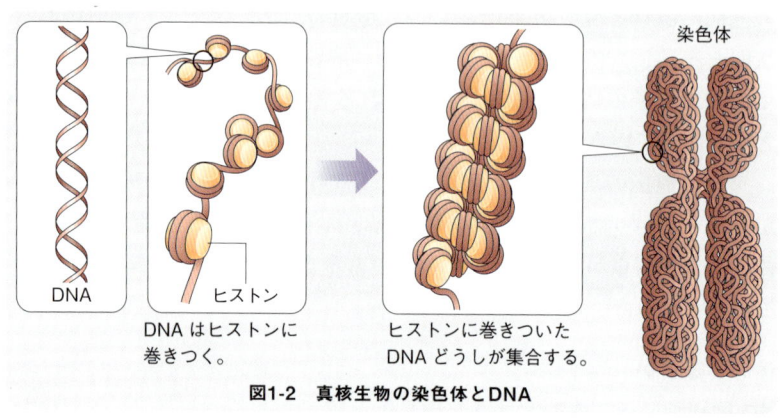

図1-2　真核生物の染色体とDNA

参考　相同染色体

相同染色体の片方は父方由来であり，他方は母方由来である。相同染色体の対の数を n で表すと，体細胞の染色体の数は $2n$ となる。ヒトの体細胞の染色体数は23対，46本である。減数分裂によって**配偶子**（卵や精子）が形成されるときは，1対の相同染色体の片方だけが配偶子に受け継がれる。そのため，配偶子は n となり，受精によって $2n$ に戻る。

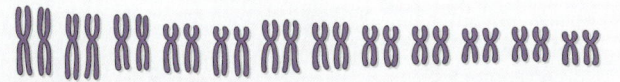

図1-3　ヒトの染色体

参考　遺伝子の本体

肺炎双球菌の形質転換
1 グリフィスの実験
　1928年，グリフィスは肺炎双球菌の形質を人為的に変えられることに気付いた。肺炎双球菌には，外側にカプセルをもち病原性のある菌（S型菌）と，カプセルをもたず病原性のない菌（R型菌）がある。グリフィスが病原性のない肺炎双球菌と，加熱して死滅させた病原性のある肺炎双球菌の両方を混ぜてネズミに注射したところ，ネズミの血液中に病原性のある菌が増殖してくることを発見した。一方，死滅させた病原性のある肺炎双球菌を注射しただけでは菌の増殖はなかった。これは，死んだはずの病原性肺炎双球菌が生き返ったのではなく，**死滅させた病原菌の中に，非病原性の肺炎双球菌を病原性に転換させる物質がある**ことを意味している。

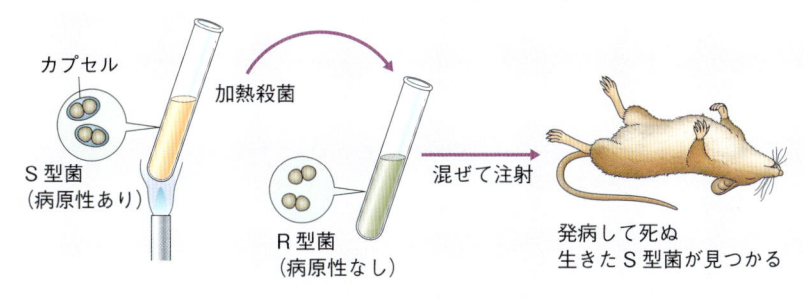

図1-4　グリフィスの実験

2 エイブリーらの実験
　その後，エイブリーらは病原性のある肺炎双球菌の抽出液を病原性のない肺炎双球菌の培地に混ぜた。すると，病原性のない肺炎双球菌が病原性のある肺炎双球菌に変化することがわかった。そして，このような形質の変化は，細菌の遺伝的性質の変化であると考え，この現象を **形質転換** と名付けた。さらに，エイブリーらは形質転換を引き起こす物質が何であるかを調べた。病原性のある肺炎双球菌の抽出物にDNAを分解する酵素を働かせ，DNAを除去すると，抽出物は形質転換させる働きを失った。一方，病原性のある肺炎双球菌の抽出物にタンパク質を分解する酵素を働かせ，タンパク質を除去しても，抽出物には形質転換させる働きが残っていた。このことから，**形質転換を起こさせる物質はDNAである**ことが示された（1944年）。

3 遺伝子の本体の解明
　1950年頃には，ウイルスが細菌に感染すると細菌の形質が変わることや，ウイルスが細菌の中で増殖することから，ウイルスは遺伝子をもっていると考えられるようになった。しかし，遺伝子の本体については謎のままであった。
　1952年，ハーシーとチェイスはバクテリオファージを用いた実験により，遺伝子の本体を解明することに成功した。バクテリオファージは細菌を宿主とするウイルスである。感染すると細菌の中で複製を繰り返し，最後に宿主の細菌を溶かして飛び出す。

感染するときには，バクテリオファージの全体が細菌に入るのではなく，一部だけが入ることがわかっていたが，何が入るのかは不明であった。細菌に入った物質からバクテリオファージの全体ができることから，その物質こそが遺伝子の本体であると考えられた。ウイルスはタンパク質と DNA からできている。そこで，ハーシーとチェイスはバクテリオファージのタンパク質と DNA にそれぞれ目印をつけ，どちらが細菌に入るかを調べた。その結果，DNA だけが細菌に入ることがわかり，**DNA が遺伝子の本体**であることが確定した。

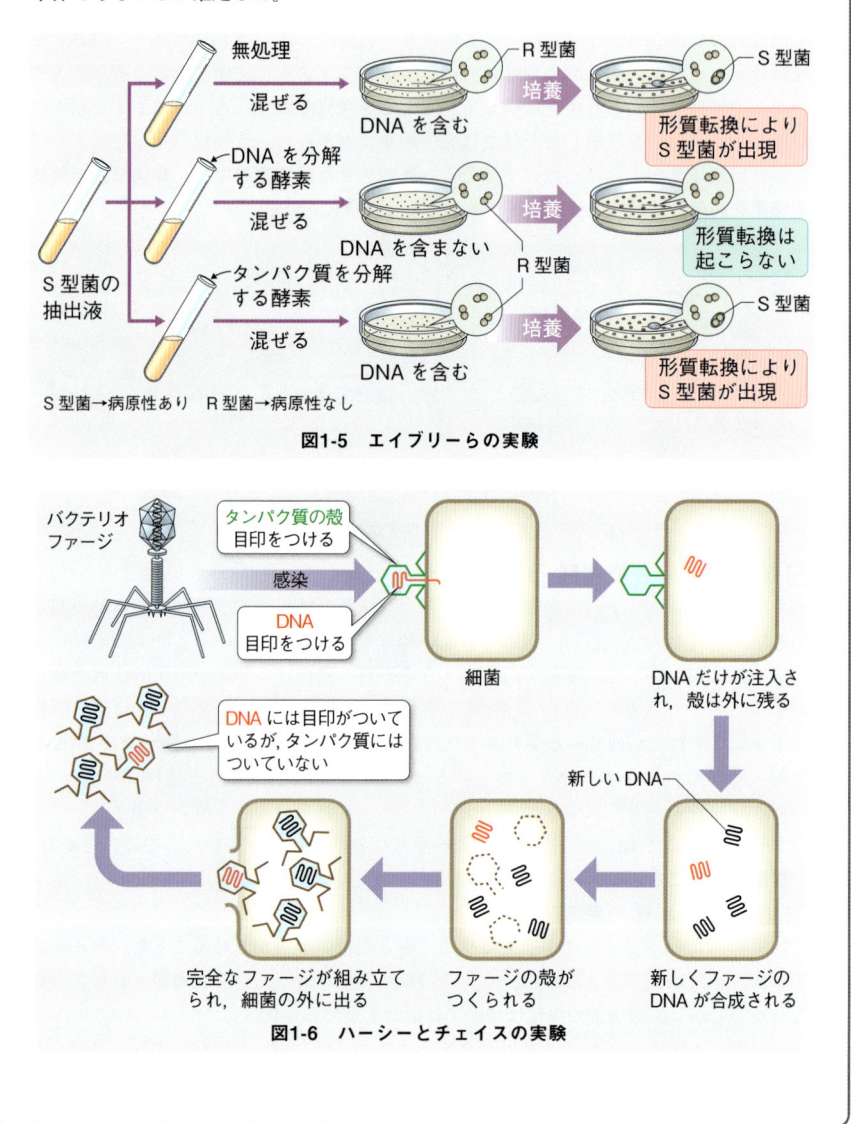

図1-5 エイブリーらの実験

図1-6 ハーシーとチェイスの実験

2 DNA の構造

1 DNA をつくる物質

DNA（デオキシリボ核酸）は、**ヌクレオチド**がいくつも連結した鎖状の分子である。ヌクレオチドは、**塩基**，**糖**，**リン酸**からなる。DNA を構成するヌクレオチドの糖はデオキシリボースで、塩基には**アデニン**（A），**グアニン**（G），**シトシン**（C），**チミン**（T）の 4 種類がある。

ヌクレオチドどうしは、糖とリン酸の間で結合し、鎖状に連なっている。

（補足）エネルギー通貨の ATP もヌクレオチドである。核酸とは、核にある酸性の物質という意味で名付けられた。

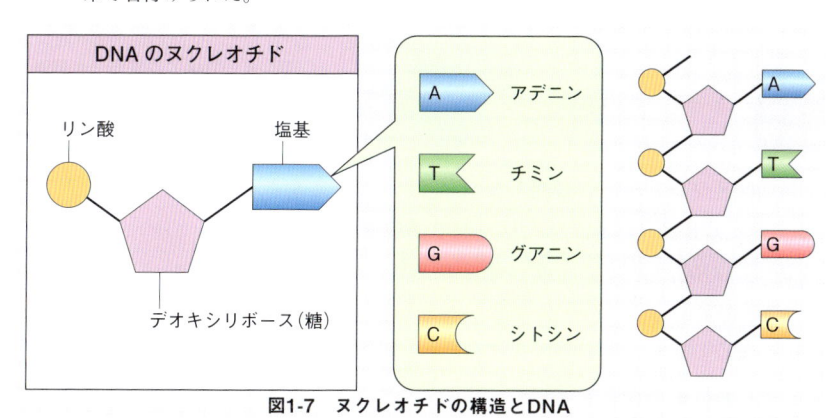

図1-7 ヌクレオチドの構造とDNA

2 DNA の二重らせん構造

DNA は、鎖状のヌクレオチドが 2 本一組となり、らせん構造をとっている。この構造を DNA の**二重らせん構造**という。**ワトソン**と**クリック**が1953年に二重らせん構造のモデルを提唱した。

A と T，G と C は、それぞれ互いにぴたりとはまり合うように結合する性質がある。そのため、DNA の塩基の割合を調べると、どの DNA でも A と T の割合は等しく、G と C の割合も等しい。分子の凸凹が補い合うように結合する性質のことを**相補性**という。

DNAの二重らせんモデルでは，糖とリン酸が結合してできる鎖の，糖の部分から塩基が内側に突き出ている。片方の鎖の塩基がAならば反対側の鎖の塩基はT，GならばCというように相補的な塩基が対をつくり，らせん階段のような構造になっている。塩基の並び順を**塩基配列**といい，塩基配列が遺伝子の情報を担っている。

> **発展**
> 　塩基どうしは，**水素結合**とよばれる弱い結合でつながっている。AとTでは2ヶ所，GとCでは3ヶ所でそれぞれ水素結合が形成されている。

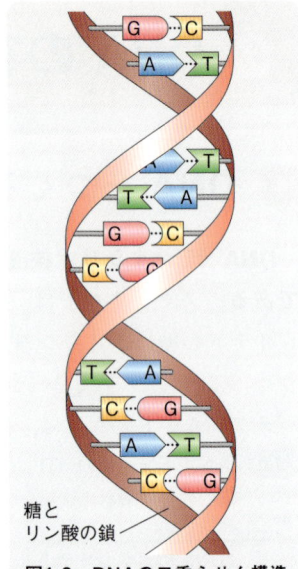

図1-8　DNAの二重らせん構造

> **POINT**
> - DNAはヌクレオチドが連結した分子である。
> - ヌクレオチドは，塩基，糖，リン酸で構成されている。
> - 塩基には，**A, G, C, T**の4種類があり，AとT，CとGが結合する。

参考　DNAの塩基組成

　DNAのAとT，GとCの割合が等しいことを発見したのは**シャルガフ**(1950年)である。(塩基組成の割合(%)は実測値であり，誤差を含む。)

表1-1　DNAの塩基組成〔%〕（DNA中の塩基の数の割合）

	A	T	G	C
酵母菌	31.3	32.9	18.7	17.1
コムギの胚	26.8	28.0	23.2	22.0
ニワトリの赤血球	28.8	29.2	20.5	21.5
ウシの精子	28.6	27.2	22.2	22.0
ヒトの肝臓	30.3	30.3	19.5	19.9

3 遺伝子とゲノム

ある生物の配偶子がもつ DNA の全塩基配列を**ゲノム**という。そのゲノムの塩基配列をすべて明らかにして，すべての遺伝情報を解読しようとすることを**ゲノムプロジェクト**という。ヒトゲノムプロジェクトは 2003 年に完了した。現在では，イネやキイロショウジョウバエ，アメリカムラサキウニなど，さまざまな生物のゲノムも解読されている。（配偶子→**p.62**）

ゲノムプロジェクトにより，ゲノムの大部分は遺伝子ではなく，ゲノムの一部のみが遺伝子であること，遺伝子はゲノムの中に点在していることが明らかになった。

参考　ゲノムサイズ

ゲノムを構成する塩基の数を**ゲノムサイズ**といい，**ヒトのゲノムサイズは約 30 億塩基対**である。ヒトには**約 2 万 2 千個**の遺伝子があり，遺伝子には，タンパク質の情報を含む領域と，遺伝子の発現を調節するための情報を含む領域がある。ヒトでは，遺伝子はゲノムの約 25％ を占めるが，**タンパク質の情報を含む領域は，約 1.5％** である。

表1-2　いろいろな生物のゲノムサイズと遺伝子の数

生物名	塩基対の数（100万）	遺伝子の数
大腸菌	4.64	4289
酵母	12	6286
キイロショウジョウバエ	176	約13600
アメリカムラサキウニ	814	約23000
ヒト	3000	約22000

> **POINT**
> - DNA＋タンパク質＝染色体
> - 配偶子がもつ DNA の全塩基配列＝ゲノム
> - ゲノムの 25％＝遺伝子
>   　　　タンパク質の情報（1.5％）＋遺伝子発現調節の情報（23.5％）

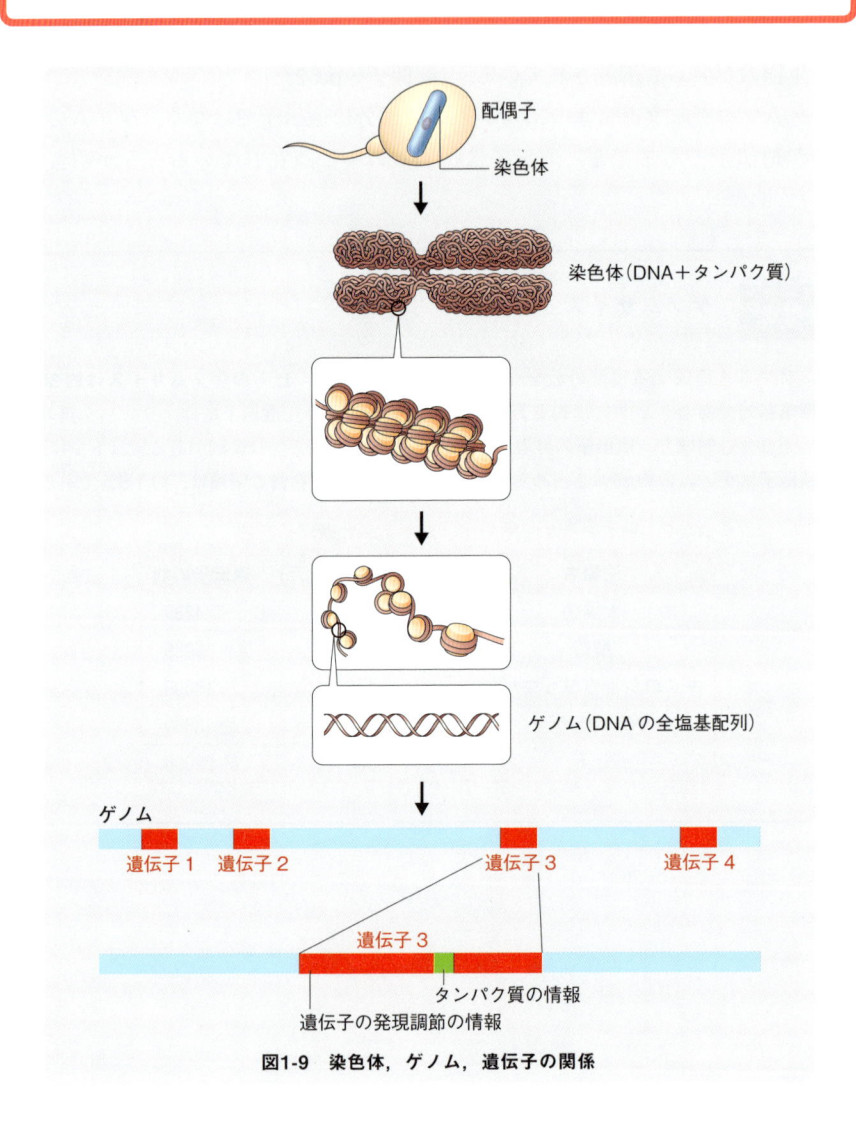

配偶子
染色体
染色体（DNA＋タンパク質）
ゲノム（DNA の全塩基配列）
ゲノム
遺伝子1　遺伝子2　　　　遺伝子3　　　　遺伝子4
遺伝子3
タンパク質の情報
遺伝子の発現調節の情報

図1-9　染色体，ゲノム，遺伝子の関係

コラム　DNAをDVDに例えると…

　遺伝子の本体はDNAであり，遺伝情報はDNAの塩基配列として書かれている。しかし，DNAのすべてが遺伝子であるわけではない。英語のアルファベットをランダムに並べても意味をなさないが，ある特定の並べ方をすると意味をもつ。同じように，遺伝子ではないDNAの塩基配列はランダムであり意味をなさないが，遺伝子の部分は特定の意味をなすように塩基が並んでいる。

　書き込みができるDVDを購入したとしよう。購入したばかりのDVDは情報をもたない。録画するとその部分は情報をもつが，その他の部分には情報がない。DNAをDVDのように記録媒体に例えると，情報が書き込まれている部分が遺伝子にあたる。DVDの映像情報に始まりと終わりの印となる情報が書かれているように，遺伝子も塩基の配列によって，遺伝子の始まりと終わりの情報が記されている。

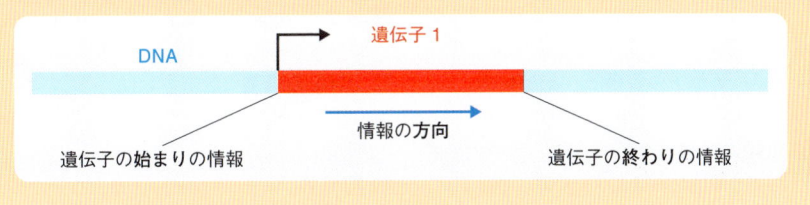

生物基礎　2部

第1章　遺伝情報とDNA

この章で学んだこと

イヌはイヌから生まれ，ヒトはヒトから生まれる。親と子，兄弟の姿は少しずつ違うがよく似ている。親から子に伝えられる形や性質の情報はDNAが担っている。この章では，DNAの構造や遺伝情報の伝わり方，遺伝子がDNAの本体であることがどのように解明されたのかについて学んだ。

1 遺伝子と染色体

1 遺伝 親の形質が，あとの世代に現れることを遺伝という。形質の遺伝には法則性があり，メンデルによって発見された。

2 遺伝子 形質を決める要素を遺伝子という。遺伝子の情報は，染色体に含まれるDNA(デオキシリボ核酸)にある。

3 相同染色体 体細胞には，形や大きさが同じ染色体が1対ある。この対になる染色体をいう。

4 染色体のふるまい 相同染色体は，減数分裂の際に分かれて別々の細胞に入るが，受精により新たな対をつくる。

5 遺伝子のふるまい 染色体のふるまいと遺伝子のふるまいは同じである。

発展 真核生物の染色体とDNA

2 遺伝子の本体の解明

1 グリフィス 非病原性の肺炎双球菌が病原性の肺炎双球菌に変化する現象を発見した。

2 形質転換 遺伝的な性質が変化することをいう。

3 エイブリーら DNAは形質転換を引き起こすことを示した。

4 ハーシーとチェイス バクテリオファージを用いた実験で，遺伝子の本体はDNAであることを証明した。

3 DNAの構造

1 DNAの構造 DNAはヌクレオチドがいくつも連結した鎖状の分子であり，2本一組となって二重らせん構造をとっている。二重らせん構造のモデルは，ワトソンとクリックが提唱した。

2 ヌクレオチド 塩基，糖(デオキシリボース)，リン酸で構成されている。

3 DNAの塩基 アデニン(A)，グアニン(G)，シトシン(C)，チミン(T)の4つの種類がある。

4 相補性 AとT，GとCがそれぞれ対になって結合する性質。この性質のため，どのDNAでもAとT，GとCの割合は等しくなる。AとT，GとCの割合が等しいことを発見したのはシャルガフである。

4 遺伝子とゲノム

1 ゲノム ある生物の配偶子がもつDNAの全塩基配列をいう。ゲノムの塩基配列全てを明らかにする試みを，ゲノムプロジェクトとよぶ。

2 ゲノムサイズ ゲノムを構成する塩基(対)の数をいい，ヒトの場合は約30億塩基対である。

3 発現を調節する領域 遺伝子には，タンパク質の情報をもつ部分と，発現を調節するための情報をもつ部分がある。

4 遺伝子の占める割合 ヒトでは，遺伝子はゲノムの約25%を占める。タンパク質の情報を含む領域は，ゲノムの約1.5%である。

確認テスト1

1 遺伝子について述べた文を読み，以下の問いに答えなさい。

遺伝の法則を発見したのは（　ア　）である。形質を決める要素を（　イ　）といい，（　イ　）は，（　ウ　）に含まれる（　エ　）という物質であることがわかっている。（　エ　）は，4種類の（　オ　）がいくつもつながった鎖状の分子である。（　オ　）は，糖，リン酸，（　カ　）からなる。DNAの糖は（　キ　）で，（　カ　）には，アデニン(A)，グアニン(G)，（　ク　）(C)，（　ケ　）(T)がある。これらは<u>決まった対</u>をつくり，<u>（　コ　）構造</u>をとっている。

(1) 文中の（ ）に適する語を下記の語群から選びなさい。

語群
DNA　遺伝子　チミン　ウラシル　シトシン　タンパク質　ATP
メンデル　ヌクレオチド　塩基　染色体　酵素　相補性
デオキシリボース　グルコース　二重らせん　エイブリー

(2) 文中の下線，決まった対とは具体的に何か答えなさい。
(3) 文中の二重下線，（　コ　）構造のモデルを提唱した研究者2名は誰か。

2 遺伝子とゲノムに関する以下の文中に適切な語を答えなさい。

ヒトのゲノムサイズは，約（　1　）塩基対である。ヒトのDNAの分析を行なった（　2　）計画は2003年に完了し，その結果に基づいて遺伝子は約（　3　）個あることがわかった。DNA全体の中で，タンパク質の情報をもつ部分は（　4　）％にすぎない。一方，ショウジョウバエのゲノムの塩基対数は約1億2千万であるが，遺伝子の数は約13,000個であると推定された。ヒトの遺伝情報は細胞の内にある（　5　）に含まれているDNAの塩基配列として保存されている。また，DNAは（　6　）というタンパク質に巻きついてヌクレオソームという構造をつくっている。

（北里大学　改題，法政大学）

3 ゲノムに関する次の文章を読み，以下の問いに答えなさい。

ゲノムを構成する塩基の数をゲノムサイズという。大腸菌のゲノムサイズは約500万塩基対，遺伝子数は約4000個である。酵母のゲノムサイズは約1200万塩基対，遺伝子数は約6000個である。

(1) 酵母のゲノムサイズは，大腸菌の何倍か。
(2) 酵母の遺伝子の数は，大腸菌の何倍か。
(3) 大腸菌の遺伝子一つあたりの平均的なサイズをゲノムサイズから推定しなさい。
(4) 酵母の遺伝子一つあたりの平均的なサイズをゲノムサイズから推定しなさい。
(5) ヒトのゲノムサイズは，約30億である。酵母の平均的な遺伝子サイズから，ヒトの遺伝子の数を推定しなさい。
(6) ヒトの遺伝子の実際の数は，約22,000である。このことと(5)からゲノムサイズと遺伝子について考えられることを答えなさい。

第2章
遺伝子とその働き

この章で学習するポイント

☐ **DNAの複製**
☐ 体細胞分裂のしくみ
☐ 母細胞と娘細胞

☐ **遺伝情報の分配**
☐ 細胞周期とは
☐ 分裂期と間期
☐ 細胞あたりのDNA量の変化
☐ 染色体の形状変化

1 DNAの複製

多細胞生物の体を構成する体細胞は、**体細胞分裂**によって増殖する。分裂する前の細胞を**母細胞**といい、分裂によって新しく生じる細胞を**娘細胞**という。細胞が分裂する前にはDNAが**複製**され、**全く同じ染色体がもう一組つくられる**。複製された染色体は、分裂によって生じた2つの娘細胞に均等に分配される。したがって、娘細胞は母細胞と同じ遺伝情報をもつ。

発展 DNAの複製のしくみ

DNAが複製されるときは、DNAの2重らせんがほどける。1本鎖になったそれぞれのDNAを鋳型にして、AにはT、GにはCのように、相補的な塩基をもつヌクレオチドが鋳型の塩基に結合して複製が進む。複製されたDNA2本鎖のうち一方はもとのDNAに由来し、片方は新しくつくられるため、このような複製様式を**半保存的複製**という。

補足 1958年、メセルソンとスタールにより、半保存的複製は証明された。

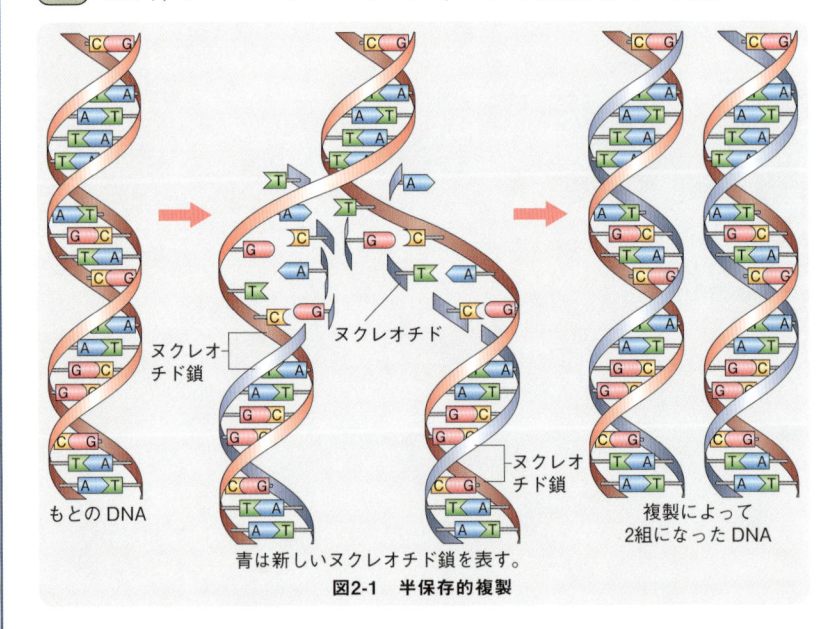

図2-1 半保存的複製

青は新しいヌクレオチド鎖を表す。

2 遺伝情報の分配

1 細胞周期

細胞が分裂して娘細胞が生じ，娘細胞が母細胞になる一連の周期的な現象を**細胞周期**という。細胞周期は，細胞分裂が行われる**分裂期**（**M 期**）と，分裂期以外の時期である**間期**に分けられる。

(補足) M 期の M は，英語で分裂の意味を表す Mitosis の頭文字である。

Ⓐ 分裂期

細胞分裂は，染色体が分配される**核分裂**と，細胞質が2つに分かれる**細胞質分裂**からなる。分裂の過程は，染色体の形や分布の状態によって，**前期**・**中期**・**後期**・**終期**に分けられる。細胞質分裂は終期の最後に起こる。

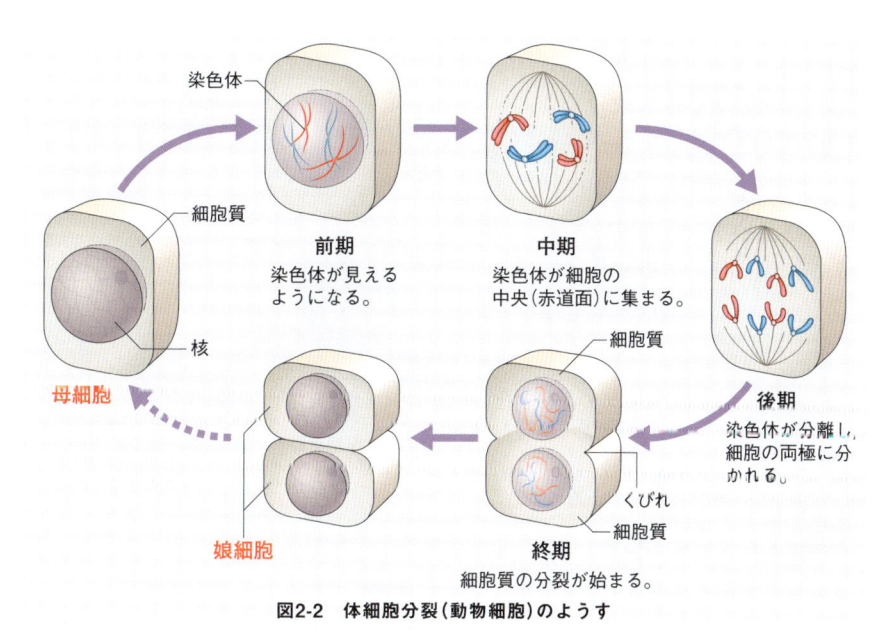

図2-2 体細胞分裂（動物細胞）のようす

体細胞分裂は，前期，中期，後期，終期の順に進行する。

B 間期

　分裂が終わってから，次の分裂が始まるまでの間を間期という。DNAが複製される時期はDNAの合成が起こるため，合成の意味を表す英語のSynthesisの頭文字をとって **S期**（**DNA合成期**）という。M期が終わってからS期が始まるまでの間を **G_1期**（**DNA合成準備期**），S期が終わってからM期が始まるまでの間を **G_2期**（**分裂準備期**）という。G期のGは，空白の意味を表すGapの頭文字である。

　G_1期で長時間止めている細胞がある。このような細胞は，細胞周期に入っていないと考え，**G_0期** にあるとする。

（補足）神経細胞や心臓の心筋細胞のほとんどはG_0期に入っている。

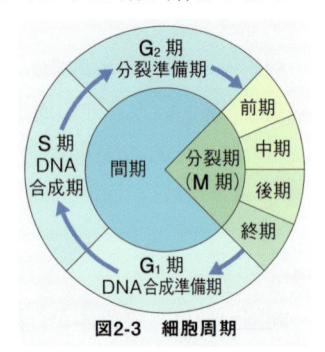

図2-3　細胞周期

2 細胞のDNA量

　体細胞の核に含まれるDNA量は，G_1期を1とすると，S期にはDNA合成にともなってDNA量が増加し，G_2期には2になる。M期に核分裂が終了し，2つの娘細胞に均等にDNAが分配されると，DNA量は再び1に戻る。

　生殖細胞をつくる減数分裂では，染色体が半数になる。そのため，精子や卵では，核のDNA量は体細胞の半分（1/2）になる。受精により，精子と卵が合体すると，DNA量は体細胞と同じ1になる。

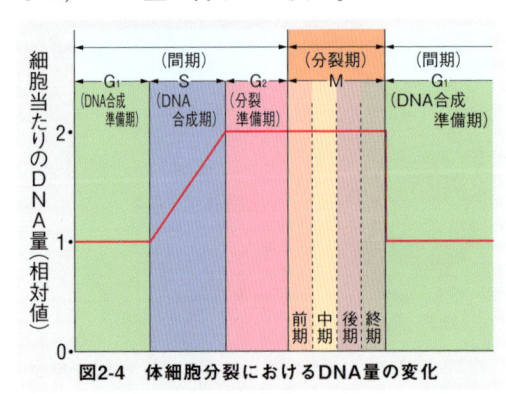

図2-4　体細胞分裂におけるDNA量の変化

POINT

- 体細胞分裂ではDNAが複製される。→ G_2期のDNA量はG_1期の2倍になる。
- 複製されたDNAは均等に娘細胞に分配される。

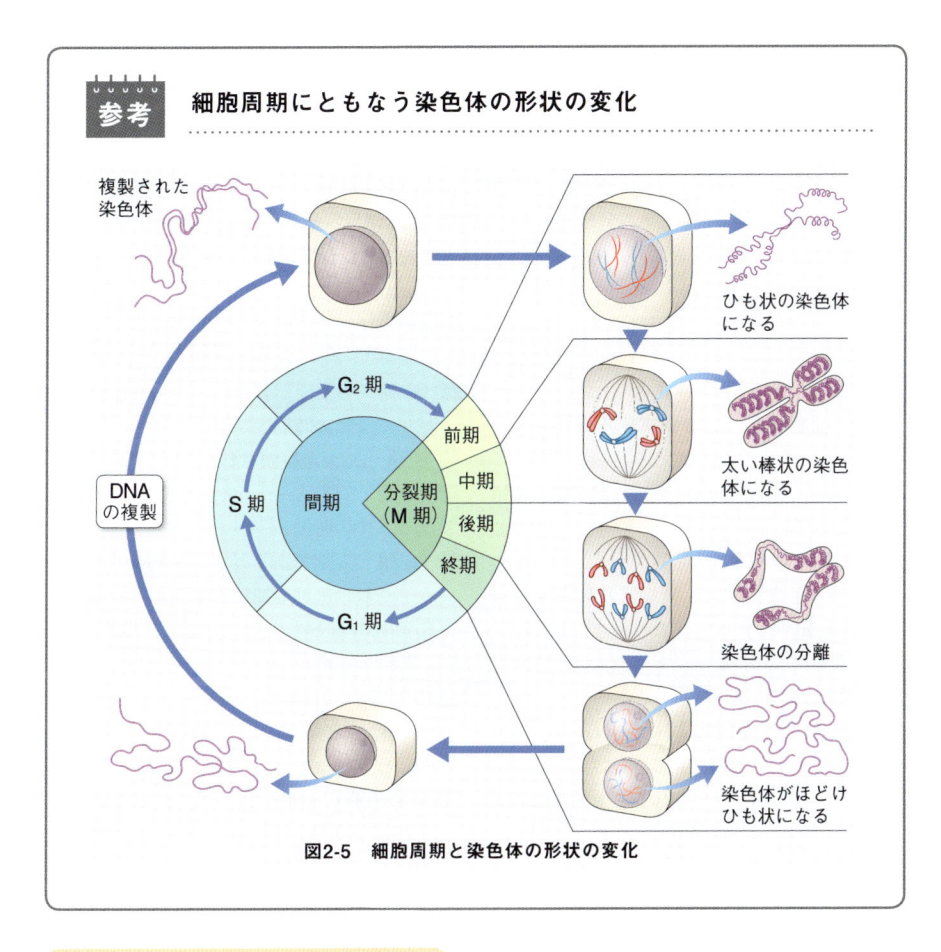

参考 細胞周期にともなう染色体の形状の変化

図2-5 細胞周期と染色体の形状の変化

複製された染色体 / DNAの複製 / S期 / 間期 / G₂期 / G₁期 / 分裂期（M期） / 前期 / 中期 / 後期 / 終期

ひも状の染色体になる
太い棒状の染色体になる
染色体の分離
染色体がほどけひも状になる

コラム サイクリンの発見

　イギリスの科学者ティモシー・ハントは，細胞分裂の周期がそろっているウニの受精卵の性質を利用し，ウニから細胞周期を調節するタンパク質のサイクリンを発見した。特定のタンパク質を化学的に検出するには，多くの細胞からタンパク質を取り出して調べなければならない。普通の組織の細胞は，細胞の周期がまちまちであり，特定の周期に現れるタンパク質を化学的に検出することができない。ウニでは，数百万個の卵を同時に受精させることができ，同時に受精した卵は同時に細胞分裂する。そのため，すべての細胞の周期が一致している。サイクリンは，ヒトでも同じ働きをしており，がんの発症のしくみにもかかわる。この研究業績により，ハントは2001年にノーベル生理学・医学賞を受賞した。

この章で学んだこと

細胞が分裂して娘細胞が生じ，娘細胞が母細胞になる現象を細胞周期という。遺伝情報を担うDNAはその過程で複製され，分配される。この章では，遺伝情報がどのように分配され，受け継がれていくのかを学んだ。細胞分裂にともなって起こる染色体の変化についても理解を深めた。

1 DNA の複製
1. **体細胞分裂** 体を構成する体細胞の分裂のこと。分裂する前の細胞を母細胞といい，分裂によって生じた細胞を娘細胞という。
2. **DNA の複製** 細胞が分裂する前にDNA が複製され，全く同じ染色体がもう一組つくられる。
3. **染色体の分配** 複製された染色体は，娘細胞に均等に分配される。
- 発展 **DNA の複製のしくみ** DNA の二重らせんがほどけ，一本鎖になった DNA を鋳型として複製される。半保存的複製という。

2 細胞周期
1. **細胞周期** 細胞分裂が行われる分裂期と，分裂期以外の時期である間期に分けられる。
2. **分裂期(M 期)** 複製された染色体を均等に分配する核分裂のあと，娘細胞を生じる細胞質分裂が起こる。
3. **分裂の過程** 核分裂は，染色体の形や動きから，前期，中期，後期，終期に分けられる。
4. **細胞質分裂** 終期の最後に起こる。動物細胞では，細胞がくびれて分裂する。
5. **間期** 分裂が終わってから，次の分裂が始まるまでの期間のこと。G_1 期，S 期，G_2 期に分けられる。
6. **G_1 期** 分裂期が終わってから，S 期が始まるまでの時期。
7. **S 期** DNA が複製される時期。
8. **G_2 期** S 期が終わってから分裂期が始まるまでの時期。
9. **G_0 期** G_1 期で止まっている細胞があるが，これは細胞周期に入ってないと考え，G_0 期にあるとする。

3 細胞の DNA 量
1. **体細胞の DNA 量** G_1 期を 1 とすると，G_2 期は 2 となる。2 つの娘細胞に DNA が分配されると，再び 1 に戻る。
2. **生殖細胞の DNA 量** 減数分裂では染色体が半数になるため，DNA 量は体細胞の半分(1/2)になる。
3. **受精による DNA 量の変化** 卵と精子が合体すると，DNA 量は体細胞と同じになる。

4 分裂期の染色体のようす
1. **前期** 凝縮し，ひも状になる。
2. **中期** さらに凝縮し，太い棒状になる。細胞の中央(赤道面)に集まる。
3. **後期** 2 つに分離し，細胞の両極に分かれる。
4. **終期** ほどけてひも状になり，分散する。

確認テスト2

解答・解説は p.527

1 　細胞は，DNA 合成準備期(G_1 期)，DNA 合成期(S 期)，分裂準備期(G_2 期)および分裂期(M 期)という細胞周期とよばれるサイクルを繰り返すことにより増殖する。マウスの体細胞分裂および細胞周期に関する正しい記述を，次の①〜⑧から3つ選びなさい。

① 体細胞分裂では，まず細胞質分裂が起こり，続いて核分裂が起こる。
② 体細胞分裂では，まず核分裂が起こり，続いて細胞質分裂が起こる。
③ M 期終了から次の M 期の開始までの間を間期とよぶ。
④ G_1 期と S 期をあわせた期間を間期とよぶ。
⑤ 多くの動物の体細胞では，M 期の前期になると染色体が中央に並ぶ。
⑥ 多くの動物の体細胞では，細胞の中央部の表面がくびれた後，細胞質が2つに分かれる。
⑦ 各染色体は，M 期の中期になると分離して移動を始める。
⑧ 体細胞分裂では，娘細胞と母細胞のもつ DNA は同じだが，量は異なる。

(北里大学　改題)

2 　DNA の働きには，もとの DNA とまったく同じ DNA をつくること(複製)や，遺伝情報を他の物質に伝達して，形質として表すこと(形質発現)がある。以下の問いに答えなさい。

(1) ある DNA の2本のヌクレオチド鎖の一方が ATGGCAGCTA の塩基配列をもつ場合，これと対になる他方のヌクレオチド鎖の塩基配列はどのようになるか。
(2) メセルソンとスタールが実験的に証明した DNA 複製の方式はどれか。下記の語群(ア)〜(オ)から1つ選び，記号を記入しなさい。
(ア) 分散的複製　　(イ) 全保存的複製　　(ウ) 半保存的複製
(エ) 連続複製　　　(オ) 不連続複製
(3) 体細胞分裂の周期における DNA 量の変化を表した次の図の記号(a)〜(e)に該当する時期はどれか。あとの(ア)〜(オ)から選び，記号を記しなさい。

第2章　遺伝子とその働き　79

核あたりのDNA量(相対値)

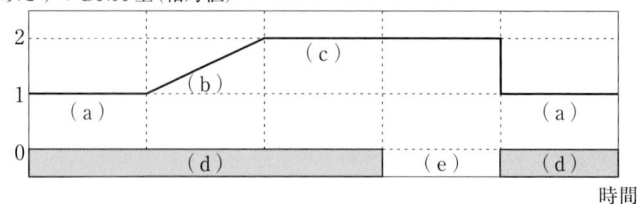

(ア) G_1期　(イ) G_2期　(ウ) S期　(エ) 分裂期　(オ) 間期

(九州産業大学　改題)

3　以下の図は，体細胞分裂における各時期の染色体を模式的に示したものである。(1)〜(3)に答えなさい。

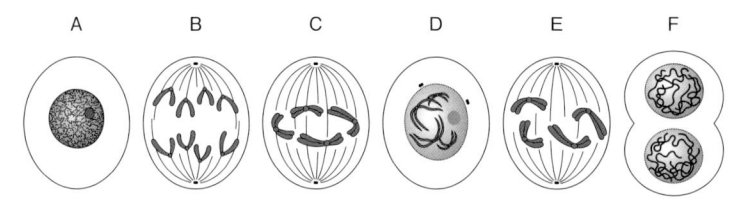

盛んに分裂を繰り返している細胞を，光学顕微鏡を用いて任意の視野ですべて数え，図のA〜Fに示した各時期に対応させて表にまとめた。この細胞が分裂期(B〜F：順序不同)に要する時間は2時間であった。ただし，Aは間期の図とする。また，観察したすべての細胞の細胞周期の長さは同じであると仮定する。

時期	A	B	C	D	E	F
細胞数	560	8	13	21	20	18

(1) この細胞の細胞周期に要する時間は何時間か(小数点以下が出る場合は四捨五入しなさい)。

(2) 分裂期の後期に要する時間は何分か(小数点以下が出る場合は四捨五入しなさい)。

(3) A〜Fを，Aを先頭として細胞周期が進む順に並べなさい。

(岡山大学　改題)

第3章
遺伝情報とタンパク質の合成

この章で学習するポイント

- **遺伝情報の流れ**
  - セントラルドグマとは
  - RNAをつくる物質

- **転写**
  - 転写とは
  - 転写のしくみ

- **翻訳**
  - 翻訳とは
  - 翻訳のしくみ
  - アミノ酸の指定とタンパク質
  - タンパク質の働き

- **遺伝子の発現**
  - 遺伝子の選択的な発現
  - 細胞分化

1 遺伝情報とRNA

　タンパク質には，体の構造をつくるタンパク質や，酵素の働きをするタンパク質など，多くの種類がある。タンパク質は，生命の活動のさまざまな場面で重要な役割を果たしている。遺伝子の情報をもとにタンパク質が合成され，形質が現れることを遺伝子の**発現**という。特定のタンパク質は，特定の遺伝子の情報をもとにつくられる。

　タンパク質はアミノ酸が連なって構成されており，**タンパク質の種類ごとに，アミノ酸の配列が決まっている。タンパク質のアミノ酸の配列は，DNAの塩基配列によって決められている。**

1 セントラルドグマ

　遺伝情報は，DNA の塩基配列として保存されている。DNA の塩基配列は，まず **RNA** に写し取られる（転写）。次に RNA の情報をもとにアミノ酸が連結し，最終的にタンパク質が合成される（翻訳）。情報の流れの方向は決まっており，タンパク質のアミノ酸配列の情報から RNA や DNA が合成されることはない。この **DNA → RNA → タンパク質という情報の流れ**を**セントラルドグマ**とよぶ。

2 RNA の構造

　RNA はヌクレオチドがいくつも連結した鎖状の構造をしており，DNA の構造とよく似ている。RNA の糖は，**リボース**であり，DNA のデオキシリボースと異なる。塩基は A, G, C, U の 4 種類である。DNA では T が用いられるが，RNA では代わりに**ウラシル(U)** となっている。

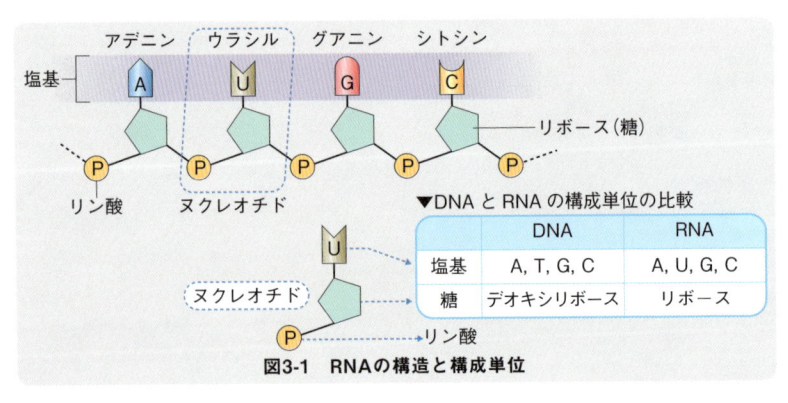

▼DNA と RNA の構成単位の比較

	DNA	RNA
塩基	A, T, G, C	A, U, G, C
糖	デオキシリボース	リボース

図3-1　RNAの構造と構成単位

タンパク質のアミノ酸配列の情報をもつRNAを特に，**mRNA（伝令RNA）**という。

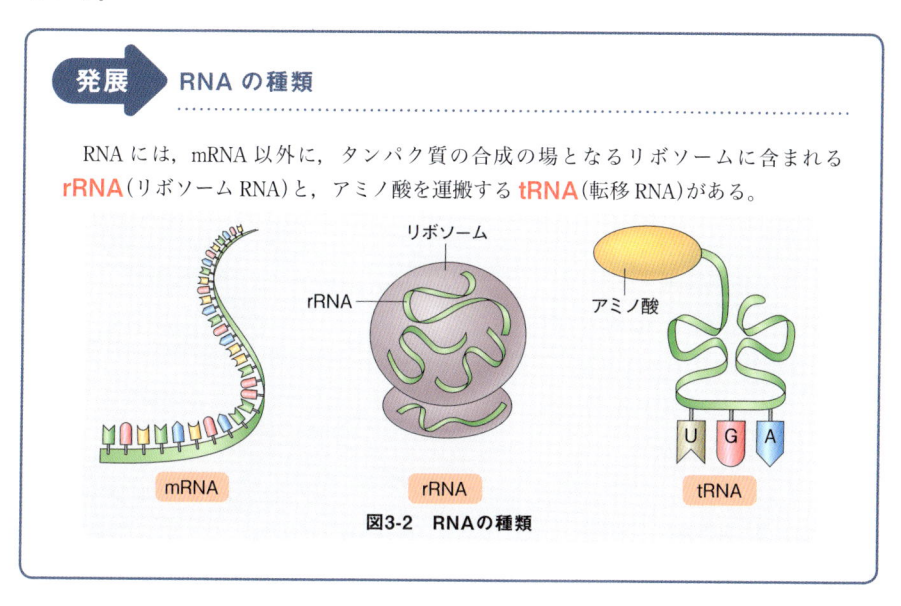

発展　RNAの種類

RNAには，mRNA以外に，タンパク質の合成の場となるリボソームに含まれる**rRNA**（リボソームRNA）と，アミノ酸を運搬する**tRNA**（転移RNA）がある。

図3-2　RNAの種類

発展　リボースとデオキシリボースの構造

リボースは，酸素原子の位置から時計回りに2つ目にある炭素に-OH（ヒドロキシ基）が，デオキシリボースは-H（水素）がそれぞれ結合している。

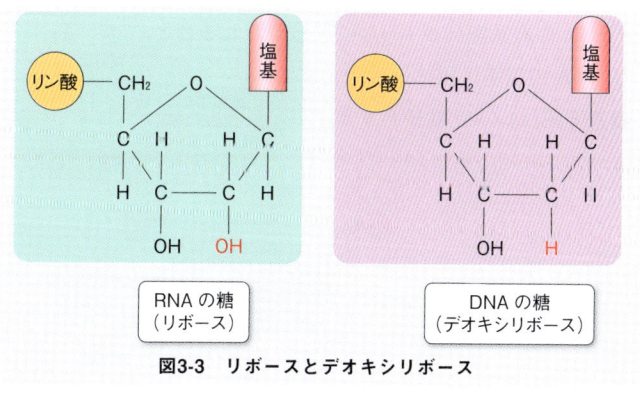

図3-3　リボースとデオキシリボース

2 転写

　DNA の塩基配列が RNA に写し取られることを**転写**という。転写の際，DNA はまず 1 本ずつのヌクレオチド鎖となる。そして，1 本鎖となった DNA の A，G，C，T に対して，それぞれ相補的な U，C，G，A をもつヌクレオチドが配列し，連結されて RNA となる。

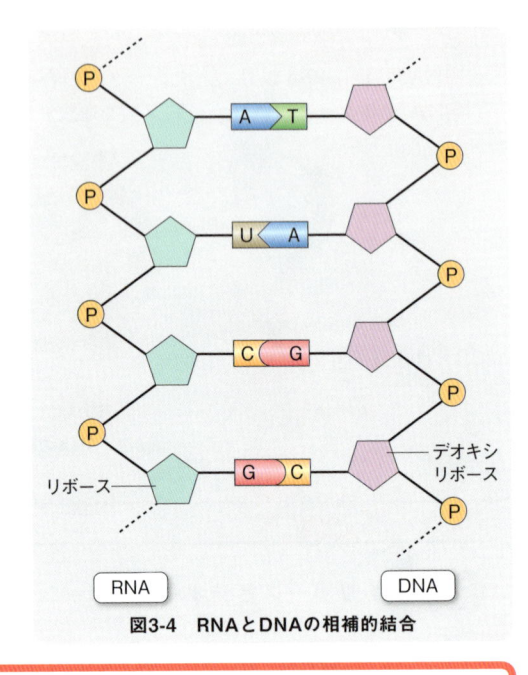

図3-4　RNAとDNAの相補的結合

> **POINT**
> - **転写**→ DNA の塩基配列が RNA に写し取られること。
> - DNA と RNA の塩基は相補的に結合する。
> - DNA の A と RNA の U は結合する。

発展　転写のしくみ

　遺伝子のもつタンパク質の情報は，DNA 2本鎖の片方の鎖にある。DNA 2本鎖がほどけ，片方の鎖の塩基に相補的なヌクレオチドが連結することにより，DNA の塩基配列はタンパク質の情報として RNA に転写される。反対側の DNA 鎖は転写されない。RNA の合成は，**RNA ポリメラーゼ**とよばれる酵素の働きによって行われる。遺伝子の情報を写し取った mRNA は，核膜の孔（核膜孔）を通って細胞質に出る。

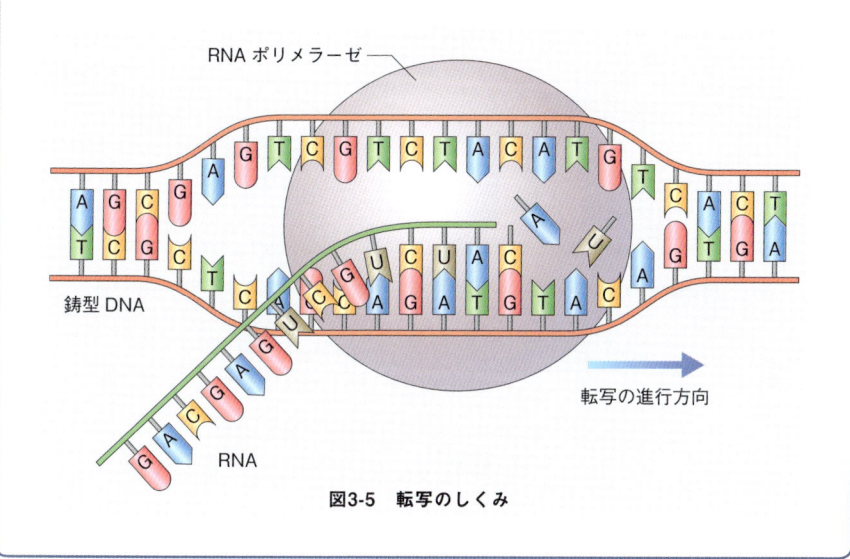

図3-5　転写のしくみ

発展　逆転写

　セントラルドグマは遺伝情報の流れの大原則であるが，あてはまらない例もある。ウイルスの中には，RNA をゲノムとする**レトロウイルス**がいる。真核生物には RNA を複製するしくみがないので，本来ならば感染しても増殖できないはずである。しかし，レトロウイルスは，RNA を鋳型として DNA を合成することができる。これを**逆転写**とよび，この反応を促すのが**逆転写酵素**である。レトロウイルスが感染すると，一緒にもち込まれた逆転写酵素で RNA ゲノムは DNA に転写される。DNA となったウイルスゲノムは，細胞の DNA 複製のしくみを利用して複製，増幅する。そして細胞から外に出るときに，DNA を鋳型としてゲノム RNA を合成し，殻を被ってウイルスとなる。HIV（ヒト免疫不全ウイルス）はレトロウイルスのグループに属する。

3 翻訳

　DNA の塩基配列は mRNA に写し取られたあと，アミノ酸の配列に読みかえられる。mRNA の塩基配列の情報がアミノ酸の配列に読みかえられる過程を**翻訳**とよぶ。**mRNA の 3 つの塩基が一組となって，1 つのアミノ酸が指定される。**

(補足) タンパク質を構成するアミノ酸は 20 種類ある。

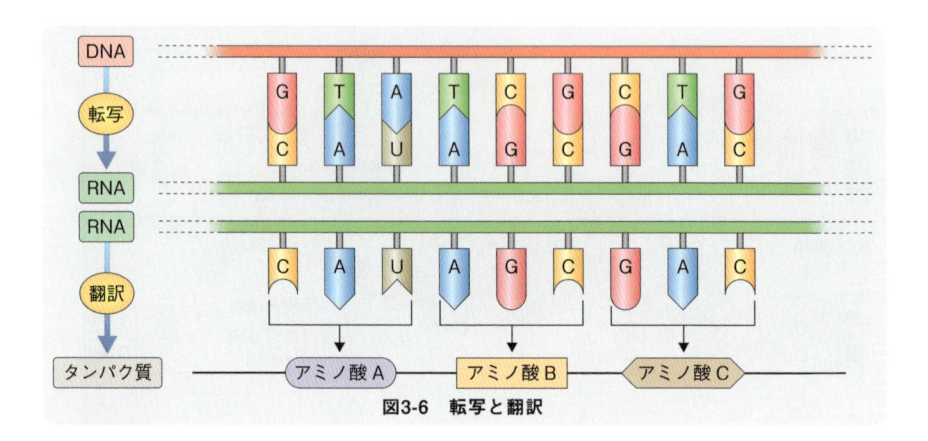

図3-6　転写と翻訳

POINT
- mRNA の塩基配列の情報をもとに，タンパク質を合成することを**翻訳**という。
- mRNA の 3 つの塩基一組で 1 つのアミノ酸を指定する。

発展　翻訳のしくみ

1 遺伝暗号

　mRNAの塩基3つで特定の1つのアミノ酸を指定する。アミノ酸を指定する3つ一組の塩基配列を**トリプレット**（3つ一組の意味）とよぶ。トリプレットは暗号に見立てられるため，**コドン**（暗号の意味）とよばれる。

　3つ一組の塩基配列の組合わせは64通りある。64通りのコドンで20種類のアミノ酸を指定するため，複数種類のコドンが一つのアミノ酸を指定する例も多い。また，対応するアミノ酸をもたないコドンも存在する。

表3-1　遺伝暗号表

第1番目の塩基	第2番目の塩基 ウラシル(U)	第2番目の塩基 シトシン(C)	第2番目の塩基 アデニン(A)	第2番目の塩基 グアニン(G)	第3番目の塩基
U	UUU, UUC フェニルアラニン / UUA, UUG ロイシン	UCU, UCC, UCA, UCG セリン	UAU, UAC チロシン / UAA, UAG （終止**）	UGU, UGC システイン / UGA （終止） / UGG トリプトファン	U C A G
C	CUU, CUC, CUA, CUG ロイシン	CCU, CCC, CCA, CCG プロリン	CAU, CAC ヒスチジン / CAA, CAG グルタミン	CGU, CGC, CGA, CGG アルギニン	U C A G
A	AUU, AUC, AUA イソロイシン / AUG メチオニン(開始*)	ACU, ACC, ACA, ACG トレオニン	AAU, AAC アスパラギン / AAA, AAG リシン	AGU, AGC セリン / AGA, AGG アルギニン	U C A G
G	GUU, GUC, GUA, GUG バリン	GCU, GCC, GCA, GCG アラニン	GAU, GAC アスパラギン酸 / GAA, GAG グルタミン酸	GGU, GGC, GGA, GGG グリシン	U C A G

＊開始コドン…メチオニンを指定するコドンであると同時に，タンパク質の合成を開始する目印としての働きをもつ。
＊＊終止コドン…対応するアミノ酸がないので，タンパク質の合成が止まる。

2 翻訳

　転写されたmRNAが核から細胞質に出ると，mRNAにリボソームが結合する。リボソームでは，mRNAのコドンの情報に基づき，アミノ酸が次々に連結される。アミノ酸をリボソームに運ぶのは**tRNA**（転移RNA）である。20種類のアミノ酸それぞれに，専門的に対応するtRNAがあり，特定のtRNAは特定のアミノ酸を結合している。

　tRNAはコドンに相補的に結合する**アンチコドン**をもっている。アンチコドンの部分でmRNAのコドンに結合すると，リボソームはmRNA上に並んだtRNAがもつアミノ酸を連結していく。その結果，mRNAのコドンの情報にしたがってタンパク質が合成される。

図3-7　翻訳のしくみ

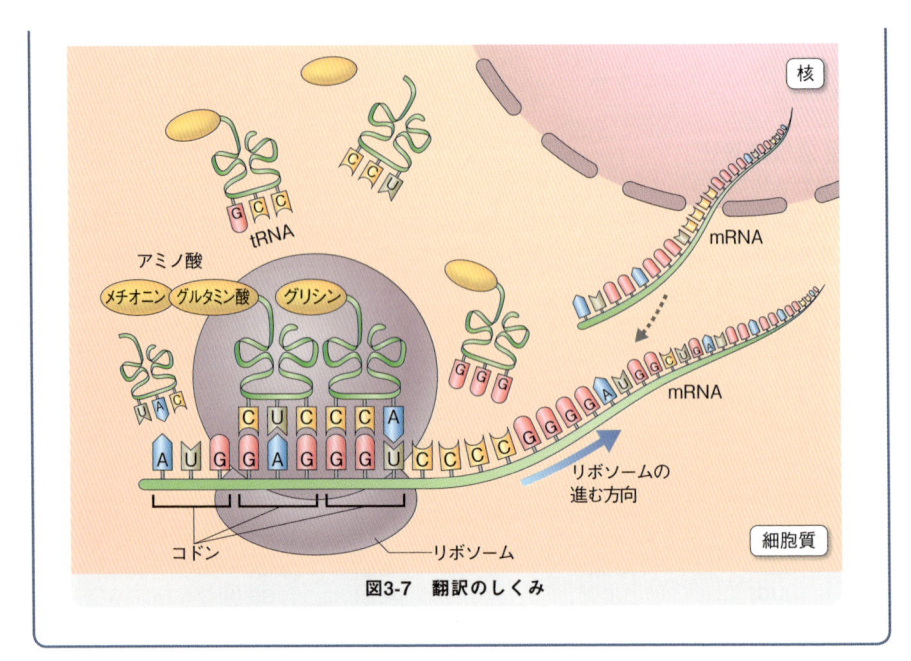

> **コラム** **RNA は分解されやすい**
>
> 　細胞分裂期以外は，DNA は大切に核の中に収められている。DNA の遺伝子の情報は RNA としてコピーされ，RNA の情報をもとにタンパク質が合成される。DNA 分子は分解されにくい性質があるが，RNA は分解されやすく，すぐに消失する。DNA は遺伝情報の原本であり，正確に複製して娘細胞に分配しなければならないため，安定した分子なのである。では，RNA が分解されやすいのはなぜだろうか。
>
> 　細胞は環境に合わせて，特定の遺伝子を発現する。環境は変化するため，遺伝子の発現も変化させ，適切なタンパク質を合成する必要がある。いつまでも同じタンパク質をつくっていては状況の変化に対応できなくなる。使い終わったタンパク質の遺伝情報のコピー（mRNA）は速やかに捨てて，そのときに必要な新しいタンパク質を合成することが重要なのだ。

4 タンパク質のさまざまな働き

タンパク質の種類は多く，生命活動のさまざまな場面で働いている。**酵素**や動物の組織の構造を保つ**コラーゲン**，血糖濃度を調節するホルモンの**インスリン**などは，どれもタンパク質でできている。

補足 ヒトのタンパク質は **10 万種類以上**ある。赤血球に含まれる**ヘモグロビン**，白血球が産生する抗体もタンパク質である。

発展　タンパク質の構造

アミノ基とカルボキシ基の両方をもつ化合物をアミノ酸という。タンパク質は 20 種類のアミノ酸で構成されており，アミノ酸の種類によって側鎖 R が異なる。

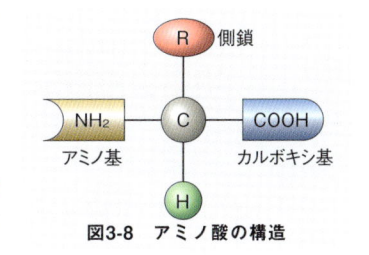

図3-8　アミノ酸の構造

アミノ酸とアミノ酸が，アミノ基とカルボキシ基の部分で結合する様式を，**ペプチド結合**という。アミノ酸がペプチド結合により多数結合した鎖状のものを**ポリペプチド**といい，タンパク質はポリペプチドでできている。ポリペプチドは，鎖の中や，鎖の間で弱く結合することにより，一定の立体的な構造をとる。タンパク質の立体構造は，ポリペプチドを構成するアミノ酸の側鎖の影響を受けるため，**タンパク質の種類ごとに立体構造が異なる**。タンパク質の立体構造は，生命活動におけるタンパク質の働きと深くかかわっている。

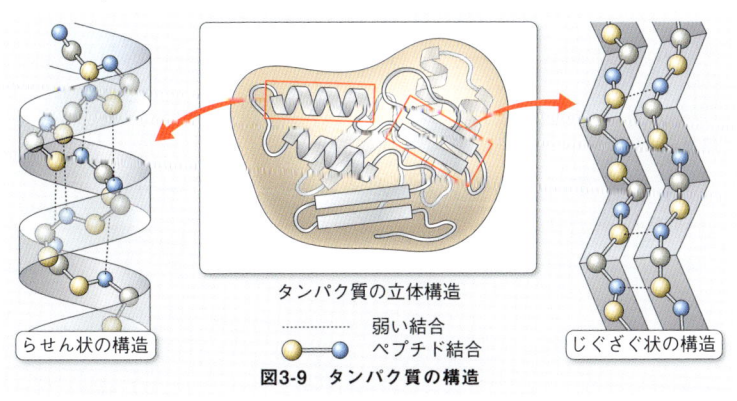

図3-9　タンパク質の構造

第3章　遺伝情報とタンパク質の合成

5 遺伝子の発現と生命活動

　多細胞生物は受精したあと，細胞分裂を繰り返して体の細胞数を増やすとともに，やがて細胞は特定の働きをもつようになる。たとえば肝臓の細胞は肝臓として，脳神経の細胞は脳神経としての機能を果たすようになる。

　細胞は，体細胞分裂の過程でDNAを複製し，娘細胞に均等に分配している。したがって，**どの種類の細胞も，すべての遺伝子をもっている**ことになる。すべての遺伝子をもちながら，細胞が特定の働きをもつようになるのは，**特定の遺伝子を選択的に発現させている**からである。細胞が特定の働きをもつようになることを**細胞分化**といい，分化した細胞では特定の遺伝子が発現している。

表3-2　さまざまな細胞と発現する遺伝子

	クリスタリン遺伝子	ヘモグロビン遺伝子	インスリン遺伝子	アミラーゼ遺伝子	呼吸関連遺伝子（発展）
水晶体細胞	＋	－	－	－	＋
赤血球	－	＋	－	－	＋
すい臓の細胞	－	－	＋	－	＋
だ腺細胞	－	－	－	＋	＋

＋は発現していることを，－はしていないことを示す。

補足　ヒトでは約200種類の細胞があるが，呼吸にかかわる酵素のように，**どの細胞にも必要なタンパク質の遺伝子は，どの細胞でも発現している**。
　水晶体細胞がつくる眼のレンズは，クリスタリンとよばれるタンパク質で構成されている。

POINT
- 細胞が特定の働きをもつようになることを**細胞分化**という。
- 特定の**遺伝子を選択的に発現**させることにより細胞は分化する。

発展 遺伝子の利用の実際

1 遺伝子組換え

　生物から取り出した DNA や，人工的に合成した DNA など，異なる DNA 分子を試験管の中で結合させることを**遺伝子組換え**という。例えば，ヒトの特定のタンパク質の遺伝子に，GFP とよばれるクラゲの光るタンパク質の遺伝子を結合させたとしよう。ヒトの細胞にこの組換え遺伝子を入れると，ヒトのタンパク質とクラゲの GFP が連結したタンパク質が合成される。タンパク質の多くは，無色透明なため見ることができず，他のタンパク質と見分けがつかない。しかし，GFP がついたタンパク質は光るため，細胞内での動きをリアルタイムで見ることができる。遺伝子組換えにより，人工タンパク質の合成や，遺伝子の働きを調節するしくみの解析が可能になり，今や生命科学の進歩になくてはならない技術になっている。

（補足）GFP の研究で，下村修博士は 2009 年にノーベル化学賞を受賞した。

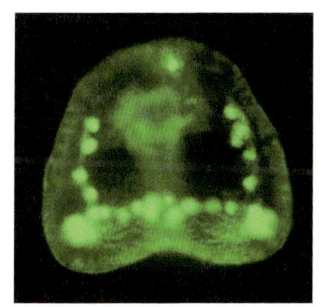

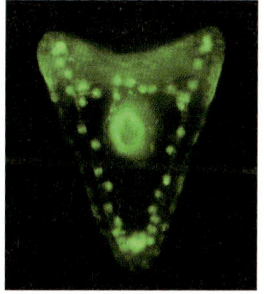

▲GFPの発現
写真はウニの幼生。緑色に光っているのは GFP をつけた骨のタンパク質である。

2 遺伝子診断と遺伝子治療

　ある集団の大多数がもつ遺伝子の塩基配列とは異なる塩基配列をもつようになることを，遺伝子の**変異**という。遺伝子に変異があると病気を引き起こすことがある。個人の遺伝子の塩基配列を解析して，病気の原因となる変異があるか調べることを**遺伝子診断**という。遺伝子に変異があることをあらかじめ知っておけば，病気の予知が可能となり予防することができるかもしれない。しかし，治療法がない不治の病になることを知ってしまう可能性もある。

　正常に働かない遺伝子をもつ患者の細胞に，正常な遺伝子を入れる治療法がある。遺伝子を操作する治療を**遺伝子治療**という。遺伝病の克服に有望な治療法であるが，遺伝子を組み込むことによってがんを引き起こす可能性もあり，課題も多く残されている。

この章で学んだこと

生命活動を担うタンパク質は，遺伝情報をもとに合成される。この章では，DNA のもつ遺伝情報が，どのようにしてタンパク質に置き換えられるのか，その過程について詳しく学んだ。また，タンパク質のもつさまざまな働きについても理解を深めた。

1 遺伝情報と RNA
1. **遺伝情報の保持** 遺伝情報は DNA の塩基配列として保存されている。
2. **遺伝情報の流れ** DNA の塩基配列は RNA に写し取られ，RNA の情報をもとにタンパク質が合成される。
3. **セントラルドグマ** DNA → RNA → タンパク質という情報の流れをいう。遺伝子発現の大原則である。
4. **RNA の構造** RNA のヌクレオチドは，リボースにリン酸と塩基が結合している。
5. **RNA の塩基** アデニン，グアニン，シトシン，ウラシルの4種類がある。
6. **mRNA** タンパク質のアミノ酸配列の情報をもつ RNA のこと。
- 発展 **RNA の種類** mRNA, rRNA, tRNA がある。
- 発展 **リボースとデオキシリボースの構造**

2 転写
1. **転写** DNA の塩基配列が RNA に写し取られること。
2. **塩基の相補性** DNA と RNA の塩基は相補的に結合する。DNA の A には RNA の U が結合する。
- 発展 **転写のしくみ** RNA ポリメラーゼの働きによって行われる。
- 発展 **逆転写** RNA から DNA が合成されること。

3 翻訳
1. **発現** 遺伝子の情報をもとにタンパク質が合成され，形質が現れること。
2. **タンパク質の構造** タンパク質はアミノ酸が連なって構成されている。
3. **アミノ酸の種類** タンパク質を構成するアミノ酸は20種類ある。
4. **翻訳** mRNA の塩基配列の情報が，アミノ酸の配列に読みかえられること。
5. **アミノ酸の配列** タンパク質の種類によって決まっている。
6. **アミノ酸の指定** mRNA の3つの塩基が一組となって，1つのアミノ酸が指定される。
- 発展 **翻訳のしくみ** tRNA により運ばれてきたアミノ酸が連結する。

4 タンパク質の働き
1. **タンパク質の種類** ヒトでは，10万種類以上ある。
2. **酵素** 代謝にかかわる。
3. **コラーゲン** 動物の体の構造を保つ。
4. **インスリン** 血糖濃度を調節する。
- 発展 **タンパク質の構造**

5 遺伝子の発現と生命活動
1. **細胞の分化** 細胞が特定の働きをもつようになること。
2. **選択的な遺伝子発現** 細胞が特定の働きをもつのは，特定の遺伝子を選択的に発現させているためである。
- 発展 **遺伝子の利用の実際** 遺伝子組換え，遺伝子診断，遺伝子治療など。

確認テスト3

1 以下の文章の空欄に適当な語句を入れて文章を完成させなさい。

多くの遺伝子発現の第1段階は，DNA鎖中の塩基配列を，RNA鎖の塩基配列に写す反応である。RNAは糖・塩基・（ 1 ）が結合した（ 2 ）を構成成分としており，この点ではDNAと共通である。しかしDNAとRNAは，次の点で違っている。DNAの糖が（ 3 ）であるのに対しRNAの糖は（ 4 ）であること，RNAはDNAの塩基に含まれる（ 5 ）を含まず，代わりに（ 6 ）を含んでいること，さらにほとんどのRNAは（ 7 ）本鎖ではなく（ 8 ）本鎖であることである。RNAは，DNAの二本鎖の片方を鋳型として，その塩基と相補的な塩基をもつ（ 2 ）から合成される。これを（ 9 ）という。（ 9 ）に続き，遺伝子発現の第2段階である（ 10 ）が始まる。（ 10 ）は，RNAの情報をもとに，タンパク質が合成される反応である。

（大阪医科大学　改題）

2 以下の問いに答えなさい。

(1) DNAの次の塩基と相補的に結合するRNAの塩基を答えなさい。
① アデニン　② グアニン　③ シトシン　④ チミン

(2) RNAに関する記述のうち正しいものを，次の①〜④の中から選びなさい。
① RNAは，アデニンとウラシルの割合，グアニンとシトシンの割合がそれぞれ同じである。
② 転写によって2本鎖のRNAが合成される。
③ RNAは，アデニン，グアニン，シトシン，チミンの塩基からなる。
④ RNAは，リボースという糖を含んでいる。

3 DNAとRNAに関する次の文を読み，以下の問いに答えなさい。

生物のもつ遺伝情報は(a)DNAからRNAへ，(b)RNAからタンパク質（アミノ酸からなる高分子物質）へと伝えられる。一般に，この逆の情報の流れはない。これは(c)とよばれる概念である。ただし，がんウイルスやHIVなど一部のRNAウイルス（レトロウイルスとよばれるウイルス）には，宿主細胞に感染後，(d)RNAからDNAが合成され，宿主のDNAの中に組み込まれる過程が存在するという例外もある。しかし，実際それらのウイルスでも，そのウイルスが再び活性化される場合には(c)にしたがって，ウイルスタンパク質が合成される。

(1) 真核生物について，下線部(a)，(b)に関する次の小問に答えなさい。
① 下線部(a)，発展(b)の過程は細胞のどの部分で行われるか，それぞれ答えなさい。
② 下線部(b)の過程では3つの塩基からなる配列（トリプレット）が1つのアミノ酸に対応している。なぜ1つ，あるいは2つの塩基ではアミノ酸に対応できないのか，タンパク質をつくるアミノ酸が20種類であることから簡潔に説明しなさい。
(2) (c)は，何という概念か。
発展(3) (d)を何というか。

(東京電機大学　改題)

発展 4 ホルモンXのmRNAを調べたところ，以下のような塩基配列が認められた。
　　　塩基配列　……　AAGCCACUGGAAUGCAUC　……
　　　　　　　　　→ 翻訳される方向

塩基配列から特定できるアミノ酸配列として正しいものを，遺伝暗号表を参考にして次の①〜⑤の中から選びなさい。なお，ホルモンXのこの部分で翻訳されるアミノ酸には必ずグリシンがあることがわかっている。
① リジン・プロリン・ロイシン・グリシン・システイン
② セリン・グルタミン・トリプトファン・グリシン・アラニン
③ アラニン・トレオニン・グリシン・メチオニン・ヒスチジン
④ リジン・プロリン・ロイシン・グルタミン酸・グリシン
⑤ アラニン・トレオニン・グルタミン・グリシン・メチオニン

(麻布大学)

遺伝暗号表

		第2番目の塩基				
		ウラシル(U)	シトシン(C)	アデニン(A)	グアニン(G)	
第1番目の塩基	U	UUU/UUC フェニルアラニン UUA/UUG ロイシン	UCU/UCC/UCA/UCG セリン	UAU/UAC チロシン UAA（終止） UAG（終止）	UGU/UGC システイン UGA（終止） UGG トリプトファン	U C A G	第3番目の塩基
	C	CUU/CUC/CUA/CUG ロイシン	CCU/CCC/CCA/CCG プロリン	CAU/CAC ヒスチジン CAA/CAG グルタミン	CGU/CGC/CGA/CGG アルギニン	U C A G	
	A	AUU/AUC イソロイシン AUA AUG メチオニン(開始)	ACU/ACC/ACA/ACG トレオニン	AAU/AAC アスパラギン AAA/AAG リシン	AGU/AGC セリン AGA/AGG アルギニン	U C A G	
	G	GUU/GUC/GUA/GUG バリン	GCU/GCC/GCA/GCG アラニン	GAU/GAC アスパラギン酸 GAA/GAG グルタミン酸	GGU/GGC/GGA/GGG グリシン	U C A G	

センター試験対策問題

解答・解説は p.528

1 体細胞分裂に関する次の文章を読み，問1～問4に答えよ。

体細胞分裂は，細胞の分裂が進行する分裂期(M期)と，M期終了から次のM期が始まるまでの間期に分けられる。分裂期と間期を合わせた期間を，細胞周期とよぶ。間期は，G_1期，S期，G_2期に分けられ，S期ではDNAの合成が行われる。細胞周期は，「G_1期→S期→G_2期→M期」と進行する。

M期では，まず核分裂が起こり，続いて細胞質分裂が起こって，最終的に1個の母細胞から2個の娘細胞が形成される。

哺乳類細胞の細胞周期について調べるために，次の〔実験1〕～〔実験3〕を行った。なお，実験中，どの細胞も細胞周期の長さは同じ時間であるが，任意の時点で細胞周期のどの時期にあるかは，そろってはいなかったとする。

〔実験1〕 適切な培養液が入った培養皿Aと培養皿Bに，増殖を続けている細胞をそれぞれ10^6個入れて，37℃に保温して培養した。時間を追って，培養皿中の細胞数を計測した。培養皿Bでは，培養を始めてから20時間後に，化合物Xを培養液に添加した。その結果を図1に示す。図1の実線は培養皿Aの細胞数の変化を，点線は培養皿Bの細胞数の変化を示す。ただし，培養を始めてから20時間までは，2つの培養皿の細胞数に差はみられなかった。

〔実験2〕 培養を始めてから50時間後に，それぞれの培養皿からほぼ同数の細胞を取り出し，細胞1個あたりのDNAの量と細胞数の関係を調べた。その結果を図2に示す。図2の実線は培養皿Aの細胞数を示し，点線は培養皿Bの細胞数を示す。

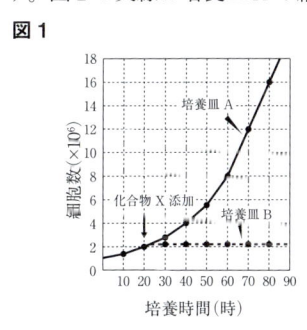

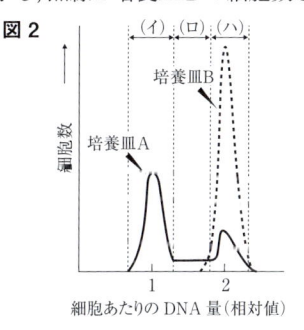

図1

図2

〔実験3〕 培養を始めてから50時間後に，培養皿Aと培養皿Bから細胞を取り出し，すぐに固定液で細胞を固定した。その後，染色体を染色し，それぞれの培養皿について200個の細胞を顕微鏡で観察した。培養皿Aの細胞では，200個の細胞のうち20個で染色体が観察された。培養皿Bの細胞では，全ての細胞で染色

体が観察された。

問1　下線部の過程において，ひも状の染色体が出現する現象がみられる最も適切な期は以下のどれか。
①　前期　②　中期　③　後期　④　終期

問2　〔実験1〕と〔実験3〕の結果から，この細胞のM期の長さは何時間と考えられるか。次の①～④から選び，記号で答えよ。
①　1時間　②　2時間　③　3時間　④　4時間

問3　細胞周期のG_1期にある細胞は，図2の(イ)，(ロ)，(ハ)のどの範囲に含まれるか。次の①～④から選び，記号で答えよ。
①　(イ)　②　(ロ)　③　(ハ)　④　どれにも含まれない

問4　実験に用いた化合物Xによって，細胞周期はどの期で停止したと考えられるか。次の①～④から選び，記号で答えよ。
①　G_1期　②　S期　③　G_2期　④　M期

(福岡大学　改題)

2　DNAのモデルに最も近いものを，次の①～⑤のうちから一つ選べ。

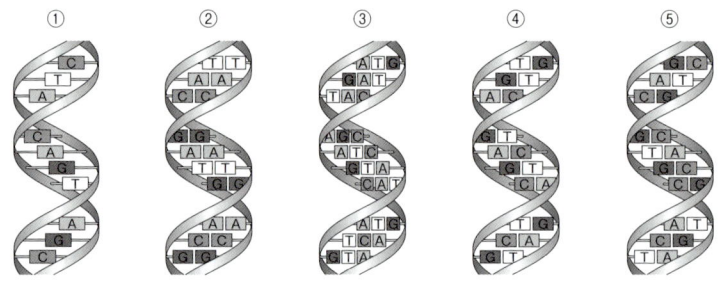

(センター試験本試験)

3　2本鎖DNAの構造に関する記述として誤っているものを，次の①～⑤のうちから一つ選べ。
①　DNAの一方の鎖の構成要素(A，T，G，C)の配列が決定されると，もう一方の鎖のDNAの構成要素の配列が決まる。
②　DNAの2本の鎖は，二重らせん構造をとっている。
③　DNAの一方の鎖に含まれる4種類の構成要素の数の割合は，もう一方の鎖に含まれる4種類の構成要素の数の割合と常に同じである。
④　DNAの構成要素AとT，GとCが，それぞれ相補的な結合をすることにより，DNAの2本の鎖はたがいに結合できる。
⑤　DNAの4種類の構成要素の数の割合は，一般に生物種により異なっている。

4

以下は遺伝情報の発現過程に関する文である。文中の空欄(1)〜(8)にあてはまる言葉を，語群の①〜⑩から選んで記号で答えよ。同じ記号のところには同じ語が入るものとする。

1．DNAの活性化した部分で，塩基間の結合がはずれ，(1)がほどける。
2．酵素の働きで，ほどけたDNAの鎖の一方の塩基配列と(2)的な塩基配列をもつ伝令RNAができる。この過程を(3)という。
3．核内で(3)された伝令RNAは，(4)に移動する。
4．伝令RNAの隣り合う3つの塩基の組合わせと対応する(5)が，伝令RNAの端から順に結合して，(5)の配列が決定されていく。この過程を(6)という。DNAの塩基配列の情報から，(5)の配列が決定されていく流れの方向は，遺伝子発現の大原則で(7)という。
5．アミノ酸どうしが結合し，酵素などの(8)がつくられる。

語群
① 相補　　　　② 細胞質　　　　③ 対称　　　　④ 翻訳
⑤ セントラルドグマ　⑥ 二重らせん　⑦ タンパク質　⑧ 転写
⑨ 炭水化物　　⑩ アミノ酸　　⑪ ミトコンドリア
⑫ 形質発現

5

ウイルスには遺伝物質(核酸)として，2本鎖のDNAをもつもののほかに，1本鎖のDNAをもつもの，2本鎖のRNAをもつもの，及び1本鎖のRNAをもつものがある。右の表はア〜オのウイルスで核酸の塩基組成(個数%)を調べた結果である。ただし，表中の記号A, C, G, T及びUはそれぞれアデニン，シトシン，グアニン，チミン及びウラシルを指す。

塩基の種類 ＼ ウイルス	塩基数の割合　%				
	A	C	G	T	U
ア	30.3	19.5	19.5	30.7	0.0
イ	24.6	18.5	24.1	32.8	0.0
ウ	31.1	15.6	29.2	0.0	24.1
エ	26.0	24.0	24.0	26.0	0.0
オ	28.0	22.0	22.1	0.0	27.9

表のア〜オのうちで，遺伝物質として1本鎖のDNAをもっていると考えられるものはどれか。また，1本鎖のRNAをもっていると考えられるものはどれか。次の①〜⑩のうちから最も適当なものを一つずつ選べ。

(1) 1本鎖のDNAをもつもの　　(2) 1本鎖のRNAをもつもの
① ア　② イ　③ ウ　④ エ　⑤ オ
⑥ ア，イ　⑦ ア，エ　⑧ イ，エ　⑨ ウ，オ　⑩ ア，イ，エ

(センター試験本試験　改題)

生物基礎

第3部

生物の体内環境の維持

この部で学ぶこと

1 恒常性の維持と体液
2 肝臓の働き
3 腎臓の働き
4 神経系と内分泌系
5 自律神経の働き
6 ホルモンの働き
7 生体防御
8 体液性免疫のしくみ
9 細胞性免疫のしくみ
10 免疫にかかわる疾患

BASIC BIOLOGY

第1章
体内環境と恒常性

この章で学習するポイント

- □ **恒常性とは**
  - □ ヒトの体液と恒常性
  - □ 赤血球の働き
  - □ 白血球の働き
  - □ 血液の循環
  - □ 血液凝固のしくみ

- □ **肝臓の働き**
  - □ 血糖の調節
  - □ 有害物質の解毒
  - □ 胆汁の生成
  - □ 肝臓の構造

- □ **腎臓の働き**
  - □ 腎臓の構造と働き
  - □ 尿がつくられるしくみ

1 恒常性とは

体の内部の状態を一定に保とうとする性質を**恒常性**(ホメオスタシス)という。恒常性により体内の状態が一定に保たれることで、細胞は安定してその機能を果たすことができる。

単細胞生物は、**外部環境**(細胞を囲む外の環境)の影響を細胞が直接受ける。ゾウリムシは体内より塩類濃度が低い外部環境中にすんでおり、水が体の中に侵入する。そのため、収縮胞を働かせて水を排出することによって、体内の塩類濃度を一定に保つしくみを備えている。

一方、多細胞動物では、細胞は**体液**とよばれる液体に囲まれている。体液のことを**内部環境**とよぶ。多細胞動物の細胞にとっては、体液が直接的な環境となる。

脊椎動物の体液は、外部環境が変化しても、塩類濃度、pH、血糖の濃度、酸素濃度などがほぼ一定に保たれている。

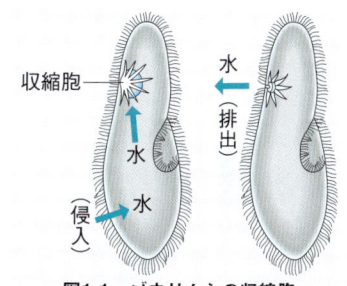

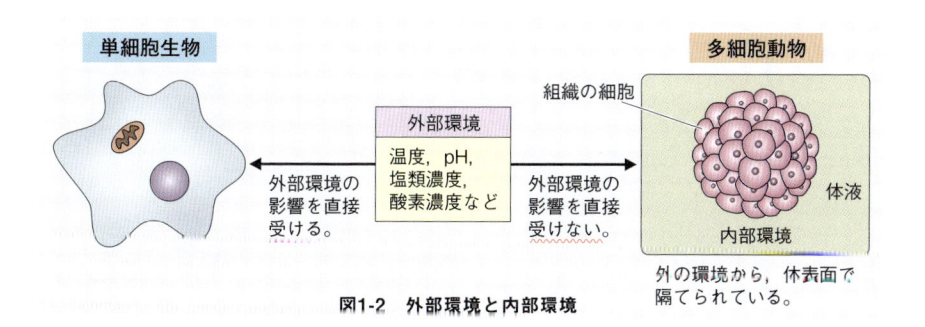

図1-1 ゾウリムシの収縮胞

図1-2 外部環境と内部環境

POINT
- **恒常性**により体の内部の環境は一定に保たれる。
- 多細胞動物の細胞は**体液**で囲まれており**内部環境**の中にある。

第1章 体内環境と恒常性

2 体液とその成分

1 ヒトの体液

脊椎動物の体液は，血管の中を流れる**血液**と，リンパ管の中を流れる**リンパ液**，細胞に直接触れている**組織液**に分けられる。

血液は，有形成分の**血球**と，液体成分の**血しょう**からなる。血球には**赤血球**，**白血球**，**血小板**があり，すべて骨髄の造血幹細胞（→p.134）からつくられる。

組織液は，血しょうが毛細血管から組織にしみ出たものをいう。組織液は毛細血管に戻って血液となるが，一部はリンパ管に入って**リンパ液**となる。リンパ液には免疫に関与する働きをもつ**リンパ球**が含まれている。リンパ管の途中にはリンパ節があり，リンパ球が集まっている。

> 補足　ヒトの赤血球の寿命は約120日であり，肝臓でこわされる。血小板は約10日で，ひ臓でこわされる。白血球の寿命は，血液中では1日，組織に入ったものでも数日ときわめて短い。

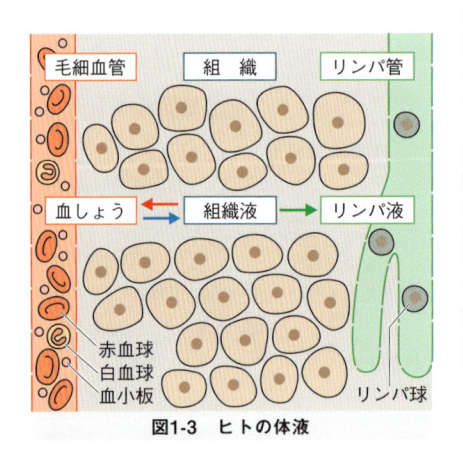

図1-3　ヒトの体液

図1-4　ヒトのリンパ系

組織のリンパ液は，リンパ管を通って胸管とよばれる太いリンパ管に入る。胸管は鎖骨下静脈につながっており，胸管に集まったリンパ液は鎖骨下静脈に入り，再び血液の血しょうとなる。

> **POINT**
> - 脊椎動物の体液は，血液，リンパ液，組織液に分かれる。
> - 血液は，血球と血しょうからなる。

2 血液の働き

　脊椎動物の血液は，血管を通って体中を循環している。栄養素や老廃物は血液の流れに乗って運搬される。

　赤血球はヘモグロビンをもち，酸素を呼吸器官から組織に運搬する。白血球は細菌などの異物を食作用（→p.133）によって排除する。血小板は血液の凝固にかかわり，止血に重要な働きをする。

　血しょうは，グルコース，アミノ酸，脂質，イオンなどの栄養素を組織に運び，細胞から出された二酸化炭素や尿素などの老廃物を腎臓などの排出器官に運ぶ働きをもつ。また，血液のpHの変化を抑える**緩衝作用**もある。血しょうは血液の約55％を占める。

（補足）ヒトでは，血液は体重の約13分の1を占める。赤血球と血小板は核をもたない。

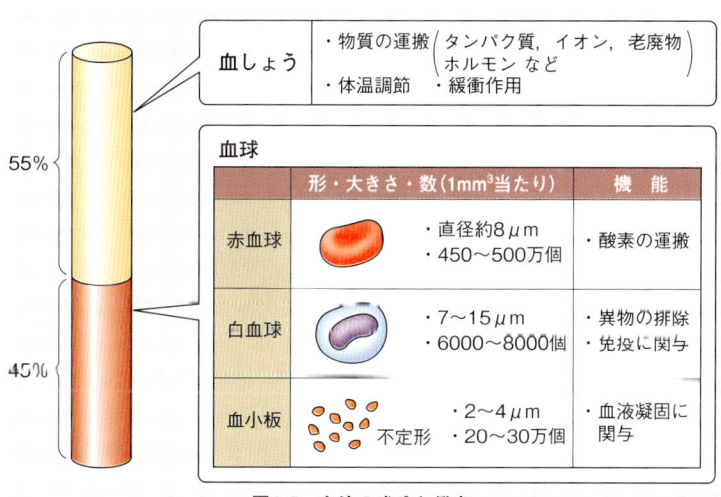

| 血しょう | ・物質の運搬（タンパク質，イオン，老廃物 ホルモン など） ・体温調節　・緩衝作用 |

血球

	形・大きさ・数（1mm³当たり）	機能
赤血球	・直径約8μm ・450～500万個	・酸素の運搬
白血球	・7～15μm ・6000～8000個	・異物の排除 ・免疫に関与
血小板	不定形　・2～4μm ・20～30万個	・血液凝固に関与

図1-5　血液の成分と働き

第1章　体内環境と恒常性

Ⓐ 酸素の運搬とヘモグロビン

　赤血球に含まれる**ヘモグロビン**(Hb)とよばれるタンパク質は，酸素(O_2)濃度が高く二酸化炭素(CO_2)濃度が低い環境では酸素を取り込む性質がある。逆に，酸素濃度が低く二酸化炭素濃度が高いと，酸素を放出する。肺は酸素濃度が高く，二酸化炭素濃度が低いので，ヘモグロビンは酸素を取り込む。一方，組織は酸素濃度が低く，二酸化炭素濃度が高いため，ヘモグロビンは酸素を放出する。

　ヘモグロビンの色は暗赤色であるが，酸素を結合したヘモグロビンは，**酸素ヘモグロビン**(HbO_2)となり鮮紅色になる。そのため，肺を通過して心臓から送り出される**動脈**の血液は鮮紅色であり，組織から戻る**静脈**の血液は暗赤色となる。

> 補足　ヘモグロビンは赤血球のタンパク質の約90％を占める。赤血球は酸素運搬に極限まで特化した細胞といえる。

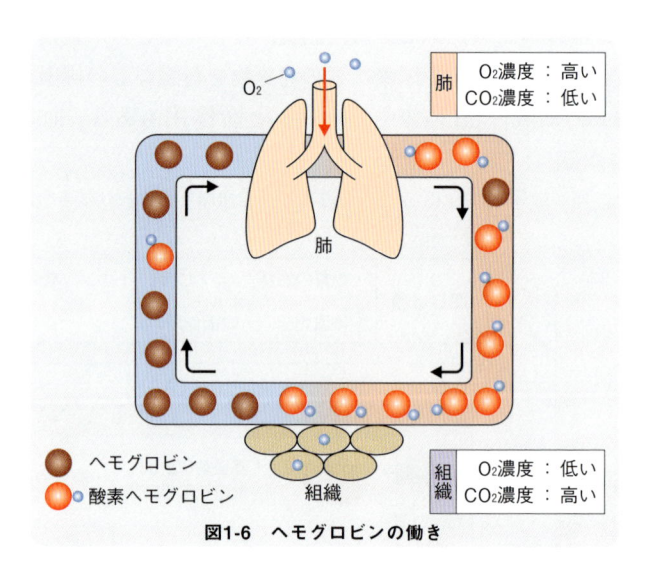

図1-6　ヘモグロビンの働き

POINT

- 血しょうの働き→　栄養素や老廃物の運搬。pHを安定させる（**緩衝作用**）。
- 赤血球の**ヘモグロビン**は酸素を運ぶ。

参考 酸素解離曲線

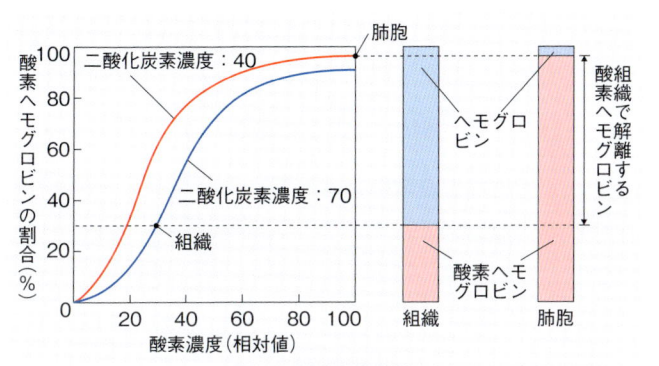

図1-7 酸素解離曲線

　酸素濃度と酸素ヘモグロビンの割合の関係を示すグラフを**酸素解離曲線**という。ヘモグロビンは、酸素濃度が高い環境では多くの酸素と結合し、酸素濃度が低い環境では酸素を結合しにくいという性質がある。ヘモグロビンはこの性質により、酸素濃度の高い肺では多くの酸素と結合するが、酸素濃度の低い組織では酸素を放出することになる。したがって、効率のよい酸素輸送が可能となる。ヘモグロビンが結合する酸素の量がある一定以上になると、それ以上酸素濃度が高くなっても酸素の結合量は増えなくなる。そのため、酸素解離曲線はＳ字型になる。

　ヘモグロビンには二酸化炭素濃度が高くなると、酸素を結合する力が弱くなる性質もある。組織では二酸化炭素濃度が高いため、ヘモグロビンはより多くの酸素を放出し、組織はより多く酸素の供給を受けることができる。

コラム 血球の話①

　哺乳類の赤血球には核がない。核をなくしたため、中央がへこんだ円盤のような形になることができた。円盤状になることにより、折れ曲がることができ、赤血球の直径より細い毛細血管も通過できる。そのため、体のすみずみまで酸素が行き渡る。また、細胞の表面積が増え、酸素の取り込みと放出を効率よく行えるようになった。

❸白血球の種類と働き

白血球には，好中球やリンパ球，単球など，さまざまな種類がある。白血球の半分以上を占める好中球は，侵入してきた細菌などを食作用で死滅させる。細菌を飲み込んだ好中球は，毒素を生産し細菌を殺すとともに自らも死ぬ。傷口に生じる膿は，好中球の死骸である。

リンパ球は，異物を認識する抗体の産生にかかわり，白血球の約 $\frac{1}{3}$ を占める。単球は，細菌やがん細胞などを取り込み，細胞内の酵素で分解する働きをもつ。単球は，白血球の約5％を占める。

❹血液の循環

脊椎動物の血液は，心臓から送り出されると，動脈を通って毛細血管に達する。毛細血管には，網の目のような細かい隙間が空いており，血液の血しょうがしみ出す。血しょうは**組織液**となって組織の細胞の間を移動し，細胞に酸素や栄養素を送り届ける。同時に，二酸化炭素などの老廃物を取り込んで毛細血管に戻り，静脈を通って心臓に戻る。血球は毛細血管の隙間から外に出ることはなく，心臓から送り出された血球は，血管の中を通って再び心臓に戻る。このように，血球と血しょうの大部分が血管の中を循環する血管系を**閉鎖血管系**という。

心臓は，心臓の収縮と弁の働きによって，一定方向に血液を送り出す。心臓の周期的な収縮を**拍動**といい，哺乳類における拍動のリズムは，右心房にある**洞房結節**（**ペースメーカー**）とよばれる特殊な心筋がつくりだしている。

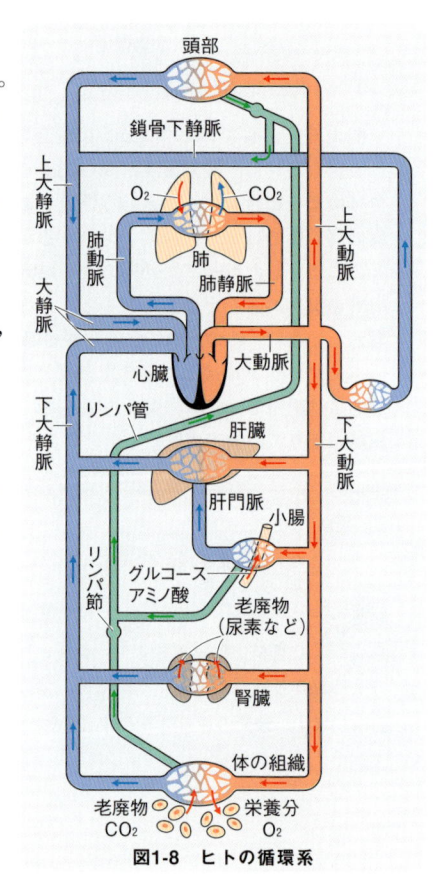

図1-8 ヒトの循環系

哺乳類では，肺から来る血液は左心房と左心室を通って全身の組織に送られ，再び心臓に戻る。これを**体循環**という。全身から戻ってきた血液は，右心房と右心室を通って肺に送られ，再び心臓に戻る。これを**肺循環**という。

（補足）房室結節は，洞房結節の働きが十分でない場合に補助する役割をもつ。

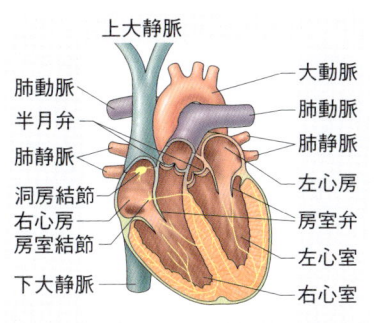

図1-9 ヒトの心臓の構造

POINT

- 白血球は免疫にかかわる。
- **洞房結節**が心臓の**拍動**のリズムをつくる。

参考 開放血管系

昆虫などの節足動物や，貝などの軟体動物には毛細血管がなく，動脈と静脈の末端が開いている。血液は，血球・血しょうの両方とも，動脈の血管から組織に出る。組織に出た血液は静脈に入って，心臓に戻る。このように，血液が血管の外に出る循環系を，**開放血管系**という。

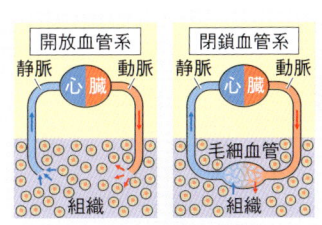

図1-10 動物の血管系

コラム 血球の話②

ロシアの科学者イリヤ・メチニコフは，ヒトデの特徴をいかして白血球を発見した。ヒトデの幼生は透明で，体の中の細胞の動きがよく見える。ヒトデの幼生の体内に異物を入れると，細胞が異物に集まり，食作用により異物を取り除いた。その後，ヒトにも白血球があり，同じように生体防御の働きがあることがわかった。この研究業績により，メチニコフは1908年にノーベル生理学・医学賞を受賞した。

第1章 体内環境と恒常性

❹血液凝固

　傷ができると，血小板が集まり傷口を覆う。また，血しょう中には**フィブリン**とよばれるタンパク質がつくられ，フィブリン同士が結合してフィブリン繊維ができる。フィブリン繊維は血球をからめて固まり，血管や傷口をふさぐ。血液が固まることを**血液凝固**といい，血小板から血液を凝固させる因子が放出されることにより開始される。

　血液凝固により生じたかたまりを**血ぺい**という。血液を試験管の中に入れてしばらく静置すると，血ぺいが沈殿する。血ぺいが沈殿した上澄みを**血清**（けっせい）という。血ぺいは赤血球を含むため赤色である。血清は薄黄色の透明な液体である。

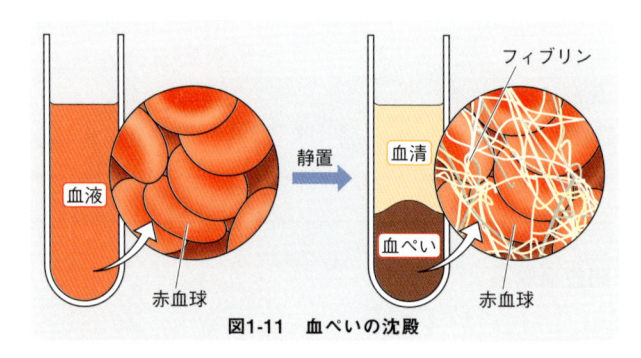

図1-11　血ぺいの沈殿

発展　血液凝固のしくみ

　傷などにより血管が破れると，血小板から血液凝固因子が放出される。血液凝固因子は，血しょうの中の**プロトロンビン**に作用し，**トロンビン**に変える。トロンビンは，血しょう中の**フィブリノーゲン**に作用して，**フィブリン**に変える。フィブリンは，互いに結合してフィブリン繊維をつくり，フィブリン繊維は血球をからめて血ぺいとなり傷口をふさぐ。

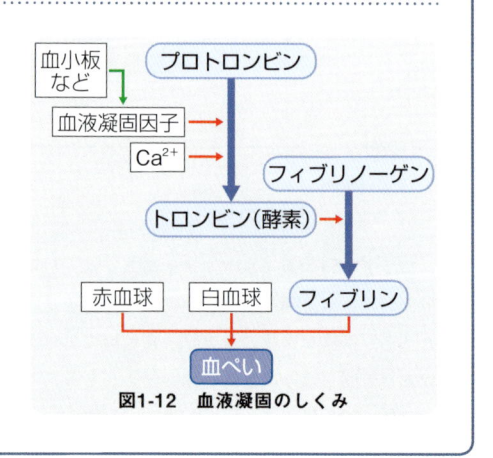

図1-12　血液凝固のしくみ

3 体液の恒常性

1 肝臓の働き

ヒトでは，心臓から送り出された血液の約 $\frac{1}{3}$ が肝臓を通過する。多量の血液が流入する肝臓は，**物質の合成や分解**にかかわるさまざまな働きをもち，**体液の恒常性を保つ**重要な働きをしている。

Ⓐ 血糖濃度の調節

血液に含まれる糖を**血糖**といい，脊椎動物の血液に含まれる糖は**グルコース**である。血糖はさまざまな組織の細胞の活動に必須であるが，一定の濃度を超えると細胞に障害を与える。そのため，血糖の濃度を一定に保つ必要がある。血糖が過剰になると，小腸で吸収されたグルコースは**肝門脈**を通って肝臓に入り，**グリコーゲン**に変えられる。グリコーゲンはグルコースが多数連結した大きな分子であり，肝細胞の中に蓄えられる。低血糖濃度になればグリコーゲンを分解してグルコースを血液に供給する。こうして，肝臓の働きにより，血液中のグルコースの濃度が一定に保たれている。

Ⓑ 有害物質の解毒（けどく）

タンパク質などが分解されて生じる有害なアンモニアは，肝臓で毒性の低い尿素に変えられる。アルコールなどの有害な物質も，肝臓で分解され無毒化される。これらを**解毒作用**という。

Ⓒ 胆汁の生成

胆のうから十二指腸に分泌される**胆汁**（たんじゅう）は，肝細胞でつくられる。胆汁は，脂肪を分解する酵素の働きを助け，脂肪の吸収を促進する働きがある。胆汁は，肝臓の解毒作用で生じた物質や，古くなった赤血球の分解産物も含んでおり，不要な物質を便として体外に排出する役割もある。

> 補足　肝臓では活発に代謝が行われており，代謝にともなう発熱で体温を維持する働きもある。

> **POINT**
> - 血液に含まれるグルコースを**血糖**という。
> - グルコースは肝臓で**グリコーゲン**として蓄えられる。
> - 肝臓は**解毒作用**により、アンモニアを毒性の低い尿素に変える。

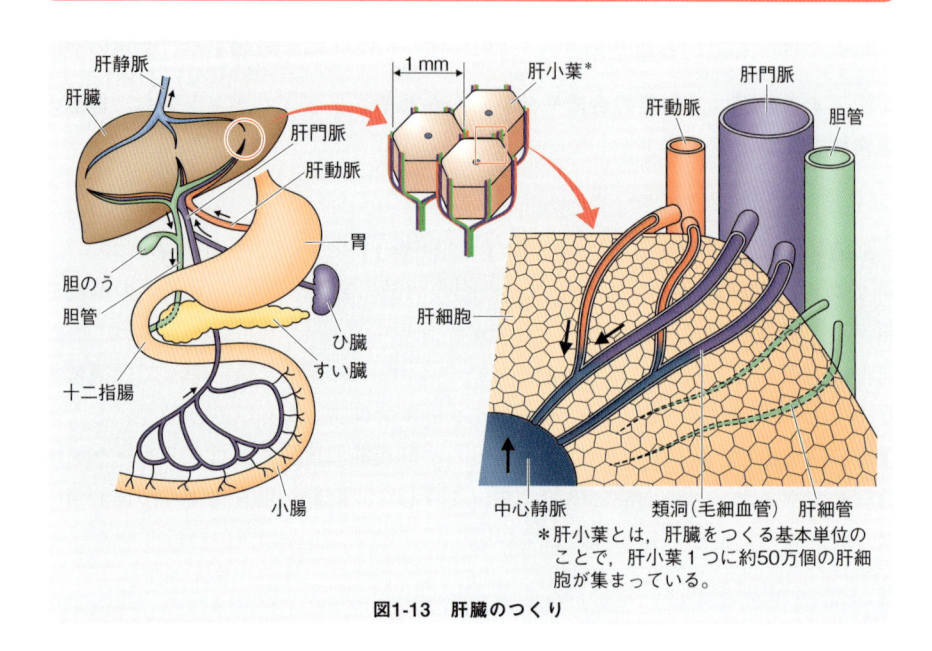

図1-13 肝臓のつくり

＊肝小葉とは、肝臓をつくる基本単位のことで、肝小葉1つに約50万個の肝細胞が集まっている。

参考 生物によって異なるアンモニアの代謝

　多くの魚類は、代謝によって生じたアンモニアを溜めることなくそのまま排出する。有毒なアンモニアも水に拡散すれば害を及ぼさない。そのため、アンモニアを無毒化する必要がなかったのであろう。

　鳥類や爬虫類は、受精から孵化するまで硬い卵の殻の中におり、老廃物を殻の外に出すことはできない。そのため、アンモニアを不溶性で無毒の尿酸に変えなければならなかった。鳥の糞の白いところは尿酸である。排出に水をほとんど使わないので、生命活動に必要な水分の節約にもなる。また、尿を溜めないため体の軽量化にもつながり、飛行する鳥にとって有利であったと考えられる。

2 腎臓の構造と働き

腎臓は，**肝臓でつくられた尿素や老廃物を尿として排出する**。ヒトでは，心臓から送り出された血液の約 $\frac{1}{4}$ が腎臓を通過する。腎臓には，**血液中の水分や塩類の量を調節する**働きもあり，体液の恒常性にかかわっている。

ヒトの腎臓は一対ある。腎臓には**ネフロン**（**腎単位**）とよばれる尿を生成する構造単位があり，腎臓ひとつあたり約 100 万個ある。ネフロンは**腎小体**とそれに続く**細尿管**（腎細管）で構成されている。腎小体は**糸球体**とそれを包む**ボーマンのう**とよばれる構造からなる。

心臓から送り込まれた血液は糸球体でろ過され，血液の血球やタンパク質以外の成分の大部分がボーマンのうに出る。ボーマンのうにこし出された液を**原尿**という。原尿には栄養素や必要な無機塩類が含まれている。原尿は細尿管に送られ，グルコースやアミノ酸，無機塩類，水が毛細血管に**再吸収**される。次に，原尿は**集合管**を通過し，集合管では原尿からさらに水が再吸収され，残りが尿となる。尿素などの老廃物は再吸収されずに尿に濃縮される。尿は**腎う**を通ってぼうこうに送られ，排出される。

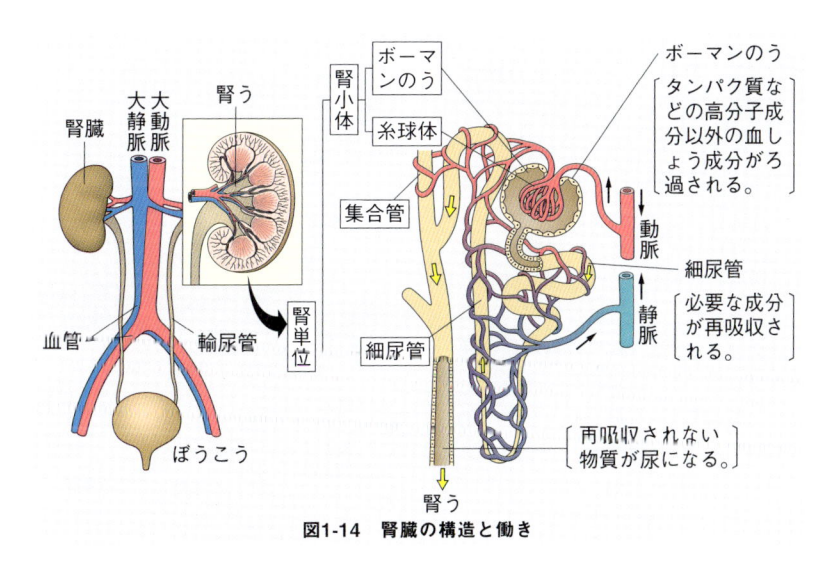

図1-14 腎臓の構造と働き

ヒトでは，ボーマンのうにこし出される原尿は，一日に約170リットルにもなる。しかし，その約99％は再吸収され，尿となるのはわずか1〜2リットルである。

　水や無機塩類の再吸収はホルモンによって調節されており，ホルモンを介して体液の量と塩類濃度の恒常性が保たれている。

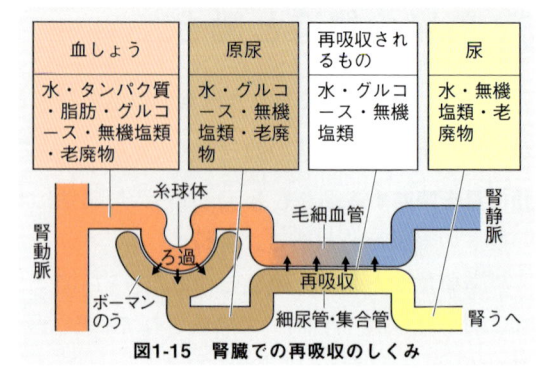

図1-15　腎臓での再吸収のしくみ

POINT

- **糸球体**で血液がろ過され**原尿**ができる。
- グルコースや塩類は，**細尿管**で原尿から**再吸収**される。
- 水は細尿管と**集合管**で原尿から再吸収される。

参考　魚類の塩類濃度の調節

　海水にすむ魚は，体液の塩類濃度が外液に比べて低いため，水が体から出ていく。海水魚は，海水を大量に飲み込んで水分を補い，エラと腎臓から塩類を排出して体液の塩類濃度の恒常性を保っている。

　淡水にすむ魚は，体液の塩類濃度が淡水より高いため，水が体に侵入してくる。淡水魚は水を飲まず，腎臓の働きで体液より低い塩類濃度の尿を大量に排出している。また，ATPのエネルギーを使ってエラから塩類を取り込み，体液の塩類濃度の恒常性を保っている。

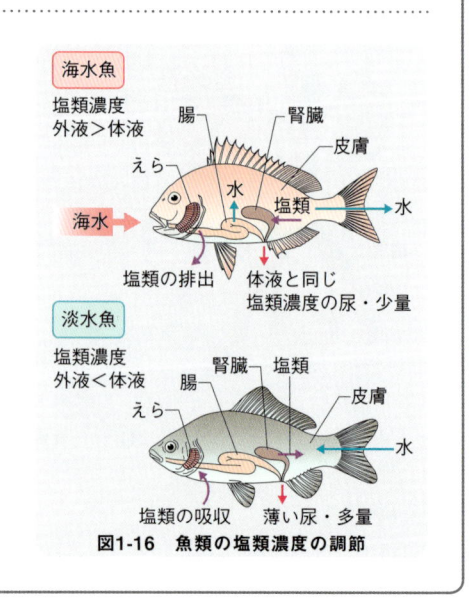

図1-16　魚類の塩類濃度の調節

この章で学んだこと

寒中水泳をしても，炎天下で運動をしても，ヒトの体温はほぼ一定である。甘いジュースを飲んでも，血液中の糖の濃度はほぼ変わらない。外部の環境が変化しても，体内の環境が一定であるからこそ，細胞や器官が正常に働くのである。この章では，恒常性を保つしくみについて学んだ。

1 恒常性
1. **恒常性** 体の内部の状態を一定に保とうとする性質。
2. **外部環境** 生物の体の外の環境のこと。
3. **内部環境** 多細胞動物の細胞は，体液という内部環境の中にある。

2 ヒトの体液
1. **ヒトの体液** 脊椎動物の体液は，血液，組織液，リンパ液に分けられる。組織液は，毛細血管から組織に血しょうがしみ出たもの。リンパ液は，組織液がリンパ管に入ったもの。
2. **血液** 血球と血しょうからなる。血球には赤血球，白血球，血小板がある。

3 血液の働き
1. **血しょうの働き** 栄養素や老廃物の運搬。pHの変化を抑える。
2. **ヘモグロビン** 赤血球に含まれるタンパク質。酸素を運搬する。
3. **酸素解離曲線** 酸素濃度と酸素ヘモグロビンの割合の関係を表すグラフ。
4. **白血球の働き** 異物を排除したり，抗体を産生するなど免疫にかかわる。

4 血液の循環
1. **血管系** 閉鎖血管系は，血球と血しょうの大部分が血管の中を循環する。開放血管系は，血液が血管の外に出る。
2. **拍動** 心臓の周期的な収縮。拍動のリズムをつくるのは洞房結節である。
3. **体循環** 肺から来る血液は心臓から全身に送られ，再び心臓に戻る。
4. **肺循環** 全身から心臓に戻った血液は肺に送られ，再び心臓に戻る。
5. **血液凝固** 血液が固まること。血液凝固でできたかたまりを血ぺいという。試験管に血液を入れ静置すると，血ぺいは沈殿する。上澄みは血清である。
6. **フィブリン** 血液凝固に関与するタンパク質。

発展 血液凝固のしくみ

5 肝臓の働き
1. **血糖濃度の調節** 血液に含まれる糖を血糖といい，脊椎動物の血糖はグルコースである。グルコースは肝臓でグリコーゲンとして蓄えられる。低血糖濃度になった際は，グリコーゲンを分解してグルコースを血液中に供給する。
2. **解毒作用** 有害なアンモニアを毒性の低い尿素に変える。
3. **胆汁の生成** 肝細胞でつくられる。

6 腎臓の構造と働き
1. **ネフロン** 尿を生成する構造単位。腎小体と細尿管で構成されている。
2. **腎小体** 糸球体とそれを包むボーマンのうとよばれる構造からなる。
3. **原尿** 糸球体で血液がろ過されて，原尿ができる。
4. **再吸収** グルコースや塩類は，細尿管で原尿から再吸収される。
5. **集合管** 水は集合管から再吸収され，残りは尿となる。尿は腎うを通ってぼうこうに送られる。

確認テスト1

1 恒常性について述べた文を読み，以下の問いに答えよ。

体の内部の状態を一定に保とうとする性質を（　ア　）という。単細胞生物は，細胞を囲む外の環境である（　イ　）の影響を，細胞が直接受ける。一方，多細胞動物では，細胞は（　ウ　）とよばれる液体に囲まれている。この（　ウ　）のことを（　エ　）という。

脊椎動物の体液は，（　イ　）が変化しても，（　オ　），pH，（　カ　），酸素濃度などが，ほぼ（　キ　）に保たれている。

(1) 文中の（　）に適する語を答えよ。
(2) 文中の下線部について，ゾウリムシをさまざまな濃度の食塩水に入れて，収縮胞の動きを調べた。この実験結果を正しく説明した文は，次の①〜④のうちのどれか。
① 食塩水の濃度を高くしたら，収縮胞の収縮頻度が上昇した。
② 食塩水の濃度を低くしたら，収縮胞の収縮頻度が上昇した。
③ 食塩水の濃度と関係なく，収縮胞の収縮頻度は一定である。
④ 一定の濃度の食塩水だと，収縮胞の収縮頻度は周期的に上下する。

2 (1)〜(5)の文中の（　）に適する語を答えよ。
(1) 脊椎動物の体液は，細胞に直接触れている（　ア　），血管内を流れる（　イ　），（　ウ　）を流れる（　エ　）に分けられる。
(2) 脊椎動物の血液は，心臓から送り出されると，（　ア　）を通って（　イ　）に達する。（　ア　）には網の目のような細かい隙間が開いており，血液中の（　ウ　）がしみ出し，（　エ　）となって組織の細胞の間を移動し，細胞に（　オ　）や栄養分を送り届ける。同時に（　エ　）には，細胞から二酸化炭素や（　カ　）が放出され，これらを取り込んだ（　エ　）は（　イ　）に戻り（　ウ　）になる。（　イ　）は次第に集まり，（　キ　）となり心臓に戻る。この間，血液中の（　ク　）は血管から外に出ることはない。このような血管系を（　ケ　）という。
(3) 心臓の周期的な収縮を（　ア　）といい，哺乳類における（　ア　）のリズムは，（　イ　）心房にある（　ウ　）がつくりだしている。哺乳類では，肺から来る血液は，心臓の（　エ　）に入り，（　オ　）から強い力で拍出され，全身の組織に送られ，再び心臓に戻る。これを（　カ　）循環という。全身から戻ってきた血液は，（　キ　）・（　ク　）を通って肺に送られ，再び心臓に戻る。これを（　ケ　）循環という。

3 次の図は肝臓の周辺の器官のつながりを示したものである。以下の問いに答えよ。
(1) 図中のA～Fにあてはまる語を次の中から選び，記号で答えよ。
　　ア　胆のう　　イ　胆管　　ウ　肝静脈
　　エ　肝動脈　　オ　すい臓
　　カ　リンパ管　キ　肝門脈
(2) 次の物質や細胞が最も多く流れる管は，A，B，C，Eのうちのどれか。
　　①　尿素　　　　　②　酸素
　　③　吸収した栄養分　④　壊れた赤血球
　　⑤　体外に排出する物質

4 図は腎臓の働きを模式的に示したものである。次の問いに答えよ。

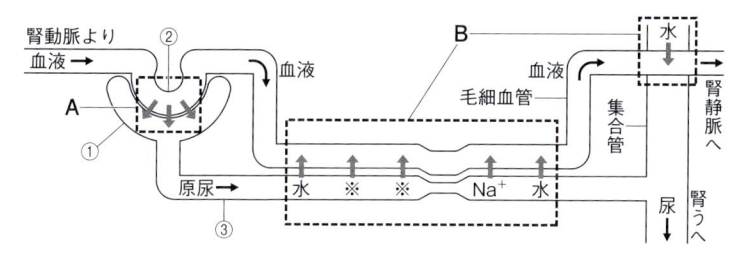

(1) 図中の□□で囲まれたA，Bの働きの名称を記せ。
(2) 図中の①～③の構造名を記せ。
(3) 図中の※印にあてはまるものを下記から2つ選べ。
　　赤血球・血小板・タンパク質・脂肪・グルコース・無機塩類

5 健康なヒトの血しょうと尿に含まれる主な成分(水分を除く)の濃度を分析した右の表を見て，次の問いに答えよ。
(1) ア～オに数値・成分名を記入せよ。オは小数第一位を四捨五入せよ。
(2) エを生合成する器官名を答えよ。
(3) 濃縮率の高い成分は，体にとってどのようなものか。簡潔に記せ。
（静岡大学　改題）

成分	血しょう(%)A	尿(%)B	濃縮率 B/A
タンパク質	8	ア	イ
ウ	0.1	0	0
エ	0.03	2	オ
尿酸	0.004	0.05	13
クレアチニン	0.001	0.075	75
Na^+	0.3	0.35	1
Cl^-	0.37	0.6	2
K^+	0.02	0.15	8
Ca^{2+}	0.008	0.015	2

第2章

体内環境の維持のしくみ

この章で学習するポイント

- □ 神経系の働き
- □ 自律神経による体内環境の維持

- □ ホルモンの働き
- □ 内分泌腺とホルモン
- □ ホルモンの分泌の調節
- □ ホルモンによる体内環境の維持

- □ 自律神経とホルモンの共同作業
- □ 血糖濃度の調節
- □ 体温の調節

1 神経系と内分泌系

　脊椎動物の神経系は，脳や脊髄からなる**中枢神経系**と，中枢神経系以外の**末梢神経系**からなる。末梢神経系には，感覚器官からの情報を中枢に伝える**感覚神経系**と，中枢からの指令を筋肉に伝える**運動神経系**，恒常性にかかわる**自律神経系**がある。自律神経系は**交感神経系**と**副交感神経系**からなる。

　体内環境の維持には，**内分泌系**もかかわっている。内分泌系では，体内の特定の部位から，**ホルモン**とよばれる情報伝達物質が分泌される。ホルモンは血液によって運ばれ，特定の器官に到達すると，その器官の働きを調節する。

　分泌腺には，分泌物を体外に放出する**外分泌腺**と，血管内に放出する**内分泌腺**がある。ホルモンの多くは，内分泌腺から分泌される。

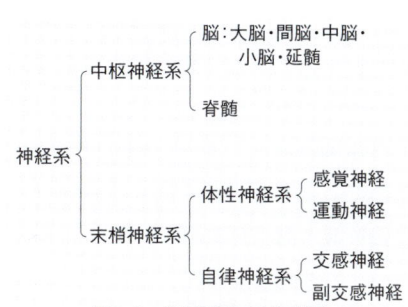

図2-1　脊椎動物の神経系

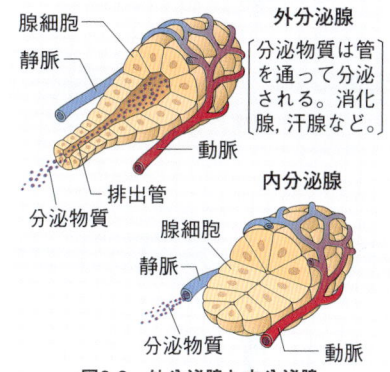

図2-2　外分泌腺と内分泌腺

> **コラム　情報伝達のスピード**
>
> 　自律神経系は，神経を介する調節システムのため，情報を瞬時に伝えることができる。それに対して内分泌系は，情報物質のホルモンは血流により運搬されるので，情報の伝達は少し遅い。心臓を出た血液が，再び心臓に戻ってくるまでおよそ20秒。つまり，ホルモンが全身に行き渡るには20秒程度かかると考えられる。しかし，ホルモンは持続的な調節をすることができる。

第2章　体内環境の維持のしくみ

2 自律神経による調節

　ヒトは緊張すると，意識していなくても脈拍が上がり呼吸も早くなる。落ち着くと脈拍は下がり，呼吸も遅くなる。これは，自律神経系が心臓や肺の運動を調節しているからである。

　自律神経系は，**交感神経**と**副交感神経**からなる。自律神経系によって調節されている器官の多くは，交感神経と副交感神経の両方によって調節されている。**交感神経と副交感神経は，互いに反対の作用をする**。片方が器官の働きを促進すれば，もう片方が抑制するように，拮抗的に働く。

　交感神経は脊髄から出て，心臓や気管支，胃・小腸・肝臓などの内臓，涙腺やだ腺に分布する。副交感神経は，中脳，延髄，脊髄下部から出て，標的の器官に分布する。

> (補足) 緊張する場面では，環境の変化に対応するため，素早く力強い反応が必要となる。そのため，酸素の取り込みを盛んにし，血流を多くして酸素を全身に送り届け，代謝を高めている。

表 2-1　ヒトの自律神経系の働き

器官	交感神経の興奮	副交感神経の興奮
瞳孔	拡大	縮小
心臓	拍動促進	拍動抑制
気管支	拡張	収縮
皮膚の血管	収縮	—
腸	運動抑制	運動促進
ぼうこう	排尿抑制	排尿促進

POINT
- 自律神経系は恒常性にかかわる。
- **交感神経**と**副交感神経**は互いに反対の作用をする。

図2-3　自律神経系の分布

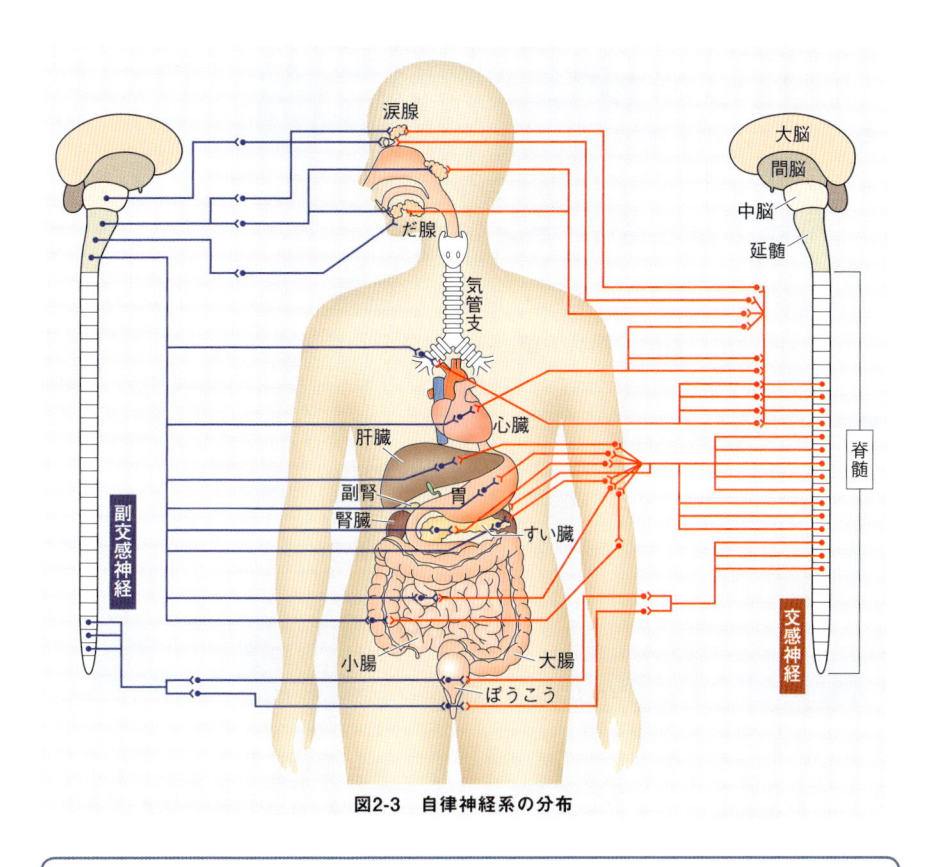

> **発展　神経伝達物質の働き**
>
> 　自律神経は，末端から神経伝達物質を分泌し，器官の働きを調節している。交感神経の末端からは**ノルアドレナリン**が，副交感神経の末端からは**アセチルコリン**が分泌される。
> 　ノルアドレナリンは，心臓の拍動を速め，血圧を上げ，消化管の運動や消化液の分泌を抑制する働きがある。反対に，アセチルコリンは心臓の拍動を遅くして血圧を下げ，消化管の運動や消化液の分泌を促進する働きがある。
> 　緊張すると顔面蒼白になる。ノルアドレナリンの作用により皮膚の血管が収縮するからである。狩りや戦闘などの場面では，怪我をする可能性が高い。血流を増やすとともに，皮膚の血管を収縮させ，出血を抑える効果があると考えられる。市販の瞬間下痢止め薬の有効成分ロートエキスは，アセチルコリンの作用を抑える働きがある。副交感神経による過剰な刺激を防ぎ，腸の動きを止めることで下痢を抑えている。

第2章　体内環境の維持のしくみ

3 ホルモン

1 内分泌腺とホルモン

　動物体内の特定の部位でつくられ，血液中に分泌されて他の場所に運ばれ，そこに存在する特定の組織や器官の働きを調節する物質を**ホルモン**とよぶ。ホルモンの多くは，**内分泌腺**でつくられ分泌される。ホルモンの調節を受ける特定の器官を**標的器官**という。

　標的器官には，特定のホルモンが結合する**受容体**がある。受容体はタンパク質でできていて，ホルモンの種類ごとに対応する受容体がある。ホルモンが受容体に結合すると，受容体を介して細胞の内部に情報が伝達され，細胞の活動が調節される。

表 2-2　内分泌線とホルモンの作用

内分泌腺	ホルモン名		作　　用
視床下部	放出ホルモン 抑制ホルモン		脳下垂体前葉ホルモンの分泌促進と抑制
脳下垂体前葉	成長ホルモン		血糖濃度を上げる 全身の成長促進
	甲状腺刺激ホルモン		甲状腺ホルモンを分泌させる
	副腎皮質刺激ホルモン		副腎皮質機能を促進する
脳下垂体後葉	バソプレシン(抗利尿ホルモン)		腎臓での水の再吸収促進
甲状腺	チロキシン		代謝促進
副甲状腺	パラトルモン		血中 Ca^{2+} 濃度の上昇
副腎皮質	糖質コルチコイド(例：コルチゾール)		血糖濃度を上げる
	鉱質コルチコイド(例：アルドステロン)		血中での Na^+ と K^+ の量の調節
副腎髄質	アドレナリン		血糖濃度を上げる
すい臓 (ランゲルハンス島)	A細胞	グルカゴン	血糖濃度を上げる
	B細胞	インスリン	血糖濃度を下げる

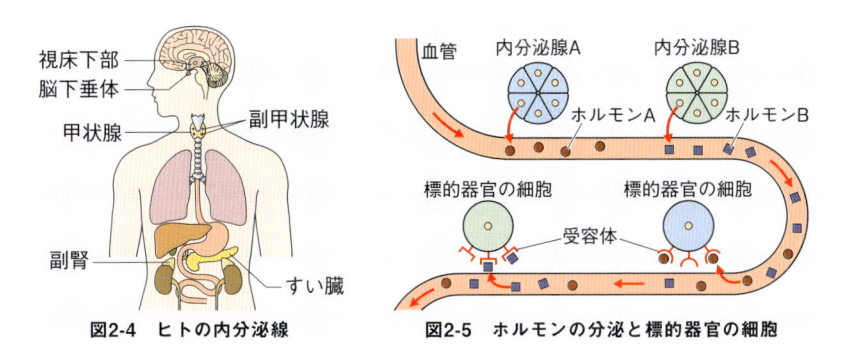

図2-4　ヒトの内分泌線　　　　図2-5　ホルモンの分泌と標的器官の細胞

コラム　ホルモンの受容のしくみ

　ホルモンの種類は複数ある。ホルモンのシステムは，放送局とその受信者に例えることができる。内分泌腺は特定の周波数の電波を発する放送局だ。放送局ごとに，電波の周波数は異なる。標的器官は受信者。受信者は，特定の周波数の電波だけを受信する固定チューナー（チャンネル）しかもたない。そのため，特定の放送局の番組を見ることができるが，他の放送局の番組は見られない。不特定多数に発信する電波も，特定の周波数の電波（ホルモン）とチューナー（受容体）を使うことにより，特定の人（標的器官）だけに情報を送り届けることができる。受容体をもたない器官は，ホルモンがやってきても応答することはない。器官の役割と無関係な情報は無視して，無駄なエネルギーを使わないようにしている。受け取った情報に対する対応の仕方は人によって異なる。同様に，受け取ったホルモンに対する応答の仕方は，心臓や肝臓，腎臓など器官ごとに異なる。

2 ホルモンの分泌の調節

脳には間脳とよばれる領域がある。間脳は視床と**視床下部**に分けられる。**視床下部とそれにつながる脳下垂体は，ホルモンの分泌量を調節する中枢**である。

(補足) 脳下垂体は，脳から脳の一部が垂れ下がっているように見えることから名付けられた。

Ⓐ視床下部

ホルモンを分泌する神経細胞を**神経分泌細胞**とよぶ。視床下部の神経分泌細胞からは，**放出ホルモン**と**抑制ホルモン**が分泌される。放出ホルモンは，脳下垂体前葉のホルモンの分泌を促進し，抑制ホルモンは分泌を抑制する。

視床下部と脳下垂体前葉は毛細血管でつながっている。視床下部の神経分泌細胞から放出されたホルモンは，血流によって脳下垂体前葉に運ばれる。脳下垂体前葉の細胞には，放出ホルモンと抑制ホルモンの受容体があり，視床下部からのホルモンの影響を受ける。その結果，脳下垂体前葉のホルモンの分泌量が調節される。

Ⓑ脳下垂体

脳下垂体には**前葉**と**後葉**がある。脳下垂体前葉からは，**甲状腺刺激ホルモン**と副腎皮質刺激ホルモンが分泌される。甲状腺刺激ホルモンは，甲状腺に働きかけ，**チロキシン**とよばれるホルモンの分泌を促進する。副腎皮質刺激ホルモンは，副腎皮質に働きかけ，糖質コルチコイドとよばれるホルモンの分泌を促進する。また，脳下垂体前葉は他に**成長ホルモン**も分泌している。

脳下垂体後葉からは**バソプレシン**（抗利尿ホルモン）が分泌される。バソプレシンがつくられているのは視床下部である。視床下部の神経分泌細胞の軸索とよばれる突起は，脳下垂体後葉に入り込んでおり，視床下部でつくられたホルモンはその先端から放出される。

(補足) 視床下部から分泌されるホルモンは，脳下垂体前葉の活動を調節する。脳下垂体前葉から分泌されるホルモンは，甲状腺や副腎皮質でつくられるホルモンの分泌量を調節している。このように，それぞれの内分泌腺は，一連のホルモン情報伝達系統の中の一員として働いている。

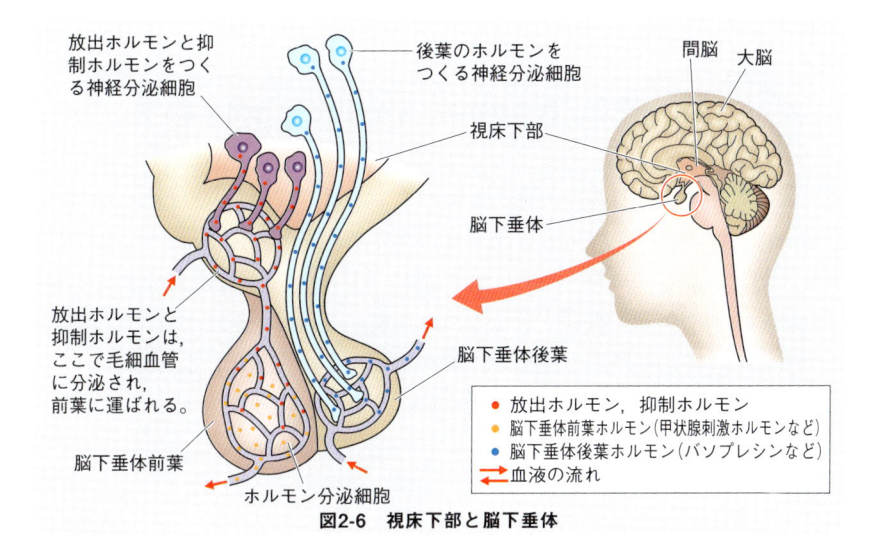

図2-6 視床下部と脳下垂体

> **POINT**
> - ホルモンの調節を受ける**標的器官**にはホルモンの**受容体**がある。
> - 間脳の**視床下部**と**脳下垂体**がホルモンの分泌調節の中枢である。
> - ホルモンを分泌する神経細胞を**神経分泌細胞**という。

コラム　ホルモンが作用するしくみ

　ホルモンにはコルチコイドのように脂に溶ける脂溶性ホルモンと、インスリンのように水に溶ける水溶性ホルモンがある。脂溶性ホルモンは細胞膜を通過して、細胞質にある受容体に結合する。受容体にホルモンが結合すると、受容体は核に入り、遺伝子の発現を調節して特定のタンパク質を合成する。その結果、ホルモンの情報に応答して細胞が活動することになる。水溶性ホルモンの受容体は細胞膜にある。細胞膜の受容体がホルモンを受け取ると、その情報を細胞内に伝達し、代謝などの細胞の活動を変化させたり遺伝子の発現を調節したりする。

第2章　体内環境の維持のしくみ

❸ ホルモンと恒常性

ホルモンの分泌は，**フィードバック**とよばれるしくみによって調節されている。フィードバックとは，**結果が原因にさかのぼって作用するメカニズム**をいう。

体液中のチロキシンの濃度が下がると，まず，それを感知した視床下部が甲状腺刺激ホルモン放出ホルモンを分泌する。すると，脳下垂体前葉から甲状腺刺激ホルモンが分泌され，刺激を受けた甲状腺はチロキシンを分泌するようになる。チロキシンの濃度が高くなりすぎると，チロキシン自身が視床下部や脳下垂体前葉に作用して，甲状腺刺激ホルモンの分泌を抑える。甲状腺に甲状腺刺激ホルモンが来ないと，チロキシンの分泌は抑えられるため，体液中のチロキシン濃度は下がる。

このように，生産しすぎた産物がその産物の合成段階に働きかけ，合成を抑えるような抑制的なフィードバックを**負のフィードバック**とよぶ。**負のフィードバックが適切に働くことにより，恒常性が保たれる。**

副甲状腺ホルモンは骨からカルシウムを溶けださせる作用がある。体液のカルシウム濃度が低くなると，副甲状腺ホルモンが分泌され，カルシウム濃度が高くなる。体液中のカルシウム濃度が高くなると，カルシウムが副甲状腺に働きかけ，副甲状腺ホルモンの分泌を抑える。これも負のフィードバックが働いている。

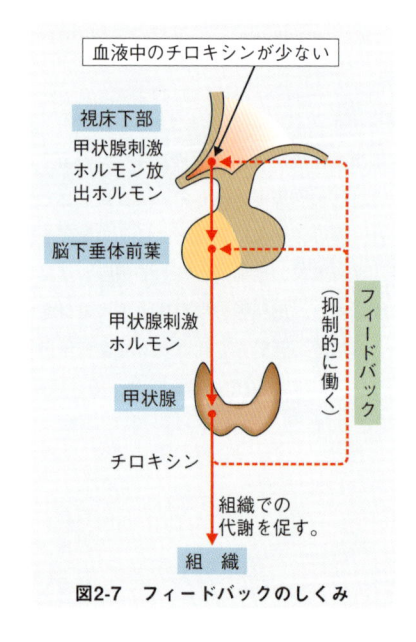

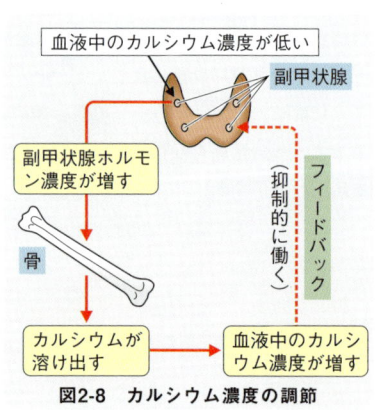

図2-7 フィードバックのしくみ

図2-8 カルシウム濃度の調節

3 自律神経とホルモンの共同作用

A 血糖

グルコースは，細胞の活動のエネルギー源として最もよく使われる糖である。血液に含まれるグルコースのことを血糖という。糖分を多量に摂った時も空腹時も，血糖の濃度はほぼ一定に保たれており，細胞の活動が常に滞りなく行えるようになっている。

補足　血糖は，血液100 mLあたり，60～140 mgの範囲内に収まるように調節されている。

B 血糖濃度を上昇させるしくみ

アドレナリン，グルカゴンの分泌

血糖濃度は自律神経系と内分泌系が連携して調節している。空腹や激しい運動によって血糖濃度が下がると，まずは視床下部の血糖調節中枢がそれを感知する。血糖濃度が低下したという情報は，血糖調節中枢から交感神経を通じて，副腎髄質とすい臓に伝えられる。すると副腎髄質からは**アドレナリン**が，すい臓の**ランゲルハンス島**の**A細胞**からは**グルカゴン**がそれぞれ分泌される。アドレナリンとグルカゴンは，肝臓や筋肉に働きかける。その結果，肝臓や筋肉に蓄えられていたグリコーゲンはグルコースに分解され，血糖濃度が上がる。

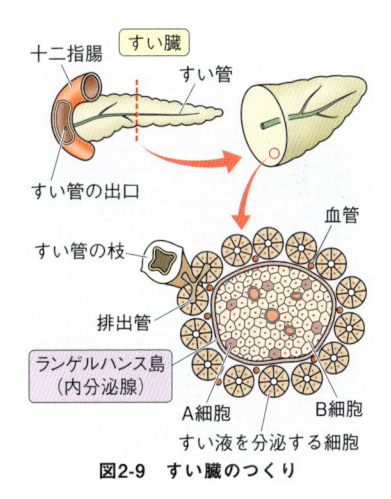

図2-9　すい臓のつくり

糖質コルチコイド，成長ホルモンの分泌

血糖調節中枢からの低血糖濃度の情報は，脳下垂体前葉を介して，副腎皮質にも伝えられる。低血糖濃度の情報を受け取った副腎皮質からは，副腎皮質ホルモンの**糖質コルチコイド**が分泌される。糖質コルチコイドは，タンパク質の分解を促してグルコースを合成する代謝経路を活性化し，血糖濃度を上げる。一方，血糖調節中枢から低血糖濃度の情報を受け取った脳下垂体前葉からは，**成長ホルモン**が分泌される。成長ホルモンには，成長を促進する作用だけでなく，血糖濃度を上げる働きもある。

◎血糖濃度を下げるしくみ

　血糖濃度が上がると，血糖調節中枢は副交感神経を通じて，すい臓のランゲルハンス島の **B細胞** に情報を伝える。高血糖濃度の情報を受け取ったB細胞からは，**インスリン** が分泌される。インスリンは各細胞のグルコースの消費を高める。それと同時に，肝臓や筋肉の細胞に対してはグルコースを取り込み，グリコーゲンを合成するよう促す。その結果，血糖濃度が下がる。

　❸，❹のように，血糖濃度は，視床下部やすい臓に常にフィードバックされ，血糖濃度の恒常性が保たれている。

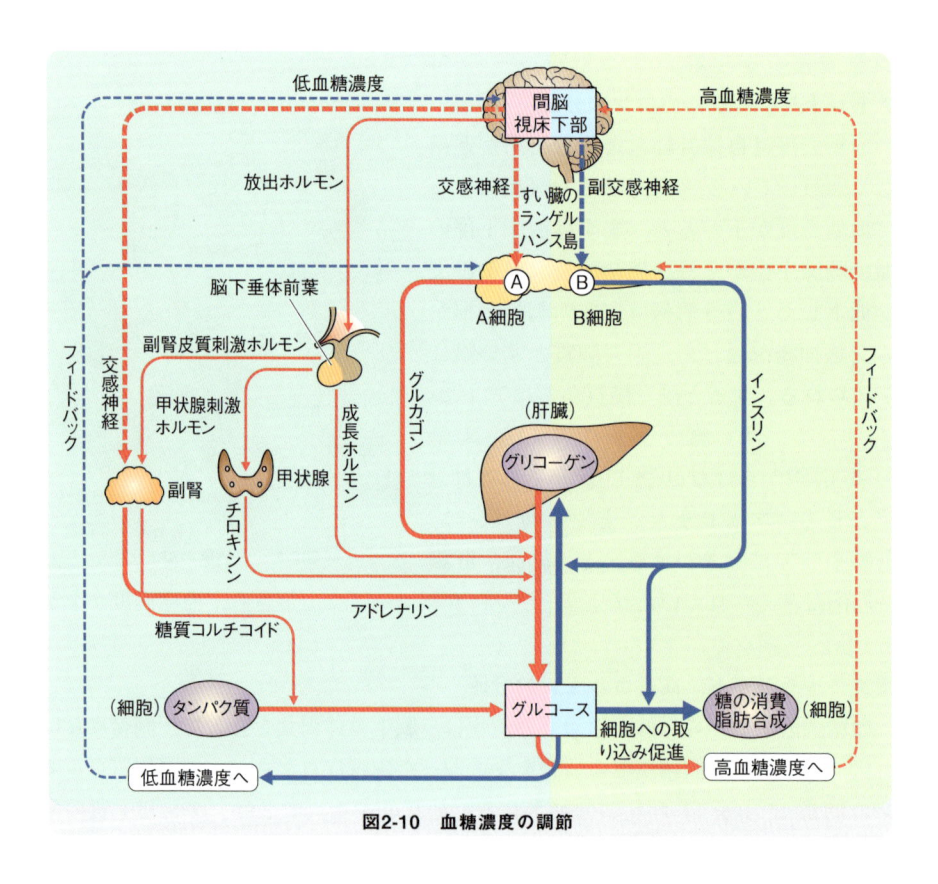

図2-10　血糖濃度の調節

> **POINT**
> - 血糖濃度は自律神経系と内分泌系の両方の働きで一定に保たれる。
> - 視床下部の**血糖調節中枢**が血糖濃度の低下・上昇を感知し，血糖濃度調節の指令を発信する。

D インスリンと糖尿病

　インスリンの分泌量の調節が異常になり，インスリンの血中濃度が低下したままになると，血糖濃度が上がる。過剰な血糖は再吸収が追いつかず尿に排出されるため，このような症状の病気を糖尿病という。血糖濃度が異常に高くなると，毛細血管が破壊され，失明，脳梗塞，心筋梗塞や神経障害，腎臓機能不全などが起き，全身の器官が正常に働かなくなる。

E 体温の調節

　ヒトなどの恒温動物では，外気温が高くても低くても体温はほぼ一定に保たれている。体温が下がると，皮膚の血管が収縮して血流による放熱を防ぎ，肝臓や筋肉が発熱して体温を保つ。体温が上がると，皮膚の血管が拡張して放熱する。また，発汗による水の気化熱で体を冷やす。このような体温の調節は，視床下部にある体温調節中枢が担っている。

　体温の低下を体温調節中枢が認識すると，交感神経を介して皮膚の血管を収縮させる。また，脳下垂体前葉からホルモンを分泌させ，副腎髄質と副腎皮質，甲状腺のホルモンの分泌を促進させる。副腎髄質からはアドレナリン，副腎皮質からは糖質コルチコイド，甲状腺からはチロキシンがそれぞれ分泌される。アドレナリン，糖質コルチコイド，チロキシンは肝臓や筋肉の代謝を活発にして発熱を促す。また，アドレナリンには，皮膚の血管を収縮させることで放熱を防ぐ働きもある。

　このように，自律神経とホルモンが共同して体温を調節している。

図2-11 体温調節のしくみ

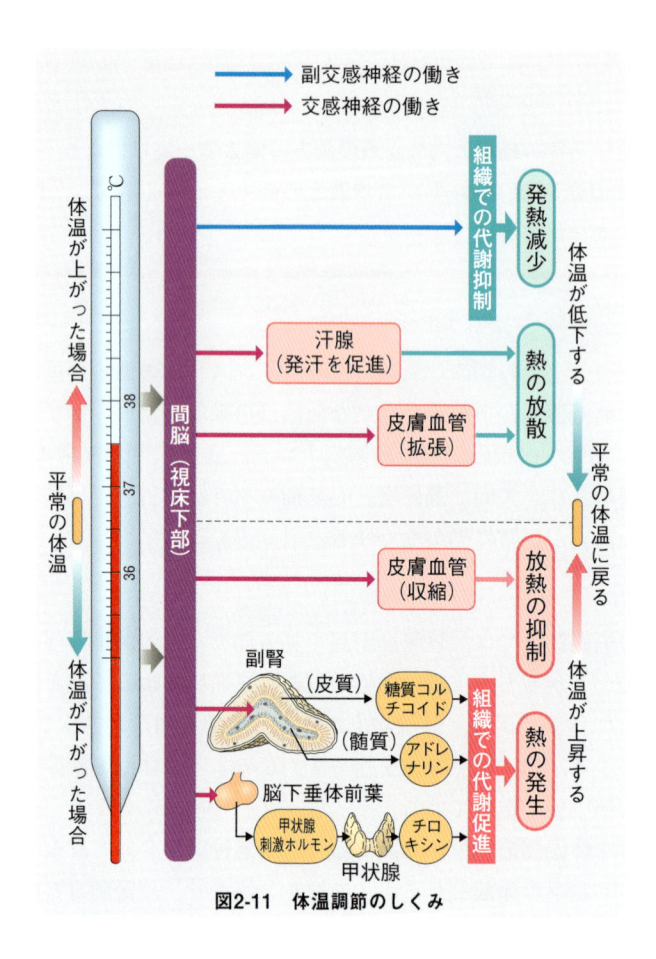

コラム 熱中症

　体温が高くなると，体温調節中枢が働いて汗をかく。この状態が長時間続くと，体液の水分含量が減り，熱中症になる。熱中症は水を飲んだだけでは収まらない。発汗とともに塩類も排出されるからである。細胞が正常に活動するためには，塩濃度を一定に保つ必要がある。水分を補給しただけでは体液の塩濃度が下がる。塩濃度の低下を視床下部が認識すると，自律神経系と内分泌系に働きかけ，水分を尿として排出させ，塩濃度を一定に保とうとする。そのため，体液の量が減り，発汗が抑えられて，さらに体温が上昇することになる。熱中症は恒常性のシステムを誤作動させることにより引き起こされる。熱中症を防ぐためには，水と塩類の両方の補給が必要である。

この章で学んだこと

脊椎動物は，自律神経系と内分泌系を発達させることにより，器官や組織の働きを統合的に精巧に調節し，体内の恒常性を保っている。この章では，自律神経とホルモンによる恒常性の維持について学んだ。

1 脊椎動物の神経系

1. **脊椎動物の神経系** 中枢神経と末梢神経からなる。末梢神経系には，感覚神経系，運動神経系，自律神経系がある。
2. **自律神経系** 交感神経と副交感神経からなる。
3. **内分泌系** ホルモンも体内環境の維持に関わっている。分泌腺には，外分泌腺と内分泌腺がある。
4. **自律神経による調節** 自律神経によって調節される器官の多くは，交感神経と副交感神経の両方によって調節されている。
5. **拮抗的な働き** 交感神経と副交感神経は，互いに反対の作用をする。

発展 神経伝達物質の働き

2 ホルモン

1. **ホルモン** 動物体内の特定の部位でつくられる。組織や器官の働きを調節する。多くは内分泌腺でつくられる。
2. **標的器官** ホルモンの調節を受ける器官。ホルモンの受容体をもつ。
3. **神経分泌細胞** ホルモンを分泌する神経細胞。

3 ホルモンの分泌の調節

1. **視床下部と脳下垂体** 間脳にある。ホルモンの分泌を調整する中枢。
2. **視床下部** 視床下部の神経分泌細胞からは，放出ホルモンと抑制ホルモンが分泌される。放出ホルモンは脳下垂体前葉のホルモン分泌を促進し，抑制ホルモンは分泌を抑える。
3. **脳下垂体** 前葉からは甲状腺刺激ホルモン，副腎皮質刺激ホルモン，成長ホルモンが分泌される。後葉からはバソプレシンが分泌される。
4. **甲状腺刺激ホルモン** 甲状腺に働きかけ，チロキシンの分泌を促す。

4 ホルモンと恒常性

1. **フィードバック** 結果が原因にさかのぼって作用するしくみ。
2. **負のフィードバック** 生産しすぎた産物がその産物の合成段階に働きかけ，合成を抑えるような抑制的なフィードバック。恒常性の維持に必要なしくみ。

5 血糖の濃度を保つしくみ

1. **血糖調節中枢** 視床下部の血糖調節中枢が，血糖濃度の低下・上昇を感知し，血糖濃度の調整に関する指令を出す。
2. **血糖量の増加①** 血糖濃度が低下すると，アドレナリンとグルカゴンが分泌され，グリコーゲンがグルコースに分解され，血糖濃度を上げる。
3. **血糖量の増加②** 糖質コルチコイドは，タンパク質の分解を促してグルコースを合成する代謝経路を活性化する。成長ホルモンにも血糖濃度を上げる働きがある。
4. **血糖濃度の抑制** 血糖濃度が上昇すると，すい臓のランゲルハンス島からインスリンが分泌される。インスリンはグルコースの消費を高める。

確認テスト2

1 神経系と内分泌系について述べた文を読み，文中の空欄（ ア ）～（ シ ）にあてはまる語を答えよ。

　脊椎動物の神経系は（ ア ）や（ イ ）からなる中枢神経系と，それ以外の（ ウ ）からなる。（ ウ ）は，中枢に向かう神経と，中枢から出る神経に分けられる。前者には，（ エ ）神経がある。後者には，中枢からの指令を骨格筋に伝える（ オ ）神経と，内臓などに伝え，恒常性にかかわる（ カ ）神経系がある。（ カ ）神経系は，さらに（ キ ）神経系と（ ク ）神経系という2系統をもち，（ ケ ）的に働く。

　恒常性には，特定の部位から（ コ ）という情報伝達物質を分泌する内分泌系もかかわっている。（ コ ）は，内分泌腺から（ サ ）に分泌されて全身に運ばれるが，特定の器官にのみ作用し，その器官の働きを調節する。このような器官を（ シ ）という。（ シ ）には，特定の（ コ ）が結合する（ ス ）がある。（ ス ）は（ セ ）でできており，（ コ ）の種類ごとに対応する（ ス ）がある。

2 ヒトの自律神経系の働きに関する下表の空欄に適する語と，下の文中の空所（ ア ）～（ サ ）に適する語を，それぞれ答えよ。

	瞳孔	心臓拍動	気管支	皮膚血管	腸	ぼうこう
交感神経						
副交感神経				—		

〔文〕緊張する場面では，変化への素早い応答が求められる。そのため，酸素の取り込みを（ ア ）にし，血流量を（ イ ）して，細胞の代謝を（ ウ ）ている。つまり，このような場面で作用するのは，（ エ ）神経である。（ エ ）神経が作用するのは，エネルギーを（ オ ）するような活動の場面であり，（ カ ）神経が作用するのは，エネルギーを（ キ ）するようなときである。

　（ エ ）神経の末端からはノルアドレナリンが，（ カ ）神経の末端からはアセチルコリンが，それぞれ分泌される。したがって，ノルアドレナリンには，血圧を（ ク ）させ，消化管の活動を（ ケ ）し，骨格筋が盛んに活動できる体内環境をつくり出す働きがある。反対に，アセチルコリンは血圧を（ コ ）させ，消化管の活動を（ サ ）する働きがある。

3 　下図はヒトの血糖濃度の調節のしくみを模式的に示したものである。次の問いに答えよ。

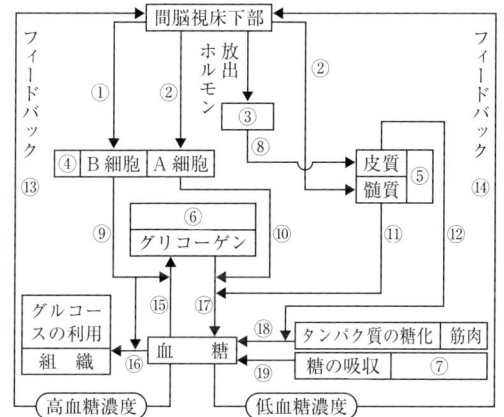

(1) 　図中の①と②は神経の名称を，③～⑦は器官名，⑧～⑫にはホルモン名を，それぞれ入れよ。
(2) 　糖分の多い食物を摂取し，血糖濃度が上昇したときの反応経路を図中の番号で示せ。ただし，⑦より始めること。

4 　次図は視床下部と脳下垂体の模式図である。以下の問いに答えよ。

(1) 　図中のA～Cに器官名を記入せよ。
(2) 　図中の矢印①～⑦のうち，血液の流れを示しているものはどれか。番号を記せ。
(3) 　次のホルモンが多く含まれている血液の流れはどれか。①～⑦の矢印から選べ。
　　ア　甲状腺刺激ホルモン
　　イ　副腎皮質刺激ホルモン
　　ウ　成長ホルモンの放出を促すホルモン
(4) 　バソプレシンの通る経路を①～⑦の番号で示せ。

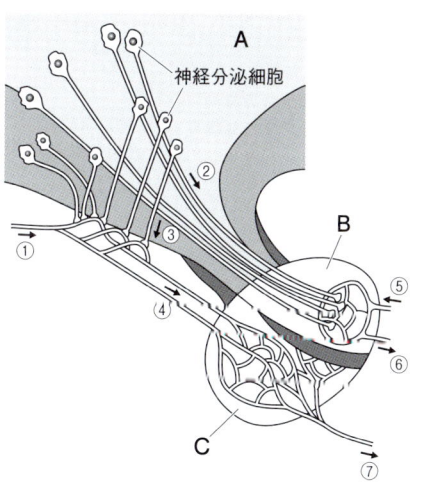

第3章

免疫

この章で学習するポイント

- □ 生体防御
  - □ 異物の侵入を防ぐしくみ
  - □ 免疫にかかわる細胞

- □ 体液性免疫
  - □ 体液性免疫のしくみ
  - □ 抗原抗体反応
  - □ 記憶細胞と二次応答
  - □ ワクチン
  - □ 血清療法
  - □ アレルギー

- □ 細胞性免疫
  - □ 細胞性免疫のしくみ
  - □ 拒絶反応

- □ 免疫にかかわる疾患
  - □ エイズ
  - □ 自己免疫疾患

1 生体防御

1 病原体の侵入を防ぐしくみ

　異物が体内に侵入することを防いだり，体内に侵入した異物を排除したりするしくみのことを**生体防御**という。

　皮膚は異物に対する物理的な障壁になっている。汗や涙には殺菌力のある酵素が含まれている。鼻や気管などの粘膜は粘液で覆われており，侵入してきたウイルスや細菌を粘液にからめ，繊毛運動によって排出している。また，血液の凝固には傷をふさいで出血を抑え，異物の侵入を防ぐ働きがある。

2 免疫にかかわる細胞

　体内に侵入した病原体や，正常な細胞が変化して生じたがん細胞を，**非自己**として認識し，排除するしくみを**免疫**という。また，免疫反応を誘起させる原因となる物質を**抗原**という。

　免疫には白血球がかかわる。細菌などの異物が体内に侵入すると，最初に白血球の**食作用**により異物は処理される。食作用とは異物を取り込んで分解することで，異物を処理する働きである。食作用にかかわる白血球を**食細胞**といい，好中球，**マクロファージ**，**樹状細胞**などがある。

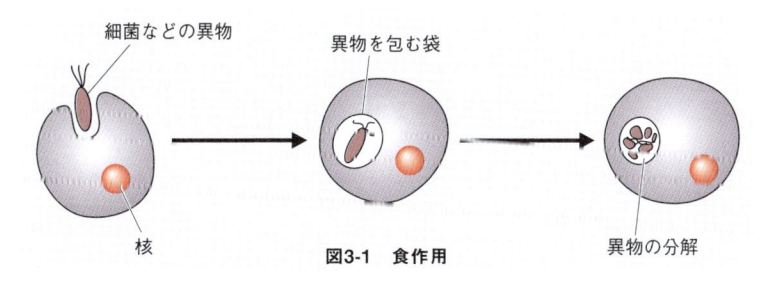

図3-1　食作用

リンパ球とよばれる白血球には**B細胞**と**T細胞**があり，どちらも骨髄にある造血幹細胞からつくられる。B細胞はそのまま骨髄で成熟し，**抗体**の産生にかかわる。T細胞は骨髄でつくられた後，胸腺に入って成熟する。T細胞には**ヘルパーT細胞**と**キラーT細胞**がある。ヘルパーT細胞は異物の情報を認識して，B細胞とキラーT細胞を活性化する働きがある。キラーT細胞は感染細胞やがん細胞を攻撃して破壊する。

> 補足　B細胞は骨髄(Bone marrow)で成熟し，T細胞は胸腺(Thymus)で成熟することから，英語の頭文字をとって名付けられた。

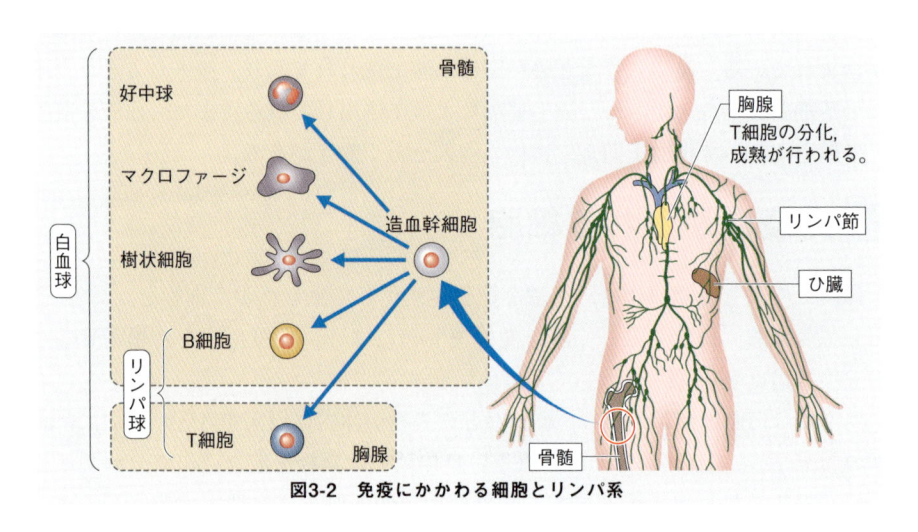

図3-2　免疫にかかわる細胞とリンパ系

免疫には**細胞性免疫**と**体液性免疫**がある。細胞が直接異物を認識し，排除する免疫を細胞性免疫という。細胞性免疫には，キラーT細胞がかかわる。体液性免疫は，抗原を認識する抗体が血流に乗って体中をめぐることから名付けられた。体液性免疫には，抗体を産生するB細胞がかかわる。

POINT

- 免疫反応を誘起させる原因となる物質を**抗原**という。
- 白血球は異物を食作用により処理する。
- **細胞性免疫**→細胞が直接異物を排除する。
- **体液性免疫**→B細胞が産生する抗体がかかわる。

2 体液性免疫

1 体液性免疫のしくみ

　異物が体内に侵入すると，樹状細胞などの食細胞が異物を取り込んで分解する。次に，食細胞は断片化した異物を，細胞の表面に抗原として提示する。細胞の表面に抗原として提示された異物をヘルパーT細胞が異物として認識すると，そのヘルパーT細胞が増殖し，同じ抗原を認識するB細胞を活性化させる。活性化されたB細胞は増殖して**抗体産生細胞**となり，抗体を血しょう中に分泌する。

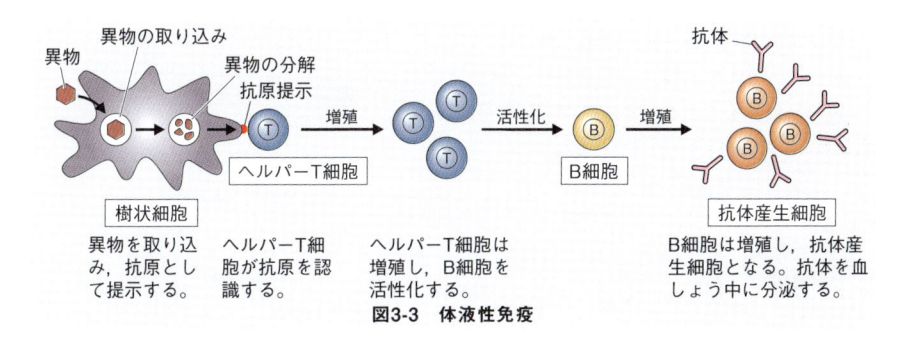

図3-3　体液性免疫

2 抗原抗体反応

　抗体産生細胞が抗体を血しょうに放出すると，抗体は抗原を特異的に認識して結合する。**抗体が抗原と特異的に結合することを抗原抗体反応**という。

　抗体は異物に結合することにより，異物を無毒化する。また，抗体が異物や病原体に結合すると，それを白血球が認識し，食作用により異物や病原体を除去する。

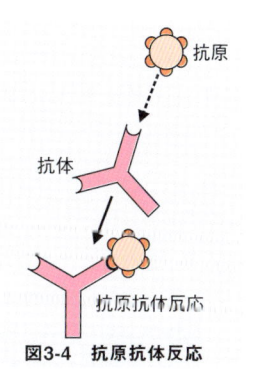

図3-4　抗原抗体反応

コラム　利根川進博士の業績

　抗原は無限に近い種類がある。それぞれの抗原に対応する抗体の遺伝子があるとすると，ヒトがもつ2万2千個の遺伝子では足りない。利根川進博士は多様な抗原に対する抗体をつくり出すしくみを解明し，1987年にノーベル生理学・医学賞を受賞した。

> **POINT**
> - ヘルパーT細胞がB細胞を活性化し，抗体産生細胞にする。
> - **抗原抗体反応**により，抗体は抗原に特異的に結合する。

発展　抗体のつくり

抗体は**免疫グロブリン**とよばれるタンパク質でできている。免疫グロブリンはY字型の構造をしており，**可変部**と**定常部**からなる。抗原に結合するのは可変部である。可変部と抗原は，かぎとかぎ穴のように相補的な立体構造をしている。そのため，抗体は特異的に抗原に結合することができる。可変部の立体構造は，抗体が結合する抗原ごとに異なる。定常部はどの抗体でも同じ構造をしている。

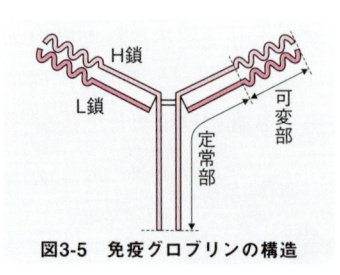

図3-5　免疫グロブリンの構造

発展　体液性免疫のくわしいしくみ

①ヘルパーT細胞の細胞表面には受容体があり，食細胞が提示する抗原に結合する性質がある。ヘルパーT細胞ごとに受容体の抗原結合部位の立体構造は異なるため，それぞれのヘルパーT細胞は特定の抗原のみと結合する。
②受容体はB細胞の細胞表面にもある。ヘルパーT細胞と同様に，受容体が認識する抗原はB細胞ごとに異なる。B細胞も異物を取り込み，異物を細胞内で断片化し，抗原として細胞表面に提示している。
③ヘルパーT細胞とB細胞が，同じ抗原を認識していれば，受容体と抗原を介して互いに結合する。
④ヘルパーT細胞は**インターロイキン**とよばれる物質を分泌し，結合しているB細胞を特異的に活性化する。その結果，B細胞は抗体産生細胞となり，抗原に対する抗体がつくられる。B細胞の受容体と抗体は，実は同じタンパク質である。B細胞の受容体が放出されたものを抗体という。
⑤抗体が異物に結合すると，異物は無毒化される。異物が細菌の場合は，細菌に結合した抗体が目印となって，目印を認識した食細胞が攻撃して排除する。

(補足) インターロイキンには複数の種類があり，細胞の分化，増殖，活性化などを誘導する。

図3-0 体液性免疫のくわしいしくみ

- 異物A
- 樹状細胞
- 抗原
- T細胞受容体
- 異物A担当のヘルパーT細胞
- 他の異物担当のヘルパーT細胞 → 無反応
- ① ☆受容体を介して抗原を認識する。
- 増殖
- 異物A
- B細胞受容体
- 他の異物担当のB細胞 → 無反応
- 異物A担当のB細胞
- ② ☆B細胞も受容体を介して異物を認識する。
  ☆異物を取り込み、抗原提示する。
- インターロイキン
- ③④ ☆T細胞とB細胞の認識する抗原が同じだと結合する。
  ☆ヘルパーT細胞はインターロイキンを分泌してB細胞を活性化する。
- 抗体
- 抗体産生細胞
- ④ ☆増殖，抗体分泌
- ⑤ ☆抗原抗体反応による無毒化
- 食細胞
- ⑤ ☆食細胞による攻撃

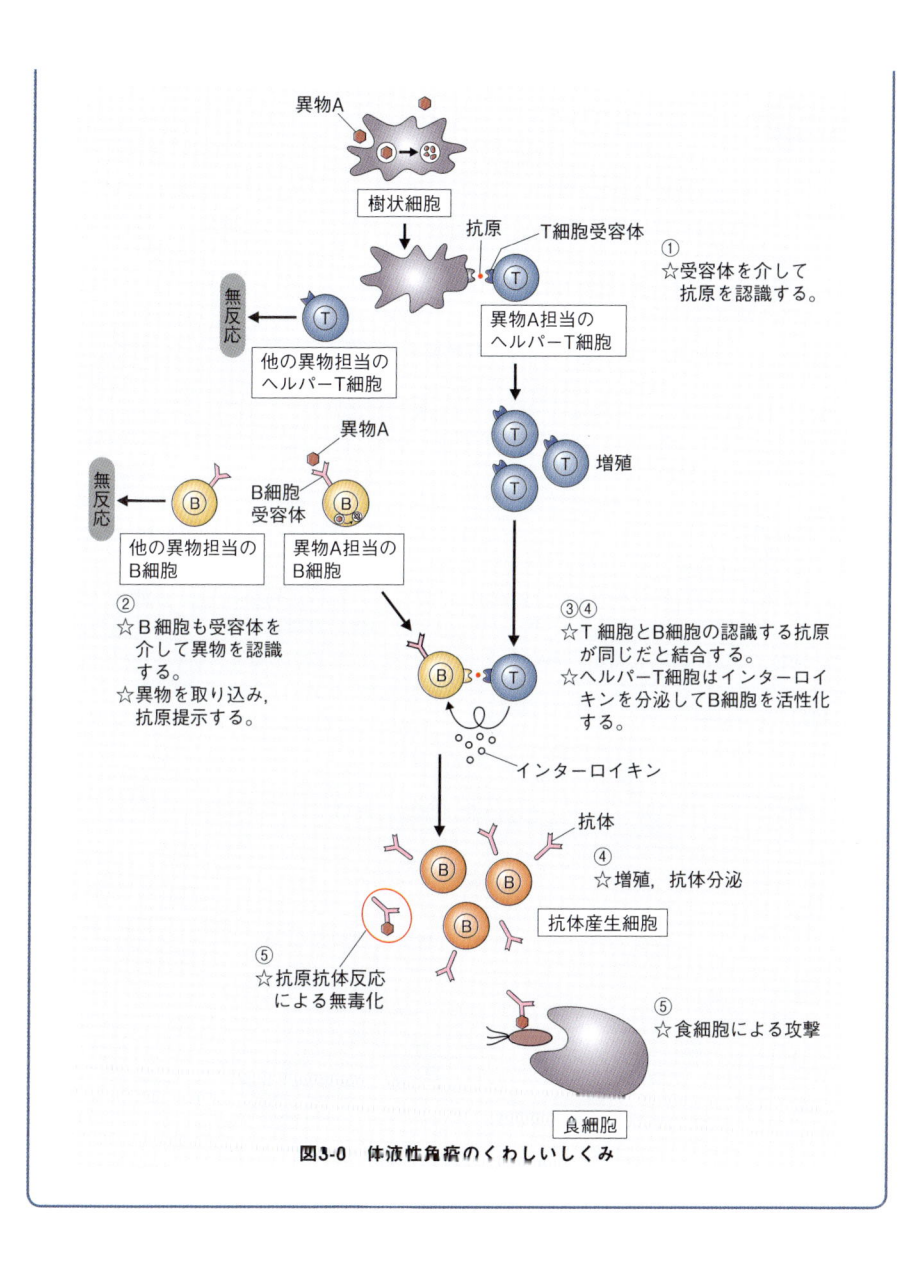

第3章 免疫 137

発展　多様な抗体がつくられるしくみ

　抗体は，L鎖(軽鎖)とH鎖(重鎖)とよばれる構造をそれぞれ2つずつもち，合計4本で構成される。L鎖とH鎖にはいずれも可変部と定常部があり，抗原との結合は可変部で行われる。

　体細胞の大部分は，染色体の遺伝子を複製して娘細胞に分配している。そのため，どの細胞も同じ遺伝情報をもつ。しかし，抗体を産生するB細胞では，抗体の遺伝子が再編成されている。再編成のパターンは細胞ごとに異なっており，多様な抗体の産生が可能となる。

　H鎖の可変部の情報をもつ遺伝子の領域は，V，D，Jの3つの分節に分かれている。ヒトでは，少しずつ配列が異なるVが約50個連なっており，D分節も少しずつ配列が異なるDが約30個，J分節も少しずつ配列が異なるJが6個連なっている。遺伝子の再編成はB細胞が成熟する過程で起こり，連なったV，D，Jの中から無作為に一つずつが選び出される。V，D，Jの組合せは $50 \times 30 \times 6 = 9000$ となり，9000種類のH鎖が生じることとなる。

　L鎖の可変部の情報をもつ遺伝子の領域も，少しずつ配列が異なるVが35個と，少しずつ配列が異なるJが5個連なっている。H鎖と同様に再編成が行われ，175種類のL鎖が生じる。H鎖とL鎖が組み合わされて一つの抗体となるため，抗体の種類は，$9000 \times 175 =$ 約150万となる。一つのB細胞は1種類の抗体しかつくらないので，150万種類のB細胞が生じることになる。各々のB細胞は，細胞ごとに異なる抗体を産生するので，結果として150万種類の抗体がつくられる。

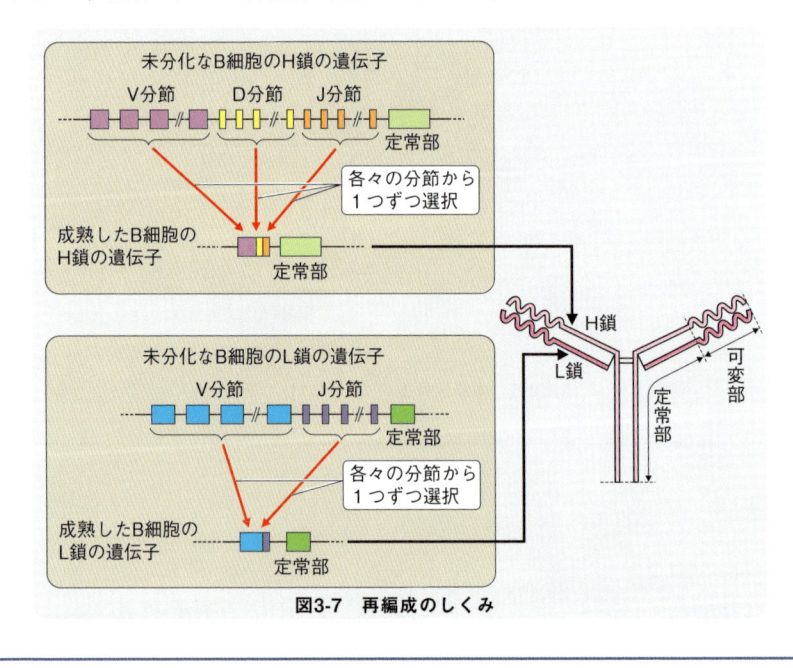

図3-7　再編成のしくみ

3 二次応答

ある病原体に感染した経験があると，同じ病原体に感染しにくくなる。感染の経験がない病原体が体内に侵入した場合は，免疫系が応答して抗体を産生するまで1週間ほどかかる。抗体を産生する最初の免疫応答を**一次応答**という。その間，病原体が体内で増殖し，発病する。

病原体に感染すると，その病原体に対する抗体をもつB細胞が活性化し，増殖する。活性化したB細胞は抗体産生細胞になるとともに，一部は**記憶細胞**となって体内に保存される。再び同じ抗原をもつ病原体が体内に侵入すると，記憶細胞が速やかに増殖し，大量の抗体を産生する。抗体により病原体の増殖が抑えられ，排除されるため感染しにくくなる。この反応を**二次応答**という。

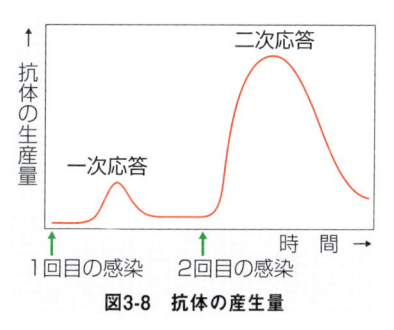

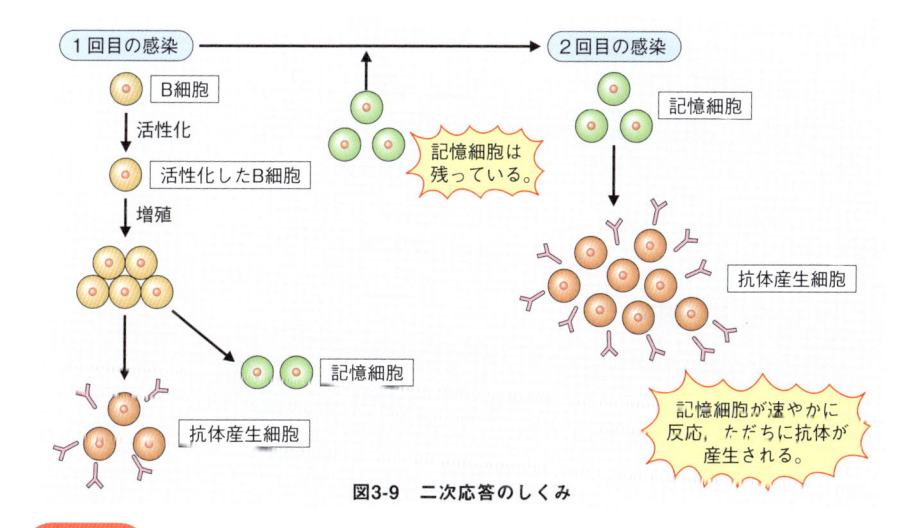

図3-8 抗体の産生量

図3-9 二次応答のしくみ

> **POINT**
> 活性化されたB細胞の一部が**記憶細胞**となるため，すばやい二次応答が起きる。

第3章　免疫

4 ワクチン

特定の病原体による感染を防ぐために，毒性を弱くした病原体や無毒化した毒素をあらかじめ注射する方法がある。このとき用いられる抗原を**ワクチン**という。ワクチンにより記憶細胞がつくられ，ワクチンと同じ抗原をもつ病原体が侵入すると速やかに抗体が産生されて感染が抑えられる。

5 血清療法

特定の抗原に対する抗体をウマなどの動物につくらせ，抗体を含む血清(抗血清)を注射することにより抗原を無毒化する治療法を**血清療法**という。

マムシにかまれたとき，マムシの毒素に対する抗血清を注射するように，血清療法は緊急を要する場合に用いられる。ウマなどの動物の血清は，ヒトにとってそれ自体が異物であるため使用には注意が必要である。

6 アレルギー

抗原抗体反応が過敏に起こると，じんましんや目のかゆみ，鼻づまりなど体に不都合な症状が現れることがある。このような反応を**アレルギー**といい，アレルギーの原因となる物質を**アレルゲン**という。

アレルゲンはまれに，全身性の強い反応を引き起こすことがある。これを**アナフィラキシーショック**とよぶ。

補足 金属アレルギーやうるしによるかぶれなど，細胞性免疫がかかわるアレルギー反応もある。

> **コラム　腸内細菌**
>
> ウシが好んで食べる麦わらの主要栄養成分はセルロースであるが，哺乳類はセルロースを消化することができない。ウシは，セルロースを分解する原生生物や細菌を腸内に共生させ，その分解産物を栄養素として吸収している。生物は外部からの侵入が有利か不利かによって，排除のしくみを調節する能力をもっている。

3 細胞性免疫

1 細胞性免疫のしくみ

抗体を介さず，**細胞が直接的に抗原を排除する免疫を細胞性免疫**という。病原体に感染した細胞やがん細胞は，この細胞性免疫によって排除される。

樹状細胞などが取り込んで断片化し細胞表面に提示した抗原を，まずはヘルパーT細胞が認識する。抗原の情報を得たヘルパーT細胞は活性化し，増殖する。ここまでのしくみは，体液性免疫と同様である。

増殖したヘルパーT細胞は，同じ抗原に対応する**キラーT細胞**を活性化し，増殖を促進する。増殖したキラーT細胞は，病原体に感染した細胞やがん細胞を直接攻撃し排除する。ヘルパーT細胞はマクロファージも活性化し，マクロファージは食作用により抗原を破壊する。

補足 細胞性免疫では，キラーT細胞の一部が記憶細胞として残る。活性化したキラーT細胞は，感染細胞に穴をあけDNAを破壊したり，アポトーシス（細胞の自殺）を促進させる物質を注入することにより細胞を破壊する。

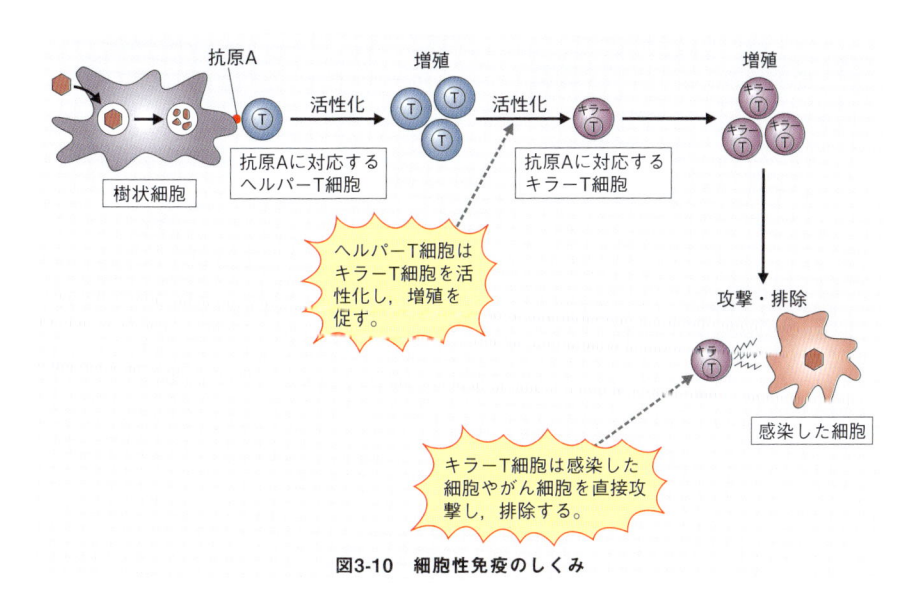

図3-10 細胞性免疫のしくみ

2 拒絶反応

移植された他人の組織や器官は異物として認識され，細胞性免疫によって攻撃を受ける。これを**拒絶反応**という。拒絶反応では，移植された組織をキラーT細胞が攻撃する。

> **POINT**
> - ヘルパーT細胞は同じ抗原を認識する**キラーT細胞**を活性化する。
> - キラーT細胞は，感染した細胞やがん細胞を直接攻撃して排除する。

コラム 自己を攻撃しない免疫のしくみ

T細胞の表面には抗原特異的な受容体がある。T細胞の受容体も，抗体と同じようにDNAの再編成によってつくられ，個々のT細胞は異なる受容体をもつ。DNA再編成はランダムに起こるので，自己を攻撃するT細胞もできるはずである。しかし，自己を攻撃するT細胞が排除されるしくみがある。

造血幹細胞が骨髄から出て，血流に乗って胸腺に到達すると，胸腺の中で未成熟T細胞となる。個々の未成熟T細胞はそれぞれ異なる受容体をもっている。未成熟T細胞の受容体が胸腺の細胞（自己）と接し，受容体と自己の細胞の物質が結合すると，未成熟T細胞が破壊される。その結果，自己を認識するT細胞が排除され，自己を攻撃しない免疫のしくみがつくられる。このしくみに問題があると，自己免疫疾患（→p.139）のような病気になってしまう。

4 免疫にかかわる疾患

1 エイズ

　ヘルパーT細胞は，体液性免疫，細胞性免疫の両方にかかわる。**HIV** とよばれる**ヒト免疫不全ウイルス**は，ヘルパーT細胞に感染し破壊する。そのため，免疫機能が損なわれ，さまざまな病原体に感染しやすくなる。HIVにより引き起こされる疾患を**エイズ**（**AIDS，後天性免疫不全症候群**）という。免疫機能が損なわれると，健康な体であれば感染しない病原性の低い病原体にも感染するようになる。このような感染を**日和見感染**という。HIVは感染してから発症するまで長い時間がかかるため，感染してもしばらくは自覚症状がなく，他人に感染させてしまう危険性が高い。

補足 HIV は Human Immunodeficiency Virus，AIDS は Acquired Immune Deficiency Syndrome の頭文字表記である。

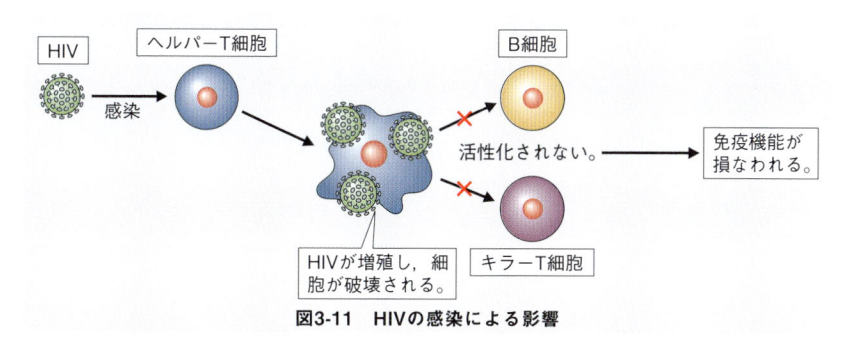

図3-11　HIVの感染による影響

2 自己免疫疾患

　免疫のしくみが，自身を攻撃，排除しようとすることにより引き起こされる疾患を**自己免疫疾患**という。自己免疫疾患では，自己の組織や正常な細胞に対する抗体がつくられてしまう。重症筋無力症，バセドウ病，全身性エリテマトーデスなどがある。

補足 重症筋無力症：筋細胞には，神経伝達物質アセチルコリンの受容体がある。このアセチルコリン受容体に対する抗体ができてしまう病気。筋肉に刺激を伝えるアセチルコリンの受容体に抗体が結合すると，情報の伝達が妨げられ，筋肉の脱力が引き起こされる。

バセドウ病：甲状腺刺激ホルモン受容体に対する抗体ができる病気。甲状腺刺激ホルモン受容体に抗体が結合すると，受容体が活性化され，甲状腺ホルモンが過剰に分泌される。甲状腺ホルモンは代謝を高める働きがあるため，ホルモンの量が過剰になると頻脈や眼球突出など全身にさまざまな影響を及ぼす。

全身性エリテマトーデス：細胞の核や DNA に対する抗体が産生され，細胞の機能が異常になる。発熱，関節炎などが引き起こされる。

> **POINT**
> - HIV は T 細胞を破壊するため，免疫不全になる。
> - **自己免疫疾患**は，免疫のしくみが自身を攻撃することにより起きる。

コラム 細胞内の異物の認識システム

体内に侵入した細菌は，細胞の外にいるため，抗体により認識される。したがって，体液性免疫によって排除することができる。しかし，ウイルスは細胞の中に侵入するため，抗体では認識できず，体液性免疫は機能しない。細胞性免疫では，感染した細胞が細胞表面に提示するウイルスの断片をキラー T 細胞が認識し，感染細胞ごとウイルスを破壊する。がん細胞も，細胞内にできた異常なタンパク質を細胞表面に提示しており，細胞性免疫により除去される。

この章で学んだこと

生物の体は，ウイルスや細菌などさまざまな異物が侵入する危険にさらされている。この章では，異物の侵入を防いだり，侵入した異物を排除したりするしくみについて学んだ。

1 生体防御

1. **生体防御** 体内へ異物が侵入するのを防いだり，体内に侵入した異物を排除するしくみ。
2. **免疫** 病原体やがん細胞を非自己として認識し，排除するしくみ。
3. **食作用** 病原体などの異物を取り込み，分解するなどして処理する作用。白血球が行う。
4. **食細胞** 食作用にかかわる白血球のこと。マクロファージや樹状細胞が代表的。
5. **リンパ球** 白血球の一種。B細胞とT細胞がある。B細胞は抗体の産生にかかわる。
6. **T細胞** ヘルパーT細胞とキラーT細胞がある。ヘルパーT細胞は異物の情報を認識し，B細胞とキラーT細胞を活性化する。キラーT細胞は感染細胞やがん細胞を攻撃して破壊する。

2 体液性免疫

1. **体液性免疫** 抗原を認識する抗体が，血流にのって体をめぐり，体を守る。
2. **抗原抗体反応** 抗体と抗原が特異的に結合すること。抗体と結合した異物は無毒化されたり，白血球の食作用により除去される。

発展 抗体のつくり
発展 体液性免疫のくわしいしくみ
発展 多様な抗体がつくられるしくみ

3. **一次応答** 抗体を産生する最初の免疫反応。抗体の産生には時間がかかる。
4. **記憶細胞** 病原体に感染すると，その病原体に対する抗体をもつB細胞が活性化して抗体産生細胞になる。一部は記憶細胞となり体内に保存され，次の感染に備える。
5. **二次応答** 感染した経験のある病原体に再び接すると，記憶細胞が速やかに増殖し，大量の抗体を産生する。
6. **ワクチン** 毒性を弱くした病原体や無毒化した毒素をあらかじめ注射する。記憶細胞をつくっておくことで，特定の病原体による感染を防ぐ。
7. **血清療法** 抗体を含む血清を注射し，抗原を無毒化する。
8. **アレルギー** 抗原抗体反応が過敏になるなどし，目のかゆみなどが起きる。アレルギーの原因物質をアレルゲンという。

3 細胞性免疫

1. **細胞性免疫** 抗体を介さず，免疫細胞が直接的に抗原を排除する。
2. **細胞性免疫のながれ** 樹状細胞による抗原提示→ヘルパーT細胞による認識→キラーT細胞の活性化→感染細胞やがん細胞の排除
3. **拒絶反応** 移植された臓器などが，異物として認識され，細胞性免疫によって攻撃を受けること。

4 免疫にかかわる疾患

1. **エイズ** HIVがヘルパーT細胞に感染し，免疫機能を破壊するために起こる病気。
2. **自己免疫疾患** 免疫のしくみが，自身を攻撃する。

確認テスト3

1 生体防御について述べた文を読み，文中の空欄（ ア ）〜（ コ ）にあてはまる語を答えよ。

異物が体内に侵入しないようにするしくみには，外壁として物理的に防御する（ ア ）や，粘液で覆われている（ イ ）がある。（ イ ）は，侵入してきたウイルスや細菌を粘液にからめ，（ ウ ）運動などで排出している。また，汗や涙には，殺菌力のある（ エ ）が含まれている。

これらを突破して侵入した病原体や，正常な細胞が変化して生じた（ オ ）細胞などを，（ カ ）として認識し，排除するしくみを（ キ ）という。免疫には，細胞が直接異物を認識し，排除する（ ク ）性免疫と，異物と特異的に結合するタンパク質である（ ケ ）を産生し，血中に放出して応答する（ コ ）性免疫がある。

2 免疫にかかわる細胞と免疫機能の疾患に関する次の文中の空欄（ ア ）〜（ チ ）にあてはまる語を答えよ。

細菌などの異物が体内に侵入すると，最初に発動するのは，（ ア ）作用にかかわる食細胞である。代表的な食細胞には，（ イ ）・（ ウ ）・（ エ ）がある。このうち（ エ ）は，取り込んだ異物の一部を（ オ ）として，他の免疫細胞に提示することを主な働きとしている。

また，（ エ ）から（ オ ）を提示されたヘルパー（ カ ）細胞は，同じ（ オ ）を認識する（ キ ）細胞やキラー（ カ ）細胞を刺激し，両細胞を活性化する。

活性化した（ キ ）細胞は，増殖して（ ク ）産生細胞となり，（ ク ）を血しょう中に分泌する。（ ケ ）性免疫の中心は，これらの細胞である。キラー（ カ ）細胞は，異常増殖をする（ コ ）や（ サ ）に感染した細胞などを直接攻撃して排除する（ シ ）性免疫の中心となる。どちらの細胞も，その一部が（ ス ）細胞として保存され，二度目の侵入の際には，速やかに増殖して，感染を抑える。このような反応を（ セ ）という。

ヘルパー（ カ ）細胞は，さまざまな免疫に関与する細胞である。HIVとよばれる（ ソ ）ウイルスは，このヘルパー（ カ ）細胞を破壊するため，感染した体の免疫機能が損なわれ，健康な体であれば感染しないような病原体にも感染しやすくなる。このような感染を（ タ ）といい，HIVにより引き起こされる疾患を（ チ ）という。

3 下図はある免疫を模式的に示したものである。次の問いに答えよ。

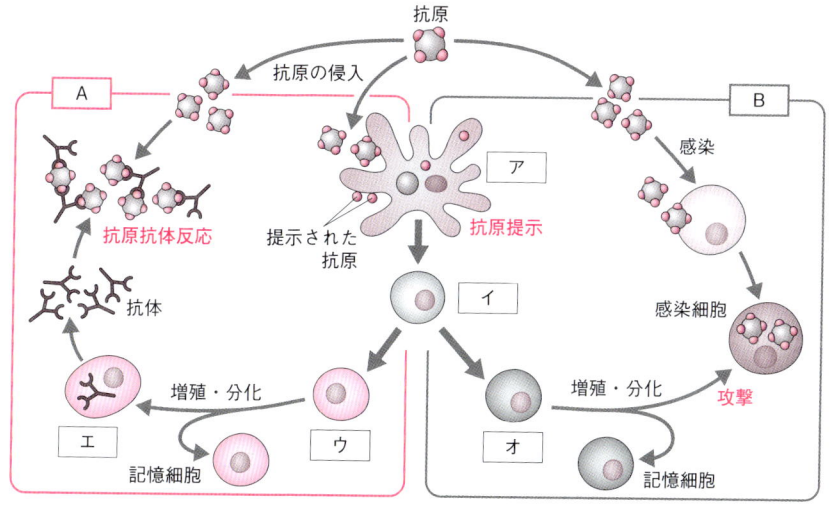

(1) AとBは，それぞれ何免疫の模式図か。
(2) 図中の ア ～ オ の細胞の名称を答えよ。
(3) 二度目以降の病原体の侵入の際に，増殖して対応するのはどのような細胞か。簡潔に記せ。

4 体液性免疫に関する次のような実験を行った。次の問いに答えよ。

〔実験〕 あるマウスに，物質(抗原A)を，期間をおいて2度注射した。抗原Aの2回目の注射の際に，別の物質(抗原B)も同時に注射した。それぞれの抗原に対する抗体の産生量を調べたところ，下図のような結果が得られた。

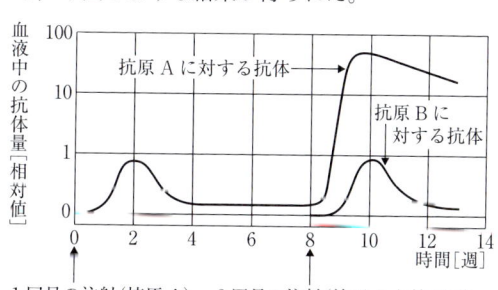

(1) 抗原Aと抗原Bについて，正しい記述を次の中から1つ選べ。
  ① 今回の実験で初めて，実験で用いたマウスの体内に入った。
  ② 今回の実験以前にも，実験で用いたマウスの体内に入ったことがある。
  ③ 実験で用いたマウスが，生まれたときから体内に含んでいる。
  ④ 実験で用いたマウスが，繁殖年齢になるまでに体内に入り，それ以降，ずっと体内に含まれている。
(2) 抗原Aの2回目の注射で，抗体量が著しく増加した理由を説明せよ。

センター試験対策問題

1 腎臓の働きに関する次の文章A・Bを読み，次の問い(問1〜4)に答えよ。

A. 腎臓では，右のような過程を経て尿がつくられる。

血液 → 原尿 → 尿
　　過程Ⅰ　　過程Ⅱ

問1　過程Ⅰに関する記述として，最も適当なものはどれか。次の①〜⑤のうちから一つ選べ。
① 血球以外の成分は，エネルギーを消費することによって，糸球体からボーマンのうへ移動する。
② 血球や大きな分子のタンパク質以外の成分は，酵素の働きによって，糸球体からボーマンのうへ移動する。
③ 血球以外の成分は，ホルモンの働きによって，糸球体からボーマンのうへ移動する。
④ 血球や大きな分子のタンパク質以外の成分は，血圧によってろ過され，糸球体からボーマンのうへ移動する。
⑤ 血球以外の成分は，血液中の濃度の方が原尿中の濃度より高いため，糸球体からボーマンのうへ移動する。

問2　過程Ⅱにおいて，ある物質の再吸収量は，血液中のその物質の濃度と関係する。血液中の血糖濃度がある値になると，原尿中のグルコースは尿に排出されはじめ，再吸収量は，増加したあと一定の値となる。この場合，血糖濃度とグルコースの移動量(a：原尿への移動量，b：原尿からの再吸収量，c：尿への排出量)との関係を表すグラフはどのようになるか。次の①〜④のうちから一つ選べ。

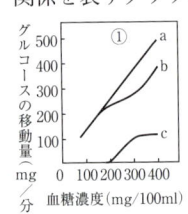

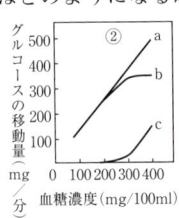

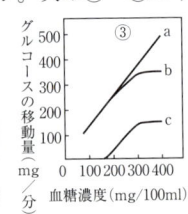

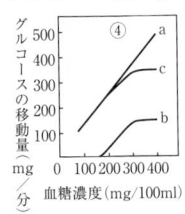

（センター試験　本試験）

B. 体液の水分量の維持は，脳下垂体後葉から分泌されるバソプレシン(抗利尿ホルモン)によって，細尿管での再吸収量が調節されることと，飲水の量とのバランスの上で成り立っている。

いま，シロネズミの脳下垂体後葉を除去し，その後の飲水量と尿量の変化を測定し，後葉を除去しなかった対照群と比較したところ，右のような結果が得られた。また，後葉除去2週後に脳下垂体を観察すると，神経分泌細胞の軸索が集まって後葉を再生していた。

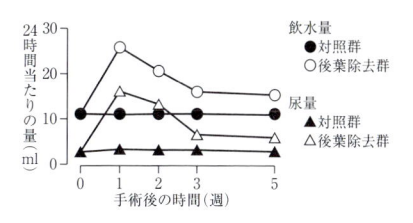

問3　この実験の結果から，どのような結論が導かれるか。次の①〜⑥のうちから正しいものを二つ選べ。ただし，解答の順序は問わない。
① 後葉除去後の飲水量と尿量の変化には逆の関係がある。
② 後葉除去後の飲水量と尿量の変化には平行的な関係がある。
③ 後葉除去しても飲水量と尿量の変化には何の影響もない。
④ 再生後葉にはバソプレシン分泌能力がない。
⑤ 再生後葉はバソプレシン分泌能力がある。
⑥ 後葉の再生と飲水量・尿量の間には何の関係もない。

(センター試験　追試験)

2 皮膚移植と免疫に関する次の文章(実験1〜4を含む)を読み，下の問い(問1〜3)に答えよ。

遺伝的に異なる3系統A・B・Cのマウス(ハツカネズミ)をそれぞれ数個体ずつ(各個体を1，2など，数字で表す)と，AとBを交配して得られた(A×B) F_1 (子)を用意し，次の皮膚移植の実験1〜4を行った。皮膚を移植するには，背中の一部から約1センチメートル平方の皮膚を切り取って除去し，そこへ他の個体の同じ部位から切り取った同じ大きさの皮膚を植えつける。移植した皮膚が生きていることを生着という。なお，同一系統内では，全ての個体の遺伝子組成は同じである。

実験1．A_1に移植されたA_2の皮膚は，いつまでも生着し続けた。しかし，A_2に移植されたB_1の皮膚は，いったん生着したが，移植の14日後に，かさぶた状になって脱落した。

実験2．実験1でB_1の皮膚が脱落したのち，A_2の別の部位にB_2の皮膚とC_1の皮膚を並べて移植した。C_1の皮膚は，いったん生着し，移植の14日後に脱落したが，B_2の皮膚は生着できず，移植の6日後に脱落した。

実験3．A_3にB_3の皮膚を移植し，B_3の皮膚が脱落したのち，A_3から血液と，皮膚を移植した部位に近いリンパ節を取り出し，血液からは血清(B系統に対する抗体を含む)を，リンパ節からはリンパ球を分離・調整した。一方，A_4

に B_4 の皮膚を，A_5 に B_5 の皮膚を移植し，その直後に A_4 には A_3 からの血清を，A_5 には A_3 からのリンパ球を静脈注射して与えた。その結果，B_4 の皮膚は移植の14日後に，B_5 の皮膚は移植の6日後に脱落した。

実験4．出生直後の A_6 に，$(A \times B)\ F_1$ のリンパ系の器官の細胞を静脈注射して与えた。成長後の A_6 に，B_6 の皮膚と C_2 の皮膚を並べて移植した。その結果，B_6 の皮膚はいつまでも生着し続けたが，C_2 の皮膚は移植の14日後に脱落した。

問1　実験1～3の結果が得られたのは，どのようなしくみによるか。次の①～⑩のうちから，適当な語句を三つ選べ。ただし，解答の順序は問わない。
① 抗原に特異的な免疫の記憶　　② 抗原に非特異的な免疫の記憶
③ 血液型の違いによる作用　　　④ 免疫に対する抑制作用
⑤ 体液性免疫　　　⑥ 細胞性免疫　　　⑦ 自己と非自己の混同
⑧ 自己と非自己の識別　　　⑨ 血清成分の副作用
⑩ 皮膚を並べて移植したことにともなう作用

問2　実験4の結果が得られた理由として，最も適当なものはどれか。次の①～⑤のうちから一つ選べ。
① $(A \times B)\ F_1$ の細胞が，A_6 の未熟な免疫系を，B系統の特異性に関係なく無差別に攻撃した。
② A_6 の未熟な免疫系で，B系統に対する反応性が失われてしまった。
③ A_6 の未熟な免疫系で，$(A \times B)\ F_1$ の細胞の特徴を認識できなかった。
④ C_2 の皮膚から放出された物質が，B_6 の皮膚の生着を助けるための養分として役立った。
⑤ A_6 の出生直後に，静脈注射のような強いストレスを与えた。

問3　免疫に関与しているリンパ系の器官を，次の①～⑥のうちから二つ選べ。ただし解答の順序は問わない。
① ひ臓　　② すい臓　　③ 肝臓
④ 甲状腺　　⑤ だ腺　　⑥ 胸腺

(センター試験　追試験　改題)

生物基礎

第4部

生物の多様性と生態系

この部で学ぶこと

1. 環境と植生
2. 光の強さと光合成
3. 森林の階層構造
4. 遷移のしくみ
5. 気候とバイオーム
6. 生態系のなりたち
7. 物質の循環
8. エネルギーの流れ
9. 生態系のバランスと保全
10. 生物の多様性

BASIC BIOLOGY

第1章
植生の多様性と分布

> この章で学習するポイント

- ☐ さまざまな植生
- ☐ 環境と植生
- ☐ 光の強さと光合成
- ☐ 森林の階層構造
- ☐ 遷移のしくみ

- ☐ 気候とバイオーム
- ☐ 世界のバイオームとその分布
- ☐ 日本のバイオームとその分布

1 さまざまな植生

1 環境と植生

　生物の活動に影響を及ぼす要因を**環境**という。環境には，光や温度，大気，水，土などの**非生物的環境**と，同じ生物種の個体間の競争，異なる種との「食う-食われる」の関係などの**生物的環境**がある。

　地球のさまざまな環境には，その環境に適した植物が生育している。ある場所に生育している植物の集団を**植生**とよぶ。植生には，そこに生息する動物や植物，細菌の活動が影響を与える。また，土壌，光や温度，人間の活動も影響を及ぼしている。植生はその性質によって，**草原**，**雑木林**，**原生林**や**耕作地**，**牧草地**などにグループ分けされる。

▲原生林(青森県)

(補足) 種々の木が入り混じって生えている林を雑木林という。火災や伐採などの影響を受けたことがなく，自然のままの状態を維持している森林を原生林という。

2 生活形

　生物は，生存や繁殖に都合がよいように，体の形態や生理的な働きなどの**生活様式**を発達させている。生活様式を反映した生物の形態を**生活形**という。植物の生活形は，光合成を行う葉と，葉を支える茎，土壌の無機物を吸収する根の形態などによって特徴づけられる。

　例えば，乾燥した地域に分布する植物の中には，地下水を吸収できるように根が長く伸びているものや，吸収した水分を逃がさないために葉や茎が分厚いものがある。また，寒冷で雪の多い地域の樹木は背丈が低い。外気よりもむしろ雪の中の方が温かく，雪の中で寒さを避けるようにできているためである。このように，ある環境のもとでの生存や生殖に適するよう生活様式を発達させることを**適応**という。

第1章　植生の多様性と分布

植物にはさまざまな生活様式がある。種子が発芽して1年以内に開花して実をつけ，種子をつくると個体は枯死するような植物を**一年生植物**という。一年生植物には，アサガオや，トウモロコシ，ヒマワリなどがある。2年以上個体が生存する植物を**多年生植物**という。多年生植物は，地下部などに栄養分を貯蔵している。

> **POINT**
> - **植生**→ある場所に生育している植物の集団。
> - **生活形**→生活様式を反映した生物の形態。
> - **適応**→生存や生殖に適する生活様式を発達させること。

参考 ラウンケルの生活形

多くの植物は，環境が厳しい期間に成長を止め，**休眠芽**＊をつける。デンマークの植物生態学者ラウンケルは，生活形を休眠芽の高さや，種子の形成様式によって**地上植物，地表植物，半地中植物，地中植物，一年生植物**の5つに分類した。これを**ラウンケルの生活形**という。

温暖で湿潤な地域では，冬季に成長を停止し，地上から高い位置に休眠芽をつける地上植物が多い。寒冷で乾燥した土地に分布する植物は，比較的暖かく湿度もある地表や半地中に休眠芽をつける(地表植物，半地中植物)。寒さの厳しい地域では，凍結を避けるように地中に球根や地下茎をつける(地中植物)。草原や砂漠に生える一年生植物は，冬季や乾季に種子をつけ，種子の形で寒さや乾燥に耐える。

＊ある一定期間，発育しないでいる芽。

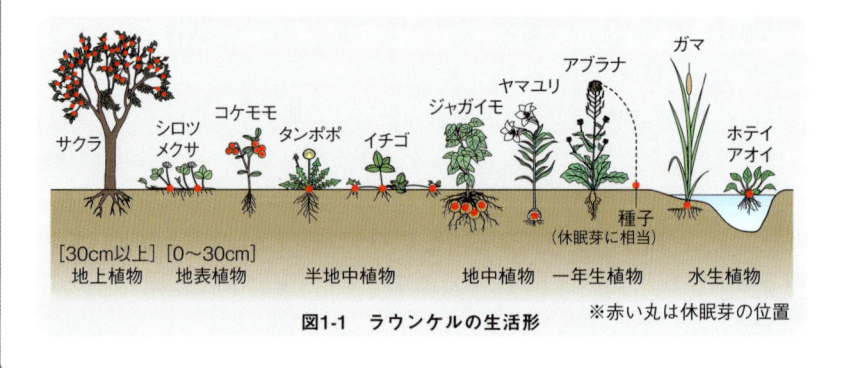

図1-1 ラウンケルの生活形
※赤い丸は休眠芽の位置

サクラ／シロツメクサ／コケモモ／タンポポ／イチゴ／ジャガイモ／ヤマユリ／アブラナ／ガマ／ホテイアオイ

[30cm以上] 地上植物　[0～30cm] 地表植物　半地中植物　地中植物　一年生植物　水生植物

3 相観

　植生はさまざまな植物によって構成されている。植生の中で個体数が多く、占める割合が最も多い植物の種を**優占種**という。

　外側から見てわかる植生の様相を**相観**といい、優占種の生活形によって特徴づけられる。相観によって**サバンナ**、照葉樹林、**針葉樹林**などのグループに分けることができる。

4 光の強さと光合成

　光は光合成のエネルギーとして利用されるが、強い光は害を及ぼす。**生物の種類によって光の強さに対する耐性は異なり、光合成に利用する光の最適な強さも異なる。**強い光の下で速く成長する植物を**陽生植物**といい、陽生植物の樹木を**陽樹**という。一方、強い光の下では生存できないが、弱い光の下でゆっくり成長する植物を**陰生植物**といい、陰生植物の樹木を**陰樹**という。

　植物は、光がある条件では光合成を行うが、呼吸もしている。光合成により二酸化炭素を吸収する一方で、呼吸により二酸化炭素が放出される。暗黒下では呼吸のみ行われるが、光がある一定の強さになると、二酸化炭素の放出と吸収の量が等しくなる。このときの光の強さを**光補償点**という。

　光補償点より光が強くなると、光合成量が呼吸量より大きくなり、全体では二酸化炭素が吸収されているだけのように見える。このときの二酸化炭素の吸収速度を**見かけの光合成速度**という。見かけの光合成速度に呼吸速度を加えた値が、実際の**光合成速度**である。

　さらに光が強くなると、光合成速度は増加する。しかし、ある一定の光の強さで最大となり、それ以上光合成速度は増加しなくなる。このときの光の強さを**光飽和点**という。植物の種類によって光合成速度の最大値は異なる。陽生植物の光合成速度の最大値は陰生植物より大きいため、強い光のもとでは成長速度が大きい。

> **補足** 植物の成長は見かけの光合成速度に比例する。陽生植物は強い光の下で光合成を活発に行うが、呼吸も活発に行う。そのため、強い光の下では成長が速いが、弱い光の下では成長できない。弱い光の下では、呼吸量が光合成量を上回るからである。一方、陰生植物は、強い光を十分に活用するような光合成は行えないため、成長速度が小さいが、呼吸速度も小さい。弱い光であっても二酸化炭素の放出と吸収を差し引くと、吸収が上回るため成長することができる。

第1章　植生の多様性と分布

図1-2　光の強さと光合成速度

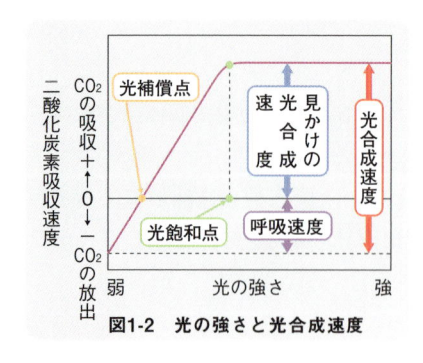

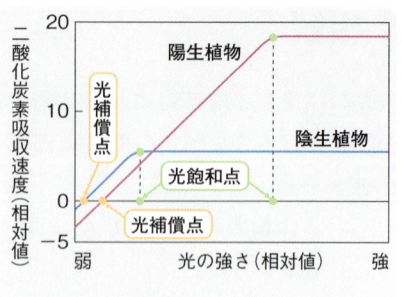

図1-3　陽生植物と陰生植物の光合成

> **POINT**
> - **光補償点**→二酸化炭素の放出と呼吸の量が等しくなる光の強さ。
> - **光合成速度**→見かけの光合成速度に呼吸速度を加えた値。
> - **光飽和点**→光を強くしても，それ以上光合成速度が増加しなくなる光の強さ。

5 森林の階層構造

　植生の中では，さまざまな植物が空間を立体的に利用して生きている。森林には，背の高い樹木もあれば，地表を覆う下草や，その中間を埋めるように生えている木もある。

　森林の最上部で，多数の樹木の葉が茂って森を覆っている部分を**林冠**（りんかん），地表に近い部分を**林床**（りんしょう）という。林冠には太陽光が降り注ぐが，林床に近づくにつれ，葉などによって光はさえぎられるようになる。そのため，林床にはわずかな光しか届かず，陰生植物は育つが陽生植物はほとんど育たない。

　発達した森林を構成している植物は，高さによって**高木層**（こうぼくそう），**亜高木層**（あこうぼくそう），**低木層**（ていぼくそう），**草本層**（そうほんそう）などに分けられる。このような**階層構造**は，日本では中南部にある人の手が入っていない森林でみられる。照葉樹林では，高木層を形成するのは**アカガシ**や**スダジイ**，亜高木層は**ヤブツバキ**や**スダジイ**の幼木，低木層は**イヌビワ**である。光が届きにくい林床には草本からなる草本層，**コケ**で構成される**コケ層**がみられる。

▲イヌビワ

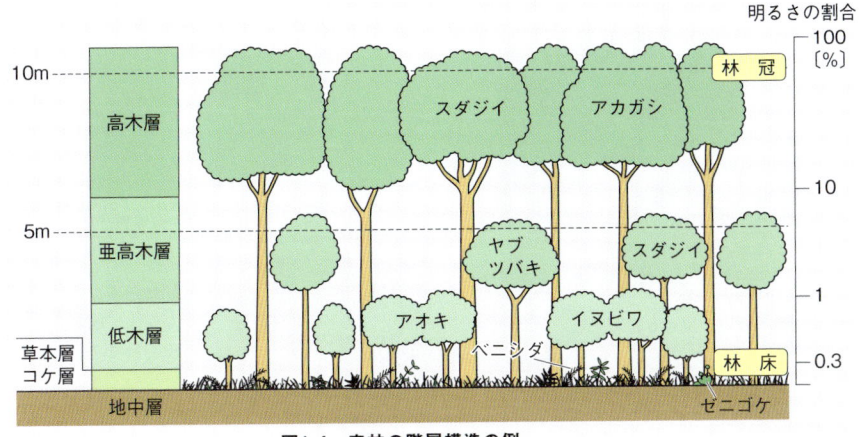

図1-4 森林の階層構造の例

> **POINT**
> ● 森林では植物の高さによって層をなす**階層構造**がみられる。
> ● 森林の林冠と林床では、生育に適した樹木は異なる。

6 土壌

　岩や石は、温度の変化、水や空気の作用により風化して砂になる。**土壌**は風化によりつくられた砂や、砂より粒の小さい粘土、落ち葉や生物の死骸、動物や微生物によって分解された有機物などからなり、**構成成分によって層を形成している**。

　地表面には落ち葉などが積もっており、これを**落葉層**という。その下には、動物や微生物によって落ち葉や枯枝が分解されてできた**腐植層**がある。腐植層の下には、風化してできた細かい砂や石と腐植物が混じり合った粒状の構造ができる。これを**団粒構造**といい、ミミズや微生物などの働きによってつくられる。団粒構造のある層は隙間が多い。そのため、通気性がよく保水力があり、植物の根が発達する。さらにその下は、風化が進んでいない大きな石や岩からなる**母材**とよばれる層がある。

第1章　植生の多様性と分布

図1-5　土壌の構造

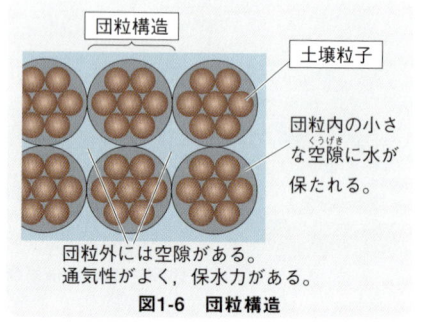

図1-6　団粒構造

> **POINT**
> 土壌は異なる構成成分からなる層を形成している。

2 遷移

1 遷移とそのしくみ

　宅地造成などのために更地になった土地は、初めは土や砂ばかりで何も生えていない。しかし、そのまま空き地になっていると、次第に背の低い草が生えて草むらになり、やがて背の低い木が生えて藪になる。さらに年月が経つと、背の高い木が生い茂り、森がつくられる。この間、生えている植物の種類や数は徐々に変化していく。**植生を構成する植物の種類や、相観が変わっていくことを遷移**という。自然界でも、火山活動などで植物が生えていない地面ができると遷移が始まる。

　植物は環境に働きかけ、植生内の土壌や光などの環境を変えていく。この作用を**環境形成作用**(→p.173)という。植物が環境を変化させ、変化した環境に適した別の植物が進入すると、先に生えていた植物にとっては環境が悪くなる。その結果、植生が変化し、これが繰り返されることで遷移が進む。

A 一次遷移

　溶岩で覆われた地面や大規模な地滑りによって生じた裸地、海に新たに出現した島、新しくできた湖沼のように土壌や種子がない場所で始まる遷移を**一次遷移**という。溶岩で覆われた地面は土壌がなく、植物が育たないように見える。しかし、そのような過酷な環境にも、**地衣類**や乾燥に強い**コケ植物**が生育する。特別な植物がまばらに生えるだけで、植物が地面を覆う割合が非常に小さい地域を**荒原**という。

> **補足** 地衣類は、菌類と藻類が共生した生物である。森林の樹木の枝から垂れ下がる**サルオガセ**や、樹皮に張り付いている**ウメノキゴケ**などがある。**ハナゴケ**は裸地で生育する。

▲ウメノキゴケ

第1章　植生の多様性と分布　159

土壌の形成が進み，土中の有機物や水分が増えると，**ヨモギ**や**ススキ**などの草本類が進入し草原となる。裸地＊に最初に進入する植物を**先駆植物**(パイオニア植物)という。次に，草原に**ハコネウツギ**や**ヤシャブシ**などの低木が進入する。枯葉が積もり，保水力が増して根を大きく張ることができる土壌が整えられると，高木となる樹木が進入する。初めは，強い光の下で，成長が速い**アカマツ**などの**陽樹**が森を占める。＊植物が全く生えていない地面。

　森が成長し，葉が生い茂ると，地面に太陽光がほとんど届かなくなる。暗くなった林床では，陽樹の幼木は育たなくなる。一方で，**シラカシ**や**スダジイ**など，成長は遅いが光の量が少なくても生育できる**陰樹**は育つ。陰樹の幼木は成長し世代交代するが，老化した陽樹は駆逐され，最終的には陰樹を中心とする安定した陰樹林が形成される。安定した植生が維持される状態を**極相**(**クライマックス**)とよぶ。一次遷移により荒原から極相に至るには千年以上かかるといわれている。極相にあっても，環境が大きく変化すると植生が変化し，遷移が起こる。

> **POINT**
> - **環境形成作用**→生物の活動が環境に影響を与える働き。
> - **遷移**→植生が時間とともにしだいに変化していくこと。
> - **極相**→遷移が進みそれ以上植生が変化しなくなった状態。

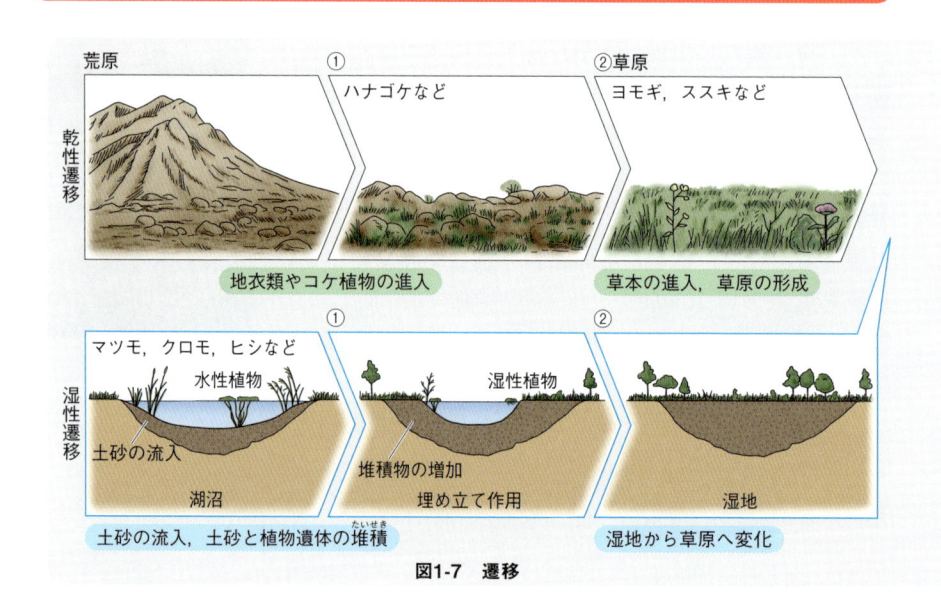

図1-7　遷移

補足 草むらの中は空気の動きが遅いため，草原では風で運ばれた土埃や砂が堆積して植物の死骸と混ざり合った土壌が形成される。有機物を含んだ土壌は樹木の生育に適した環境となり，飛来した樹木の種子や動物によって運ばれた種子が発芽し，成長する。樹木は最初から荒原に生育できるわけではなく，さまざまな植物や動物の活動の積み重ねによってつくられた環境を必要とする。

Ⓑ 乾性遷移と湿性遷移

陸上で始まる遷移を**乾性遷移**といい，湖沼から始まる遷移を**湿性遷移**という。湖や沼は，長い年月がたつと水草の死骸や飛来する枯葉や土や砂などが積もり，浅くなる。浅くなった湖沼には**マツモ**や**クロモ**などの**水生植物**が生え，**ヒシ**などの**浮水植物**が水面を覆う。さらに堆積が続くと湿地を経て草原となり，乾性遷移と同じ過程を経て極相に達する。

▲ヒシ

Ⓒ 二次遷移

森林火災や伐採など，植生の大部分が失われた場合，その後に起こる遷移を**二次遷移**という。二次遷移では，植物の生長に必要な土壌があるので植物は進入しやすい。また，地中には発芽能力をもつ種子や地下茎が残っているため，植生（何種類かの植物の集まり）の再生は早く，遷移も速い。

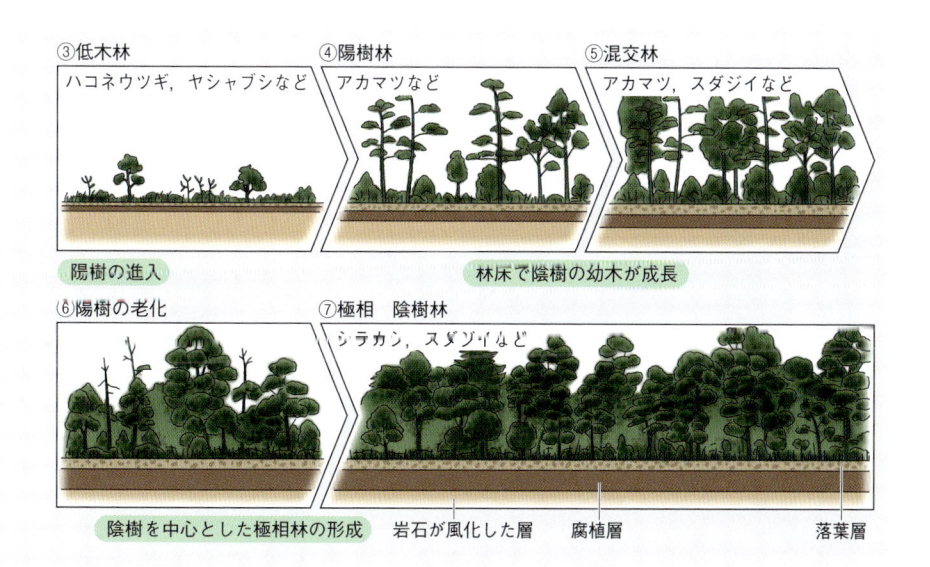

③低木林　ハコネウツギ，ヤシャブシなど
④陽樹林　アカマツなど
⑤混交林　アカマツ，スダジイなど

陽樹の進入
林床で陰樹の幼木が成長

⑥陽樹の老化
⑦極相　陰樹林　シラカシ，スダジイなど

陰樹を中心とした極相林の形成
岩石が風化した層　腐植層　落葉層

第1章　植生の多様性と分布

2 ギャップ更新

　極相の森林の林床は暗いが，枯死などにより高木が倒れると林冠に穴が開き，林床に明るい光が届くようになる。この明るい空き地を**ギャップ**という。**大きなギャップができると林床に強い光が届くため，陽樹の幼木も成長することができる。**陰樹で構成される極相林に陽樹が混じるのは，ギャップによる二次遷移のためである。遷移が進むと，陽樹はやがて陰樹に置き換えられる。このようなギャップを中心とする極相の更新を**ギャップ更新**という。

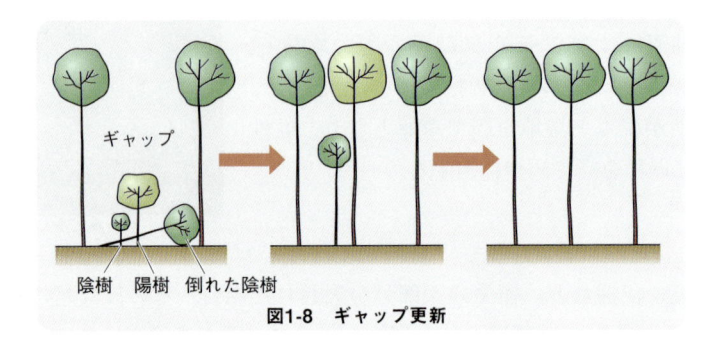

図1-8　ギャップ更新

> **POINT**
> ギャップには強い光が届くため，極相の林床でも陽樹の幼木が育つ。

3 気候とバイオーム

1 陸上植物の植生と気候の関係

　地球は地域によって環境が大きく異なり，その地域に適した植物が生育している。そのため，地域によって相観が異なる。相観には，主に年平均気温と年降水量の違いが反映される。
　ある地域に生育する植物の集団を植生といい，その**植生と，そこで生育する動物や微生物などすべての生物の集まり**をバイオームとよぶ。一般的に，陸上のバイオームは，砂漠や照葉樹林など，植生の名称でよばれる。

2 世界のバイオーム

Ⓐ 気温によるバイオームの違い

　年降水量が多く，年平均気温が−5℃以上の地域では森林が形成される。年間を通して高温多雨の熱帯地域には**熱帯多雨林**が発達する。熱帯多雨林の大部分は，**常緑広葉樹**が占めており，大きな樹木が林冠を覆い，林床は暗く下草は生えにくい。樹木を支えにして成長するつる植物や，樹木に張り付いて生育する**着生植物**も多く，これらの植物も林冠を構成する。

▲熱帯多雨林（オーストラリア）

（補足）着生植物は樹木に張り付き，根を樹皮の上に張りめぐらして成長している。樹木から栄養を吸収しているわけではないので，寄生植物ではない。樹皮の上に張りめぐらす根では十分な支えとはならないため，大きく成長することはできない。しかし，巨大な樹木の林冠に近いところにも着生することができ，太陽光を十分に吸収することができる。

コラム　熱帯多雨林の土壌

　熱帯多雨林はジャングルともよばれる。樹木が生い茂っているため，土壌は豊かだと考えるかもしれない。しかし，実際は高温多湿のため落ち葉は微生物によって急速に分解され，腐植層がほとんどない。多雨のせいで養分は洗い流されてしまい，土壌はやせている。

第1章　植生の多様性と分布

亜熱帯とは，熱帯に比べて気温が低くなる時期がある地域をいう。亜熱帯の中で，降水量が多い地域に形成される森林を**亜熱帯多雨林**とよび，常緑広葉樹が大部分を占める。

熱帯・亜熱帯の河口の塩分を含んだ湿地には，塩に対して抵抗性のある樹木が**マングローブ**とよばれる林を形成している。

> **コラム　タコ足のような根**
>
> マングローブの植物の多くは，タコの足のように根を地上部に出している。熱帯・亜熱帯の河口付近の湿地・干潟の泥の中は，酸素が少なく根が酸欠になりやすい。地上部に出ている根は酸素を吸収する働きがあり，呼吸根とよばれる。複雑に張りめぐらされた根は潮が満ちてくると海水に浸り，海の生物にとって生息場所となる。そのため，マングローブのバイオームでは動物種が多い。
>
> ▲マングローブ

照葉樹林や**夏緑樹林**は，冬季に気温が低くなる温帯地方にみられる。照葉樹林は夏に降水量が多い暖温帯に分布し，葉が厚く光沢のある照葉樹が大部分を占める。夏緑樹林は冷温帯に分布し，冬に落葉する**落葉広葉樹**が大部分を占める。冬に雨が多く，夏は日差しが強く乾燥する温帯地域には，硬く小さい葉を一年中つける**硬葉樹林**がみられる。

▲照葉樹(タブノキ)

温帯地方では，落葉が微生物によって急速に分解されることはない。落葉は堆積し，腐植層が厚くなる。そのため，土壌に生息する動物は多く，寒い冬に冬眠する動物も生息している。

補足　常緑広葉樹のうち，葉の表面に光沢があるものを特に照葉樹とよぶ。照葉樹にはタブノキやスダジイ，アカガシがある。夏緑樹林は，夏には緑の葉をつけるが冬に落葉する落葉広葉樹の森，という意味が込められている。落葉広葉樹にはブナやミズナラがある。硬葉樹林では，オリーブやゲッケイジュ，コルクガシのような乾燥に強い樹木が優占している。

冬の厳しい寒さが長く続く亜寒帯地方には，**針葉樹林**が分布している。モミやトウヒなどの常緑針葉樹が多いが，落葉針葉樹のカラマツがみられる場所もある。年平均気温が−5℃以下の寒帯では，樹木が生育しないため，森林は形成されない。

▲針葉樹（モミ）

　寒帯には**ツンドラ**とよばれるバイオームが分布する。ツンドラの地中には，一年中溶けることのない永久凍土がある。低温のため，微生物による有機物の分解は遅い。土壌の栄養塩類が少なく，地衣類やコケ植物以外の植物はほとんど生育していない。

▲紅葉の時期のツンドラ（カナダ）

(補足) ツンドラとは，ロシア語で「木のない平原」を意味する。

　年降水量が1000 mmより少ない地域では，森林が形成されず，草原になる。草原のうち，熱帯で乾季が長い地域は**サバンナ**とよばれる。サバンナはイネの仲間の草本を主とした草原であり，乾燥に耐える樹木も散在する。アフリカのサバンナにはシマウマやライオンが生息する。温帯の草原はステップとよばれる。**ステップ**もイネの仲間の草本を主とした草原である。サバンナとは異なり，樹木はほとんどない。北アメリカのステップには，バイソンやコヨーテが生息している。

▲サバンナ（ケニア）

▲ステップ（モンゴル）

　年降水量が200 mm以下の地域は，**砂漠**が形成される。砂漠には，乾燥に耐える多肉植物のサボテンや，深い根をもつ草本，一年生植物など，わずかな植物しか生育していない。熱帯の砂漠には，乾季に休眠するなど，乾燥と飢えに耐えるしくみを獲得した動物や，地表の熱を避けるため，夜行性の動物が多い。

▲砂漠（モロッコ）

第1章　植生の多様性と分布

図1-9 バイオームと気候の関係

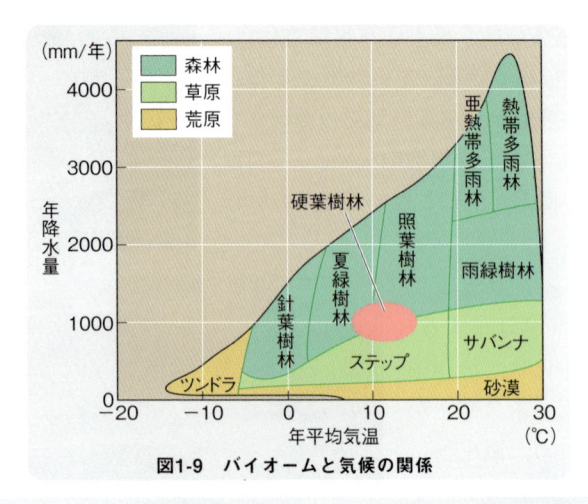

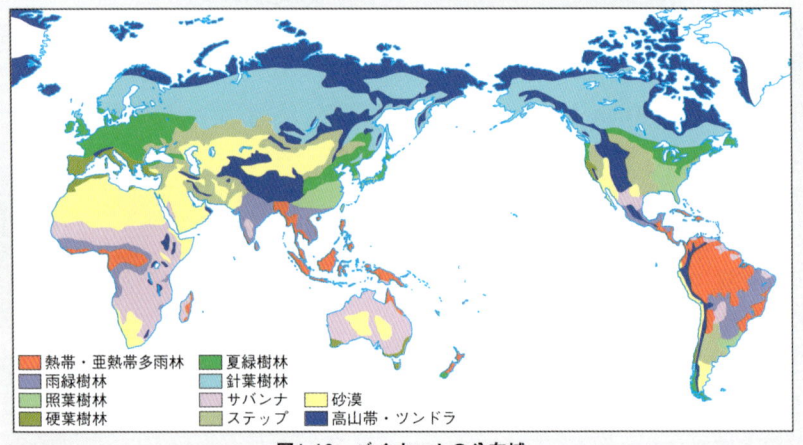

図1-10 バイオームの分布域

> **POINT**
> - ある植生に生息するすべての生物の集まりを**バイオーム**という。
> - バイオームは**年平均気温**と**年降水量**によって特徴づけられる。

166　第4部　生物の多様性と生態系

❸日本のバイオーム

日本は国土の全域にわたって降水量が多く，降水量によるバイオームの差はほとんどない。日本列島は南北に細長く伸びており，緯度によって気温が異なる。また，山岳地域も多くあり，標高によっても気温は異なる。そのため，**日本のバイオームの違いは気温が主な要因となる**。緯度の違いによるバイオームの分布を**水平分布**といい，標高の違いによって生じるバイオームの分布を**垂直分布**という。

低地のバイオームの水平分布を見ると，沖縄から九州南端には亜熱帯多雨林が分布し，九州，四国，本州南部は照葉樹林が分布する。本州の東北部から北海道南西部は夏緑樹林，北海道東北部は亜寒帯性の針葉樹林が分布する。

気温は，高度が 100 m 増すごとに，0.5℃〜0.6℃低下する。そのため，山岳地帯ではバイオームの垂直分布がみられる。

本州中部の垂直分布を見ると，標高約 800 m までの照葉樹林が分布する地帯を**丘陵帯**といい，800 m 〜 1600 m の夏緑樹林が分布する地帯を**山地帯**，1600 m 〜 2500 m の針葉樹林が分布する地域を**亜高山帯**という。亜高山帯の上限より標高が高くなると，樹高の高い森林は形成されない。森林が形成される限界となる亜高山帯の上限を**森林限界**という。森林限界より標高が高い地帯を**高山帯**という。

気温が低く，風が強い高山帯には，厳しい環境に適応する**ハイマツ**や**シャクナゲ**などの低木や，**クロユリ**などの草本の高山植物が生育する。本州中部の高山帯には，キジの仲間の**ライチョウ**や，イタチの仲間の**オコジョ**が生息している。

▲クロユリ

> **POINT**
> 日本のバイオームは南北に長く標高差が大きい国土を反映する。

第1章 植生の多様性と分布

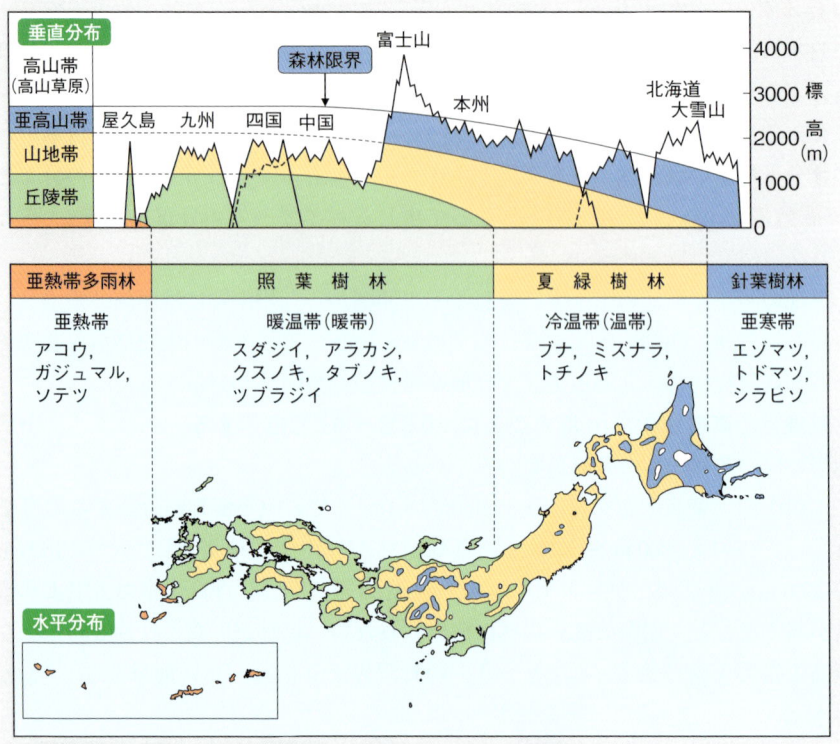

図1-11 日本のバイオームの分布

> **コラム 植物の進入を可能にする菌類と藻類**
>
> 　菌類の胞子は風にのって空中を飛ぶことができる。着地したところに湿り気があれば発芽し、養分があれば増殖する。乾燥すると菌糸や胞子の状態で耐え、霧や夜露などで水分が供給されれば再び増殖する。やがて、菌の集団が大きくなると、わずかながら水を保てるようになる。菌類は光合成ができないので、養分を消費してしまうと増殖しなくなる。しかし、光合成をする藻類と菌類が共生すると、菌類は藻類が合成した養分を利用できるようになる。コケ植物の胞子も空中を飛び、水分があれば発芽して増殖する。地衣類やコケ植物は増殖し、成長するとともに死んで土壌を形成し始める。保水力のある土壌ができれば、さまざまな植物の進入が可能になる。

この章で学んだこと

生物は地球上のさまざまな環境に適応して生きており，多様な生活形を発達させている。また，生物は環境に影響を与え，環境を変化させる場合もある。この章では，環境と生物との関係について学んだ。

1 さまざまな植生

1. **環境** 生物の活動に影響を及ぼす要因。光や温度などの非生物的環境と，生物どうしのかかわりである生物的環境がある。
2. **植生** ある場所に生育している植物の集団のこと。植生のなかで占める割合が最も大きい植物の種を優占種という。
3. **生活形** 生活様式を反映した生物の形態。葉や茎，根の形態などにより特徴づけられる。
4. **適応** 生存や生殖に適する生活様式を発達させること。
5. **相観** 外側から見てわかる植生の様相。優占種の生活形により特徴づけられる。

2 光の強さと森林の階層構造

1. **陽生植物** 強い光の下で早く成長。
2. **陰生植物** 強い光の下では生存できないが，弱い光の下でゆっくり成長。
3. **光補償点** 二酸化炭素の放出と吸収の量が等しくなる光の強さ。
4. **光合成速度** 見かけの光合成速度に呼吸速度を加えた値。
5. **光飽和点** 光を強くしても，それ以上光合成速度が増加しなくなる光の強さ。
6. **森林の階層構造** 森林は，植物の高さによって層が形成されている。最上部で葉が生い茂っている部分を林冠といい，地表に近い部分を林床という。
林冠と林床では，成育に適した樹木は異なり，林床では陽樹はほとんど育たない。

3 遷移とそのしくみ

1. **遷移** 植生を構成する植物の種類や相観が変化していくこと。
2. **環境形成作用** 生物が環境に働きかけ，植生内の土壌や光環境を変えていくこと。遷移が進む要因となる。
3. **一次遷移** 土壌や種子がない場所で始まる遷移。
4. **二次遷移** 土壌が残っている状態から始まるため，植物は進入しやすい。種子や地下茎があるため，再生が早く遷移も速い。
5. **先駆植物** 裸地に最初に進入する植物。
6. **極相** 安定した植生が維持される状態。
7. **ギャップ** 極相林などで倒木によりできる空間のこと。

4 気候とバイオーム

1. **バイオーム** 植生と，そこで生育する動物や微生物などすべての生物の集まり。年平均気温と年降水量により決まる。陸上のバイオームは植生の名称でよばれる。
2. **日本のバイオーム** 緯度や標高の差により，形成されるバイオームが異なる。
3. **水平分布** 緯度の違いによるバイオームの分布。
4. **垂直分布** 標高の違いによるバイオームの分布。
5. **森林限界** 森林が形成される亜高山帯の上限。

確認テスト1

1 図1は光合成曲線を，図2は日本のある森林の立体的な構造を表したものである。以下の問いに答えよ。

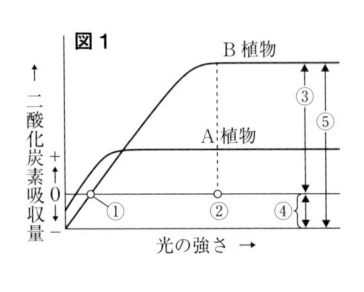

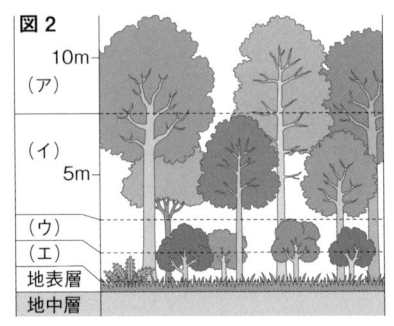

(1) 図1の①〜⑤で示される値の名称は何か。
(2) 図2のような森林の構造を何というか。
(3) 図2の(ア)〜(エ)の各層の名称を答えよ。
(4) 図2の(ア)層と(エ)層の植物を比較したとき，図1のA植物にあてはまるのはどちらか。また，A植物は陰生植物・陽生植物のどちらか。

2 右図は，暖温帯における植生の変化を示したものである。以下の問いに答えよ。

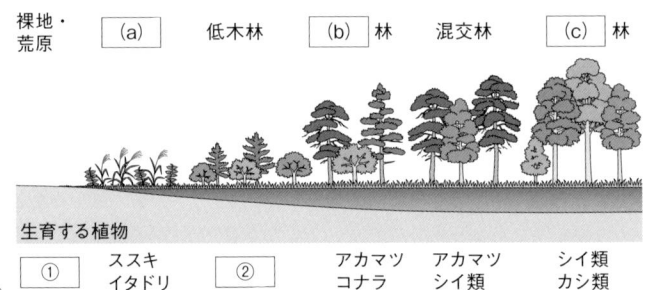

(1) このような植生の変化を何というか。
(2) 図の裸地・荒原に生育する植物①，低木林に生育する植物②の名称を下から選べ。
　(ア) 地衣類・コケ類　(イ) ブナ　(ウ) タブノキ　(エ) ヤマツツジ
(3) 図の(a)〜(c)にあてはまる言葉を答えよ。
(4) 図の(b)から(c)の植生への移行には，ある非生物的環境が大きく影響している。この非生物的環境は何か。また，この非生物的環境は植生の移行に対してどのような作用をもっているか，説明せよ。
(5) 図の(c)林のような状態を何というか。また，(c)林には陽樹がまったくないわけではない。その理由として適当なものを次から選べ。

(ア) 陽樹は陰樹よりも光合成速度が大きく，初めに進入した陽樹の一部が，その後に進入してきた陰樹との競争に打ち勝った。
(イ) 陽樹は陰樹よりも湿った環境を好み，光の弱い湿った環境では陰樹よりも生育が優るものがある。
(ウ) 陽樹には，陰樹のように光の弱い環境でも生きていけるものがある。
(エ) 林内にギャップが生じて光が差し込むようになり，陽樹が生育できるようになった。
(岩手大学・九州大学　改題)

3　次の図は，世界のバイオーム(生物群系)を示したものである。以下の問いに答えよ。
(1) 次の文は，世界のバイオームの特性を説明したものである。それぞれ図のどのバイオームに属するか。a～jの記号で答え，その名称を答えよ。 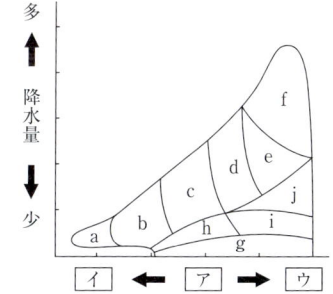
① 東南アジアの雨季と乾季がある地域に発達している。
② 樹高の高い常緑樹林で階層構造が発達。つる植物・着生植物も多い。
③ 乾燥と冬の低温によりイネ科の草原が広がり，樹木がほとんどない。
(2) 図の空欄アには降水量とは別の気候要因が入る。この名称を答えよ。
(3) (2)の気候要因について，空欄イ，ウにあてはまる言葉を，縦軸の降水量の「多」「少」の表現にならって答えよ。　(名城大学・早稲田大学　改題)

4　右図は，日本のバイオームの分布を示している。図のア～エは，隣接するバイオームの境界線を表している。以下の問いに答えよ。 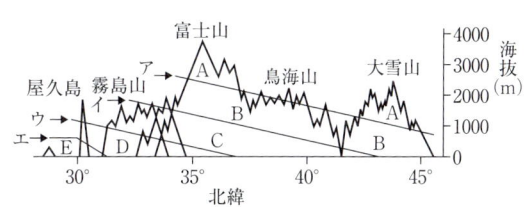
(1) 図のB～Eにあてはまるバイオームの名称を下から選べ。
(ア) 亜熱帯多雨林　(イ) 針葉樹林　(ウ) 夏緑樹林　(エ) 照葉樹林
(2) 夏緑樹の葉の特徴を説明した文を下から1つ選べ。
(ア) 葉の表面にクチクラ層が発達し，光沢がある。
(イ) 秋に紅葉・黄葉するものが多い。
(ウ) 針のようにとがった葉が多い。
(3) 図のB～Eのバイオームを代表する植物名を1つずつ下から選べ。
(ア) ガジュマル　(イ) ブナ　(ウ) エゾマツ　(エ) クスノキ
(4) ア～エのうち，森林限界を示すものはどれか。　(高知大学　改題)

第2章
生態系とその保全

> この章で学習するポイント

- □ 生態系のなりたち
  □ 作用と環境形成作用
  □ 食物連鎖、食物網
  □ 生態ピラミッド

- □ 物質循環とエネルギーの流れ
  □ 炭素、窒素の循環
  □ エネルギーの流れ

- □ 生態系のバランスと保全
  □ 生態系のバランスと復元力
  □ 人間の活動と生態系
  □ 外来生物
  □ 生物多様性

1 生態系とは

　生物の集団と，それを取り巻く非生物的な環境を1つのまとまりとしてとらえるとき，このまとまりを**生態系**という。まとまりの規模はさまざまであり，小さな水槽を生態系ととらえることも，地球全体を1つの生態系ととらえることもできる。

　生態系の中では，環境が生物に影響するとともに，生物も環境に影響を与えている。生物が光や温度，大気などの非生物的環境から受ける影響を**作用**という。生物が活動することにより，非生物的環境に及ぼす影響は**環境形成作用**という。植物が根を張ると岩石の風化が進み，土壌の形成を促進する。葉を茂らせ光合成を行うと二酸化炭素濃度が低下し，酸素濃度が高くなるが林床には光が届きにくくなる。これらは環境形成作用である。

　植物や藻類は，光合成により無機物から有機物をつくり出す。生態系において，光エネルギーを用いて無機物から有機物をつくり出すことができる生物を**生産者**という。

　動物のように外界から有機物を取り入れて，有機物の化学エネルギーを用いて生命活動を営む生物を**消費者**という。多くの菌類や細菌類のように，生物の遺体や排出物を取り入れて分解し，エネルギーを得る生物を特に**分解者**という。分解者も消費者に含まれる。

　植物は，ウサギのような**草食動物**(植物食性動物)に食べられ，草食動物は**肉食動物**(動物食性動物)に食べられる。肉食動物はさらに大型の肉食動物に食べられる。このような「食う-食われる」の一連の関係を**食物連鎖**という。

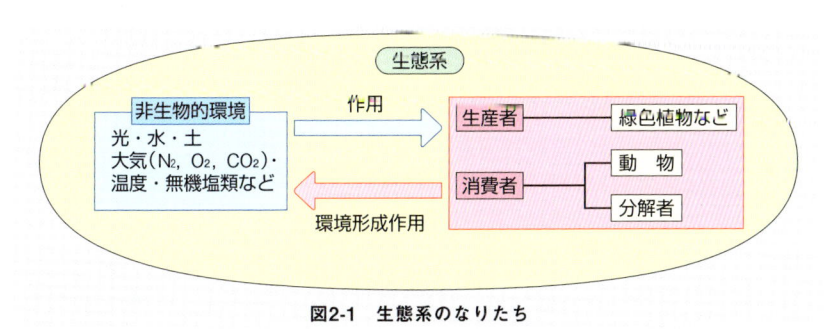

図2-1　生態系のなりたち

図2-2 食物連鎖

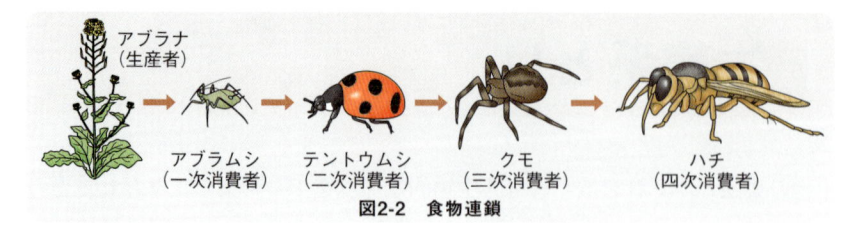

　消費者のうち，生産者を食べる動物を**一次消費者**といい，一次消費者を食べる動物を**二次消費者**，二次消費者を食べる動物を三次消費者とよぶ。

　人間がさまざまな食物を食べるように，動物が食物とする生物は一種類とは限らない。食物連鎖は一続きではなく，生産者と消費者，消費者と消費者が複雑な網の目のような関係になっている。このような網目状の「食う－食われる」の関係を**食物網**という。

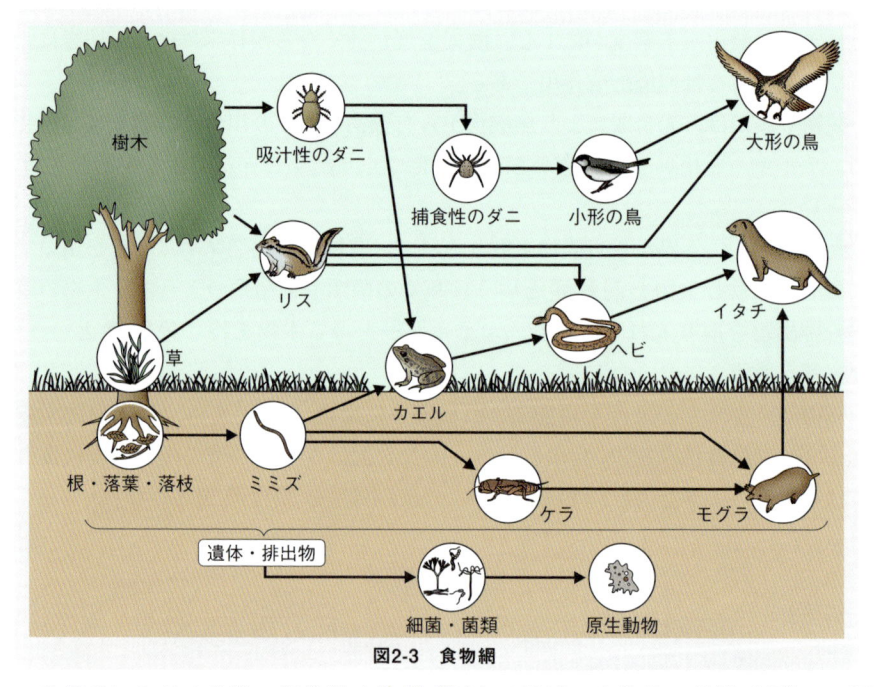

図2-3 食物網

　生態系における生物の個体数や**生物量**(ある地域の生物体の乾燥重量)は，通常，生産者が最も多く，消費者は生産者より少ない。また，消費者の中でも，一次消費者，二次消費者，三次消費者となるにつれ個体数や生物量が少なくなる。生産者を底辺にして積み重ねると，ピラミッド型になるため，これを**生態ピラミッド**とよぶ。

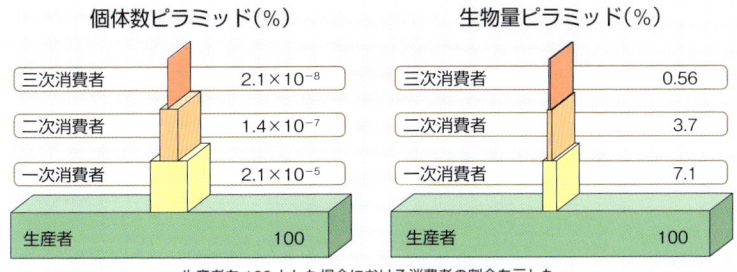

個体数ピラミッド(%)		生物量ピラミッド(%)	
三次消費者	2.1×10^{-8}	三次消費者	0.56
二次消費者	1.4×10^{-7}	二次消費者	3.7
一次消費者	2.1×10^{-5}	一次消費者	7.1
生産者	100	生産者	100

生産者を100とした場合における消費者の割合を示した。

図2-4 生態ピラミッド

POINT

- 非生物的環境と生物は互いに，それぞれ**作用**と**環境形成作用**を及ぼす。
- 光合成により有機物をつくり出す生物を**生産者**といい，外界から取り入れる有機物に依存している生物を**消費者**という。

参考　生態系における物質の生産と消費

　光合成により生産された有機物の総量を**総生産量**という。総生産量は生産者の光合成能力を表す。生産者も呼吸をするため，有機物を消費する。総生産量から生産者が消費した有機物を差し引いた値を**純生産量**という。純生産量は，生産者の実質の生産能力を表す。純生産量の一部は，消費者に食べられたり，枯葉となったりして失われる。純生産量から失われたものを差し引いたものが，生産者の**成長量**となる。

コラム　いろいろな生産者

　生産者の大部分は，光合成をする生物であるが，海底火山の熱水噴出孔付近に繁殖する硫黄酸化細菌のように，化学エネルギーを使って有機物を合成する生物もいる。硫黄酸化細菌は，酸素呼吸をする生物にとっては猛毒の硫化水素をエネルギー源としている。

2 物質循環とエネルギーの流れ

　地球上の生物が生きるためのエネルギーは，太陽の光によって供給される。植物は太陽の光エネルギーを利用して，エネルギーレベルの低い二酸化炭素と水や無機物から有機物をつくり出す。化学エネルギーを蓄えた有機物は，動物や微生物，植物の生命活動によって消費され，無機物となる。無機物は再び植物によって太陽の光エネルギーで有機物に変えられ，**物質は循環する**。

　生物を構成する主要な元素として，炭素，水素，酸素，窒素，リン，硫黄がある。これらの元素は再利用されながら体をめぐり，生態系の中を循環している。特に，**炭素**は有機物の骨格となる重要な元素であり，**窒素**はタンパク質を構成するアミノ酸や，遺伝情報を担う核酸に不可欠な元素である。そのため，炭素と窒素は生態系に重要な役割を果たしている。

　一方，**エネルギーは循環する**

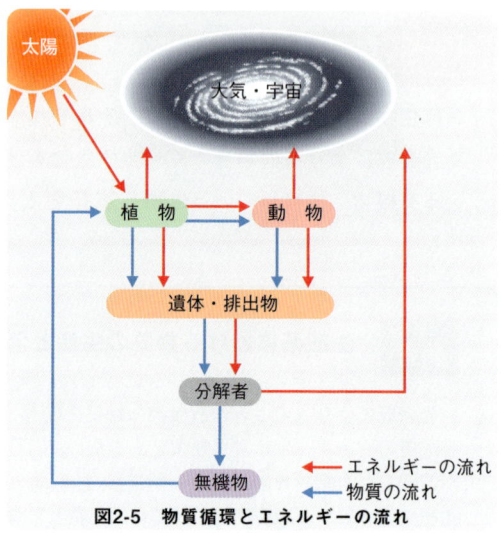

図2-5　物質循環とエネルギーの流れ

ことなく，代謝の過程で熱エネルギーとなって大気・宇宙に放散する。エネルギーは，常にエネルギーレベルの高いところから低いところに流れている。動物，植物，細菌など生物は皆，太陽が宇宙に放散するエネルギーの流れを利用して生きている。

1 炭素の循環

　大気や水に含まれる二酸化炭素は，生産者に吸収され，光合成による有機物の合成に利用される。炭素は，重量にして有機物の約半分を占める。合成された有機物は，生産者自身や消費者の栄養源となり，呼吸によって二酸化炭素として体外に放出される。放出された二酸化炭素は，大気に拡散したり，水に溶け込んだりする。二酸化炭素は，再び生産者に吸収され，生態系を循環する。

図2-6 炭素の循環

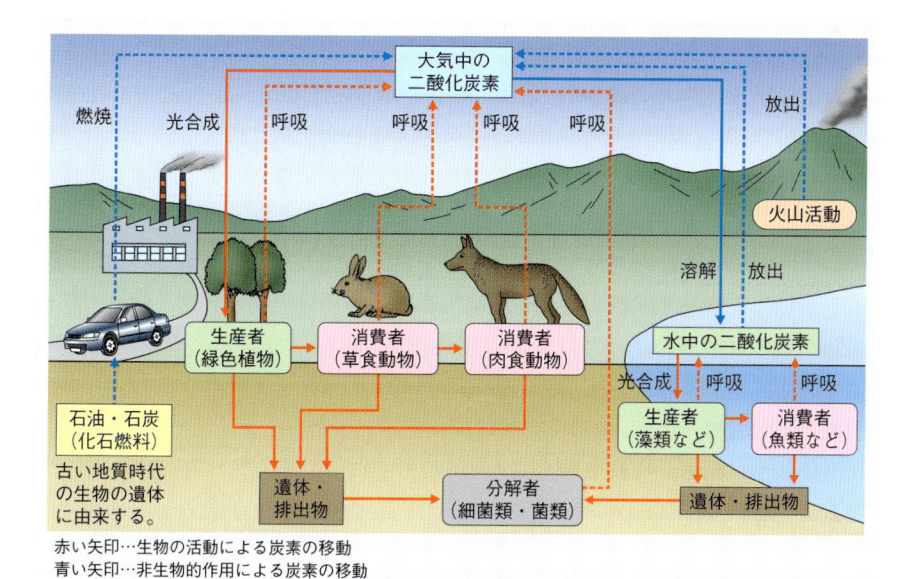

赤い矢印…生物の活動による炭素の移動
青い矢印…非生物的作用による炭素の移動

　二酸化炭素の大部分は海水に溶け込むが，海水から大気に放出されるものもあり，海水と大気中の二酸化炭素濃度は一定に保たれている。しかし，近年は，人間の活動により石油や石炭などの**化石燃料**が大量に消費されているため，二酸化炭素が大量に放出され，大気中の二酸化炭素濃度が高くなっている。二酸化炭素には**温室効果**があり，地球温暖化の原因となっている可能性がある。

補足 大気や海を含む地球表面には，約420,000億トンの炭素が存在する。大部分の約93％が海に存在し，ほとんどは海に溶け込んでいる二酸化炭素である。残りは，陸地に約5％，大気に約2％である。

POINT
- 物質は生態系を循環するが，**エネルギーは循環しない**。
- **化石燃料**の消費により大気の二酸化炭素濃度が高くなり，**温室効果**がもたらされる。

2 窒素の循環

　植物は，土壌に含まれる**アンモニウムイオン**や**硝酸イオン**などの窒素を含む無機物（無機窒素化合物）を吸収し，アミノ酸やタンパク質，核酸などの窒素を含む有機物（有機窒素化合物）を合成する。無機窒素化合物から有機窒素化合物を合成することを**窒素同化**という。動物は無機窒素化合物を利用することができず，体内に取り込んだ有機窒素化合物を窒素源とする。有機窒素化合物は食物連鎖を通じて生態系を移動する。やがて生物の遺体や排出物の一部となり，細菌や菌類などの分解者によって無機窒素化合物になる。こうして，窒素は循環し，土壌に戻る。

　土壌の硝酸塩の一部は，脱窒素細菌により窒素分子（N_2）に変えられ，ガスとなって大気に放出される。これを**脱窒**という。

　窒素分子は大気の約80％を占めるが，ほとんどの生物は窒素分子を利用することができない。しかし，マメ科植物に共生する**根粒菌**やシアノバクテリアは，大気の窒素分子を窒素化合物に変えることができる。窒素分子を窒素化合物に変える働きを**窒素固定**という。

　落雷などの空中放電でも窒素が固定される。また，化学肥料として工業的に窒素が固定されている。

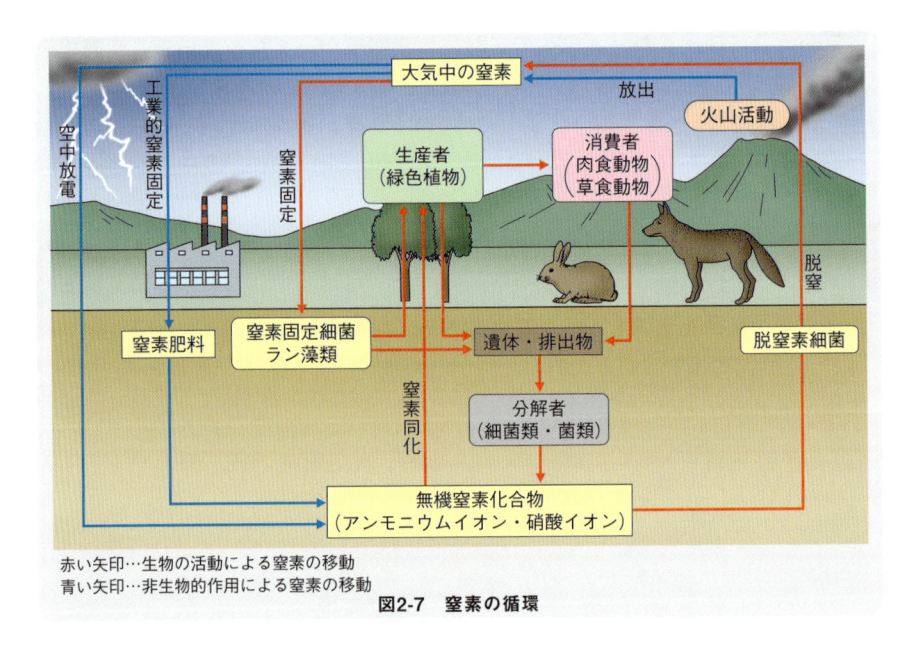

赤い矢印…生物の活動による窒素の移動
青い矢印…非生物的作用による窒素の移動

図2-7　窒素の循環

補足 窒素固定や分解者の分解作用で生じる無機窒素化合物はアンモニウムイオンである。アンモニウムイオンは，土壌中の硝化菌(亜硝酸菌と硝酸菌)の作用で硝酸イオンとなる。

> **POINT**
> - 多くの生物は大気中にある大量の窒素分子を利用できない。
> - 根粒菌は**窒素固定**により窒素分子を無機窒素化合物に変える。
> - 植物は**窒素同化**によって無機窒素化合物を有機窒素化合物に変える。

生物基礎 4部

参考　窒素の量と窒素源

1 生物が使用できる窒素の量

大気と水に含まれる窒素分子は 40,000,000 億トンあるが，生物は使うことができない。生物が利用できる窒素源として，遺体や排出物と，それが分解されてできた窒素化合物があり，合計すると約 6,000 億トンある。その窒素を利用して 40 億トンの生物が生きている。窒素化合物は毎年 2.6 億トンが脱窒により失われるが，根粒菌などによる窒素固定で 2 億トン，化学肥料により 0.8 億トン，落雷などの空中放電により 0.2 億トンが補充される。したがって，脱窒と窒素同化の差し引き 0.4 億トンの窒素化合物が補給されていることになる。

2 生物の窒素源

農耕に窒素肥料は欠かせない。春，農閑期の水田にピンク色のゲンゲ(レンゲソウともいう)の花が広がっているのを見たことがあるだろうか。ゲンゲはマメ科植物であり，共生する根粒菌の窒素固定により窒素化合物を多く含む。化学肥料を使わない有機農法では，休耕田にゲンゲを植え，田植え前にゲンゲを肥料として田んぼにすきこんでいる。しかし，根粒菌が合成する窒素化合物は，実際はわずかである。したがって，生物が利用できる窒素源は生態系をめぐる窒素だけということもできる。そのため，地球上の生物の総量には限りがある。繁栄する生物がいれば，その分，窒素化合物が使われることになり，別の生物種が減少したり絶滅したりする。人類は，化学的に窒素を固定する方法を開発し，化学肥料として窒素化合物を地球に供給している。化学肥料も生物の総量の上限を少しずつではあるが押し上げている。

▲ゲンゲ

第2章　生態系とその保全　179

3 エネルギーの流れ

　生産者が合成した有機物には太陽の**光エネルギー**が**化学エネルギー**として蓄えられている。有機物の化学エネルギーは生産者自身も消費するが，食物連鎖を通じて一次消費者から肉食性のより高次の消費者に移ってゆき，それぞれの生命活動に利用される。生物の排出物や遺体の有機物も，分解者によって消費され，分解者の生命活動に用いられる。有機物の化学エネルギーは，生命活動に用いられる際に，一部は**熱エネルギー**として放出される。**有機物に蓄えられた太陽光のエネルギーは，最終的にはすべて熱エネルギーとなって宇宙に放散される。**

> 補足　植物が吸収した太陽エネルギーのうち，有機物の化学エネルギーとして蓄えられるのは約1%である。一見，効率が悪いように思えるが，実際には驚異的に高いエネルギー効率である。

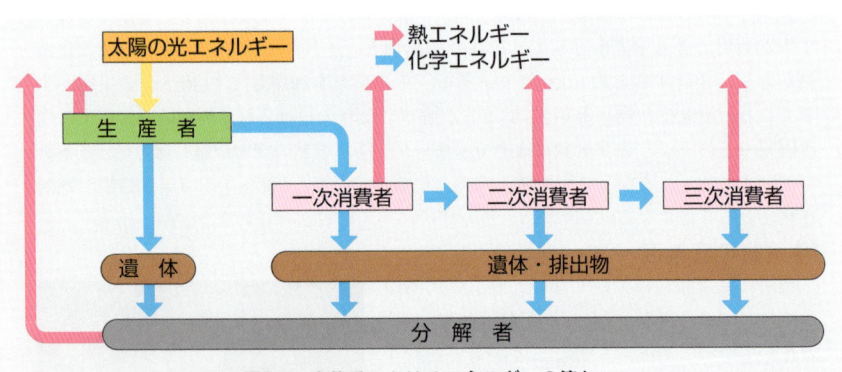

図2-8　生態系におけるエネルギーの流れ

コラム　マグロの体温

　動物の体温は，化学エネルギーを利用する際に生じる熱エネルギーに他ならない。哺乳類や鳥類のような恒温動物は，熱エネルギーを積極的に活用して体温を一定に保っている。
　変温動物の体温は環境の温度とほぼ同じであるが，マグロの体温は海水温よりもはるかに高い。マグロは，海の中を高速で泳ぐため，筋肉から熱エネルギーが大量に発生する。また，動脈と静脈が隣接する構造の熱交換システムをもっており，熱エネルギーが海水に逃げないようにしている。そのため，海水温が15度でも，マグロの体温は約27度もある。

3 生態系のバランスと保全

1 生態系のバランス

　生態系では，環境の変化や，「食う−食われる」などの種間競争によって，個体数や生物の量が常に変化している。しかし，その**変動の幅は一定の範囲内に収まっており**，安定した状態が保たれている。このような状態を**生態系のバランス**という。

　生態系を構成する生物種の中で，**個体数は少ないが，生態系のバランスそのものに大きな影響をもつ生物**がいることがある。このような生物を**キーストーン種**という。キーストーン種を人為的に取り除くと，生態系のバランスが崩れ，個体数が増加する種や激減する種が生じ，別の生態系に変化する。

（補足）生態系の優占種は，生態系に大きな影響を与えるが，キーストーン種とはいわない。

参考　磯や海のキーストーン種

　磯にはたくさんの種類の動物が生息している。イガイとフジツボは共に磯の岩に固着して生活するため，競争状態にある。しかし，安定した生態系の中では互いに排除することはない。イガイとフジツボはヒトデに食べられるが，食べ尽くされることはなく，バランスのとれた状態にある。しかし，ヒトデを人為的に取り除くと，イガイが個体数を増やし，磯を覆い尽くす。その結果，他の多くの種が激減する。ヒトデがイガイを食べて，イガイの数を一定数に抑えているからこそ，他の多くの種が生存できるのである。この場合，ヒトデがキーストーン種となっている。

▲ムラサキイガイ　　　▲クロフジツボ

2 生態系の復元力

　山火事で森林が消失したり，洪水で河川の動植物が流失したりするような大きな環境の変化があっても，生態系はやがてもとの状態を取り戻す。これを**生態系の復元力**という。**生態系は，多くの生物種によって構成されており，互いに複雑なかかわりをもつため環境の変化を吸収することができる**からである。

　生態系の復元力を超える変化があると，環境が連鎖反応的に変化し，生態系はもとに戻れなくなる。たとえば，熱帯多雨林を過度に伐採すると土壌が露出し，多量の降雨により土壌が流失する。すると，樹木が育たなくなり保水力が低下することになる。その結果，砂漠化が進み，動植物は絶滅する。

　熱帯多雨林は高温多湿のため，分解者の活動が活発で，土壌が薄い。うっそうとした森が大量の雨の流れを遅くし，土壌を保護しているが，地表がむき出しになると，薄い土壌は雨で流失してしまうのである。

3 人間の活動と生態系

A 河川の富栄養化

　有機物は，分解者によってすべて無機物に変えられる。これを**自然浄化**といい，分解者の細菌は環境の浄化に重要な役割を担っている。

　河川に自然浄化の能力を超える量の有機物が流れ込むと，河口付近の水底に有機物が溜まる。分解者は有機物を分解するときに酸素を消費する。そのため，大量の有機物が溜まっていると，大量の酸素が消費され，水底は無酸素状態のヘドロになる。無酸素状態のヘドロでは硫化水素が生じ，硫化水素の働きでヘドロが黒くなる。

　補足　無酸素状態のヘドロで硫酸還元菌が繁殖すると，硫化水素が発生する。硫化水素が，ヘドロに含まれる鉄と結合すると黒い硫化鉄を生じる。そのため，ヘドロは黒くなる。

　人間の活動が活発な流域には，有機物が多く流れ込んでいる。有機物が分解されると，窒素やリンなどの栄養塩類が生じる。栄養塩類は植物プランクトンの養分となるため，有機物が流入する河川や湖沼，海ではプランクトンが大量発生する。水に含まれる栄養塩類が多くなることを**富栄養化**という。富栄養化した池や湖では，シアノバクテリアが大量に発生し，水面が青緑色になる**水の華**（アオコ）が生じる。海で赤い色素をもつプランクトンが大量発生すると，海面が赤くなる**赤潮**になる。

赤潮は漁業に悪影響を与えることがある。大量のプランクトンが死ぬと，分解者が酸素を消費して海水が低酸素状態になり，魚がすめなくなる。また，魚のエラにプランクトンが詰まり呼吸ができなくなる。プランクトンの中には毒を産生するものもあり，毒によって魚介類が死ぬ。貝類が毒を取り込むと貝毒となり，ヒトがそれを食べると下痢や呼吸困難など体調を崩したり，重い症状が引き起こされたりする。

▲水の華

▲赤潮

POINT

- **生態系のバランス**→かく乱による生態系の変化が一定の範囲内に保たれること。
- **生態系の復元力**により，かく乱によって変化した生態系はもとの状態に戻る。
- 生態系の**自然浄化**により有機物はすべて無機物に変えられる。

コラム　水の華とワカサギ

　1970年代に諏訪湖の富栄養化が進み，水の華が大量発生するようになった。その後，水の華の発生を抑えるため下水処理場を完備したところ，濁っていた水が浄化された。しかし，諏訪湖の名物であるワカサギも激減し，漁が成り立たなくなった。栄養塩類の流入を抑えた結果，プランクトンの生産量も減り，それを食べるワカサギが減少したと考えられている。

❸ 生物濃縮

　水銀やPCB（ポリ塩化ビフェニール）のように，分解されにくく体に蓄積されやすい有毒物質がある。ある物質の濃度が周囲の環境に比べ，生物体で高くなることを**生物濃縮**という。水銀やPCBは，食物連鎖により濃縮され，栄養段階の高いイルカやカモメに高濃度に濃縮される。高濃度に蓄積された水銀やPCBは，健康に害を及ぼす。

　海水に含まれているPCBは，植物プランクトンに取り込まれ，それを食べる動物プランクトンでは500倍に濃縮され，動物プランクトンを食べる魚には280万倍，魚を食べるカモメは2500万倍に濃縮されていることが示された例がある。人間は最も栄養段階が高い生物であり，生物濃縮の影響を最も受けやすい。

参考　水質の指標

　水の中の有機物の量を，生物が無機物にまで分解するのに必要な酸素の量で表したものを**生物学的酸素要求量**（BOD）という。BODは水質の指標として用いられている。河川に有機物が含まれた汚水が流入するとBODが高まるが，下流に流れる間に分解者により自然浄化され，BODは低下する。汚水の流入地点から川下に向けて，水質は徐々に変化する。そのため，生息する動物や微生物の種類，個体数は川の場所によって異なる。

　有機物を含む汚水が流入した地点では，分解者の細菌類が繁殖し，呼吸により酸素濃度が低下する。次に，細菌類を食べる原生動物が増え，原生動物を食べるイトミミズが増える。この間に有機物が分解され栄養塩類濃度が高くなり，栄養塩類を吸収して光合成を行う藻類が増える。細菌類が減り酸素濃度が高くなると，藻類を食べる魚や水生昆虫が生息できるようになる。

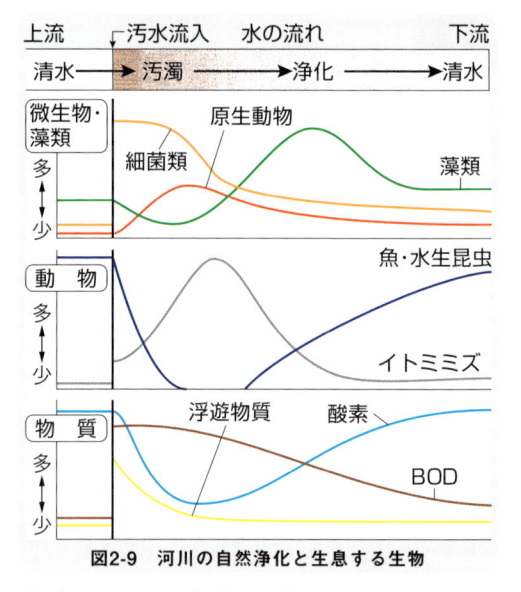

図2-9　河川の自然浄化と生息する生物

ⓒ大気の環境

産業革命以来，人類は化石燃料を大量に消費してきた。その結果，大気中の二酸化炭素濃度が急速に増加した。大気中の二酸化炭素は，地球の表面から放射される赤外線を吸収して，地表に赤外線の熱エネルギーを戻す作用がある。そのため，地表付近の大気の温度が上昇する。これを**温室効果**といい，この100年間で平均気温が約0.74℃上昇している。二酸化炭素以外にもメタン，フロン，亜酸化窒素も温室効果があり，これらを**温室効果ガス**とよぶ。平均気温が上昇すると，大気に含まれる水蒸気の量が増え豪雨の原因ともなる。海水温が上昇すると海水の熱膨張により海面が上昇し，水没する地域も生じてくる。

補足 平均気温の上昇により南極大陸やグリーンランドの氷が解け，海面上昇の原因となるが，海水温の上昇による海水の膨張に比べると影響は少ない。海面上昇のおもな原因は，海水の膨張である。

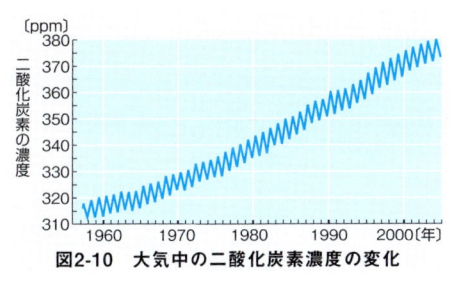

図2-10　大気中の二酸化炭素濃度の変化

図2-11　世界の平均気温の変化

補足 二酸化炭素濃度が一年周期で上下するのは，夏季には光合成量が増して二酸化炭素が吸収されるためである。

紫外線はDNAの損傷を引き起こし，皮膚がんや，眼の水晶体(レンズ)が白く濁る白内障の原因となる。大気にはオゾン層(オゾン濃度の高い部分)があり，太陽から照射される有害な紫外線は吸収される。そのため，生物は陸上で生息することができる。

冷蔵庫やエアコンの冷媒として使われてきたフロンガスは，オゾン層を破壊する性質がある。漏れ出たフロンはオゾン層を破壊し，北極，南極を中心にオゾンホールとよばれるオゾン層が失われた領域が生じている。近年は，フロンの使用が禁止されており，オゾンホールは縮小してきてはいるが，依然として危険な状態が続いている。

> **POINT**
> - 食物連鎖により有害物質が**生物濃縮**されると健康に害を及ぼす。
> - 二酸化炭素などの**温室効果ガス**は地球の温暖化をもたらす。
> - フロンガスは紫外線を吸収する**オゾン層を破壊する**。

コラム 生物と環境変化

　縄文時代は，現在よりも平均気温が2℃高く，海面は4mも高かった。氷期から間氷期に移行する自然の現象で気温が上昇し，その後，気温が徐々に低下していった。気温などの環境が変化しても，変化がゆっくりであれば，生態系はバランスを保ったまま維持される。しかし，人類の文明活動は急激な気温変化をもたらしており，劇的な環境変化は，生態系のバランスを乱す。生態系の激変は，人類の生存すら脅かす。一方，地球全体の生物から見れば，生態系の復元力は驚くほど強いこともわかる。

　6500万年前に直径約10kmの隕石が地球に衝突した。地球全体が煙と埃で覆われ，地表が寒冷化して恐竜が絶滅した。劇的な環境変化であるが，その間，多くの生物が生き延び，哺乳類が発展し，鳥類が進化し，人類までも出現したのである。

D 外来生物

　人間の活動により，意図的にあるいは意図せずに本来生息していた場所から別の場所に移され，その土地に住み着くようになった生物を**外来生物**という。外来生物には，ジャワマングース，ウシガエルなどの動物のほか，セイヨウタンポポ，セイタカアワダチソウなどの植物も多い。

　補足　セイヨウタンポポはヨーロッパ原産，セイタカアワダチソウは北アメリカ原産である。どちらも明治時代に日本にもち込まれた。造成地など生態系がかく乱された土地によく生えるが，遷移が進み安定した生態系になると日本在来の植物が優勢になり，姿が見えなくなる。

▲セイヨウタンポポ　　▲セイタカアワダチソウ

> **参考** 特定外来生物
>
> 　ウシガエルは明治時代に食用として導入された。日本全国で繁殖し，日本在来の生物を捕食したり，競合したりするため，**特定外来生物**として指定されている。特定外来生物とは，外来生物の中で，生態系，人命，農林水産業に被害を及ぼす，または及ぼすおそれのある生物を環境省が指定したものである。ウシガエルの他，アメリカザリガニ，カダヤシ，オオクチバス，ブルーギルなどがある。
> ● **アメリカザリガニ**…ウシガエルの餌として日本にもち込まれた。逃げ出したアメリカザリガニは日本全国に広がった。在来種のニホンザリガニは北日本にのみ生息している。
> ● **カダヤシ**…ボウフラを捕食するため，蚊の駆除を目的として明治時代に北アメリカから導入された。繁殖力が強く魚の卵や稚魚を捕食するため，メダカなどの在来種の絶滅が危惧されている。
> ● **オオクチバス**…釣り人の密放流により日本にもち込まれた。ブルーギルもオオクチバスの餌としてもち込まれ，ともに繁殖力が強く，水生昆虫や魚卵・仔稚魚を捕食するため，在来種の絶滅が危惧されている。
>
> ▲ウシガエル　　　▲アメリカザリガニ

❺生物多様性の保全

　地球上に生息する生物は，たった一つの共通祖先に由来しているが，地球の46億年の歴史の中で進化し，多様な生物が生じてきた。よい環境の生態系には，たくさんの種類の生物が生息しており，太陽光のエネルギーは，さまざまな種類の生物をめぐり，多様な生物種を育んでいる。一方，悪い環境では，生存できる生物種が少なく，太陽光エネルギーの大部分は生物をめぐらずに，熱エネルギーとなって宇宙に放散していく。それぞれの生物種は，生態系の復元を担う役割も果たしている。したがって，生態系にすむ生物が多様であれば，生態系は安定し，環境が保持される。**生物多様性**は，環境の指標であり，生物多様性を保全することは環境を保全することに他ならない。

> **POINT**
>
> **生物多様性**は環境の指標であり、多様な生物が生態系のバランスを保つ。

コラム 奇跡の海

　神奈川県の三浦半島の先端が面する海は、奇跡の海といわれる。世界で最も海洋生物の種類が多く、深海生物も多いからである。生物が豊かな理由は、関東平野から流れ込む栄養塩類である。栄養塩類は東京湾を経由して水のきれいな相模湾に流れ込み、そこでプランクトンが大量発生する。大量のプランクトンの死骸はマリンスノー*となって深海にも届く。よい環境のもとで、豊富なプランクトンを栄養源として、豊かな生物相が形成されている。栄養塩類は、生態系を支える重要な要素である。

*プランクトンの死骸は、波に揺られて互いに絡み合い、小さな白い塊となってゆっくりと海底に沈んでゆく。雪が降るように見えるため、これをマリンスノーとよぶ。

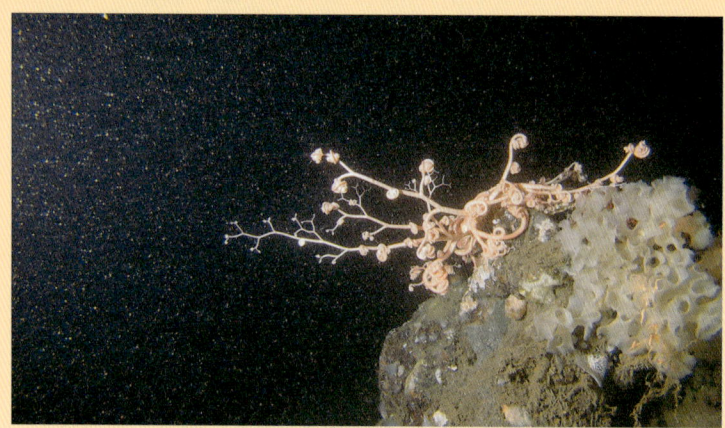

▲マリンスノーとテヅルモヅル（クモヒトデの仲間）

この章で学んだこと

地球上の生物は，太陽の光エネルギーに依存して生きている。生物を構成する物質は，環境から生物，生物から生物，そして生物から環境へと循環している。生態系におけるエネルギーと物質の流れ，生物が生物に与える影響，人間の活動が環境へ与える影響について学んだ。

1 生態系

1 生態系 生物の集団と，それを取り巻く非生物的環境を1つのまとまりとしてとらえたもの。

2 作用と環境形成作用 作用は生物が非生物的環境から受ける影響。環境形成作用は生物が非生物的環境に及ぼす影響。

3 生産者 光合成により，無機物から有機物をつくり出す生物。

4 消費者 摂食などにより有機物を体に取り入れて生命を維持する生物。

5 分解者 生物の遺体や排出物を取り入れ分解してエネルギーを得る生物。細菌類など。

6 食物連鎖 「食う-食われる」の一連の関係。さらに複雑化した関係は食物網という。

7 生態ピラミッド 生物の個体数や生物量を，生産者を底辺として積み重ねたもの。

2 物質循環とエネルギーの流れ

1 物質の循環 炭素や窒素などの物質は生態系を循環する。

2 エネルギーの流れ エネルギーは循環せず，熱エネルギーとなって大気・宇宙に放散する。

3 炭素の循環 二酸化炭素は生産者に取り込まれ有機物となり，生産者自身や消費者の栄養源となる。呼吸により再び大気に戻る。

4 窒素同化 無機窒素化合物から有機窒素化合物を合成すること。有機窒素化合物は食物連鎖を通じて生態系を移動し，分解者によって無機窒素化合物になる。窒素も生態系を循環している。

5 脱窒 土壌の硝酸イオンの一部が，脱窒素細菌により窒素分子に変えられ，ガスとなって大気に放出されること。

6 窒素固定 大気中の窒素分子を窒素化合物に変えること。根粒菌やシアノバクテリアが行う。

3 生態系のバランスと保全

1 生態系のバランス 生態系では，個体数や生物量が常に変化しているが，変動の幅は一定の範囲に収まって安定している。

2 キーストーン種 生態系のバランスに大きな影響をもつ生物。

3 生態系の復元力 山火事や洪水など，大きな環境の変化があっても，生態系はやがてもとの状態を取り戻す。

4 自然浄化 有機物が分解者によってすべて無機物に変えられること。

5 生物濃縮 ある物質の濃度が周囲の環境に比べ，生物体で高くなること。

6 温室効果 二酸化炭素が，地表から放射される赤外線の熱エネルギーを再び地表に戻すことで，大気の気温が上昇すること。

7 外来生物 人間の活動により本来の生息地から別の場所に移動し，その土地に住み着くようになった生物。

確認テスト2

解答・解説は p.535

1 次の文は生態系について説明したものである。以下の問いに答えよ。

ある地域に生活する生物と，それを取り巻く[a]非生物的環境(無機的環境)をひとまとめにして生態系という。一般に生物が非生物的環境から受ける影響を（　ア　）といい，生物が生活することにより非生物的環境に及ぼす影響を（　イ　）という。植物は光合成を行い（　ウ　）物を合成するので（　エ　）者とよばれ，動物や[b]菌類・細菌は，植物が生産した有機物を直接または間接的に取り込んで栄養源にするので（　オ　）者とよばれる。

(1) 上の文の(ア)～(オ)にあてはまる言葉を答えよ。
(2) 上の文の下線部aに示した非生物的環境要因を3つ答えよ。
(3) 上の文の下線部bに示した菌類・細菌は，枯死体や遺体，排出物などの有機物を無機物にまで分解する過程にかかわる。このような生物群は，特に何とよばれているか。

2 右図の実線の矢印は炭素の移動を，破線の矢印はエネルギーの移動を示す。以下の問いに答えよ。

(1) 図の(a)～(d)にあてはまる言葉を下から選べ。
　(ア)　分解者
　(イ)　一次消費者
　(ウ)　二次消費者
　(エ)　生産者
(2) 図の炭素とエネルギーの移動のしかたの違いを簡単に説明せよ。
(3) 図の①～③のエネルギーはそれぞれどのような形態のエネルギーか。下から選べ。
　(ア)　熱エネルギー　(イ)　光エネルギー　(ウ)　化学エネルギー
(4) 図の(a)～(c)の生物量(生体量)は，一般にどのような関係にあるか。下から選べ。
　(ア)　a＜b＜c　(イ)　a＜c＜b　(ウ)　a＞b＞c　(エ)　a＞c＞b
(5) 炭素の移動を示す実線の矢印のうち，図の(e)(f)(g)の働きは何とよばれているか。下から選べ。
　(ア)　摂食　(イ)　蒸散　(ウ)　呼吸　(エ)　光合成

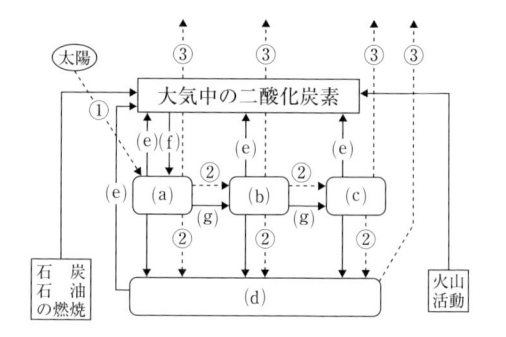

190　第4部　生物の多様性と生態系

3 右図は，窒素の循環を模式的に示したものである。以下の問いに答えよ。

(1) 図のaのように，大気中の窒素を植物が利用できるアンモニウム塩（NH_4^+）に変える働きを何というか。また，その働きを行う生物名を2つ答えよ。

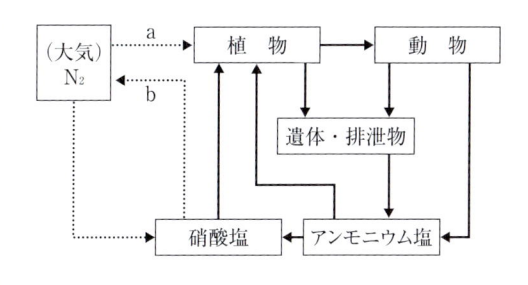

(2) 植物がアンモニウム塩や硝酸塩（NO_3^-）を根から吸収して有機窒素化合物をつくる働きを何というか。また，植物の体をつくる有機窒素化合物にはどのようなものがあるか。下から選べ。
 （ア）炭水化物　（イ）脂肪　（ウ）タンパク質　（エ）核酸
 （オ）クロロフィル　（カ）ＡＴＰ

(3) マメ科植物と共生し，大気中の窒素（N_2）をアンモニウム塩にかえて植物に供給する生物名を答えよ。

(4) 図のbの働きをもつ微生物の名称を答えよ。

(5) 人間の活動により，生態系へ供給される窒素が増えている。どのようなことか，簡単に説明せよ。　　　　　　　　　　　　　　　（茨城大学　改題）

4 次の文の（　）にあてはまる言葉を入れ，以下の問いに答えよ。

・生態系はさまざまなかく乱によって常に変動しているが，その変動の幅が一定の範囲に保たれていることを（　ア　）という。

・河川や湖沼に流れ込んだ汚濁物質が微生物などの働きにより減少することを（　イ　）という。湖沼や海に流入した有機物が分解されてできた（　ウ　）やリンなどの栄養塩類が増加する現象を（　エ　）という。（　エ　）により，湖沼でシアノバクテリアが大量発生して水面が青緑色になる現象を（　オ　）といい，海で植物プランクトンが大量発生して水面が赤色になる現象を（　カ　）という。

・ある物質が，周囲の環境に比べて生物体内に高い濃度で蓄積する現象を（　キ　）という。（　キ　）は，分解・（　ク　）されにくい物質を体内に取り込んだときに起こる。

・人間の活動により意図的または意図せずに，本来生息していた場所から別の場所に移され，その地に定着した生物を（　ケ　）という。

(1) （　カ　）により，海の生態系に大きな影響を及ぼすことがある。どのようなことか，具体的に述べよ。

(2) （　ケ　）の代表例を，植物・動物から1つずつ答えよ。

センター試験対策問題

解答・解説は p.536

1 植生の遷移について，以下の問いに答えよ。

問1 次は，種子植物で遷移の初期に出現する種と後期に出現する種との，一般的な特徴を比較したものである。しかし，項目①～⑥のうちには，初期の種と後期の種の特徴が，逆に記述されているものが二つある。それらを選べ。ただし，解答の順序は問わない。

項目	初期の種の特徴	後期の種の特徴
① 種子生産数	多い	少ない
② 種子の大きさ	大きい	小さい
③ 初期の成長速度	速い	遅い
④ 成体の大きさ	小さい	大きい
⑤ 個体の寿命	短い	長い
⑥ 幼植物の耐陰性	高い	短い

問2 極相に達した森林にみられる低木層は，主にどのような植物で構成されているか。最も適当なものを，次の①～⑥のうちから一つ選べ。
① 陽樹の幼木と陽生植物
② 陽樹の幼木と陰生植物
③ 陽樹および陰樹の幼木と陽生植物
④ 陽樹および陰樹の幼木と陰生植物
⑤ 陰樹の幼木と陽生植物
⑥ 陰樹の幼木と陰生植物

問3 極相に達した森林で，高木や亜高木が枯れたり倒れたりして，低木層の植物が強い光を受けるようになった場合，どのようなことが起こると考えられるか。最も適当なものを，次の①～④のうちから一つ選べ。
① 低木層の植物のうち，陽樹の幼木のみが急速に成長を始める。
② 低木層の植物のうち，高木および亜高木の幼木が急速に成長を始める。
③ 低木層の陰樹は枯れ，地中に埋もれていた高木層の植物の種子が発芽し，成長する。
④ 低木層の多くの植物が種子をつけ，その芽生えが急速に成長する。

(センター試験)

2 次のア～ウはどのようなバイオーム(生物群系)について述べたものか。最も適当なものを，下の①～⑧のうちからそれぞれ一つずつ選べ。

ア　秋から冬に枯れ落ちた広葉が土壌有機物の主な供給源である。昆虫・ヤスデなどさまざまな節足動物やミミズがこの植生における主要な土壌動物である。

イ　限られた種類の低木や，スゲ類，コケ類，地衣類などが多くみられるバイオームである。低温のため，土壌有機物の分解速度がきわめて遅い。

ウ　きわめて多種類の植物が繁茂している。土壌有機物の分解速度が速く，また生じた無機物は速やかに植物に吸収される。

① ツンドラ　　② 砂漠　　③ ステップ　　④ 夏緑樹林
⑤ タイガ　　　⑥ サバンナ　⑦ 熱帯多雨林　⑧ 山地草原

(センター試験　改題)

3 次の文章を読み，次の問い(問1～3)に答えよ。

　海岸の岩場には，固着生物を中心とする特有の生物がみられる。次の図はその一例である。この中のフジツボ，イガイ，カメノテ，イソギンチャクおよび紅藻は固着生物であるが，イボニシ，ヒザラガイ，カサガイおよびヒトデは岩場を動き回って生活している。矢印は食物連鎖におけるエネルギーの流れを表し，ヒトデと各生物を結ぶ線上の数字は，ヒトデの食物全体の中で各生物が占める割合(個体数比)を百分率で示したものである。

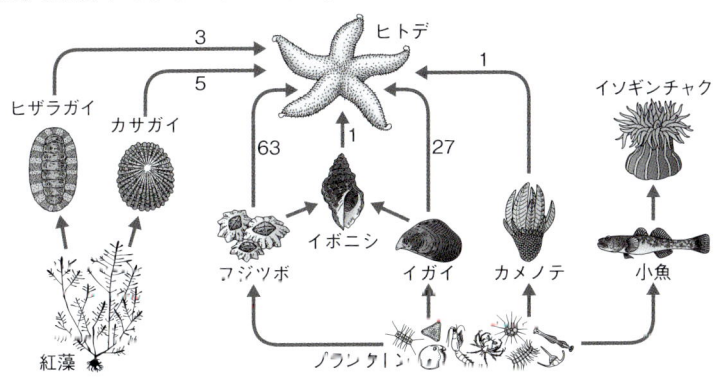

　この生態系の中に適当な広さの実験区を設定し，そこからヒトデを完全に除去したところ，その後約1年の間に生物の構成が大きく変化した。岩場ではまずイガイとフジツボが著しく数を増して優占種(岩場を広くおおう種)となった。カメノテとイボニシは常に散在していたが，イソギンチャクと紅藻は，増えたイガイやフジツボに生活空間を奪われて，ほとんど姿を消した。その後，食物を失ったヒザラガイやカサガイもいなくなり，生物群の単純化が進んだ。一方，ヒトデを

除去しなかった対照区では，このような変化はみられなかった。

この野外実験からの推論として，適当でないものはどれか。次の①〜⑤のうちから二つ選べ。ただし，解答の順序は問わない。
① ヒザラガイとカサガイが消滅したのは，食物をめぐって両種の間に競争が起こったためである。
② イガイとフジツボが増えたのは，主に両種に集中していたヒトデの捕食がなくなったためである。
③ 異なる種の間の競争は，異なった栄養段階に属する生物の間でも起こりうる。
④ 上位捕食者の除去は，被食者でない生物の集まりにも間接的に大きな影響を及ぼしうる。
⑤ 上位捕食者の存在は，生物群の構成の単純化をもたらしている。

(センター試験 改題)

4 次の文は自然浄化について述べたものである。( )にあてはまる番号をそれぞれ下の選択肢から選べ。

問1 図1は，汚水が流入したときの有機物・藻類・細菌・原生動物の相対量の変化を表したものである。藻類の相対量の変化を表す曲線は(1)で，細菌の相対量の変化を表す曲線は(2)である。
①A ②B ③C ④D

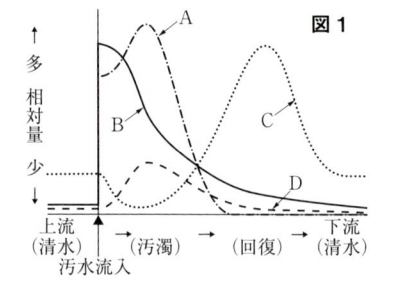

問2 汚水が流入したとき，図2で，溶存酸素と有機物の相対濃度の変化を表す曲線は(1)で，NO_3^-とNH_4^+の相対濃度の変化を表す曲線は(2)である。NH_4^+は(3)の働きによりNO_3^-に変えられる。

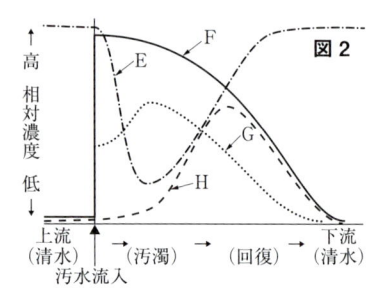

(1)の選択肢…左が「溶存酸素」，右が「有機物」を示す
(2)の選択肢…左が「NO_3^-」，右が「NH_4^+」を示す
① E，F ② E，G ③ E，H ④ G，E ⑤ G，F ⑥ G，H
⑦ H，E ⑧ H，F ⑨ H，G
(3)の選択肢 ① 根粒菌 ② 脱窒菌 ③ 硝化菌 ④ ネンジュモ

(近畿大学 改題)

生物 第1部

生命現象と物質

この部で学ぶこと

1. 細胞の構造
2. タンパク質の働き
3. 代謝とエネルギー
4. 呼吸，発酵
5. 光合成
6. 窒素同化，窒素固定
7. DNAの複製
8. 転写，翻訳
9. 遺伝子の発現調節
10. バイオテクノロジー

ADVANCED BIOLOGY

第1章

生命と物質

この章で学習するポイント

- ☐ **生体物質と細胞**
- ☐ 生物の体をつくっている物質
- ☐ 細胞小器官の働きと構造
- ☐ 細胞骨格
- ☐ 生体膜の構造と働き

- ☐ **生命現象とタンパク質**
- ☐ タンパク質の構造
- ☐ 酵素の働き
- ☐ 物質の輸送にかかわるタンパク質
- ☐ 情報伝達にかかわるタンパク質
- ☐ モータータンパク質
- ☐ 免疫にかかわるタンパク質
- ☐ 細胞接着とタンパク質

1 生体物質と細胞

1 生物の体を構成する物質

　生物は細胞でできており，細胞は物質からできている。生物体を構成する物質には有機化合物と無機化合物がある。有機化合物には3大栄養素であるタンパク質，炭水化物，脂質のほか，遺伝子の本体である核酸などがある。無機化合物には水や無機塩類などがある。

　地球上には多様な生物がおり，さまざまな細胞がある。しかし，細胞を構成する成分は共通であり，その割合はどれも似ている。細胞に最も多く含まれるのは水であり，約70%を占める。

Ⓐ 水

　水にはいろいろな物質を溶かす性質がある。代謝などの化学反応は，物質が水に溶けた状態で進むため，生命活動に水は欠かせない。水は比熱*が大きく，あたたまりにくく冷めにくい。細胞や生物の体は水分を多く含むため，急激な温度変化が起きにくく，内部環境を安定に保つことができる。

*比熱…1gの物質の温度を1℃上昇させるのに必要な熱量。

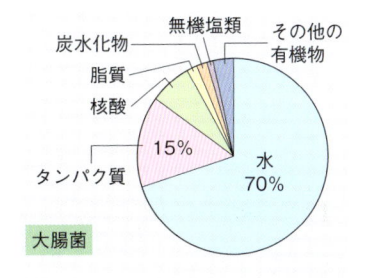

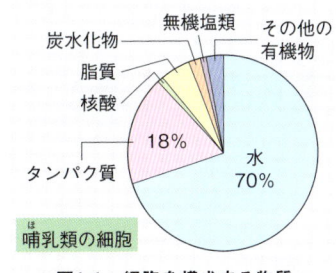

図1-1　細胞を構成する物質

Ⓑ タンパク質

　タンパク質は多数の**アミノ酸**が連なってできている。タンパク質を構成するアミノ酸は20種類あり，タンパク質の種類によって，アミノ酸の並び順や数は異なる。タンパク質には多くの種類があり，さまざまな働きをもつ。タンパク質は細胞や組織の構成要素となるだけでなく，酵素，抗体，ホルモンとして働くものもある。

C 核酸

核酸の構成単位は**ヌクレオチド**であり，核酸はヌクレオチドが多数連結した鎖状の構造をとる。核酸にはDNAとRNAがある。DNAは二重らせん構造をとっており，遺伝子の本体である。RNAは一本鎖であり，タンパク質の合成の過程で働く。

D 脂質

脂質には**脂肪**や**リン脂質**などがある。脂肪は脂肪酸とグリセリンで構成されており，エネルギー源となる。リン脂質は細胞膜などの主成分として働く。ビタミンA，カロテン，糖質コルチコイドも脂質の一種である。

E 炭水化物

炭水化物はエネルギー源として重要な物質である。グルコースは呼吸の代表的な基質であり，デンプンやグリコーゲンにはエネルギーが蓄えられている。細胞壁の主成分であるセルロースも炭水化物である。

F 無機塩類

無機塩類には塩化ナトリウム，塩化カリウム，炭酸カルシウム，硫酸マグネシウムなどがあり，体液中に溶けている。無機塩類は，恒常性の維持や情報伝達に重要な役割を果たしている。骨の成分であるリン酸カルシウムも無機塩類である。

2 細胞の構造① －細胞小器官－

細胞の表面には細胞膜があり，細胞内部は細胞膜によって外界と隔てられている。真核生物の細胞の内部には**細胞小器官**とよばれる構造体があり，細胞小器官はそれぞれ特有の働きをもっている。

真核細胞に共通する細胞小器官は，核，ミトコンドリア，小胞体（しょうほうたい），リボソーム，ゴルジ体である。植物細胞には葉緑体があり，液胞が発達している。中心体は動物と一部の植物だけがもつ。

A 核

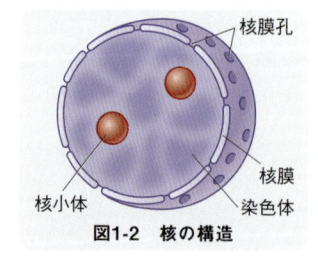

通常，真核細胞は一つの核をもつ。核の最外層には二重の膜でできた**核膜**があり，核の他の部分を包み込んでいる。核には染色体のほか，1〜数個の**核小体**（かくしょうたい）がある。染色体はDNAとタンパク質を含んでいる。

図1-2 核の構造

核膜には**核膜孔**とよばれる穴が多数あり，核膜孔を通って，核内と細胞質をさまざまな物質が行き来している。

補足 筋細胞は複数の核をもつ。

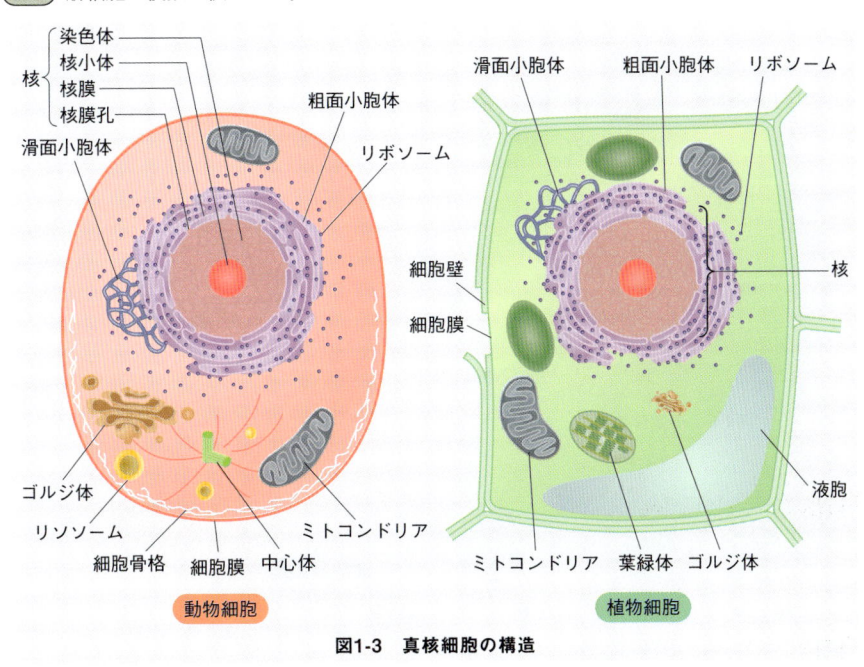

図1-3 真核細胞の構造

Ⓑ ミトコンドリア

ミトコンドリアは，粒状または糸状の細胞小器官であり，細胞内における呼吸の場として働いている。ミトコンドリアは，外膜と内膜の二重の膜からなる。内膜の突出した部分を**クリステ**といい，内膜に囲まれた部分を**マトリックス**という。マトリックスには，呼吸の過程のうち，**クエン酸回路**(→p.234)に関係する酵素がある。クリステには**電子伝達系**(→p.236)にかかわるタンパク質や，ATPを合成する酵素がある。

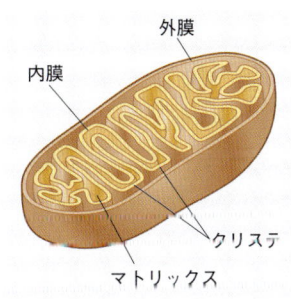

図1-4 ミトコンドリアの構造

ⓒ 小胞体とリボソーム

　小胞体は，核膜とつながった膜からなる，一重の袋状の構造をとる。表面にリボソームが付着した小胞体を**粗面小胞体**とよぶ。粗面小胞体は扁平な袋状をしており，核の周辺でいくつも積み重なるような構造をとることが多い。リボソームは粒状であり，mRNAの情報をもとにタンパク質を合成する働きがある。

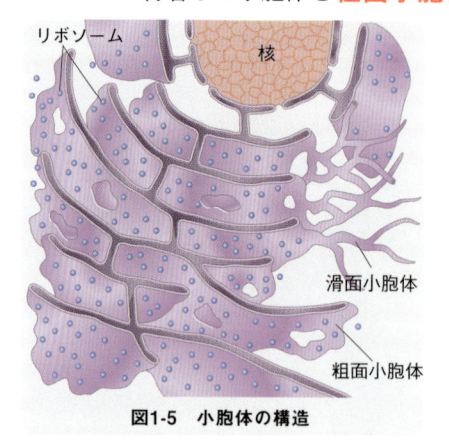

　リボソームが付着していない小胞体を**滑面小胞体**といい，カルシウムを内部に蓄積し，放出する働きがある。滑面小胞体は，細胞内のカルシウム濃度の調節や，カルシウムを介した細胞内の情報伝達のために働く。

図1-5　小胞体の構造

Ⓓ ゴルジ体

　ゴルジ体は一重の膜からなる。動物細胞では，扁平な袋状の構造を重ねた形状をしている。植物細胞のゴルジ体は小さく，まとまって存在しないため，普通の光学顕微鏡では見えにくい。ゴルジ体は，細胞内外への物質の輸送を調節している。

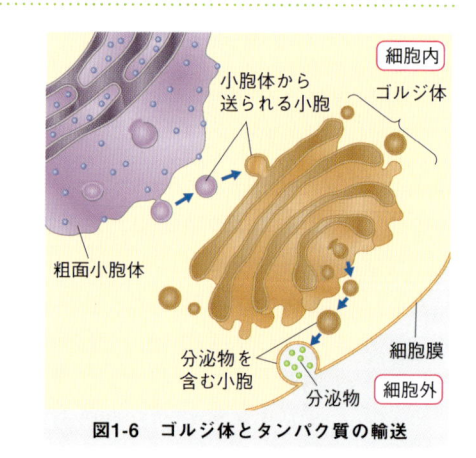

　粗面小胞体のリボソームで合成されたタンパク質は，粗面小胞体に入る。次に，粗面小胞体の一部がくびれて小胞になり，小胞がゴルジ体に移動する。小胞がゴルジ体と融合すると，粗面小胞体のタンパク質はゴルジ体に輸送される。さらに，ゴルジ体の一部がくびれて小胞になり，小胞が細胞膜に移動して細胞膜と融合する。その結果，小胞は細胞膜の一部となり，小胞の内部のタンパク質は細胞外に放出される。

図1-6　ゴルジ体とタンパク質の輸送

E 葉緑体

植物の細胞にある細胞小器官であり，光合成を行う。直径 5 〜 10 μm で，緑色の粒状をしており，外膜と内膜の二重の膜からなる。内膜は**チラコイド**とよばれる扁平な袋状の構造を構成する。チラコイドには光合成色素の**クロロフィル**が含まれる。葉緑体は，クロロフィルが吸収した光エネルギーを利用して ATP を合成する。チラコイドは積み重なって**グラナ**とよばれる構造をとる。チラコイド以外の部分を**ストロマ**という。ストロマには，ATP のエネルギーを利用して二酸化炭素から有機物を合成する酵素が含まれている。

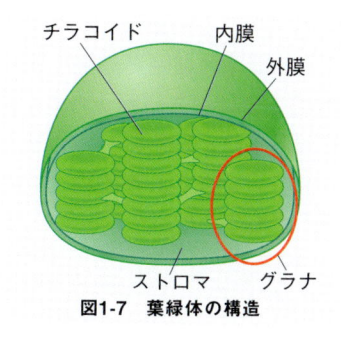

図1-7 葉緑体の構造

F 液胞

一重の膜でできており，植物細胞の成長や成熟にともない大きく発達する。内部は細胞液で満たされ，代謝産物や老廃物のほか，アントシアンなどの色素が貯蔵されている。動物細胞や若い植物細胞には無いか，あっても極めて小さい。

G 中心体

動物細胞では，核の近くに中心体とよばれる粒状の構造が見られる。中心体は直行する2つの中心小体からなり，微小管（→p.202）が形成される際の起点となる。

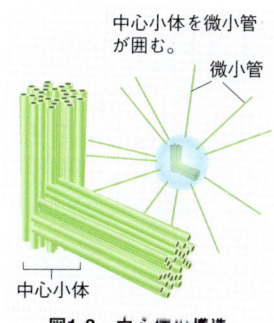

図1-8 中心体の構造

H リソソーム

一重の膜でできた小胞であり，ゴルジ体から形成される。内部に分解酵素を含んでおり，古くなった細胞小器官や不要になった物質，細胞外から取り込んだ異物を分解する。

> **POINT**
> - 一重膜からなる細胞小器官→小胞体，ゴルジ体，液胞，リソソーム
> - 二重膜からなる細胞小器官→核，ミトコンドリア，葉緑体
> - 膜につつまれていない細胞小器官→リボソーム，中心体

第1章 生命と物質

3 細胞の構造②－細胞骨格－

真核細胞の細胞質基質には，**細胞骨格**とよばれる繊維状の構造がある。細胞骨格は，細胞に一定の形を維持させているほか，細胞内で起こるさまざまな運動にかかわっている。

ⓐアクチンフィラメント

アクチンフィラメントは，**アクチン**とよばれるタンパク質が多数連なって形成された繊維状の構造である。アクチンフィラメントの直径は約 7 nm であり，細胞の収縮や伸展，アメーバ運動*や動物の細胞質分裂にかかわっている。また，筋収縮（→p.00）が起こるときはその足場として働く。

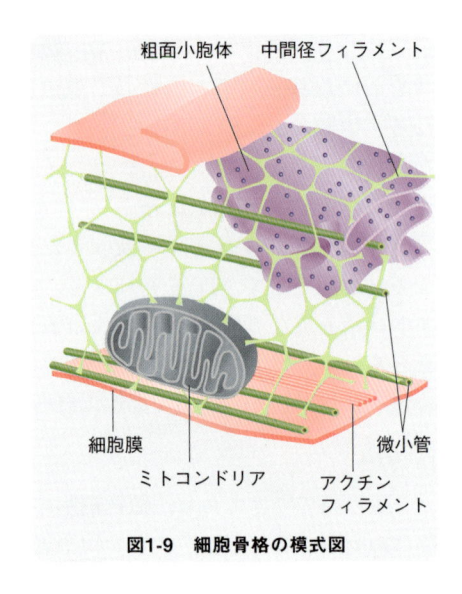

*アメーバ運動…細胞の形が変形することで生じる移動運動。単細胞生物のアメーバや，白血球などでみられる。

図1-9 細胞骨格の模式図

ⓑ微小管

微小管は，**チューブリン**とよばれるタンパク質が多数連なってできた管状の繊維構造である。微小管の直径は約 25 nm であり，動物細胞では中心体を起点として，細胞の周辺に向けて放射状に伸びている。

微小管は，細胞の形の維持にかかわる。また，細胞小器官や物質輸送の際の足場として働いている。繊毛やべん毛の中にもあり，その運動を支えている。紡錘体（→p.204, 302）の構成要素でもある。

ⓒ中間径フィラメント

中間径フィラメントは，細胞膜や核膜の内側にあり，細胞や核の形を保つ働きがある。繊維の直径は約 10 nm である。直径の大きさが，アクチンフィラメントと微小管の中間であるため，中間径フィラメントと名付けられた。

表　細胞骨格についてのまとめ

名称	かかわっている運動・働き	細胞内の分布
アクチンフィラメント　7nm　アクチン分子	細胞の収縮・伸展 アメーバ運動 細胞質分裂 筋収縮	アクチンフィラメント 微小管
微小管　25nm　チューブリン	細胞小器官や物質の輸送 べん毛や繊毛の運動	
中間径フィラメント　10nm	細胞や核の形を保つ	中間径フィラメント

コラム　細胞が運動するしくみ

　白血球のような動き回る細胞の運動は，どのようなしくみで起こるのだろうか。細胞の周囲には袋状の細胞膜があり，中には細胞小器官や細胞骨格がある。細胞の運動のしくみは，人が大きな袋の中に入って，袋ごと動く場面を想像すると理解しやすい。人が袋の内側から袋に体当たりすると，体当たりした方向に袋が動く。袋の反対側の部分は引きずられるように，袋全体についてゆく。細胞の運動では，動く方向の細胞質基質でアクチンが連結し，多数のアクチンフィラメントが形成される。その結果，細胞質基質は固形のゲル状になる。このゲル状の細胞質基質が細胞膜を外側に押し出すことで，細胞が動く。一方，動く方向と反対側では，アクチンフィラメントがアクチンに分離するため，細胞質基質が液状になる。すると，細胞膜は引きずられるように動く。

参考 動物の体細胞分裂と微小管

①中心体が複製され，中心体が2つに分かれて細胞の両極に移動する。
②両極の中心体から形成された微小管と染色体が結合する。
補足 微小管が結合する染色体の部分を動原体という。両極から延びる微小管の束が，糸を紡ぐ紡錘に見えるため紡錘体と名付けられた。
③微小管に結合した染色体は，微小管によって運ばれ，分裂中期には赤道面に並ぶ。
④染色体は微小管の先端に付着したまま両極に引かれ，2つに分かれる。分かれた染色体は両極に向かって移動する。染色体が両極に引かれるのは，微小管が短くなることによる。

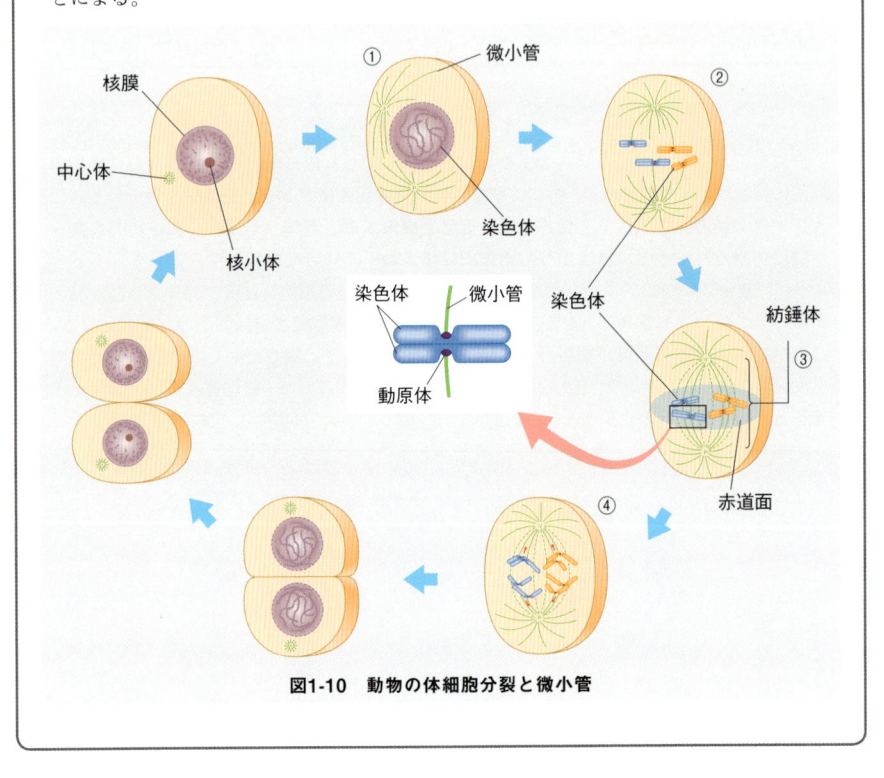

図1-10 動物の体細胞分裂と微小管

4 細胞の構造③ －生体膜－

　細胞膜は細胞の内側と外側とを仕切り，細胞の内部に外界とは異なる安定した環境をもたらしている。また，細胞膜を介して必要な物質が細胞外から取り込まれたり，細胞内から物質が分泌されたりしている。細胞小器官も膜で仕切られている。細胞膜や細胞小器官を構成する膜をまとめて**生体膜**という。さまざまな物質が生体膜を介して出入りしている。

(補足) リボソーム，中心体は膜構造をもたない。

Ⓐ 生体膜の構造

　生体膜の主要な成分は**リン脂質**である。リン脂質の分子には，水になじみやすい**親水性**の部分と，水になじまず油になじむ**疎水性**の部分がある。水の中では，リン脂質分子どうしが疎水性の部分で結合する。リン脂質分子が，親水性の部分を外側に，疎水性の部分を内側にして二層に並ぶと，水の中で安定した膜がつくられる。これを**脂質二重層**といい，生体膜はこの脂質二重層でできている。生体膜は，親水性のイオンや水，アミノ酸，糖類を通しにくいが，疎水性の酸素，二酸化炭素は容易に通過させる。

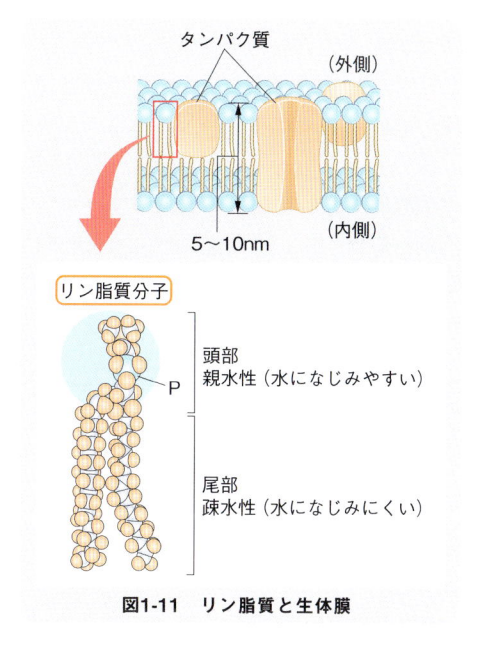

図1-11　リン脂質と生体膜

　生体膜にはさまざまなタンパク質が埋め込まれており，物質の多くはタンパク質を介して生体膜を通過している。

Ⓑ 細胞膜と物質の出入り

　物質は**濃度勾配**(濃度の差)にしたがって濃度の高い側から低い側に移動し，やがて均一に分布するようになる。この現象を**拡散**という。インクを水にたらしてしばらくすると，水が均質な色水になるのは，このためである。

● 受動輸送と能動輸送

　生体膜を介した輸送には，拡散にもとづく**受動輸送**と，濃度勾配に逆らって輸送することができる**能動輸送**がある。濃度勾配に逆らって，**濃度の低いところから高いところに物質が移動するためには，エネルギーが必要である**。受動輸送はエネルギーを必要としないが，能動輸送にはATPなどのエネルギーが必要である。

● 細胞膜を介した物質の出入り①－チャネル

　細胞膜には，特定の物質だけを透過させる性質があり，これを**選択的透過性**という。選択的透過性には，特定の物質だけを透過させる**チャネル**とよばれるタンパク質がかかわっている。チャネルの種類ごとに透過させる物質は異なる。イオンを透過させるチャネルを**イオンチャネル**といい，イオンチャネルの種類によって透過させるイオンの種類は決まっている。**チャネルによる輸送は，濃度の高いところから低いところに向かう受動輸送である。**

　水の分子を通過させるチャネルは**アクアポリン**という。

● 細胞膜を介した物質の出入り②－ポンプ

　細胞膜には，濃度勾配に逆らって物質を運ぶタンパク質がある。このタンパク質を**ポンプ**といい，ポンプの種類ごとに輸送する物質は異なる。**ポンプによる輸送は，エネルギーを必要とする能動輸送である。**

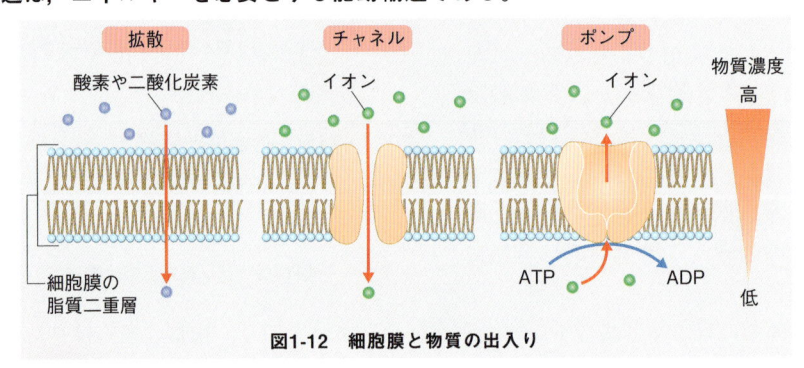

図1-12　細胞膜と物質の出入り

> **POINT**
> - チャネルによる物質の輸送はエネルギーを必要としない。
> - ポンプによる物質の輸送はエネルギーを必要とする。

細胞の外側は Na$^+$ 濃度が高く，細胞の内側は低い。一方，K$^+$ の濃度は細胞内で高く，細胞外で低い。この濃度の違いをもたらすのは，細胞内の Na$^+$ を細胞外に運搬し，K$^+$ を細胞外から細胞内に取り入れる能動輸送である。

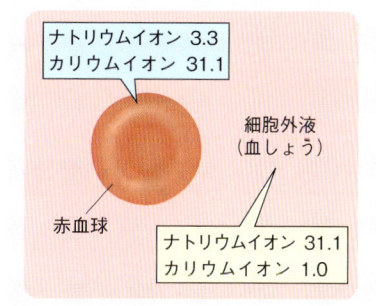

図1-13 ヒト赤血球の細胞内外のイオン濃度

参考　水分子の受動輸送

　水の移動は，細胞の内外に濃度差があると起こる。細胞を浸した溶液の塩濃度が細胞よりも薄いと，水は細胞の中に入ってくる。このような溶液を**低張液**という。逆に，細胞を浸した溶液の塩濃度が細胞よりも高いと，細胞の中の水は細胞外に出ていく。このような溶液は**高張液**とよばれる。細胞を，細胞と同じ塩濃度の液体に浸しても水の移動は起こらない。このような溶液を**等張液**という。

　赤血球を低張液に入れると，赤血球が膨らんで破裂し，血球が壊れる。これを**溶血**という。植物の細胞を低張液に入れると，細胞が膨らんで細胞壁を内部から押し上げる圧力が生じる。この圧力を膨圧という。逆に，植物の細胞を高張液に入れると，細胞から水が細胞の外に出て収縮し，細胞膜が細胞壁から分離する。これを**原形質分離**という。

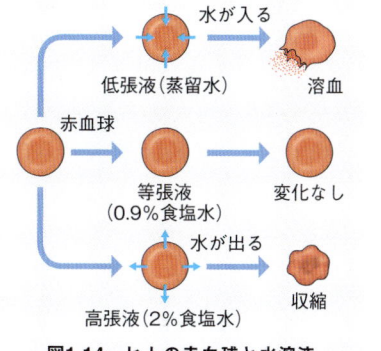

図1-14 ヒトの赤血球と水溶液

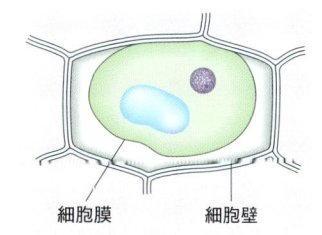

図1-15 原形質分離

(補足) 原形質分離した植物細胞を低張液に入れると，細胞の中に水が入り込み，もとに戻る。これを**原形質復帰**という。

2 生命現象とタンパク質

1 タンパク質の構造

　生物の体の中では，取り入れた物質の分解や新たな物質の合成など，さまざまな化学反応が常に起きている。生物の体内で化学反応が速やかに進むのは，酵素とよばれるタンパク質が働いているからである。他にも，物質の運搬や情報伝達，生体防御，細胞や体の構造の維持など，タンパク質は生命活動のさまざまな場面で大切な役割を担っている。タンパク質の種類は多数あり，ヒトではおよそ10万種類あるといわれている。

Ⓐアミノ酸

　タンパク質は多数の**アミノ酸**がつながった大きな分子である。タンパク質を構成するアミノ酸は20種類ある。
　アミノ酸はひとつの**炭素原子（C）**に，**アミノ基（-NH₂）**，**カルボキシ基（-COOH）**，**水素原子（H）**，**側鎖（-R）**が結合している。側鎖の構造は20種類あり，**側鎖の構造の違いにより，それぞれのアミノ酸の性質は決まる**。

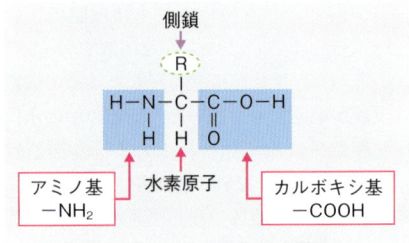

図1-16　アミノ酸の基本構造

参考　必須アミノ酸

　タンパク質をつくる20種類のアミノ酸のうち，体内で合成することができないもの，または合成しにくいものがある。このようなアミノ酸は，食物として取り込まなければならない。これらは**必須アミノ酸**とよばれ，ヒトでは10種類ある。
　栄養価が高いタンパク質には，10種類の必須アミノ酸がバランスよく含まれている。植物や細菌類は，タンパク質をつくるすべてのアミノ酸を合成することができる。そのため，必須アミノ酸というものはない。

ヒトの必須アミノ酸
バリン・ロイシン・イソロイシン・トレオニン・フェニルアラニン・トリプトファン・メチオニン・リジン・ヒスチジン・アルギニン

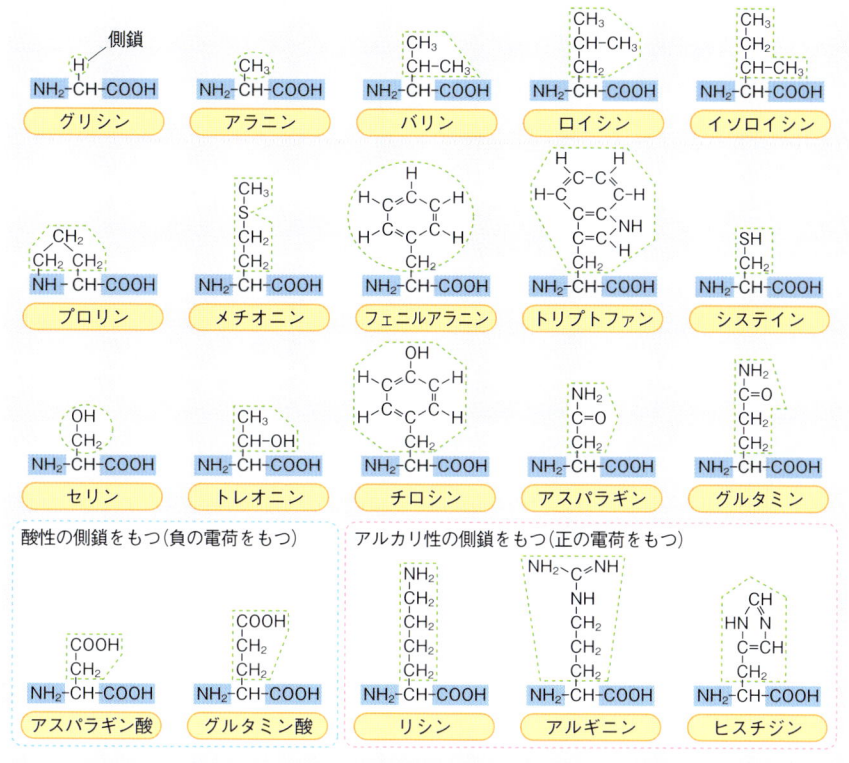

図1-17　20種類のアミノ酸

❸タンパク質の立体構造

　タンパク質は，アミノ酸の長い鎖が折りたたまれることで，一定の立体構造をつくる。単独で働くタンパク質もあるが，同じ種類のタンパク質や異なる種類のタンパク質が組み合わさって働くタンパク質も多い。タンパク質の構造には，一次から四次までの4つの階層がある。

> **参考　アミノ酸の性質とタンパク質の立体構造**
> 　側鎖の性質によって，アミノ酸は疎水性と親水性に分けられる。水溶液の中では，疎水性のアミノ酸が多い部分は，タンパク質の内部に配置される。一方，親水性のアミノ酸が多い部分は，タンパク質の表面に配置される。その結果，タンパク質は水溶液に溶けることができる。

●一次構造

あるアミノ酸のアミノ基(-NH₂)と，別のアミノ酸のカルボキシ基(-COOH)が結合すると，水分子(H₂O)がひとつとれて，**-CO-NH-** という結合ができる。これを**ペプチド結合**という。アミノ酸がペプチド結合で一列につながった分子をペプチドといい，多数のアミノ酸がつながって鎖のようになった分子を**ポリペプチド**という。ポリとは「多くの」という意味である。

20種類のアミノ酸の並び順は，タンパク質の種類ごとに異なる。**アミノ酸の並び順により，タンパク質の立体構造や働きが決まる**。アミノ酸の並び順を**一次構造**という。

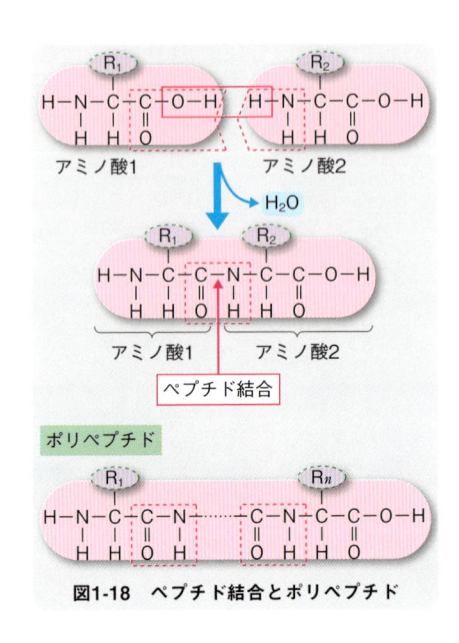

図1-18　ペプチド結合とポリペプチド

●二次構造

タンパク質の立体構造は，ポリペプチドの鎖が水素を介して互いに結びつくことにより形づくられる。1本のポリペプチドの中で結びつきが生じ，らせん状になった構造を**α-ヘリックス**という。複数のポリペプチドが平行に並び，互いに水素を介して結びつくと，ジグザグに折れ曲がったシート状の構造になる。これを**β-シート**という。α-ヘリックスとβ-シートは，安定した一定の立体構造をとる。α-ヘリックスとβ-シートのように，**タンパク質の部分的な立体構造を二次構造**という。

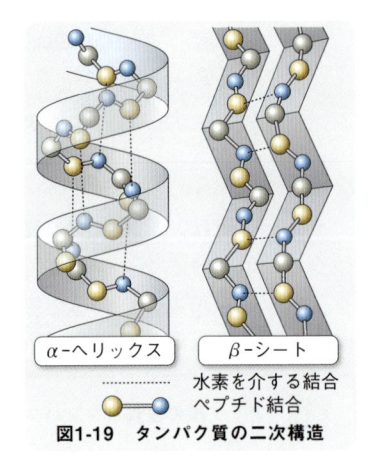

図1-19　タンパク質の二次構造

●三次構造

α-ヘリックスやβ-シートの立体構造を保ちながら，1本のポリペプチド鎖がさらに折りたたまれると，タンパク質分子全体が立体的な構造をとる。**一分子からなるタンパク質の全体的な立体構造を三次構造**という。

●四次構造

　複数のタンパク質が組み合わさって働くタンパク質もある。ヘモグロビンは酸素を運ぶタンパク質であり，赤血球に含まれる。ヘモグロビンは4つのタンパク質が組み合わさってできており，4つのタンパク質が組み合わさることにより，酸素を運ぶ働きをもつ。このように，**複数のタンパク質が組み合わさってできる立体構造を四次構造**という。

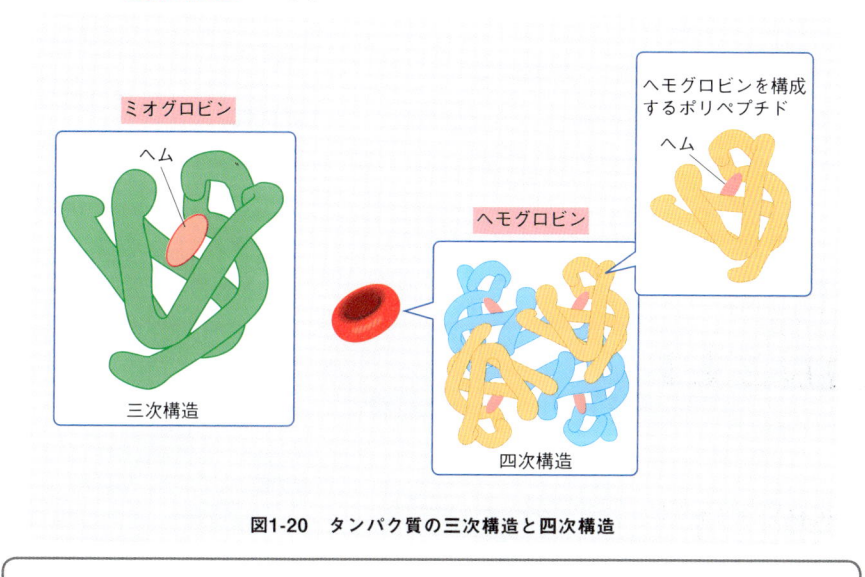

図1-20　タンパク質の三次構造と四次構造

参考　S-S結合

　アミノ酸のシステイン（**図1-17**）は側鎖に-SH基をもっている。-SH基と-SH基が近くにあると**ジスルフィド結合**（S-S結合）が形成される。ポリペプチドの鎖の間でジスルフィド結合が形成されると，タンパク質の立体構造は安定する。

ⓒ タンパク質の変性

　タンパク質の立体構造は，溶液の温度やpH，塩濃度の影響を受ける。例えば，60℃以上になると，水素結合が切れ，ポリペプチドの鎖がからまるなどして正しい立体構造がとれなくなる。タンパク質が本来の立体構造をとれなくなった状態を**変性**という。強い酸やアルカリによってもタンパク質の立体構造は変化し，変性する。変性により，正常な機能を失うことを**失活**という。

> **POINT　タンパク質の立体構造**
> - 一次構造…ペプチド結合でつながったアミノ酸の並び順。
> - 二次構造…α-ヘリックス，β-シート。一分子からなるタンパク質の**部分的**な立体構造。
> - 三次構造…一分子からなるタンパク質の**全体的**な立体構造。
> - 四次構造…複数のタンパク質が組み合わさってできる立体構造。

> **コラム　タンパク質の立体構造と機能**
>
> 　タンパク質が，そのタンパク質特有の働きをするためには，特定の立体構造をとる必要がある。ニワトリの卵の卵白にはリゾチームとよばれる酵素が含まれている。リゾチームには，細胞壁を分解することで細菌を殺す働きがある。常温でも生卵が腐敗しにくいのは，リゾチームがあるからである。ゆで卵にすると，リゾチームが熱で変性して立体構造が変わり，機能を失う。そのため，細菌が卵の殻のすきまから侵入すると腐敗が進む。

2 生体の化学反応にかかわるタンパク質—酵素

生物の体の中では，化学反応は常温・常圧という穏やかな条件のもとで速やかに進む。それは，酵素が触媒として働いているからである。酵素には多くの種類があり，どの物質に対して触媒作用を発揮するかは，各酵素によって異なる。

Ⓐ 酵素の構造と働き

酵素が作用する物質を**基質**という。酵素には，酵素の種類ごとに特有の**活性部位**があり，活性部位にはその立体構造に適した基質だけが結合できる。活性部位と基質が結合して**酵素ー基質複合体**が形成されると，触媒作用により化学反応が促進される。酵素が特定の基質だけに作用することを，酵素の**基質特異性**といい，酵素反応によって基質が変化してできた産物を**生成物**という。

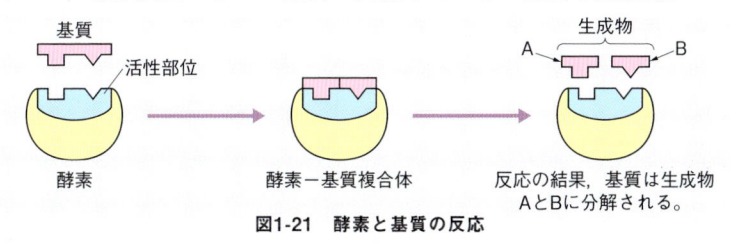

図1-21 酵素と基質の反応

参考　活性化エネルギー

多くの化合物は，安定しており，普通の状態では変化しにくい。そのため，化合物が化学反応により別の化合物に変わるときには，反応しやすい状態(**活性化状態**)になる必要がある。活性化状態になるにはエネルギーが必要である。活性化に必要なエネルギーは大きく，無機的に活性化エネルギーを供給するためには，高温・高圧にする必要がある。活性化状態になるために必要なエネルギーを**活性化エネルギー**といい，酵素には，**活性化エネルギーを小さくし，反応を起こりやすくする働き**がある。生体では酵素が働いているため，常温・常圧で化学反応が速やかに進行する。

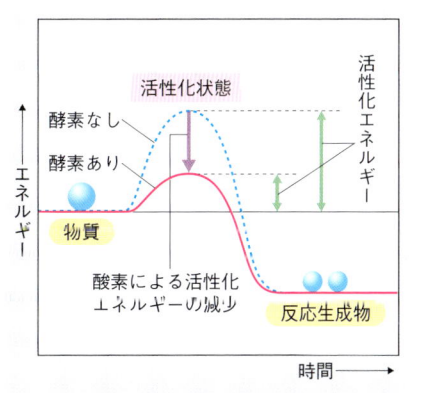

図1-22 酵素と活性化エネルギー

B 酵素の性質

●基質濃度と反応速度

酵素が基質に対して作用する能力を**酵素活性**という。酵素の濃度が一定の場合，基質濃度の増加にともなって反応速度が増加する。しかし，基質の濃度がある程度以上になると，反応速度の増加がゆるやかになり，やがて基質濃度を高くしても反応速度が増加しなくなる。これは，**基質の濃度が一定以上になると，すべての酵素の活性部位が基質で埋まる**からである。

補足 次の基質が活性部位に入るには，まず生成物が活性部位から離れる必要がある。

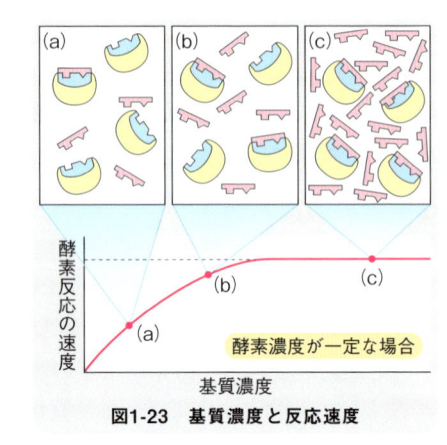

図1-23 基質濃度と反応速度

酵素の量が少なく，基質が十分にある場合は，酵素の量が増えるほど反応速度が増加する。

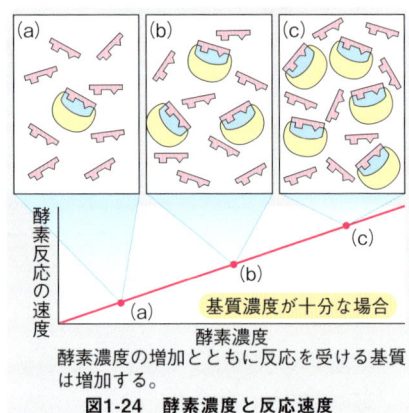

●最適温度

酵素反応に最も適した温度を**最適温度**という。酵素反応は化学反応である。したがって，無機的な化学反応と同様に，温度が上がれば反応速度が大きくなる。しかし，酵素はタンパク質であるため，高温になると変性する。**高温では温度の上昇とともに変性の程度も増加する**ため，反応速度は次第に低下していく。

酵素濃度の増加とともに反応を受ける基質は増加する。
図1-24 酵素濃度と反応速度

●最適 pH

酵素の反応速度が最大になる pH を**最適 pH** という。タンパク質の立体構造は pH の影響を受ける。酵素は，**その酵素が働く環境の pH で，最適な立体構造をとる**ようになっている。最適 pH よりも酸性になったりアルカリ性になったりすると，酵素の立体構造が変化し，反応速度が小さくなる。

多くの酵素の最適 pH は，体液の pH とほぼ同じ 6〜8 である。しかし，塩酸を含む胃液中で働くペプシンのように，強い酸性が最適 pH である酵素もある。

図1-25　酵素反応の速度と温度

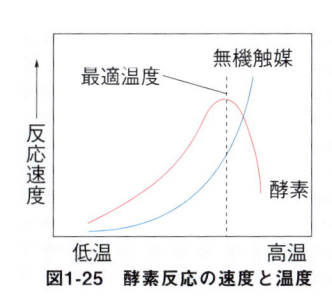

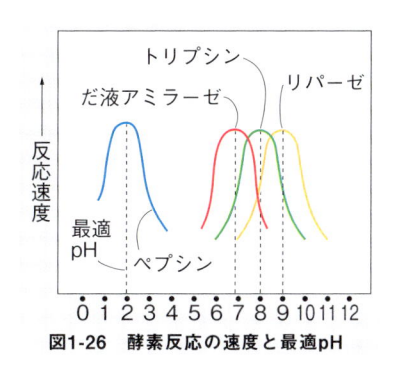

図1-26　酵素反応の速度と最適pH

●酵素反応の調節

　細胞内では，細胞の生育に必要なさまざまな物質が合成されている。過剰な物質生産による無駄を回避するために，細胞には，**多くなりすぎた物質がその物質の合成反応を抑制する**しくみが備わっている。

　細胞内では，さまざまな化学反応が連鎖的に起きている。連鎖的な化学反応の一つひとつに，特異的に作用する酵素が働いており，生命活動に必要な産物がつくられている。最終産物の濃度が高くなると，最終産物が反応経路の初期に作用する酵素に働きかけ，酵素の活性を調節する。このしくみを**フィードバック調節**といい，フィードバック調節により最終産物の濃度が一定に保たれる。

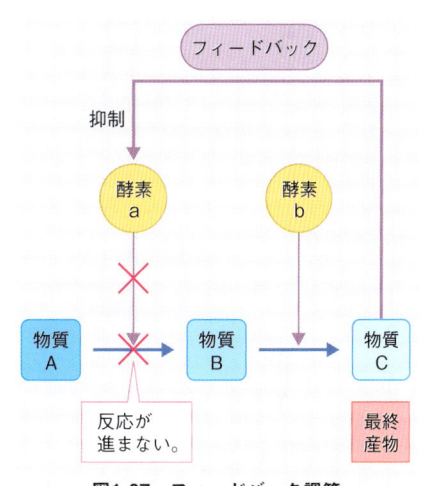

図1-27　フィードバック調節

●競争的阻害

　基質と構造が似た物質が，基質と一緒に存在すると，酵素の活性部位を奪い合うことになる。酵素の活性部位は，基質と似た物質と結合するが，その場合は化学反応が触媒されない。その結果，本来の基質に対する酵素反応の進行が妨げられる。このような，基質と似た構造の物質による酵素反応の阻害を**競争的阻害**という。

　補足　基質濃度が高い場合は，酵素と基質が結合する機会が多くなる。そのため競争的阻害は見られない。

図1-28　競争的阻害

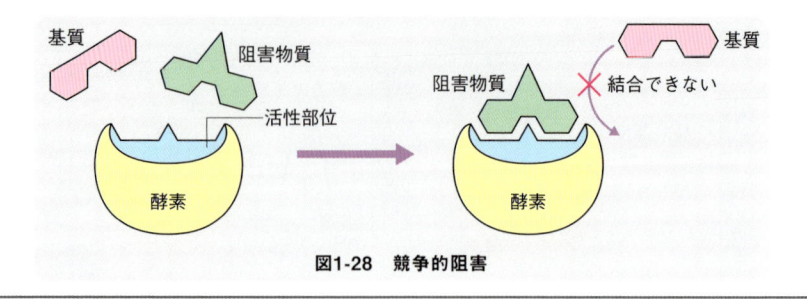

参考　アロステリック酵素

基質以外の物質が結合することにより立体構造が変化し，酵素活性が変化する酵素がある。このような酵素をアロステリック酵素という。アロステリック酵素はフィードバック調節にかかわる。

酵素の活性部位とは異なる部位に結合して，酵素の働きを妨げる物質がある。このような物質による阻害作用を**非競争的阻害**という。アロステリック酵素の阻害は非競争的阻害の一つである。

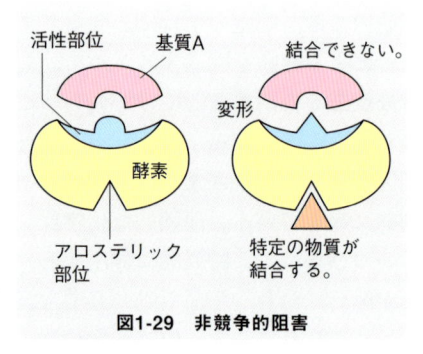

図1-29　非競争的阻害

❺ 酵素と補酵素

酵素のなかには，その活性を発揮するために，小さな有機物の分子を必要とするものがある。酵素の働きを助ける低分子の有機物を**補酵素**という。ビタミンB群は補酵素として働く。

呼吸や光合成の過程で働く脱水素酵素には，基質から水素を奪い取る作用がある。その脱水素酵素の反応には，ビタミンB_3のNAD（→p.233）やビタミンB_2のFADという補酵素が必要である。また，光合成の過程で働く脱水素酵素には，NADPという補酵素が必要である。

POINT

- 酵素には，反応に適した温度やpHがある。それは，酵素の主成分がタンパク質であることと関係している。

3 物質の輸送にかかわるタンパク質

生体膜を介した能動輸送や選択的透過には，タンパク質がかかわっている。特定の物質の輸送・透過には，タンパク質の立体構造の変化が関係している。

Ⓐ ナトリウムポンプの働き

特定の物質を，濃度勾配に逆らって輸送する(能動輸送)生体膜のタンパク質を**ポンプ**という。能動輸送には，条件によって立体構造が変化するという，タンパク質の性質がかかわっている。

細胞の外側はナトリウムイオン(Na^+)濃度が高く，内側はカリウムイオン(K^+)濃度が高い。この差をもたらすのは，ナトリウムポンプとよばれる膜タンパク質である。ナトリウムポンプは，**ATPのエネルギーを使って，Na^+を細胞内から細胞外に運ぶ**。ナトリウムポンプが細胞内に開いているときは，Na^+を特異的に結合する立体構造をとる。ナトリウムポンプの細胞内部分には，ATPをADPに分解してエネルギーを取り出す酵素活性がある。ナトリウムポンプがATPのエネルギーを受け取ると，立体構造が変化し，細胞外に開く。その結果，Na^+を結合していた部分の立体構造が変わり，Na^+が放出される。一方，細胞外に開いたナトリウムポンプは，K^+を結合する立体構造に変化する。K^+が結合したナトリウムポンプは立体構造が変化し，細胞内に開く。その結果，K^+を結合していた部分の立体構造が変化して，K^+が放出され，Na^+を結合する立体構造になり，一連のサイクルが完結する。

このように，細胞は能動輸送によって，生体膜を隔てて物質の濃度の違いをつくり出している。この濃度の差を利用して，神経細胞では神経伝達(→p.219, 370)が行われ，ミトコンドリアではATPの合成が行われている。

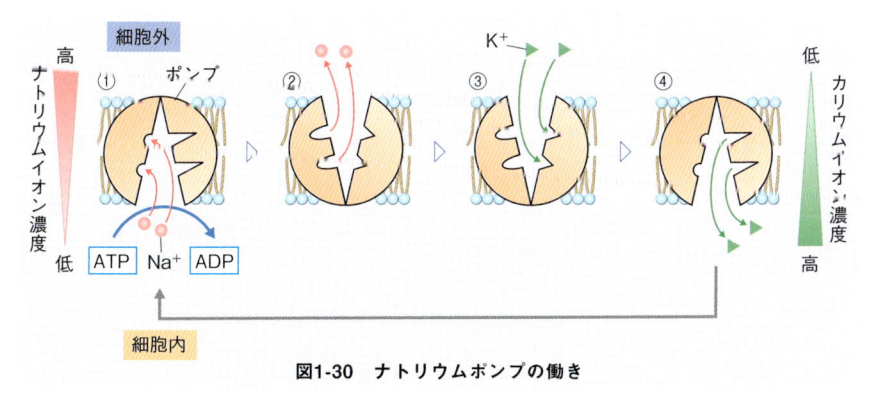

図1-30　ナトリウムポンプの働き

Ⓑ チャネルを介したイオンの輸送

　選択的な受動輸送には，**チャネル**とよばれるタンパク質がかかわっている。チャネルには生体膜を貫通する通路がある。チャネルの種類ごとに通路の立体構造が異なり，特定の物質だけを透過させる。

　特殊な条件によって開くチャネルもある。神経細胞が，標的となる細胞に情報を伝えるときは，神経細胞の突起の先端から伝達物質を放出する。標的となる細胞には伝達物質の受容体となるチャネルがある。伝達物質がチャネルに結合すると，チャネルの立体構造が変化し，Na^+などの特定のイオンを細胞内に通過させる。その結果，標的となる細胞の電位が変化し，情報が伝わる。このように，物質の結合によりチャネルが開くイオンチャネルを，**伝達物質依存性イオンチャネル**という。

　ほかには，細胞膜の電位（→p.365）が変化すると立体構造が変化し，特定のイオンを通す**電位依存性チャネル**がある。

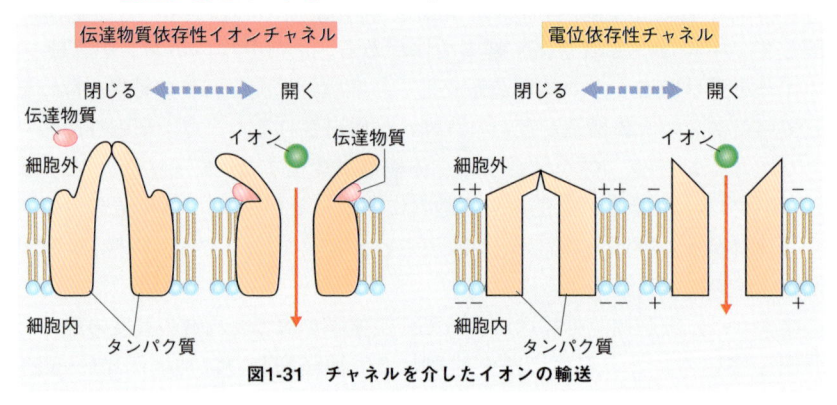

図1-31　チャネルを介したイオンの輸送

Ⓒ エキソサイトーシスとエンドサイトーシス

　小胞の生体膜と細胞膜とが融合することにより，小胞の内容物が細胞外に放出されることを，**エキソサイトーシス**（開口分泌）という。一方，細胞膜が内側に凹むことにより細胞膜が融合し，細胞外の物質を小胞内に取り込むことを**エンドサイトーシス**（飲食作用）という。これらの働きによる物質の輸送には，生体膜のタンパク質がかかわっている。

　補足　ホルモンや消化酵素，神経伝達物質の分泌はエキソサイトーシスによる。白血球が食作用によりウイルスや細菌を取り込むのは，エンドサイトーシスによる。

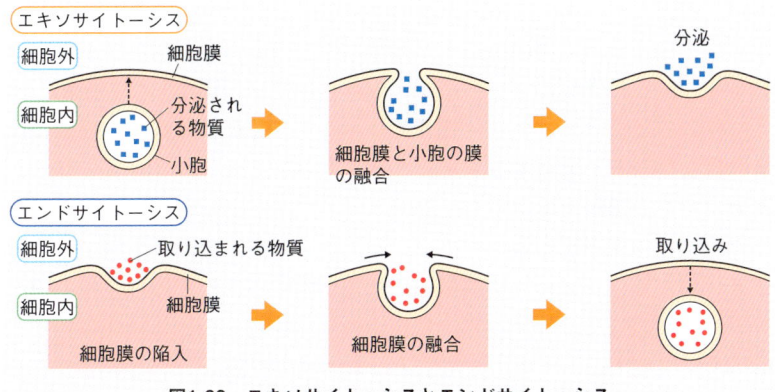

図1-32　エキソサイトーシスとエンドサイトーシス

> **POINT**
> - ナトリウムポンプは，能動輸送により，Na^+を細胞内から細胞外に運び出す。
> - チャネルは，選択的な受動輸送を行う。

4 細胞間の情報伝達にかかわるタンパク質

　細胞がつくる物質のなかで，情報として機能するものを**情報伝達物質**という。情報伝達物質はタンパク質でできている。情報伝達物質を受け取る細胞を**標的細胞**といい，標的細胞には特定の情報伝達物質を受け取る**受容体**がある。情報伝達物質には，神経伝達物質やホルモンがある。

Ⓐ神経伝達物質

　神経細胞間で情報が伝達されるときは，**神経伝達物質**が使われる。情報を送る側の神経細胞から，情報を受ける側の神経細胞（標的細胞）へ向けて神経伝達物質が放出されるのである。標的細胞には，受容体となる伝達物質依存性イオンチャネルがある。受容体が神経伝達物質を受け取るとチャネルが開き，Na^+が標的細胞内に入り込み，標的細胞の電位が変化して情報が伝わる。

Ⓑ ホルモン

ホルモンには，血糖を調節するインスリンやグルカゴン，糖質コルチコイドなどがある。いずれも血液によって運ばれる。ホルモンの標的となる細胞には，ホルモンに特異的な受容体がある。**受容体がホルモンを受け取ると，細胞の代謝や遺伝子発現を調節して応答する。**

● グルカゴンが血糖量を上げるしくみ

血糖量を上げる作用があるグルカゴンは，アミノ酸が連なったペプチドホルモンである。グルカゴンによる情報伝達は，細胞膜にある受容体を介して行われる。グルカゴンが受容体に結合すると，受容体の立体構造が変化し，細胞膜にある特定の酵素を活性化する。すると，細胞内で働く情報伝達物質が合成される。この情報伝達物質が，グリコーゲンをグルコースに分解する酵素を活性化する。その結果，グルコースが肝細胞から放出されて血糖量が上がる。

● 糖質コルチコイドが血糖量を上げるしくみ

糖質コルチコイドも，血糖量を上げる作用がある。糖質コルチコイドは，細胞膜を透過し，自由に細胞内に入りこむことができる。糖質コルチコイドの受容体は細胞質基質にある。糖質コルチコイドが結合した受容体は，その立体構造が変化し，核の中に入ることができるようになる。核に移動した受容体は特定の遺伝子の発現を促進し，その結果として糖の代謝が活性化されて血糖量が増加する。

> 補足　糖質コルチコイドは脂質となじみやすい。細胞膜の主な成分は脂質であるため，糖質コルチコイドは細胞膜を通ることができる。

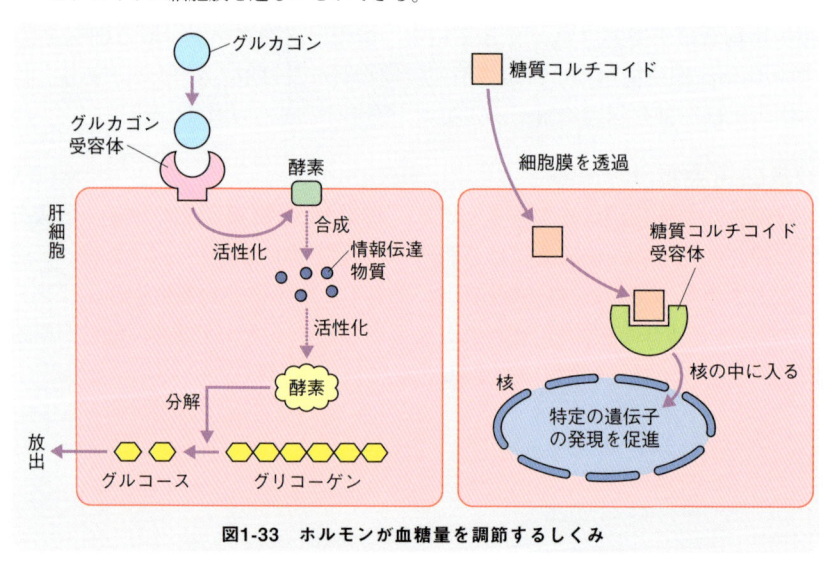

図1-33　ホルモンが血糖量を調節するしくみ

5 モータータンパク質

Ⓐ ミオシン

細胞小器官の運搬や筋肉の収縮には，**ミオシン**とよばれる**モータータンパク質**がかかわっている。モータータンパク質とは，**アクチンフィラメントのような細胞骨格を足場として，ATPのエネルギーによって移動するタンパク質**のことをいう。

ミオシンにはアクチンフィラメントに結合する性質がある。また，ATPを分解する酵素活性をもつ。ミオシンは，ATPの分解で得たエネルギーによってその立体構造を変化させる。立体構造が変化する際に発生した力を使ってアクチンフィラメントの上を移動し，細胞小器官を運んだり筋肉の収縮を起こしたりする。

補足 植物で見られる原形質流動も，アクチンとミオシンの相互作用により起こる。

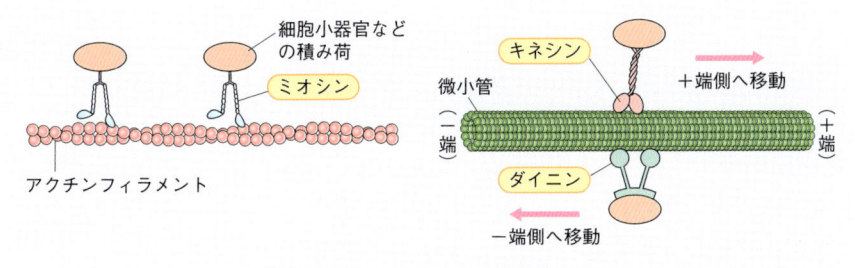

図1-34 モータータンパク質

Ⓑ ダイニンとキネシン

ミオシンの他にも，**ダイニン**や**キネシン**とよばれるモータータンパク質が存在する。染色体や細胞小器官の運搬，べん毛や繊毛の運動には，ダイニンやキネシンなどのモータータンパク質と，その足場となる微小管がかかわっている。ダイニンやキネシンもATPのエネルギーで立体構造を変化させ，力を発生させる。

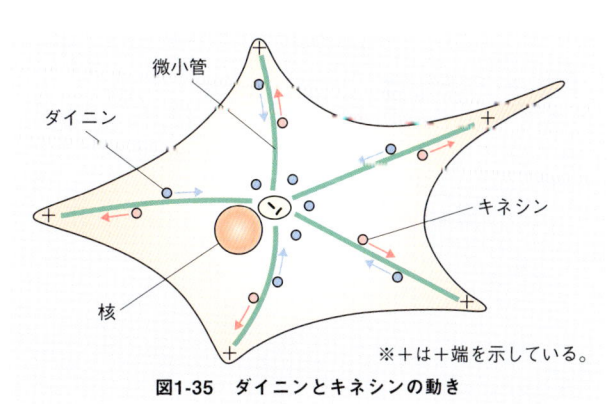

図1-35 ダイニンとキネシンの動き
※＋は＋端を示している。

微小管には方向性があり，プラス端とマイナス端がある。**ダイニンはマイナス端に向かって動き，キネシンはプラス端に向かって動く**。ダイニンとキネシンは，中心体から放射状に配置された微小管を足場にして，細胞小器官をそれぞれ逆方向に輸送する。

6 免疫にかかわるタンパク質

免疫には体液性免疫と細胞性免疫がある。いずれも，**タンパク質が異物を認識する**。タンパク質の立体構造と異物の立体構造が，かぎとかぎ穴のように相補的に結合することにより，異物は特異的に認識される。食細胞が異物の情報を提示するしくみや，ヘルパーT細胞が異物の情報をB細胞やキラーT細胞に伝えるしくみにも，タンパク質の立体構造がかかわっている。

Ⓐ 多様な抗原を認識する抗体

抗体は，異物を認識して特異的に結合するタンパク質である。抗体が認識する異物を**抗原**という。抗原の種類はほぼ無限にあるが，抗体の種類も膨大である。

限られた数の遺伝子から，膨大な種類の抗体が産生されるのは，抗体をつくる**免疫グロブリン遺伝子**が再編成されることによる。ヒトでは，免疫グロブリン遺伝子の再編成により，およそ150万種類の抗体をつくることができる。

Ⓑ 自己・非自己の認識にかかわるMHC

他人の組織を移植すると，拒絶反応により移植片が脱落する。細胞の表面にある**MHC**（**主要組織適合抗原**）とよばれるタンパク質は，移植組織が自分のものか他人のものかをT細胞が認識する際の目印になっている。**非自己のMHCは，T細胞によって認識され，細胞性免疫によって攻撃される**。移植した他人の組織が脱落するのは，このためである。

> **参考　ヒト白血球抗原**
>
> MHCには，細胞内で断片化されたタンパク質を提示する働きもある。細胞内に侵入したウイルスや，がん化した細胞に特有の抗原の存在をT細胞に伝えるのである。すると，細胞性免疫により，自身の細胞ごと，異物は排除されることになる。なお，ヒトのMHCを特に**ヒト白血球抗原（HLA）**とよぶ。

7 細胞接着とタンパク質

　多細胞生物では，細胞は他の細胞や細胞外の構造と接着している。これを**細胞接着**といい，単に接着しているだけでなく，強固に結合するための構造や，細胞間を連絡する結合などがある。

　動物の体表面や，消化管の内側をおおう組織を上皮組織という。上皮組織は，**密着結合**や**接着結合**により，形づくられている。密着結合には細胞と細胞をすき間なく接着させる働きがある。接着結合では，膜タンパク質である**カドヘリン**が，細胞どうしを結合させるために重要な働きをしている。

　細胞どうしを強固に結びつける構造を**デスモソーム**という。隣り合う細胞どうしの細胞質をつなぐ筒状の構造は**ギャップ結合**とよばれる。イオンや小さな分子はギャップ結合を通って細胞間を移動する。

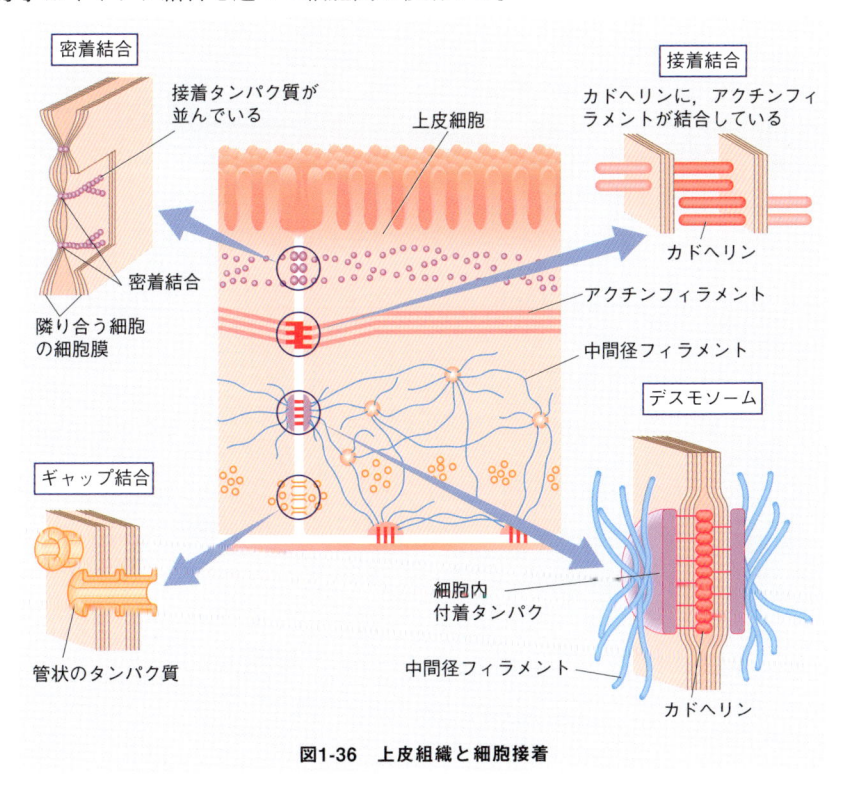

図1-36　上皮組織と細胞接着

> **参考** 細胞接着にかかわるタンパク質

細胞接着には細胞膜のタンパク質がかかわっている。細胞接着は組織や器官を形づくるだけでなく，細胞間の情報伝達にも重要な役割を果たしている。

組織は，同じ種類の細胞が互いに接着して形成されている。同じ種類の細胞は接着し，一つのまとまった細胞の集合をつくるが，異なる種類の細胞どうしは接着しない。これを**細胞選別**という。細胞膜にはカドヘリンとよばれる細胞膜タンパク質があり，同じ種類の細胞は同じ立体構造のカドヘリンをもつ。同じ種類のカドヘリンは互いを補うような立体構造をしており，カドヘリンどうしが結合することで，細胞は接着できる。一方，異なる種類のカドヘリンをもつ細胞どうしは接着できない。

補足 カドヘリンが正しい立体構造をとるには，カルシウムイオン(Ca^+)が必要である。

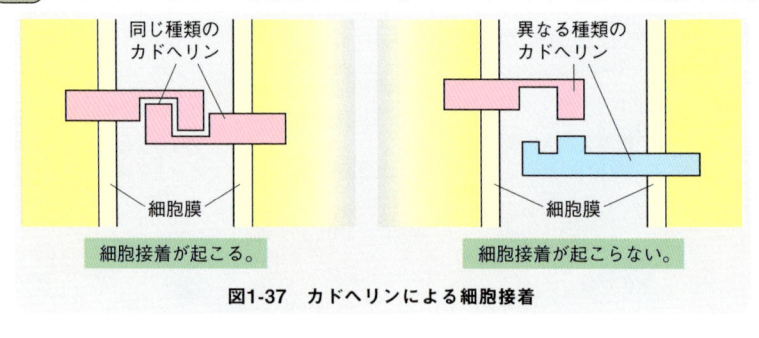

図1-37 カドヘリンによる細胞接着

この章で学んだこと

生物は細胞でできている。地球上には多様な生物がいるが，細胞の構成成分は共通している。この章では，細胞のつくりや機能について理解を深め，特にタンパク質の働きについても詳しく学んだ。

1 細胞のつくり

1 生体を構成する物質 細胞は，水，タンパク質，核酸，脂質，炭水化物，無機塩類で構成される。

2 細胞小器官 真核細胞に共通する小器官は，核，ミトコンドリア，小胞体，リボソーム，ゴルジ体である。

3 ミトコンドリア 呼吸の過程のうち，クエン酸回路と電子伝達系にかかわり，ATPが合成される場として働く。

4 小胞体 粗面小胞体にはリボソームが付着している。リボソームはタンパク質合成にかかわっている。

5 葉緑体 光合成色素のクロロフィルをもち，ATPを合成する。

6 細胞骨格 真核細胞の細胞質基質には，アクチンフィラメント，微小管，中間径フィラメントなどの繊維状の構造がある。これらは細胞を形づくったり，細胞の運動にかかわっている。また，細胞内の物質運搬にもかかわっている。

7 生体膜 主要な成分はリン脂質である。生体膜は，脂質二重層でできている。生体膜を介して，さまざまな物質が出入りしている。

2 生命現象とタンパク質

1 アミノ酸 タンパク質は20種類のアミノ酸からできている。側鎖の構造の違いにより，アミノ酸の性質は決まる。

2 タンパク質の立体構造 一次から四次まで4つの階層に分けられる。一次構造は，アミノ酸の並び順である。二次構造は，α-ヘリックス，β-シートに代表される部分的な立体構造を指す。三次構造は，タンパク質一分子の全体的な立体構造で，四次構造は，複数のタンパク質が組み合わさってできる立体構造である。

3 タンパク質の変性 タンパク質は，温度やpHの影響を受け，条件によっては本来の立体構造をとれなくなる。

4 酵素 酵素は，特定の基質にだけ作用し，酵素の活性はフィードバックによって調整される。

3 タンパク質のさまざまな働き

1 物質輸送 細胞膜には，物質輸送にかかわるタンパク質がある。チャネルは受動輸送，ポンプは能動輸送により，それぞれ特定の物質を運んでいる。

2 情報伝達 神経伝達物質やホルモンなどの情報伝達物質の主成分はタンパク質である。

3 細胞小器官の運搬，細胞の運動 ミオシン，ダイニン，キネシンなどのモータータンパク質が担う。

4 免疫 抗原を認識する抗体は，タンパク質でできている。また，MHCは，T細胞が自己・非自己の認識をする際の目印となる。

5 細胞接着 多細胞生物では，細胞は他の細胞や細胞外の構造と接着している。接着には，膜タンパク質であるカドヘリンがかかわっている。

確認テスト1

解答・解説は p.539

1 次の(A)～(F)の成分について，後の問いに答えなさい。
(A)は，溶媒となる。比熱が大きく，内部環境を安定に保つ。
(B)の一種，（ ① ）は脂肪酸とグリセリンからなり，エネルギー源となる。ビタミン（ ② ）やカロテンも(B)である。
(C)は，エネルギー源として重要な物質で，（ ③ ）は呼吸の代表的な基質である。植物の細胞壁をつくる（ ④ ）も(C)である。
(D)は，体液に溶け，恒常性や情報伝達に重要な役割を果たしている。
(E)は（ ⑤ ）が連なってできている。細胞や組織の構成要素であり，酵素，抗体，ホルモンなどとして働くものがある。
(F)の構成単位は（ ⑥ ）であり，⑥が多数連結した鎖状の構造をとる。遺伝子の本体である（ ⑦ ）や RNA がある。

(1) 上の(A)～(F)の物質は何か。適当な物質名を答えなさい。
(2) 上の文の空欄（ ① ）～（ ⑦ ）に入る適語を答えなさい。

2 次の(1)～(3)の問いに答えなさい。
(1) 下の図は，動物細胞の模式図である。a～h の名称を答えなさい。

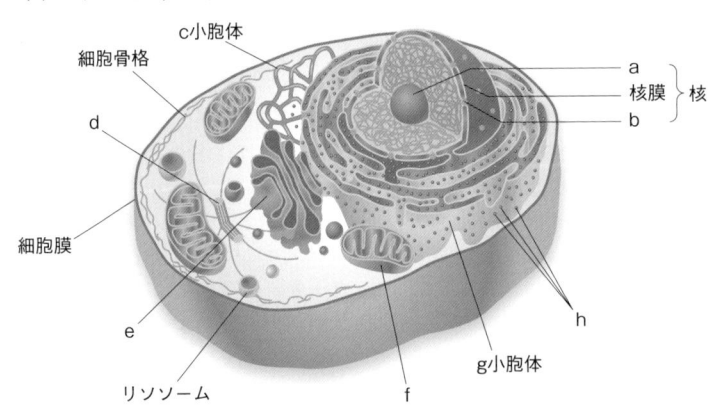

(2) 次の**ア**～**カ**に関係のある細胞小器官の名称を答えなさい。
　ア 光合成の場となる。ATP を合成する。
　イ 好気呼吸の場となる。ATP を合成する。
　ウ 一重膜でできており，細胞液で満たされ，浸透圧調節にかかわる。
　エ ゴルジ体から形成された小胞で分解酵素を含み，異物を分解する。
　オ 粒状で，mRNA の情報をもとにタンパク質を合成する。

カ　細胞内外への物質の輸送を調節している。
(3)　二重の膜でできている細胞小器官を3つ答えなさい。

3　細胞膜と物質の出入りに関する次の文を読み，以下の問いに答えなさい。
　生体膜を介した輸送には，拡散にもとづく（　ア　）輸送と，エネルギーを使い，濃度勾配に逆らって輸送する（　イ　）輸送がある。物質の出入りには2つの膜タンパク質が働いている。細胞膜がもつ，特定の物質だけを透過させる性質を（　ウ　）透過性という。これはチャネルという膜タンパク質による。濃度勾配に逆らった物質の移動は（　エ　）というタンパク質による。それぞれ種類ごとに輸送する物質が異なる。
(1)　空欄（　ア　）～（　エ　）に入る適語を答えなさい。
(2)　① 細胞膜の主要な成分は何か。
　　　② 細胞膜の構造について，30字程度で説明しなさい。
　　　③ 下線部チャネルについて，イオンを通過させるチャネルと，水を通過させるチャネルの名称をそれぞれ答えなさい。
　　　④ （イ）輸送においてエネルギーを供給する物質(エネルギー通貨とも呼ばれる)の名称をアルファベット3文字で答えなさい。
(3)　① Na^+濃度は細胞内と細胞外のどちらが高いか。
　　　② K^+濃度は細胞内と細胞外のどちらが高いか。
　　　③ Na^+とK^+を運搬し，①②のような細胞内外の濃度の違いをもたらす膜タンパク質を特に何というか答えなさい。

4　次の文の下線部について，正しいものには○を記し，誤っている場合は正しい語を答えなさい。
(1)　アミノ酸どうしの結合をジスルフィド結合という。
(2)　α-ヘリックスやβ-シートのようなタンパク質の部分的な立体構造を二次構造という。
(3)　タンパク質は溶液の温度やpH，塩濃度の影響で立体構造をとれなくなる。この状態を変質という。
(4)　情報伝達物質は，タンパク質でできた受容体を介して標的細胞に伝えられる。
(5)　異物を認識して特異的に結合するのは抗原とよばれるタンパク質である。
(6)　カドヘリンは細胞同士を結合させる細胞膜タンパク質である。

第2章

代謝

この章で学習するポイント

- □ 代謝とエネルギー
  □ 異化と同化
  □ ATPの役割

- □ 呼吸と発酵のしくみ
  □ 解糖系
  □ クエン酸回路
  □ 電子伝達系
  □ 乳酸発酵とアルコール発酵

- □ 光合成のしくみ
  □ 光の波長と光合成色素
  □ チラコイド膜，ストロマで起こる反応
  □ 細菌の炭酸同化

- □ 窒素同化と窒素固定
  □ 植物の窒素同化
  □ 窒素固定

1 代謝とATP

1 代謝とエネルギー

　生物の体の中では，物質の合成や分解など，多様な化学反応が起こっている。このような，**生物の体の中で起こる化学反応を代謝**という。生体内での化学反応は，物質の変化だけでなく，エネルギーの移動や変化をともなう。

Ⓐ代謝

　代謝には**異化**と**同化**がある。異化とは，複雑で大きい物質を，単純で小さな物質に分解する過程をいう。逆に，同化とは，小さく単純な物質から，複雑で大きい物質を合成する過程をいう。

Ⓑ異化と同化

　異化や同化は，いくつかの化学反応が連鎖的に起こることで成り立っている。**異化は，エネルギーを放出する反応であり，同化は，エネルギーを吸収する反応**である。

　異化の過程で，大きい物質が分解されて小さい物質になるとき，大きい物質に含まれていたエネルギーが放出される。一方，同化はエネルギーを使って行われる反応であり，同化によって生じた物質はエネルギーを吸収している。

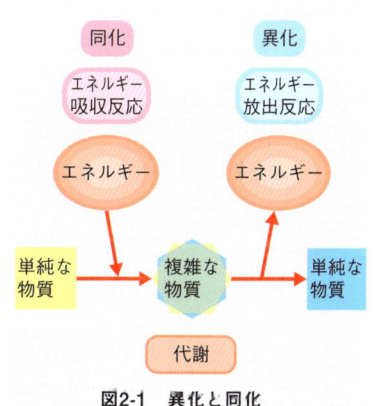

図2-1　異化と同化

　異化の代表例は**呼吸**である。呼吸では，有機物を分解して無機物にする過程でエネルギーを取り出し，生命活動に使うエネルギーに変換している。同化の代表例は**光合成**である。光合成では，光エネルギーを化学エネルギーに変換することと並行して，無機物から有機物を合成する。合成された有機物は，化学エネルギーを吸収して蓄えている。

　光合成では，二酸化炭素(炭酸)の炭素を使って有機物がつくられる。二酸化炭素から有機物がつくられる過程を**炭酸同化**とよぶ。

第2章　代謝

2 ATPの役割

　細胞内の代謝において，エネルギーは頻繁に出入りしたり変換されたりする。その際にエネルギーを効率よく運ぶ仲立ちとなる物質がある。それが**ATP（アデノシン三リン酸）**である。

　ATPは，エネルギーを必要とする細胞内のほとんどの活動に対し，エネルギーの供給を行っている。ATPによるエネルギー供給は，次のように表すことができる。

$$ATP + H_2O \text{(水)} \rightarrow ADP + H_3PO_4 \text{(リン酸)} + エネルギー$$

　ATPは，塩基のアデニンと，糖のリボースが結合したアデノシンに，3個のリン酸が結合した化合物である。ATPのリン酸どうしの結合を，**高エネルギーリン酸結合**という。そのリン酸どうしの結合が切れて，**ADP（アデノシン二リン酸）**と**リン酸**になるときに，エネルギーが放出される。放出されたエネルギーは，さまざまな生命活動に利用されている。

　ATPの高エネルギーリン酸結合は，グルコース分子の炭素どうしの結合より弱い結合であり，切断しやすい。また，切断により比較的高いエネルギーが得られるため，**エネルギー通貨**として広く用いられている。

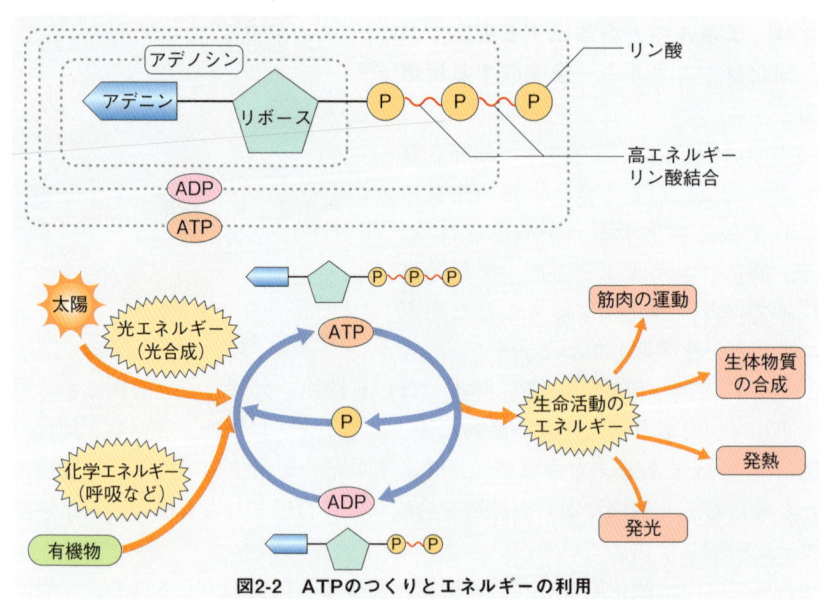

図2-2　ATPのつくりとエネルギーの利用

細胞が生命活動を営むためには，ATPを次々と分解して，エネルギーを供給する必要がある。しかし，ATPは細胞内に一定量しかないため，使い続ければ枯渇する。細胞には，**ATPが分解されてできたADPとリン酸から，再びATPを合成する**しくみが備わっており，細胞内のATPの濃度はほぼ一定に保たれている。ADPからATPがつくられる反応は，次のように表すことができる。

$$ADP + H_3PO_4 + エネルギー \rightarrow ATP + H_2O$$

　生物は，呼吸や光合成を行うことによりATPを合成している。呼吸では，有機物を分解するときに発生するエネルギーを利用して，ATPを合成する。植物が行う光合成では，光エネルギーを利用して，ATPを合成している。

　ATPの合成において，利用されたエネルギーの全てがATPに蓄積されるわけではない。熱として失われるエネルギーがある。エネルギーの受け渡しを繰り返す代謝で，エネルギーの損失は避けられない。個体や生態系を維持するには，太陽からエネルギーを受け続けなくてはならない。

POINT

- 異化→代表例は呼吸。エネルギーを放出する。
- 同化→代表例は光合成。エネルギーを吸収する。
- ATPはエネルギーの供給を行う。呼吸でも光合成でもATPが合成される。
- ATPは細胞内で再生産される。

2 呼吸と発酵

1 呼吸

呼吸とは，グルコースなどの有機物が，二酸化炭素と水に分解され，その過程で **ATP が合成される反応**と言い表すことができる。呼吸による ATP の合成は，主に**ミトコンドリア**で行われる。

呼吸は，酸素が消費され，二酸化炭素と水が生じる点では，有機物の**燃焼**とよく似ていると言える。しかし，燃焼が単一の化学反応であるのに対して，**呼吸はたくさんの種類の反応が段階的に起こる**。呼吸は多数の酵素によって連鎖的に起こる化学反応である。つまり，呼吸とは，グルコースなどが段階的に分解されることで発熱を抑え，**エネルギーを効率よく取り出して ATP を合成する**ことができる反応である。

一方，燃焼では反応が一度に進行し，放出されたエネルギーは熱と光になって放散される。そのため，生命活動に利用することができない。

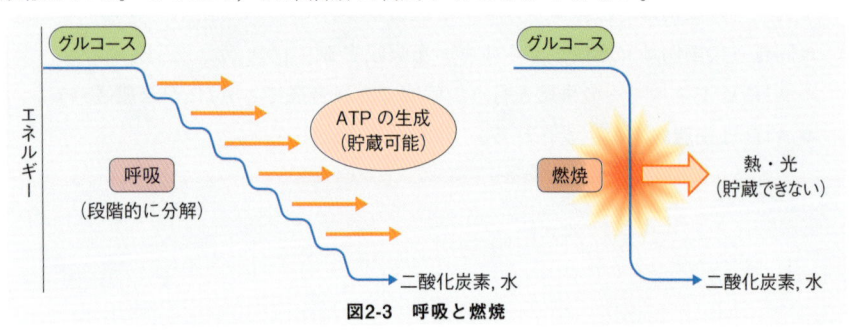

図2-3 呼吸と燃焼

2 呼吸のしくみ

呼吸の過程には，いくつかの反応系があり，その反応系は段階的に起こる。呼吸にかかわる酵素やタンパク質は，それぞれの役割に応じて，細胞内の異なる部位に配置されている。呼吸に利用される有機物は，主に炭水化物(グルコース)である。ここではその過程を順に見ていく。

呼吸の過程は，**解糖系**，**クエン酸回路**，**電子伝達系**に分けられる。それぞれの過程では，いくつもの酵素が働き，化学反応が起こる。そこで ATP が合成される。

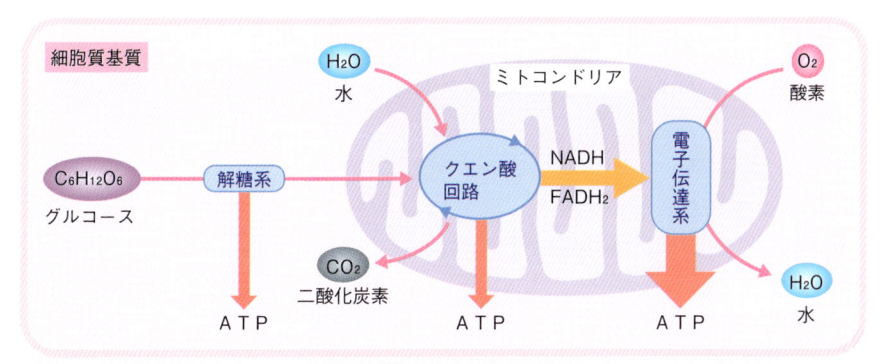

図2-4　呼吸の過程

Ⓐ解糖系

　グルコース（$C_6H_{12}O_6$）は，解糖系のいくつもの反応によって，2分子の**ピルビン酸**（$C_3H_4O_3$）になる。解糖系の反応には多くの種類の酵素がかかわっており，**反応は細胞質基質で行われる**。解糖系の最初の反応は，ATPのエネルギーでグルコースが活性化されることから始まる。

　活性化されたグルコースは，何種類もの酵素によって分解されていく。解糖系の酵素反応において，最初の基質となるのはグルコースであるが，酵素反応により，別の分子が生成する。新たに生じた分子も，別の酵素の基質となり，次々と酵素反応が進む。解糖系の途中で，**脱水素酵素**の働きによって基質から水素が外される。水素は**補酵素**の NAD^+ に渡され，水素を受け取った NAD^+ は還元（→p.235）されて **NADH** となる。

　解糖系では，グルコース1分子当たり，2分子のATPが使われ，4分子のATPが合成される。つまり，**差し引き2分子のATPが生成する**ことになる。

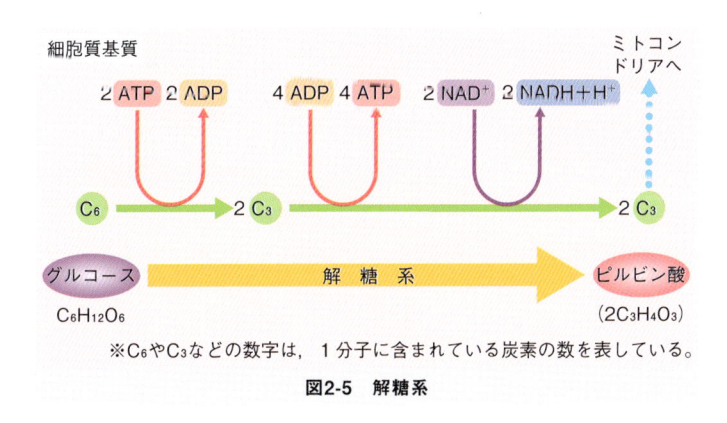

※ C_6 や C_3 などの数字は，1分子に含まれている炭素の数を表している。

図2-5　解糖系

解糖系での連続的な反応をまとめると、次のように表すことができる。

●　グルコース　　　　　　　　　　ピルビン酸
　$C_6H_{12}O_6 + 2NAD^+ \rightarrow 2C_3H_4O_3 + 2(NADH + H^+) + エネルギー(2ATP)$

❸クエン酸回路

　解糖系で生じたピルビン酸は、**ミトコンドリア**に移動する。そして、**クエン酸回路**とよばれる反応経路で利用される。この反応はミトコンドリア内の**マトリックス**で行われる。

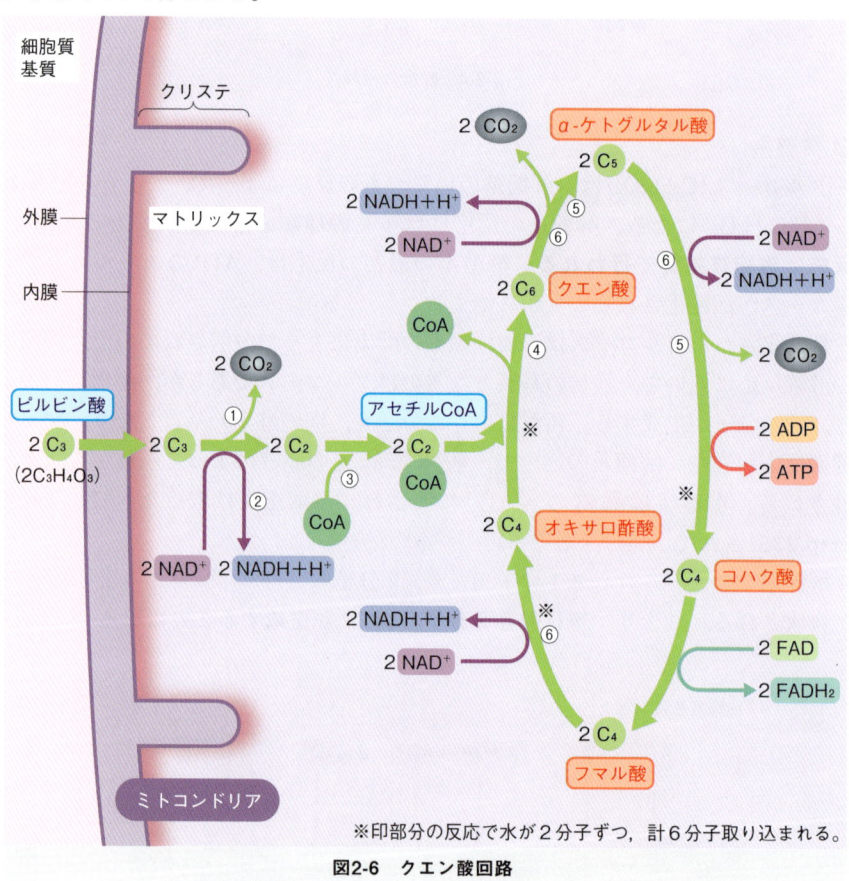

図2-6　クエン酸回路

※印部分の反応で水が2分子ずつ、計6分子取り込まれる。

　上の図の①～⑥で起きている反応を、順に見ていこう。

① ピルビン酸(C_3*)のもつ3個の炭素のうちの1つが，**脱炭酸酵素**の働きにより，二酸化炭素として取り除かれる。この過程でC_2になる。
 * C_2，C_3などの数字は，1分子中の炭素原子の数を示している。
② 生じた化合物(C_2)は，脱水素酵素の働きによって酸化される。それとともに，NAD^+が還元されて NADH となる。
③ 化合物(C_2)は，コエンザイム A (CoA)と結合してアセチル CoA (C_2)となる。
④ アセチル CoA (C_2)は，オキサロ酢酸(C_4)と結合して，クエン酸(C_6)となる。
⑤ クエン酸(C_6)は，脱炭酸酵素の働きにより，段階的に二酸化炭素を放出する。
⑥ クエン酸は，**脱水素酵素**の働きにより酸化される。α-ケトグルタル酸，コハク酸，フマル酸を経て，オキサロ酢酸(C_4)へ戻る。

これらの基質の変化にともない，基質がもつ化学エネルギーが放出される。このエネルギーを用いて ADP がリン酸化され，ピルビン酸1分子当たり，1分子の ATP が生じる。また，3分子の CO_2，4分子の NADH と $4H^+$，および NADH と同様の働きをする $FADH_2$ が1分子生じる。高いエネルギーをもつ NADH と $FADH_2$ は，ミトコンドリアの内膜にある電子伝達系へ送られる。動物などの従属栄養生物では，CO_2 は細胞外に放出され，やがて体外へ出る。

グルコース1分子当たり，解糖系で2分子のピルビン酸が合成される。したがって，クエン酸回路では，**2分子のピルビン酸から2分子のATPが生じ**，さらに6分子の CO_2，8分子の NADH と $8H^+$，2分子の $FADH_2$ が生じることになる。

クエン酸回路での反応をまとめると，次のように表すことができる。

> **グルコース1分子当たり**
> ● $2C_3H_4O_3 + 6H_2O + 8NAD^+ + 2FAD$
> → $6CO_2 + 8(NADH + H^+) + 2FADH_2 +$ エネルギー(**2ATP**)

参考 酸化と還元
酸化とは，物質が電子を失う化学反応である。具体的には，**物質に酸素が結合する**反応，または，**物質から水素が奪われる**反応をいう。還元とは，物質が電子を受け取る化学反応である。具体的には，**物質から酸素が奪われる**反応，または，**物質に水素が結合する**反応をいう。酸化と還元は同時に起こり，一方が酸化されると，他方は還元される。

● 電子伝達系

　解糖系とクエン酸回路で生じた NADH や FADH$_2$ は，高いエネルギーをもつ電子を運ぶ化合物であり，電子(e^-)をミトコンドリアの内膜へ運ぶ。NADH と FADH$_2$ は，電子を放出することにより酸化されると，それぞれ NAD$^+$ と FAD になる。内膜には複数のタンパク質からなる複合体があり，これらの間を e^- が受け渡されていく。この一連のしくみを **電子伝達系** という。

　高いエネルギーをもつ e^- が電子伝達系で受け渡される間に，e^- のエネルギーを使って，水素イオン(H^+)がミトコンドリアのマトリックス側から膜間(外膜と内膜の間)に運ばれる。それによって，**膜間側の H^+ 濃度は高くなり，マトリックス側の H^+ 濃度は低くなる**。つまり，H^+ の濃度差が生じる。物質は濃度の高いところから低いところに流れる性質がある。そのため，H^+ は，今度は **ATP 合成酵素** を通ってマトリックス側に流れる。このとき，流れのエネルギーによって，ATP 合成酵素が回転する。**回転の物理的エネルギーによって ADP とリン酸が結合され，ATP がつくられる**。NADH や FADH$_2$ が酸化される過程で，ATP が生成される反応を，**酸化的リン酸化** という。

　電子伝達系を通った電子は，最終的に H^+ と共に酸素と結合し，水(H_2O)になる。

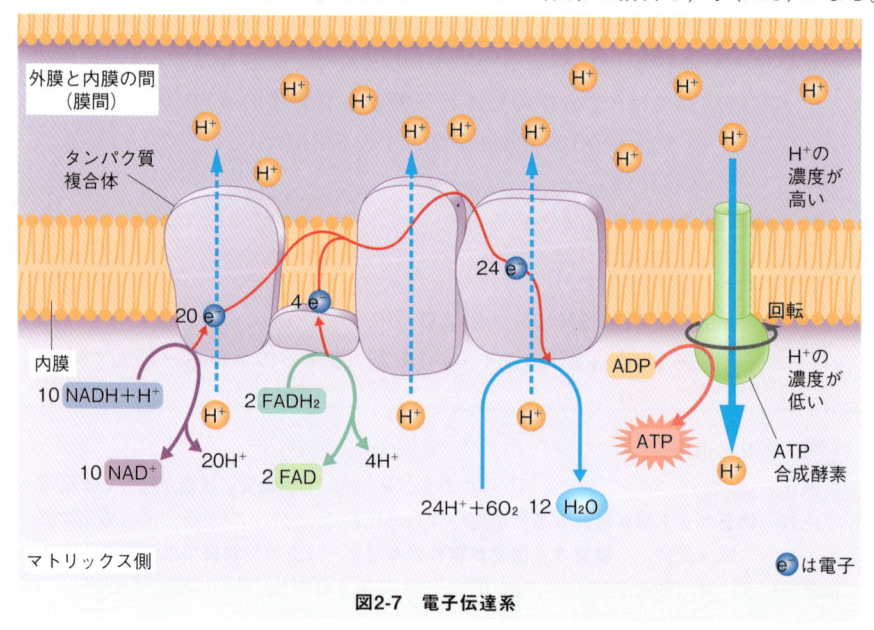

図2-7　電子伝達系

電子伝達系での反応をまとめると、次のように表すことができる。

グルコース1分子当たり
- $10(NADH+H^+)+2FADH_2+6O_2$
 → $10NAD^++2FAD+12H_2O+$エネルギー（最大 **34ATP**）

❹呼吸のまとめ

ここまででみてきたように1分子のグルコースが呼吸によって分解され、そのエネルギーで合成されるATPは、**解糖系で2分子、クエン酸回路で2分子、電子伝達系で最大34分子、合計で最大38分子**である。ここまでの各過程の反応をあわせると、次のように整理される。

呼吸
- $C_6H_{12}O_6+6H_2O+6O_2$ → $6CO_2+12H_2O+$エネルギー（最大 **38ATP**）

POINT

段階	反応系	細胞内の場所	反応の概略
Ⅰ	解糖系	細胞質基質	グルコースを段階的にピルビン酸にまで分解する。生じたエネルギーで、グルコース1分子当たり2分子のATPを生成する。
Ⅱ	クエン酸回路	ミトコンドリア（マトリックス）	ピルビン酸を分解して、二酸化炭素、H^+、e^-を生じる。生じたエネルギーで、グルコース1分子当たり2分子のATPを生成する。
Ⅲ	電子伝達系	ミトコンドリア（内膜）	電子のエネルギーを利用して最大34分子のATPを生成する。H^+とe^-は酸素と結合し、水（H_2O）を生じる。

図2-8 呼吸の全体の反応

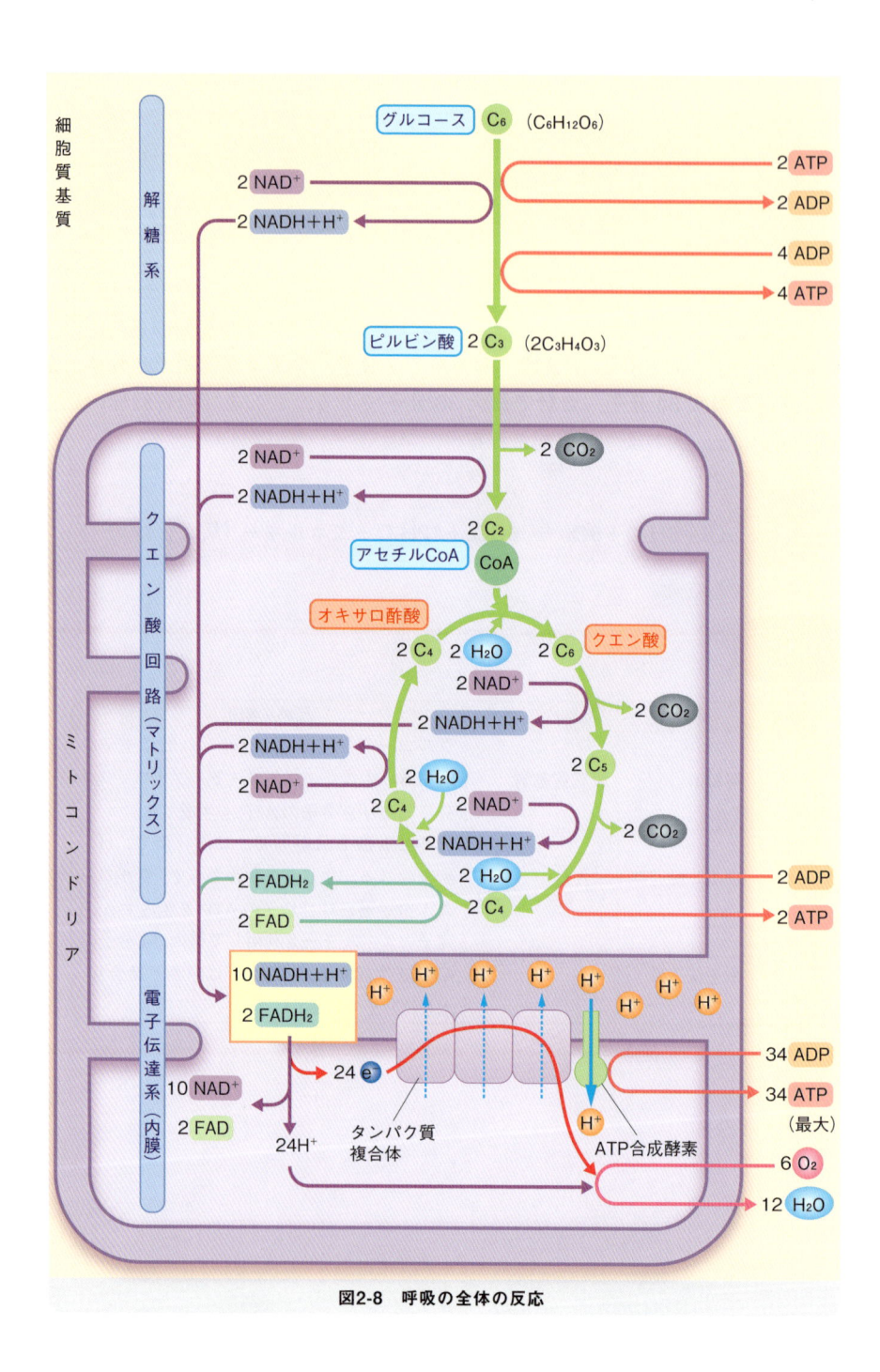

3 発酵

酸素のない条件下で有機物が分解され，ATPが合成される反応を**発酵**という。酸素のない条件下では，電子伝達系が働かない。そのため，NADHは，ピルビン酸などを還元することに利用されてNAD$^+$にもどり，解糖系で再利用される。**発酵では，解糖系でATPが生成される**。発酵には，**乳酸発酵**や**アルコール発酵**など，いくつかの種類がある。

呼吸とは異なり，発酵では，グルコースが完全に分解されて二酸化炭素と水素になるわけではない。そのため，生じるエネルギーは小さく，生成するATP量も呼吸より少ない。

(補足) 発酵は細胞質基質だけで行われる。

Ⓐ 乳酸発酵

乳酸が生成される発酵を**乳酸発酵**という。乳酸発酵は，動物の組織やカビ，**乳酸菌**などで行われている。

乳酸菌では，解糖系で生じたピルビン酸はNADHで還元され，**乳酸**（$C_3H_6O_3$）になる。生じた乳酸は老廃物として細胞外に出される。私たちの生活の中で，乳酸は，乳酸菌飲料やヨーグルト，チーズなどの製造に利用される。

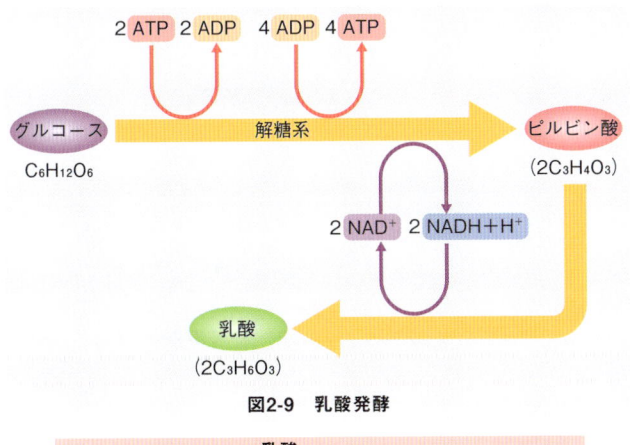

図2-9 乳酸発酵

● $C_6H_{12}O_6 \rightarrow 2C_3H_6O_3 +$ エネルギー（**2ATP**）
　　　　　　　　乳酸

激しい運動をしているとき，筋細胞では，ATPが急速に消費される。呼吸に必要な酸素の供給が追いつかなくなると，乳酸発酵と同じ過程で，グルコースやグリコーゲンを分解して，ATPが合成されるようになる。この過程を**解糖**という。

(補足) 解糖では乳酸が生じ，筋細胞のpHが酸性に傾く。そのため，この状態が長く続くと，筋運動に影響が生じる。

Ｂ アルコール発酵

アルコールが生成される発酵を**アルコール発酵**という。**酵母菌**では，解糖系で生じたピルビン酸が，脱炭酸酵素によってアセトアルデヒドになる。アセトアルデヒドは，NADHによって還元されて**エタノール**（C_2H_6O*）になる。生じた二酸化炭素とエタノールは，老廃物として細胞外に放出される。

ヒトは，酵母菌のアルコール発酵を利用して，酒やパンを製造している。アルコール発酵で生じるアルコールは，酒の主成分となる。二酸化炭素は，パン生地を膨らませることに用いられている。

＊ C_2H_5OH とも記す。

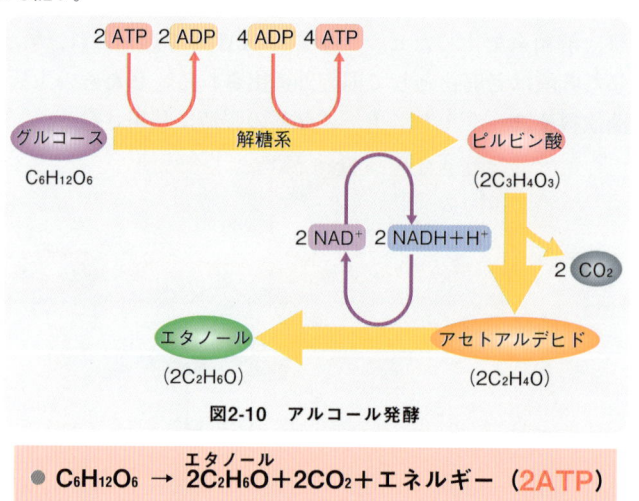

図2-10 アルコール発酵

● $C_6H_{12}O_6$ → エタノール $2C_2H_6O + 2CO_2$ ＋エネルギー（**2ATP**）

POINT

発酵の特徴
- 酸素のない条件下で行われる。
- ATPは解糖系で生成される。
- 生成するATPは呼吸より少ない。

4 脂肪とタンパク質の分解

グルコースのような炭水化物のほかに，脂肪やタンパク質も呼吸基質として用いられる。

Ⓐ 脂肪が呼吸基質となる場合

脂肪は，まず，**モノグリセリド**と**脂肪酸**に分解される。その後，モノグリセリドは解糖系の途中の反応経路に入り，さらに分解される。また，脂肪酸は，多数のアセチル CoA となってクエン酸回路に入り，呼吸に利用され，最終的には二酸化炭素と水に分解される。

Ⓑ タンパク質が呼吸基質となる場合

タンパク質は，まず，アミノ酸に分解される。アミノ酸のアミノ基は，**脱アミノ反応**によってアンモニア（NH_3）として分離し，残りは**有機酸**となる。有機酸は，クエン酸回路に入って呼吸に利用される。

(補足) ピルビン酸は有機酸の一種である。

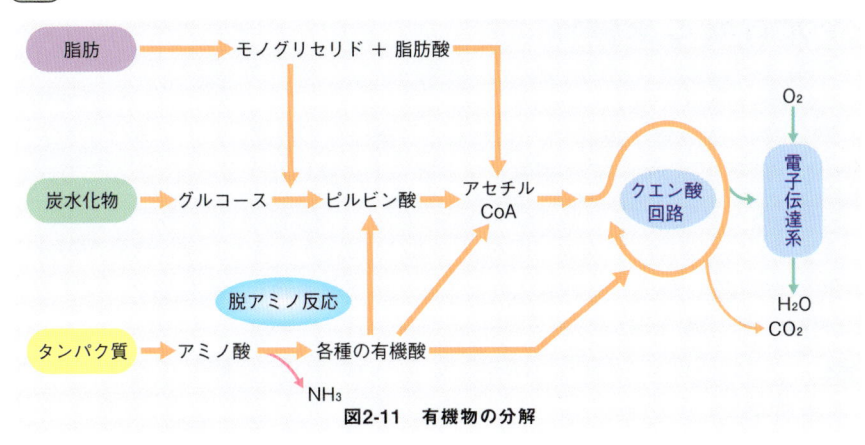

図2-11 有機物の分解

3 光合成

1 光合成とエネルギー

　光合成とは，生物が太陽などの**光エネルギーを利用して，有機物を合成する過程**をいう。光合成では，太陽から得た**光エネルギー**で，ATPが合成される。合成されたATPは，有機物をつくるために使われる。ATPがつくられるしくみは，光合成も呼吸も似ており，どちらも，電子伝達系やATP合成酵素が働いている。しかし，ATPを得るエネルギー源は異なる。呼吸では，ATPを合成するエネルギーは，有機物を段階的に分解することで得ている。一方，光合成では，太陽などの光から得ている。光合成では，**光エネルギーを化学エネルギーに変換して有機物に蓄えている。**

2 光合成と葉緑体

Ⓐ葉緑体の構造

　真核生物の光合成は**葉緑体**で行われる。葉緑体の内部には，チラコイドと呼ばれる，扁平な袋状の構造がある。チラコイドの膜には**光合成色素**があり，この色素で光エネルギーが吸収される。

　チラコイドと葉緑体の内膜の間を**ストロマ**という。ストロマには多数の酵素が含まれており，外界から取り入れた二酸化炭素を還元し，有機物を合成する反応が行われている。

> 補足　チラコイドの膜には，電子伝達系があり，電子のエネルギーを利用して，ATPの合成が行われる。

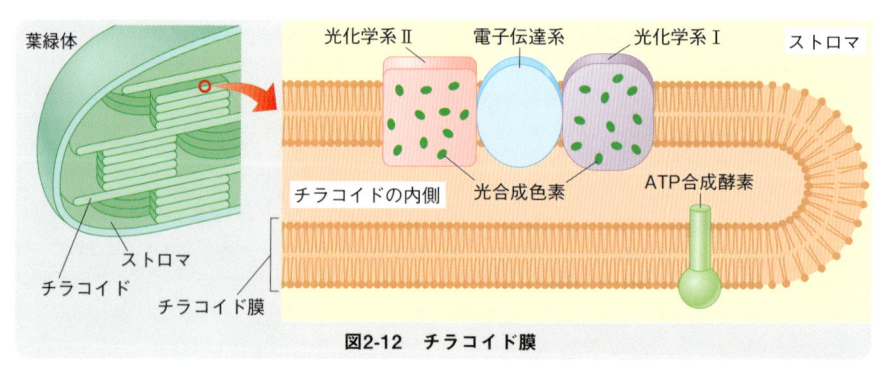

図2-12　チラコイド膜

B 光の波長と光合成色素

　植物の光合成色素には，**クロロフィル**と**カロテノイド**がある。クロロフィルには，クロロフィルaとクロロフィルbがある。カロテノイドには，カロテンやキサントフィルなどがある。これらの**光合成色素は，吸収する光の波長に違いがある**。光合成色素は，おもに赤色光と青色光を吸収する。光の波長と吸収の関係を示したグラフを**吸収スペクトル**という。

　光の波長を変えて光合成の効率を調べると，光の波長によって光合成の効率が異なることがわかる。この関係を示したグラフを**作用スペクトル**という。**吸収スペクトルと作用スペクトルは，ほぼ一致する**。このことから，クロロフィルaが吸収する赤色光と，クロロフィルbが吸収する青色光が，それぞれ光合成に有効であることがわかる。

　補足　光合成色素は緑色光をほとんど吸収しないため，植物は緑色に見える。

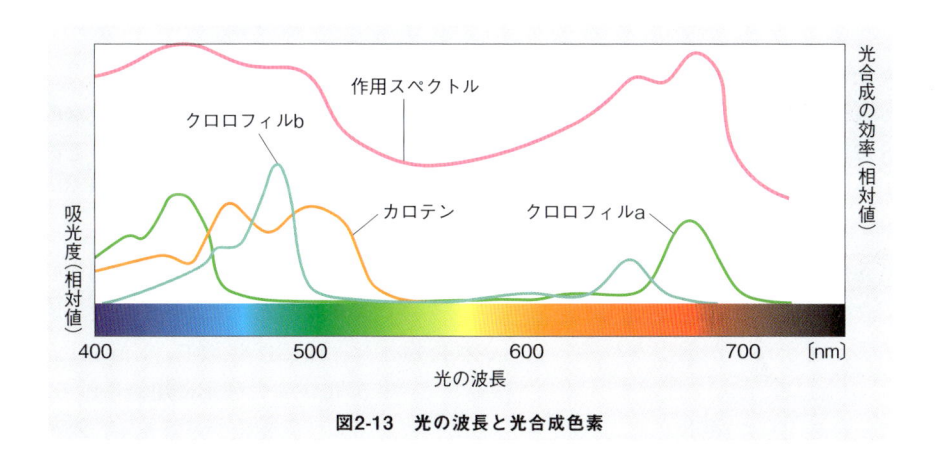

図2-13　光の波長と光合成色素

3 光合成のしくみ

　光合成の過程には，葉緑体の**チラコイド**の膜で起こる反応とストロマで起こる反応がある。

A チラコイドの膜で起こる反応

● 光エネルギーの吸収

　葉緑体のチラコイドの膜上には，**光化学系Ⅰ**，**光化学系Ⅱ**という反応系があり，光エネルギーを受け取っている。これらの反応系では，クロロフィルa，bやカロテノイドといった光合成色素が色素タンパク質複合体を形成している。

光化学系の中心を反応中心といい，反応中心にはクロロフィルがある。光化学系の光合成色素によって吸収された**光エネルギーは，反応中心のクロロフィルに集められる**。反応中心のクロロフィルが光エネルギーを受け取ると，反応中心から電子(e^-)が放出される。この反応を光化学反応という。放出された電子がもつ高いエネルギーは，電子が電子伝達系に流れる過程で利用される。

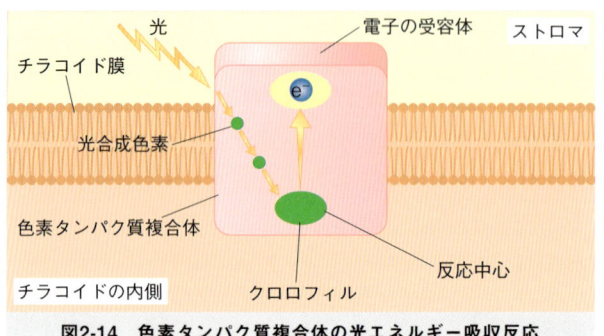

図2-14　色素タンパク質複合体の光エネルギー吸収反応

● **光化学系における反応**

　電子を放出した(酸化された)反応中心の**クロロフィルは，光化学系Ⅱで，水の分解によって生じた電子を受け取り，元の還元された状態に戻る**。酸素は，このときの水の分解により生じる。光化学系Ⅱで放出された電子は，電子伝達系を通って，光化学系Ⅰに移動する。

　光化学系Ⅰでも光合成色素が光エネルギーを吸収し，光エネルギーは反応中心のクロロフィルに集められる。反応中心のクロロフィルが光エネルギーを受け取ると，電子(e^-)が放出される。放出された電子は，$NADP^+$に渡り，NADPHとH^+が生じる。NADPHはストロマに移動して，二酸化炭素の固定に用いられる。電子を放出した(酸化された)反応中心のクロロフィルは，光化学系Ⅱから流れてきた電子を受け取り，元の状態に戻る。

（補足）NADPHは，高いエネルギーをもつ電子を運ぶ化合物である。電子のエネルギーは，二酸化炭素の固定の際に，ATPのエネルギーとともに使われる。

● **光合成の電子伝達系**

　光合成の電子伝達系とは，水の分解によって生じた電子が，光化学系Ⅱ，光化学系Ⅰを経て$NADP^+$まで伝達される反応系をいう。電子が，電子伝達系を通る過程で，**水素イオン(H^+)はストロマ側からチラコイドの内側へ輸送される**。その際，電子のもつ高いエネルギーが使われている。

（補足）水素イオンは，チラコイドの内側に輸送される際に濃縮される。

●光リン酸化

　H^+の輸送により，チラコイド膜の内外におけるH^+の濃度差が大きくなる。すると，H^+はチラコイド膜にあるATP合成酵素を経てストロマ側に戻る。この**H^+の流れのエネルギーにより，ATP合成酵素が回転し，回転による物理的な力でADPとリン酸が結合され，ATPが合成される**。このような，光エネルギーに基づいたエネルギーによってATPが合成される反応を，**光リン酸化**という。

　葉緑体の光リン酸化でも，ミトコンドリアの酸化的リン酸化と同じような原理で，ATPを合成している。

　補足　ADPにリン酸が結合してATPが生成されるため，光リン酸化という。

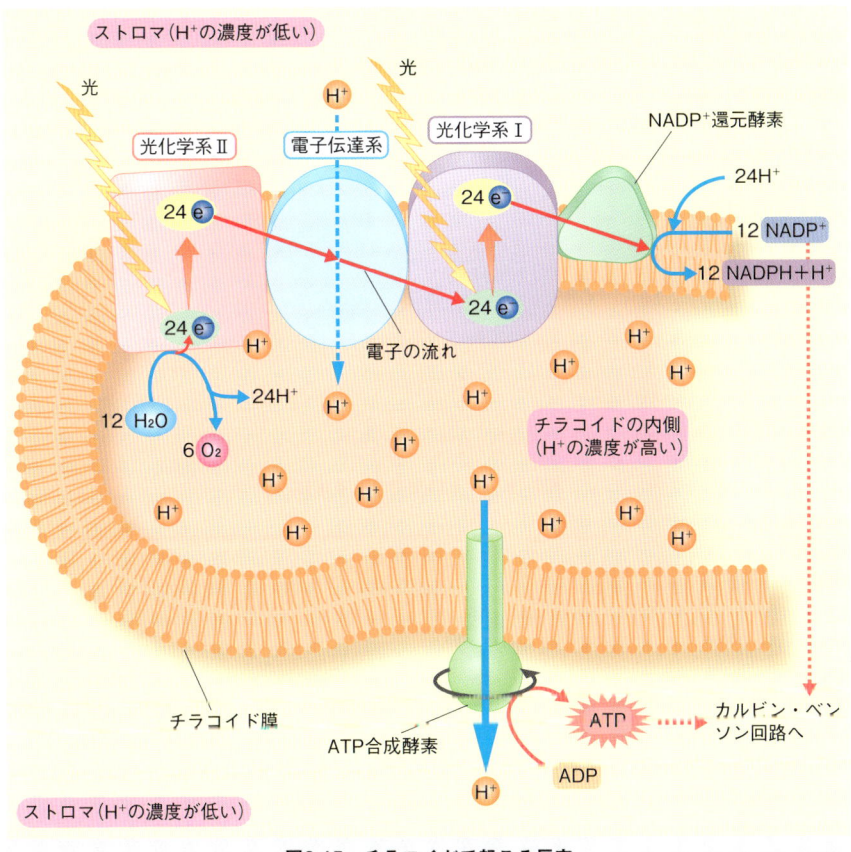

図2-15　チラコイドで起こる反応

Ⓑ ストロマで起こる反応

ストロマでは，チラコイドでつくられた ATP と NADPH を用いて，二酸化炭素（CO_2）を還元し，有機物が合成される。この反応系は，発見者の名にちなんで，**カルビン・ベンソン回路**とよばれる。

カルビン・ベンソン回路では，まず，炭素を5個含む**リブロース二リン酸**（RuBP，C_5）と CO_2 が結合し，炭素を6個含む化合物となる。その化合物は直ちに2つに分解されて，炭素を3個含む**ホスホグリセリン酸**（PGA，C_3）になる。さらに，ホスホグリセリン酸は ATP と NADPH によって，**グリセルアルデヒドリン酸**（C_3）となる。

グリセルアルデヒドリン酸の一部は有機物の合成に使われる。残りは ATP のエネルギーを消費してリブロース二リン酸に戻る。

補足 生物が二酸化炭素を吸収して有機物を合成することを炭素同化，または炭酸同化という。

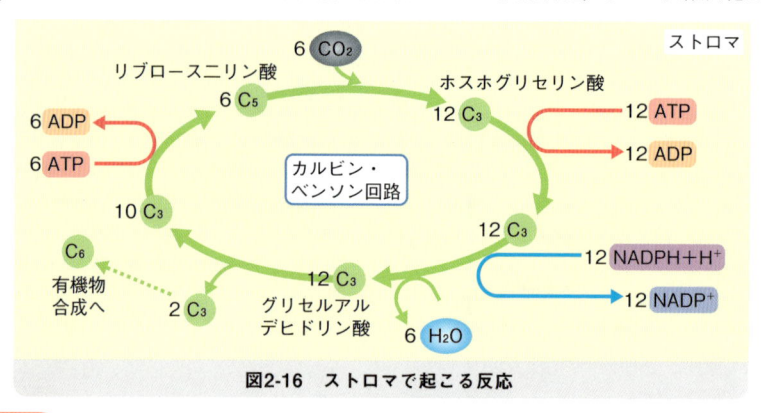

図2-16 ストロマで起こる反応

POINT

- チラコイド膜→光エネルギーを吸収し，ATP と NADPH をつくる。
- ストロマ→ATP と NADPH を使って，有機物を合成する。

ⓒ光合成のまとめ

これまでの光合成の反応をまとめると，次のような反応式になる。

$$6CO_2 + 12H_2O + 光エネルギー \rightarrow C_6H_{12}O_6 + 6H_2O + 6O_2$$

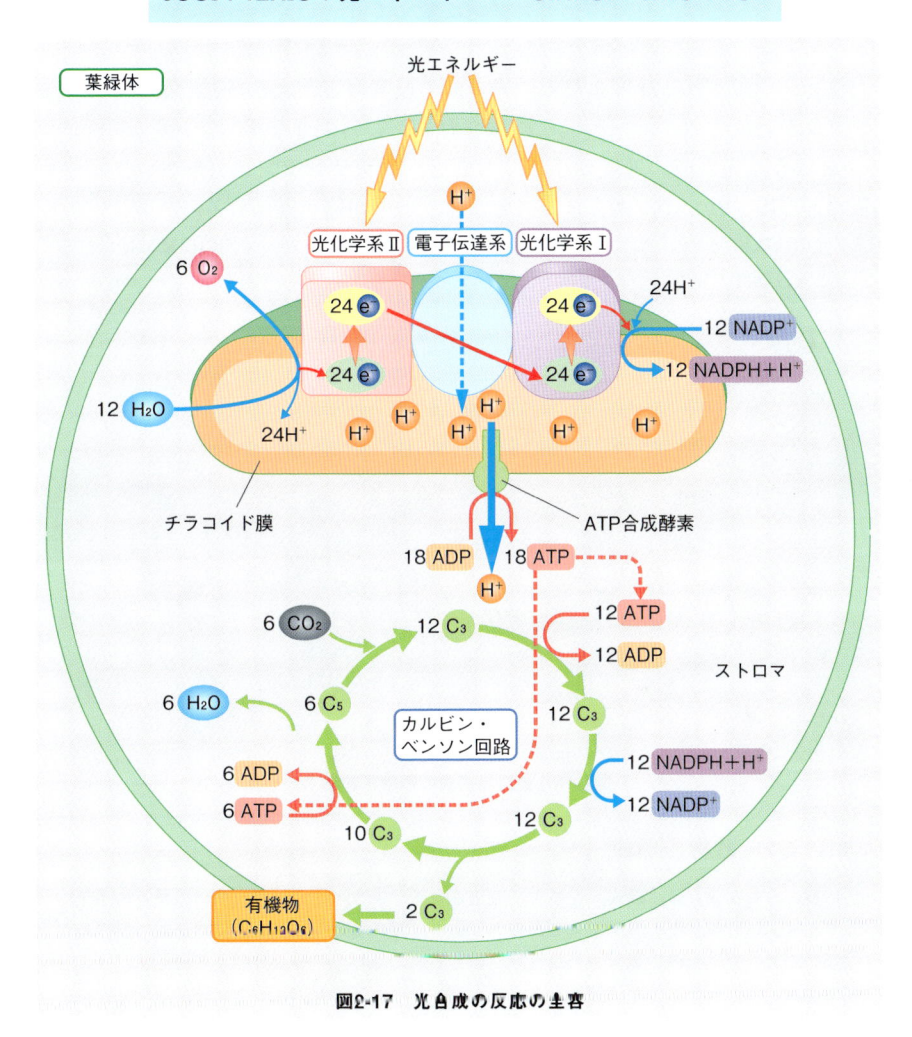

図2-17　光合成の反応の主容

❶ 有機物の輸送と貯蔵

　植物では，光合成で合成された有機物は，まず葉緑体から細胞質基質に運ばれる。そして，スクロースなどに変化した後，師管を通って植物体の各部に運ばれる。根や種子などは，有機物をデンプンに変えて貯蔵している。このようなデンプンを**貯蔵デンプン**という。

　有機物が運搬される速度よりも，光合成の速度の方が大きいと，葉緑体の中でデンプンが合成されて，一時的に貯蔵される。このようなデンプンを**同化デンプン**という。光合成の速度が小さくなると，同化デンプンは分解されて細胞質基質に運び出された後，スクロースとなり，他の組織へ運ばれる。

（補足）光合成産物などの物質が，植物体のある組織から，師管を通って別の組織に運ばれることを，転流という。

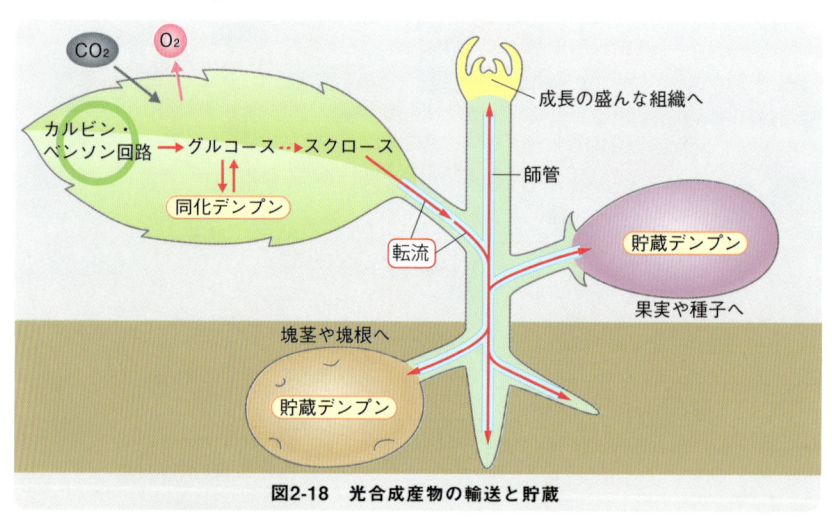

図2-18　光合成産物の輸送と貯蔵

コラム　砂糖の原料

　砂糖のおもな原料は，熱帯，亜熱帯で栽培されるサトウキビや，寒冷地で栽培されるテンサイとよばれるサトウダイコンである。サトウキビの茎の師部や，サトウダイコンの根の細胞の液胞には転流で運ばれたショ糖が蓄えられており，これらを搾って煮詰め，ショ糖を濃縮・精製したものが砂糖となる。メープルシロップは北アメリカ大陸東海岸北部に生育するサトウカエデの樹液（師管液）からつくられる。メープルシロップにもショ糖が含まれており，濃縮・精製すると砂糖となる。セミの成虫は，樹皮に針を刺し，師管液を吸い取って栄養源にしている。

4 細菌の炭酸同化

　細菌の多くは従属栄養生物であり，外から有機物を取り込んで生きている。しかし，細菌の中には，炭酸同化によって独立栄養を行うものもいる。

Ⓐ 細菌の光合成

　原核生物である細菌の中には，光合成を行うものがいる。光合成を行う細菌を**光合成細菌**という。光合成細菌は，葉緑体をもたない。しかし，細胞の中に光化学系をもち，光エネルギーを化学エネルギーに変換して有機物をつくっている。
　光合成細菌である**紅色硫黄細菌**や**緑色硫黄細菌**などは，電子を供給する物質として，水(H_2O)のかわりに**硫化水素**(H_2S)を利用する。そのため，電子が供給される過程で硫黄(S)が生じる。また，光合成色素として，**バクテリオクロロフィル**をもつ。バクテリオクロロフィルは，植物のクロロフィルとよく似た構造をもつ。

> 緑色硫黄細菌の光合成
> $6CO_2 + 12H_2S + 光エネルギー \rightarrow C_6H_{12}O_6 + 6H_2O + 12S$

> **参考　シアノバクテリア**
> 　ネンジュモなどの**シアノバクテリア**は，光化学系ⅠとⅡをもつ。電子の供給物質として水を用い，酸素を発生する。また，光合成色素としてクロロフィルaをもつ。シアノバクテリアの祖先が他の細胞に入り込み，葉緑体になったと考えられている。

Ⓑ 細菌の化学合成

　光エネルギーを用いず，無機物を酸化したときに放出される化学エネルギーを用いて有機物を合成する細菌がいる。そのような細菌は，**化学エネルギーによってATPやNADPHを合成し，カルビン・ベンソン回路で二酸化炭素から有機物をつくる**。この働きを**化学合成**という。化学合成を行う細菌を**化学合成細菌**といい，**亜硝酸菌**や**硝酸菌**，**硫黄細菌**，鉄細菌などがある。

● 硝化

　亜硝酸菌と硝酸菌は，植物が利用するNO_3^-の生成に重要な役割を果たしている。亜硝酸菌は，生物の遺体や排出物が分解されて生じるアンモニウムイオン(NH_4^+)を酸素(O_2)で酸化し，亜硝酸イオン(NO_2^-)に変える。硝酸菌はそのNO_2^-をO_2によってさらに酸化し，硝酸イオン(NO_3^-)に変える。この過程を**硝化**という。

硝化

$$NH_4^+ \xrightarrow[\text{亜硝酸菌}]{\text{酸化}} NO_2^- \xrightarrow[\text{硝酸菌}]{\text{酸化}} NO_3^-$$

亜硝酸菌と硝酸菌のどちらも，硝化反応で生じるエネルギーを利用して化学合成を行う。

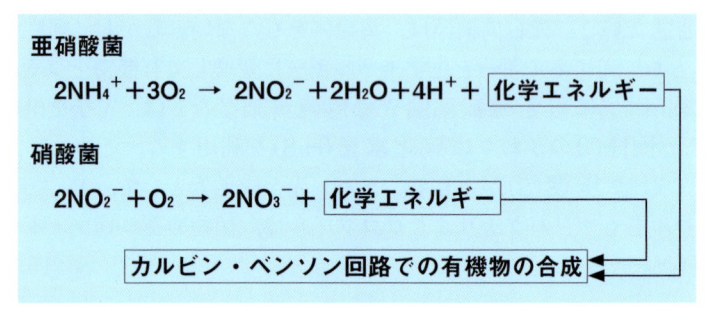

亜硝酸菌
$$2NH_4^+ + 3O_2 \rightarrow 2NO_2^- + 2H_2O + 4H^+ + \boxed{化学エネルギー}$$

硝酸菌
$$2NO_2^- + O_2 \rightarrow 2NO_3^- + \boxed{化学エネルギー}$$

カルビン・ベンソン回路での有機物の合成

参考 硫黄細菌

深海の熱水噴出孔付近(→p.462)に生息する硫黄細菌は，噴出するガスに含まれる H_2S を O_2 で酸化する際に生じるエネルギーで化学合成を行う。深海は光の届かない世界であるが，これらの化学合成細菌が生産者となって，深海独特の生態系がつくられている。

4 窒素同化と窒素固定

　炭素(C)・水素(H)・酸素(O)でできている，炭水化物や脂肪は，二酸化炭素と水を用いた，炭素同化によって合成することができる。しかし，タンパク質や核酸，ATP，クロロフィルなどの，窒素を含む**有機窒素化合物**を合成するには，**二酸化炭素と水のほか，窒素を含む無機化合物が必要**になる。無機窒素化合物を用いて，有機窒素化合物を合成する働きを**窒素同化**という。

1 植物の窒素同化

　植物は，硝酸イオン(NO_3^-)やアンモニウムイオン(NH_4^+)などの無機窒素化合物を根から吸収し，タンパク質や核酸などの有機窒素化合物を合成することができる。

　NO_3^-やNH_4^+は，水に溶けた状態で，根から道管を通って葉に運ばれる。NO_3^-は，葉の細胞の細胞質基質で，硝酸還元酵素によって亜硝酸イオン(NO_2^-)に還元される。次に，NO_2^-は葉緑体に入り，ストロマで亜硝酸還元酵素によってNH_4^+に還元される。NH_4^+は，グルタミン合成酵素の働きにより，ATPのエネルギーを用いて，グルタミン酸と結合し，グルタミンとなる。グルタミンのアミノ基はケトグルタル酸に移り，アミノ基転移酵素の働きにより，ケトグルタル酸から別の有機酸に転移する。そしてさまざまなアミノ酸がつくられる。

　アミノ酸はタンパク質の構成成分である。また，核酸やATP，クロロフィルなど，他の有機窒素化合物の合成にも用いられる。

$$NO_3^- \xrightarrow[\text{硝酸還元酵素}]{\text{還元}} NO_2^- \xrightarrow[\text{亜硝酸還元酵素}]{\text{還元}} NH_4^+$$

2 窒素固定

　窒素(N)は，大気中にN_2の状態で大量に存在する。しかし，多くの生物はこれを利用して窒素同化をすることができず，遺体や排出物などが分解されて生じたNH_4^+やNO_3^-を窒素源とするしかない。

ネンジュモなどのシアノバクテリアや、**根粒菌**、アゾトバクター、クロストリジウムなどの細菌は、大気中の N_2 を取り込んで NH_4^+ に還元して利用することができる。このような働きを**窒素固定**といい、窒素固定を行う細菌を**窒素固定細菌**という。**窒素固定で得た NH_4^+ は、窒素同化によってアミノ酸や、さまざまな有機窒素化合物の合成に利用される。**

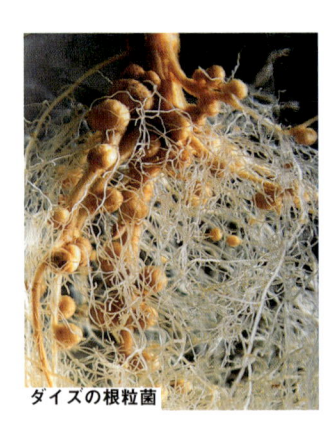

貧栄養の土地でも育つダイズやゲンゲ（レンゲソウ）などのマメ科植物、遷移の初期に進入するハンノキやヤシャブシなどの根には、根粒菌が入り込んでできた**根粒**がある。これらの植物は、根粒菌の窒素固定を利用し、他の植物が生育できない土地で育つことができる。

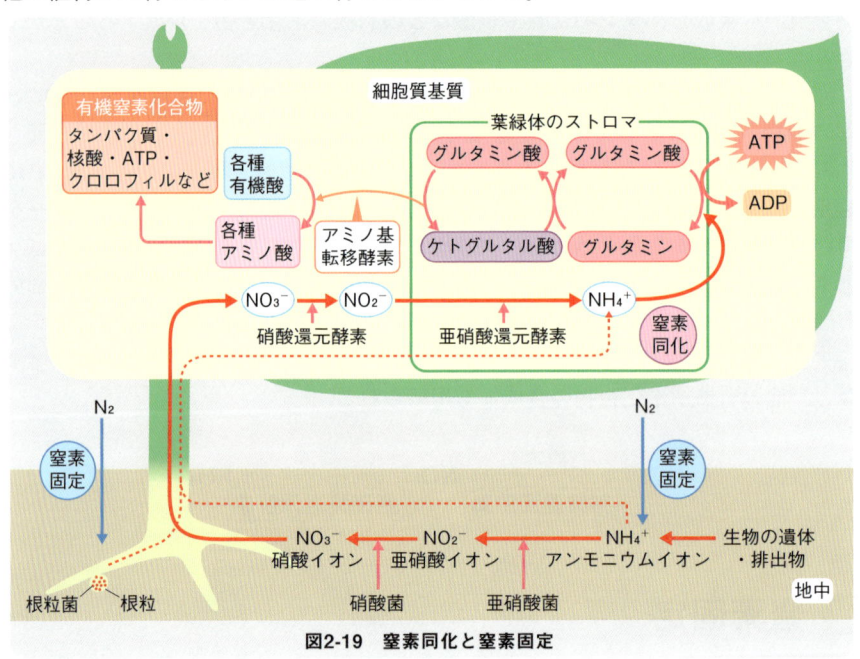

ダイズの根粒菌

図2-19 窒素同化と窒素固定

この章で学んだこと

代謝は，物質の変化だけでなく，エネルギーの変化や出入りをともなう。この章では，呼吸や光合成のしくみを詳しく学び，エネルギーの利用について理解を深めた。

1 代謝と ATP
1 代謝 生物の体で起こる化学反応全体を指し，異化と同化に分けられる。異化の代表例は呼吸で，同化の代表例は光合成。

2 ATP 代謝において，エネルギーの供給を行う。ATP は細胞内で再生産されるため，濃度は一定に保たれる。

2 呼吸と発酵
1 呼吸 グルコースなどの有機物が二酸化炭素と水に分解され，ATP が合成される。反応は段階的に起こり，3つの過程に分けられる。

2 解糖系 細胞質基質で行われる。グルコースを段階的に分解し，ピルビン酸を生成する。グルコース1分子当たり，2分子の ATP がつくられる。

3 クエン酸回路 ミトコンドリアのマトリックスで行われる。ピルビン酸が分解され，二酸化炭素，H^+，e^- が生じる。グルコース1分子当たり，2分子の ATP がつくられる。

4 電子伝達系 ミトコンドリアの内膜で行われる。電子のエネルギーを利用し，グルコース1分子当たり，最大34分子の ATP がつくられる。

5 発酵 有機物が酸素のない条件下で分解され，ATP が合成される反応。乳酸発酵やアルコール発酵などが挙げられる。

3 光合成とエネルギー
1 光合成 光エネルギーを利用して，有機物が合成される。

2 チラコイド膜での反応 チラコイド膜には，光化学系Ⅰ，光化学系Ⅱという反応系がある。これらの反応中心にはクロロフィルがあり，ほかの光合成色素が吸収した光エネルギーが反応中心のクロロフィルに集められる。光エネルギーにより，ATP と NADPH がつくられる。

3 ストロマでの反応 チラコイド膜でつくられた ATP と NADPH を用いて，有機物が合成される。

4 細菌の炭酸同化
1 細菌の光合成 光合成細菌は，葉緑体をもたないが，光エネルギーを化学エネルギーに変換して有機物をつくる。

2 細菌の化学合成 化学合成細菌は，光エネルギーのかわりに，化学エネルギーを用いて有機物を合成する。

5 窒素同化と窒素固定
1 窒素同化 無機窒素化合物を用いて，有機窒素化合物を合成する反応。

2 窒素固定 大気中の N_2 を取り込み，NH_4^+ に還元して利用する反応。窒素固定で得られた NH_4^+ は，窒素同化によって有機窒素化合物の合成に使われる。

呼吸
$C_6H_{12}O_6 + 6H_2O + 6O_2 \rightarrow 6CO_2 + 12H_2O +$ エネルギー（最大38ATP）

光合成
$6CO_2 + 12H_2O +$ 光エネルギー $\rightarrow (C_6H_{12}O_6) + 6H_2O + 6O_2$

確認テスト2

解答・解説は p.539

1 次の用語の説明として正しいものを，選択肢から選びなさい(複数選択可)。
　A．異化　　B．同化
① 複雑で大きい物質を単純で小さな物質に分解する過程
② 小さく単純な物質から複雑で大きい物質を合成する過程
③ 全体としてエネルギーを吸収する反応
④ 全体としてエネルギーを放出する反応
⑤ 呼吸が代表例である。
⑥ 光合成が代表例である。

2 次の図は ATP の構造を示したものである。次の問いに答えなさい。
(1) ATP とは何の略号か。名称を答えなさい。
(2) 図中の a〜d にあてはまる名称を答えなさい。

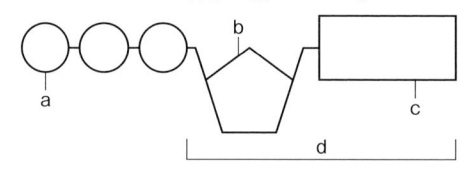

(3) ATP は次の化学反応式でエネルギーを供給する。空所に当てはまる物質名を記しなさい。

$$ATP + H_2O(水) \rightarrow \boxed{e} + \boxed{f} + エネルギー$$

(4) 消費した ATP を再合成するしくみによって，ATP の細胞内濃度はほぼ一定に保たれている。この ATP の再合成の反応式は次のように示される。空所に当てはまる物質名を記入しなさい。

$$\boxed{g} + \boxed{h} + エネルギー \rightarrow ATP + H_2O(水)$$

(5) ATP の再合成を行う活動の名称を2つ答えなさい。また，その2つの活動は，何のエネルギーを利用して ATP の再合成を行っているか。それぞれ説明しなさい。

3 呼吸の過程は，解糖系・クエン酸回路・電子伝達系の３つに分けることができる。
(1) 呼吸の３つの過程について正しい記述をそれぞれ①～⑤から選びなさい(複数選択可)。
① ピルビン酸を分解して，二酸化炭素を生じる。
② 電子のエネルギーを利用してH^+を膜間に運ぶ。
③ グルコースを二酸化炭素と水に分解する。
④ ピルビン酸を生じる過程でATPの再合成を行う。
⑤ H^+の濃度差を用いてATPの再合成を行う。
(2) 呼吸の反応式をまとめると，次の式になる。
$$①C_6H_{12}O_6 + ②6O_2 + ③6H_2O \to ④6CO_2 + ⑤12H_2O$$
クエン酸回路に関係する物質はどれか。①～⑤の番号で選びなさい(複数選択可)。

4 光合成の過程は，電子伝達系とカルビン・ベンソン回路に分けられる。
(1) それぞれの説明として正しいものを①～⑨から選びなさい(複数選択可)。
① 二酸化炭素を取り込む。 ② 水を分解する。 ③ 有機物を合成する。
④ 酸素を発生する。 ⑤ 光エネルギーを吸収する。 ⑥ NADPHを作る。
⑦ NADPHを使う。 ⑧ ATPを作る。 ⑨ ATPを使う。
(2) 右の図は葉緑体の模式図である。a・bの名称を答えなさい。
(3) 葉緑体の中で，光合成色素を含む部分はどこか。(2)の図の記号で答えなさい。
(4) 光合成色素は特定の波長の光を吸収する。どの色の光が吸収されているか。次の中からすべて選びなさい。
① 赤外光 ② 赤色光 ③ 緑色光 ④ 青色光 ⑤ 紫外光

5 次の化学反応は，どのような生物のどのような活動と関連するか。選択肢からそれぞれ選びなさい。
(1) $2NH_4^+ + 3O_2 \to 2NO_2^- + 2H_2O + 4H^+ + $化学エネルギー
(2) $6CO_2 + 12H_2S + $光エネルギー$ \to C_6H_{12}O_6 + 6H_2O + 12S$
(3) $C_6H_{12}O_6 \to 2C_3H_6O_3 + $エネルギー
(4) $C_6H_{12}O_6 \to 2C_2H_5OH + 2CO_2 + $エネルギー

【生物】 a. 乳酸菌　　b. 亜硝酸菌　　c. 硝酸菌　　d. 紅色硫黄細菌　　e. 酵母
【活動】 ① 光合成　　② アルコール発酵　　③ 化学合成
　　　　④ 窒素同化　　⑤ 乳酸発酵

第3章
遺伝現象と物質

この章で学習するポイント

- □ **DNAの構造と複製**
  - □ DNAの構造
  - □ DNAの複製のしくみ

- □ **転写のしくみ**
  - □ RNAの構造
  - □ 転写の開始
  - □ mRNAの合成

- □ **翻訳のしくみ**
  - □ コドンとアミノ酸
  - □ tRNA, rRNAの働き

- □ **遺伝子の突然変異**
  - □ 変異が原因の疾患
  - □ 一塩基多型

- □ **遺伝子の発現調節**
  - □ 真核生物, 原核生物の発現調節
  - □ 調節遺伝子, 調節タンパク質
  - □ オペロン

- □ **バイオテクノロジー**
  - □ 遺伝子組換え
  - □ PCR法
  - □ 塩基配列の決定法
  - □ トランスジェニック生物

1 DNAの構造と複製

DNAは，細胞が分裂して数を増やす前に正確に複製され，母細胞から娘細胞に受け渡される。膨大な数の塩基配列を間違いなく複製するしくみはどのようなものだろうか。

1 DNAの構造

子が親に似るのは，DNAという物質が，親の形質の情報を子に伝えているためである。DNAの情報は，DNAを構成する塩基の並び順(塩基配列)が担っている。DNAは，対になった2本のヌクレオチド鎖でできており，片方のヌクレオチド鎖の塩基がAであれば，反対側のヌクレオチド鎖の塩基はT，GであればCと常に決まっている。したがって，一方の鎖の塩基配列が決まれば，もう一方の塩基配列も決まるという性質がある。

ⓐ DNAを構成するヌクレオチド

DNAは核酸の一種である。DNAの構成単位は，リン酸に糖(**デオキシリボース**)と塩基が結合した**ヌクレオチド**である。塩基には，**アデニン(A)**，**チミン(T)**，**グアニン(G)**，**シトシン(C)**の4種類がある。

多数のヌクレオチドが連なり，ヌクレオチド鎖が形成されている。

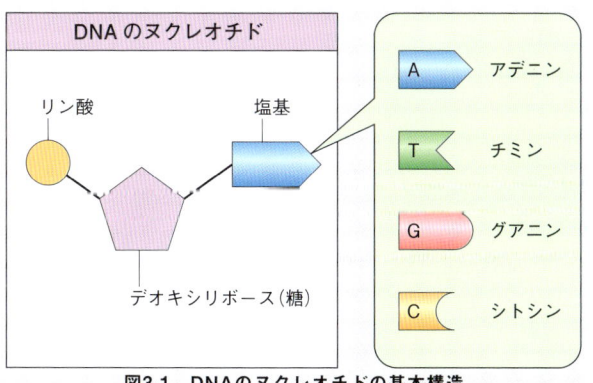

図3-1　DNAのヌクレオチドの基本構造

❸ DNAの分子構造

　DNAは，2本のヌクレオチド鎖が対になった，**二重らせん構造**をとる。それぞれのヌクレオチド鎖からは，塩基が内側に突き出ており，突き出た塩基が向かい合って結合している。

　結合する塩基の対は，常にAとT，GとCの組み合わせになっている。AとT，GとCは，それぞれ互いにぴたりとはまり合うように結合する性質がある。塩基どうしは，**水素結合**とよばれる弱い結合でつながっている。AとTでは2ヶ所，GとCでは3ヶ所でそれぞれ水素結合が形成されている。分子の凸凹が補い合うような結合のしかたを**相補的結合**という。

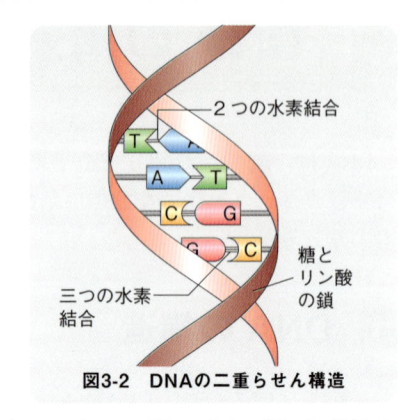

　ヌクレオチドを構成するデオキシリボースは，5つの炭素をもつ。ヌクレオチドのリン酸は，5′の炭素に結合している。**ヌクレオチド鎖がつくられるときには，デオキシリボースの3′の炭素に別のヌクレオチドのリン酸が結合する**。このように，ヌクレオチド鎖には方向性があり，5′の炭素側で終わる末端を**5′末端**，3′の炭素側で終わる末端を**3′末端**とよぶ。

　二重らせんは，2本のヌクレオチド鎖が，互いに逆向きになって結合した構造をしている。

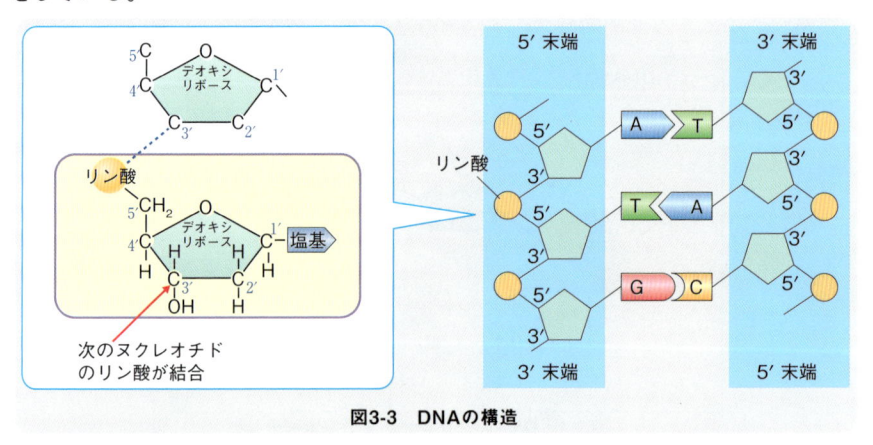

図3-2　DNAの二重らせん構造

図3-3　DNAの構造

2 DNAの複製

　DNA複製では，DNAを構成する2本のヌクレオチド鎖が分かれ，部分的に1本鎖になる。そして，それぞれの鎖を鋳型にして相補的なヌクレオチド鎖が合成される。

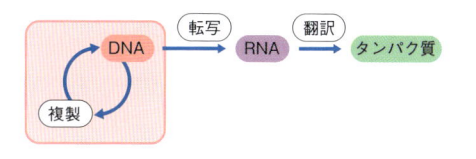

Ⓐ 半保存的複製

　DNAは，細胞周期のS期に複製される。
　DNAの複製の際は，対になっていた2本のヌクレオチド鎖が開裂し，それぞれのヌクレオチド鎖を鋳型に，新しいヌクレオチド鎖が合成される。その結果，**もともとあったヌクレオチド鎖と新しいヌクレオチド鎖が相補的に結合したDNAがつくられる**。このような複製方式を**半保存的複製**という。

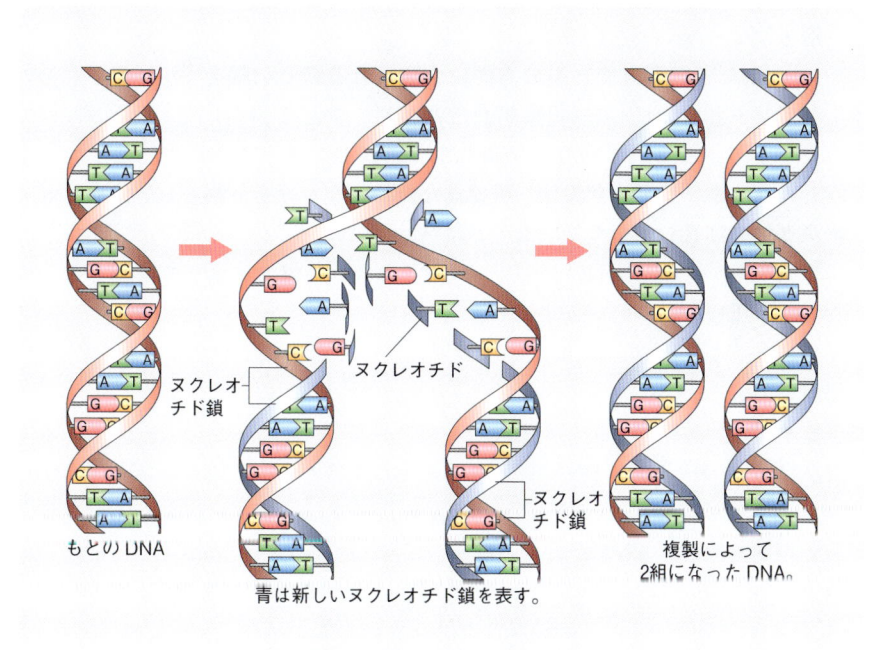

図3-4　DNAの半保存的複製

❽ DNA の複製のしくみ

● DNA の開裂

DNA の複製では，まず，DNA の 2 本のヌクレオチド鎖が開裂して，部分的に 1 本になったヌクレオチド鎖がつくられる。そして，それぞれのヌクレオチド鎖が鋳型になり，両方向に複製が進む。

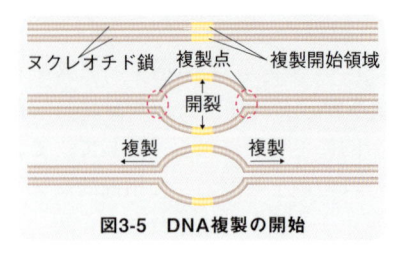

図3-5 DNA複製の開始

● DNA ポリメラーゼ

DNA の複製は，鋳型となるヌクレオチド鎖の塩基に，相補的な塩基をもつヌクレオチドが結合していくことで進行する。このとき，ヌクレオチドを結合するのが，**DNA ポリメラーゼ**とよばれる酵素である。

DNA ポリメラーゼは，ヌクレオチド鎖の 3′ の炭素と次のヌクレオチド鎖のリン酸の間の結合を触媒する。そのため，DNA の合成は，5′ 末端から 3′ 末端($5′ \to 3′$)へ向けて進む。**DNA が開裂する方向と同じ方向に，連続的に合成される新しい鎖を，リーディング鎖**という。

一方，**DNA の開裂方向と逆の方向に合成される新しい鎖をラギング鎖**という。ラギング鎖は，DNA の開裂が進むたびに，少しずつ合成される。これは，DNA ポリメラーゼが，$5′ \to 3′$ の方向にしかヌクレオチドをつなげることができないためである。**ラギング鎖は，不連続な短いヌクレオチド鎖として生成される。** ラギング鎖の断片は，発見者である岡崎令治にちなんで，**岡崎フラグメント**という。ラギング鎖は，**DNA リガーゼ**とよばれる酵素によって連結され，最終的には連続した長いヌクレオチド鎖となる。

開裂が末端まで進み，DNA 全体が鋳型となって新しい鎖がつくられ，DNA の複製が完了する。

● プライマー

DNA ポリメラーゼは，DNA 鎖を伸ばす反応はできるが，何もないところから DNA 鎖を合成することはできない。DNA の複製では，まず，複製が開始される部分と相補的な短い RNA が合成される。この短い RNA を**プライマー**という。DNA ポリメラーゼは，プライマーの 3′ 末端にヌクレオチドをつなげることで，DNA 鎖の合成を開始する。岡崎フラグメントの先端がプライマーに到達すると，プライマー RNA が除去され，岡崎フラグメントがさらに伸長する。

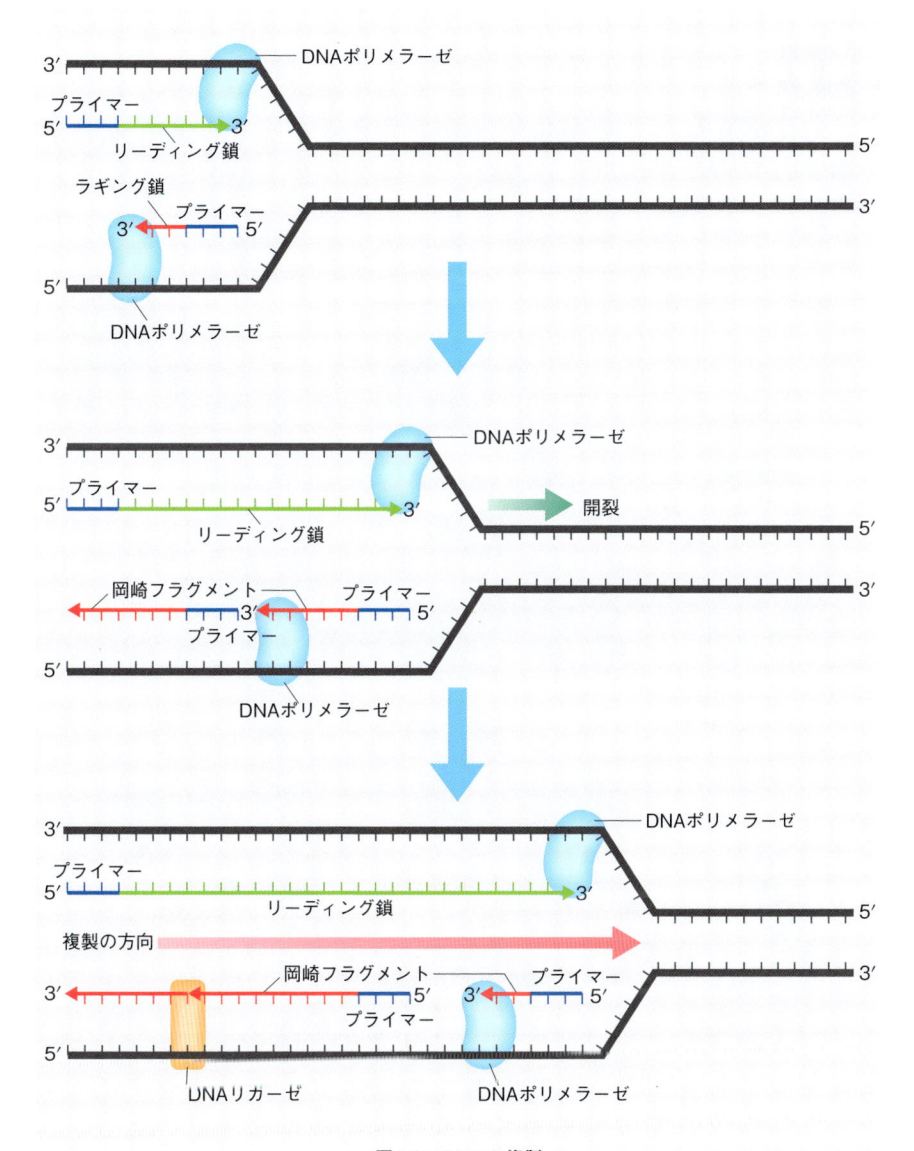

図3-6　DNAの複製

> **参考** 半保存的複製を証明した実験

メセルソンとスタールは，窒素に同位体 ^{14}N と ^{15}N があることに着目した。^{15}N は ^{14}N より質量が大きいため，^{15}N を含む DNA は ^{14}N を含む DNA より重い。この重さの違いを研究に利用した。

まず，大腸菌を，^{15}N を含む培地（^{15}N 培地）で培養して，大腸菌の DNA に含まれるすべての窒素を ^{15}N におきかえた。次に，^{14}N を含む培地（^{14}N 培地）に移して培養し，分裂のたびに大腸菌から DNA を抽出して重さを調べた。

^{14}N 培地に移してから1回目の分裂でできた DNA を調べると，^{15}N 培地のみで培養した大腸菌の DNA と ^{14}N 培地のみで培養した大腸菌の DNA の中間の質量であった。2回目の分裂でできた大腸菌の DNA は，^{14}N 培地のみで培養した大腸菌の DNA と，中間の質量の DNA が半分ずつ含まれていた。

この実験結果により，DNA の複製は半保存的に行われることが証明された。

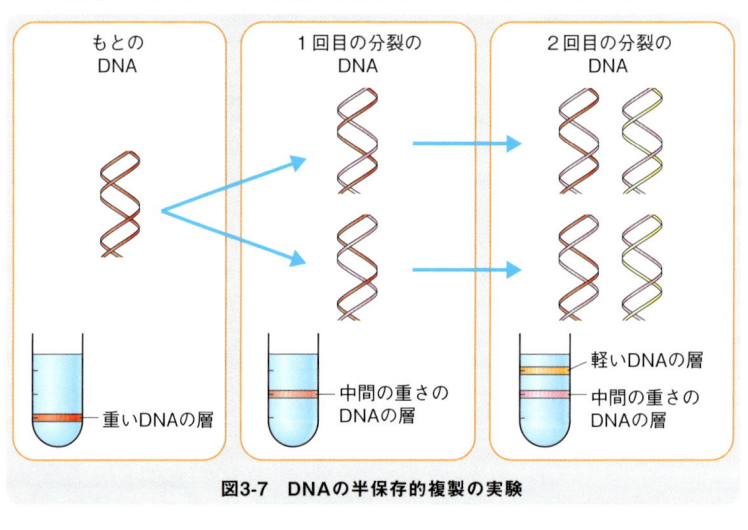

図3-7　DNAの半保存的複製の実験

コラム　命の時を刻む時計

ヒトには寿命がある。病気にならなくても，いつかは老化して死ぬ。それは，受精した時から「命の時を刻む時計」が動き始め，命の時が一定に達すると，かならず細胞が死ぬからである。

「命の時を刻む時計」が動くしくみはDNA複製のしくみと関係している。DNA複製は複製起点でDNAの2本鎖がほどけることで始まる。ほどけた複製起点ではプライマーが合成され，プライマーの3′末端からDNAが複製される。リーディング鎖はDNAの端まで複製されるが，ラギング鎖ではDNAの末端にプライマーのRNAが残る。RNAは分解されるが，DNAポリメラーゼは5′末端にヌクレオチドを付加することはできないため，DNAの5′末端はDNAが複製されないことになる。したがって，DNA複製のたびに，50塩基〜200塩基程度DNAは短くなる。一定以上短くなると，DNAが短くなったことを細胞が感知し，細胞分裂を停止して細胞は死ぬ。ヒトの体細胞では，分裂できる回数は60回程度である。

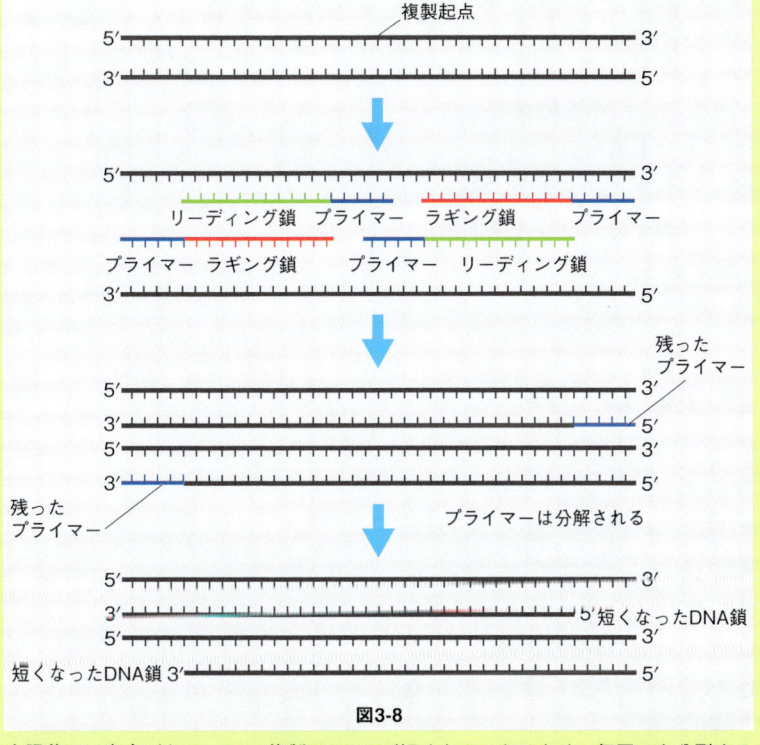

図3-8

大腸菌には寿命がない。DNA複製でDNAが短くなることはなく，何回でも分裂することができる。DNA複製でDNAが短くならないのは，大腸菌のDNAは環状だからである。環状のDNAには末端がないため，DNAの全長にわたって完全に複製することができる。

2 遺伝情報の発現

遺伝子の情報をもとにタンパク質がつくられ，形質が現れることを遺伝子の発現という。遺伝子が発現する過程は，DNAの塩基配列の情報をRNAの塩基配列に写し取る**転写**と，RNAの塩基配列の情報をタンパク質のアミノ酸の配列情報に置き換える**翻訳**の2つに分けられる。

1 RNAを構成するヌクレオチド

DNAと同様に，RNAも核酸の一種である。しかし，RNAのヌクレオチドは，糖として**リボース**をもち，チミンに代わる塩基として**ウラシル（U）**をもつ。

また，DNAのヌクレオチド鎖とは異なり，**RNAのヌクレオチド鎖は1本鎖である**。

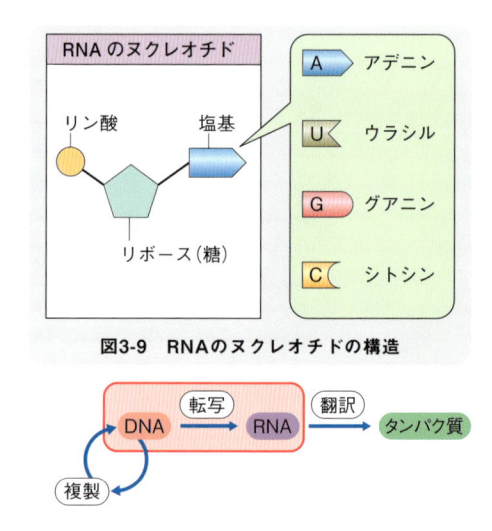

図3-9 RNAのヌクレオチドの構造

2 転写のしくみ

Ⓐ 転写の開始

真核細胞では，転写は核内で行われる。遺伝子には，転写が開始される部位の近くに，**プロモーター**とよばれる領域がある。**プロモーターは，転写の開始点と転写の方向を決定している塩基配列である。**

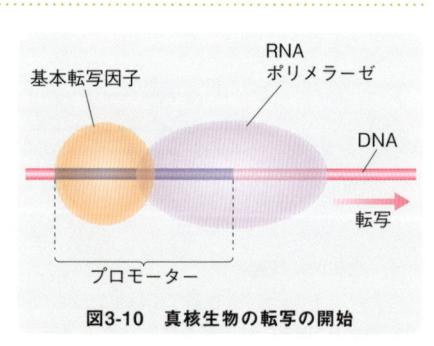

図3-10 真核生物の転写の開始

転写は，**RNA ポリメラーゼ**とよばれる RNA 合成酵素がプロモーターに結合することで開始される。しかし，真核生物の RNA ポリメラーゼは，単独ではプロモーターに結合することができない。RNA ポリメラーゼは，**基本転写因子**とよばれるタンパク質がプロモーターに結合したことを認識し，基本転写因子と複合体を形成する。その結果，RNA ポリメラーゼが転写開始点に結合し，転写が開始される。

● 転写の方向

RNA の合成は，DNA のヌクレオチド鎖を鋳型にして進行する。鋳型となる DNA は，2 本鎖が開裂して 1 本鎖になっている。2 本の鎖のうち，どちら側のヌクレオチド鎖が鋳型とされるかは，プロモーターの塩基配列によって決められている。

RNA ポリメラーゼは，DNA ポリメラーゼと同じように，5′→3′ 方向に RNA 鎖を合成していく。このとき，DNA の塩基 A に対しては RNA の塩基 U が，T に対しては A，G に対しては C，C に対しては G がそれぞれ結合し，ヌクレオチド鎖が伸長していく。

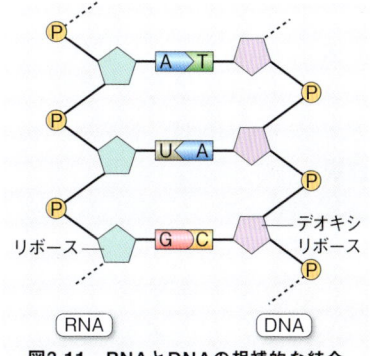

図3-11　RNAとDNAの相補的な結合

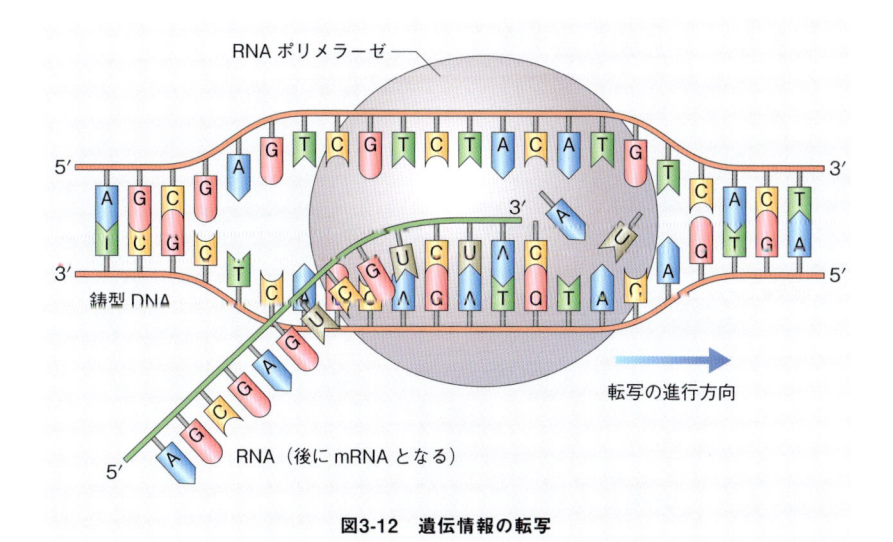

図3-12　遺伝情報の転写

第3章　遺伝現象と物質

❸ mRNA の合成

真核生物の遺伝子の塩基配列には，**イントロン**とよばれる領域が存在する。イントロンは mRNA にならない領域である。イントロンに対して，mRNA になる領域を**エキソン**とよぶ。

DNA が RNA へ転写されるときは，イントロンもエキソンも含めた，すべての塩基配列が転写される。転写された RNA は，**mRNA 前駆体**（ぜんくたい）とよばれる。その後，mRNA 前駆体からイントロンが除かれ，隣り合うエキソンが結合して，**mRNA（伝令 RNA）**となる。mRNA 前駆体からイントロンが除かれる過程を，**スプライシング**とよぶ。**mRNA は，核の外へ出て翻訳される**。

補足　原核生物では，通常，転写された RNA がそのまま mRNA となる。

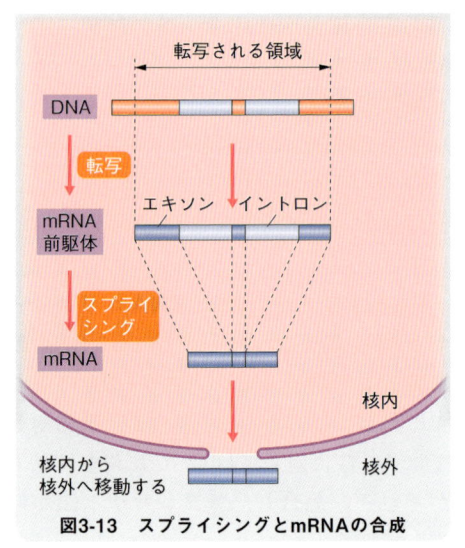

図3-13　スプライシングとmRNAの合成

POINT

- **イントロン**…転写された後，切り取られ，mRNA にならない領域。
- **エキソン**…mRNA になる領域。

真核生物の転写のまとめ
(1) 基本転写因子がプロモーターに結合する。
(2) プロモーターに結合した基本転写因子に RNA ポリメラーゼが結合する。
(3) RNA ポリメラーゼが転写開始点に結合する。
(4) DNA 鎖を鋳型にして RNA が合成される。

参考　選択的スプライシング

スプライシングによって除かれるイントロンが変わることで、異なる mRNA が合成されることがある。これを**選択的スプライシング**という。選択的スプライシングにより、**1つの遺伝子から複数種類のタンパク質の合成が可能となる**。

ヒトの遺伝子は約2万2000個であるが、タンパク質は約10万種類合成されている。それは、この選択的スプライシングによるものである。

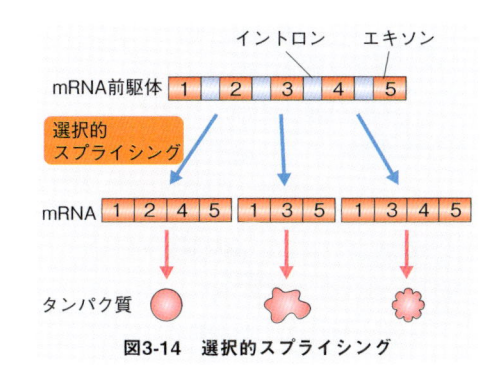

図3-14　選択的スプライシング

コラム　イントロンの数

単細胞真核生物の酵母菌は、約6000個の遺伝子をもつが、イントロンは約200個しかない。哺乳類の遺伝子の多くは、1個の遺伝子あたり数個から数十個のイントロンがあり、コラーゲン遺伝子のように、100個以上ものイントロンをもつ場合もある。イントロンは、進化の過程で遺伝子に挿入されたり、削除されたりしている。イントロンの数と進化には必ずしも相関があるわけではないが、一般に、多細胞生物の方が単細胞生物よりイントロンの数が多い。

3 翻訳のしくみ

　DNA が転写され，mRNA がつくられた後，mRNA の塩基配列にしたがって，アミノ酸が指定される。そしてアミノ酸が連結され，タンパク質が合成される。この過程を **翻訳** という。

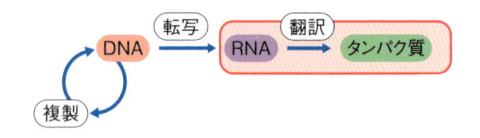

Ⓐ RNA の種類

　タンパク質合成には，**mRNA（伝令 RNA）** のほか，リボソームにアミノ酸を運搬する **tRNA（転移 RNA）** や，タンパク質の合成の場となる **rRNA（リボソーム RNA）** などがかかわる。

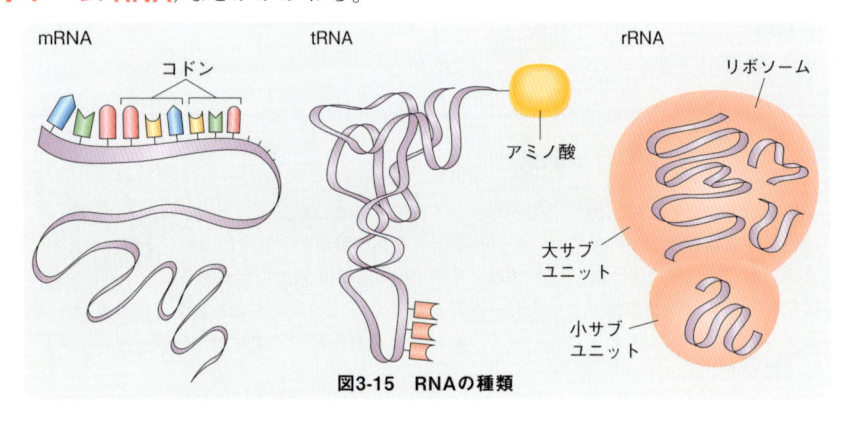

図3-15　RNAの種類

Ⓑ タンパク質の合成のしくみ

●コドン（遺伝暗号）によるアミノ酸の指定

　核内で合成された mRNA は，細胞質基質へ移動し，タンパク質を合成する場であるリボソームが結合する。

　mRNA には，**コドン** とよばれる，塩基が3つずつ並ぶ配列がある。コドンは，3塩基一組で1つのアミノ酸を指定する。RNA には4種類の塩基があるため，コドンの塩基配列の組み合わせは64通りになる。コドンは64通りあるが，タンパク質合成に用いられるアミノ酸は20種類である。そのため，複数種類のコドンが重複して1つのアミノ酸を指定する例も多い。

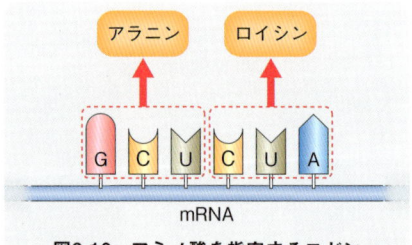

図3-16　アミノ酸を指定するコドン

● 遺伝暗号表

64種類のコドンが、どのアミノ酸を指定するかを一覧できるようにした表を**遺伝暗号表**という。

翻訳は、遺伝暗号表を使って、3つずつ並ぶ塩基配列をアミノ酸に訳すことに例えられる。翻訳を開始するコドンは、**AUG**と決まっており、これを**開始コドン**という。AUGは、アミノ酸の**メチオニン**を指定しているため、**タンパク質の合成は、かならずメチオニンから始まる**。

UAA、UAG、UGAの3種類のコドンには、指定するアミノ酸がない。この3つのコドンのいずれかにより、翻訳は終結する。タンパク質合成の終了を示すこれらの3種類のコドンを**終止コドン**とよぶ。

表 遺伝暗号表

		第2番目の塩基				
		ウラシル(U)	シトシン(C)	アデニン(A)	グアニン(G)	
第1番目の塩基	U	UUU UUC }フェニルアラニン UUA UUG }ロイシン	UCU UCC UCA UCG }セリン	UAU UAC }チロシン UAA (終止)** UAG (終止)	UGU UGC }システイン UGA (終止) UGG トリプトファン	U C A G	第3番目の塩基
	C	CUU CUC CUA CUG }ロイシン	CCU CCC CCA CCG }プロリン	CAU CAC }ヒスチジン CAA CAG }グルタミン	CGU CGC CGA CGG }アルギニン	U C A G	
	A	AUU AUC }イソロイシン AUA AUG メチオニン(開始)*	ACU ACC ACA ACG }トレオニン	AAU AAC }アスパラギン AAA AAG }リシン	AGU AGC }セリン AGA AGG }アルギニン	U C A G	
	G	GUU GUC GUA GUG }バリン	GCU GCC GCA GCG }アラニン	GAU GAC }アスパラギン酸 GAA GAG }グルタミン酸	GGU GGC GGA GGG }グリシン	U C A G	

*開始コドン…メチオニンを指定するコドンであると同時に、タンパク質の合成を開始する目印としての働きをもつ。
**終止コドン…対応するアミノ酸がないので、タンパク質の合成が止まる。

● **tRNA の働き**

tRNA は，アミノ酸をリボソームに運搬する働きをもつ。tRNA は，**mRNA のコドンに相補的な，アンチコドン**とよばれる**塩基配列**をもち，アンチコドンの部分で mRNA に結合する。アンチコドンの塩基配列によって，運搬するアミノ酸は決められている。

tRNA が運んできたアミノ酸が連結され，タンパク質が合成される。

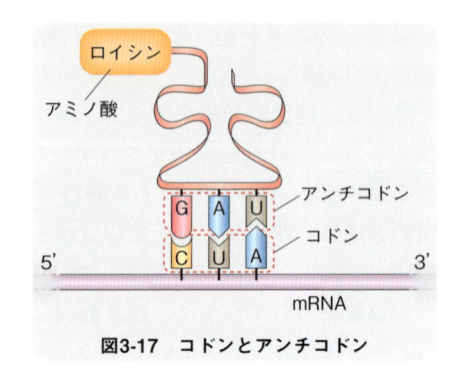

図3-17 コドンとアンチコドン

● **rRNA の働き**

タンパク質を合成する場であるリボソームは，細胞質基質にある。**rRNA は，リボソームの構成成分の一部である**。

リボソームは，mRNA のヌクレオチド鎖の上を，5′→3′ 方向に 3 塩基ずつ移動する。そこへ tRNA が，mRNA のコドンに対応する特定のアミノ酸を運んでくる。

● **ポリペプチド鎖の伸長**

tRNA によって運ばれてきたアミノ酸は，ペプチド結合で互いにつながる。こうして，リボソームの移動とともに，ポリペプチド鎖は伸長していく。

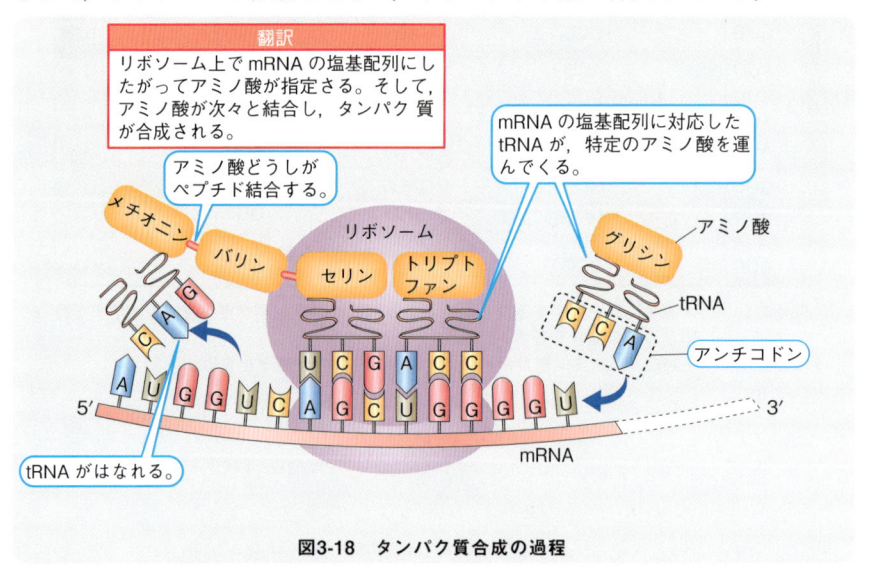

図3-18 タンパク質合成の過程

翻訳の過程のまとめ

mRNAが核から細胞質基質に出てリボソームに結合し，開始コドンが認識されると翻訳が始まる。

(1) リボソームに結合したmRNAの開始コドンに，メチオニンをもつtRNA（メチオニン-tRNA）がアンチコドンの部分で相補的に結合する。
(2) リボソームがmRNA上を5′→3′方向に3塩基だけ移動する。
(3) メチオニン-tRNAの隣に，次のコドンに対応するtRNAが結合する。
(4) メチオニンがtRNAから離れ，隣のtRNAのアミノ酸とペプチド結合を形成する。
(5) リボソームがmRNA上を5′→3′方向に3塩基だけ移動し，新たなtRNAがアミノ酸を運んでくる。これが繰り返されることにより，ペプチド鎖が伸長する。
(6) リボソームが終止コドンに来ると，翻訳が終了する。

コラム アミノアシルtRNA合成酵素

特定のtRNAに特定のアミノ酸を結合させるしくみはどのようなものだろうか。タンパク質を構成する20種類のアミノ酸の凸凹とtRNAの凸凹は相補的に結合することはない。tRNAにアミノ酸を結合させるのは，アミノアシルtRNA合成酵素である。アミノアシルtRNA合成酵素は20種類あり，それぞれ特定のアミノ酸と相補的に結合し，さらにそれに対応する特定のtRNAと相補的に結合する。そうすることで，特定のtRNAに特定のアミノ酸を結合させている。

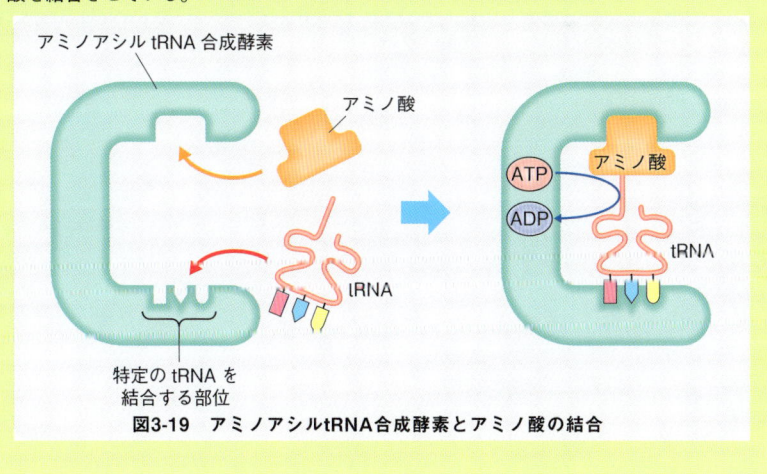

図3-19 アミノアシルtRNA合成酵素とアミノ酸の結合

4 遺伝子の突然変異

　DNA の塩基配列は，化学的，物理的，生物的要因によって変化することがある。これを**突然変異**という。生殖細胞に生じた突然変異は遺伝するため，遺伝病の原因となることもあるが，進化や多様性を生じる原動力となる場合もある。一方，体細胞に生じた突然変異は，がんなどの原因になることがある。

Ⓐ 遺伝子の突然変異

　突然変異には，C（シトシン）が T（チミン）に置き換わるように，塩基の一部が置き換わる**置換**，塩基の一部が抜ける**欠失**，塩基が新たに加わる**挿入**，もとの塩基配列のコピーが増える**重複**などがある。

　塩基配列が変化しても，指定するアミノ酸が変わらない場合は，正常なタンパク質が合成される。このような塩基配列の変化は形質に影響を与えないが，遺伝的な多様性をもたらす。

　しかし，**塩基配列に変化が起きたことで，指定するアミノ酸が変わってしまうと，正常なタンパク質が合成されない場合がある**。このような突然変異は，形質に影響を与えることがある。

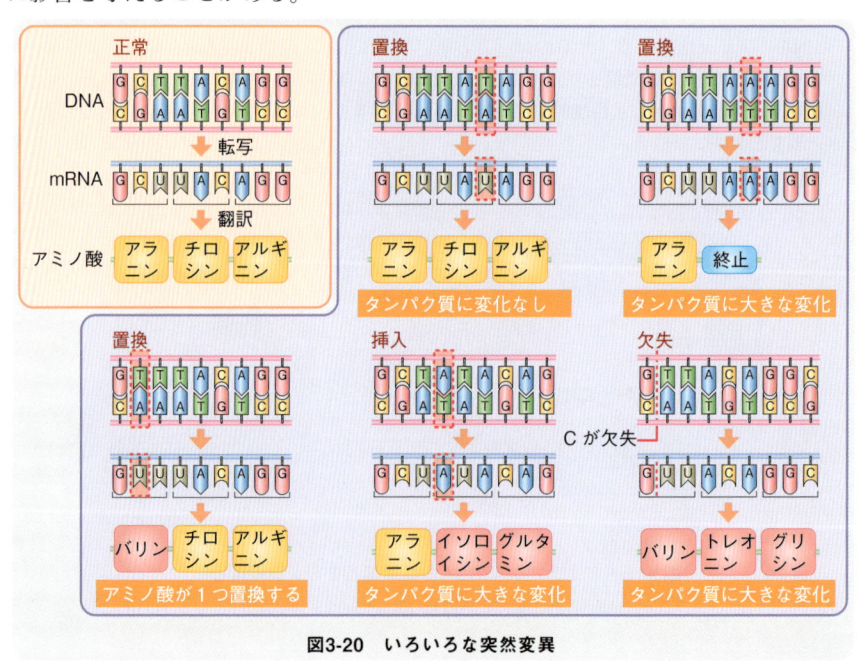

図3-20　いろいろな突然変異

● かま状赤血球症

　DNAの塩基配列の変化が，形質に影響を与える一つの例として，かま状赤血球症が挙げられる。かま状赤血球症は，赤血球が変形してかま状になり，貧血症状を起こす病気である。

　血液中には，酸素と結合するヘモグロビンとよばれるタンパク質がある。かま状赤血球症では，ヘモグロビン遺伝子の1ヶ所で，TからAに塩基が置換される。そのため，翻訳されるアミノ酸が変化してヘモグロビンの立体構造が変わり，貧血症状が引き起こされる。

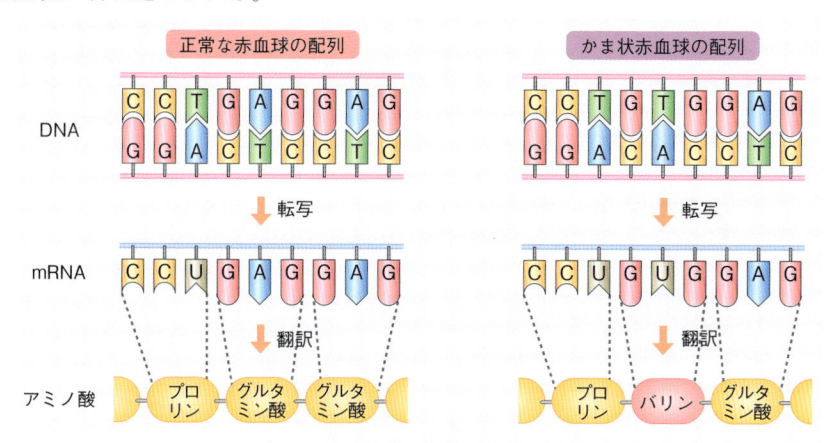

図3-21　かま状赤血球症の塩基配列の変化

　かま状赤血球症のヘモグロビンは，貧血症状を引き起こす一方で，マラリアとよばれる病気に対する抵抗性を増す。そのため，マラリアが多発する地域では，ヘモグロビンの対立遺伝子のうち，片方だけ突然変異をもつヒトが多く存在する。片方の対立遺伝子が突然変異を起こしていても，もう一方が正常であれば，半分は正常なヘモグロビンをつくることができ，貧血の症状は軽微になる。

● フェニルケトン尿症

　フェニルケトン尿症とは，フェニルアラニンをチロシンに変換する酵素の遺伝子が突然変異し，フェニルアラニンが血液中に蓄積する遺伝病である。この病気では，大脳の発達が損なわれる。蓄積されたフェニルアラニンの一部がフェニルケトンに変化し，尿に混じって排出されるため，フェニルケトン尿症とよばれる。

　この病気は，突然変異により，スプライシングの異常が起こることで発生する。スプライシングの異常によりエキソンが欠落し，アミノ酸配列の一部が失われる。その結果，酵素が機能しなくなるのである。患者はフェニルアラニンの摂取量を減らす必要がある。

第3章　遺伝現象と物質

図3-22　フェニルケトン尿症

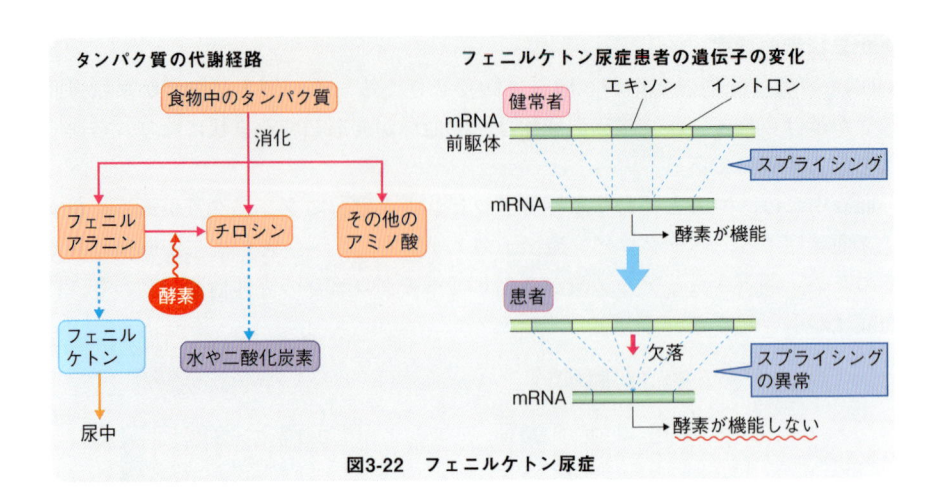

❸一塩基多型（SNP）

　遺伝子の塩基配列において，塩基の１つに変化が起きても，コドンが指定するアミノ酸に影響を与えない場合がある。例えば，トレオニンは，コドンの３番目がA，T，G，Cのいずれの塩基に変化してもトレオニンであることに変わりはない。また，指定するアミノ酸が変わり，アミノ酸配列が変化しても，タンパク質の機能にほとんど影響がない場合も多い。

　遺伝子の塩基を比較すると，同じ遺伝子でも個体によって配列が異なっている場合がある。ヒトでは，個体間で1000塩基に１つは違いがあると推定される。個体間で見られる１塩基単位での塩基配列の違いを**一塩基多型**（Single nucleotide polymorphism，**SNP，スニップ**）という。

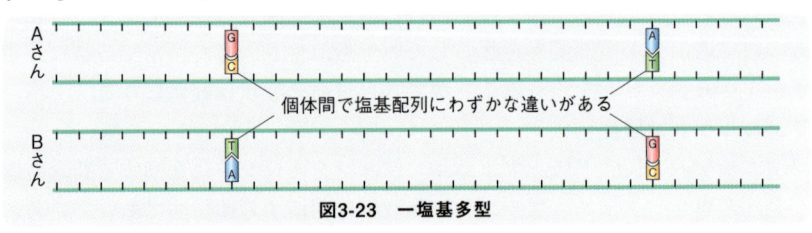

図3-23　一塩基多型

3 遺伝子の発現調節

1 真核生物における遺伝子の発現調節

　ヒトは約 22,000 の遺伝子をもつ。しかし，細胞は遺伝子のすべてを発現させているわけではなく，特定の遺伝子のみを選択的に発現させている。このような発現を**選択的遺伝子発現**という。

　DNA には，遺伝子の発現にかかわる塩基配列がある。このような領域を**調節領域**とよぶ。その調節領域に結合して転写を調節するタンパク質を**調節タンパク質**といい，調節タンパク質の遺伝子を**調節遺伝子**という。調節タンパク質には，転写を促進するものと抑制するものがある。

Ⓐ 転写調節因子による制御

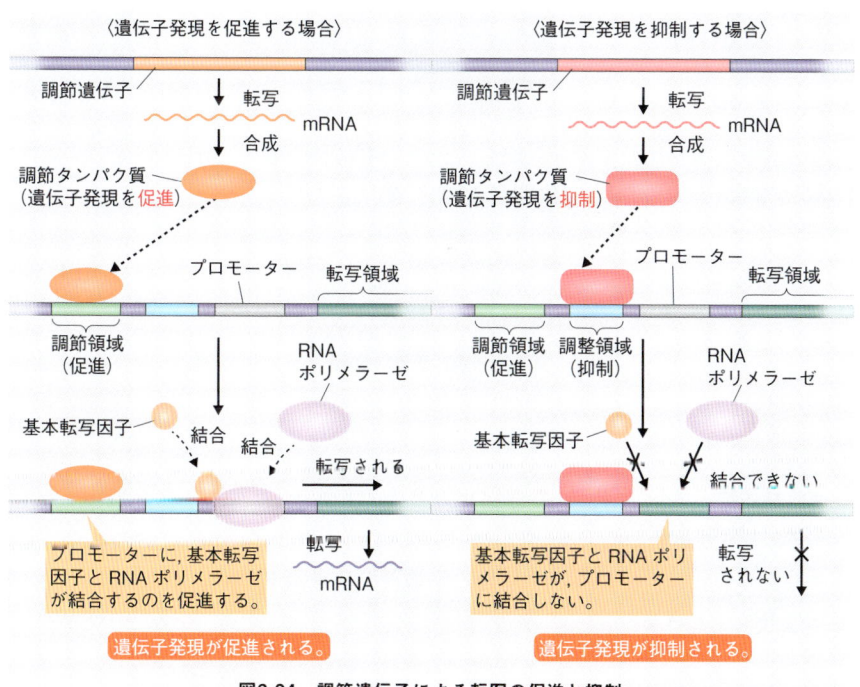

図3-24　調節遺伝子による転写の促進と抑制

真核生物の転写調節には、多くの調節タンパク質がかかわっている。RNAポリメラーゼは、単独では転写を開始することができない。転写を促進する調節タンパク質は、遺伝子の発現を促進する領域に結合し、基本転写因子とRNAポリメラーゼの複合体に働きかける。そして、プロモーター上の複合体を安定化させることにより、転写を促進する。一方、転写を抑制するタンパク質がプロモーター上の複合体を不安定化すると、転写は抑制される。

❸調節遺伝子と細胞の分化

　特定の遺伝子を選択的に発現させることで、細胞は特定の働きをもつようになる。細胞が特定の働きをもつようになることを**細胞分化**といい、発生における細胞分化は、調節タンパク質によって生じる。

　調節遺伝子Aは、さらに、別の調節遺伝子BやCの転写を促進したり、抑制したりする。このようにして、**連続的に遺伝子の発現が調節**されて、細胞がそれぞれに特有の形や働きをもつように分化していく。

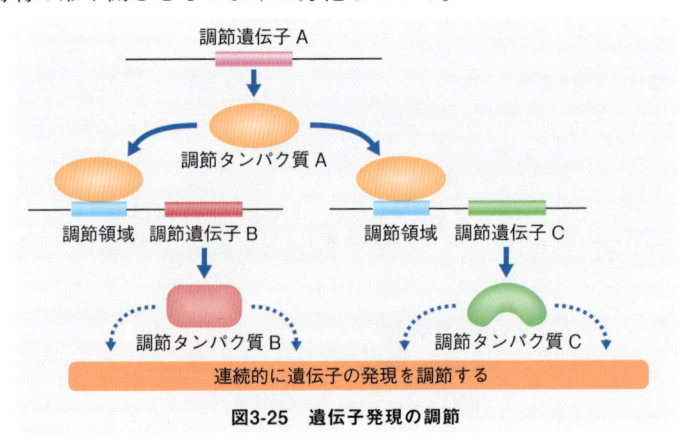

図3-25　遺伝子発現の調節

POINT

- 真核生物の遺伝子は、**調節遺伝子**からつくられる**調節タンパク質**によって、転写が調節される。
- 細胞の分化は、いくつもの種類の調節遺伝子が**連続的に活性化・不活性化**して起きる。

●発生段階にみられる遺伝子発現の調節

発生の段階によって，発現する遺伝子が異なる場合がある。ショウジョウバエの幼虫でみられる**だ腺染色体**は，通常の染色体の100倍以上の大きさがあり，光学顕微鏡で観察することができる。だ腺染色体には，染色体が膨らんだパフとよばれる部分があり，パフは遺伝子が発現している領域である。だ腺染色体を発生段階ごとに観察すると，パフの位置が変化していることがわかる。これは，**特定の遺伝子が一定の順序で活性化されている**ことを示している。さまざまな遺伝子が発現調節を受けることにより，特有の形態や機能が現れるのである。

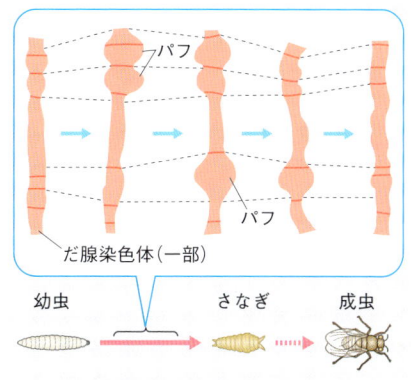

図3-26　だ腺染色体とパフの変化

参考　ホルモンによる発現調節

ホルモンは恒常性にかかわるばかりでなく，発生過程における細胞分化や形態形成にも重要な働きをしており，さまざまな種類の遺伝子の発現を調節している。

ホルモンにはコルチコイドのような脂溶性ホルモンと，インスリンのような水溶性ホルモンがある。脂溶性ホルモンは細胞膜を通ることができる。脂溶性ホルモンの受容体は細胞の中にあり，ホルモンが受容体と結合すると，受容体が核の中に入り，転写調節因子として特定の遺伝子の発現を調節する。水溶性のホルモンは，細胞膜を通過することができない。水溶性のホルモンの受容体は細胞膜にあり，受容体がホルモンを結合すると，細胞内に情報が伝達され，核の中の転写調節因子が特定の遺伝子の発現を調節する。

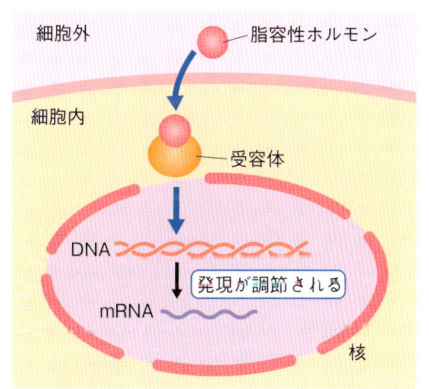

図3-27　脂溶性ホルモンによる発現調節

第3章　遺伝現象と物質

2 原核生物における遺伝子の発現調節

　原核生物では，**関連する働きをもつ複数の遺伝子が連続して並んでおり，まとめて転写される**ことが多い。このような遺伝子群を**オペロン**とよぶ。原核生物の遺伝子は，オペロンを単位として発現が調節される。真核生物と同様に，原核生物においても，調節タンパク質によって発現が調節される。調節タンパク質が，結合する塩基配列を**オペレーター**という。

●ラクトースオペロン

　大腸菌は栄養源としておもにグルコースを用いている。しかし，グルコースが欠乏してラクトースしか利用できないときは，**ラクトースオペロン**を発現し，ラクトースを栄養源として利用する。

　ラクトースオペロンのオペレーターには，ラクトースが存在しない条件下では，**リプレッサー**とよばれる調節タンパク質が結合しており，RNAポリメラーゼがプロモーターに結合するのを妨げている。そのため，ラクトースオペロンは発現しない。しかし，リプレッサーに，ラクトースに由来する物質が結合すると，リプレッサーはオペレーターから外れる。その結果，ラクトースオペロンが発現して，ラクトースを栄養源として利用できるようになる。

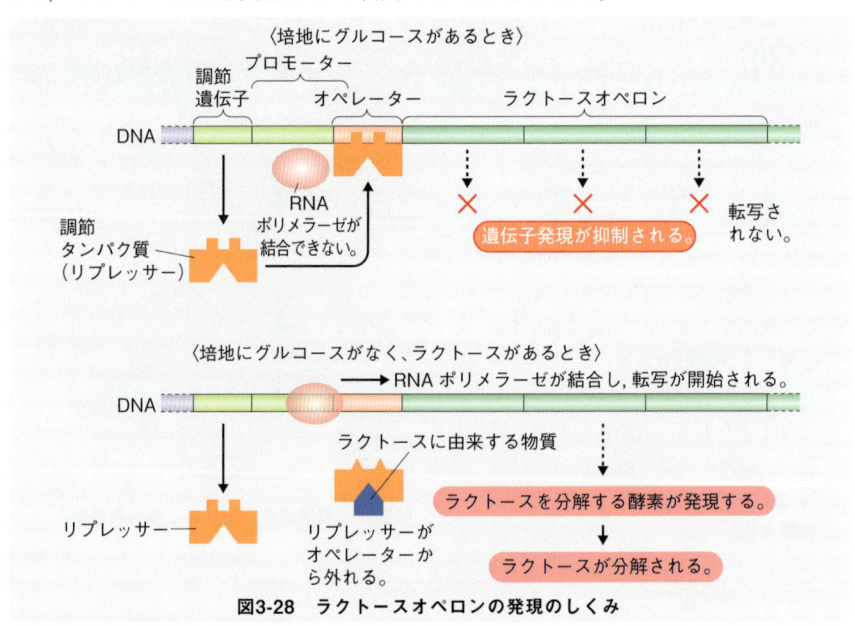

図3-28　ラクトースオペロンの発現のしくみ

4 バイオテクノロジー

バイオテクノロジーの進歩により，新しい遺伝子やタンパク質をつくることが可能になった。また，細胞に組換え遺伝子を導入することにより，新たな機能をもった細胞や，個体をつくることができるようになり，医学や農業に応用されている。

1 遺伝子を扱う技術

Ⓐ 遺伝子組換え

特定の遺伝子を含む DNA 断片を切り出し，別の遺伝子の DNA 断片と組み合わせることを**遺伝子組換え**という。遺伝子組換え技術の進歩により，遺伝子の研究が飛躍的に進んだ。

● DNA の切断と連結

DNA の特定の塩基配列を切断する働きをもつ酵素が存在する。このような酵素は**制限酵素**とよばれ，おもに細菌がもっている。多くの制限酵素は対称性のある塩基配列を認識して切断する。

一方，DNA リガーゼは，切断した末端が相補的な DNA 断片どうしを連結する酵素である。異なる遺伝子の DNA を制限酵素で切断し，得られた DNA 断片を DNA リガーゼでつなぎ合わせると，新しい組み合わせの DNA が生じる。このような組換えた DNA を**組換え DNA** という。

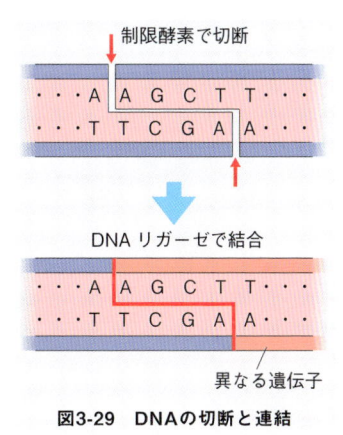

図3-29　DNAの切断と連結

Ⓑ 遺伝子導入

ある生物に特定の遺伝子を導入し，その遺伝子を発現させると，その生物の形質が変化する。細胞に遺伝子を導入して発現させることを**遺伝子導入**という。遺伝子導入は，遺伝子組換え食品の作出や，遺伝子治療などに利用されている。

●ベクター

　大腸菌などの生物の中で自己増殖する小型のDNAがある。このDNAを運び手として，目的のDNAを遺伝子組換えにより組み込むと，その目的のDNAを増幅させることができる。この運び手のDNAを**ベクター**とよぶ。ベクターには，プラスミドとよばれるDNAがよく用いられる。

●プラスミド

　大腸菌など細菌の細胞内には，染色体DNAとは別に，自己増殖能力のある小さな環状のDNAがある。これを**プラスミド**という。外来のDNA断片を組み込んだプラスミドを大腸菌に取り込ませれば，菌内で外来のDNA断片を増幅させることができる。また，プラスミドは，真核生物の細胞に人工的に導入させることも可能であり，さまざまな研究に用いられている。

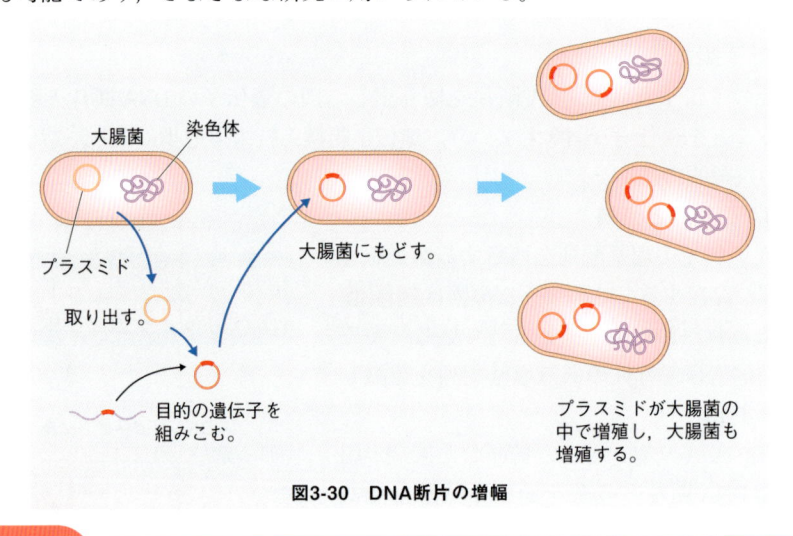

図3-30　DNA断片の増幅

POINT

- **遺伝子組換え**…異なる遺伝子どうしを組み合わせること。
- **組換えDNA**…異なる遺伝子のDNA断片を切り出してつなぎ合わせたDNA。
- **ベクター**…DNAの運び手。(例)ウイルス，プラスミドなど

2 PCR法と電気泳動法

　ある遺伝子について，その機能などを調べたいと思ったとき，DNAが少なく分析ができないことがある。そのような場合は，目的のDNAを増幅させる必要がある。特定のDNAの塩基配列を増幅する方法としては，ベクターを用いる方法以外に，**PCR法（ポリメラーゼ連鎖反応法）**とよばれる手法がある。PCR法は，短時間で多くのDNA断片を増幅させることができ，バイオテクノロジーの研究には欠かせない技術である。このPCR法により，試験管の中で特定の遺伝子を多量に増幅することができるようになった。また，特定のDNA断片を増やすことを**クローニング**という。

　目的のDNA断片が増幅されたかどうかを調べるためには，**電気泳動法**が利用されることが多い。

ⓐ PCR法（ポリメラーゼ連鎖反応法）

　試験管の中で，DNAの特定の領域だけを増幅させる方法をPCR法という。PCR法を行う際には，DNAポリメラーゼが働くためのプライマーが必要である。生体内のDNA複製では，プライマーはRNAである。しかし，PCR法で用いるプライマーは，人工的に合成したDNA断片である。増幅したい領域の5′末端と3′末端に結合するプライマーを合成し，これらのプライマーと，鋳型となるDNA，高温に耐える専用のDNAポリメラーゼ，ATGCの各ヌクレオチドを混合することで，PCR反応は行われる。

① 増幅させたいDNA領域の，5′末端と3′末端に相補的に結合するプライマーをそれぞれ合成し，これらのプライマーに加え，鋳型となるDNA，DNAポリメラーゼ，4種類のヌクレオチドなどを加えた混合液をつくる。

② 混合液を95℃に加熱する。**95℃に加熱することにより，鋳型となるDNA鎖が1本鎖に解離する。**

③ ②の溶液を**約60℃まで冷やすと，1本鎖になった鋳型DNA鎖にプライマーが結合し，プライマーを起点としてDNA合成が開始される。**

④ ③の溶液を約72℃に加熱する。60℃では，しばらくすると鋳型となるDNA鎖どうしが相補的に結合し，DNAポリメラーゼのDNA合成反応を妨げる。そのため，**72℃に加熱して鋳型のDNAを1本鎖に保つ。**この段階で目的のDNA断片は2倍になる。

⑤ ②〜④を繰り返すことで，2つのプライマーに挟まれた領域だけが，**1サイクルごとに2倍になり，急速に増幅される。**通常のPCR法では数時間で25サイクル程度の反応を行う。増幅されるDNA断片は，25サイクルで2^{25}倍になる。

図3-31　PCR法

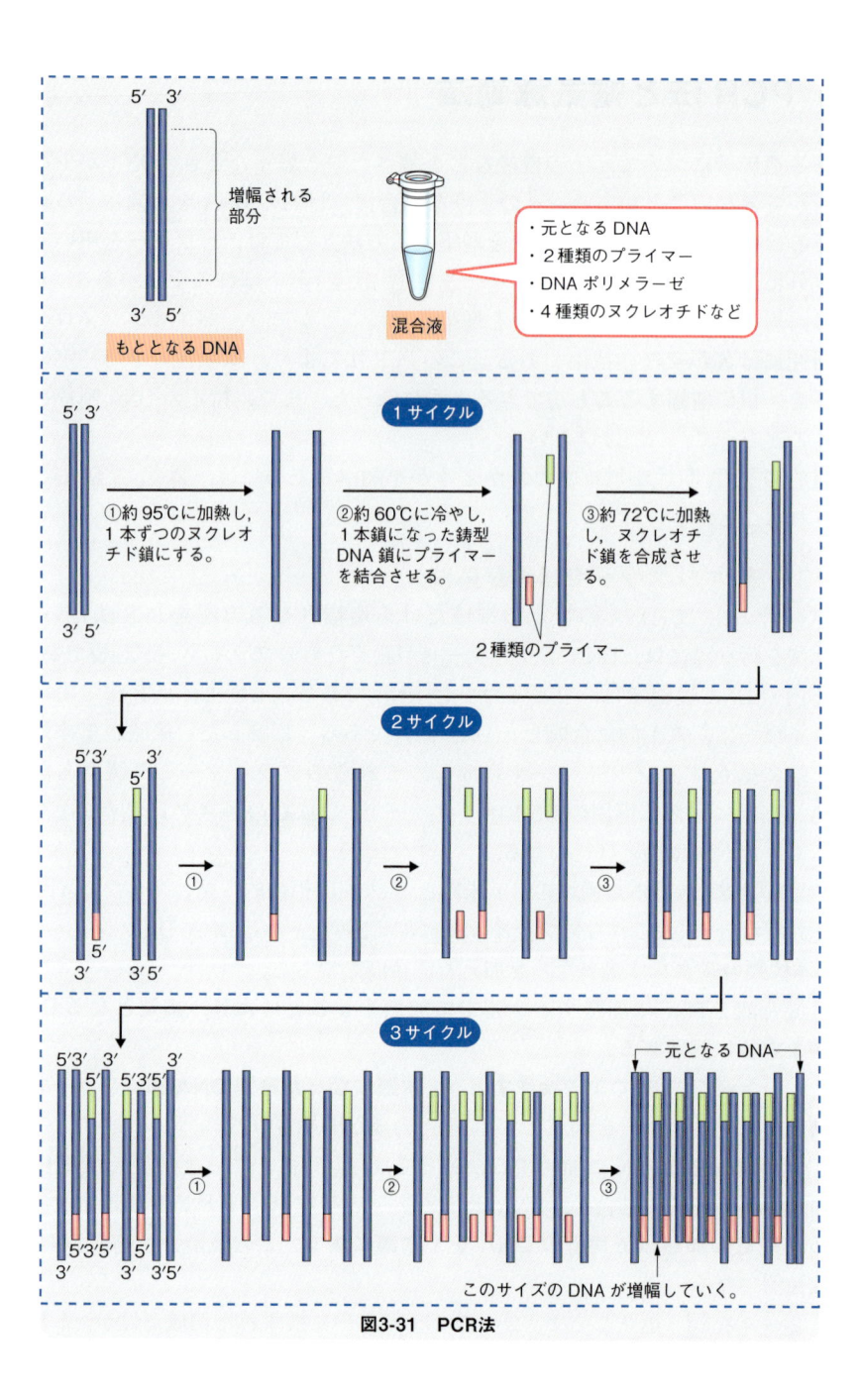

❸電気泳動法

　DNAが−に帯電するような緩衝液の中で，＋と−の電極を入れ，電圧をかけるとDNAは＋極に向かって移動する。電圧をかけた溶液中で，帯電した分子が移動することを**電気泳動**という。

　寒天などのゲルの中で電気泳動を行うと，泳動される分子は**ゲルの分子に移動を妨げられ，大きく長い分子ほど移動が遅くなる**。この原理を利用して，長さが既知のDNA（DNAサイズマーカー）を同時に泳動することにより，調べたいDNA断片のおおよその長さを知ることができる。

　ゲルの中で行う電気泳動を，特に**ゲル電気泳動**という。

補足 緩衝液とは，少量の酸やアルカリを加えても，pHがほとんど変化しないような塩溶液をいう。

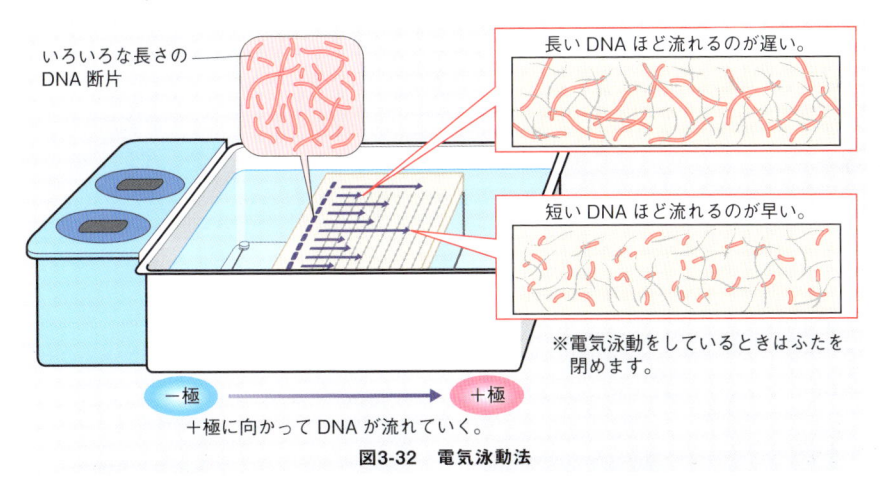

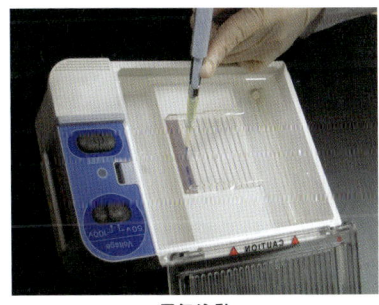

図3-32 電気泳動法

電気泳動

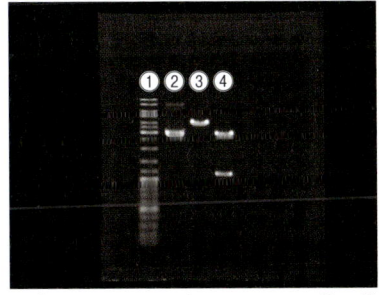

※①はDNAサイズマーカーで，②〜④はDNA断片。いずれも染色したのち，紫外線を照射することで見ることができる。

3 DNAの塩基配列の解析法

　DNAポリメラーゼには，特殊なヌクレオチドを連結すると，その箇所でヌクレオチド鎖の合成が停止する性質がある。合成されたさまざまな長さのヌクレオチド鎖を比較することで，塩基配列を調べることができる。

●塩基配列の決定

① 配列を知りたいDNA鎖，そのDNAに相補的に結合するプライマー，A・T・G・Cの各ヌクレオチド，A・T・G・Cとよく似た特殊なヌクレオチド，DNAポリメラーゼを混ぜた溶液をつくり，ヌクレオチド鎖の合成反応を行う。

② ヌクレオチド鎖の合成反応の途中で，**特殊なヌクレオチドが取り込まれると，そこで伸長反応は停止する**。特殊なヌクレオチドには，それぞれ異なる蛍光色素が結合している。**そのため，合成されたヌクレオチド鎖は，4つのうちのどれか一種類の蛍光色素によって標識されている**ことになる。

③ 合成されたヌクレオチド鎖を一本鎖にし，DNAシークエンサーとよばれる装置にかける。装置の中ではゲル電気泳動が行われており，ヌクレオチド鎖の長さが比較されるとともに，蛍光色素の読み取りが行われる。

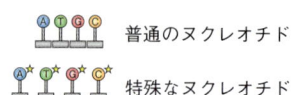

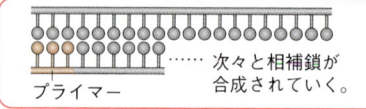

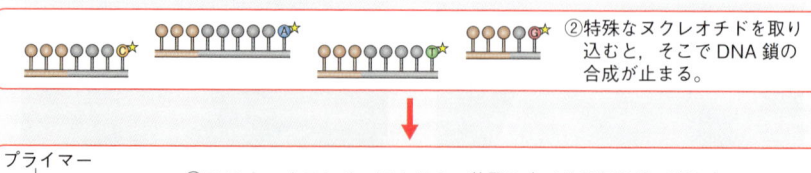

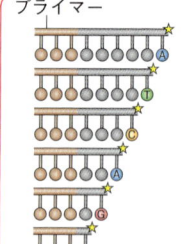

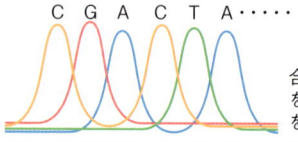

図3-33　DNAの塩基配列の解析法

5 バイオテクノロジーの応用

遺伝子組換え技術を利用したバイオテクノロジーは，医療や産業の発展を促進するばかりでなく，私たちの身近なところにも使われている。

1 トランスジェニック生物

組換え遺伝子が導入され，体内で発現するようになった生物を**トランスジェニック生物**という。組換え遺伝子を導入した植物をトランスジェニック植物，動物をトランスジェニック動物という。トランスジェニック生物に由来する食品は，特に**遺伝子組換え食品**とよばれる。

Ⓐ トランスジェニック植物

トランスジェニック植物には，昆虫に対して毒性を示す遺伝子が導入されたものや，除草剤を分解する遺伝子が導入されたものなどがある。また，園芸種の開発では，パンジーのもつ青色を発現させる遺伝子をバラに導入し，これまでになかった青いバラがつくられている。

補足 作物自体に，昆虫に対して毒性を示すタンパク質の遺伝子を導入すれば，その作物を食べた昆虫を駆除することができる。そのため，農薬の使用量の削減につながる。

Ⓑ トランスジェニック動物

動物の受精卵に組換え遺伝子を注入すると，組換え遺伝子は染色体に組み込まれ，細胞分裂によって娘細胞に受け継がれる。そのため，遺伝子導入された細胞は全身に分布するようになる。例えば，成長ホルモンの遺伝子を組み込んだサケが開発されており，少ない食物で2倍速く成長することから，食料の増産が期待されている。また，病気の原因となる遺伝子を導入した**トランスジェニックマウス**は，遺伝病のモデル動物として医学研究に使われている。

> **参考 導入された外来DNA**
>
> 動物細胞への遺伝子導入法には，微小なガラス針を用いてDNAを直接細胞に注入する顕微注入法や，動物細胞に感染するウイルスを用いる方法などがある。
> 動物の受精卵にDNAを注入すると，注入されたDNAは染色体に組み込まれる。染色体に挿入された外来のDNAは，染色体とともに複製され，娘細胞に分配される。

> **参考** 植物への遺伝子導入

植物細胞へ遺伝子導入を行う際は，**アグロバクテリウム**とよばれる細菌が用いられる。アグロバクテリウムは植物に感染する力をもち，感染した植物のDNAに，自身のもつプラスミドDNAの一部を組み込む。そのため，アグロバクテリウムのプラスミドに特定のDNAを組み込み，アグロバクテリウム内に戻して植物に感染させると，植物細胞に外来遺伝子を導入することができるのである。

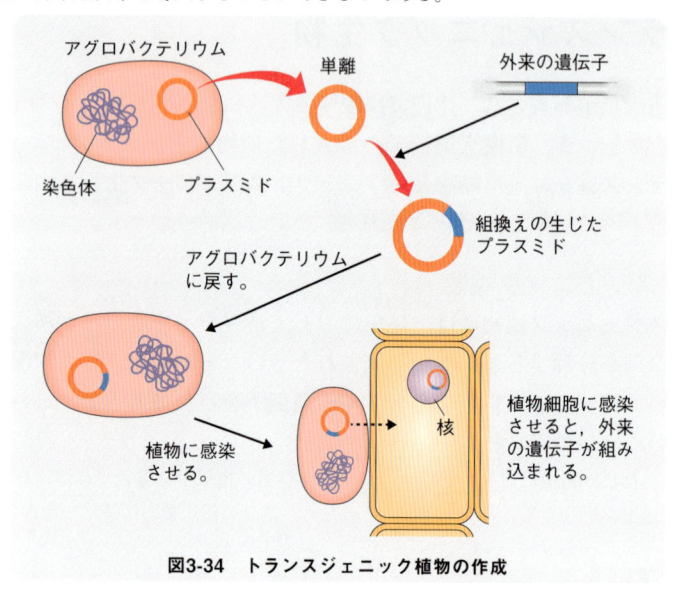

図3-34 トランスジェニック植物の作成

> **参考** ノックアウトマウス

遺伝子組換え技術をつかうと，特定の遺伝子の働きを失わせることができる。これを遺伝子の**ノックアウト**といい，ある遺伝子の働きを失ったマウスを**ノックアウトマウス**という。

例えば，遺伝子Aの働きを調べたい場合，遺伝子Aの働きを失わせたノックアウトマウスを作製し，正常なマウスと比較する。もしもそこで何らかの違いが認められれば，遺伝子Aが正常に働かないために生じた異常であるといえる。

ノックアウトマウスの作成により，病気の原因となるさまざまな遺伝子が特定されている。原因となる遺伝子が特定されれば，遺伝子治療への道が開けることになる。

2 緑色蛍光タンパク質（GFP）の利用

タンパク質は無色透明なため，そのままの状態では観察することができない。しかし，GFPとよばれる緑色の蛍光を発するタンパク質を利用すると，**生きた細胞を使って，タンパク質の動きやその分布を調べることができる**。

例えば，調べたいタンパク質Aの遺伝子とGFP遺伝子を連結して遺伝子導入すると，細胞内で**タンパク質AとGFPが連結した融合タンパク質**がつくられる。つまり，タンパク質AとGFPは細胞内で一体となって動く。GFPは，タンパク質Aの動きを知るための目印として利用することができるのである。GFPを使うことで，これまでにさまざまなタンパク質の働きが明らかにされている。

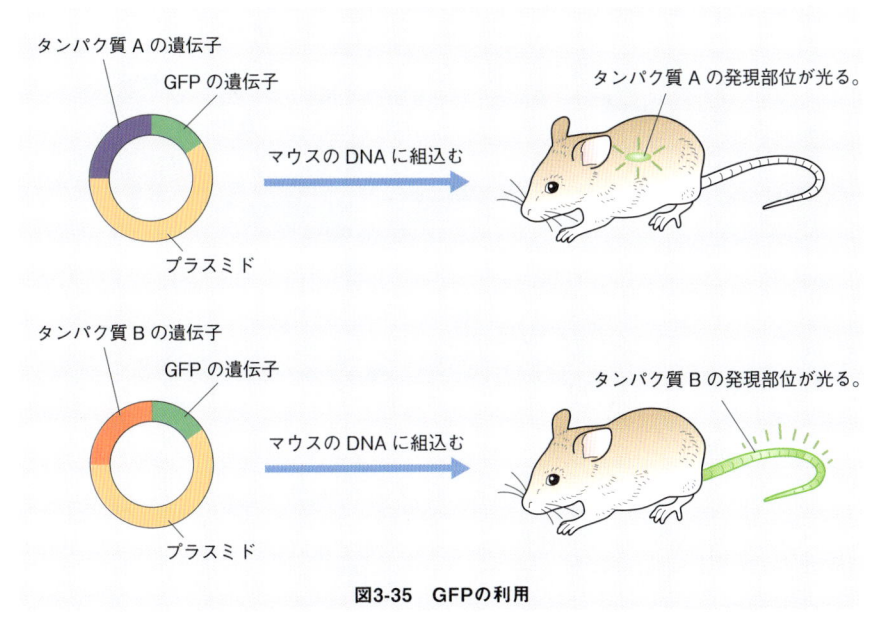

図3-35　GFPの利用

(補足) GFPを用いずにタンパク質の細胞内での分布を調べるには，タンパク質を薬品で染色する方法がある。しかし，実験操作の過程で細胞は死んでしまう。GFPを用いる方法が開発されたことで，生きた状態でも細胞内のタンパク質について調べることが可能になった。

3 医療への応用

　遺伝子組換え技術は医薬品の生産にも応用されている。酵母菌や大腸菌に組換え遺伝子を導入し、タンパク質を合成させることにより、B型肝炎ウイルスのワクチンやインスリンなどのホルモンを安価に大量に合成できるようになっている。
　また、正常な遺伝子を体内に導入したり、体内で悪影響を及ぼす遺伝子の働きを抑えたりする、**遺伝子治療**も行われはじめている。

●インスリンの生産

　インスリンは、糖尿病の治療に用いられるホルモンで、血糖値を下げる働きをもつ。大腸菌に、ヒトインスリン遺伝子を含むプラスミドを取り込ませ、培養して増殖させると、インスリンを多量に生産することができる。

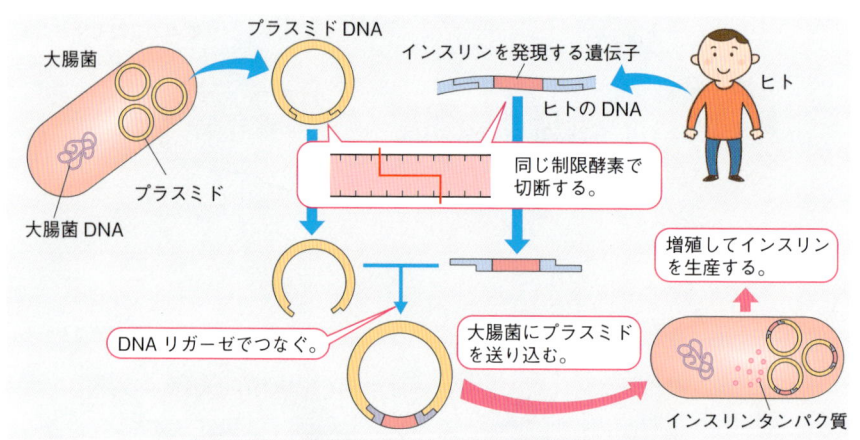

図1-3-28　大腸菌でヒトのインスリンを増殖させる方法

① プラスミドを制限酵素で切断する。
② プラスミドの切断箇所にヒトのインスリンの遺伝子を組み込む。
③ 大腸菌に遺伝子組換えしたプラスミドを送り込む。
④ プラスミドを送り込んだ大腸菌を培養して、インスリンを生産させる。

コラム　人工ヌクレアーゼ

　制限酵素は特定の塩基配列の部分でDNA鎖を切断するが、天然に存在する細菌類から得ているため、種類に限界がある。最近、任意の塩基配列を切断する人工ヌクレアーゼTALEN（Transcription Activator-Like Effector Nucleases）が開発され、DNAの切断ばかりでなく、細胞や個体における遺伝子組換えが容易になり、遺伝子改変生物の作出や、遺伝子治療技術の開発の促進が期待されている。

この章で学んだこと

生物基礎で学んだ転写や翻訳についてさらに理解を深め，遺伝子の発現調節のメカニズムについても学習した。医療や産業で使われているバイオテクノロジーについても学び，身近なところで利用されていることを知った。

1 DNAの複製

1 DNAの複製方式 もともとあったヌクレオチド鎖と，新しいヌクレオチド鎖が相補的に結合する，半保存的複製。

2 ヌクレオチド鎖の合成 デオキシリボースの3′末端の炭素に，別のヌクレオチドのリン酸が結合し，5′→3′方向に伸長する。

3 DNA複製の過程 DNA鎖の開裂→DNAポリメラーゼによる，ヌクレオチドの連結→ヌクレオチド鎖の伸長

4 リーディング鎖 DNAの開裂方向に連続的に合成。

5 ラギング鎖 DNAの開裂方向と逆方向に不連続に合成。DNAリガーゼによる連結が必要。

2 真核生物の転写，翻訳のしくみ

1 転写の開始 プロモーターとよばれる領域に，基本転写因子とRNAポリメラーゼが結合することにより起こる。RNAポリメラーゼが結合するには，基本転写因子と複合体を形成することが必要。

2 転写の方向 RNAポリメラーゼは，5′→3′方向にRNA鎖を合成する。

3 mRNAの合成 転写されたRNAから，イントロンが取り除かれ，mRNAとなる。このステップをスプライシングという。

4 翻訳の開始 核から出たmRNAが，細胞質基質のリボソームと結合し，開始コドンが認識されると翻訳がスタートする。

5 タンパク質の合成 mRNAのコドンと対応するアンチコドンをもったtRNAが，アミノ酸を運搬してくる。アミノ酸が連結し，タンパク質がつくられる。

6 翻訳の終結 リボソームが終始コドンの位置にくると，翻訳は終わる。

3 遺伝子の突然変異

1 突然変異 置換，欠失，挿入，重複など。

2 一塩基多型 個体間でみられる，一塩基単位での塩基配列の違い。

4 遺伝子の発現調節

1 真核生物の発現調節 調節遺伝子からつくられる調節タンパク質により，転写が調節されている。

2 原核生物の発現調節 関連する遺伝子が連続して並んでいて，まとめて転写調節を受ける。

5 バイオテクノロジー

1 制限酵素 特定の塩基配列の部分でDNAを切断する酵素。

2 遺伝子組換え DNAを切断し，DNAリガーゼによって別のDNA断片とつなぎ合わせること。

3 ベクター 組換えDNAを細胞などに導入する際に用いられる。代表的なものは，プラスミドとよばれる環状のDNA。

4 PCR法 特定のDNA断片を試験管の中で人工的に増幅させる方法。

5 電気泳動 DNA断片の長さを調べたり，長さによって分けたりする方法。DNA断片の長さによって，移動する速さが異なることを利用している。

確認テスト3

解答・解説は p.540

1 DNA の構造と複製に関する次の文中の空欄に適する語を答えなさい。
(1) ヌクレオチドを構成する（　ア　）は，5つの炭素をもつ。ヌクレオチドの（　イ　）は，5' の炭素に結合している。
(2) DNA の複製方式を（　ウ　）という。DNA の複製では，まず，2本のヌクレオチド鎖が（　エ　）して，部分的に1本となったヌクレオチド鎖ができる。その1本のヌクレオチド鎖を鋳型として，（　オ　）という酵素が，相補的な塩基をもつヌクレオチドを結合していく。新しいヌクレオチド鎖の合成は，（　カ　）' から（　キ　）' 方向に進む。
　DNA が（　エ　）する方向と同じ方向に連続的に合成される新しい鎖を（　ク　）鎖という。（　ク　）鎖と逆方向に不連続に合成される短いヌクレオチド鎖を（　ケ　）鎖という。（　ケ　）鎖は（　コ　）という酵素で連結され，長い DNA となる。
(3) DNA の複製では，複製が開始される部分と相補的な短い RNA がまず合成される。この短い RNA は（　サ　）とよばれる。

2 真核生物の転写に関する次の文を読み，問いに答えなさい。
　遺伝子には，転写開始部位の近くに（　ア　）とよばれる領域がある。転写は，（　イ　）とよばれる酵素が，その領域に結合することで開始される。しかし，真核生物の（　イ　）は単独では結合することができず，（　ウ　）というタンパク質と複合体を形成することが必要である。
　転写によってつくられた RNA からは，（　エ　）とよばれる領域が除かれ，（　オ　）どうしが連結される。これを（　カ　）といい，この過程を経て mRNA が形成される。
(1) 空欄に適する語を答えなさい。
(2) （ⅰ）（　カ　）は細胞内のどこで行われているか答えなさい。
　　（ⅱ）（　カ　）の異常により，フェニルアラニンの代謝がうまくいかなくなる疾患を何というか。

3 真核生物の翻訳に関する次の文中の空欄に適する語を答えなさい。
　翻訳を開始する目印となるコドンは，AUG と決まっていて，これを（　ア　）という。AUG はアミノ酸の（　イ　）を指定している。一方，UAA，UAG，UGA の3つのコドンには，指定するアミノ酸がなく，翻訳が終結するための目印となる。この3つのコドンを（　ウ　）という。

アミノ酸は，（　エ　）によってリボソームに運搬される。（　エ　）には，（　オ　）という塩基配列がある。この塩基配列は，mRNAのコドンと相補的である。

4　遺伝子発現の調節に関する次の文を読み，問いに答えなさい。
　真核生物のDNAには，調節タンパク質が結合する領域があり，これを（　ア　）という。調節タンパク質は，基本転写因子とRNAポリメラーゼの複合体を安定化させることで転写を（　イ　）させる。調節タンパク質の遺伝子を（　ウ　）といい，さらにその遺伝子を調節する別の（　ウ　）があるというように，多段階の調節が連続することで，特定の遺伝子が一定の順序で発現する。
　原核生物のDNAには，オペロンという遺伝子群があるが，このオペロンも真核生物と同様に調節タンパク質のコントロールを受ける。原核生物において，調節タンパク質が結合する塩基配列を（　エ　）という。
(1)　空欄に適する語を答えなさい。
(2)　下線部のオペロンとはどのような構造をしているか。35字程度で簡潔に答えなさい。

5　突然変異に関する次の文を読み，問いに答えなさい。
　突然変異には，DNAの塩基配列の一部が置き換わる（　ア　），一部が抜ける（　イ　），一部が新たに加わる（　ウ　），一部の塩基配列が増える（　エ　）がある。ヒトの場合，個体間で（　オ　）塩基にひとつ程度の配列の違いがある。個体間で見られる1塩基単位での多様性を（　カ　）という。
(1)　空欄に適する語句または数字を答えなさい。
(2)　塩基配列に変化が生じると，疾患などの問題を引き起こすことがあるのはなぜか。簡潔に説明しなさい。

6　PCR法は，ごくわずかなDNAを増幅させて多量の均一なDNAを得る方法であり，約95℃から約50℃の温度の上昇と下降を繰り返してDNAを増幅させる。PCR法に用いられるDNAポリメラーゼに求められる性質・能力としてもっとも適切なものを次の①〜④の中から一つ選びなさい。
①　増幅させたいDNA領域を選択する能力
②　鋳型となるDNAの二重らせんをほどく能力
③　高い温度で失活しない熱に強い性質
④　低いpHで失活しない酸性に強い性質

（東京農大　改題）

センター試験対策問題

1 　細胞は，細胞膜を介して外部と物質のやりとりを行っている。例えば，赤血球中のカリウムイオン(以下 K^+)やナトリウムイオン(以下 Na^+)の濃度は一定に保たれているが，これは赤血球の細胞膜において_アK^+，Na^+を選択的に輸送するしくみがはたらくことによる。また，小腸の上皮細胞では，腸管側から血管側へグルコースが効率的に運ばれている。これは，_イ上皮細胞の腸管側の細胞膜(細胞膜A)と血管側の細胞膜(細胞膜B)とで異なるグルコース輸送のしくみがあるからである。

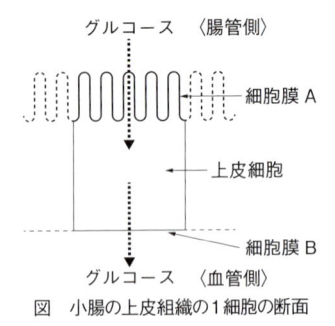

図　小腸の上皮組織の1細胞の断面

問1　下線部**ア**のしくみに関する記述として最も適当なものを，次から選べ。
① Na^+は受動輸送で細胞内に取り込まれ，K^+は能動輸送で細胞外にくみ出されている。
② Na^+は能動輸送で細胞外にくみ出され，K^+は受動輸送で細胞内に取り込まれている。
③ Na^+は能動輸送で細胞外にくみ出され，K^+は能動輸送で細胞内に取り込まれている。
④ Na^+，K^+とも能動輸送で細胞外にくみ出されている。
⑤ Na^+，K^+とも受動輸送で細胞内に取り込まれている。

問2　下線部**イ**に関して，一般に細胞膜Aにおけるグルコースの細胞内への取り込みにはエネルギーが必要であり，細胞膜Bにおけるグルコースの細胞外への輸送にはエネルギーは必要ない。このことから，腸管内のグルコースの濃度(C)，小腸の上皮細胞内のグルコースの濃度(D)，血液の血しょう中のグルコース濃度(E)はどのような関係にあると考えられるか。その関係を示す式の組み合わせとして最も適当なものを，下の①〜④のうちから1つ選べ。
a　C>D　　b　C<D　　c　D>E　　d　D<E
① a, c　　② a, d　　③ b, c　　④ b, d

(センター試験　改題)

2 図1は生物界におけるエネルギー変換過程の一部とそれにともなう物質循環の概略を細胞内の反応系で示したものである。以下の問いに答えよ。

問1　A～Eは，それぞれ何と呼ばれる反応系か。次の中から，正しいものを1つずつ選べ。ただし，同じ番号を2度用いてもよい。

① 電子伝達系　　　② 解糖系
③ クエン酸回路
④ カルビン・ベンソン回路
⑤ オルニチン回路　⑥ 発酵　　⑦ 化学合成　　⑧ 窒素同化

問2　A～Eの各反応系は，細胞内のどこで行われているか。次の中から，正しいものを1つずつ選べ。
① 小胞体　　　　　　　　② ミトコンドリア外膜
③ ミトコンドリアマトリックス　④ ミトコンドリア内膜
⑤ 葉緑体チラコイド　　　⑥ 葉緑体ストロマ
⑦ ゴルジ体　　　　　　　⑧ リボソーム　　　　⑨ 細胞質基質

問3　図1で吸収される光について，ある植物の光合成作用スペクトル（点線）とクロロフィルaの光吸収スペクトル（実線）を模式的に表したものとして，正しい図を次の①～④から1つ選べ。

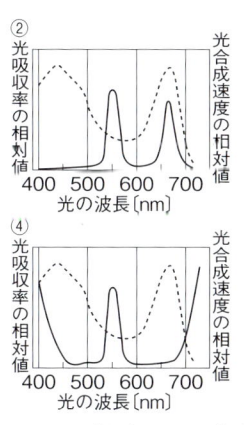

（和歌山大・名古屋大　改題）

3 遺伝情報に関する次の文章を読み，問いに答えなさい。

　DNAからmRNAへの遺伝情報の転写はRNAポリメラーゼの働きによりDNAの塩基配列を鋳型として行われる。RNAポリメラーゼは鋳型の塩基配列と相補的な塩基をもつヌクレオチドを並べてつなぎ，mRNAを合成する。mRNA中の塩基がどのようにアミノ酸に対応しているかは，大腸菌をすりつぶした液などに人工的に合成したRNAを加えてポリペプチドを作らせる事で解析が進められた。Uだけからなる人工mRNAを入れるとフェニルアラニンだけからなるペプチドが合成され，CAの繰り返しからなる人工mRNAを入れるとトレオニンとヒスチジンが交互に繰り返されるペプチドが得られる。今日ではDNA組換え技術を用いて小型の環状DNAに必要なDNA断片を組み込んだ後，大腸菌に入れてタンパク質合成を誘導することが盛んに行われている。

問1　CAGの繰り返し配列を，大腸菌をすりつぶした液に加えると同じ種類のアミノ酸が繰り返し連なったペプチドが出来ると考えられる。遺伝暗号表（→p.269）を参考にして，可能性のあるアミノ酸を次からすべて選びなさい。
① アラニン　　　② トレオニン　　③ セリン
④ グリシン　　　⑤ アルギニン　　⑥ グルタミン酸
⑦ アスパラギン酸　⑧ グルタミン

問2　CAGACの繰り返しからなる人工mRNAを用いてタンパク質を合成させた際のアミノ酸の繰り返し配列として正しいものを，遺伝暗号表を参考にして次から選びなさい。
① グルタミン－トレオニン－アルギニン－プロリン－フェニルアラニン
② トレオニン－アルギニン－プロリン－アスパラギン－グリシン
③ トレオニン－アルギニン－プロリン－グルタミン－アスパラギン酸
④ アルギニン－プロリン－アスパラギン酸－グルタミン－トレオニン
⑤ プロリン－アルギニン－アスパラギン酸－ロイシン－トレオニン
⑥ アスパラギン酸－ロイシン－トレオニン－アスパラギン酸－ロイシン
⑦ グルタミン－トレオニン－アルギニン－プロリン－アスパラギン
⑧ グルタミン－トレオニン－アスパラギン酸－ロイシン－トレオニン

問3　下線部について，DNAを切断するときに使う酵素として正しいものを次から選びなさい。
① DNAリガーゼ　　② DNAポリメラーゼ
③ RNAポリメラーゼ　④ 制限酵素

（麻布大学　改題）

生物 第2部

生殖と発生

この部で学ぶこと

1. 生殖と染色体
2. 減数分裂
3. 遺伝子の連鎖・独立と組み合わせ
4. 配偶子の組み合わせ
5. 動物の初期発生
6. 動物細胞の分化と形態形成
7. ホメオティック遺伝子
8. 植物の発生
9. 植物の成長と分化
10. ABCモデル

ADVANCED BIOLOGY

第1章
生殖と遺伝子

この章で学習するポイント

☐ 生殖と染色体
☐ 無性生殖と優性生殖
☐ 染色体のつくりと遺伝子

☐ 減数分裂と遺伝子
☐ 減数分裂
☐ 遺伝子の連鎖・独立
☐ 遺伝子の組み合わせ
☐ 組み換え価
☐ 受精による配偶子の組み合わせ

1 生殖と染色体

1 無性生殖と有性生殖

　生物個体が，自己と同じ種類の新しい個体をつくり出すことを**生殖**とよぶ。生殖には，二つの細胞が合体する**有性生殖**と，体細胞や個体が分裂して，そのまま新個体になる**無性生殖**がある。

Ⓐ 無性生殖

　細菌類や単細胞の原生生物でみられるように，もとになる細胞や個体から，同じ形で同じ大きさの一対の新個体ができる生殖を**分裂**とよぶ。一方，もとになる細胞や個体より小さく，芽のような新個体ができる生殖を**出芽**とよぶ。出芽は酵母菌のような単細胞生物のほか，ヒドラなどの多細胞生物にもみられる。種子植物が，花などの生殖器官ではなく，根・茎・葉などの栄養器官の一部から新個体をつくることを**栄養生殖**とよぶ。

> **参考　胞子生殖**
> 　菌類やシダ植物などでは，個体の一部分に胞子とよばれる細胞がつくられるものがある。胞子は発芽して，新個体になる。このような生殖を胞子生殖という。

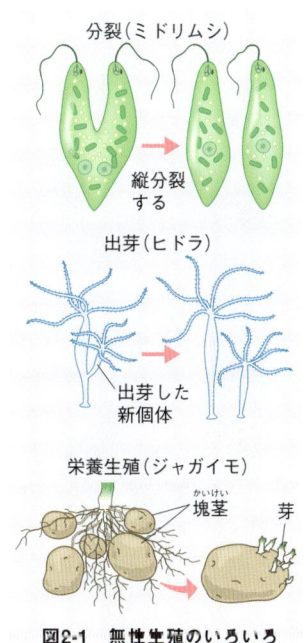

図2-1　無性生殖のいろいろ

Ⓑ 有性生殖

　有性生殖では，**配偶子**とよばれる生殖のための特別な細胞がつくられ，配偶子が合体して新しい個体が生じる。配偶子が合体することを**接合**といい，接合によって生じた細胞を**接合子**という。

> **POINT**
> ● 生殖とは，新しい個体をつくり出すことである。
> ● 配偶子とは，生殖のための特別な細胞である。

参考　配偶子の種類と受精

　接合する2つの配偶子の大きさや形が等しい場合，その配偶子を同形配偶子とよび，大きさや形が異なる場合は異形配偶子とよぶ。また，異形配偶子のうち小さいほうを雄性配偶子とよび，大きいほうを雌性配偶子とよぶ。

　多細胞生物の雄性配偶子のうち，雌性配偶子より小さく，べん毛で運動するものを**精子**という。大きくて運動性がなく，精子と接合する雌性配偶子を**卵**とよぶ。卵には栄養分などが蓄えられている。卵と精子の接合を特に**受精**といい，受精で生じた接合子を**受精卵**とよぶ。

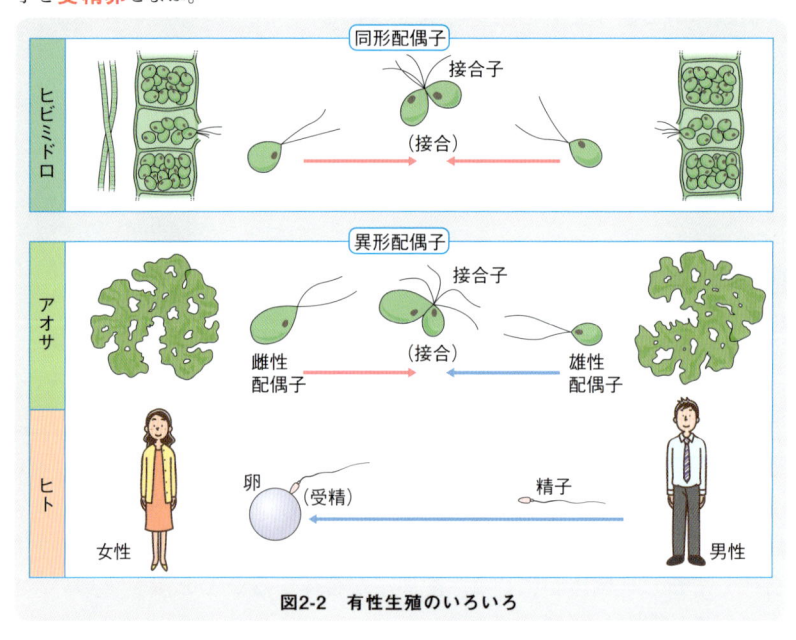

図2-2　有性生殖のいろいろ

2 染色体と遺伝子

有性生殖では，配偶子が合体して**受精卵**ができる。受精卵は体細胞分裂を繰り返し，一定の形質をもつ個体に成長する。体細胞の核には，両親に由来する染色体が含まれている。遺伝形質のもとになる要素を遺伝子といい，遺伝子の本体である DNA は染色体にある。1本の染色体には多くの遺伝子があり，遺伝子は染色体ごとに娘細胞に分配される。

Ⓐ 相同染色体

有性生殖を行う生物の体細胞には，形や大きさが等しい染色体が2本ずつ含まれている。この一対の染色体を**相同染色体**といい，片方は父方に由来し，もう片方は母方に由来する。相同染色体の対の数を n で表すと，**配偶子は n，体細胞は $2n$** となる。

Ⓑ 遺伝子と染色体のふるまい

遺伝子のふるまいと，染色体のふるまいはよく似ている。

●**遺伝子の性質とふるまい**
(1) 各個体は，1つの形質に関して，1対の遺伝子をもつ。
(2) 1対の遺伝子は，配偶子形成の際，分かれて別々の配偶子に入る。
(3) 受精によって，1つの形質の遺伝子は，新たな対をつくる。

●**染色体の性質とふるまい**
(1) 体細胞には，1対の相同染色体が含まれている。
(2) 1対の相同染色体は，減数分裂の際，分かれて別々の細胞に入る。
(3) 受精によって，相同染色体は新たな対を受精卵の中でつくる。

Ⓒ 遺伝子座

ある特定の形質の遺伝子は，特定の染色体上の決まった位置にある。**染色体上の遺伝子の位置**を**遺伝子座**といい，遺伝子座は同じ生物種では共通している。ある遺伝子座を占める遺伝子は同じ遺伝子であるが，塩基配列が完全に同じとは限らない。また，同じ遺伝子であっても，塩基配列が異なると形質が変わることがある。

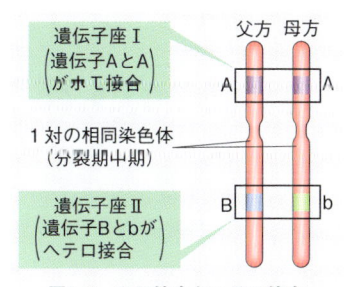

図2-3 ホモ接合とヘテロ接合

第1章 生殖と遺伝子

例えば，エンドウの種子には，丸いものとしわのあるものが存在する。このように，**相同染色体の同じ遺伝子座にあって対立する形質を担う遺伝子**を**対立遺伝子**とよぶ。一対の相同染色体の，ある特定の遺伝子座に注目した場合，同じ形質を担う遺伝子が対になっている状態を**ホモ接合**といい，異なる形質を担う遺伝子が対になっている状態を**ヘテロ接合**という。ホモ接合の個体をホモ接合体，ヘテロ接合の個体をヘテロ接合体という。

D 遺伝子型

エンドウの種子に丸いものとしわのあるものが存在するように，実際に現れる形質を**表現型**といい，表現型を担う遺伝子の組み合せを**遺伝子型**という。ヘテロ接合体において，形質として現れる方の遺伝子を大文字で記し，形質として現れない方の遺伝子を小文字で記す。例えば，対立遺伝子Aとaがあるとする。ヘテロ接合体の遺伝子型はAaである。Aaの表現型はAであり，Aの形質は表に現れる。一方，aの質は現れることはない。ホモ接合体の遺伝子型はAA，aaである。AAでは，Aの形質が現れる。aaの場合はAがないためaの形質が現れることになる。

E 性染色体

ヒトの体細胞の染色体（$2n=46$。2本一組で，全部で46本）のうち，22対（44本）は男女ともに共通し，**常染色体**という。残りの2本は**性染色体**といい，男女でその組み合わせは異なる。性染色体にはX染色体とY染色体がある。女性の性染色体はホモ型のXXであり，男性の性染色体はヘテロ型のXYである。Y染色体には，性の決定にかかわる遺伝子がある。

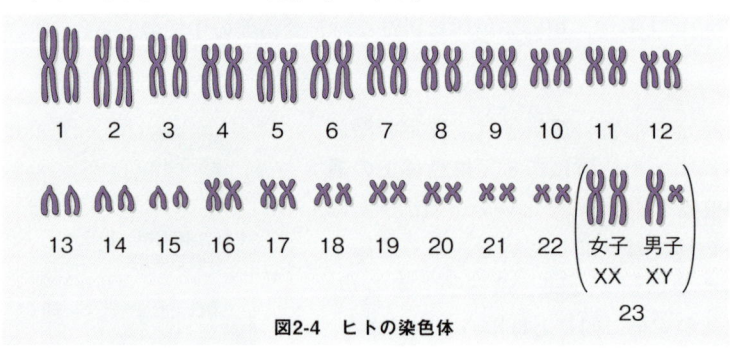

図2-4　ヒトの染色体

> **POINT**
> - 相同染色体の対の数は，配偶子は n，体細胞は $2n$。
> - 一対の相同染色体において，同じ形質を担う遺伝子が対になっていることもあれば，異なる形質を担う遺伝子が対になっていることもある。

参考　性決定と性染色体

ヒトの性染色体は，男性がヘテロ接合をとる雄ヘテロ型であり，XYと表される。精子が形成される際，XとYのどちらかが受け継がれる。そのため精子にはX型とY型がある。雄ヘテロ型の中には，Y染色体に相当する性染色体がないXO型というタイプもある。雌の性染色体がヘテロ型をとる生物もあり，その場合は雌ヘテロ型という。雌ヘテロ型の性染色体はZW，またはZOと表される。

表　性染色体による性決定の様式

性決定の型		体細胞		生殖細胞	受精卵と性別		染色体数の例
雄ヘテロ接合型	XY型	♀	2A+XX	A+X	2A+XX	♀	ショウジョウバエ $2n=8$(♀, ♂)
		♂	2A+XY	{A+X A+Y	2A+XY	♂	
	XO型	♀	2A+XX	A+X	2A+XX	♀	トノサマバッタ $2n=24$(♀) $=23$(♂)
		♂	2A+X	{A+X A	2A+X	♂	
雌ヘテロ接合型	ZW型	♀	2A+ZW	{A+W A+Z	2A+ZW	♀	ニワトリ $2n=78$(♀, ♂)
		♂	2A+ZZ	A+Z	2A+ZZ	♂	
	ZO型	♀	2A+Z	A	2A+Z	♀	ミノガ $2n=5$(♀) $=6$(♂)
		♂	2A+ZZ	{A+Z A+Z	2A+ZZ	♂	

※Aは常染色体の一組を表す。

2 減数分裂と遺伝子

1 減数分裂

配偶子が形成されるときは，**減数分裂**とよばれる細胞分裂が起こる。減数分裂では，染色体数が減少する。配偶子の染色体数は母細胞の半分である。母細胞の染色体数を $2n$ (**複相**) とすると，配偶子の染色体数は n (**単相**) となる。

減数分裂では，第一分裂に続き第二分裂が起こり，**1個の母細胞から4個の配偶子がつくられる**。減数分裂で半減した染色体数は，配偶子が合体することにより，もとに戻る。配偶子は，父方由来と母方由来の相同染色体のうち，どちらか片方だけをもつ。ヒトの場合，男性の性染色体はXYのため，Xをもつ精子と，Yをもつ精子の2種類ができる。Xをもつ精子が受精に使われると，性染色体の構成はXXとなり，産まれる個体は女性になる。一方，Yをもつ精子が受精に使われると，性染色体の構成はXYとなり，産まれる個体は男性になる。

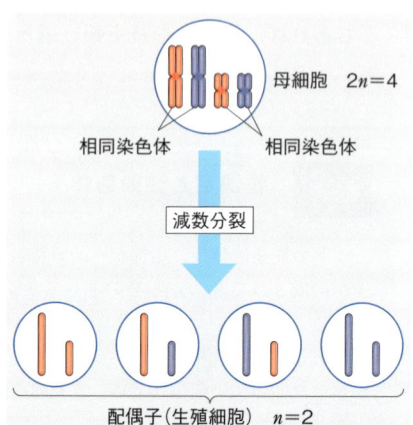

図2-5 減数分裂

2 減数分裂の進み方

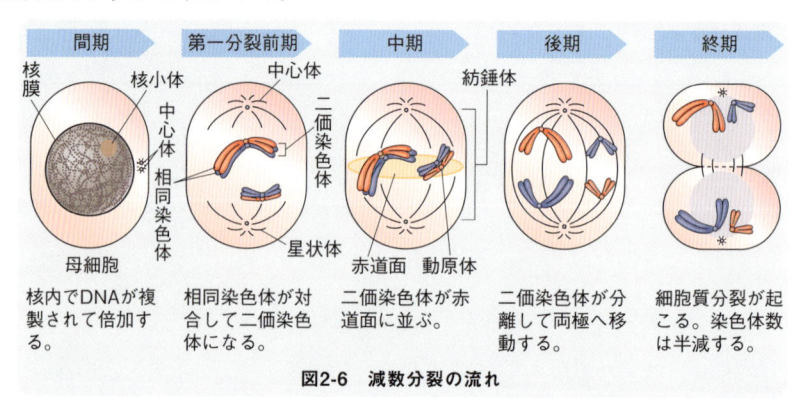

図2-6 減数分裂の流れ

Ⓐ 第一分裂・前期

　減数分裂の過程で重要な点は，**相同染色体どうしの接着と分離**である。減数分裂に入る前の相同染色体は複製されているため，2本の染色体で構成されている。第一分裂前期には相同染色体どうしが並び，接着する。相同染色体の接着を**対合**といい，対合した相同染色体をひとまとめにして**二価染色体**とよぶ。それぞれの相同染色体は2本の染色体からなるため，**二価染色体は合計4本の染色体で構成**されていることになる。中期までは，二価染色体の4本の染色体はまとまって行動する。

　二価染色体がつくられる際，対合した相同染色体の間で染色体の一部が交換されることがある。これを**乗換え**という。

Ⓑ 第一分裂・中期〜終期

　中期には二価染色体が**赤道面**に並ぶ。後期になると，二価染色体としてまとまっていた各々の相同染色体は，**対合面で分離して両極へ移動**する。終期には細胞質がくびれ2つに分かれる。この過程で**染色体の数が半分になる**。第一分裂で生じた細胞は，各々の相同染色体が1つずつ含まれることになる。

> 補足　動物細胞は，細胞がくびれることで細胞質が分かれる。一方，植物細胞の場合は，細胞板という板状の構造が形成されることで，細胞質が分かれる。

Ⓒ 第二分裂

　第二分裂は，**染色体の複製がされないまま**，第一分裂に続いて起きる。分裂の様式は体細胞分裂とほぼ同じである。第二分裂の前期・中期の染色体は，2本の染色体が接着した状態にある。中期に各染色体が赤道面に並び，後期には2本の染色体が接着面で分離して両極へ移動する。終期には核膜が形成され，細胞質分裂が起こり，4個の配偶子が生じる。

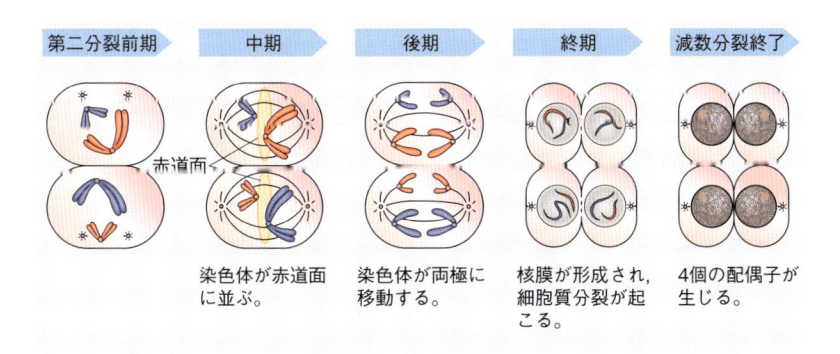

図2-6　減数分裂の流れ

3 減数分裂とDNA量の変化

　細胞一つあたりに含まれるDNA量は，生物の種によって一定している。分裂に先立って **DNAは複製** される。減数分裂は連続して2回の分裂が起こるため，最終的に **DNA量は半減** することになる。

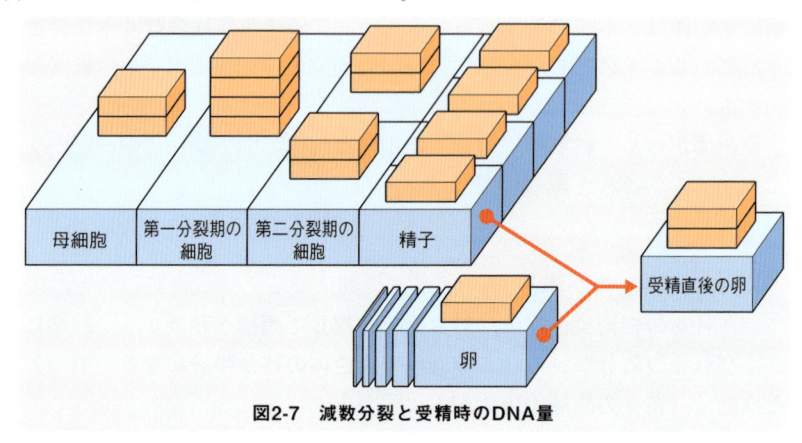

図2-7　減数分裂と受精時のDNA量

> **POINT**
> ● 減数分裂に入る前に，染色体は複製されている。複製された染色体は，第一分裂終期に，その数が半減する。第二分裂の前は複製が起きない。

4 遺伝子の連鎖と独立

　1本の染色体には多数の遺伝子が存在している。同一の染色体に遺伝子が複数存在していることを **連鎖** という。連鎖している遺伝子どうしは，**減数分裂の際，行動を共にする。**

　異なる染色体に存在する遺伝子は，互いに **独立** しているという。独立している遺伝子は，減数分裂の際，**独立に配偶子に分配される**。分配において，互いに影響しあうことはない。

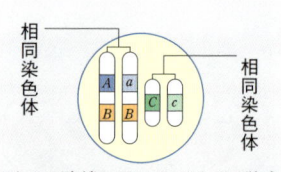

AとBは連鎖している。AとCは独立している。

図2-8　3組の対立遺伝子

Ⓐ 独立した遺伝子の配偶子における組み合わせ

下の図のAとCは，注目する遺伝子が異なる染色体上にある。このような場合，対立遺伝子Aとa，Cとcは減数分裂の過程で次のように配偶子に分配される。

減数分裂によって生じる配偶子の染色体の組み合わせは，相同染色体の数をnとすると2^nとなる。

> **例** 相同染色体の数が2つの生物では$2^2=4$となる。ヒトでは$n=23$なので，配偶子の染色体の組み合せは$2^{23}=8,388,608$となる。

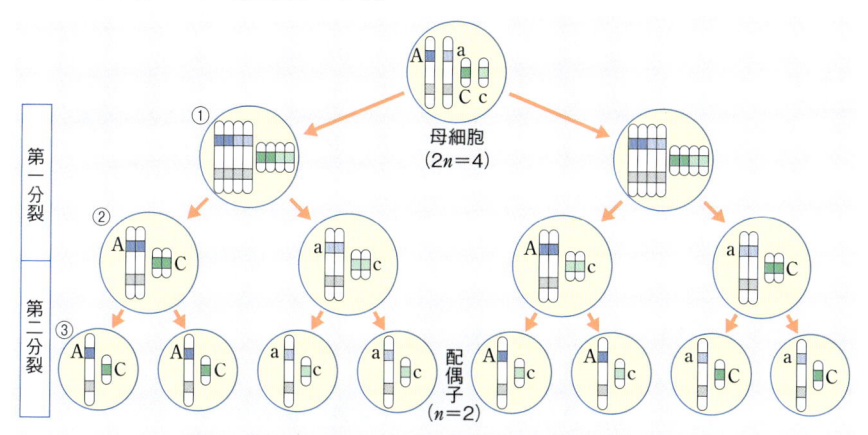

図2-9 遺伝子が独立している場合の配偶子の組み合わせ

① 減数分裂が始まる前に染色体が複製され，二価染色体となる。

② 第一分裂の過程で生じる2つの細胞に，AAをもつ相同染色体とaaをもつ相同染色体のいずれかが分配される。同様に，CCをもつ相同染色体とccをもつ相同染色体のいずれかが分配される。

生じる2つの細胞の遺伝子の組み合わせは，AA・CC，aa・ccまたはAA・cc，aa・CCになる。

③ 第二分裂では染色体の複製が起こらないまま染色体が分配されるため，AA・CCの細胞からはA・Cの組み合わせをもつ配偶子が生じ，同様にaa・ccからはa・c，AA・ccからはA・c，aa・CCからはa・Cの組み合わせをもつ配偶子が生じる。

❺ 連鎖した遺伝子の配偶子における組み合わせ

下の図のAとB，aとbのように，注目する遺伝子が連鎖している場合は，AとB，aとbは，減数分裂の過程で行動をともにする。そのため，生じる配偶子の遺伝子の組み合わせはAとBと，aとbの2種類になる。

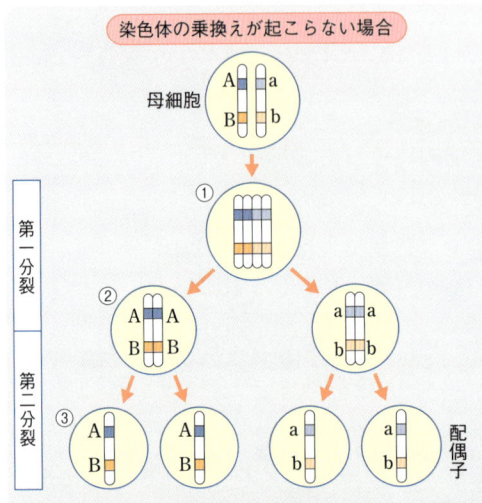

染色体の乗換えが起こらない場合

母細胞

第一分裂
第二分裂

配偶子

① 減数分裂が始まる前に染色体が複製され，第一分裂前期に二価染色体となる。

② 第一分裂の過程で生じる2つの細胞に，AとBをもつ相同染色体とaとbをもつ相同染色体のいずれかが分配される。生じる2つの細胞の遺伝子はAとB，またはaとbの組み合わせとなる。

③ 第二分裂では染色体の複製が起こらないまま染色体が分配されるため，AとBをもつ細胞からはAとBの組合せをもつ配偶子が生じ，aとbをもつ細胞からはaとbの組み合わせをもつ配偶子が生じる。

図2-10 乗換えが起こらない場合の配偶子の組み合わせ

コラム だ腺染色体

キイロショウジョウバエの幼虫のだ腺染色体は，1000本以上の染色体が並列に並んでおり，ふつうの染色体の100倍以上の大きさがある。したがって，光学顕微鏡で染色体の様子を詳しく調べることができる。だ腺染色体には，色素によく染まる横しまが見られ，その数や場所は染色体によって決まっている。ある形質に異常がある個体では，形質の異常に対応して，特定の位置の横しまのパターンが変化している。そのため，その位置に異常が生じた遺伝子が存在することがわかる。つまり，横しまを目印にして，連鎖する複数の遺伝子について染色体上の遺伝子座を知ることが可能である。

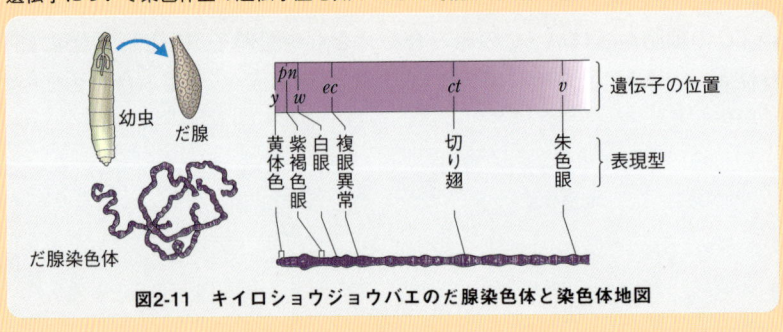

幼虫　だ腺
pn　ec　ct　v
y　w

黄体色　紫褐色眼　白眼　複眼異常　切り翅　朱色眼

遺伝子の位置
表現型

だ腺染色体

図2-11 キイロショウジョウバエのだ腺染色体と染色体地図

❸ 連鎖した遺伝子の組換えが起こる場合

　染色体の乗換えが起こると，乗換えを起こした相同染色体間で新たな遺伝子の組み合わせが生じる。これを遺伝子の**組換え**という。

　連鎖したAとBの遺伝子の組み合わせをもつ相同染色体と，連鎖したaとbの遺伝子の組み合わせをもつ相同染色体間で乗換えが起こると，下の図のようにAとb，aとBの新たな組み合わせが生じる。そのため，配偶子の遺伝子の組み合わせは4種類になる。

①二価染色体形成時に乗換えが起こる。

②第一分裂の過程で生じる2つの細胞に、AとB，Aとbの相同染色体とaとB，aとbの相同染色体に分配される。

③第二分裂では，染色体の複製が起こらないまま染色体が分配されるため，AとB，Aとb，aとB，aとbの組み合わせをもつ配偶子が生じる。

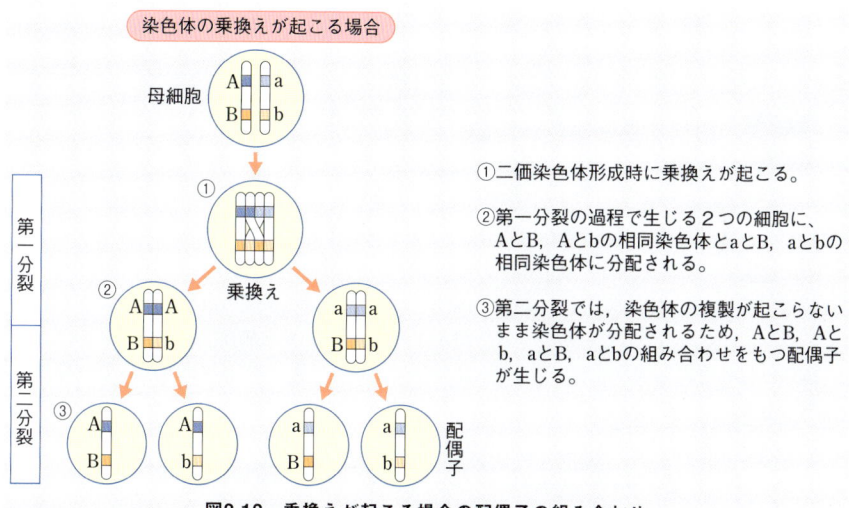

図2-12　乗換えが起こる場合の配偶子の組み合わせ

参考　乗換えにより増える，配偶子の染色体の組み合わせ

　既に述べたように，ヒトの染色体は $n=23$ であるので，配偶子の染色体の組み合わせは 2^{23} となる。生殖細胞の23個の相同染色体のうち，ひとつだけが，1回だけ乗換えを起こすと仮定する。相同染色体の対立遺伝子がそれぞれA-B，a-bとすると，乗換えによりA-B，a-bの他に，A-bとa-Bが生じるため，配偶子の遺伝子の組み合わせは4種類になる。すると，その生殖細胞から生じる染色体の組合せは $2\times2^{23}=2^{24}$ となる。実際には，多くの相同染色体で乗換えが起こるため，染色体の組み合わせはさらに多様になる。

❶ 組換え価

　減数分裂の過程で，相同染色体の乗換えは一定の割合で起こる。そのため，連鎖した遺伝子の組換えは一定の割合で起こる。生じた配偶子のうち，連鎖した特定の2つの遺伝子に注目し，それらの遺伝子について組換えが起きた配偶子の割合を**組換え価**という。組換え価は，次の式で表される。

$$\text{組換え価}(\%) = \frac{\text{組換えが起きた配偶子の数}}{\text{全配偶子の数}} \times 100$$

参考　組換え価と染色体地図

　相同染色体の乗換えは一定の頻度で起こる。そのため，注目する2つの遺伝子が離れているほど乗換えによる組換えが起こる確率は高くなる。したがって，注目する2つの遺伝子の組換え価は，染色体上の遺伝子座の相対的な距離に比例することになる。

　遺伝子A，B，Cが連鎖していると仮定する。これら遺伝子間の組換え価を求めると**染色体地図**をつくることができる。例えば，AB間の組換え価が12%，AC間が4%，BC間が8%であるとすると，遺伝子は次の図のように，A–C–Bの順に配列していることになる。

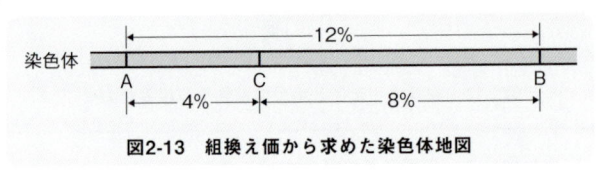

図2-13　組換え価から求めた染色体地図

POINT

- 遺伝子Aとa，Bとbが独立しているときにできる配偶子
  → AB，Ab，aB，ab
- AとB，aとbが連鎖しているときにできる配偶子
  → AB，ab
- AとB，aとbが連鎖し，組換えが起きたときにできる配偶子
  → AB，ab および，組換えによってできた Ab，aB

5 受精による配偶子の組み合わせ

両親からできたそれぞれの配偶子は，受精によってかけあわされる。

対立遺伝子 A，a と B，b が独立している場合，配偶子の種類は，AB，Ab，aB，ab の 4 種類である。両親が，この 4 種類の配偶子をもつ場合，受精によってできる子の遺伝子の組み合わせは，それぞれの配偶子をかけて，AABB，AABb，AAbb，AaBB，AaBb，Aabb，aaBB，aaBb，aabb の 9 種類になる。

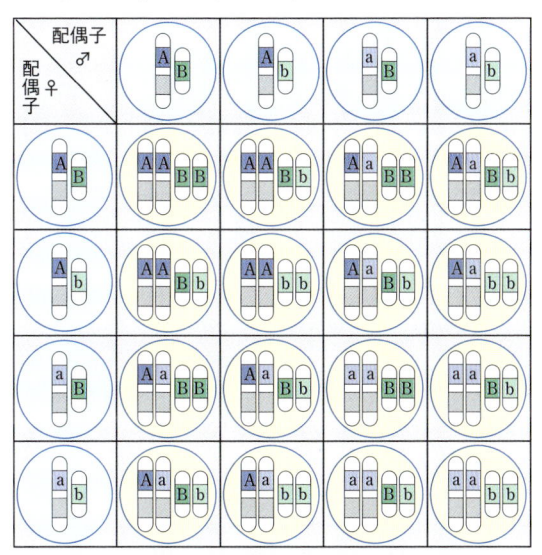

図2-14 配偶子の組み合わせ

第1章 生殖と遺伝子

この章で学んだこと

減数分裂と配偶子形成のしくみについて詳しく学んだ。また，受精によって，さまざまな配偶子の組み合わせが生じることを学習し，遺伝についての理解を深めた。

1 生殖と染色体
1. **生殖** 自己と同じ種類の新しい個体をつくること。
2. **有性生殖** 配偶子が合体して，新しい個体を生じる。配偶子とは，精子や卵のような，生殖のための特別な細胞のこと。
3. **無性生殖** 体細胞や個体が分裂して，新しい個体を生じる。分裂，出芽などがある。
4. **相同染色体** 形や大きさが等しい染色体のセット。片方は父方に，もう片方は母方に由来する。

2 染色体と遺伝子
1. **遺伝子座** 染色体上の遺伝子の位置のことで，同じ生物種では共通している。
2. **対立遺伝子** 同じ遺伝子座にあり，対立する形質を担う。同じ形質の遺伝子が対になっていれば，ホモ接合。異なる形質の遺伝子が対になっていれば，ヘテロ接合。
3. **遺伝子型** 表に現れる形質を表現型といい，表現型を担う遺伝子の組み合わせを遺伝子型という。
4. **性染色体** ヒトの体細胞の染色体のうち，44本は男女に共通する常染色体。残り2本は性染色体である。XXなら女性，XYなら男性。

3 減数分裂と遺伝子
1. **減数分裂** 配偶子形成の際に起こる分裂方式。分裂に先立って，染色体の複製が起こるが，2回の分裂が連続して起こるため，染色体数が半減する。
2. **第一分裂・前期** 対合とよばれる，相同染色体が接着する現象が起こり，二価染色体が形成される。二価染色体は，計4本の染色体で構成されている。
3. **第一分裂・中期，後期** 二価染色体は，中期になると赤道面に並ぶ。後期になると対合面で分離して，両極に移動する。
4. **第一分裂・終期** 細胞質が分裂し，2つの細胞ができる。それぞれの細胞には，各々の相同染色体が1つずつ含まれる。染色体数は半分となる。
5. **第二分裂** 染色体が複製されないまま，分裂だけが起こる。1つの母細胞から4つの配偶子がつくられる。

4 遺伝子の連鎖と独立
1. **連鎖** 同一の染色体に，遺伝子が複数連なって存在すること。連鎖している遺伝子どうしは，減数分裂の際，行動を共にする。
2. **独立** 異なる染色体に，遺伝子が存在していること。独立している遺伝子は，減数分裂の際，別々に分配される。
3. **乗換え** 二価染色体がつくられる際，染色体の一部が交換される。乗換えが起こった相同染色体間では，新たな遺伝子の組み合わせが生じる。これを遺伝子の組換えという。
4. **組換え価** 乗換えは一定の割合で起こるため，遺伝子の組換えも一定の割合で起こる。ある遺伝子について，組換えが起きた配偶子の割合を，組換え価という。

確認テスト1

解答・解説は p.541

1 遺伝について述べた文を読み，文中の空欄（　ア　）〜（　ソ　）にあてはまる語を答えなさい。

(1) 個体が，自己と同じ新しい個体をつくることを生殖という。生殖には，（　ア　）生殖と（　イ　）生殖がある。（　ア　）生殖には，同じ形で同じ大きさの新個体ができる（　ウ　），酵母やヒドラでみられ，もとになる個体より小さな新個体ができる（　エ　），植物の栄養器官の一部が新個体になる（　オ　）生殖などがある。

(2) 遺伝子は染色体上の特定の位置にある。染色体上の遺伝子の位置を（　カ　）という。また，相同染色体の同じ（　カ　）上にあり，（　キ　）する形質をになう遺伝子を（　キ　）遺伝子とよぶ。ある遺伝子の遺伝子型が AA または aa の組み合わせである個体を（　ク　）接合体，Aa の個体を（　ケ　）接合体という。
ヒトの染色体は（　コ　）対の（　サ　）染色体と2本の（　シ　）染色体で構成される。

(3) 同一の染色体に存在する遺伝子は（　ス　）しているという。異なる染色体に存在する遺伝子は互いに（　セ　）しているという。（　ス　）した遺伝子は染色体の乗換えが起こると，新たな遺伝子の組み合わせを生じる場合がある。これを遺伝子の（　ソ　）という。

2 遺伝子型について，次の問いに答えなさい。
(1) 対立遺伝子 A と a がある場合，生じる個体の遺伝子型をすべて答えなさい。
(2) 2つの遺伝子 A と B について，AABB と aabb の交雑で得られる子の遺伝子型を答えなさい。ただし，2つの遺伝子は異なる染色体上にあるものとする。
(3) (2)で生じた子どうしを交雑した。得られる個体の遺伝子型をすべて挙げなさい。

3 染色体地図に関して，次の問いに答えなさい。
ある生物の遺伝子 A，B，C，D は同じ染色体上にある。この4種類の遺伝子について，AB 間の組換え価が 20%，AD 間が 8%，AC 間が 6%，BC 間が 14%，BD 間が 12% である。
(1) これらの遺伝子を並べかえると，遺伝子はどのような順になるか。
(2) CD 間の組換え価はいくらになるか。

第2章
動物の発生

この章で学習するポイント

- 動物の配偶子形成と受精
  - 精子・卵の形成
  - 受精のしくみ

- 初期発生
  - 卵の種類と卵割の様式
  - ウニの初期発生
  - カエルの初期発生
  - 胚葉の分化と器官形成

- 細胞の分化と形態形成
  - 体軸の決定
  - 胚葉の誘導
  - 誘導の連鎖
  - 形態形成とホメオティック遺伝子

1 動物の配偶子形成と受精

1 配偶子形成

多細胞動物の配偶子には**卵**と**精子**がある。卵と精子の形は生物の種によってさまざまであるが，基本的な構造や形成過程は共通している。卵をつくる器官を**卵巣**，精子をつくる器官を**精巣**という。配偶子のもとになる**始原生殖細胞**は発生の初期に形成される。発生とは，受精卵が細胞分裂をくり返し，やがて成体となる過程である。精巣と卵巣も発生の過程で形成され，始原生殖細胞が発生途中の精巣に入ると**精原細胞**になり，卵巣に入ると**卵原細胞**になる。

Ⓐ 精子の形成

精原細胞は精巣の中で体細胞分裂を繰り返して数を増やす。個体が成熟すると，増殖した精原細胞の一部は成長して**一次精母細胞**($2n$)となる。一次精母細胞は減数第一分裂を行い，2個の**二次精母細胞**となる。さらに減数第二分裂を行って4個の**精細胞**(n)が形成される。その後，精細胞は大きく形を変え，精子に分化する。

ヒトの精子は核・先体・中心体を含む円錐形の頭部，ミトコンドリアを含む中片部，べん毛からなる尾部で構成される。

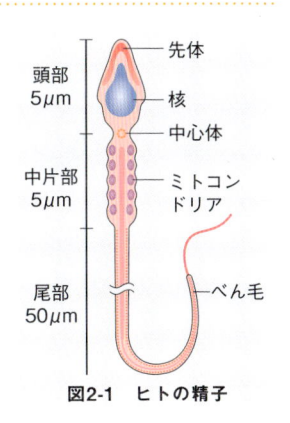

図2-1 ヒトの精子

一次精母細胞($2n$) →[減数分裂 第一分裂]→ 二次精母細胞(n) →[減数分裂 第二分裂]→ 精細胞(n) →[変態]→ 精子(n)

Ⓑ 卵の形成

卵原細胞は，卵巣内で体細胞分裂を繰り返して数を増やす。個体が成熟すると，卵原細胞は栄養分などを蓄えて大きくなり，大形の**一次卵母細胞**($2n$)となる。一次卵母細胞が減数第一分裂で不均等に分裂して，大形の**二次卵母細胞**(n)と，小形の**第一極体**(n)となる。減数第二分裂では，二次卵母細胞が再び不均等な分裂をして，大形の**卵**(n)と，小形の**第二極体**(n)をつくる。

(補足) 第一極体も2個に分裂する。3個の極体は後に消失する。

一次卵母細胞($2n$) →[減数分裂 第一分裂]→ 二次卵母細胞(n) →[減数分裂 第二分裂]→ 卵(n)

図2-2 動物の配偶子形成

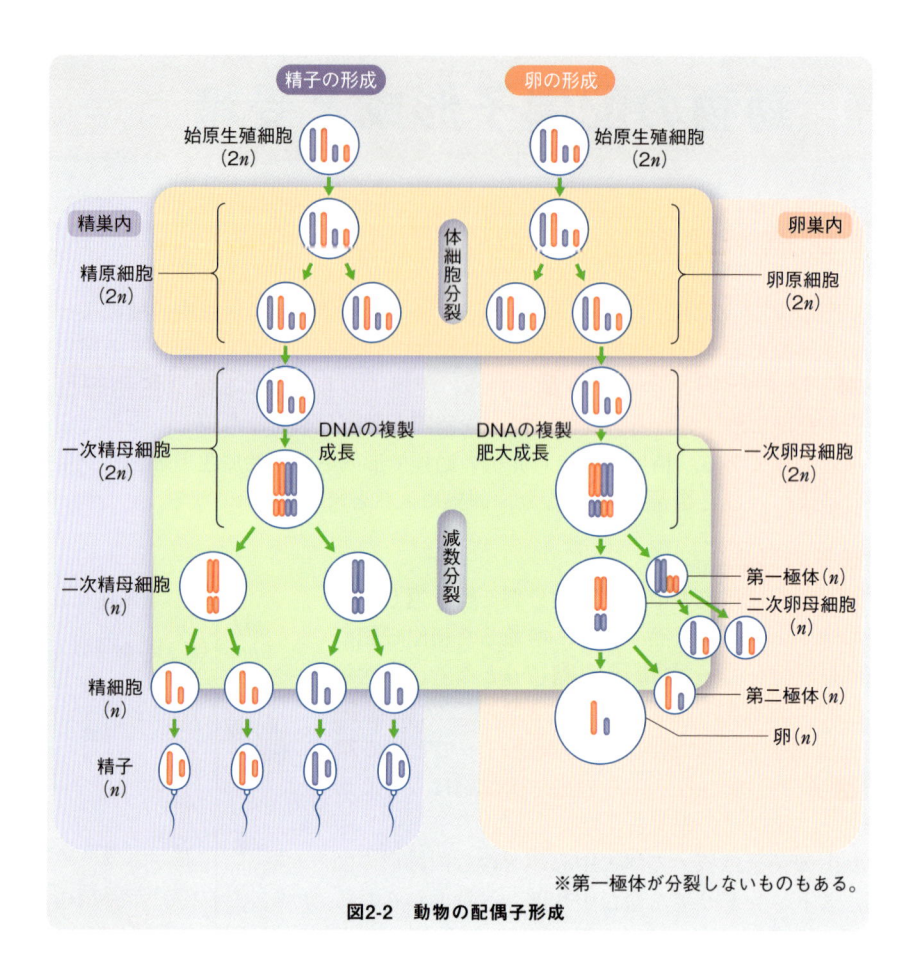

※第一極体が分裂しないものもある。

> **POINT**
> - 精子の形成…1個の一次精母細胞から4個の精子が形成される。
> - 卵の形成…1個の一次卵母細胞から1個の卵と3個の極体が形成される。

2 動物の受精

受精の本質は，**卵の核と精子の核が合体してひとつの核になること**である。水の中に生息する動物の多くは，個体が卵や精子を放出する**体外受精**を行う。陸上動物は雌の体内で受精する**体内受精**を行う。

●ウニの受精

卵は，ゼリー状の物質でできた層(ゼリー層)で覆われ，保護されている。ゼリー層に達した精子は，頭部の先体から糸状の突起を出す。先体の突起が卵膜を突き抜け，卵の細胞膜に到達すると，精子と卵の細胞膜が融合する。精子の進入点を中心に受精膜が盛り上がり，やがて受精膜が卵全体を包み込む。受精膜はほかの精子の進入を防ぎ，卵を保護する役目を担う。

卵内に進入した精子は尾部が切れ，頭部は精核となり，やがて卵核と合体して受精が完了する。受精卵の核相は $2n$ となる。受精卵はやがて卵割を開始し，新個体が発生する。

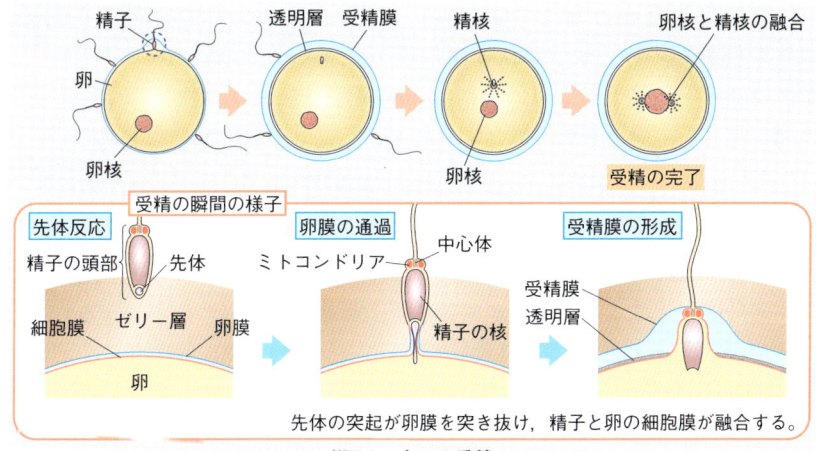

図2-3 ウニの受精

コラム 水中の動物の受精

水の中で体外受精する動物では，卵から分泌される物質で精子が活性化されたり，誘引されたりする。卵から誘引物質が放出されると，誘引物質は拡散し，卵から離れるほど濃度が低くなる。精子は誘引物質の濃度の差を感知して，濃度の高い方向に運動する。その結果，精子が卵に到達することができる。

2 初期発生

1 卵の種類と卵割の様式

動物の卵には，初期発生の養分となる卵黄が含まれている。卵黄の量と分布は動物によって異なり，卵の細胞分裂の様式に影響を与える。

Ⓐ 卵の種類と卵黄の分布

卵では，極体の放出される場所を**動物極**，その反対側を**植物極**とよぶ。一般に，動物極を上に描く。卵を地球にみたて，動物極と植物極を結ぶ軸を動植物軸といい，動植物軸を直角に2等分する面を卵の**赤道面**という。また，赤道面より動物極側を**動物半球**，植物側を**植物半球**という。

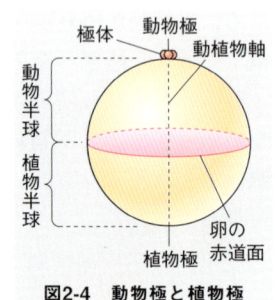

ウニや哺乳類の卵のように，卵黄の量が少なく，卵黄がほぼ均等に分布する卵を**等黄卵**とよぶ。カエルの卵のように，卵黄が植物極側にかたよって分布する卵を**端黄卵**とよぶ。

図2-4 動物極と植物極

Ⓑ 卵割の様式

受精卵は細胞分裂をくり返して細胞数を増やす。発生初期における受精卵の細胞分裂を**卵割**といい，生じる細胞を**割球**とよぶ。卵割は普通の体細胞分裂と異なり，短時間で起こるため細胞が成長せず，割球はしだいに小さくなる。等黄卵は卵割によりほぼ大きさの等しい割球を生じる。このため，等黄卵の卵割の様式を**等割**という。端黄卵では，卵黄の多い部分は割球が大きくなる。割球の大きさに差が生じる卵割の様式を**不等割**という。

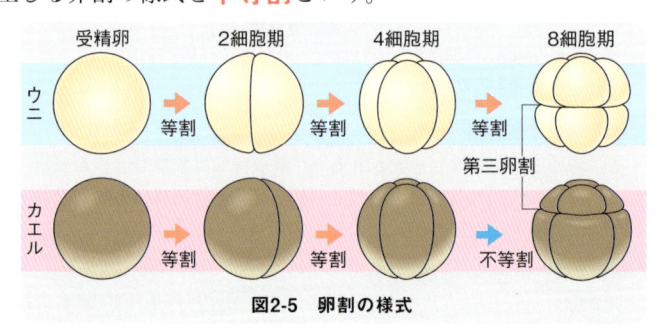

図2-5 卵割の様式

参考 さまざまな卵割の様式

　鳥類や魚類の卵は、大量の卵黄を蓄えており、動物極の細胞だけ分裂する。すると割球の集団が円盤のようにまとまる。このような卵割の様式を**盤割**という。昆虫類や甲殻類など、卵黄が卵の中心に集中している卵を**心黄卵**という。心黄卵では、受精してしばらくは細胞質が分裂せず、核だけが分裂して数を増やす。やがて核が細胞表面に移動して、細胞膜が核を包み込むように、細胞表面だけで細胞分裂が起こる。このような卵割の様式を**表割**という。

　卵全体に卵割が及ぶ等割と不等割を、まとめて**全割**とよぶ。一方、細胞質の一部分だけで卵割が起こる盤割と表割を、まとめて**部分割**とよぶ。

卵の種類			卵割の様式							
等黄卵	ウニ ホ乳類		→	→	→			割球の大きさが等しい。	等割	全割
端黄卵 軽度の	両生類		→	→	→			割球の大きさが不均一。	不等割	
端黄卵 強度の	頭足類・魚類 ハ虫類・鳥類		→	→	→			動物極側のみで盤状に起こる。	盤割	部分割
心黄卵	昆虫類 甲殻類		→	→	→			卵の表面のみで起こる。	表割	

図2-6　卵の種類と卵割の様式

POINT

- ウニや哺乳類の卵は等黄卵。等黄卵の卵黄は均一に分布。
- 等黄卵の卵割は等割。
- 端黄卵の卵黄の多い部分は割球が大きい。端黄卵は不等割。

2 初期発生の過程

　受精した卵は細胞分裂を繰り返し，細胞数を増やすとともに細胞を分化させる。初めは，卵に備えられた，動植物軸や前後軸といった体軸の情報をもとに，大まかに3つの胚葉に分かれる。やがて細胞や細胞の集団の配置を変えながら互いに影響を及ぼし合い，細胞の役割を細かく分化させ成体となる。

Ⓐ ウニの発生

　ウニでは8細胞期までは等割であるが，8細胞から16細胞になるときには不等割が起こる。動物半球は同じ大きさの8個の**中割球**になる。一方，植物半球では植物極に4個の**小割球**が生じ，小割球より動物極側には4個の**大割球**が生じる。さらに卵割が進むと，多数の割球が集まった**桑実胚**となり，胚の内部に**卵割腔**とよばれる空所が生じる。

> 補足　桑実胚は外形が桑の実に似ていることから名づけられた。

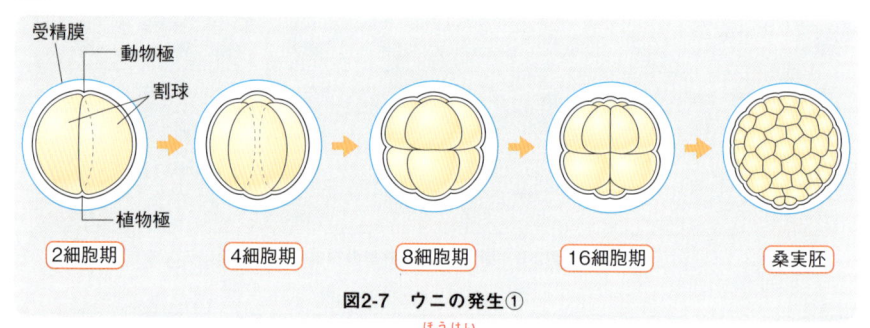

図2-7　ウニの発生①

2細胞期　4細胞期　8細胞期　16細胞期　桑実胚

受精膜／動物極／割球／植物極

　やがて割球は胚の表面に一層に並び，**胞胚**となる。そして，内部の空所は広がって**胞胚腔**とよばれるようになる。胞胚の後期には，胞胚の細胞から繊毛が生じ，ふ化すると泳ぎ始める。遊泳し始めた胞胚の植物極からは，小割球由来の細胞が胞胚腔内に遊離する。遊離した細胞は**一次間充織細胞**になる。続いて，植物極付近の細胞層が胞胚腔に向かって凹み始める。この凹む過程を**陥入**という。陥入した細胞層と生じた空所を**原腸**といい，原腸の入口を**原口**という。原口は将来，**肛門**になる。原腸が陥入し始めた胚を**原腸胚**といい，原腸の先端から二次間充織細胞が胞胚腔内に遊離する。

　原腸胚の外表面をおおう細胞層を**外胚葉**といい，内側に陥入した細胞層を**内胚葉**という。一次間充織細胞と二次間充織細胞は，外胚葉と内胚葉の間に位置する**中胚葉**である。

胚は原腸胚の後期を経て，プリズム型の幼生となる。やがて，原腸の先端が外胚葉に到達し，将来，そこに口が形成される。原腸は食道，胃，腸に分化し，骨片が形成されてプルテウス幼生となる。プルテウス幼生は，食物を食べて成長し，やがて変態して成体となる。

補足 一次間充織細胞は骨片を形成し，二次間充織細胞は筋肉のほか，異物を攻撃する食細胞になる。

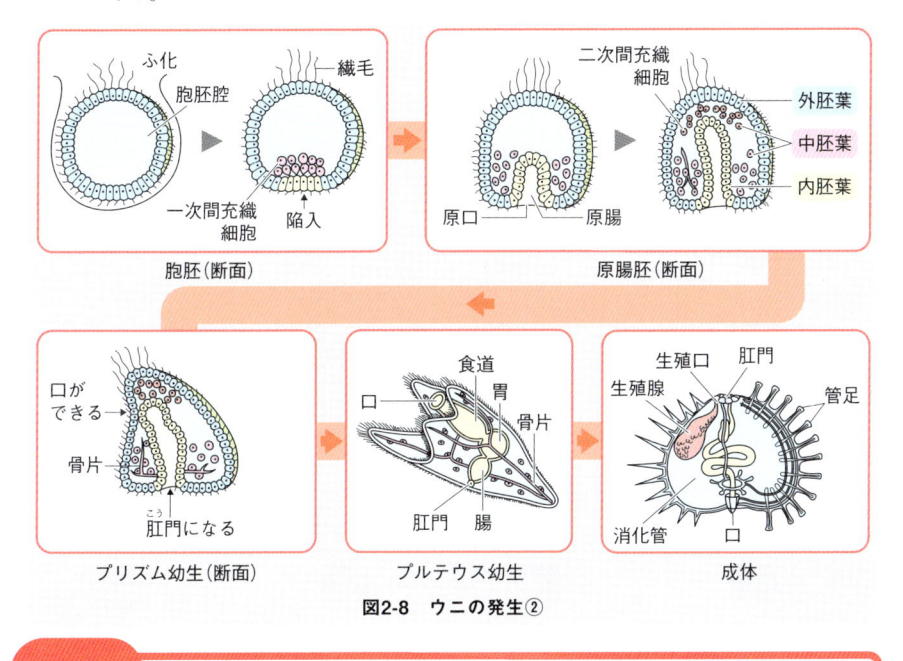

図2-8　ウニの発生②

POINT

- ウニの胚発生は，桑実胚→胞胚→原腸胚と進む。
- 原口は原腸の入り口。原口はいずれ肛門になる。

コラム　ウニの発生を学ぶ理由

　ウニの見かけはヒトと大きく異なり，ウニのことを学んでもヒトの研究の役には立たないように思える。しかし，実は，ウニがもつ遺伝子の種類と数は，ヒトとほぼ同じである。また，細胞の活動のしくみや，発生のしくみも，ウニとヒトではほとんど変わらない。ウニで明らかになったことは，多くの場合ヒトにも当てはまり，ヒトの病気の研究にも貢献する。例えば，ウニを用いた細胞周期の調節の研究は，がんの発症のしくみの解明につながった。この研究でティム・ハントはノーベル生理学・医学賞を受賞している。

❺カエルの初期発生

●受精から原腸胚まで

　カエルの受精では，精子は動物半球に進入する。受精すると，精子進入点の反対側の赤道部が三日月状に灰色になる。これを**灰色三日月環**という。灰色三日月環のある側が，将来の背側になり，反対側が腹側になる。

　第一卵割は，動物極，植物極，精子進入点を結ぶ面で起こり，灰色三日月環を二分する。第一卵割面は，胚の前後軸に沿って体の左右を二分することになる。第二卵割は，第一分裂面と直交する動物極と植物極を結ぶ面で起こり，第三卵割は赤道面よりやや動物極寄りの水平面で起こる。そしてやがて桑実胚になり，胞胚となる。カエルの卵割腔と胞胚腔はウニとは異なり，動物半球に偏って生じる。

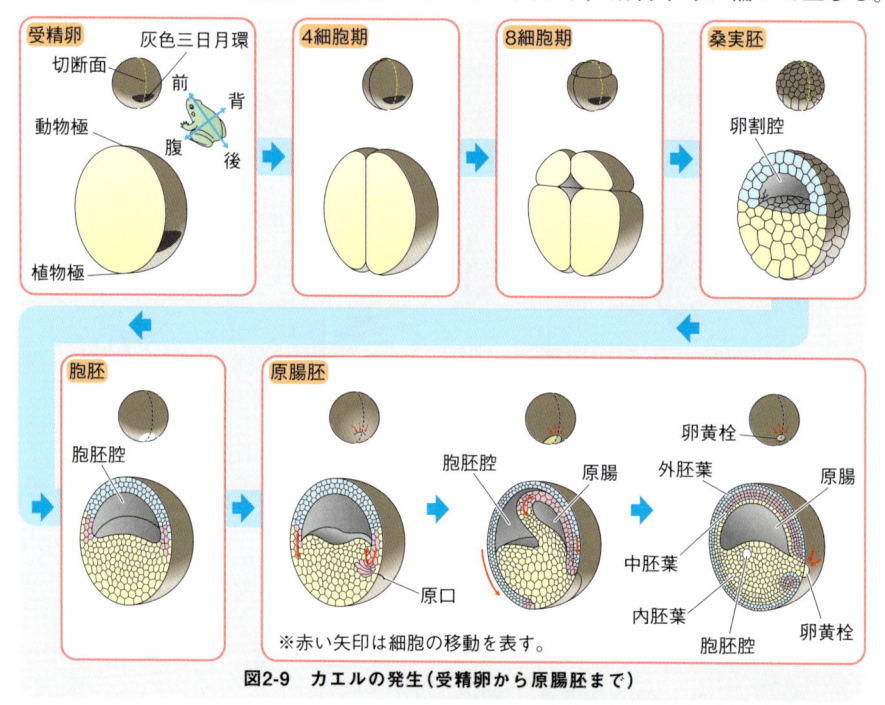

図2-9　カエルの発生（受精卵から原腸胚まで）

　胞胚期を過ぎると，灰色三日月環の植物極寄りで陥入が始まり，原腸胚となる。陥入により生じたくぼみの入り口を原口といい，原口の動物極寄りの細胞群を**原口背唇**という。原口背唇から赤道付近の細胞層が陥入を続け，動物半球の外胚葉を裏打ちして**中胚葉**になる。

陥入した細胞層は，胞胚腔を押しやりながら**内胚葉**の原腸となり，やがて胞胚腔は消失する。この間，初めは弧のような形をしていた原口が植物極を囲むように両側に広がり，両端がつながって輪のようになる。植物半球のうち，原口によって囲まれた部分は，卵黄を多く含んで円形に盛り上がり，原口に栓をしたように見える。そのため，これを**卵黄栓**とよぶ。**外胚葉**が胚の全体を包み込むように広がり，原口が閉じると，卵黄栓は胚の中に取り込まれる。こうして，胚の表面はすべて外胚葉で覆われる。さらに発生が進むと，陥入した原腸の先端が外胚葉に接し，原腸と外胚葉がつながって，そこが将来の口になる。一方，原口は肛門になる。

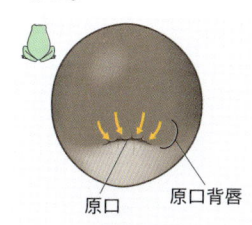

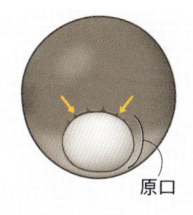

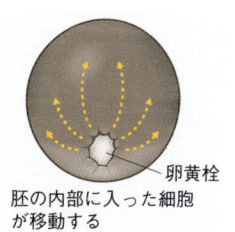

図2-10　原口と卵黄栓

●神経胚から尾芽胚まで

原腸胚の時期が過ぎると，胚の背側の外胚葉が平板状に厚くなる。この板状の構造を**神経板**という。やがて，神経板の左右の縁が隆起してひだ状になり，ひだは高さを増しながら互いに内側に折れこみ連結する。その結果，外側の細胞層は背側を覆う表皮となり，内部に**神経管**とよばれる一本の管がつくられる。神経管からは，将来，脳や脊髄などの中枢神経がつくられる。

この間，原腸の背側にあった中胚葉は，しだいに腹側に広がる。神経管のすぐ下の中胚葉は神経管に沿って棒状の**脊索**となり，その左右が**体節**となる。腹側に広がった中胚葉は**側板**となる。脊索の下側にある内胚葉は，前後軸に沿って管状になり，腸管となる。

神経板ができてから神経管がつくられるまでの時期の胚を，**神経胚**という。神経胚の時期に，胚は前後に伸び始める。やがて肛門の後ろに尾が伸び始め，**尾芽胚**となる。

> **POINT**
> - カエルの胚発生は，桑実胚→胞胚→原腸胚→神経胚→尾芽胚と進む。
> - 将来的に背側になるのは，灰色三日月環のある側である。
> - 灰色三日月環の植物極寄りで陥入が起こる。

第2章　動物の発生

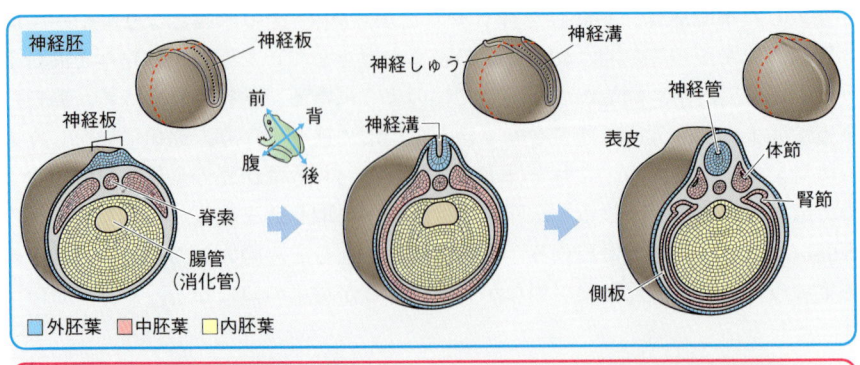

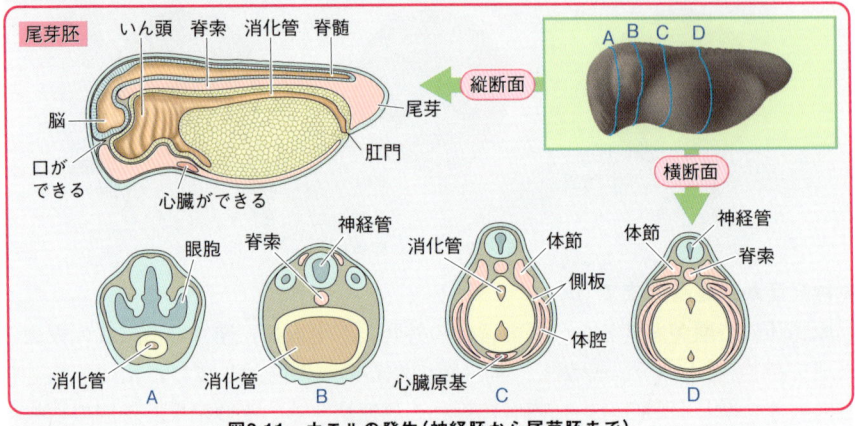

図2-11 カエルの発生（神経胚から尾芽胚まで）

参考　神経冠細胞

　神経胚期に，表皮と神経管の間に，神経冠細胞（神経堤細胞ともいう）とよばれる細胞群が生じる。神経冠細胞は個々に遊走する性質があり，胚の内部に移動して，感覚神経や交感神経などの末梢神経となったり，皮膚の色素細胞に分化したりする。

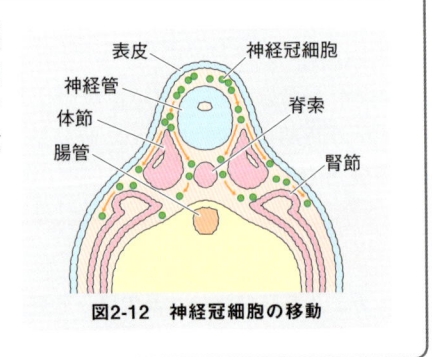

図2-12　神経冠細胞の移動

◉ 胚葉の分化と器官形成

原腸胚で生じた外胚葉，内胚葉，中胚葉は，やがてさらに分化し，複雑な組織や器官をつくる。

● **外胚葉から分化する器官**

表皮は外胚葉から分化する。また，外胚葉の一部は神経管となり，神経管からは脳や脊髄がつくられる。

● **中胚葉から分化する器官**

中胚葉からは脊索，体節，腎節，側板が分化する。脊椎骨は，脊索の周辺に体節から生じた骨細胞が集まることによりつくられる。脊索は後に退化する。体節からは，骨や骨格筋，真皮が生じ，腎節からは腎臓が生じる。側板からは，心臓や結合組織，内臓の筋肉が生じる。

（補足）真皮は表皮とともに皮膚をつくる。

● **内胚葉から分化する器官**

食道，胃，腸などの消化管の内壁を覆う上皮細胞は，内胚葉からつくられる。肝臓やすい臓は，腸管の一部が膨らんで生じる。肺は，のど付近の消化管が膨らんで生じる。

（補足）消化管の内壁は内胚葉由来であるが，内壁は中胚葉由来の筋肉で囲まれている。

> **コラム　胚葉の発達**
>
> 　地球上に最初に現れた生物は単細胞だった。細胞分裂した単細胞が分離しないと，多数の細胞が集まった群体となる。群体の細胞は，外界から栄養や酸素を取り込み，老廃物を外界に排出することができる。しかし，群体が大きくなると，内側の細胞は十分な物質の取り込みができず，また，溜まった老廃物に囲まれることになる。原始多細胞動物は，細胞を群体の表面に一層になるように配置し，内部に空所をつくることにより，外界との物質の交換を効率よく行えるよう進化した。また，内部の空所は，安定した環境を細胞に提供することができるようになった。体の表面に層をなす細胞群は外胚葉に相当する。やがて外胚葉の一部に凹みをつくり，凹みで食物を捕らえるようになった。また，凹みに消化酵素を集中させることにより，効率よく栄養分を吸収できるようにもなった。外胚葉に囲まれた凹みは内胚葉に相当する。外胚葉と内胚葉だけでは，空気の抜けた風船のようなものであり，しっかりした形態の体をつくることはできない。外胚葉と内胚葉の間に細胞を配置すると，細胞の層を下支えすることができる。外胚葉と内胚葉の間に位置する細胞は中胚葉であり，中胚葉は骨や筋肉，結合組織をつくる。中胚葉を進化させたことにより，動物は体を大きくすることができるようになった。

図2-13 胚葉の分化と器官形成

尾芽胚

横断面

外胚葉
- 胚の表皮 ─ 皮膚の表皮，口や鼻の上皮
          ─ 眼の水晶体・角膜
- 神経管 ─ 脳，眼の眼胞・網膜
        ─ 脊髄

中胚葉
- 脊索 ─ 多くの脊椎動物ではのちに退化する。
- 体節 ─ 脊椎骨，骨格
       ─ 骨格筋
       ─ 皮膚の真皮
- 腎節 ─ 腎臓
- 側板 ─ 心臓，血管，血球
       ─ 筋肉
       ─ 体腔壁

内胚葉
- 気管や肺などの上皮
- 消化管の上皮
- 肝臓・すい臓など

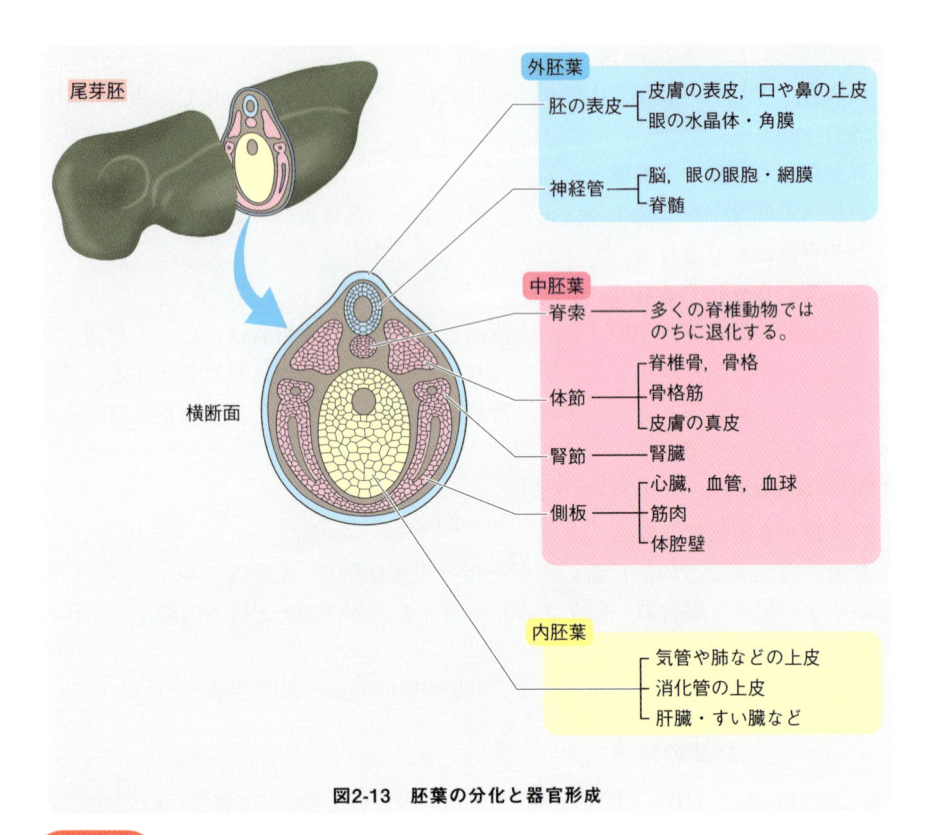

POINT

- 皮膚の表皮は外胚葉から，真皮は中胚葉から分化。
- 消化管の内壁を覆う上皮細胞は，内胚葉から分化。

コラム 神経細胞

　原始的な多細胞動物の表皮の細胞は，すべて神経の働きをもっていた。現生するもっとも原始的な多細胞動物のカイメンは，体表面のすべての細胞が神経細胞の働きをもつ。ヒトも含め，外胚葉は神経になるように初期設定されている。ではなぜ，体表は表皮で覆われているのであろうか。それは，発生過程で外胚葉から神経細胞が生じると，その神経細胞が周辺の細胞に，表皮となるように働きかけるからである。

3 細胞の分化と形態形成

ヒトの体は約 200 種類の細胞からできている。もとは 1 個の受精卵であり，分裂して生じた細胞は，すべて同じ遺伝子をもっている。細胞は発生の過程で，それぞれ異なる遺伝子を発現させることにより，異なる働きをもつ細胞を分化させる。多くの動物では，卵に蓄えられた mRNA とタンパク質によって体軸が決まり，体軸に沿って細胞を分化させていく。やがて，細胞どうしが相互作用して複雑で調和のとれた体がつくられていく。

1 胚の体軸の決定

体をつくるには，特定の位置に特定の細胞を分化させる必要がある。多くの動物では，卵の細胞質に体軸の情報が蓄えられており，胚は体軸の情報をもとに細胞を分化させていく。

❹ カエルの背腹軸の決定

カエルの未受精卵の動物半球は，細胞質が黒い色素を含み，表層は不透明なため黒く見える。一方，植物半球は，表層が透明で，細胞質に白い卵黄が片寄って分布するため白く見える。カエルでは，精子は動物半球に進入し，精子の進入が刺激となって，表層が内部の細胞質に対して約 30 度回転する。これを**表層回転**という。表層回転によって，精子の進入点の反対側では，動物半球の黒い細胞質が植物極側の透明な表層に覆われることになる。その結果，動物半球の内部細胞質が灰色の三日月状の形に見える。これを**灰色三日月環**という。灰色三日月環のある側が，将来の背側になり反対側が腹側になる。

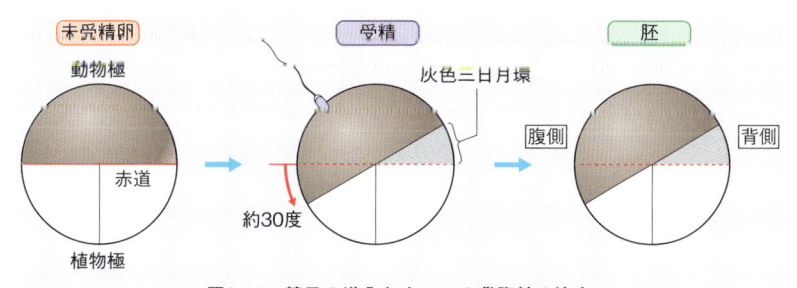

図2-14 精子の進入とカエルの背腹軸の決定

受精による表層回転をきっかけとして，背側から腹側にかけて遺伝子の発現を調節するタンパク質(調節遺伝子のタンパク質)の濃度勾配ができる。調節遺伝子のタンパク質の濃度によって，発現する遺伝子は異なる。そのため，背腹軸に沿って細胞が分化し，背腹軸が決定される。

参考　βカテニンによる遺伝子発現調節

　カエルでは，植物極付近の卵の表層に，ディシェベルドとよばれるタンパク質がある。受精により，表層が回転すると，ディシェベルドが赤道付近に運ばれる。表層のディシェベルドは細胞質に働きかけ，βカテニンとよばれるタンパク質の分解を抑制する。その結果，ディシェベルドが移動した部分の細胞質では，βカテニンの濃度が高くなり，卵の反対側に向けてβカテニンの濃度勾配ができる。βカテニンは転写を調節するタンパク質であり，βカテニンの濃度に応じてさまざまな遺伝子の転写が調節される。**βカテニンの濃度が高ければ背側の構造をつくるための遺伝子が発現し，βカテニンの濃度が低ければ腹側の構造をつくるための遺伝子が発現する**。このように，βカテニンの濃度勾配がカエルの背腹軸決定の情報となっている。

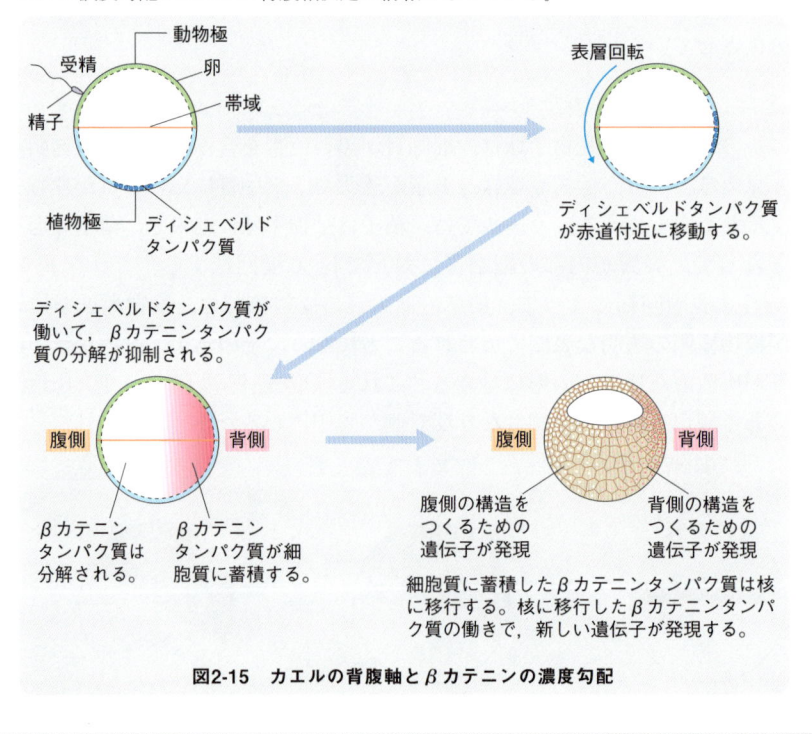

図2-15　カエルの背腹軸とβカテニンの濃度勾配

Ⓑ ショウジョウバエの前後軸の決定

ショウジョウバエの未受精卵は前後軸の情報をもつ。卵の前端には**ビコイド**とよばれるタンパク質の mRNA が蓄えられており，後端には**ナノス**とよばれるタンパク質の mRNA が蓄えられている。

受精すると，ビコイドとナノスのタンパク質が合成され，卵の細胞質に拡散する。その結果，前端から後端にかけてビコイドの濃度勾配が生じ，後端から前端にかけてナノスの濃度勾配が生じる。ショウジョウバエの初期発生では細胞質は分裂せず，核分裂だけが起こる（図 2-6：心黄卵）。核の遺伝子はビコイドとナノスの濃度勾配の影響を直接受け，遺伝子の発現を調節し，前後軸に沿った細胞分化が進行する。

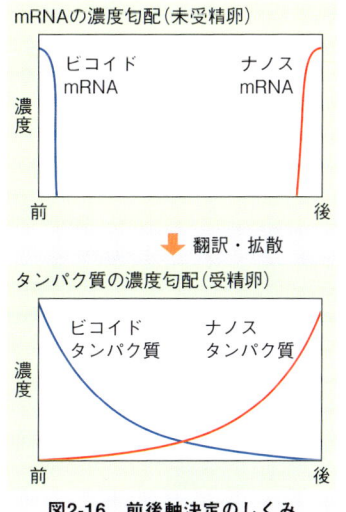

図2-16　前後軸決定のしくみ

2 胚葉の誘導

発生の初期では，卵に蓄えられた体軸の情報にしたがって，遺伝子の発現が調節される。発生が進むと，細胞間の相互作用により細胞が分化するようになる。胚の特定の部分が，その近くの領域の細胞群に働きかけ，分化を引き起こす働きを**誘導**といい，誘導する作用をもつ領域を**形成体（オーガナイザー）**という。

Ⓐ 中胚葉誘導と神経誘導

カエルやイモリでは，桑実胚期までに動物極側に予定外胚葉が形成され，植物極側に予定内胚葉が形成される。やがて，**予定内胚葉が赤道付近の細胞に働きかけて中胚葉を誘導する**。

カエルの初期胞胚を，動物極付近の領域と植物極付近の領域に切り分けて，それぞれ単独で培養すると，動物極付近の領域は外胚葉性の組織になり，植物極付近の領域は内胚葉性の組織に分化する。一方，動物極付近の領域を切り出し，植物極付近の領域と接着させて培養すると，外胚葉性の組織と内胚葉性の組織に加えて中胚葉性の組織が生じる。なお，中胚葉性の組織はすべて動物極側の予定外胚葉領域から生じる。これは，**予定内胚葉が予定外胚葉に働きかけて，中胚葉を誘導**したために起きたことであり，この現象を**中胚葉誘導**という。

原腸陥入によって陥入した原口背唇の細胞群は，動物半球の外胚葉を裏打ちするとともに，外胚葉に働きかけ神経管を誘導する。このように**外胚葉から神経組織が誘導される**ことを神経誘導という。

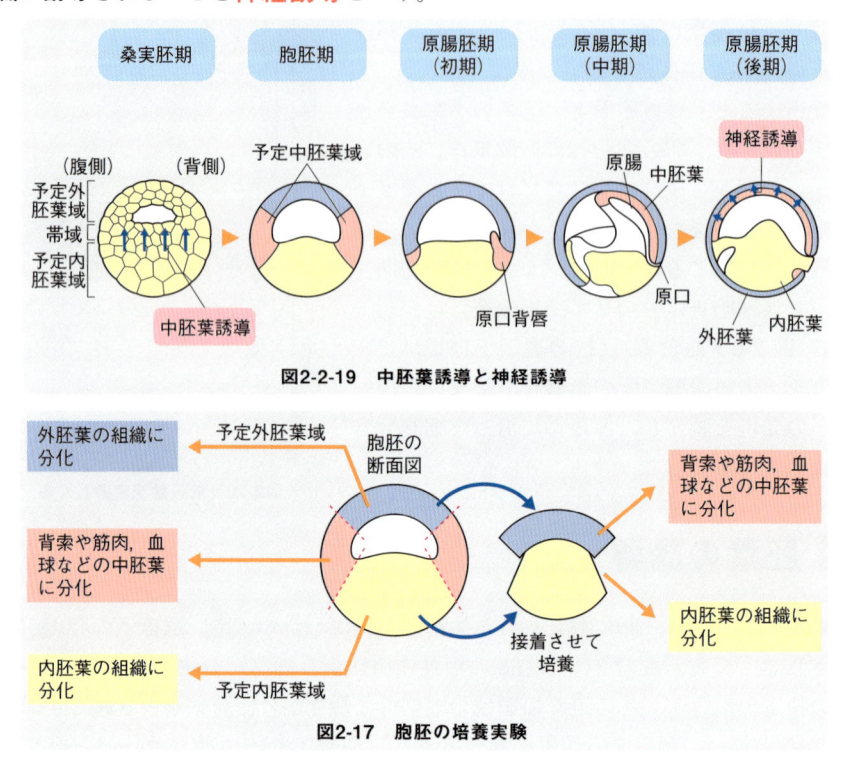

図2-2-19　中胚葉誘導と神経誘導

図2-17　胞胚の培養実験

> **参考　中胚葉誘導のしくみ**
>
> 　カエルの中胚葉誘導にかかわる物質として，ノーダルとよばれるタンパク質が有力な候補とされている。ノーダル遺伝子の転写は，植物極に局在する調節タンパク質の VegT, Vg-1 や，背側から腹側にかけて濃度勾配を形成している β カテニンにより促進される。その結果，植物半球の予定内胚葉領域で，背側から腹側にかけてノーダルタンパク質の濃度勾配が形成され，ノーダルタンパク質が予定外胚葉に働きかけて中胚葉が誘導される。

❺誘導の連鎖

　神経胚期に生じた脊索は，外胚葉に働きかけて神経板を誘導し，神経板から生じた神経管にさらに働きかけて脳を誘導する。やがて脳の一部が膨らんで眼胞となる。眼胞が表皮と接すると，眼胞が表皮に働きかけて表皮の細胞層を厚くする。眼胞と厚くなった表皮の細胞層は内側に凹み，凹んだ眼胞は眼杯となり，後に網膜となる。一方，凹んだ表皮はくびれてちぎれ，水晶体となる。水晶体は表皮に働きかけて角膜を誘導し，眼が完成する。

　このように，誘導が連鎖的に起こることを**誘導の連鎖**という。脳と眼のように，さまざまな器官は，周囲の器官の形成と調和しながらつくられる。

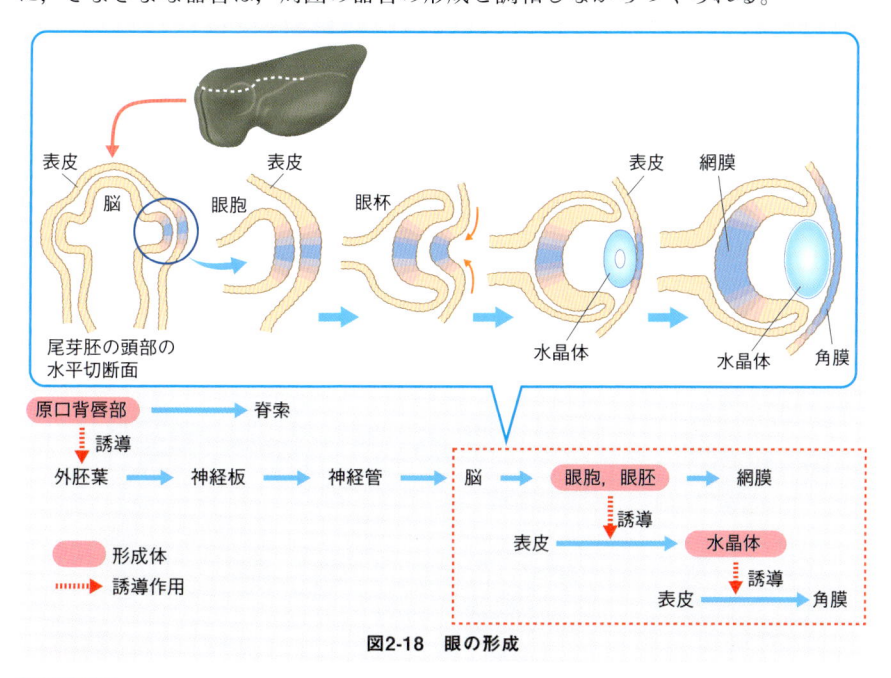

図2-18　眼の形成

POINT

- 中胚葉は，予定内胚葉が予定外胚葉に働きかけることで誘導される。
- 外胚葉から神経組織が誘導される。
- 誘導が連鎖的に起こることで眼は形成される。

参考 さまざまな発生の研究

1 予定運命

　発生過程では，胚の未分化な細胞の集団が，位置を変えながら徐々に特定の役割をもつ組織や器官に分化する。組織や器官になる前の細胞の集団を**原基**といい，胚のそれぞれの部域が将来どのような組織や器官になるかを**予定運命**という。特殊な色素で胚を局所的に染色することにより，胚の特定の領域が，将来どのように分化するかを知ることができる。この方法を**局所生体染色法**という。また，予定運命を示した図を**原基分布図**(予定運命図)という。

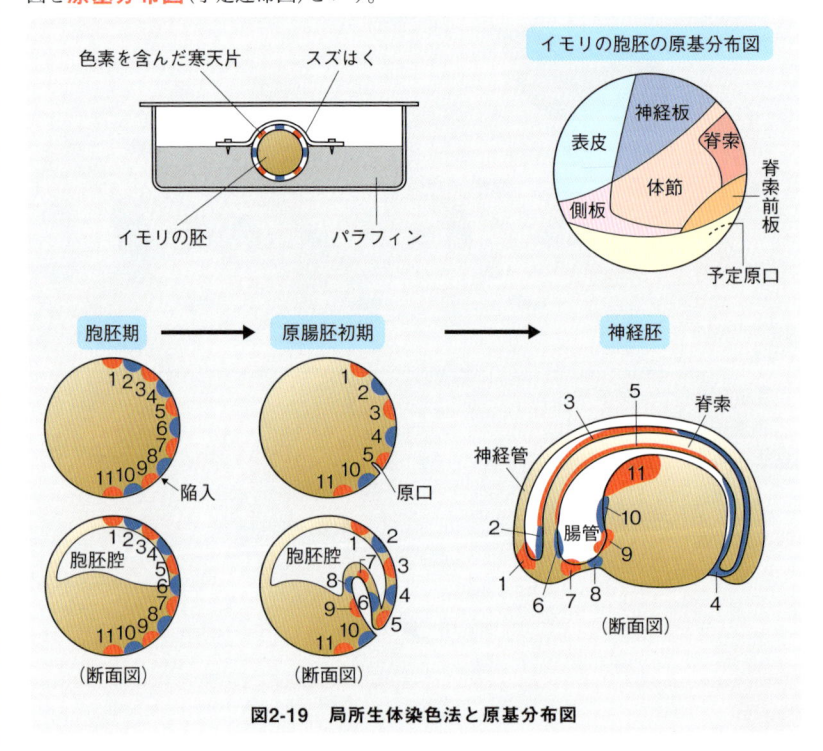

図2-19　局所生体染色法と原基分布図

2 シュペーマンによる形成体の発見

　原口背唇が形成体の働きをもつことは，シュペーマンらによるイモリの胚を用いた実験によって明らかにされた。イモリの初期原腸胚の原口背唇を切り取り，別のイモリの初期原腸胚の腹側表皮域に移植すると，移植したところから原腸陥入が始まり，前後軸と背腹軸をもったもう一つの胚が生じる。この胚を**二次胚**という。**移植片は脊索と体節の一部になる**。二次胚の神経管や体節，腸管は，宿主の胚の予定腹側領域からつくられる。

補足 宿主の細胞に由来するか，移植片の細胞に由来するかは，色が異なる2種類のイモリの胚を用いることで区別した。

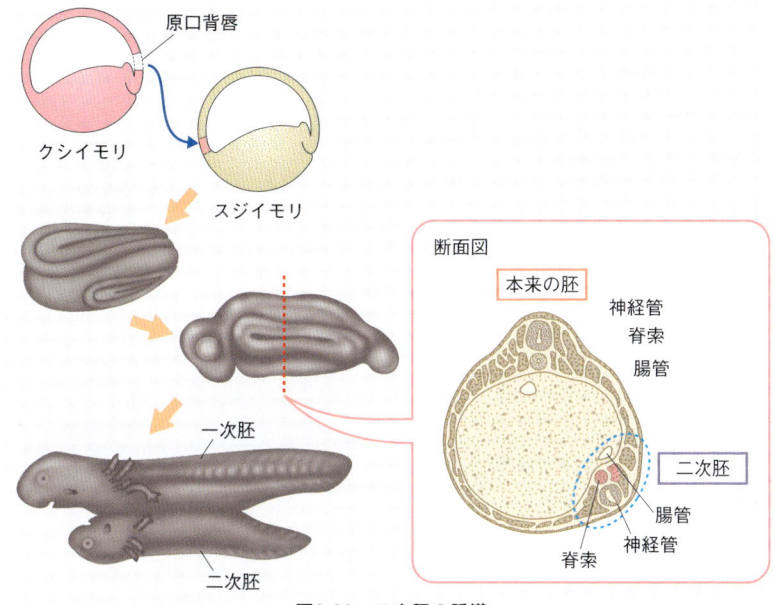

図2-20 二次胚の誘導

3 iPS細胞

受精卵は，神経細胞や筋細胞など，すべての細胞をつくり出す能力をもつ。この能力を**全能性**という。ヒトでは，分化した体細胞を，他の細胞に再び分化させることはほとんどできない。しかし，**特定の遺伝子を体細胞に導入すると，さまざまな細胞に分化する能力をもつ細胞になる**。このようにしてつくり出された細胞を **iPS細胞**（**人工多能性幹細胞**）という。iPS細胞は，自分の体細胞からつくり出すことができるため，移植しても拒絶反応が起こらない。また，受精卵を操作する必要性がないため，倫理的な問題をクリアでき，再生医療への応用が期待されている。山中伸弥はiPS細胞を作製した功績によりノーベル生理学・医学賞を受賞した。

参考　誘導と反応能

　発生過程の誘導は，誘導する側と誘導を受ける側のタイミングが重要であり，タイミングがずれると誘導に反応しなくなる。誘導物質に反応する能力を**反応能**という。
　ニワトリの皮膚は，羽毛で覆われている部分と，下肢のようにうろこでおおわれている部分がある。皮膚は表皮と真皮からなり，**羽毛をつくる表皮になるか，うろこをつくる表皮になるかは，真皮からの誘導により決まる。**
　ニワトリの胚から背中と下肢の皮膚を切り取り，表皮と真皮に分け，組み合わせを変えて培養すると，背中の真皮と組み合わされた予定うろこ表皮から羽毛が生じる。一方，下肢の真皮と組み合わされた予定羽毛表皮からはうろこが生じる。このことから，**表皮の分化を決めるのは真皮である**ことがわかる。

補足　この実験結果は，皮膚を切り出す時の胚の発生段階によって異なる。5日目の胚から取り出した表皮は真皮の影響を受けるが，8日目の胚から取り出した表皮は真皮の誘導を受けず，予定運命は変わらない。

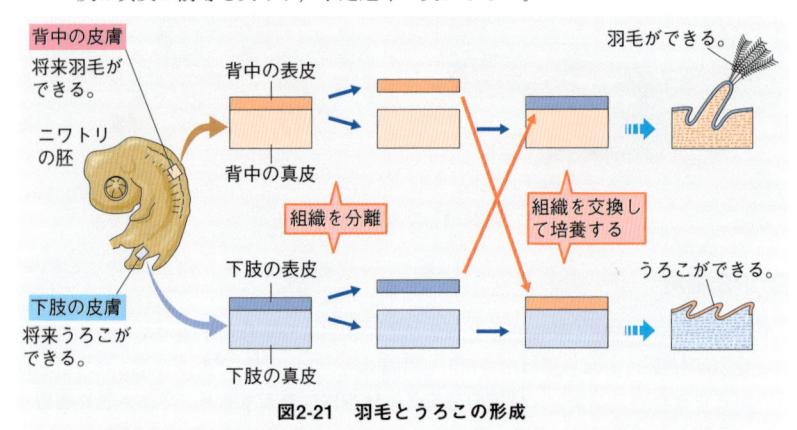

図2-21　羽毛とうろこの形成

　シュペーマンは，色が異なる2種類のイモリの胚を用い，予定運命が異なる領域を交換することにより，発生運命がいつ決まるか調べた。初期原腸胚から，将来表皮になる領域を切り出し，神経になる領域に移植すると，表皮になる予定だった領域は神経になった。また，将来神経になる領域を切り出し，表皮になる領域に移植すると，神経になる予定だった領域は表皮になった。このことから，初期原腸胚では，胚の領域は予定運命を変える能力をもっており，移植された場所の予定運命にしたがって分化することがわかる。一方，発生が初期神経胚まで進んだ胚を用いて同じ実験を行うと，予定運命は変わらなかった。このことから，**初期原腸胚から初期神経胚の間に，予定運命を変える能力が失われ，誘導に反応しなくなった**ことがわかる。胚の領域の運命は，発生が進むにつれて不可逆的に定まっていく。

3 発生とプログラムされた細胞死

　細胞が，発生のある段階になると死ぬようにあらかじめプログラムされていることを**プログラム細胞死**という。プログラム細胞死は，発生における組織や器官の形づくりに重要な役割を果たしている。プログラム細胞死のうち，多くの細胞小器官が正常な状態のまま，核が壊れてDNAが断片化し，続いて細胞全体が断片化する細胞死を**アポトーシス**という。

> **参考　水かきとプログラム細胞死**
> 　私たちヒトの手足は，魚の胸鰭と腹鰭から進化してきた。鰭には団扇のように放射状に何本もの骨があり，骨と骨の間に膜状の水かきがある。ヒトの手足にも，胎児の時期には水かきがある。しかし，出生前にプログラム細胞死によって水かきが除かれ，指が形成される。水かきを失うことにより，ヒトはそれぞれの指を独立に動かすことができるようになった。

4 形態形成とホメオティック遺伝子

　ショウジョウバエの発生では，前後軸に沿って，体節とよばれる節状の構造がいくつもできる。体節はどれも似た形をしているが，やがて特徴的な構造になり，頭部，胸部，腹部に分かれ，頭部には触覚や複眼が，胸部には肢や翅がつくられる。このような器官の形成にはさまざまな調節遺伝子が働いている。そのため，**調節遺伝子が突然変異すると体の構造が大きく変化する。**

　体の構造の一部が別の構造に変わる突然変異を**ホメオティック突然変異**という。ホメオティック突然変異には，例えば，触覚が肢に置き換わるような変異が挙げられる。ホメオティック突然変異の原因となる遺伝子を**ホメオティック遺伝子**という。

　染色体DNAに連なっているホメオティック遺伝子を**ホックス遺伝子群**という。ホックス遺伝子群は体の前後軸に沿った形態をつくるための重要な役割を担っている。ショウジョウバエでは，アンテナペディア遺伝子群とバイソラックス遺伝子群がある。興味深いことに，ホックス遺伝子群の染色体上の並び順と，前後軸に沿った発現領域の並び順はほぼ一致している。ショウジョウバエ以外にも，ほとんどすべての動物にホックス遺伝子群があり，前後軸に沿った形態の形成に重要な役割を果たしている。

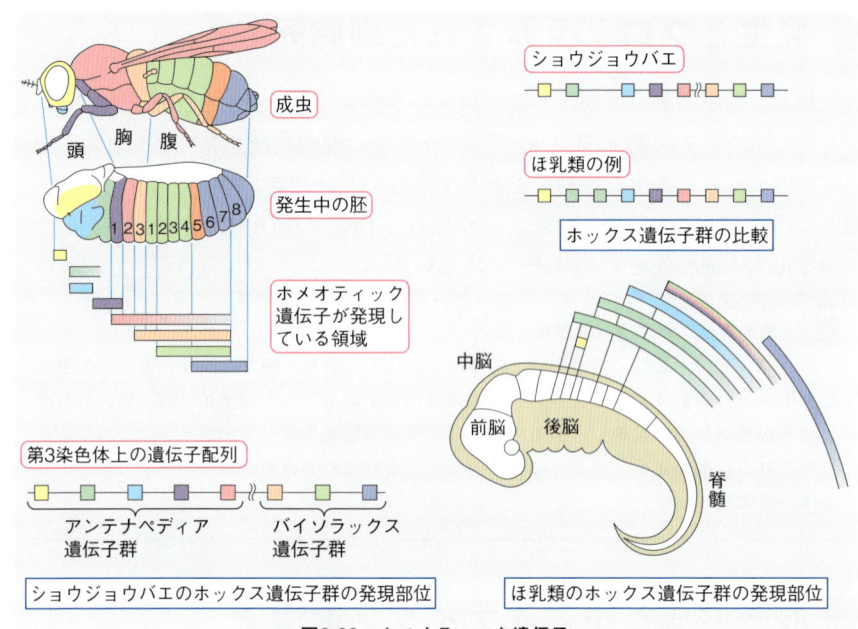

図2-22 ホメオティック遺伝子

参考　ショウジョウバエのホックス遺伝子突然変異体

ハエの胸部は前・中・後の3つの節に分かれ，中胸には肢と翅がつくられる。ホメオティック遺伝子の一つであるショウジョウバエの *Antp* 遺伝子は，体節に中胸の特徴を与える役割がある。*Antp* 遺伝子が体の前端で発現する突然変異体では，前端に触覚のかわりに肢がつくられる。

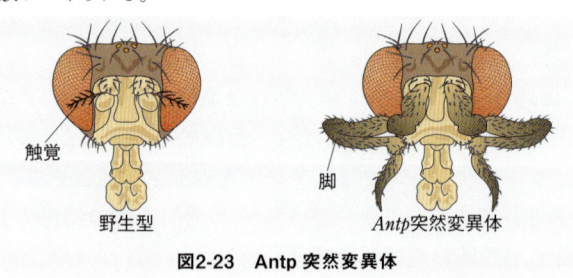

図2-23　*Antp* 突然変異体

この章で学んだこと

この章では，動物の体がどのように形づくられているのかを学んだ。発生の過程は複雑で，細胞レベルだけでなく，遺伝子レベルの話についても理解しておく必要がある。

1 動物の配偶子形成と受精
❶ 始原生殖細胞 配偶子のもとになる細胞。
❷ 精子の形成 精原細胞→一次精母細胞→二次精母細胞→精細胞→精子
❸ 卵の形成 卵原細胞→一次卵母細胞→二次卵母細胞→卵
❹ 受精 卵の核と精子の核が合体する。受精卵の核相は $2n$ となる。

2 初期発生
❶ 卵と卵割の種類 ウニ・哺乳類→等黄卵，等割。カエル→端黄卵，不等割。
❷ 卵割 初期発生時の受精卵の細胞分裂。短時間で起こるため，細胞が成長せず，一つひとつの細胞(割球)は小さくなる。

3 初期発生の過程―ウニ
❶ ウニの胚発生 桑実胚→胞胚→原腸胚→プリズム幼生→プルテウス幼生→成体と進む。
❷ 桑実胚 多数の割球が集まっている。胚の内部に卵割腔が生じる。
❸ 胞胚 割球が胚の表面に一層に並ぶ。胚内部の空所が広がり，胞胚腔となる。
❹ 原腸胚 植物極付近の細胞層が胞胚腔に向かって陥入する。内胚葉，中胚葉，外胚葉が生じる。
❺ 原腸 陥入した細胞層と生じた空所をいう。原腸の入り口は原口で，将来は肛門となる。

4 初期発生の過程―カエル
❶ カエルの胚発生 桑実胚→胞胚→原腸胚→神経胚→尾芽胚→幼生(オタマジャクシ)と進む。

❷ 灰色三日月環 精子進入点の反対側の赤道部にできる。灰色三日月環のあるほうが，将来は背側になる。
❸ 原口背唇 原口の動物極寄りの細胞群。ここから赤道付近の細胞群が陥入を続け，中胚葉ができる。
❹ 卵黄栓 原口によって囲まれ，円形に盛り上がった卵黄の多い部分。

5 各胚葉から分化する器官
❶ 外胚葉 皮膚の表皮，脳，脊髄など。
❷ 中胚葉 皮膚の真皮，筋肉，腎臓，心臓，血球など。
❸ 内胚葉 消化管の上皮，肝臓，すい臓など。

6 胚葉の誘導のしくみ
❶ 誘導 胚の特定の部分が，近くの細胞群に働きかけて分化を起こさせる。誘導作用をもつ領域を形成体という。
❷ 中胚葉誘導 予定内胚葉が予定外胚葉に働きかけ，中胚葉を誘導する。
❸ 神経誘導 陥入した原口背唇の細胞群は，外胚葉に働きかけ，神経管を誘導する。
❹ 誘導の連鎖 眼は，誘導が連鎖的に起こることによって形成される。器官は，周囲の器官との相互作用によってつくられる。

7 形態形成とホメオティック遺伝子
❶ ホメオティック遺伝子 前後軸に沿った形態の形成にかかわる。
❷ ホメオティック突然変異 体の構造の一部が別の構造に変化する突然変異。ホメオティック遺伝子の異常によって起こる。

確認テスト2

解答・解説は p.541

1 配偶子形成に関する次の文中の空欄に適する語を答えなさい。

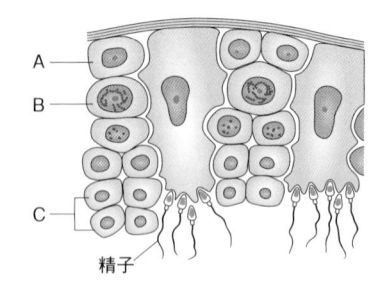

(1) 右図は哺乳動物の精巣内を表している。精巣内では図1のように，外周から中心に向かって，配偶子形成が進む順に細胞が配列している。Aは（ ア ）分裂を繰り返す（ イ ）細胞で，分裂を停止して成長し，Bの（ ウ ）細胞になる。Bは（ エ ）分裂を経てCの（ オ ）細胞になり，Cは変形して核相が（ カ ）の精子になる。精子の頭部はもとの（ オ ）細胞の（ キ ）に相当する。

(2) 下図はハムスターの受精を表している。ハムスターの場合，精子が侵入する時点で，卵はまだ（ エ ）分裂の途中である。図Aに消失しつつある第一極体が見えるので，この卵は（ ク ）細胞である。図Cで細胞外にあるのは（ ケ ）である。

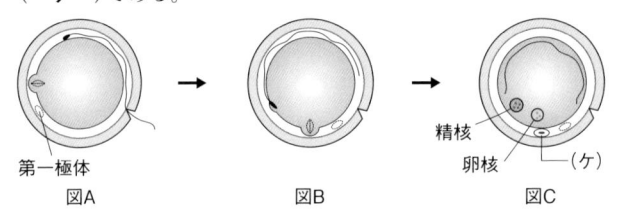

2 卵割や胚発生に関する次の文中の空欄に適する語を答えなさい。

(1) ウニや哺乳類の等黄卵は（ ア ）割，両生類の端黄卵は（ イ ）割，鳥類や魚類の端黄卵は（ ウ ）割，昆虫類の心黄卵は（ エ ）割である。

(2) ウニの発生では第4卵割で動物半球に中割球ができ，植物半球の植物極に4個の（ オ ）割球ができる。卵割が進むと，胚の表面に割球が並ぶ（ カ ）胚になり，その後，植物極から陥入が起こると（ キ ）胚になる。（ キ ）の入口を原口とよび，原口は（ ク ）になる。

(3) 三つの胚葉のうち，（ ケ ）胚葉は神経や表皮に，（ コ ）胚葉は筋肉や血球に，（ サ ）胚葉は腸管上皮に分化する。複数の胚葉からできる器官もある。

3 次の(1)〜(3)は動物の生殖と発生に関する問題である。問題の答えを各々の選択肢から選びなさい。
(1) 分裂中期の始原生殖細胞がもつDNA量と，同量のDNAをもつ細胞として，最も適当なものを一つ選びなさい。
　① 一次精母細胞　② 二次精母細胞　③ 二次卵母細胞
　④ 第一極体　　　⑤ 第二極体　　　⑥ 精子
(2) 両生類の原口の記述として最も適当なものを一つ選びなさい。
　① 原腸胚の動物極側にあり，将来，肛門になる。
　② 原腸胚の植物極側にあり，将来，口になる。
　③ 原腸胚の原口で囲まれた円形部分は卵黄栓とよばれ，将来，筋肉になる。
　④ 神経胚では，原口から腹側の外胚葉が植物極側に向かって溝を作り，その溝が神経管になる。
　⑤ 神経胚の原口から，背側の外胚葉が動物極にかけて厚く平らになり，神経板になる。
(3) イモリの胚発生の記述として最も適当なものを一つ選びなさい。
　① 胞胚の予定内胚葉には，予定外胚葉(アニマルキャップ)を脊索や筋肉に分化させる能力をもつ部域がある。
　② 胞胚の予定内胚葉はどの部域も同じ誘導能力をもち，予定外胚葉から同じ組織を分化させる。
　③ 胞胚の予定外胚葉から脊索や筋肉が分化できるのは，予定外胚葉自身の誘導による。
　④ 胞胚の予定外胚葉の誘導によって，予定内胚葉から血球が分化する。
(センター試験改題)

4 細胞の分化や器官形成に関する次の文中の空欄に適する語を答えなさい。
(1) 受精卵は，神経細胞や筋細胞など，すべての細胞をつくり出す能力をもつ。この能力を(ア)という。
(2) (イ)細胞に特定の遺伝子を導入することで，さまざまな細胞に分化する能力をもたせることができる。このような細胞を(ウ)という。
(3) ショウジョウバエの触覚が足に変わるような，体の一部が別の構造に変わる(エ)突然変異は，(エ)遺伝子と呼ばれる調節遺伝子の変異が原因となっている。

第3章
植物の生殖と発生

> この章で学習するポイント

- 植物の発生
  - 花粉・胚のうの形成
  - 重複受精
  - 種子・胚の発生

- 器官の分化
  - 栄養器官の成長と分化
  - 生殖器官の分化
  - ABCモデル

1 配偶子形成と受精，胚発生

　花が咲いて種子が形成され，種子で繁殖する植物を種子植物という。種子植物には**被子植物**と裸子植物がある。私たちが名前をよく知っている野菜や植物の多くは被子植物である。被子植物の花は生殖器官であり，花の中で受精が行われる。

1 被子植物の配偶子形成と重複受精

　被子植物の多くは，1つの花におしべ(雄ずい)とめしべ(雌ずい)の両方がつくられる。おしべでは花粉がつくられ，めしべでは胚のうがつくられる。

Ⓐ花粉の形成

　花粉は，おしべのやくの中の**花粉母細胞**($2n$)からつくられる。花粉母細胞は減数分裂を行って4個の細胞からなる**花粉四分子**(n)となる。花粉四分子は互いに分離して未熟な花粉となり，さらに不等分裂して成熟した花粉となる。花粉の不等分裂では，細胞質の多い**花粉管細胞**と，細胞質の少ない**雄原細胞**が生じる。雄原細胞は花粉管細胞の中に取り込まれた状態になっている。

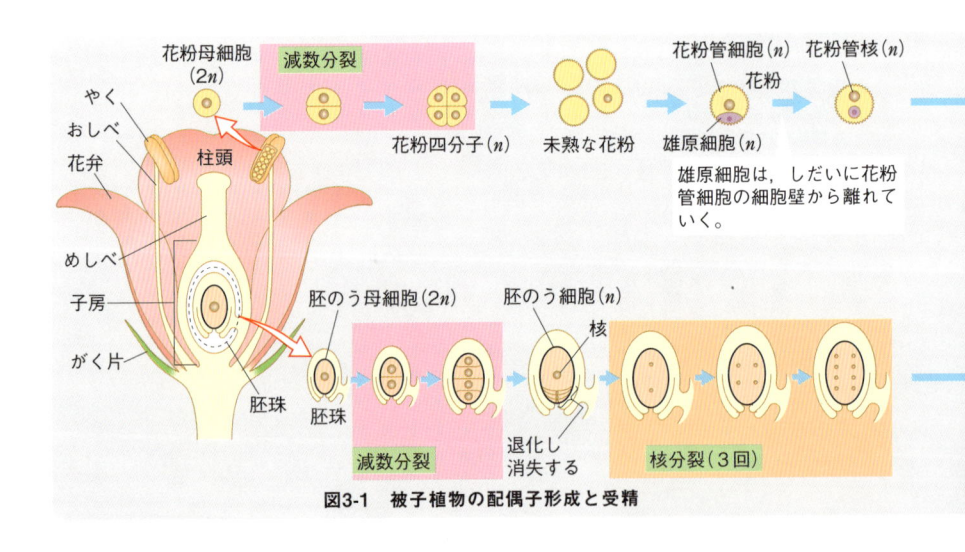

図3-1　被子植物の配偶子形成と受精

Ⓑ 胚のうの形成

卵細胞は**胚のう母細胞**からつくられる。胚のう母細胞($2n$)は，めしべの子房の中の**胚珠**にある。胚のう母細胞は減数分裂を行って4個の娘細胞(n)をつくる。娘細胞のうち，3個は退化して1個の**胚のう細胞**(n)が残る。胚のう細胞は**連続した3回の核分裂**を行ない，8個の核をもつ**胚のう**になる。胚のうの8個の核のうち，6個が細胞膜で包まれ，**1個の卵細胞**と，卵細胞を両側から挟むように2**個の助細胞**が生じ，その反対側に3個の**反足細胞**が生じる。残りの2個の核は，中央細胞の**極核**となる。中央細胞とは，胚のうの大部分の細胞質を含む細胞である。

> **POINT**
> 〈減数分裂〉　　　〈核分裂〉
> 胚のう母細胞($2n$) ⟹ 胚のう細胞(n) ⟹ 胚のう(n)

Ⓒ 重複受精

花粉がめしべの柱頭につくと発芽して花粉管を生じ，花粉管の中では雄原細胞が分裂して2個の**精細胞**(n)が生じる。花粉管が伸びて胚のうに到達すると，花粉管の先端がやぶれ，精細胞が胚のうの中に放出される。胚のうの中で，**片方の精細胞は卵細胞**(n)**と接合して受精卵**($2n$)**となる**。もう一方の精細胞は細胞膜を失って**精核**となり，**中央細胞の2個の極核と融合して胚乳核**($3n$)**となる**。被子植物では，精細胞と卵細胞の接合(受精)のほかに，精細胞の核と中央細胞の極核とが受精によく似た融合を行う。これらは同時に起きるため，**重複受精**という。重複受精は被子植物に特有の現象である。

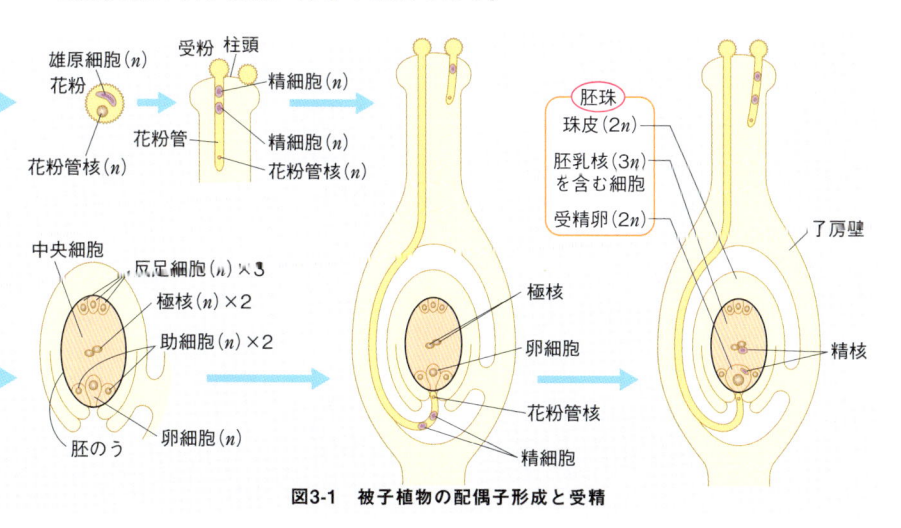

図3-1 被子植物の配偶子形成と受精

2 種子の形成と胚発生

Ⓐ種子の形成

　受精卵は体細胞分裂をくり返して**胚**を形成する。胚乳核も分裂をくり返して多数の核がつくられる。やがて、その一つひとつの核の周りに細胞膜が形成され、多数の細胞からなる**胚乳**となる。胚乳は胚に栄養分を供給し、発芽のための養分となる。発達した胚珠では、胚のうは何層もの細胞で包まれており、外側の1〜2層を**珠皮**とよぶ。珠皮はやがて**種皮**となり、種皮の内部に胚と胚乳をもつ**種子**がつくられる。

（補足）胚珠を包んでいる子房壁が発達すると果実になる。

　発芽のための養分を胚乳にたくわえている種子を**有胚乳種子**という。カキやリンゴ、イネ、トウモロコシの種子は有胚乳種子である。これに対して、エンドウ、クリ、ナズナなどでは、胚乳の養分を**子葉**が吸収して発達し、胚乳が見られない。このような種子を**無胚乳種子**という。

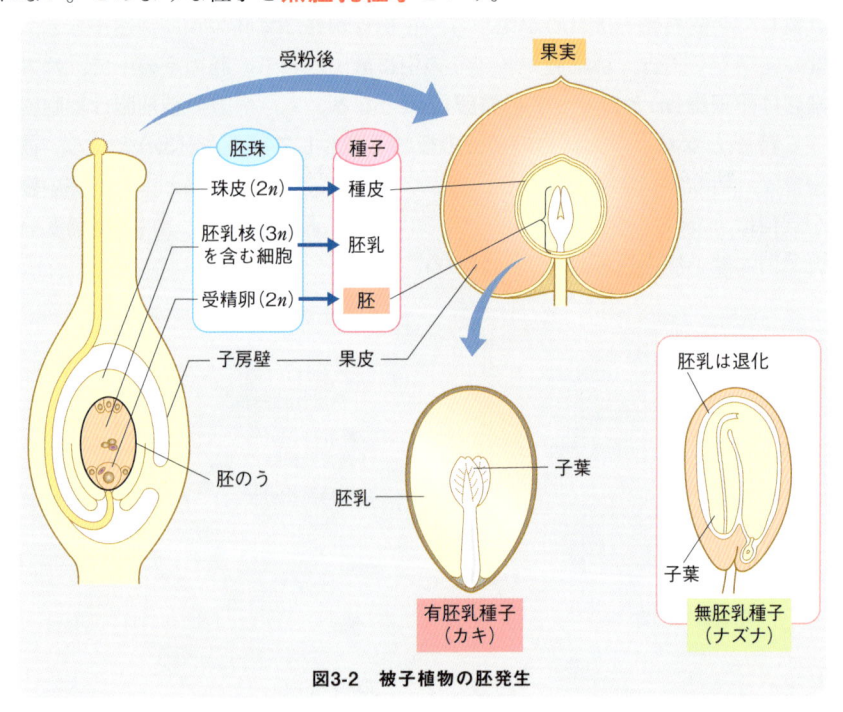

図3-2　被子植物の胚発生

ⓑ胚の発生

カキの種子を縦に割ると成長した胚を見ることができる。ナズナを例に胚発生をみると，次のようである。受精卵は細胞分裂をくり返して**胚球**と**胚柄**をつくる。胚柄は胚に養分を運ぶ通路となり，やがて消失する。胚球の細胞は分裂を繰り返し，やがて**幼芽**，**子葉**，**胚軸**，**幼根**などからなる胚がつくられる。

胚は子葉が分化すると，発生が止まり休眠状態に入る。種子は休眠した状態にあり，発芽する能力を保ったまま，乾燥や低温に耐えることができる。

補足 休眠状態にある種子は，水分や温度の条件が整うと発芽する。発芽してしばらくは，種子に蓄えられていた養分を用いて成長する。

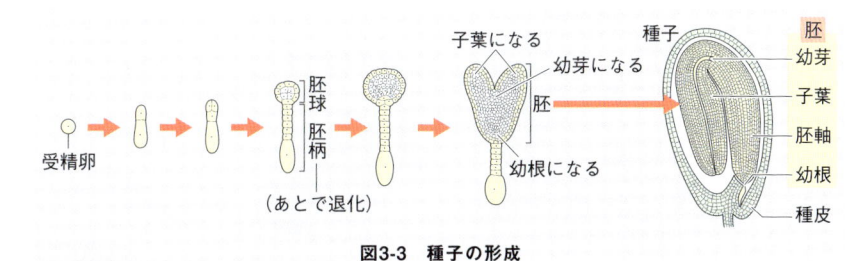

図3-3 種子の形成

POINT

$$\left.\begin{array}{l}\boxed{\text{精細胞}(n)+\text{卵細胞}(n)}\Rightarrow\text{受精卵}(2n)\Rightarrow(\text{分裂・分化})\Rightarrow\text{胚}(2n) \\ \boxed{\text{精細胞}(n)+\text{極核2個}(n,\ n)}\Rightarrow\text{胚乳核}(3n)\Rightarrow(\text{分裂・分化})\Rightarrow\text{胚乳}(3n)\end{array}\right\}\text{種子}$$

2 植物の器官分化

　種子植物は，根・茎・葉の基本的な器官でできている。これらの器官を **栄養器官** とよぶ。植物は，成長が進むと花を分化させ，受精を経て種子を形成する。花のように有性生殖を行う器官を **生殖器官** とよぶ。

1 栄養器官の成長と分化

　発芽した植物は細胞分裂を繰り返して上下に成長し，増殖した細胞はやがて組織や器官に分化する。上に向かう成長には **茎頂分裂組織**，下に向かう成長には **根端分裂組織** の細胞分裂がかかわっている。茎頂分裂組織は茎の先端にあり，活発に細胞分裂を行って茎の先端に細胞を積み重ねるように付け加えている。根端分裂組織は根の先端にあり，活発に細胞分裂を行って根の先端に細胞を付け加えている。先端から離れた細胞は **分裂を停止し，伸長する**。このように，分裂組織の細胞分裂と，先端から離れた細胞の伸長によって，茎や根が成長する。

　葉のもとになる組織は，茎頂分裂組織の側面につくられ，成長して葉になる。また，茎頂分裂組織から **側芽**（茎の側面にできる芽）や **花芽** も形成され，成長するとそれぞれ側枝と花になる。葉や側芽，花芽にも茎頂分裂組織があり，それぞれの成長にかかわる。

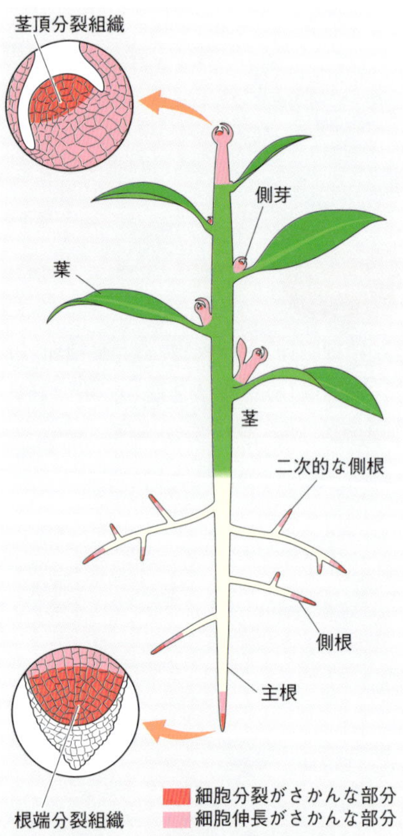

　発芽して最初につくられる根を **主根** という。主根から **側根** の根端分裂組織がつくられ，二次的な根である側根が成長する。

図3-4 被子植物の器官の構成

■ 細胞分裂がさかんな部分
■ 細胞伸長がさかんな部分

(補足) 維管束の中にある形成層にも分裂組織がある。

2 生殖器官の分化

　被子植物の生殖器官は花である。花の形はさまざまであるが，基本的な構造は同じであり，外側から内側に向かって**がく片**，**花弁**，**おしべ**，**めしべ**の順に同心円状に配置されている。花を構成するこれらの4つの単位をまとめて花器官という。花をつける条件が整うと，葉をつくる茎頂分裂組織から花器官が分化する。花器官の細胞分化には，A，B，Cとよばれる3つのクラスのホメオティック遺伝子がかかわる。このしくみを **ABC モデル** という。

● ABC モデル

　Aクラス遺伝子が単独で働くと，がく片がつくられ，Aクラス遺伝子とBクラス遺伝子の両方が働くと花弁，Bクラス遺伝子とCクラス遺伝子の両方が働くとおしべ，Cクラス遺伝子が単独で働くとめしべがつくられる。また，Aクラス遺伝子とCクラス遺伝子は互いに働きを抑制しあっている。

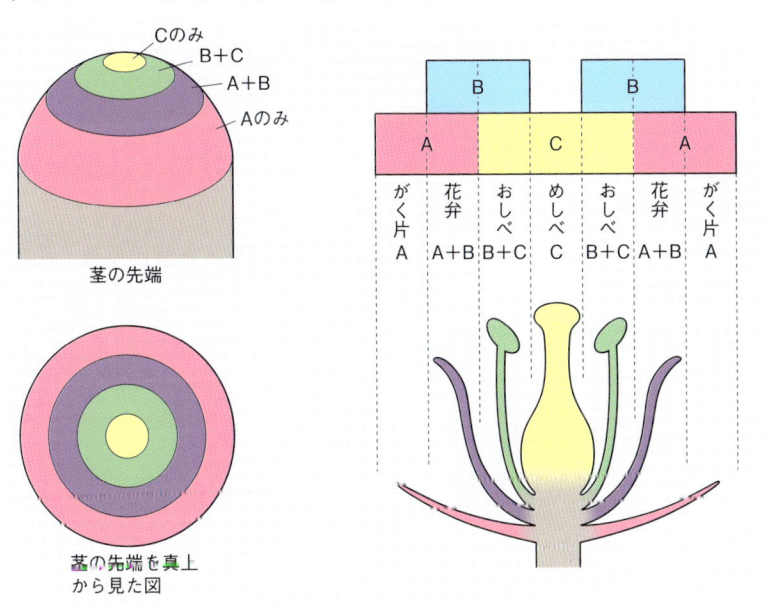

図3-5　ABCモデルと茎の先端

● **A，B，C クラス遺伝子の突然変異**

A，B，C クラス遺伝子が突然変異により欠損すると，正常な花の構造が形成されなくなる。

・A クラス遺伝子が欠損すると，C クラス遺伝子の発現領域が花全体に広がり，がく片はめしべに，花弁はおしべに変わる。
・B クラス遺伝子が欠損すると，花弁はがく片に，おしべはめしべに変わる。
・C クラス遺伝子が欠損すると，A クラス遺伝子の発現領域が花全体に広がり，めしべはがく片に，おしべは花弁に変わる。
・A，B，C クラスのいずれの遺伝子も働かないと葉になる。

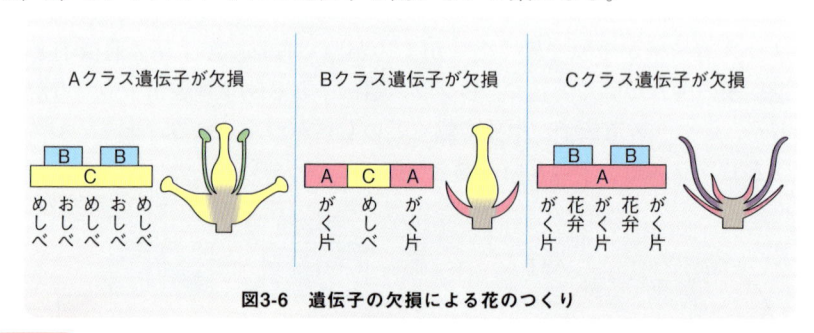

図3-6　遺伝子の欠損による花のつくり

> **POINT**
> ● 茎頂分裂組織は茎の先端にあり，根端分裂組織は根の先端にある。どちらも細胞分裂がさかん。
> ● 先端から離れた細胞は，分裂せず，伸長する。
> ● 花器官の形成には，ホメオティック遺伝子がかかわる。

この章で学んだこと

この章では，植物の発生のしくみについて，配偶子の形成から器官の分化に至るまでを学んだ。また，植物にも動物のようにホメオティック遺伝子があり，形態形成において重要な働きをしていることを理解した。

1 被子植物の配偶子形成と受精

1. **被子植物** ひとつの花に，おしべとめしべの両方がつくられるものが多い。
2. **花粉の形成** 花粉母細胞→花粉四分子→花粉
3. **花粉の不等分裂** 未熟な花粉が不等分裂すると，成熟した花粉になる。不等分裂では，花粉管細胞と雄原細胞が生じる。
4. **卵細胞の形成** 胚のう母細胞→胚のう細胞→胚のう→卵細胞
5. **胚のう母細胞** 減数分裂を行い，4つの娘細胞をつくる。3つは退化し，1つの胚のう細胞が残る。
6. **胚のう細胞** 連続して3回の核分裂を行う。
7. **胚のう** 胚のうから，卵細胞，助細胞，反足細胞，中央細胞の極核ができる。
8. **精細胞** 花粉が柱頭につくと発芽し，花粉管ができる。花粉管の中で雄原細胞が分裂し，2つの精細胞ができる。
9. **重複受精** 胚のう中で，精細胞のひとつが卵細胞と接合し，受精卵となる。もうひとつの精細胞は精核となり，中央細胞の極核と融合して胚乳核となる。

2 種子の形成と胚発生

1. **胚** 受精卵が体細胞分裂を繰り返し，胚が形成される。
2. **胚乳** 胚乳核が分裂してつくられる。胚乳は胚に養分を供給する。
3. **種子** 養分を胚乳に蓄えている種子を有胚乳種子という。子葉が胚乳の養分を吸収し，胚乳が見られない種子を無胚乳種子という。
4. **胚の発生** 受精卵は胚球と胚柄をつくる。胚球の細胞は分裂を繰り返し，幼芽，子葉，胚軸，幼根からなる胚がつくられる。

3 栄養器官の成長と分化

1. **植物の器官** 根・茎・葉は栄養器官，花は生殖器官。
2. **茎頂分裂組織** 茎の先端にあり，上に向かう成長にかかわる。側芽や花芽が形成される。
3. **根端分裂組織** 根の先端にあり，下に向かう成長にかかわる。
4. **細胞伸長** 先端から離れた細胞は，分裂をやめ，伸長する。

4 生殖器官の分化

1. **花の構造** 外側から内側に向かって，がく片→花弁→おしべ→めしべの順に配置。これら4つをまとめて花器官という。
2. **ABCモデル** 花器官の分化には，A・B・Cの3つのクラスのホメオティック遺伝子がかかわっている。
3. **Aクラス遺伝子** 単独で働くとがく片がつくられる。Aクラス遺伝子とBクラス遺伝子が両方働くと花弁ができる。
4. **Cクラス遺伝子** 単独で働くとめしべがつくられる。Bクラス遺伝子とCクラス遺伝子が両方働くとおしべができる。Aクラス遺伝子とCクラス遺伝子は互いに働きを抑制しあう。
5. **葉の形成** A・B・C全てのクラスの遺伝子が働かない場合，葉が形成される。

確認テスト3

1. 次の文中の空欄に適する語または数字を答えなさい。ただし，図中の空欄と，文中の空欄には同じ語が入るものとする。また，(2)～(4)は被子植物に関するものである。

(1) 種子植物は，根・茎・葉の器官でできており，これらの器官を栄養器官とよぶ。一方，花のように，有性生殖を行う器官は（ ア ）器官とよぶ。

　茎と根の先端には頂端分裂組織がある。上に伸びる茎や芽，葉の成長には（ イ ）分裂組織，下に伸びる根の成長には（ ウ ）分裂組織の細胞分裂がかかわっている。

(2) 花粉は，おしべのやくの中にある花粉（ エ ）からでき，減数分裂を行って花粉（ オ ）となる。花粉（ オ ）は不等分裂し，細胞質の多い（ カ ）と，細胞質の少ない（ キ ）が生じる。

(3) 胚珠はめしべの子房内につくられる。胚珠の内部には（ ク ）ができる。（ ク ）は減数分裂を行い，4つの娘細胞をつくるが，そのうち3つは退化し，1つの（ ケ ）が残る。（ ケ ）は（ コ ）回の核分裂を行い，8個の核をもつ（ サ ）となる。

(4) （ サ ）からは，1個の（ シ ）と2個の（ ス ），3個の（ セ ）が生じる。8個の核のうちの残り2個は，中央細胞の（ ソ ）となる。

(5) 雌雄の配偶子は被子植物に特有な（ タ ）受精により，$2n$ の受精卵と $3n$ の（ チ ）核となる。

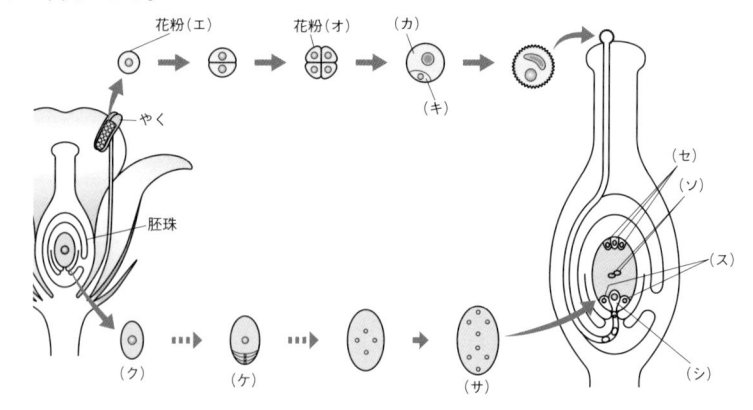

2　次の文はナズナの胚形成に関するものである。文中の空欄に適する語を答えなさい。ただし，図中の空欄と，文中の空欄には同じ語が入るものとする。

ナズナは胚乳ではなく，（　ア　）に養分を貯蔵する（　イ　）種子である。受精卵は分裂して（　ウ　）と（　エ　）になる。（　ウ　）の細胞は分裂を繰り返し，やがて（　オ　），（　ア　），（　カ　），（　キ　）からなる胚がつくられる。

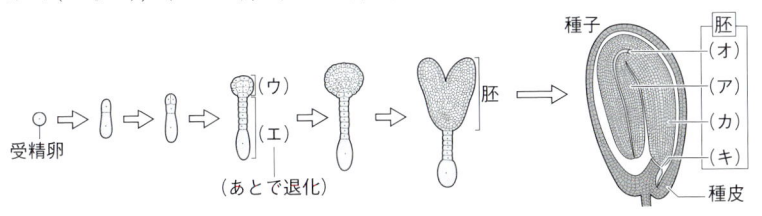

3　花器官の細胞分化には，A, B, C という 3 つのホメオティック遺伝子がかかわっている。この 3 つの遺伝子による花の形態形成の制御は「ABC モデル」とよばれ，次の①〜④のしくみがあることがわかっている。
① 領域 I では A 遺伝子が単独で働き，がく片がつくられる。
② 領域 II では，A と B の遺伝子が働くと花弁がつくられ，B と C の遺伝子が働くとおしべがつくられる。
③ 領域 III では，C 遺伝子が単独で働き，めしべがつくられる。
④ A と C の遺伝子は，互いの働きを抑制している。A 遺伝子が働かない場合は，領域 I〜III すべてにおいて C 遺伝子が働く。C 遺伝子が働かない場合は，領域 I〜III すべてにおいて A 遺伝子が働く。

問　次のア〜エはシロイヌナズナの変異体である。このうち，ABC モデルから考えて，存在しない変異体はどれか。
ア　めしべとおしべはあるが，花弁とがく片がない。
イ　花弁とがく片はあるが，めしべとおしべがない。
ウ　めしべと花弁はあるが，おしべとがく片がない。
エ　めしべとがく片はあるが，おしべと花弁がない。

センター試験対策問題

解答・解説は p.542

1 遺伝について、以下の問いに答えよ。

問1 ヒトの性染色体には、X染色体とY染色体がある。このうちのY染色体に関する記述として最も適当なものを、次の①〜④のうちから一つ選べ。
① 母親から娘に伝えられる。　② 母親から息子に伝えられる。
③ 父親から娘に伝えられる。　④ 父親から息子に伝えられる。

問2 キイロショウジョウバエの染色体の乗換えに関する記述として最も適当なものを、次の①〜④から一つ選べ。
① 乗換えとは、体細胞分裂において染色体の一部が交換されることである。
② 乗換えは、常染色体の相同染色体間でのみおこる。
③ 常染色体と性染色体のあいだでも、乗換えがおこる。
④ X染色体どうしでの乗換えは、雌でのみおこる。

問3 ある個体では遺伝子DとE、遺伝子dとeが連鎖している。これらの遺伝子の間の組換え価は10％である。この個体が作る配偶子の遺伝子型 DE：De：dE：de はどのような割合になると期待されるか。最も適当なものを次の①〜④から一つ選べ。
① 5：45：45：5　　② 45：5：5：45
③ 10：40：40：10　④ 40：10：10：40

問4 魚類のある種で色素の形成に関与している2組の対立遺伝子が知られている。この2組は異なる常染色体上にあり、色素の形成に関与している。これらの遺伝子が関与する色素がない個体は、白色となる。
　2組の対立遺伝子の一方の組をDとd、他方の組をEとeで表すことにする。Dはdに対して、またEはeに対して優性である。体色は、DDEEが黒色、DDeeが橙色、ddEEとddeeが白色である。
　遺伝子Dと遺伝子Eはどのような関係にあると推測されるか。最も適当なものを次の①〜④から一つ選べ。
① DはEが存在するときのみ形質を発現する
② EはDが存在するときのみ形質を発現する
③ DはEの形質の発現を抑制する
④ EはDの形質の発現を抑制する

(センター試験)

2

アフリカツメガエルの発生に関する次の文章を読み，以下の問いに答えよ。

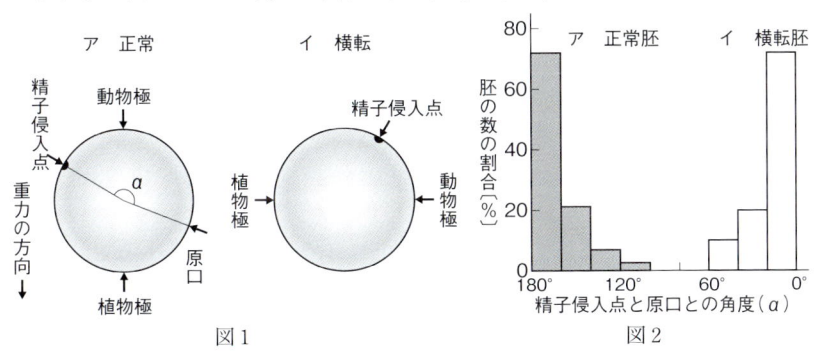

図1

図2

精子侵入点を色素で図1のように標識した。この卵を発生させ，原腸胚に達し，原口が認められたとき，原口の位置を調べ図2の結果を得た。図2の横軸は胚の中心点と精子侵入点を結ぶ線のなす角度を表し，縦軸は各々の角度をもった胚の数の割合(%)を示す。受精50分後に図1のイに示すように精子侵入点を上側にして，動植物極側が水平になるように胚を横転させて発生させた場合についても同様な観察を行って図2のイに示す結果を得た。

問1　胚を横転させたときに生じる原口の位置に関する推論として，最も適当なものはどれか。
① 精子侵入点と同じ側　　② 精子侵入点と反対側
③ 精子侵入点と全く無関係の位置
④ 原口と精子侵入点の位置関係はこの実験結果からは判断できない。

問2　正常に発生させた胚が初期の幼生になったとき，背側の構造(神経管，脊索，体節などの器官)が形成される位置はどこか。
① 精子侵入点と同じ側　　② 精子侵入点の反対側
③ 精子侵入点と植物極の間　　④ 精子侵入点と無関係な位置

（センター試験改題）

3

植物に関する次の文章と実験を読み，次の問いに答えよ。
成熟した花粉が風や昆虫などによってめしべの柱頭に運ばれると，花粉が発芽して花粉管を伸ばす。花粉管がめしべの子房内にある（　イ　）に近づき，その入口に達すると，花粉管の2個の精細胞は助細胞側から（　ウ　）へ侵入する。2個の精細胞の核は，1個が卵細胞の核と合体して$2n$の受精卵の核となり，他の1個は2個の極核と合体して$3n$の胚乳核を形成する。この受精形式は重複受精と呼ばれ，（　エ　）植物に特有の現象である。

実験 下線部**ア**に関連して，0%，8%，20%のスクロースの入った寒天培地を作り，その上にある植物の花粉を散布したのち，花粉の発芽と伸長を5分ごとに測定し，培地に含まれる糖も調べた。次の(1)～(5)は実験の結果である。
(1) 0%培地でも多くの花粉が発芽して花粉管は発芽5分後には約200 μm に達したがそれ以上はあまり伸びなかった。
(2) 8%培地ではほとんどの花粉管の伸長が約30分間，ほぼ1200 μm になるまで続いた。
(3) 20%培地では発芽率が悪く，花粉管はほとんど伸長しなかった。
(4) 破壊されて細胞質がもれ出す花粉や花粉管は0%培地ではかなり観察されたが，8%培地では少なく，20%培地ではほとんどなかった。
(5) 培地の糖を調べると，8%培地では花粉管の伸長後にスクロースの分解産物であるグルコースが検出されたが，0%や20%培地では検出されなかった。

問1 実験の結果から導かれる考察として誤っているものを，次の①～④のうちから一つ選べ。
① 0%培地の実験から，花粉には少なくとも約200 μm まで花粉管まで花粉管が伸び出すのに必要な養分が備わっていると考えられる。
② 8%培地は花粉にとって，スクロースの濃度がやや低すぎると考えられる。
③ 20%培地では培地の濃い濃度の影響で，花粉管内の水が多量に入り，花粉の発芽や花粉管の伸長ができないと考えられる。
④ 花粉管はスクロースをグルコースに分解する酵素をもっていると考えられる。

問2 花粉管の実際の伸長速度を知るために，受粉しためしべを柱頭から1 cmのところで切断し，めしべの中を伸長してくる花粉管の先端が切断面から外に出てくる時間を測定することにした。そのためには花粉管の到達時間を予想して，その直前にめしべを切断する必要がある。寒天培地上で測定した花粉管の伸長速度は40 μm/分であった。実際の伸長速度もこれと同じと仮定して受粉しためしべを切断するのは，受粉後どれくらいがよいか。最も適当なものを一つ選べ。
① 5分   ② 25分   ③ 4時間   ④ 10時間
⑤ 25時間   ⑥ 40時間   ⑦ 80時間   ⑧ 250時間

問3 文中の(イ)～(エ)に入る語の組合わせとして並べた次の①～⑥のうちから，最も適当なものを一つ選べ。
① 胚嚢　胚珠　裸子　② 胚珠　胚嚢　裸子　③ 胚嚢　胚珠　被子
④ 胚珠　胚嚢　被子　⑤ 胚嚢　胚珠　シダ　⑥ 胚珠　胚嚢　シダ

(センター試験改題)

生物

第 3 部

生物の環境応答

この部で学ぶこと

1 刺激に対する動物の反応
2 眼の構造と視覚
3 耳の構造と聴覚・平衡覚
4 神経細胞と興奮の伝導
5 動物の行動
6 刺激に対する植物の反応
7 植物ホルモンの働き
8 花芽形成のしくみ
9 種子の休眠と発芽
10 植物のストレス応答

ADVANCED BIOLOGY

第1章
動物の反応と行動

　　　この章で学習するポイント

☐ **刺激の受容と反応**
☐ 適刺激
☐ 眼の構造
☐ 光量，遠近の調節
☐ 視細胞の種類と色覚のしくみ
☐ 明順応と暗順応
☐ 耳の構造
☐ 聴覚，平衡覚のしくみ

☐ **神経と情報伝達**
☐ ニューロンの構造
☐ 興奮の伝導
☐ 筋肉の構造と筋収縮
☐ 中枢神経系の構造と働き
☐ 末梢神経系

☐ **動物の行動**
☐ 生得的な行動
☐ 学習による行動

1 刺激の受容

生物をとりまく環境は絶えず変化し、生物はその変化に対応しながら生活している。**環境の変化が刺激となり、生物の体はそれに応答する。**動物には刺激を受け取る**受容器**と、刺激に応じて反応する**効果器**がある。受容体と効果器は**神経系**により連絡されており、情報の伝達が行われている。

受容器には**感覚細胞**がある。感覚細胞では刺激を受け取ると、細胞膜のイオンの透過性が変化し、電気的な変化が生じる。このような電気的変化を**興奮**という。感覚細胞で興奮が起こると、その情報は神経細胞に伝えられ、神経細胞でも興奮が起こる。すると、神経細胞は興奮の情報を効果器に伝える。

(補足) 受容器には、眼、耳、鼻などがある。効果器には、筋肉や分泌腺がある。受容器で生じた信号は、中枢神経系で情報処理され、効果器に伝えられる。

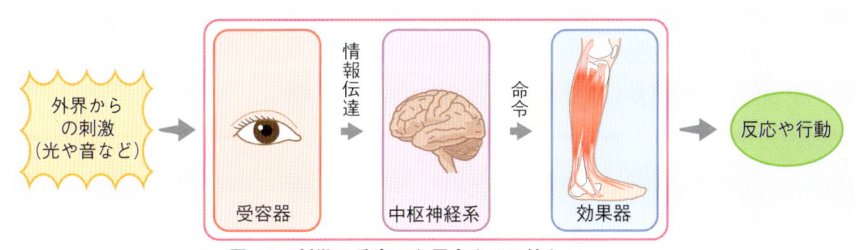

図1-1 刺激の受容から反応までの流れ

1 適刺激

それぞれの受容器が、最も敏感に反応することのできる刺激を**適刺激**という。例えば、眼の視細胞は光、耳の聴細胞は音波というように、感覚細胞の種類ごとに適刺激が異なる。

(補足) イヌの嗅覚は、ヒトよりはるかに鋭い。動物によって適刺激の範囲や強さは異なる。また、鼻が利く人や利かない人など、同じ動物でも個体差がある。

表 ヒトのおもな受容器と適刺激

受容器		適刺激	感覚
眼	網膜	光(可視光)	視覚
耳	コルチ器官	音(可聴音)	聴覚
	前庭	体の傾き	平衡感覚
	半規管	体の回転	
鼻	嗅上皮	空気中の化学物質	嗅覚
舌	味蕾	液体中の化学物質	味覚
皮膚	接点(圧点)	接触による圧力	圧覚
	痛点	強い圧力・熱など	痛覚
	温点	高い温度	温覚
	冷点	低い温度	冷覚

感覚細胞の細胞表面には，刺激を受け取る受容体がある。光・音・重力・化学物質・温度・圧力など，感覚細胞の種類ごとに，異なる刺激に特異的に応答する受容体がある。受容体が刺激を受け取ると，細胞膜のイオンチャネルが開き，イオンが細胞内に流入して感覚細胞が興奮する。

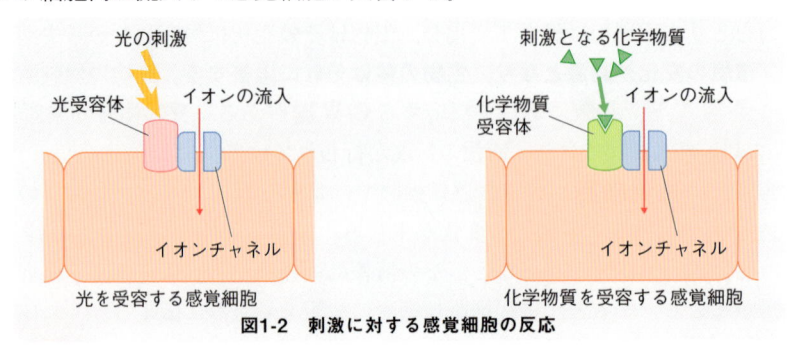

図1-2 刺激に対する感覚細胞の反応

> **POINT**
> ● 受容器が刺激を受け取り，効果器が反応する。
> ● 受容器により，受け取る刺激の種類が決まっている。

2 視覚

光の刺激で生じる感覚を**視覚**といい，光に対する受容体をもつ感覚器を**視覚器**とよぶ。眼は視覚器である。眼の網膜には，光を感じる**視細胞**がある。視細胞の色素が光を吸収することによって光を感じ，光の情報は視神経を通って脳に伝えられる。感覚が生じるのは，**興奮が感覚器から大脳へ伝えられる**からである。眼に異常がなくても，視神経が切れたり，大脳の視覚を感じる部分が破壊されたりすれば視覚は生じない。

Ⓐ 光量の調節

光が強いとまぶしく感じるが，弱いとものが見えにくい。眼には，眼に入る光の量を調節する**虹彩**（こうさい）がある。明るいときには虹彩が広がって瞳孔（どうこう）が縮小し，眼に入る光の量が制限される。暗いときには虹彩が収縮して瞳孔が開き，眼に入る光の量が多くなる。

図1-3 ヒトの眼の構造

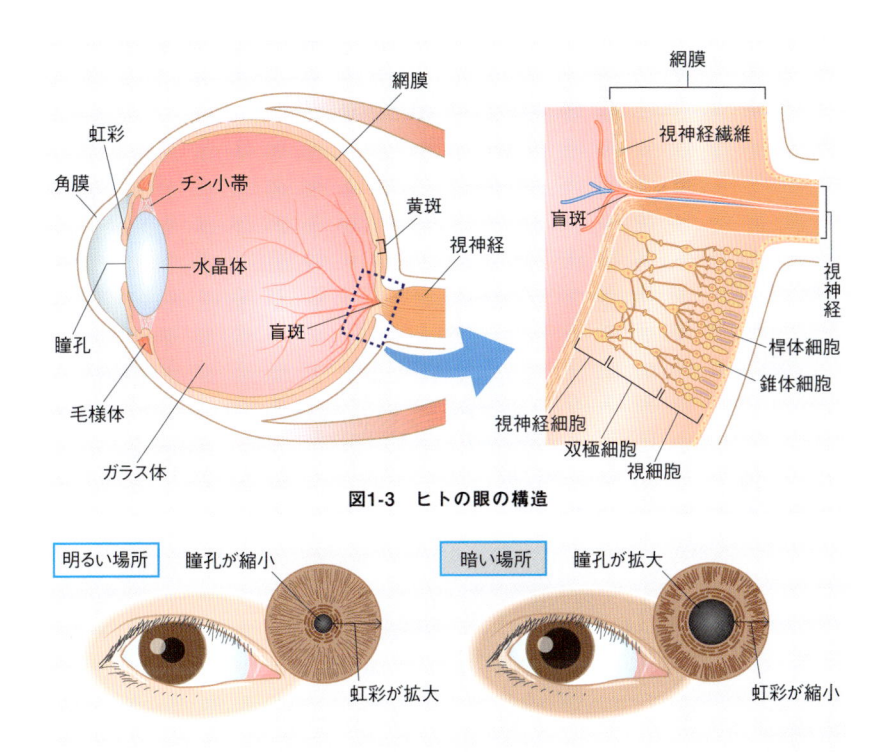

図1-4 光量の調節

❸遠近の調節

　眼に入る光は**角膜**を通過し，**水晶体**で屈折して，網膜に像を結ぶ。水晶体と網膜の距離は一定である。そのため，鮮明な像を見るには，見る対象となる物の遠近により，水晶体の厚みを変える必要がある。水晶体の厚みが変わると光の屈折率を変えることができる。

　水晶体の周囲には**チン小帯**があり，チン小帯の周囲には毛様体がある。水晶体は，毛様体とチン小帯によって引っ張られるように配置されている。毛様体には筋肉(毛様体筋)がある。毛様体筋が収縮すると，水晶体は引っ張る力から解放され，厚くなる。逆に毛様体筋が緩むと，水晶体は周囲に引っ張られ薄くなる。水晶体が厚くなると近くを鮮明に見ることができるようになり，水晶体が薄くなると遠くを見ることができるようになる。

図1-5　遠近調節のしくみ

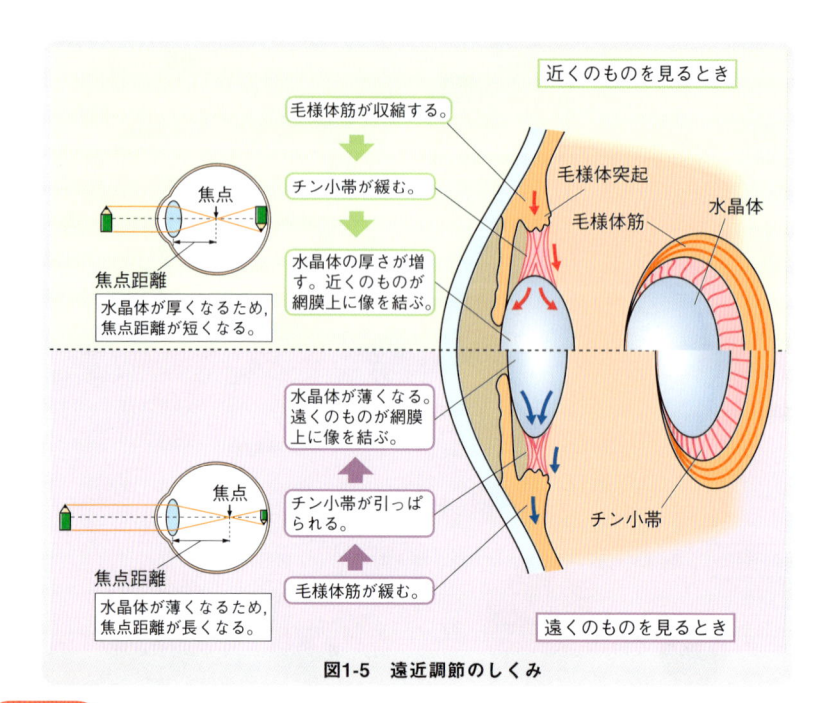

> **POINT**
>
> - 近くを見るとき
>   毛様体筋の収縮→水晶体が**厚くなる**。
> - 遠くを見るとき
>   毛様体筋の弛緩→水晶体が**薄くなる**。

コラム　加齢による水晶体の異常

老眼は加齢にともなって水晶体の弾性力が失われて硬化し、遠近調節が困難になる異常である。また、水晶体は細胞が透明化して作られる。加齢によって養分が行き渡りにくくなり、水晶体の中央部から濁りが見られるようになったとき、これを白内障という。

ⓒ 盲斑と視神経

　網膜の視細胞と脳をつなぐのは**視神経**である。視神経の繊維は，網膜の一ヵ所に集まり，網膜を貫いて眼球の外に出ている。視神経が網膜を貫いている場所を**盲斑**という。**盲斑には視細胞がないため，盲斑に結ばれた像は見えない。**

ⓓ 視細胞の種類

　網膜には，**桿体細胞**と**錐体細胞**という2種類の視細胞がある。**桿体細胞は薄暗いところでも働き，光の明暗を認識するが色の識別はしない。錐体細胞は明るいところで働き，色の識別をする。**網膜の中心部には，**黄斑**とよばれる部分がある。黄斑には錐体細胞が多く分布し，その周辺には桿体細胞が多く分布する。そのため，視野の中心は色をよく識別する。視野の中心を少し外れたところでは，色の識別は難しいが，薄暗い場所でも光を感じとることができる。

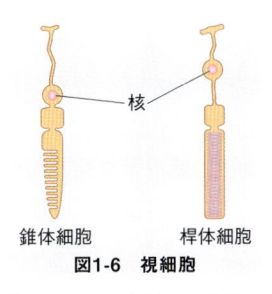

図1-6　視細胞

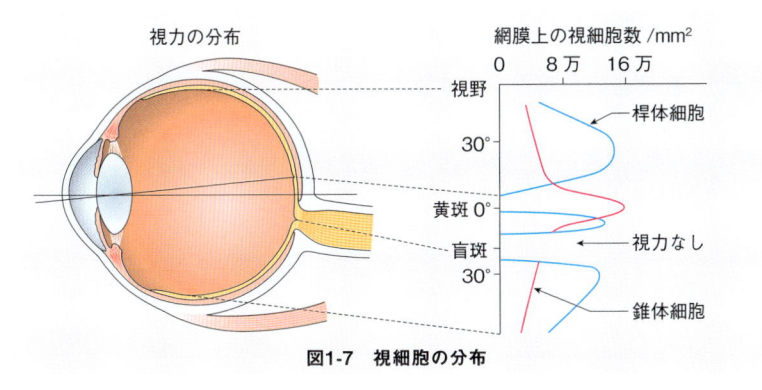

図1-7　視細胞の分布

ⓔ 錐体細胞の種類と色覚のしくみ

　ヒトの錐体細胞には，青紫色光を吸収する**青錐体細胞**，緑色光を吸収する**緑錐体細胞**，赤色光を吸収する**赤錐体細胞**の3種類がある。それぞれの錐体細胞の反応の強さの度合いにより，色の違いは区別されている。3種類の錐体細胞が同じように反応すると，白く見える。

（補足）青錐体細胞は430，緑錐体細胞は530，赤錐体細胞は560 nm付近の波長の光をよく吸収する。

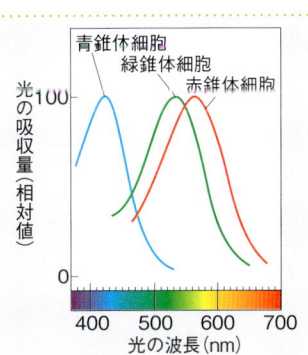

図1-8　錐体細胞の種類と光の吸収

第1章　動物の反応と行動

F 明順応と暗順応

　暗い映画館の中から明るい通りに出ると，まぶしく感じてものがよく見えない。しかし，しばらくするとよく見えるようになる。これを**明順応**という。一方，明るい通りから暗い映画館の中へ入ると，初めは暗くてものがよく見えない。しかし，徐々に目が慣れて見えるようになる。これを**暗順応**という。

　光は，視細胞の色素タンパク質が受容する。色素タンパク質に光が当たると，タンパク質から色素が外れる。色素タンパク質から色素が外れることにより，視細胞が光を感じる。したがって，強い光の下では色素とタンパク質の分離が進んでおり，色素タンパク質が少なくなっている。そのため，視細胞の光に対する感受性は低く保たれる。カメラのストロボの光が眼に入ると，しばらくものが見えなくなる。これは，**視細胞のほとんどの色素タンパク質から色素が外れたため**である。

　暗いところでは，色素タンパク質の合成が分解を上回り，色素タンパク質が蓄積されて，視細胞の感度が高くなる。

　視細胞の感度が調整されることにより，明順応と暗順応は起きている。

参考　視細胞の色素タンパク質

　光は，視細胞の色素タンパク質が受容する。桿体細胞の**ロドプシン**とよばれる色素タンパク質は，タンパク質の**オプシン**に**レチナール**とよばれる色素が結合したものである。ロドプシンのレチナールは光を受けると構造が変化し，オプシンから外れる。オプシンからレチナールが外れることが刺激となって，細胞膜のイオンチャネルが開き，桿体細胞が興奮する。レチナールが外れたオプシンは光を受容しない。強い光のもとでは，レチナールが外れたオプシンが多くなり，桿体細胞の感度は低くなる。光が当たらなければ，レチナールはオプシンに結合する。暗いところにいると，レチナールを結合したオプシンが多くなり，桿体細胞の感度が上がる。

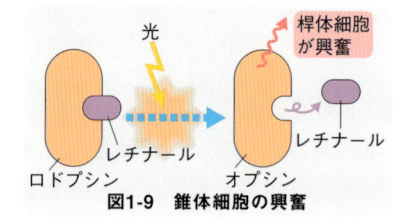

図1-9　錐体細胞の興奮

POINT

- 明順応…暗い所→明るい所　色素タンパク質は減少。
- 暗順応…明るい所→暗い所　色素タンパク質が増加。

3 聴覚と平衡覚

ヒトの耳には，音を受容する**聴覚器**としての役割と，体の傾きや回転といった平衡を受容する**平衡器**としての役割がある。

Ⓐ 耳の構造

ヒトの耳は外耳・中耳・内耳に分けられる。**外耳**は空気を伝わってくる音波を集め，**中耳**は鼓膜の振動を増幅して**内耳**に伝える。音を感じる感覚細胞である**聴細胞**は，内耳の**うずまき管**にある。また，内耳には体の傾き(重力覚)を受容する感覚器である**前庭**と，体の回転(回転覚)を受容する感覚器である**半規管**がある。

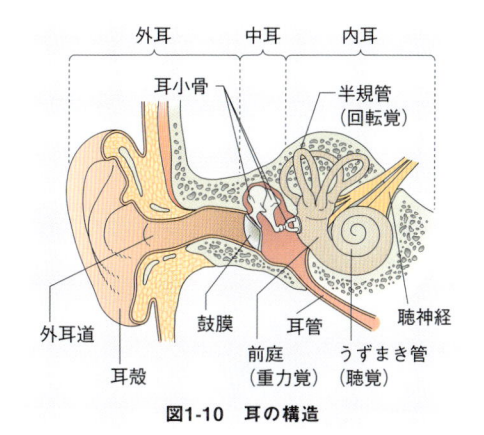

図1-10 耳の構造

Ⓑ 聴覚

音波は外耳道を通って**鼓膜**を振動させる。鼓膜の振動は中耳の**耳小骨**で増幅されて内耳に伝わる。内耳のうずまき管はリンパ液で満たされており，リンパ液が振動すると，うずまき管の内部にある基底膜が振動する。基底膜にある**コルチ器**には感覚毛をもつ**聴細胞**があり，聴細胞の感覚毛はおおい膜に接している。基底膜が振動すると感覚毛がおおい膜に触れて曲がる。感覚毛が曲がることにより聴細胞が興奮する。この情報は，**聴神経**を経て大脳に伝わり，**聴覚**となる。

> 補足　聴細胞の一部がブラシのように飛び出ている部分を感覚毛といい，感覚毛が曲がるとイオンチャネルが開き，聴神経が興奮する。

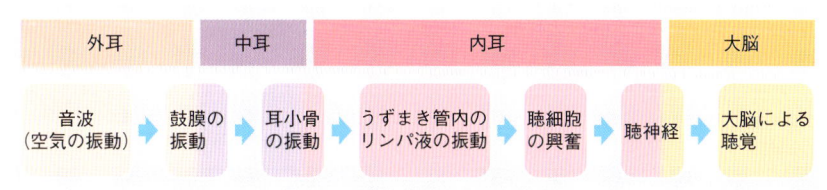

図1-11 音を感じるまでの流れ

図1-12 ヒトの聴覚器官

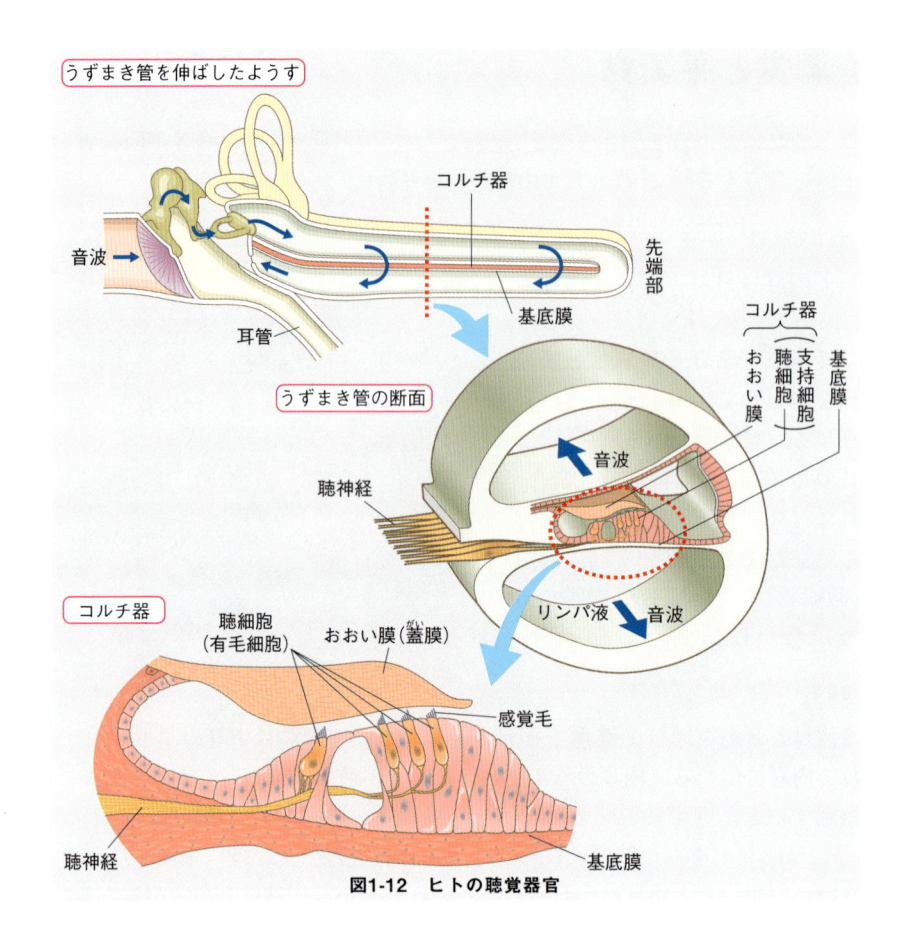

> **参考　音の高低の感覚**
>
> うずまき管の基底膜は細長く，音の高低によって振動する場所が異なる。うずまき管の根元に近い基底膜は，1秒間の振動数が大きい（周波数が高い）高音で振動し，興奮は聴神経を介して高音を認識する聴覚中枢に伝えられる。一方，振動数が小さい（周波数が低い）低音では先端部が振動し，興奮は低音を認識する聴覚中枢に伝えられる。このようにして，音の高低が認識される。

ⓒ平衡覚

　内耳の**前庭**には体の傾きを感じるしくみがある。前庭の内部にも感覚毛をもつ感覚細胞があり，その上に炭酸カルシウムでできた平衡石(耳石)がのっている。体が傾くと，平衡石がずれて感覚毛が曲がり，感覚細胞が興奮する。

　半規管は互いに直交した3つの管をもち，管の基部には感覚毛をもつ感覚細胞がある。体が回転するとリンパ液が動き，それによって刺激を受けた感覚毛で回転を感知する。

　前庭も半規管も内部はリンパ液で満たされている。

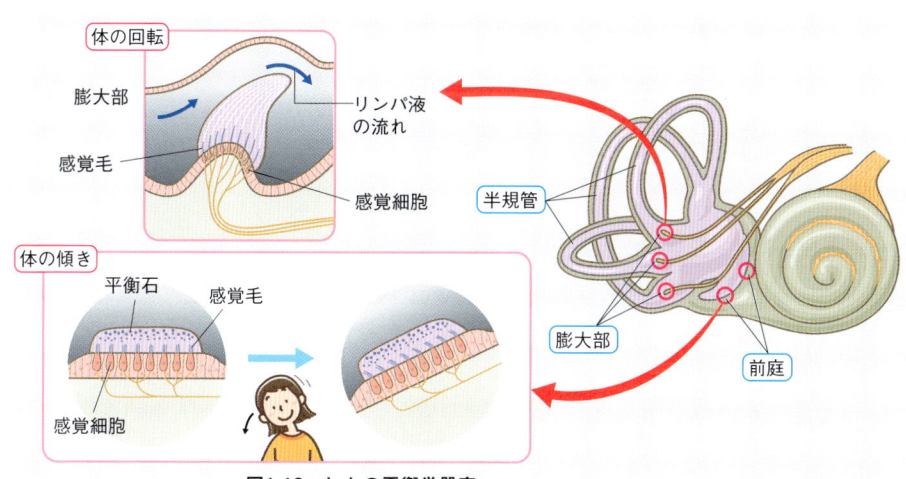

図1-13　ヒトの平衡覚器官

> **POINT**
> ● 鼓膜の振動は耳小骨で増幅される。
> ● 前庭は体の傾きを感知する。
> ● 半規管は体の回転を感知する。

ⓓ味覚・嗅覚

　液体に溶けた化学物質を適刺激として受け取る受容器を**味覚器**という。ヒトの舌は味覚器である。味覚器には**味細胞**があり，化学物質の刺激を受容した味細胞の興奮が大脳に伝えられ，**味覚**を生じる。

　空気中の化学物質を適刺激として受け取る受容器を**嗅覚器**という。ヒトの鼻は嗅覚器である。嗅覚器には**嗅細胞**があり，化学物質の刺激を受容した嗅細胞の興奮が大脳に伝えられ，**嗅覚**を生じる。

2 神経と情報

神経細胞には，情報を伝えたり情報処理を行ったりする働きがある。環境から得た情報に反応する神経細胞は，その働きによって次の3つに分けられる。
1. **感覚神経**：受容器からの情報を中枢に伝える。
2. **運動神経**：中枢からの命令や情報を，筋肉や分泌腺などの効果器に伝える。
3. **介在神経**：脳や脊髄などの中枢神経系を構成する神経であり，感覚神経と運動神経とをつなぐ。

1 ニューロンと情報伝達のしくみ

Ⓐ ニューロンの構造

神経細胞は**ニューロン**と呼ばれ，核を含む**細胞体**と，細胞体から伸びた突起から成る。特に長い突起を**軸索**といい，枝分かれした短い突起を**樹状突起**という。軸索は神経繊維ともよばれる。

脊椎動物の軸索の多くは**シュワン細胞**でできた薄い膜状の**神経鞘**で包まれている。神経鞘が何重にも巻き付いてできた構造を特に**髄鞘**といい，髄鞘と髄鞘の間は**ランビエ絞輪**という。髄鞘をもつ軸索を**有髄神経繊維**，もたない軸索を**無髄神経繊維**という。

> 補足　感覚神経，運動神経と表現するときは神経の概念を表し，ニューロンと表現するときは神経細胞そのものを表す。

> **参考　グリア細胞**
> 脊椎動物の末梢神経の軸索にはシュワン細胞が巻き付いているが，中枢神経の軸索には**オリゴデンドロサイト**とよばれる細胞が巻き付いている。シュワン細胞やオリゴデンドロサイトは，直接には興奮を伝達しないが，神経細胞の活動を支える働きがある。神経系を構成している，神経細胞以外の細胞をまとめて**グリア細胞**とよぶ。

Ⓑ 神経細胞の興奮

軸索内に微小な電極を挿入して，細胞内外の電位を測定すると，刺激を受けていない細胞の内側は外側よりも電位が低いことがわかる。細胞の外側をゼロとすると，内側は$-60\,\mathrm{mV} \sim -90\,\mathrm{mV}$である。これを**静止電位**という。

図1-14　ニューロンの構造

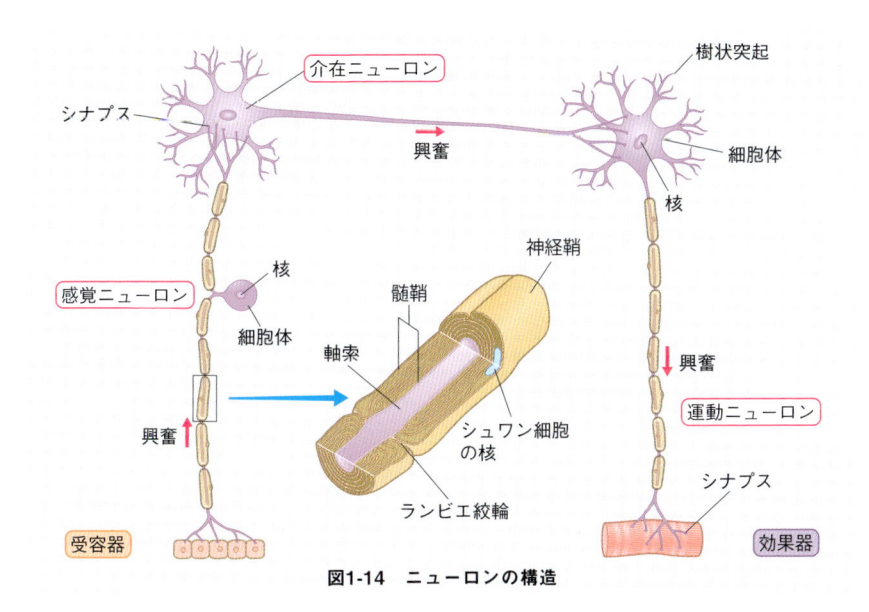

　神経細胞を刺激すると，**刺激された部分では細胞内外の電位が逆転**し，内側が正(＋)になり外側が負(－)になる。電位の逆転は一瞬で終わり，すぐに静止電位に戻る。この一連の電位の変化を**活動電位**といい，活動電位が発生することを**興奮**という。

◉活動電位が発生するしくみ

　活動電位の発生には，細胞膜のナトリウムポンプと，ナトリウムチャネル，カリウムチャネルがかかわっている。

●細胞内の電位がマイナスに保たれるしくみ

　細胞膜のナトリウムポンプの働きで，細胞内のNa^+が細胞外に排出され，細胞外のK^+が細胞内に取り込まれている。そのため，細胞外はNa^+濃度が高く，内側はK^+濃度が高い(図1-15 (A))。

　細胞膜にはカリウムチャネルがあり，一部のカリウムチャネルが開いている。そのため，K^+濃度が高い細胞内から濃度が低い細胞外へK^+が流出する。**正の電荷を帯びたNa^+が排出され，K^+も流出する**ため，細胞内の電位は負になり，外側は正になる。

●興奮により細胞内の電位がプラスに転じるしくみ

　感覚細胞や神経細胞のように，興奮する細胞の細胞膜には，ナトリウムチャネルがある。ナトリウムチャネルは静止時には閉じているが，刺激により電位が上昇すると開く。その結果，細胞外に高濃度にあるNa^+が細胞膜の内側に流れ込み，膜の内外の電位が逆転する(図1-15（B）)。

●興奮が終わって静止電位に戻るしくみ

　電位が逆転するとナトリウムチャネルは閉じ，カリウムチャネルが開いて細胞内に高濃度にあるK^+が流出する。

　ナトリウムポンプの働きにより，Na^+が排出され，細胞外のK^+が細胞内に取り込まれて静止電位に戻る(図1-15（C）)。

❶ 興奮の伝導

　興奮が起こると，**興奮部と隣接する静止部との間に電位差が生じ**，微弱な電流が流れる。この電流を**活動電流**といい，活動電流が刺激となって隣接部が興奮し，次々と隣の部分に興奮が伝わっていく。これを興奮の**伝導**という。

　興奮部はすぐには再び興奮できない状態(不応期)になるため，興奮は直前に興奮した部分に戻って伝わることはなく，一定の方向に伝わっていく。

　興奮が伝導する速度は，**無髄神経より有髄神経の方がはるかに速い**。有髄神経の髄鞘は電気的な絶縁体の働きをするため，興奮はランビエ絞輪の部分だけで起こり，絞輪から絞輪へ飛び飛びに伝導する。これを**跳躍伝導**といい，伝導速度が非常に大きい。

POINT

- 通常，細胞内の電位はマイナスである。それは，Na^+が**細胞外へ能動輸送されている**ためである。
- 刺激を受けた神経細胞では，**細胞内はプラスに，細胞外はマイナス**になる。

活動電位の発生と興奮の伝導

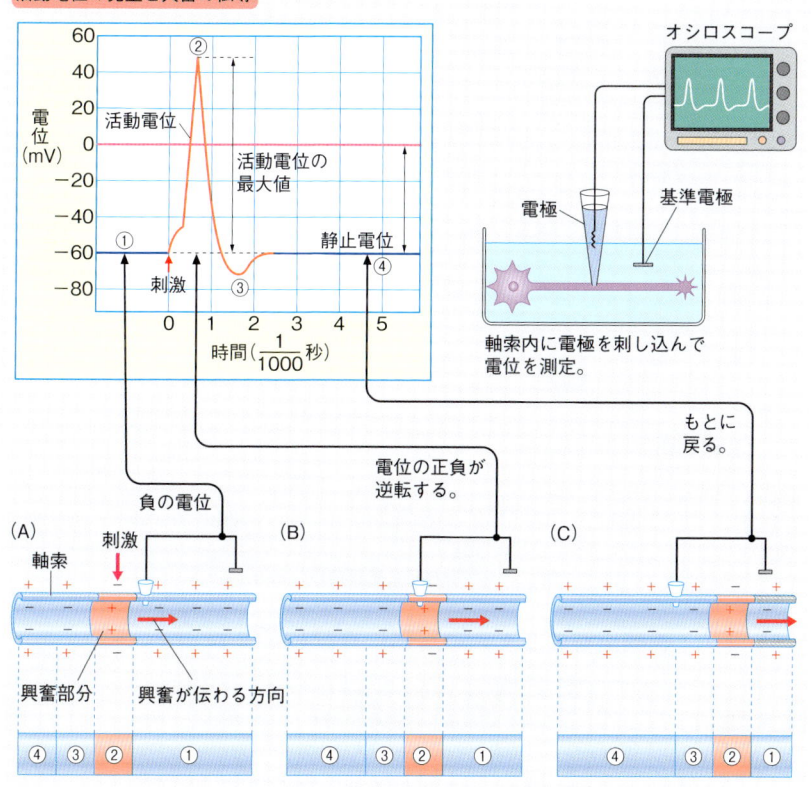

縦軸：電位(mV)、横軸：時間($\frac{1}{1000}$秒)

- 活動電位
- 活動電位の最大値
- 静止電位
- ① 刺激
- ②
- ③
- ④

オシロスコープ

電極　基準電極

軸索内に電極を刺し込んで電位を測定。

(A) 負の電位　刺激
軸索
興奮部分　興奮が伝わる方向
④ ③ ② ①

(B) 電位の正負が逆転する。
④ ③ ② ①

(C) もとに戻る。
④ ③ ② ①

イオンチャネルの働き

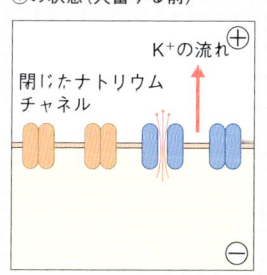

①の状態（興奮する前）
- 閉じたナトリウムチャネル
- K^+の流れ ⊕
- ⊖

②の状態（興奮中）
- 開いたナトリウムチャネル
- K^+の流れ ⊖
- Na^+の流れ
- ⊕

③の状態（興奮が終了したとき）
- 閉じたナトリウムチャネル
- 開いたカリウムチャネル
- K^+の流れ ⊕
- ⊖

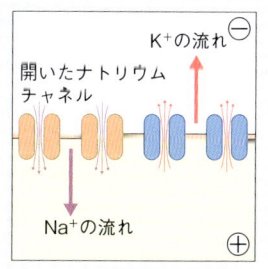

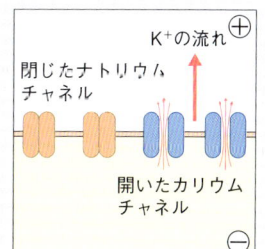

図1-15　活動電位と興奮

第1章　動物の反応と行動

無髄神経における伝導

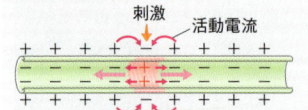

興奮部と隣接する静止部との間に電位差が生じ、活動電流が流れる。

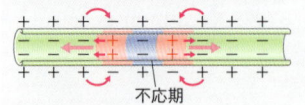

活動電流が刺激となって隣接部が興奮し、興奮は次々と伝わる。

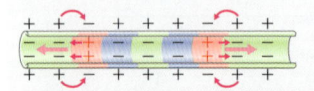

興奮部は不応期となるため、興奮は一定方向に伝わり、反対方向には伝わらない。

有髄神経における伝導

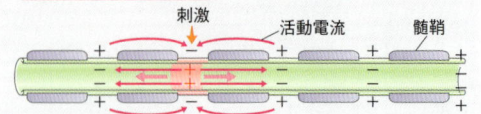

興奮部と隣接する静止部との間に電位差が生じ、絶縁体の働きをする髄鞘を飛び越えて活動電流が流れる。

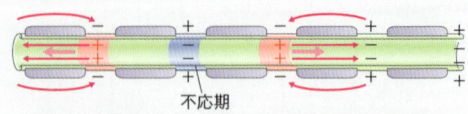

活動電流が刺激となって隣接部が興奮し、髄鞘を飛び越えて興奮は次々と伝わる。

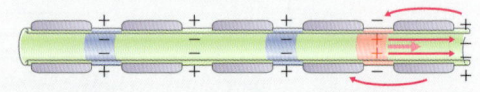

興奮部は不応期となるため、興奮は一定方向に伝わり、反対方向には伝わらない。跳躍伝導のため、伝達速度は大きい。

図1-16 無髄神経と有髄神経の伝導

コラム 神経伝導のしくみの解明に貢献したイカ

　髄鞘がない軸索の伝導速度は、軸索の太さに影響される。太いほど活動電流が流れやすく、伝導速度は大きくなる。イカの神経の軸索は髄鞘で覆われていないが、軸索が太いため神経の伝導速度は大きい。

　ホジキン博士とハクスリー博士は、イカの太い軸索の特徴を活かし、電極を挿入して細胞膜内外の電位差を測定することに成功した。神経伝導のしくみを解明した研究は、1963年のノーベル生理学・医学賞に輝いている。

E 全か無かの法則

　ニューロンは一定以上の強さの刺激でなければ興奮しない。興奮が起こる最小の刺激の強さを**閾値**という。また，閾値以上であれば，どのような強さの刺激を与えても，興奮の強さは変わらない。感覚細胞やニューロンは，興奮が起きるか(ON)起こらないか(OFF)のいずれかを示す。これを**全か無かの法則**という。

　刺激の強さの情報は，興奮の発生頻度で伝えられる。強い刺激ほど，活動電位が発生する頻度が高い。

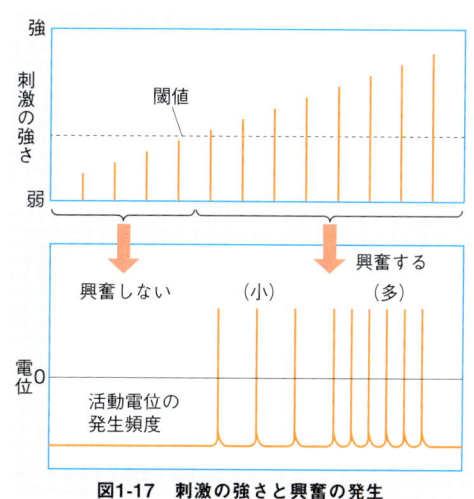

図1-17　刺激の強さと興奮の発生

F シナプスを介した興奮の伝達

　軸索の末端を**神経終末**という。神経終末は他のニューロンの樹状突起や細胞体，効果器と狭い隙間をへだてて接続している。この接続部分を**シナプス**といい，狭い隙間を**シナプス間隙**という。軸索を伝わってきた興奮は，シナプスを介して隣の細胞に伝えられる。シナプスで情報が伝えられることを**伝達**といい，軸索における伝導と区別している。シナプスでは**神経伝達物質**とよばれる化学物質が情報を伝える。神経伝達物質には，アセチルコリンやノルアドレナリンなどがあり，神経終末の中にある多数の小胞に包まれている。神経伝達物質を包む小胞を**シナプス小胞**という。情報を受け取る細胞の細胞膜には神経伝達物質の受容体があり，受容体は伝達物質依存性チャネルとして働く。

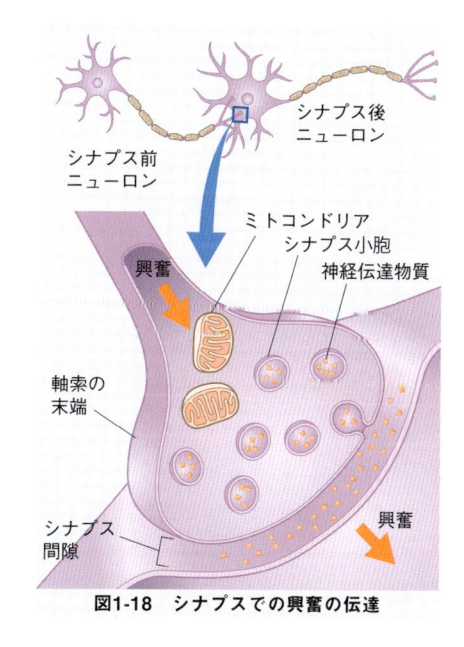

図1-18　シナプスでの興奮の伝達

第1章　動物の反応と行動

シナプスにおける伝達は以下の順序で起こる。
1. 軸索を伝わってきた興奮が神経終末に到達すると，シナプス小胞内の神経伝達物質が放出される。
2. 情報を受け取る細胞の受容体に神経伝達物質が結合すると，チャネルが開き，Na^+が流入する。
3. 活動電位が生じる。
4. 放出された神経伝達物質は，神経終末に回収されたり分解されたりして，シナプス間隙から速やかに消失し，次の情報伝達が可能な状態になる。

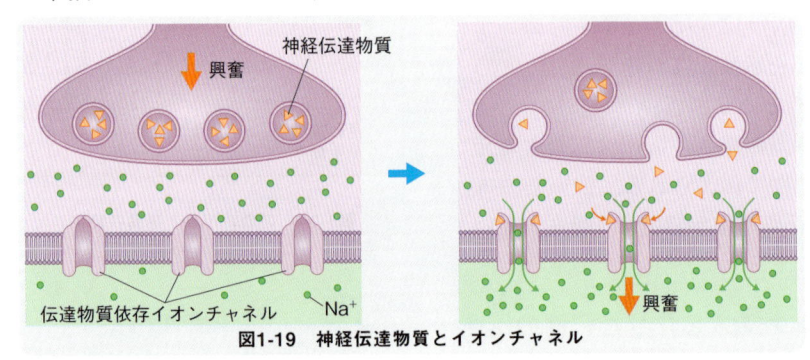

図1-19 神経伝達物質とイオンチャネル

参考 興奮性シナプスと抑制性シナプス

シナプスには，興奮性シナプスと抑制性シナプスがある。興奮性シナプスとは，興奮性の神経伝達物質を受容体が受け取ると Na^+ チャネルが開き，**Na^+が流入して活動電位が生じる**シナプスをいう。一方，抑制性シナプスとは，抑制性の神経伝達物質を受容体が受け取ると Cl^- チャネルが開き，負の電荷をもつ Cl^- が流入して**細胞内が静止電位よりさらに負になる**シナプスをいう。

抑制性シナプスが働くと，電位が低く抑えられるため，興奮が抑制される。一つのニューロンには，多数の軸索が興奮性や抑制性のシナプスをつくっており，細胞体で情報の統合が行われる。

POINT

- 興奮は，起きるか起きないかのいずれかを示す（全か無かの法則）。
- 刺激の強さは，活動電位の発生頻度で伝えられる。

2 効果器と反応

受容した刺激に応じて動物は反応を示す。その際に働く器官が**効果器**である。効果器には筋肉やべん毛，繊毛などがある。汗腺やだ腺などの外分泌腺や，ホルモンを分泌する内分泌腺も効果器である。

Ⓐ 骨格筋の構造

自分の意志で手足を動かせるのは，骨格筋とよばれる筋肉が働くからである。骨格筋は，腱(けん)を介して骨とつながっている。筋肉は，いくつかの構造単位が階層的に組み立てられて形成されている。骨格筋を大きな構造単位から小さな構造単位の順に並べると，以下のようになる。

● 骨格筋
骨格筋は，**筋繊維**とよばれる細長い構造が束になってできている。

● 筋繊維
筋繊維は，多数の細胞が融合してできた筋細胞からなり，筋細胞は細長い形をしている。1個の筋細胞には数百個の核がある。

● 筋原繊維
筋細胞の細胞質には，多数の**筋原繊維**の束がある。筋原繊維は，筋細胞が細長く伸びた方向と平行に並んでいる。

● 筋小胞体
筋原繊維は，扁平な袋状の**筋小胞体**で包まれており，筋小胞体には Ca^{2+} が蓄えられている。

● サルコメア
筋原繊維を顕微鏡で見ると，明るく見える**明帯**(めいたい)と暗く見える**暗帯**(あんたい)が交互に連なっており，明帯の中央には**Z膜**とよばれる仕切りがある。Z膜とZ膜の間の構造を**サルコメア**(筋節)という。サルコメアは筋肉の収縮の単位として働く。明帯と暗帯が縞模様(紋)に見えるため，骨格筋は**横紋筋**(おうもんきん)ともよばれる。

● アクチンフィラメントとミオシンフィラメント
Z膜からは，**アクチンフィラメント**が束のように突き出している。アクチンフィラメントとアクチンフィラメントの間に，**ミオシンフィラメント**が配置されている。ミオシンフィラメントは，ミオシンが一定方向に束のように集合することで形成された，繊維状の構造をしている。ミオシンフィラメントがある部分は暗く見えるため暗帯とよばれる。

> 補足　筋肉には，運動神経によって収縮反応が引き起こされる骨格筋の他，自律神経によって調節される心筋(心臓の筋肉)，内臓の平滑筋がある。

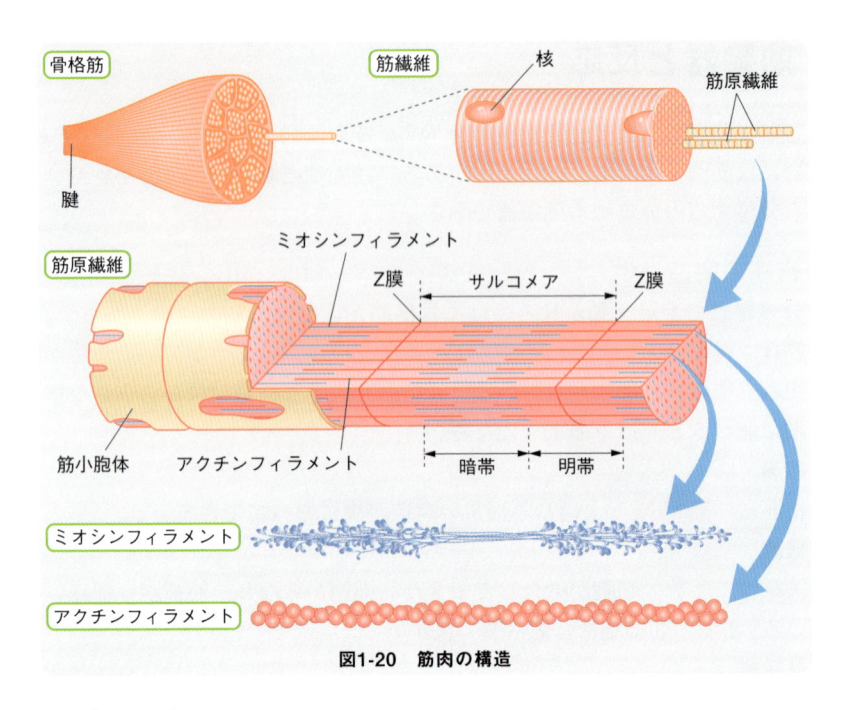

図1-20　筋肉の構造

❸ 筋収縮のしくみ

　筋肉が収縮することを**筋収縮**といい，筋収縮により運動が起こる。筋収縮が起こると，**サルコメアの長さは短くなるが，アクチンフィラメントとミオシンフィラメントの長さは変わらない。**

　ミオシンは，オタマジャクシのような形をしたモータータンパク質である。ミオシンは頭部でアクチンフィラメントに結合し，ATPのエネルギーを用いてアクチンフィラメント上を移動する。ミオシンフィラメントはミオシンが束になってできており，ミオシンの束の両端は，ミオシンの頭部がそれぞれ逆向きに配置されている。ミオシンがアクチンフィラメント上を移動すると，ミオシンフィラメントがアクチンフィラメントをたぐり寄せることになる。その結果，**サルコメアが短くなって筋肉が収縮する**。この時，アクチンフィラメントがミオシンフィラメントに滑り込むように見える。

（補足）筋細胞以外の細胞では，ミオシンはミオシンフィラメントを形成していない。

　筋収縮は，筋細胞のCa^{2+}濃度が高まることがきっかけとなって起こる。神経により伝えられた刺激情報により，筋収縮は次の順序で起こる。

● **筋収縮が起こる順序**
1. 運動ニューロンの刺激が筋細胞の細胞膜に伝えられる。
2. 筋細胞の細胞膜が興奮し，興奮は筋細胞全体に伝わる。
3. 興奮した筋細胞の筋小胞体から Ca^{2+} が放出される。
4. 筋細胞の Ca^{2+} の濃度が高まると，筋原繊維のミオシンとアクチンフィラメントが結合できるようになる。
5. ミオシンはアクチンフィラメント上を ATP のエネルギーを使って移動し，収縮が起こる。
6. 神経からの興奮が来なくなると，Ca^{2+} は能動輸送により筋小胞体に取り込まれる。
7. 細胞質基質の Ca^{2+} 濃度が低下すると，ミオシンはアクチンから外れ，筋肉は弛緩する。

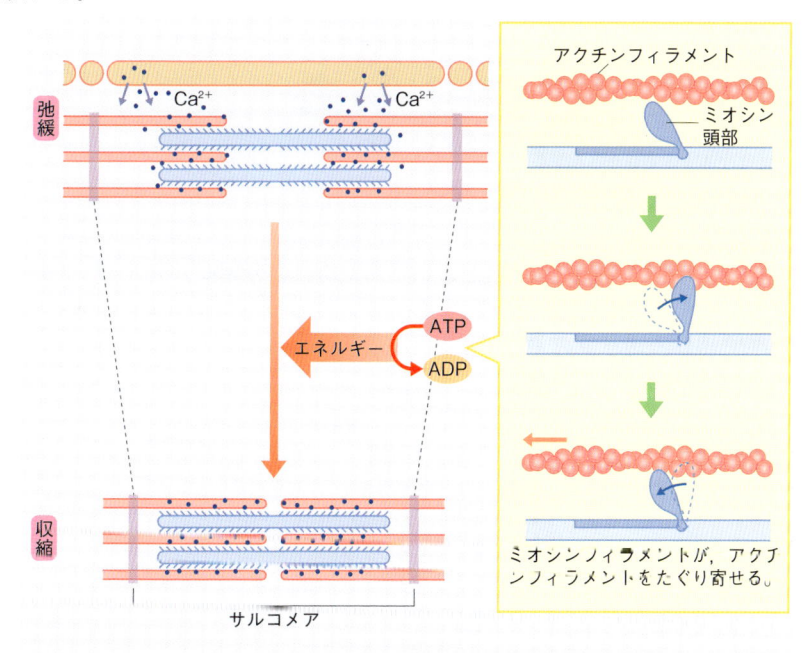

図1-21 筋収縮のしくみ

> **POINT**
>
> 筋収縮が起こると，サルコメアが短くなる。それはミオシンフィラメントがアクチンフィラメントをたぐり寄せるからである。

参考 筋収縮の調節とエネルギー源

1 カルシウムイオンによる筋収縮の調節

　アクチンフィラメントは，アクチンの他に**トロポミオシン**と**トロポニン**とよばれるタンパク質で構成されている。筋肉が弛緩している状態では，トロポミオシンは，アクチンフィラメントのミオシン結合部位を覆うように配置されている。Ca^{2+}の濃度が高くなると，Ca^{2+}がトロポニンに結合し，トロポミオシンはミオシンとの結合部位から外れる。そのため，ミオシンがアクチンに結合して，筋収縮を生む力が発生する。

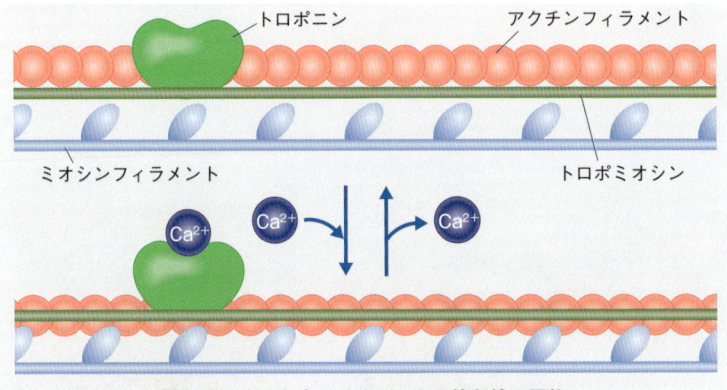

図1-22　カルシウムイオンによる筋収縮の調整

2 筋収縮のエネルギー源

　筋収縮の直接のエネルギー源はATPである。運動によって消費されたATPは，解糖や呼吸によって補給される。しかし，激しい運動をすると補給が間に合わず，ATPは枯渇する。筋肉にはATPの他に，高エネルギーリン酸結合をもつクレアチンリン酸が多量に含まれており，クレアチンリン酸を分解してADPからATPが合成される。

コラム　赤筋と白筋

　横紋筋には赤筋と白筋の2種類の筋肉がある。白筋は収縮は速いが持久力が低く，疲れやすい。一方，赤筋は収縮は遅いが持久力が高い。マグロなど，長い距離を泳ぐ魚の筋肉には，赤筋が多く含まれている。

3 神経系

受容器と効果器は神経系によって連絡されている。神経系が発達した動物では、ニューロンの細胞体が多数集まった**神経節**があり、特に大きな神経節を**脳**という。脊椎動物の神経系では、**ほとんどのニューロンが脳と脊髄に集中**している。脳と脊髄をまとめて**中枢神経系**という。中枢神経系は情報処理の中枢を担っている。

また、中枢神経系以外の神経をまとめて**末梢神経系**という。末梢神経系は、中枢神経系とからだの末端を連絡している。

Ⓐ 脊椎動物の中枢神経系―脳のつくりと働き

脊椎動物の脳は、前端から後ろにかけて**大脳**、**間脳**、**中脳**、**小脳**、**延髄**に分けられ、それぞれ異なる働きをしている。

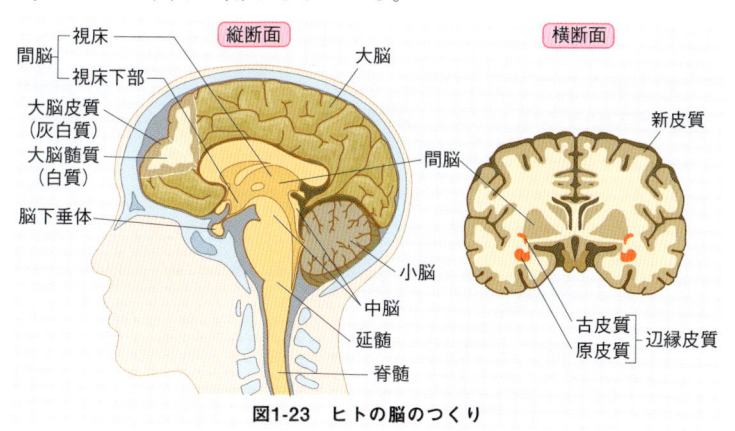

図1-23 ヒトの脳のつくり

●大脳

大脳は外側の**大脳皮質**と内側の**大脳髄質**に分けられる。細胞体が集まっている大脳皮質は、灰白色をしているため**灰白質**ともいう。また、軸索が集まっている大脳髄質は、白色をしているため**白質**ともいう。

哺乳類の大脳皮質は、**新皮質**と**辺縁皮質**からなり、ヒトでは新皮質が発達している。新皮質には感覚の中枢である感覚野と、随意運動の中枢である運動野、思考などの高度な精神活動の中枢である連合野がある。

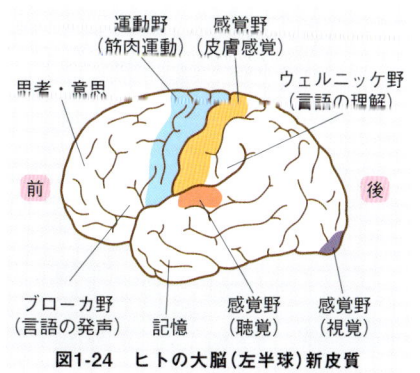

図1-24 ヒトの大脳(左半球)新皮質

● 間脳
　視床と**視床下部**からなる。視床下部には自律神経系の中枢がある。視床下部は**脳下垂体**とつながっており，脳下垂体のホルモンの分泌を調節する働きがある。

● 中脳
　眼球運動や瞳孔の大きさを調節する中枢があるほか，姿勢を保つ中枢がある。

● 小脳
　からだの平衡を保つ中枢がある。さまざまな身体の運動を調節する働きをもつ。

● 延髄
　呼吸，心臓や血管などの血液循環，消化管の運動や消化液の分泌の調節といった，生命維持に欠くことができない働きにかかわる中枢である。

❺ 脊椎動物の中枢神経系－脊髄のつくりと働き

　脊椎骨の中にある円柱状の中枢神経を**脊髄**という。受容器・効果器と脳を連絡し，興奮の中継として働く。介在ニューロンや運動ニューロンの細胞体が髄質にあるため，脊髄は大脳と反対で，皮質が**白質**，髄質が**灰白質**となっている。

　感覚ニューロンの細胞体は脊髄に入る前の**脊髄神経節**にある。脊髄に入る感覚神経の軸索の束を**背根**といい，脊髄から出る運動神経の軸索の束を**腹根**という。

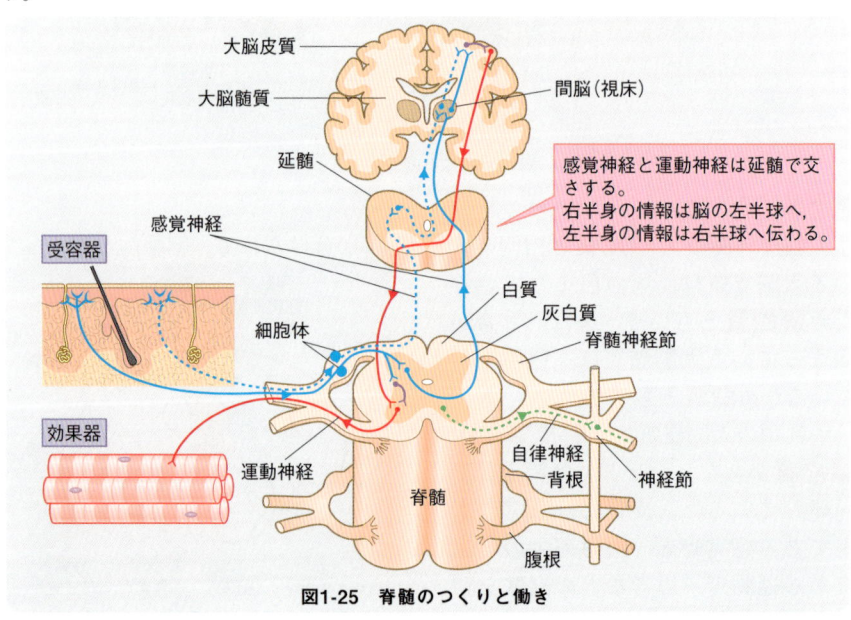

図1-25　脊髄のつくりと働き

ⓒ反射

　意識とは無関係に刺激に反応することを**反射**といい，**反射では大脳は働かない**。反射の中枢を反射中枢といい，脊髄は**脊髄反射**の中枢として働く。膝下をたたくと足先が上がる**しつがい腱反射**や，刺激を与えるものに手を触れると無意識に手を引っ込める**屈筋反射**などを脊髄反射という。反射が起こる経路は，受容器→感覚神経→反射中枢→運動神経→効果器である。反射が起こるときに興奮が伝わる経路を**反射弓**という。

補足 だ液を分泌する反射中枢は延髄にあり，光によって瞳孔が収縮するときの反射中枢は中脳にある。

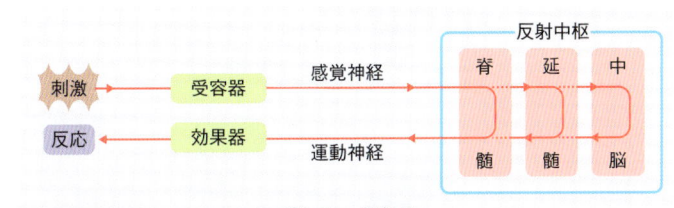

図1-26　反射弓

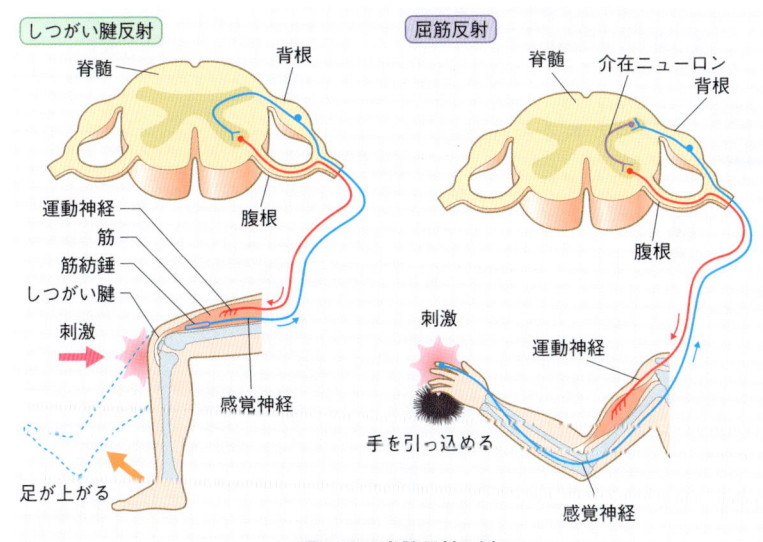

図1-27　脊髄反射の例

> **POINT**
> ● 大脳の皮質は灰白質。脊髄の皮質は白質。
> ● 反射は，大脳を経由せずに起こる反応である。

❶ 末梢神経系

　末梢神経系には，**体性神経系**と**自律神経系**がある。体性神経系は感覚神経と運動神経からなり，感覚や随意運動にかかわる。自律神経系は，交感神経と副交感神経からなり，意志とは無関係に働き，体の恒常性にかかわる。

　末梢神経は，構造から脳神経と脊髄神経に分けることもできる。脳神経は脳から出ており，脊髄神経は脊髄から出ている。

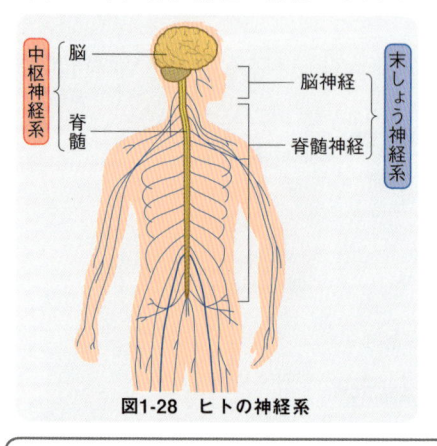

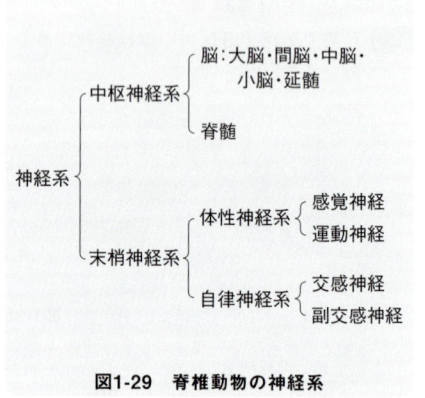

図1-28　ヒトの神経系

図1-29　脊椎動物の神経系

参考　動物のさまざまな神経系

　イソギンチャクやヒドラなどの刺胞動物では，神経細胞が体表に分布し，網状に連絡しあう**神経網**をつくっている。このような神経系を**散在神経系**という。神経系が発達した動物には中枢があり，中枢をもつ神経系を**集中神経系**という。

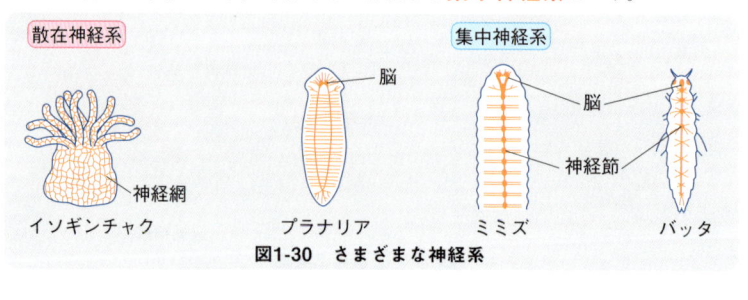

図1-30　さまざまな神経系

3 動物の行動

動物の生活のなかで，生存や繁殖に適した意味のある動きを**行動**とよぶ。行動には，動物が生まれながらに備えている定型的な行動である**生得的行動**と，生後の経験により可能となる**学習行動**がある。また，推理や洞察などの**知能行動**がある。これらの行動には神経系が深く関わっている。

動物に特定の行動を起こさせる刺激をかぎ刺激または信号刺激という。

1 生得的な行動

Ⓐ 走性

ミドリムシに光をあてると，光の来る方に集まる。一方，ミミズやゴキブリに光をあてると，暗い方へ逃げるように遠ざかる。動物が刺激を受けたとき，刺激に対して一定の方向に移動する反応を**走性**という。刺激に向かっていく場合を正の走性といい，遠ざかる場合を負の走性という。

走性を引き起こす刺激には，光のほか，化学物質，音波，電気などがある。

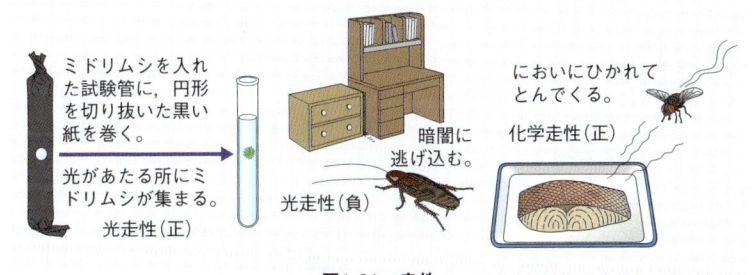

図1-31 走性

体内で合成した化学物質を動物が放出すると，それが刺激となって，同種の個体に定型的行動を起こさせることがある。このような化学物質を**フェロモン**とよぶ。

カイコガなどが異性をひきつける性フェロモン，ゴキブリなどが仲間をひきつける集合フェロモン，アリなどがエサまでの経路を示す道しるべフェロモン，スズメバチなどが敵や危険の存在を示す警報フェロモンなどが知られている。

第1章 動物の反応と行動

Ⓑ イトヨの生殖行動

　トゲウオの一種であるイトヨのオスは，繁殖期になると腹部が赤くなり，自分の巣に別のオスが接近すると「なわばり防衛行動」を示し，攻撃する。このときにかぎ刺激となるのは，腹部の赤い色である。

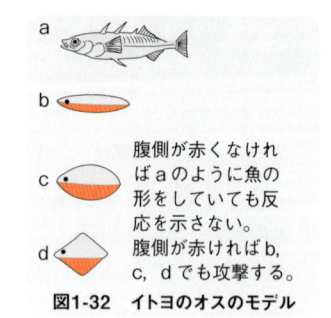

　メスが接近した場合には，オスは「求愛行動」を示す。このときのかぎ刺激は卵でふくれたメスの腹である。メスが上を向いて求愛に応えると，オスはその刺激を受けてメスを巣に誘導する。互いの行動が次の反射の信号刺激となって，連鎖的な定型行動を示す。

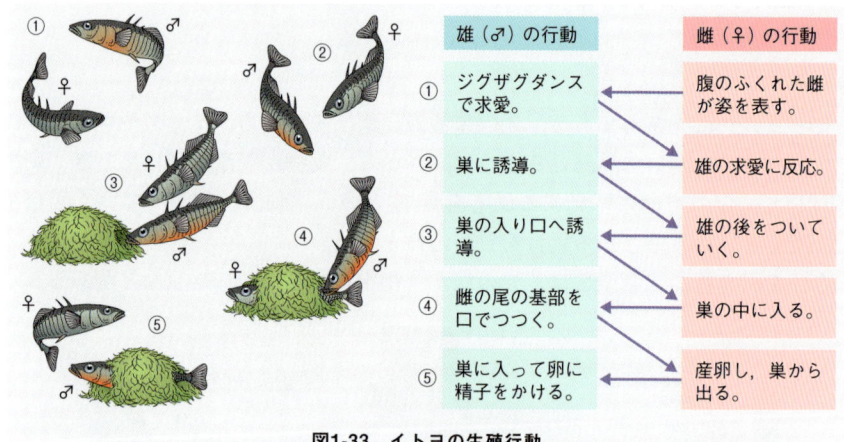

腹側が赤くなければaのように魚の形をしていても反応を示さない。
腹側が赤ければb, c, dでも攻撃する。

図1-32　イトヨのオスのモデル

雄(♂)の行動	雌(♀)の行動
① ジグザグダンスで求愛。	腹のふくれた雌が姿を表す。
② 巣に誘導。	雄の求愛に反応。
③ 巣の入り口へ誘導。	雄の後をついていく。
④ 雌の尾の基部を口でつつく。	巣の中に入る。
⑤ 巣に入って卵に精子をかける。	産卵し，巣から出る。

図1-33　イトヨの生殖行動

参考　反射

　動物が刺激を受けて体の器官の一部を反応させるとき，その行動を**反射**とよぶ。反射は，散在神経系のクラゲやイソギンチャクなどの捕食行動や逃避行動でも見られる。反射には，昆虫のハエの吻伸展反射(エサに向かって口器を伸ばす反射)や飛行反射(後脚が地面から離れると羽ばたく反射)などもある。ヒキガエルは，視野内を動く小さな物体に対して舌を伸ばす伸展反射による捕食行動を起こす。

Ⓒ ミツバチのダンス

　ミツバチの働きバチは，蜜や花粉がある場所を巣箱のなかで他のハチに教える。その際，蜜源が近い場合は円形ダンスが，遠い場合は**8の字ダンス**が用いられる。

8の字ダンスでは，太陽の方向と蜜のある場所の関係を，重力の方向になぞらえている。例えば，蜜のある場所が太陽の方向と一致する場合は，重力の向きに対して反対に（＝上に向かって）直進する（図①）。蜜の位置の情報を直進の方向で示し，円を描いてまたもとの位置に戻り，再び直進を再開する。蜜のある場所が太陽の方向と逆の場合は，重力と同じ方向に（＝下に向かって）直進する8の字ダンスをする（図②）。

　太陽の方向から右側に45度の位置に蜜があるときは，上に向かって右斜め45度に直進する8の字ダンスをする（図③）。また，左側120度の位置に蜜があると，左下120度に直進する8の字ダンスをする（図④）。蜜や花粉のある場所までの距離は，ダンスの動きの速さで表現する。近ければ，速い動きのダンスをする。

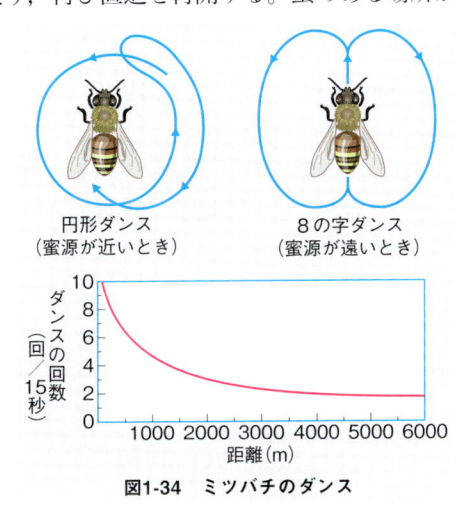

円形ダンス（蜜源が近いとき）　　8の字ダンス（蜜源が遠いとき）

図1-34　ミツバチのダンス

補足　太陽の位置を基準に方位を知ることを太陽コンパスという。渡り鳥はこのしくみを利用している。

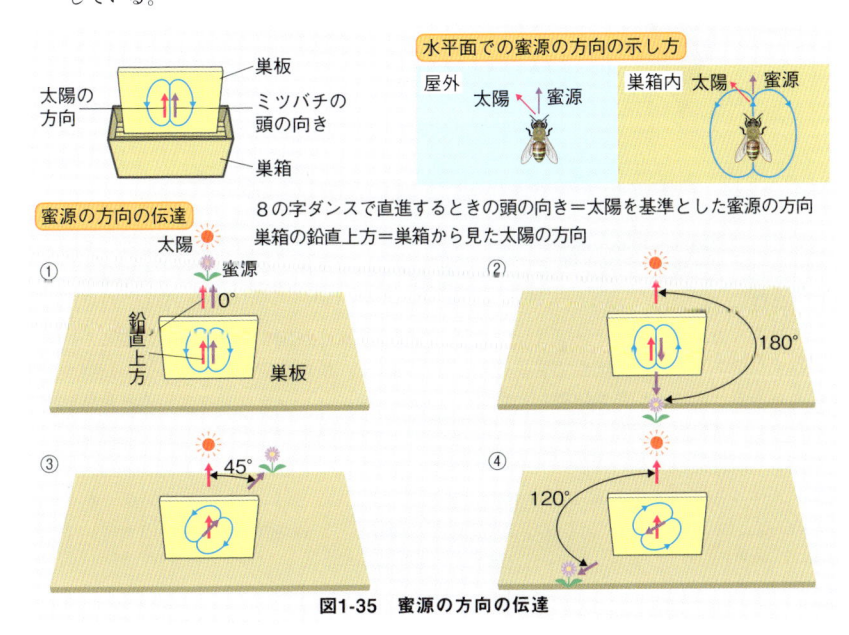

8の字ダンスで直進するときの頭の向き＝太陽を基準とした蜜源の方向
巣箱の鉛直上方＝巣箱から見た太陽の方向

図1-35　蜜源の方向の伝達

第1章　動物の反応と行動

2 学習による行動

多くの動物は、生まれてからの経験によって行動が変化する。経験によって新しい行動を示すことを**学習**という。

●慣れ

軟体動物のアメフラシは、背中にえらをもつ。そのえらにつながる水管で海水を出し入れし、呼吸している。この水管を刺激すると、アメフラシはえらを引っ込める反射運動をする。水管に繰り返し何度も刺激を与えると、やがてえらを引っ込めなくなる。これは**慣れ**とよばれる単純な学習である。

水管で感じた刺激を伝達する感覚ニューロンは、えらを引っ込める運動ニューロンとシナプスで接続しており、水管の刺激に応じてえらが引っ込む。しかし、繰り返し与えられる刺激が無害であると、感覚ニューロンの末端から放出される神経伝達物質の量が減り、シナプスの伝達効率が低下する。そして慣れが生じる。

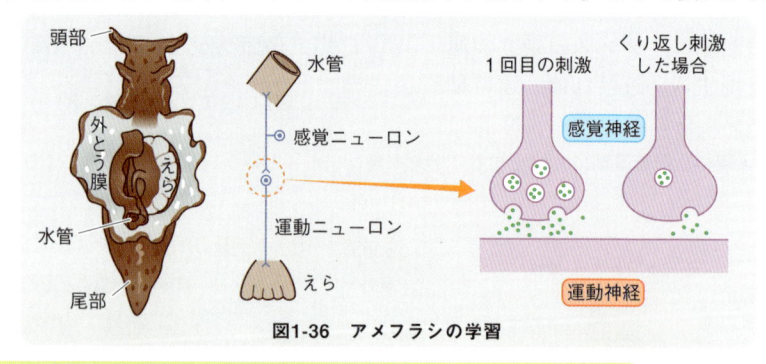

図1-36 アメフラシの学習

> **コラム　記憶のしくみの解明に貢献したアメフラシ**
>
> 脊椎動物の脳は、多数の微小なニューロンがシナプスを介して回路をつくっている。その回路は非常に複雑なため、ニューロンが記憶にどのようにかかわっているかを研究することは難しい。
>
> エリク・カンデルは、アメフラシのニューロンが単純な回路をもつことに注目した。アメフラシのニューロンは肉眼で見えるくらいに大きく、単純な回路しかないが、記憶する能力がある。単純な回路を研究した結果、短期の記憶には、シナプスを連絡する神経伝達物質の量の調節がかかわり、長期の記憶には新たなシナプスの形成がかかわることが明らかになった。このしくみは、ヒトの脳でも同じであることがわかり、カンデルは2000年にノーベル生理学・医学賞を受賞した。なお、ヒトでは、多数のニューロンがそれぞれ1000以上のシナプスを介して他のニューロンと連結して、複雑な回路がつくられている。

> **参考** さまざまな学習行動

条件づけ

　空腹なイヌに食べ物を見せるとだ液を流す。この時，食べ物を見せるのと同時にベルをならすことを繰り返すと，ベルを鳴らしただけでだ液を流すようになる。このように，かぎ刺激とは無関係な刺激で，学習行動を起こす現象を**条件づけ**という。

刷込み

　ニワトリやカモ，アヒルなどでは，孵化直後のヒナは最初に見た動くものを親とみなす。生後の短時間に受けた刺激が記憶され，その後の行動に影響を与える学習を**刷込み**（インプリンティング）という。

試行錯誤と知能行動

　迷路の奥に食べ物を置き，入り口にネズミを置くと，ネズミは迷って時間がかかるものの，食べ物にいずれたどり着く。しかし，これを繰り返していくと，やがて早く食べ物にたどり着けるようになる。失敗を繰り返すうちに誤りが少なくなる学習を**試行錯誤**という。また，過去の似た経験をもとに状況を判断し，結果を予測して未経験の問題を解決する行動を**知能行動**という。

POINT

- 繁殖期のイトヨのオスとメスは，連鎖的な定型行動を示す。
- ミツバチは蜜の位置を8の字ダンスの直進の方向で示す。
- 学習にはさまざまな種類があり，慣れも学習の一種である。

この章で学んだこと

この章では，刺激を受け取り，さまざまな反応が起こるしくみを学んだ。視覚や聴覚など大脳による情報処理が必要なものだけでなく，反射のように，大脳を介さない応答もあることを知り，神経の働きについても理解を深めた。

1 刺激の受容と応答

1 視覚 眼の網膜にある視細胞が光の刺激を受け取り，その情報が大脳で処理されることで視覚が生じる。

2 光量の調節 明るいとき：虹彩が広がり瞳孔が収縮。暗いとき：虹彩が収縮して瞳孔が開く。

3 遠近の調節 近くを見るとき：毛様体筋が収縮し，水晶体が厚くなる。遠くを見るとき：毛様体筋がゆるんで，水晶体が薄くなる。

4 視細胞の働き 桿体細胞：明暗の認識。錐体細胞：色の識別。

5 明順応 暗いところから明るいところに行った場合に起こる。

6 暗順応 明るいところから暗いところに行った場合に起こる。

7 聴覚の発生 音→鼓膜→耳小骨→うずまき管→聴細胞→聴神経→大脳→聴覚

8 平衡覚 前庭：体の傾きを認識。半規管：体の回転を認識。

2 神経と情報の伝達

1 ニューロンのつくり 細胞体と，軸索や樹状突起などの突起からなる。軸索は神経鞘で包まれている。

2 活動電位 ニューロンを刺激すると，刺激部分の細胞内はプラスに，外部はマイナスに帯電する。電位の変化を活動電位といい，活動電位の発生を興奮という。

3 興奮の伝導 興奮部と静止部との間に流れる電流が刺激となり，興奮は一定の方向に伝わる。

4 全か無かの法則 ニューロンは，一定以上の強さの刺激でなければ興奮しない。興奮は，「起こるか，起こらないか」のどちらかである。

5 シナプスを介する興奮の伝達 神経伝達物質により，隣接する細胞に興奮が伝えられる。

6 神経系 受容器と効果器をつなぐ。脊椎動物では，ほとんどのニューロンは脳と脊髄に集中している。

7 大脳 大脳皮質と大脳髄質に分けられる。哺乳類の大脳皮質の新皮質には，感覚と運動，精神活動の中枢がある。

8 脊髄 受容器・効果器と脳を連絡している。皮質は白質，髄質は灰白質。

9 反射 大脳は関与しない。脊髄，延髄，中脳などの反射中枢が働く。

3 筋肉と運動

1 筋肉 効果器のひとつ。骨格筋の働きにより，手足を動かすことができる。

2 筋収縮 ミオシンフィラメントがアクチンフィラメントをたぐり寄せ，サルコメアが短くなる。

4 動物の行動

1 行動 走性のように，生まれながらに備わる定型的な行動や，経験により可能となる学習行動などがある。

2 ミツバチのダンス 蜜や花粉の位置を他のハチに教える場合，円形ダンスや8の字ダンスを用いる。8の字ダンスでは，太陽の方向と蜜源の場所の関係を，重力の方向になぞらえて伝えている。

確認テスト1

解答・解説は p.543

1 図のA～Dの名称を答え，文中の空欄に適語を入れなさい。ただし，図中と文中の（ ア ）～（ エ ）には共通する語が入るものとする。

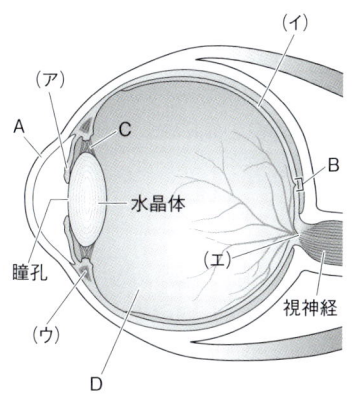

ヒトの目に入る光量の調節は，（ ア ）を絞ったり開放したりして行われる。（ イ ）上に結像するための遠近調節は，ヒトの場合，水晶体の厚さを変えることで行われる。（ ウ ）が収縮すると水晶体は厚くなり，近くを鮮明に見ることができる。（ エ ）は視神経の出口で視細胞がないため，ここに結像しても視覚は生じない。

2 図のA～Hの名称を答えなさい。

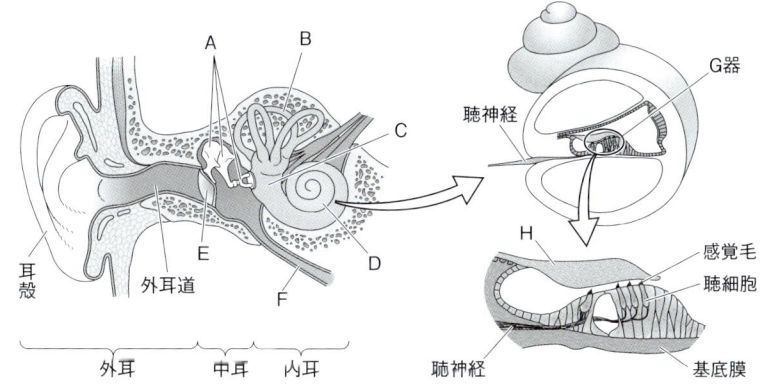

3 ヒトの聴覚に関する記述として正しいものを次の①～⑦から二つ選べ。
① 聴細胞と聴神経は外耳に存在する。
② 音は内耳で受け取られ，聴神経を経て大脳に伝えられる。
③ 聴神経によって音が機械的な振動に変えられる結果，音が聞こえる。
④ うずまき管は外部からの音を増幅して内耳に伝える構造である。
⑤ 音は中耳の細胞によって受け取られ，大脳に伝えられる。
⑥ 聴細胞の感覚毛は空気中にあり，機械的な振動を検出する。
⑦ 音を効率よくリンパ液内へ伝えるしくみがあるのでヒトは敏感に音を聞くことができる。

（センター試験本試験改題）

4 文中の空欄に適語を入れなさい。

(1) 脊椎動物のニューロンには，軸索が（　ア　）で包まれた有髄神経があり，ランビエ（　イ　）ごとに跳躍が行われるので興奮の伝導速度が大きい。ニューロンが刺激を受けるとナトリウム（　ウ　）が開く。その結果，細胞外に多くあるナトリウムイオンが細胞内に流れこみ，膜の内外の電位が逆転し，（　エ　）電位を生ずる。刺激と興奮の発生は（　オ　）の法則に従う。ニューロンとニューロンは（　カ　）で接続しており，神経（　キ　）物質が神経終末の（　カ　）小胞から放出される。

(2) 筋細胞の細胞質には多数の筋原繊維の束があり，顕微鏡では明帯と暗帯が区別できる。筋収縮では，まず興奮した筋細胞の筋小胞体から，（　ク　）イオンが放出される。そして，筋原繊維の（　ケ　）の頭部が（　コ　）フィラメントに結合し，（　サ　）のエネルギーを使った移動が起こる。

(3) 動物の行動には，生まれながらに備わった生得的行動がある。同種の動物個体に誘引などの定型的行動を起こさせる化学物質を（　シ　）と呼ぶ。動物の他個体への情報伝達は，ミツバチの8の字ダンスのように行動で行われる場合もある。8の字ダンスで，（　ス　）に対して反対に直進したときは，蜜源が（　セ　）の方向と一致したことを示す。蜜源までの距離はダンスの（　ソ　）で表現され，蜜源が（　タ　）ほど速くなる。

5 次の①～④は，脳と脊髄に関する記述である。正しいものには○，誤っているものには×を記しなさい。
① 神経細胞の軸索は大脳でも脊髄でも表面近くに集まっている。
② 神経細胞の細胞体は，大脳では表面近くに集まっているが，脊髄では内部に集まっている。
③ 左肩にものが触れたときには，大脳の右半球で活動が盛んになる領域がある。
④ 反射の中枢は脊髄だけにあり，脳にはない。

（センター試験追試験　改題）

6 筋肉に関する記述として最も適当なものを次の①～⑤のうちから一つ選べ。
① 骨格筋は横紋筋であるが，心筋は平滑筋である。
② 骨格筋の筋細胞の細胞質には筋繊維とよばれる構造が束になって存在する。
③ 骨格筋の筋細胞の収縮の大きさは運動神経の活動電位の大きさに比例する。
④ 筋肉の収縮ではサルコメアの長さが短くなる。
⑤ 運動神経から筋肉への情報の受け渡しを伝導という。

（センター試験本試験　改題）

第 2 章
植物の環境応答

この章で学習するポイント

- □ 刺激に対する植物の反応
  - □ 屈性，傾性
  - □ 膨圧運動

- □ 植物ホルモンの働き
  - □ オーキシンの特徴と働き
  - □ 頂芽優勢

- □ 花芽形成のしくみ
  - □ 光周性と限界暗期
  - □ フロリゲンの合成
  - □ 春化処理

- □ 種子の休眠と発芽
  - □ 休眠と発芽にかかわる植物ホルモン
  - □ 光発芽種子
  - □ 光受容体の働き

- □ 植物の一生と環境応答
  - □ 植物の一生と植物ホルモン
  - □ ストレスに対する応答

1 刺激に対する植物の反応

植物は動物のようには動けない。しかし，植物も刺激を受けると，茎や根が曲がるなどの反応を示すことがある。また，刺激に応じて花弁を閉じたり開いたりする植物もある。

1 屈性

根や茎などの器官が，**刺激源に対し一定方向に屈曲する反応**を**屈性**という。刺激源の方向に曲がる性質を**正(＋)の屈性**，刺激源の方向とは反対側に曲がる性質を**負(－)の屈性**という。

光に対する屈性を**光屈性**，重力刺激に対する屈性を**重力屈性**といい，この2つは植物が示す最も普遍的な屈性である。光に対して，茎は正の屈性を示し，根は負の屈性を示す。重力に対しては，茎は負の屈性を示し，根は正の屈性を示す。

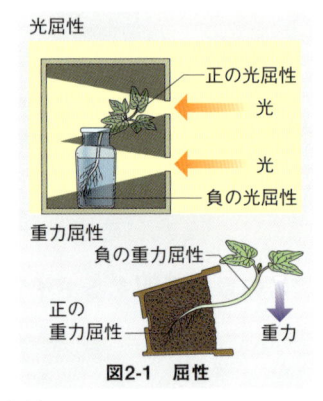

図2-1 屈性

(補足) 刺激の種類には，重力や光，接触のほか，水分や化学物質などがある。

光屈性は，**植物体の部位によって，細胞の成長する速度が異なる**ために起こる。このような成長にともなう運動を成長運動とよぶ。植物の茎の細胞は，光が当たる側よりも，当たらない側のほうが成長が速い。そのため，光の方向に向かって屈曲する。

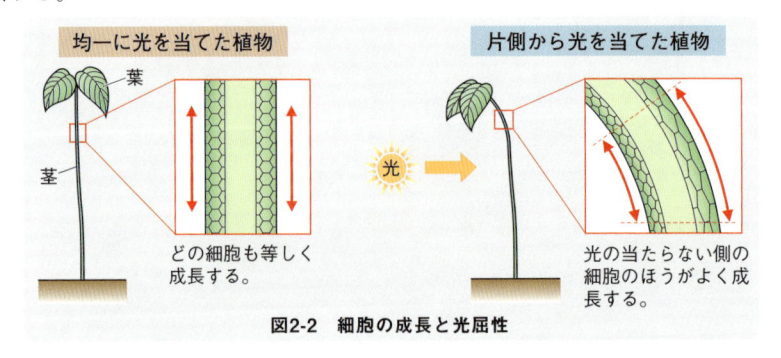

図2-2 細胞の成長と光屈性

2 傾性

根や茎などの器官が，**刺激の方向とは無関係に，一定の方向に屈曲する反応**を**傾性**という。刺激の種類により，光傾性，温度傾性，接触傾性，振動傾性などがある。光が当たると花が開くことを光傾性といい，気温が上がると開くことを温度傾性という。

オジギソウの葉に物が触れると葉が閉じるのは接触傾性である。

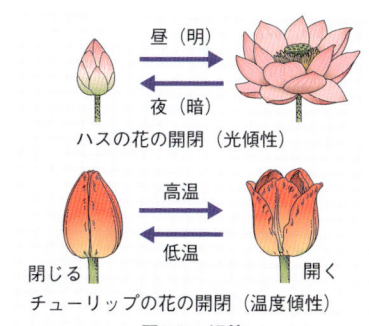

図2-3 傾性

表 2-1 屈性と傾性

刺激	種類	例
光	光屈性	茎(＋)，根(－)
重力	重力屈性	茎(－)，根(＋)
接触	接触屈性	巻きひげ*(＋)
水分	水分屈性	根(＋)
化学物質	化学屈性	花粉管(＋)
光	光傾性	リンドウの花弁
温度	温度傾性	チューリップの花弁

＊キュウリやカボチャなどにみられる。支柱などに巻きついて，植物体を支える役割がある。

3 膨圧運動

膨圧とは，水が細胞内へ入り込むことによって生じる，**細胞内の圧力**のことである。膨圧により細胞は膨張する。

オジギソウの葉に触れると，葉が閉じてお辞儀をするように垂れ下がる。オジギソウの葉柄の付け根には葉枕とよばれるふくらんだ部分があり，葉枕の膨圧により葉が支えられている。接触刺激を受けると活動電位が発生し，活動電位が刺激となって，葉枕の細胞は急激に水を失う。**水を失うと細胞の膨圧が減少し，屈曲が起こる**。膨圧の変化によって引き起こされる屈曲運動を**膨圧運動**という。膨圧運動は，機械的刺激による接触傾性の一つである。

第2章 植物の環境応答 389

オジギソウは特に刺激を与えなくても，夜になると葉をたたむ。これを就眠運動といい，この反応も膨圧運動によって起こる。

(補足) 接触により葉を閉じる反応は，葉を折りたたむことで，それ以上の刺激による傷害を避けるためと考えられている。

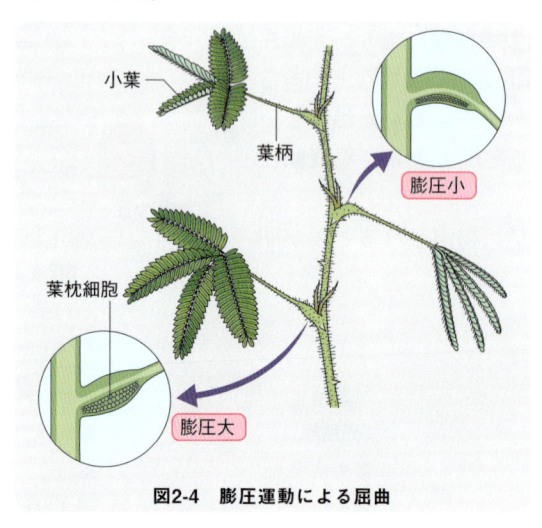

図2-4　膨圧運動による屈曲

POINT
- 屈性…刺激源に対して一定の方向に屈曲する反応。
- 傾性…刺激の方向と関係なく一定の方向に屈曲する反応。
- 膨圧運動は傾性の一つである。

2 環境応答と植物ホルモン

　植物が生育する環境は常に安定しているわけではなく，場合によっては大きく変動することもある。変化が起きると，植物はそれに合わせて成長を促進したり，抑制したりする。このような調節には**植物ホルモン**が大きくかかわっている。植物ホルモンとは，**植物の体内で生産されて特定の部位に移動し，微量で成長やその他の生理的機能を調節する有機化合物**のことである。

1 オーキシンの働き

Ⓐ 光屈性とオーキシン

　植物の環境応答と植物ホルモンの研究は，光屈性の研究から始まった。屈曲運動を引き起こすのは，**オーキシン**という植物ホルモンである。オーキシンは茎の先端部で合成され，下降して**細胞の伸長を促進する**働きがある。

　茎の先端が一方から光を受けると，オーキシンは光が当たらない方へ移動し，濃度差が生じる。オーキシンはそのまま下降し，茎の先端部からやや下にある細胞の伸長が促進される。**光の当たった側と当たらない側で細胞の伸長成長に差が生じる**ことによって，茎は光の方へ曲がることになる。

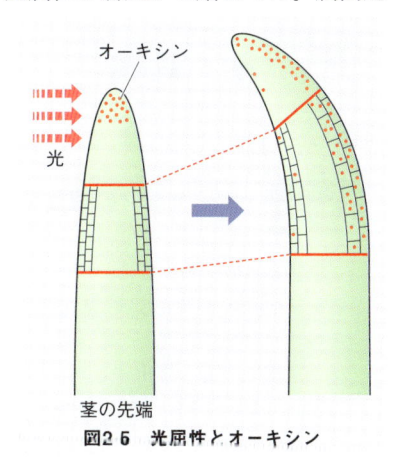

図26　光屈性とオーキシン

Ⓑ オーキシンの極性移動

　ヤナギの茎の一部を切り取り，切りとった茎をしばらくそのままにしておく。すると，茎の先端部からは芽が生じ，基部からは根が生じる。**切りとった茎を上下逆にしてつるしても，元の先端部からは芽が生じ，元の基部からは根が生じる。**このような方向性を**極性**という。これは，オーキシンが茎の先端部でつくられ，先端部から基部に移動する性質をもつためである。

茎の上下を逆にして，基部にオーキシンを含む寒天をのせても，オーキシンは茎の中を移動しない。極性に従って一定の方向のみに移動することを**極性移動**という。

　オーキシンの極性移動によって，茎の先端部から基部に向かってオーキシンの濃度勾配が生じる。その濃度勾配によって茎の先端部からは芽が分化し，基部からは根が分化するのである。

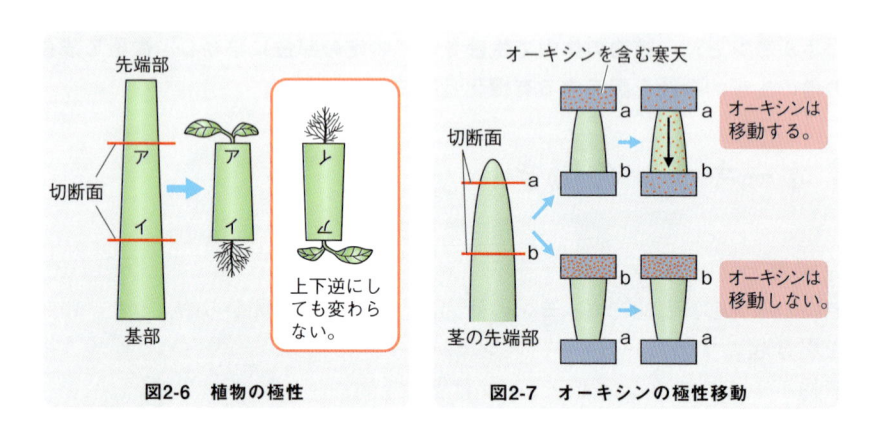

図2-6　植物の極性

図2-7　オーキシンの極性移動

参考　オーキシンの極性移動のしくみ

　植物細胞の細胞膜には，オーキシンを細胞内に取り込むAUX1という膜タンパク質と，オーキシンを細胞の外へ排出するPINという膜タンパク質がある。

　細胞内に入ったオーキシンは，原形質流動などで細胞内を移動する。オーキシンはPINが分布している方向に排出される。茎ではPINが細胞の下部に分布している。そのため，オーキシンは茎の上から下へ移動し，茎を逆さにしても移動の向きは変わらない。

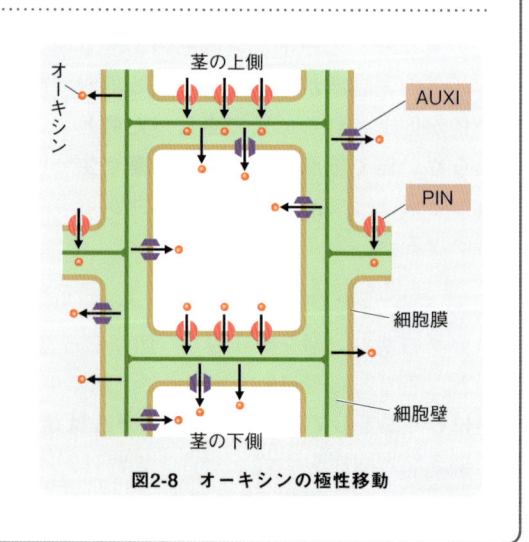

図2-8　オーキシンの極性移動

ⓒ オーキシンの感受性

オーキシンは茎だけでなく，根の成長も促進する物質である。しかし，その成長促進作用の強さは濃度によって異なり，一定以上の濃度では逆に成長を抑制する。オーキシンには，**最も強い成長促進作用を示す最適濃度がある**。器官によって最適濃度は異なり，一般に**根＜芽＜茎**の順に最適濃度は高くなる。

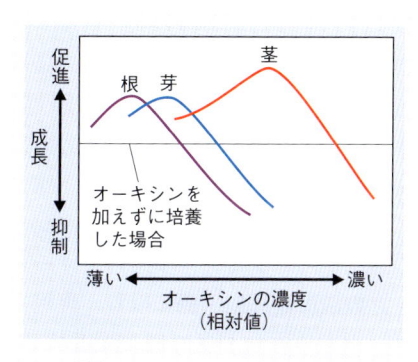

根はオーキシンに対する感受性が高く，ほかの器官に比べて低い濃度で反応する。そのため，同じ濃度のオーキシンでも，茎では成長が促進され，根では成長が抑制されることがある。

図2-9　オーキシンの感受性の差

ⓓ 重力屈性

オーキシンは茎の先端部でつくられ，維管束を通って根の先端に向けて運ばれる。根端の根冠に達したオーキシンは，向きを変え，今度は維管束の外側を通って根の中を上昇する。垂直方向に伸びた茎と根では，オーキシンの濃度は植物体の左右で等しくなっており，屈曲することはない。

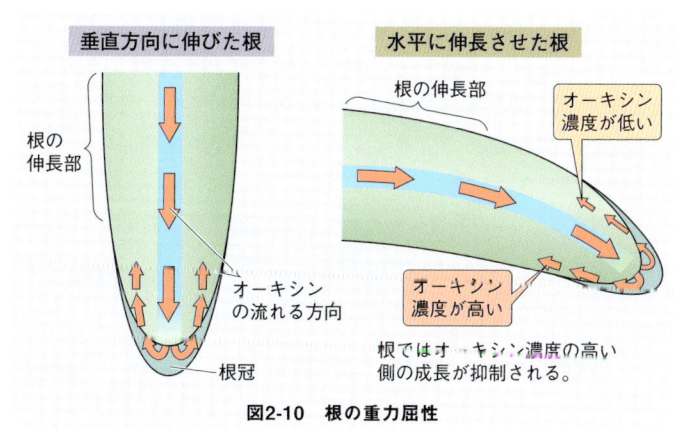

図2-10　根の重力屈性

しかし，暗所で茎と根を水平に伸長させると，茎は重力の方向とは反対方向に屈曲し(**負の重力屈性**)，根は重力の方向に屈曲する(**正の重力屈性**)。茎と根のオーキシンの濃度は重力の方向側，すなわち下側で高くなる。水平に置かれた茎と根の下側のオーキシンの濃度が高くなると，茎では，オーキシンの濃度が高い下側の成長が促進され，重力の方向と反対側に屈曲する。一方，根ではオーキシンの濃度が高い下側の成長が抑制され，重力方向に屈曲する。

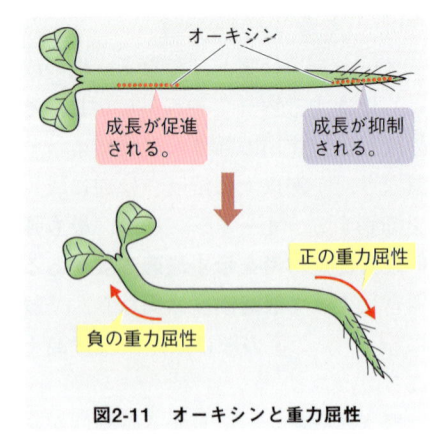

図2-11 オーキシンと重力屈性

❺ 頂芽優勢

植物から頂芽を切り取ると側芽は成長を始める。しかし，頂芽を切り取っても，その切断面にオーキシンを与えると，側芽は成長しない。つまり，**頂芽でつくられたオーキシンが側芽の成長を抑えている**のである。このような現象を**頂芽優勢**という。

この頂芽優勢には，側芽の成長に必要な**サイトカイニン**とよばれる植物ホルモンもかかわっている。オーキシンには，サイトカイニンの合成を抑制する働きがある。オーキシン濃度が高いと，側芽の成長に必要な**サイトカイニンの合成が抑制され，側芽の成長が抑えられる**。頂芽を切り取ると側芽が成長するのは，オーキシン濃度が下がることで，サイトカイニンの合成が抑制されなくなるためである。

補足　頂芽を切り取らなくても，側芽にサイトカイニンを与えると側芽は成長する。

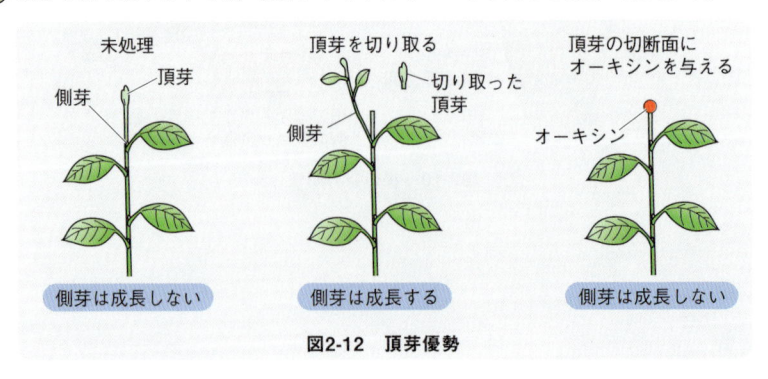

図2-12 頂芽優勢

> **POINT**
> - オーキシンは細胞の伸長を促進するが，植物体の部位により最適濃度は異なる。
> - オーキシンの濃度が高すぎると，細胞の伸長が抑制されることがある。
> - 根における，オーキシンの最適濃度は低い。
> - オーキシンは側芽の成長を抑制するが，サイトカイニンは側芽を成長させる。

2 その他の植物ホルモンの働き

植物には，オーキシンの他にもさまざまな植物ホルモンがある。植物ホルモンにはそれぞれ固有の働きがあり，発芽や成長，老化などにかかわっている。
- **ジベレリン**…伸長成長の促進，種子や芽の休眠を破る作用をもつ。
- **サイトカイニン**…細胞分裂の促進，気孔の開口の促進，葉の老化を抑制する作用をもつ。
- **エチレン**…気体として放出されるホルモンである。果実の成熟の促進，落葉を促進する作用がある。
- **アブシシン酸**…エチレンの合成を誘導することによる落葉の促進，気孔の閉鎖，成長の抑制，種子の休眠を誘導する作用がある。

> **コラム オーキシンの農業への応用**
>
> 　植物ホルモンは，発芽の促進，除草，種なし果物の生産など，農業分野のさまざまな場面で用いられている。天然のオーキシンは不安定なため用いられないが，オーキシンと同じ作用をもつ人工の化合物が使われている。その化合物は，低濃度で作用させることにより，挿し木*の発根と果実の肥大を促進する。高濃度では，イネなどの単子葉植物には影響しないが，オオバコやハコベなどの双子葉植物を枯らすため，稲作において除草剤として用いられる。
> *挿し木：樹木の枝を切り取り，土の中に入れておくと，枝の基部から発根する。これを応用して，樹木を増やすことができる。

参考 気孔の開閉のしくみ

　気孔は2つの孔辺細胞で囲まれていて，水や光の条件によって開閉する。孔辺細胞は，セルロースの微小繊維を横方向に巻いた構造をしている。そのため，細胞が水を吸収すると，横方向には膨らまず，縦方向に伸長する。このとき，膨圧が高まった状態になっている。孔辺細胞の細胞壁は内側（気孔側）が厚いため，細胞が伸長するときは，内側は伸びにくく，外側は伸びやすい。そのため細胞は湾曲し，結果として気孔が開く。

　気孔の運動には，アブシシン酸がかかわっている。水分が不足すると，葉のアブシシン酸が増加し，孔辺細胞は水を排出する。水が排出されることで膨圧が下がり，扁平になって気孔が閉じる。気孔が閉じるとそこからの水分の蒸散がとまる。

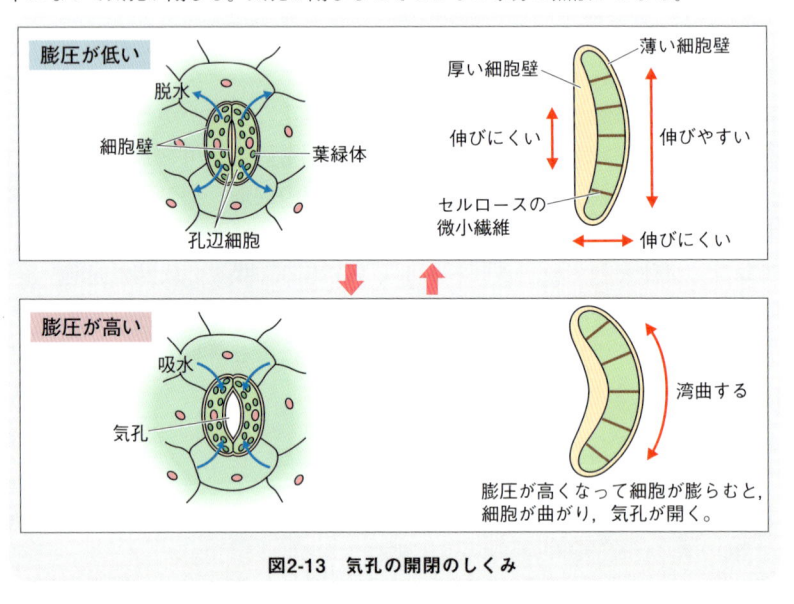

図2-13　気孔の開閉のしくみ

3 花芽形成のしくみ

　春に花をつける植物もあれば，夏から秋にかけて花をつける植物もある。花芽の形成には，光や温度が影響している。

1 花芽形成と日長

Ⓐ 光周性と植物

　春になれば日が長くなり，夜が短くなる。夏から秋にかけては，日が短くなり，夜が長くなる。生物が日長に対して反応する性質を**光周性**という。日が長くなると花芽を形成する植物を**長日植物**といい，日が短くなると花芽を形成する植物を**短日植物**という。実際には，長日植物，短日植物とも日の長さではなく，**連続した暗期（夜の長さ）を認識**している。日長や暗期に関係なく，ある程度まで成長すると花芽を形成する植物を**中性植物**という。アブラナやカーネーションは長日植物で，アサガオやキクは短日植物である。中性植物にはトウモロコシやトマトがある。

| アブラナ | キク | トマト |

Ⓑ 花芽の形成と限界暗期

　長日植物が花芽を形成する日長の条件を**長日条件**といい，短日植物が花芽を形成する日長の条件を**短日条件**という。植物は連続暗期を認識するため，正確には，長日条件とは連続暗期が一定時間より短い条件であり，短日条件とは連続暗期が一定時間より長い条件である。**花芽をつけるか，つけないかの境目となる連続暗期の長さを限界暗期**といい，植物種により異なる。暗期の途中で光を短時間照射すると，長日植物，短日植物とも暗期を短くした場合と同じ反応をする。このような効果を示す光照射を**光中断**とよぶ。

また，人工的に光を照射することにより，1日の日長を長くすることを**長日処理**といい，光をさえぎって1日の暗期を長くすることを**短日処理**という。

表2-2 花芽の形成と限界暗期

明暗周期	長日植物	短日植物
明期／暗期（限界暗期より暗期短い）	○	×
明期／暗期（暗期長い）	×	○
明期／暗期中に光照射	○	×
明期／暗期中の早い時点で光照射	×	○

○：花芽を形成する。　×：花芽を形成しない。

❻花芽形成とフロリゲン

植物が日長の情報を受容すると，葉で**フロリゲン**とよばれるタンパク質が合成される。フロリゲンは花芽の分化を促進するホルモンとして働く。フロリゲンは**花成ホルモン**ともよばれる。葉で合成されたフロリゲンは師管を通って茎頂分裂組織に達し，花芽の分化に必要な遺伝子の発現を調節する。その結果，茎の頂端に花芽が形成される。

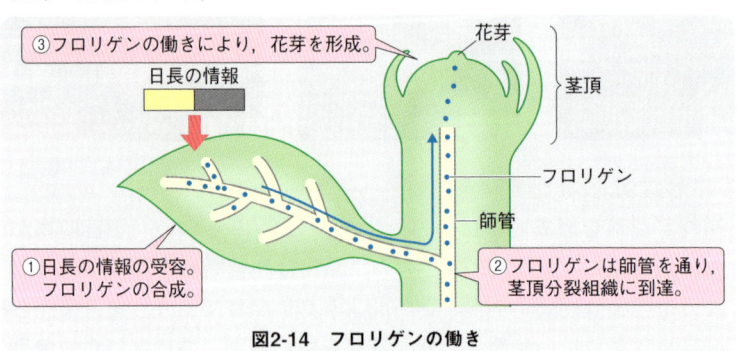

図2-14 フロリゲンの働き

2 花芽形成と温度

　一定期間，低温にさらされることが，花芽の形成に不可欠な植物もある。一定の間，低温状態にさらされることにより，花芽の形成が促進される現象を**春化**という。花芽の形成を促すために，人工的に植物を低温状態にさらすことを**春化処理**という。

　コムギは秋に種子をまくと，翌年の春に花芽を形成し，初夏に種子をつける。種子を春にまくと，成長はするが，冬を経ていないため花芽を形成しない。しかし，春化処理をすると花芽をつけ開花する。

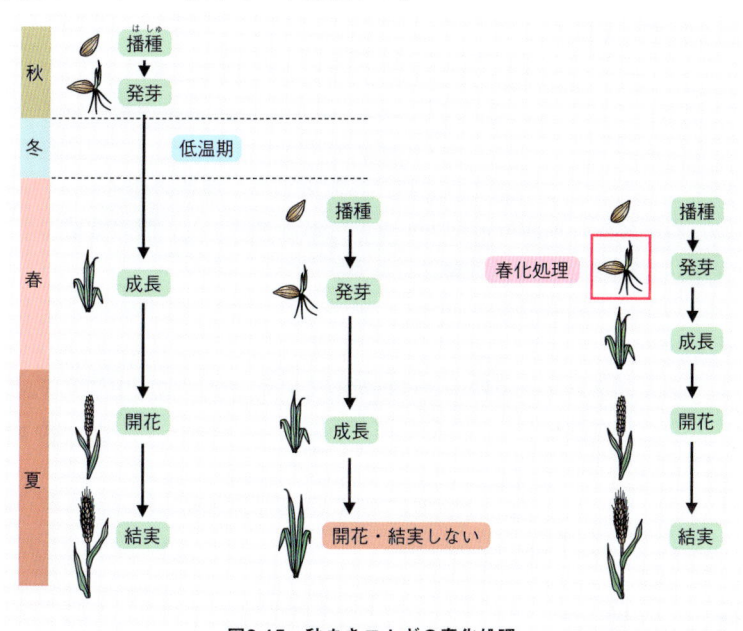

図2-15　秋まきコムギの春化処理

POINT

- 連続暗期が一定時間より**短い**と花芽形成する植物を長日植物，**長い**と花芽形成する植物を短日植物という。
- 日長を長くすることを長日処理，暗期を長くすることを短日処理，植物を低温にさらすことを春化処理という。

4 種子の休眠と発芽

種子は，乾燥や低温などの過酷な環境に耐える。しかし一旦発芽すると，適した環境でなければ成長することができないばかりか，生存すら危ぶまれる。種子には休眠して耐えるしくみと，適した環境が整うと発芽するしくみが備わっている。

1 種子の休眠

生物が発生する過程で，成長や活動が一時的に停止する現象を**休眠**という。種子は通常，成熟するにつれて一旦休眠状態に入り，ある一定の間は水や温度の条件が整っても発芽しない。これを自然休眠という。草花の種子は，1～2年間休眠する。自然休眠の原因は植物ホルモンであるアブシシン酸の蓄積である。**アブシシン酸には発芽を抑制する働きがある。**アブシシン酸は，ジベレリンによる消化酵素遺伝子の発現誘導を抑制し，エネルギー源の糖を供給させないことで発芽を抑制する。

ジベレリンとアブシシン酸の働きは拮抗している。休眠期間中にアブシシン酸が減少するか，またはジベレリンが増加すると，自然休眠は終わり，発芽が誘導される。

(補足) ジベレリンは，受粉せずに子房を発達させる単為結実を促進する。そのため，種なしブドウの生産など，農業においても用いられる。

2 種子の発芽

イネなどの有胚乳種子では，温度や光などの刺激により，**胚でジベレリンが合成される。**ジベレリンは胚乳を包む糊粉層にある受容体と結合する。すると，発芽に必要な酵素である**アミラーゼ**の遺伝子発現が誘導される。

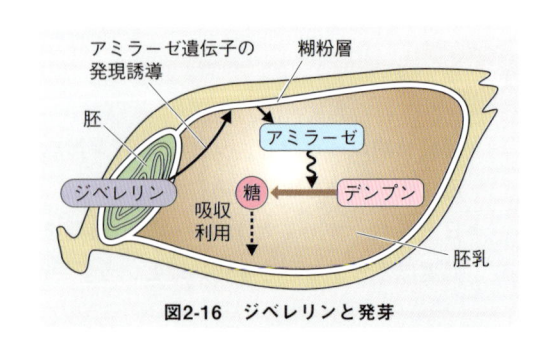

図2-16 ジベレリンと発芽

糊粉層で合成されたアミラーゼは，胚乳のデンプンを分解して糖にする。糖は溶け出して胚に吸収され，胚が成長するためのエネルギー源となる。糖を吸収した胚の細胞の細胞内液は，糖の濃度が高くなるため高張になり，吸水しやすくなる。その結果，幼根が種皮を破って発根する。

> **POINT**
> - ジベレリンは発芽の促進にかかわる。
> - アブシシン酸は発芽の抑制にかかわる。
> - アブシシン酸とジベレリンの働きは拮抗している。

コラム　2000年も休眠していた種子

　ハスでは2000年も前に実った種子が発芽して成長し，花を咲かせた例がある。このハスの種子は千葉県検見川で発見された。地面の中で発芽せずに2000年もの間，休眠していたのである。発掘調査の指揮をとった大賀一郎博士の名前をとって，このハスは大賀ハスとよばれている。

　エジプトでは，紀元前14世紀に副葬品として供えられたエンドウの種子が乾燥した状態で発見された。水を与えたところ発芽し，栽培にも成功している。このエンドウ豆も2300年間，休眠していた。このエンドウは，ツタンカーメンの墓で発見されたことにちなんでツタンカーメンのエンドウとよばれている。

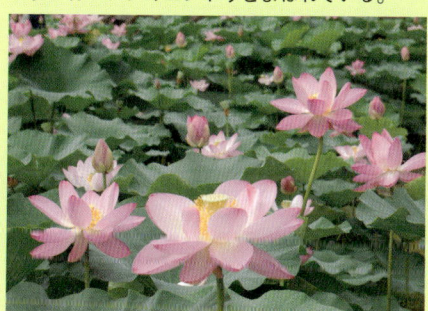

千葉公園の大賀ハス　　　　ツタンカーメンのエンドウ豆

5 植物と光

　林床は太陽光が届かないため，多くの植物にとって成長に適した環境ではない。しかし，樹木が倒れてギャップができ，林床に光が届くようになると，さまざまな種類の植物の種子が発芽を始める。光の刺激を受けると，発芽が促進されるからである。

1 光発芽種子

Ⓐ発芽

　レタス，タバコ，シロイヌナズナなどの種子は，発芽に光を必要とする。このような種子を**光発芽種子**という。光発芽種子は，**水分や温度などの条件が適切でも，光が当たらないと発芽しない**。光のないところで発芽すると，光合成ができず，枯れてしまう可能性がある。光発芽種子には，発芽してすぐに光合成ができる光条件が整わないと，発芽しないしくみが備わっている。

Ⓑ赤色光と遠赤色光

　光発芽種子の発芽は，**赤色光**(波長660nm付近)により促進される。赤色光は光合成に適した波長の光であり，種子は赤色光を光合成に適した信号と受け取る。

　赤色光よりも波長の長い**遠赤色光**(波長730nm付近)が種子に当たると，赤色光の影響は遠赤色光により打ち消され，発芽は抑制される。逆に，遠赤色光の影響は赤色光により打ち消される。そのため，**最後にどちらの光を受けたかによって発芽するか否かが決まる**。

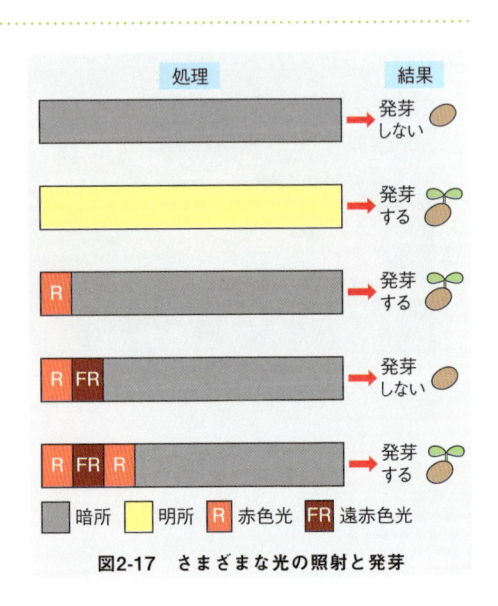

図2-17　さまざまな光の照射と発芽

葉は太陽光に含まれる赤色光をよく吸収するが，遠赤色光はほとんど吸収しない。そのため，遠赤色光は薄暗い林の奥深くまでとどく。しかし，遠赤色光は光合成にはほとんど利用されない。遠赤色光は，発芽には適さない薄暗い条件下にあるという信号となっている。

❻赤色光と植物ホルモン

光発芽種子は，赤色光を感じるとジベレリンを合成する。ジベレリンは発芽に必要な酵素の合成を促進するとともに，アブシシン酸の働きを抑制する。こうして発芽が開始される。

（補足）アブシシン酸は発芽を抑制する。

2 光受容体

光刺激を受容し，生物に特定の反応を促す物質を**光受容体**という。光受容体とは，環境から光エネルギーを吸収し，生物に一定の機能を果す物質の総称である。光受容体にはクロロフィル，フィトクロム，フォトトロピンなどがある。

❹発芽にかかわる光受容体

光発芽種子の発芽には，**フィトクロム**とよばれる色素タンパク質がかかわっている。フィトクロムは赤色光と遠赤色光を受け取る。フィトクロムが赤色光を受け取ると遠赤色光吸収型(**Pfr型**)に変わり，遠赤色光を受け取ると赤色光吸収型(**Pr型**)に変わる。Pfr型とPr型の変換は可逆的であり，何度でも起こる。光発芽種子の発芽は，Pfr型のフィトクロムの増加によって起こる。

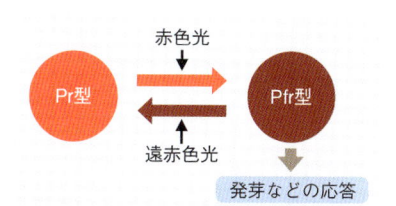

図2-18 フィトクロムの可逆的変化

❺成長にかかわる光受容体

● フォトトロピン

茎は正の光屈性を示す。光屈性には**フォトトロピン**とよばれる光受容体がかかわっている。フォトトロピンは，青色の光を受容する色素タンパク質である。**フォトトロピンの光受容が刺激となって，オーキシンを輸送するタンパク質の分布が変わる。**その結果，光が照射された側と反対側にオーキシンが移動し，陰になった茎の細胞の伸長が促進され，光屈性が起こる。

● フィトクロム

　暗いところで発芽すると，植物は光を求めて細長く成長し，もやし状になる。植物に覆われた日陰では，地面にとどく光には遠赤色光の割合が多い。**フィトクロム**が遠赤色光を受け続ける間は，茎の伸長が促進される。フィトクロムには発芽の調節だけではなく，成長を調節する働きもある。

● クリプトクロム

　クリプトクロムは，青色の光を受容する色素タンパク質である。クリプトクロムが青色光を受容すると，もやし状に成長するのが止まり，茎頂分裂組織で葉がつくられるようになる。

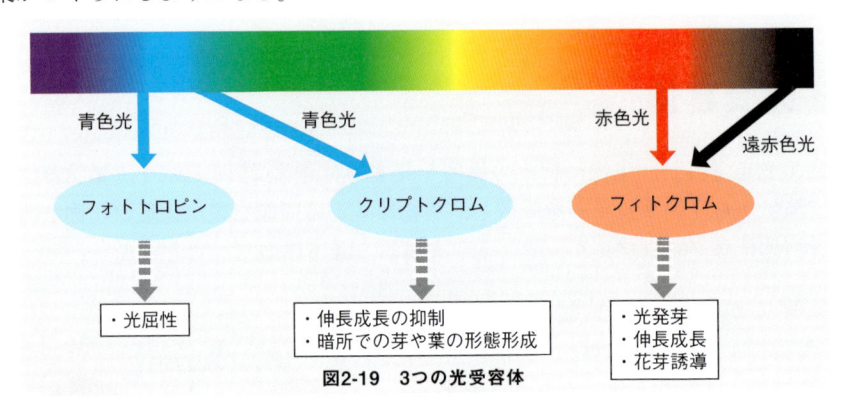

図2-19　3つの光受容体

光受容体	受容する光	働き
フォトトロピン	青色光	・光屈性
クリプトクロム	青色光	・伸長成長の抑制 ・暗所での芽や葉の形態形成
フィトクロム	赤色光／遠赤色光	・光発芽 ・伸長成長 ・花芽誘導

> **POINT**
> ● 赤色光は光発芽種子の発芽を促進し，遠赤色光は抑制する。
> ● フィトクロムは赤色光を受け取るとPfr型になる。Pfr型が増えると光発芽種子は発芽する。

6 植物の一生と環境応答

1 植物の一生とホルモン

発芽・成長から老化に至るまで，植物の一生には植物ホルモンと密接なかかわりがある。ここでは植物の環境応答を，植物ホルモンという側面から見ていく。

Ⓐ 細胞の成長

細胞は，茎頂と根端の分裂組織や，形成層でつくられる。細胞の成長には，吸水による体積の増加が大きくかかわる。成長中の植物細胞は細胞壁が柔らかい。内部の膨圧に押されて細胞壁が伸長するとき，**細胞壁が上下に伸長すれば細胞は縦方向に成長し，横方向に伸長すれば細胞は肥大する**。伸張する方向は，ホルモンの種類と，セルロース繊維の方向によって決まる。

細胞壁の成分であるセルロースは，繊維状の物質である。若い細胞では，セルロース繊維は発達していない。しかし，**ジベレリン**や**ブラシノステロイド**が働くと，横方向のセルロース繊維が増える。横方向にセルロース繊維が合成されると，細胞は横方向に肥大成長することができず，縦方向に伸長することになる。例えば，つる植物ではジベレリン合成量が多いため，縦方向に長く伸びる。

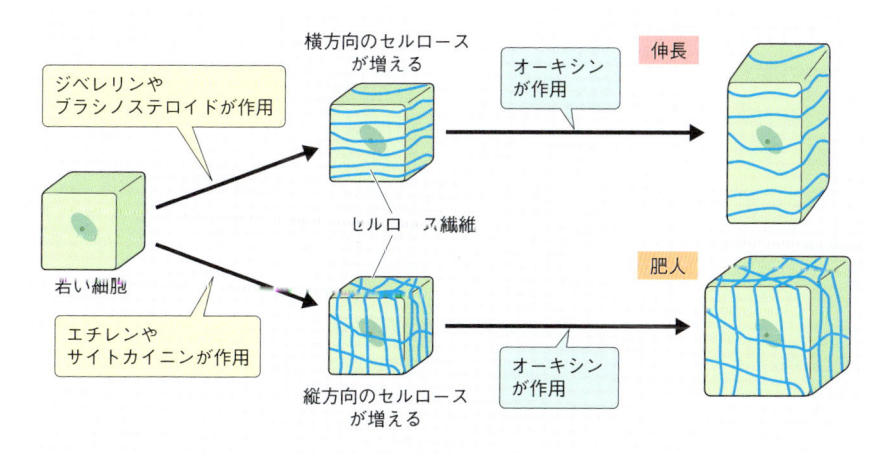

図2-20 植物細胞の伸長と肥大

一方，**エチレン**や**サイトカイニン**が働くと，縦方向のセルロース繊維が増える。縦方向にセルロース繊維が合成されると，細胞は横方向へ肥大成長することになる。風や接触の刺激でエチレンが合成されると，丈は伸びずに茎が太くなる。茎が太くがっしりとしていれば，植物は風が吹いても倒れにくい。つまり，エチレンによる肥大成長の促進は，倒伏(とうふく)を防止するための環境応答である。

　オーキシンには細胞の容積を増やす働きがある。横方向のセルロース繊維が増えた場合も，縦方向のセルロース繊維が増えた場合も，オーキシンが作用すると，セルロース繊維どうしのつながりが緩み，細胞壁が柔らかくなる。その結果，植物は縦方向や横方向に成長するのである。

❺ 開花・結実

　植物は成長すると，温度や日長の条件により，花をつける。葉をつくって成長する時期から，花を形成して生殖の準備をする時期への切り替えは，花成ホルモンである**フロリゲン**の働きによって行われる。

　花が受粉すると，子房が発達し，受精により種子ができる。種子から分泌されるオーキシンやジベレリンは子房を成長させ，果実をつくる。

❻ 果実の成長・成熟

　果実は，最初は緑色で硬い。しかし，やがて成熟して黄や赤に色づき，柔らかくなる。果実が一定の大きさになると，**エチレン**が発生する。エチレンは果実の成熟・落下を促進するホルモンである。成熟した果実では多量に生成され，周辺にある果実の成熟を促進する。

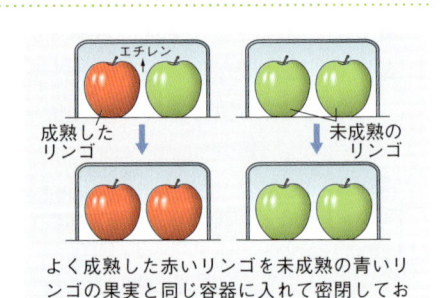

よく成熟した赤いリンゴを未成熟の青いリンゴの果実と同じ容器に入れて密閉しておくと，青いリンゴも成熟する。

図2-21　エチレンの作用

❼ 老化

　エチレンは花の老化を促進する。エチレンの作用により花はしおれ，枯れ，落花する。また，**アブシシン酸**は葉の老化を促進する。

（補足）切り花を長持ちさせるために，エチレンの発生を抑える薬が使われることがある。

E 落葉・落果

　葉や果実が老化すると，葉柄や果柄の付け根に離層ができる。**落葉・落果が起こるときには，この離層部分で切り離される**。離層とは，器官の基部に形成される特殊な細胞層のことで，柔組織の細胞からなる。離層細胞がエチレンを受け取ると，離層細胞からは，ペクチナーゼ，セルラーゼなどの細胞壁を分解する酵素が分泌される。すると細胞どうしの接着が弱くなり，分離が起こる。

（補足）アブシシン酸はエチレンの合成を促進する。

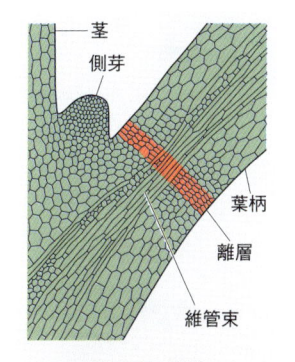

図2-22　離層

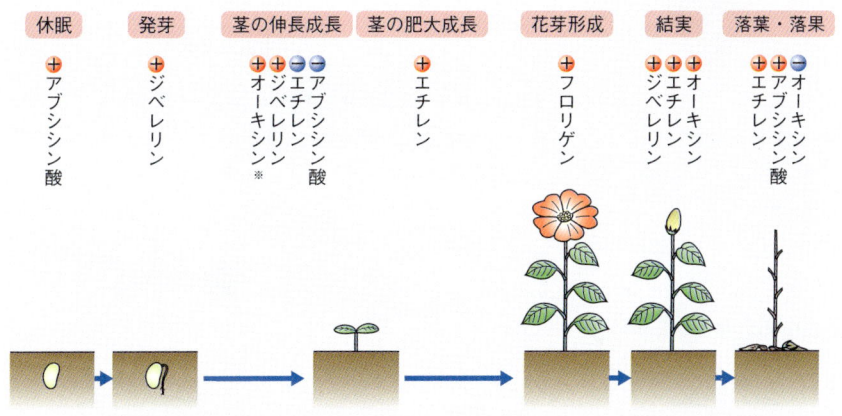

図2-23　植物の一生とホルモン

※オーキシンは濃度が高すぎると抑制的に働く。　⊕ 促進的に作用　⊖ 抑制的に作用

休眠	発芽	茎の伸長成長	茎の肥大成長	花芽形成	結実	落葉・落果
⊕アブシシン酸	⊕ジベレリン	⊕オーキシン※ ⊖エチレン ⊖アブシシン酸	⊕エチレン	⊕フロリゲン	⊕オーキシン ⊕エチレン ⊕ジベレリン	⊕オーキシン ⊕アブシシン酸 ⊖エチレン

> **POINT**
>
> 細胞の成長には多くの植物ホルモンがかかわっている。
> - ジベレリン，ブラシノステロイド＋オーキシン→伸長成長
> - エチレン，サイトカイニン＋オーキシン→肥大成長

参考 果実の成長・成熟と植物ホルモン

　受粉によって形成される胚や胚乳では,オーキシンやジベレリンがつくられる。オーキシンやジベレリンは,子房や花托(かたく)に作用してその成長を促す。イチゴの食用部は花托が成長したものであり,表面に多数の果実がついている。果実ではオーキシンがつくられ,花托の成長を促している。果実を取り除くと花托は成長しなくなる。

正常なイチゴ
ふくらんだ花托
果実

果実を全て取り除くと,花托は成長しない。

果実を取り除いたのちオーキシンを与えると,花托は成長する。

図2-24　イチゴの花托の成長とオーキシン

　ブドウの開花前後にジベレリンを与えると,受粉しても種子はできない。種子がなくてもジベレリンの作用により子房が成長して,種なしブドウができる。

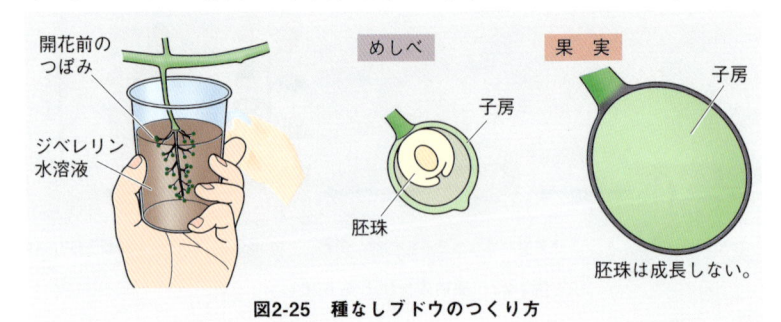

開花前のつぼみ
ジベレリン水溶液

めしべ
子房
胚珠

果実
子房
胚珠は成長しない。

図2-25　種なしブドウのつくり方

2 ストレスに対する植物の応答

成長の過程で,植物はさまざまなストレスにさらされる。ストレスには,水,酸素,温度,塩分濃度などによる非生物的ストレスと,病気をもたらす微生物や草食動物が原因の生物的ストレスがある。植物は動物のように逃げたり,より良い環境を求めて移動したりすることはできないが,これらのストレスに応答する巧妙なしくみをもつ。

Ⓐ 乾燥,塩害に対する応答

● 乾燥への応答

植物が光合成をするときは,気孔を開いて CO_2 を吸収するが,その際気孔から蒸散により水分を失う。乾燥状態になると,植物体内ではアブシシン酸がつくられ,アブシシン酸の作用で気孔が閉じて水分の減少が抑えられる。

> 補足 アブシシン酸には,エチレンの合成を促進する働きもある。エチレンの作用により落葉することで乾燥に耐える植物もある。

● 高塩濃度への応答

高塩濃度の環境では,根の細胞から水が奪われる。このような,高塩濃度によるストレスにもアブシシン酸が対応している。アブシシン酸を細胞が受容すると,細胞内の糖やアミノ酸の濃度が高まり,細胞内液は高張になる。高張になった細胞は環境から水をとりこむことができるようになる。このようにして,植物は高塩濃度の環境でも細胞の傷害を防止している。

Ⓑ 食害に対する応答

植物の多くは,昆虫などの動物による食害を受ける。食害による物理的な刺激を受けた植物は,**ジャスモン酸**とよばれる植物ホルモンを合成する。ジャスモン酸は,消化を妨げるタンパク質の合成を促進する。このタンパク質は,植物を食べた昆虫の成長を妨げるため,昆虫の繁殖が抑制され,食害の拡大を防ぐのに役立っている。

Ⓒ 病原菌に対する応答

植物は病原菌に感染すると,**ファイトアレキシン**やリグニンを合成し,病原菌に抵抗しようとする。ファイトアレキシンは抗菌物質であり,病原菌に直接作用し,その増殖を抑えるなどして植物体を守る。一方,リグニンは細胞壁の構成成分である。リグニンを感染部位の周辺に蓄積させて細胞壁の強度を上げ,物理的な障壁をつくることで,病原菌に対抗できるようになる。

この章で学んだこと

植物の環境応答には，植物ホルモンが大きくかかわっている。この章では，植物ホルモンの働きや，光による影響について詳しく学んだ。

1 刺激に対する植物の反応

1 屈性 刺激源に対し，一定方向に曲がる。光屈性，重力屈性が代表的。

2 傾性 刺激の方向と関係なく，一定方向に曲がる。光傾性，温度傾性など。

3 膨圧運動 細胞内の圧力の変化によって起こる屈曲運動。オジギソウの葉が閉じるのはこのためである。

2 環境応答と植物ホルモン

1 オーキシンの働き 茎の先端部で合成されて下降し，根の先端にも達する。細胞の伸長を促進する働きがあり，屈曲運動を引き起こす。

2 極性移動 オーキシンは茎の先端から下に向かってのみ，移動する。極性移動によって生じた濃度勾配により，茎の先端からは芽が，基部からは根が分化する。

3 オーキシンの感受性 器官により，オーキシンの最適濃度は異なる。根＜芽＜茎の順に最適濃度は高くなる。

4 重力屈性 根を水平に置いて伸長させると，茎は上に，根は下に向かう。

5 頂芽優勢 頂芽で合成されたオーキシンは，側芽の成長を抑えている。オーキシンには，側芽の成長に必要なサイトカイニンの合成を抑制する作用がある。

3 花芽の形成のしくみ

1 花芽形成の条件 長日植物：連続した暗期が一定時間より短い場合（長日条件）。短日植物：連続した暗期が一定時間より長い場合（短日条件）。中性植物：日長や暗期の長さとは無関係。

2 光中断 暗期の途中で光を短時間照射する。暗期を短くした場合と同じ効果が得られる。

3 フロリゲン 花芽の分化を促進するタンパク質。葉で合成され，師管を通って茎頂分裂組織に移行する。

4 種子の休眠と発芽

1 休眠 アブシシン酸は発芽を抑制し，休眠を促す。

2 発芽 ジベレリンによって促進される。発芽に光を必要とする種子を，光発芽種子という。

3 光の波長と発芽 赤色光：発芽を促進。遠赤色光：発芽を抑制。最後にどちらの光を受けたかにより，発芽するかどうかが決まる。

4 フィトクロム 発芽にかかわる光受容体。赤色光を受け取ると Pfr 型になり，遠赤色光を受け取ると Pr 型になる。Pfr 型の増加により，光発芽種子は発芽する。

5 植物の一生と関与するホルモン

1 細胞の成長 オーキシン，ジベレリン，ブラシノステロイド，エチレン，サイトカイニン

2 開花・結実 フロリゲン

3 果実の成長・熟成 エチレン

4 老化 アブシシン酸

5 落葉・落果 エチレン

6 植物のストレス応答

1 食害への応答 ジャスモン酸を生産。

2 病原菌への応答 抗菌物質であるファイトアレキシンを合成。

確認テスト2

1 次の文中の空欄に適する語を答えなさい。

根や茎などの器官が、刺激源に対し一定方向に屈曲する反応を（ ① ）、刺激の方向とは無関係に一定方向に屈曲する反応を（ ② ）という。イネ科植物の子葉鞘が光の方向に向かって伸びることを（ ③ ）、温度が高いとチューリップの花が開くことを（ ④ ）という。一方、オジギソウの葉に触れると、葉は垂れ下がる。これは膨圧の変化によって引き起こされる屈曲運動で、これを（ ⑤ ）という。

植物の環境応答には、植物ホルモンがかかわっている。植物から頂芽を切り取ると側芽が成長を始めるが、切断面に（ ⑥ ）をぬると側芽は成長しない。頂芽でつくられた（ ⑥ ）が側芽の成長を抑制する現象を（ ⑦ ）という。（ ⑥ ）には側芽の成長に必要な（ ⑧ ）の合成を抑制する働きがある。

果実の成熟や落葉を促進するホルモンは（ ⑨ ）である。また、伸長成長の促進、種子や芽の休眠を破る作用をもつホルモンは（ ⑩ ）である。気孔を閉じさせたり、種子の休眠を誘導する作用をもつホルモンは（ ⑪ ）である。

2 （ ア ）とよばれる植物ホルモンは、光屈性に関わる。この物質は、茎の成長や（ イ ）などにかかわる。（ ア ）の作用は濃度によって異なり、濃度が高すぎると逆に成長を抑制する。（ ア ）の濃度が根、茎、芽の成長に与える影響について調べたところ、右図のようになった。

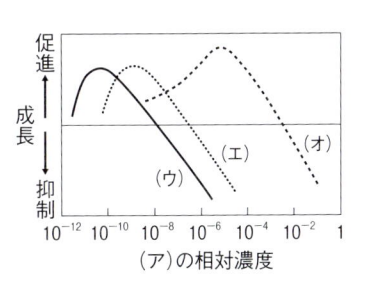

(1) 文中の（ ア ）、（ イ ）に当てはまる植物ホルモンとその作用の組み合わせとして正しいものを次から選びなさい。

　A．ジベレリン、発芽促進　　B．アブシシン酸、発芽促進
　C．オーキシン、頂芽優勢　　D．エチレン、発芽促進
　E．オーキシン、発芽促進　　F．ジベレリン、頂芽優勢

(2) 図中の（ ウ ）（ エ ）（ オ ）の器官は何か。答えなさい。

(3) 1つの頂芽aと3つの側芽（上からb1, b2, b3）をもつ植物がある。頂芽aを除去した後、側芽b1が大きく成長した。側芽b2も成長を始めたが間もなく成長が遅くなった。どのような理由によると考えられるか。

3

生物が日長に対して反応する性質を（ ① ）という。日が長くなると花芽を形成する植物を（ ② ），日が短くなると花芽を形成する植物を（ ③ ）という。実際には，夜の長さを認識している。花芽をつけるか，つけないかの境目となる連続暗期の長さを（ ④ ）という。日長や暗期に関係なく，成長すると花芽を形成する植物を（ ⑤ ）という。

日長の情報を葉が受け取ると，葉では（ ⑥ ）とよばれる花成ホルモンが合成される。（ ⑥ ）は（ ⑦ ）を通って茎頂分裂組織に達し，花芽分化に必要な遺伝子の発現を調節する。一定期間，低温状態にさらされることで花芽の形成が促進される植物もある。花芽形成促進のために，人工的に植物を低温にさらすことを（ ⑧ ）という。

(1) 上の文中の空欄に適する語を答えなさい。
(2) 次の植物の中から②，③，⑤に当てはまるものを2つずつ選びなさい。
　アサガオ　アブラナ　カーネーション　キク　トウモロコシ　トマト

4

発芽に光を必要とする種子を①（光発芽種子・明反応種子）という。発芽は②（赤・青・遠赤）色光により促進される。（②）色光より波長の③（長・短）い④（赤・青・遠赤）色光が当たると，発芽は抑制される。⑤（最初・最後）にどちらの光を受けたかによって発芽するか否かが決まる。

(1) 上の文の①〜⑤の（ ）内の適語を選びなさい。
(2) ア：光発芽種子の発芽，イ：光屈性において，それぞれ光受容体として働く色素タンパク質の名称を答えなさい。

5

図1は，2種類の植物AとBを1日の日照時間（日長）を変えて育てたとき，開花までの日数がどう変化するかを調べた結果である。次の問い(1)〜(3)に答えなさい。ただし，明暗の周期は1日に1回だけとする。

(1) 日長と花芽形成の関係が，Aのようになる植物を何というか。
(2) A，Bどちらの植物でも，日長が約10時間より短くなると，開花までの日数が長くなるのはどのような理由によると考えられるか。
(3) 植物A，Bを，図2の(i)または(ii)のような明暗条件で育てたとき，それぞれの植物が花芽を形成するかどうかを答えなさい。

センター試験対策問題

1 視覚は動物の行動に重要な役割を担っている。昆虫では、複眼の視細胞で受容された光刺激が、脳のニューロンの興奮を経て、行動を引き起こす。視細胞からの信号を伝える脳のニューロンでは、反応の大きさがしばしば昼夜で異なり、光の少ない夜間には弱い光でも興奮するように調節されている。コオロギの脳にある、視細胞からの刺激を伝えるニューロン X の反応について調べた。図 1 は、暗黒中で複眼に異なる強さの光刺激を 400 ミリ秒間与え、このニューロン X に生じる反応をオシロスコープで記録したものである。さらに、いろいろな強さの光刺激を 400 ミリ秒間与え、そのとき生じる活動電位の発生回数を調べたところ、図 2 のような結果が得られた。

次に、ニューロン X の昼夜の反応の違いを引き起こすしくみを調べるために、昆虫の脳内に存在する化学物質 Y をコオロギの脳に作用させた。その結果、夜に作用させると光刺激によって生じるニューロン X の反応が低下し図 2 の昼の反応に近くなったが、昼に作用させてもニューロン X の反応はほとんど変化しなかった。また、この化学物質 Y の作用を阻害する化学物質 Z をコオロギの脳に作用させたところ、昼には光刺激によって生じるニューロン X の反応が上昇し、図 2 の夜の反応に近くなることがわかった。夜には、化学物質 Z を作用させてもニューロン X の反応の強さはほとんど変わらなかった。

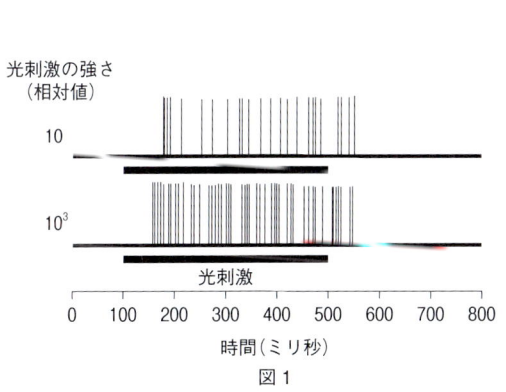

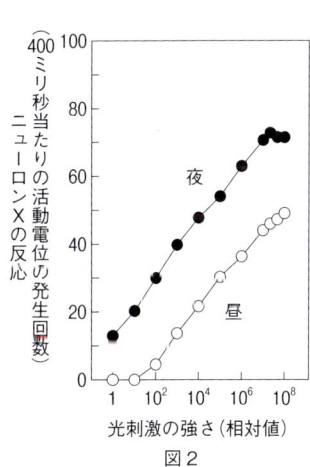

問1 図1の結果から考えられる，光刺激に対するニューロンXの反応に関する記述として最も適当なものを，次から一つ選べ。
① 光刺激の強さに応じて静止電位が大きくなる。
② 光刺激が強くなると反応の閾値が上昇する。
③ 光刺激が強くなると反応の潜伏期が短くなる。
④ 光刺激中の活動電位の発生頻度は一定である。
⑤ 光刺激をやめても，100ミリ秒以上反応が続く。

問2 図2の結果から考えられる，光刺激に対するニューロンXの反応に関する記述として最も適当なものを，次から一つ選べ。
① 光刺激の強さが10^2から10^6の範囲では，同じ光刺激の強さにおいて，ニューロンXの昼の反応の大きさと夜の反応の大きさの比は常に一定である。
② ニューロンXの閾値は夜に比べ昼に低下している。
③ 10^4の光刺激の強さでは，ニューロンXの昼の反応は夜の反応の約60%である。
④ 昼に400ミリ秒当たり30回の活動電位を引き起こす光刺激の強さは，夜の約1000倍である。

問3 化学物質Yや化学物質Zを作用させた結果から考えられる，化学物質Yに関する記述として最も適当なものを，次から一つ選べ。
① 化学物質Yは夜に分泌され，光刺激に対するニューロンXの反応を増強する。
② 化学物質Yは夜に分泌され，ニューロンXの閾値を上昇させる。
③ 化学物質Yは昼に分泌され，光刺激に対するニューロンXの反応を低下させる。
④ 化学物質Yは昼に分泌され，ニューロンXの閾値を低下させる。

(センター試験)

2 脳に関する記述として最も適当なものを次から一つ選べ。
① 脳は，多数の神経細胞の軸索が相互に融合した網目状の構造により興奮を伝える。
② 大脳は多数の神経細胞の細胞体が集まった白質と，神経繊維の集まった灰白質からなる。
③ 思考などの高度な精神活動は，新しい皮質(新皮質)のはたらきである。
④ 視覚や聴覚の中枢は，古い皮質にある。
⑤ 食欲や体温を調節する中枢は中脳にある。

(センター試験 改題)

3 オーキシンは，植物の成長調節において中心的な役割を果たす植物ホルモンであり，光屈性の研究がその発見のきっかけとなった。現在では，植物の重力屈性にもオーキシンが関係していることが明らかとなっている。

問　下線部に関して，暗所で水平に寝かせておいた芽生えにおけるオーキシンの濃度についての記述として最も適当なものを，次から一つ選べ。
① 伸長促進に最適なオーキシンの濃度は，茎よりも根のほうが高い。
② 茎でも根でも，オーキシンの濃度が低い側に屈曲する。
③ 茎では，オーキシンの濃度は，下側(重力側)で高くなる。
④ 根では，オーキシンの濃度は，下側(重力側)で低くなる。
(センター試験　改題)

4 二つの密閉容器を用意し，両方の容器に緑色の葉をつけたツバキの枝を水にさしたものと未熟なリンゴを入れ，一方の容器にエチレンガスを注入した。それぞれの容器を数日間観察したとき，エチレンガスを注入した容器内のツバキとリンゴの様子を述べた文として最も適当なものを，次から一つ選べ。
① ツバキは落葉が遅れ，リンゴは早く成熟した。
② ツバキは落葉が遅れ，リンゴの成熟は遅れた。
③ ツバキは落葉が早まり，リンゴは早く成熟した。
④ ツバキは落葉が早まり，リンゴの成熟は遅れた。
(センター試験　改題)

5 植物は，光や重力の方向，温度，日長など，さまざまな環境要因の変化を感知しそれに反応するしくみを発達させている。

問　下線部に関する記述として誤っているものを，次から一つ選べ。
① 植物の茎は光のあたる方向に，根は重力方向に屈曲する。
② ある種の植物では，種子や植物体が一定期間低温におかれることによって花芽の形成がうながされる。
③ 成長しつつある茎の先端(頂芽)が風などによって折れると，下方の側芽が伸び始める。
④ 植物は乾燥にさらされると，葉からの蒸散を促進させ根の吸水力を高めて水分不足に適応する。
⑤ オナモミでは，葉を短日処理することで花芽を誘導することができる。
⑥ ある種の植物の種子は，赤色光を照射することにより発芽が促進される。
(センター試験　改題)

生物 第4部

生態系と環境

この部で学ぶこと

1. 個体群の成長と成長曲線
2. 個体群の齢構成と生存曲線
3. 個体群内における相互作用
4. 異種個体群間でみられる関係
5. 生態系における物質生産
6. 生産構造
7. 物質の生産と消費
8. 生物多様性
9. かく乱
10. 個体群の絶滅

ADVANCED BIOLOGY

第1章
個体群と生物群集

この章で学習するポイント

- **個体群**
  - 個体群の成長と成長曲線
  - 密度効果
  - 個体群の齢構成と生存曲線
  - 個体群内の相互作用
  - 社会性

- **異種個体群間の関係**
  - 種間競争
  - 被食者・捕食者の相互関係
  - 共生と寄生
  - 生態的地位

1 個体群

1 個体群

　ある地域で生活しながら，互いに影響を及ぼし合う同じ種の個体のまとまりを**個体群**という。個体群の考え方は，動物だけではなく植物にもあてはまる。同じ種であっても，山や川などによって隔てられて交流がない個体どうしは，別々の個体群にあるとみなされる。同じ個体群の個体間には，**捕食**や**競争**など，食物や繁殖をめぐるさまざまな関係がある。

参考　個体群を構成する個体の分布

　個体群を構成する個体は，密集していたり，散在していたりする。分布の様式は，生物の種や環境によって異なり，分布の様式の違いにより集中分布，一様分布，ランダム分布に分類される。

●**集中分布**
　個体群内の個体が特定の場所に集中している分布をいう。自然界では最も多くみられる。
　例）動物が生殖行動のために集まる場合。植物が生活するのに適した場所がかたよっている場合。

●**一様分布**
　個体群内の個体が一定の距離を保っている規則的な分布をいう。
　例）動物が縄張りをつくる場合。

●**ランダム分布**
　個体群内の個体がでたらめ（ランダム）に分布している不規則な分布をいう。
　例）風で散布されたタンポポなどの種子が，発芽し成長する場合。

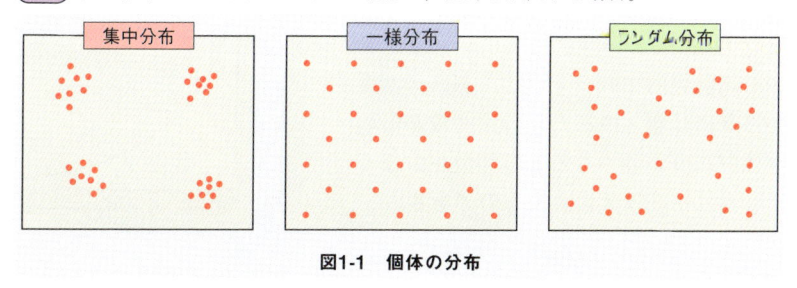

図1-1　個体の分布

2 個体群の成長と密度効果

　個体群の特徴を考えるときの指標となるものに，**個体群の大きさ**と**個体群密度**がある。個体群の大きさとは，**個体群を構成する個体数**をいう。個体群密度とは，**一定の面積や体積の中にすむ個体数**をいう。

ⓐ 個体群密度

個体群密度は，以下の式で示される。

$$個体群密度 = \frac{個体群を構成する個体数}{個体群が生活する面積（または体積）}$$

ⓑ 個体群の成長

　個体群では，生活するのに必要な空間と食物などが十分あれば，個体数が増加し，個体群密度は高くなる。これを**個体群の成長**といい，その変化のようすをグラフで表したものを**成長曲線**という。

　個体群密度が高くなると，生活空間や食物をめぐる個体間の**競争**（種内競争）が激しくなり，生まれてくる子の数が減少したり，個体間の競争により死亡する個体が増加したりする。この結果，個体数は増加しなくなり，成長曲線は一定の値に近づいてＳ字状となる。ある環境で存在できる最大の個体数を**環境収容力**という。

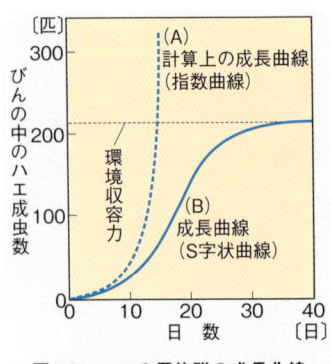

図1-2　ハエの個体群の成長曲線

ⓒ 動物の密度効果

　個体群密度の変化にともない，個体群を構成する個体の発育や生理，形態などが変わることを**密度効果**という。キイロショウジョウバエを試験管内で飼育すると，個体群密度が低いときには親1匹あたりの産卵数が多いが，個体群密度が高くなると産卵数が少なくなる。これは密度効果によるものである。

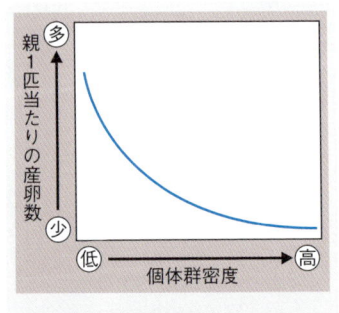

図1-3　ハエの個体群密度と産卵数の関係

個体群密度が，個体の形態や行動などに現れる例としては，他にもバッタの例が有名である。トノサマバッタは，個体の密度によってその形態が変化する。低密度のときに現れる型を**孤独相**といい，高密度で現れる型を**群生相**という。

　孤独相の個体は後肢が長く，単独生活を営んでいる。しかし，個体群の密度が高い状態が数世代にわたって続くと，群生相の個体が生じてくる。群生相のバッタは，孤独相に比べて体が小さく翅が相対的に長い。群生相の形態になることにより，長距離の飛行が可能になる。つまり，群生相のバッタは，過密になった個体群を飛び出し，分布域を広げることができるようになる。

　このように，個体群密度によって生じる形態や行動の変化を**相変異**という。相変異を起こすバッタがみられるのは，年降水量の変化が大きいため，食物となる草の量が大きく変動する地域である。このような相変異も，変動の大きい環境への生物の適応の例といえる。

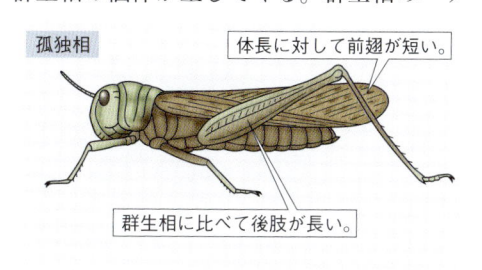

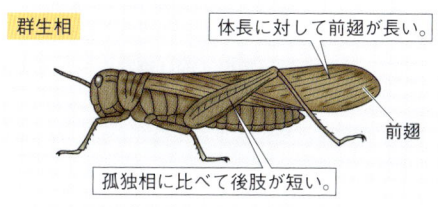

図1-4　トノサマバッタの孤独相と群生相

孤独相／体長に対して前翅が短い。／群生相に比べて後肢が長い。
群生相／体長に対して前翅が長い。／前翅／孤独相に比べて後肢が短い。

(補足) バッタのほか，ヨトウガ，ウンカなども相変異を起こす昆虫として知られている。

❶植物の密度効果

　植物が生育している空間では，利用できる光エネルギーや栄養塩類，水分は限られている。そのため，個体群密度が高くなると，各個体が得る光エネルギーなどが少なくなり，個体が小さくなったり枯れたりする。

　例えば，ダイズの種子を一定面積に密度を変えてまくと，発芽してまもなくは，密度の高い方が低い方より全個体の合計の重さは大きい。しかし，成長するにつれて，どの密度でも全個体の合計の重さは一定の値に近づく。また，ダイズの個体の平均の重さは，発芽して時間が経過するにつれて，密度が高い方が低い方より小さくなる。つまり，密度が高い場合は個体の大きさは小さく，密度が低い場合は個体の大きさは大きくなる。

　このように，種子をまいてから時間が経過すると，単位面積当たりの個体群全体の重さ(収量)は，種子をまいたときの密度に関係なくほぼ一定の値になる。これを**最終収量一定の法則**という。

各個体は大きいが密度は低い。　　　　　　　　　各個体は小さいが密度は高い。

同じ重さ

図1-5　最終収量一定の法則

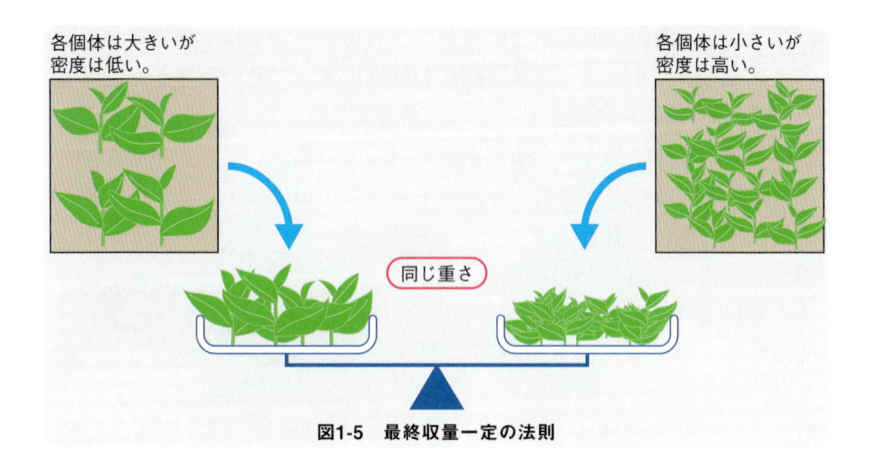

> **参考　最終収量一定の法則は森林にもあてはまる**
>
> 　同じ種や生活形の似た樹木で形成された自然林では，樹木が高い密度で成長すると，小さな個体は光エネルギーなどが足りないため枯れ，残った個体が成長する。また，同じ種を同時に植林した人工林では，どの樹木も枯れずに残るため，各個体の成長が悪くなることがある。
> 　どちらの場合でも，森林全体の樹木の総重量は一定になり，最終収量一定の法則があてはまるといえる。

POINT

- 個体数は，一定の密度に達すると，それ以上増えなくなる。
- 成長曲線は，個体群密度の変化をグラフで表したもの。
- 単位面積当たりの個体群全体の重さは，最終的には一定になる。

参考 個体群の大きさの推定

個体群を構成する個体の数を調べるにあたり,すべての個体の数を数えるわけにはいかない。個体群の一部を調べることにより,全体の数を推定する方法がある。

1 区画法

植物や,フジツボのように動きの遅い動物などに適した方法。一定の面積の区画をいくつかつくり,その中の個体数を数えて,得られた結果から地域全体の個体数を推定する。

2 標識再捕法

動きまわり,行動範囲の広い動物などの個体群で用いられる方法。まず,捕獲したすべての個体に標識をつけて放す。一定の時間がたって,標識された個体が分散した後に,再び同じ条件で捕獲する。そして,捕獲した個体に含まれる標識された個体数を調べることで,全体の個体数を推定する。

全体の個体数(X)は,以下の式から推定することができる。

$$\frac{最初に捕獲して標識した個体数}{全体の個体数(X)} = \frac{2回目に捕獲された標識個体数}{2回目に捕獲された個体数}$$

例 ある畑でモンシロチョウを20匹採集し,それぞれに標識をつけて放した。数日後,60匹捕獲したところ,標識された個体は8匹であった。この畑のモンシロチョウの個体数(X)は,

$$\frac{20}{X} = \frac{8}{60}$$

したがって,X=150(匹)

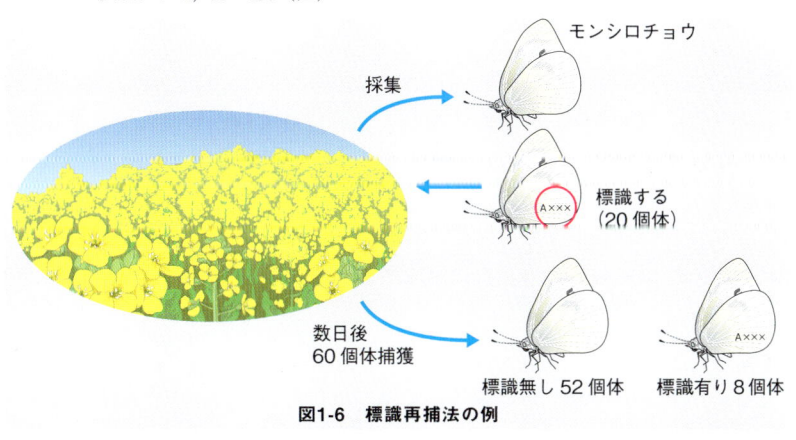

図1-6 標識再捕法の例

3 個体群の齢構成と生存曲線

　個体群は，さまざまな年齢の個体から成り立っていることが多い。個体群の年齢は，生殖を行う生殖期および生殖期以前と以後に分けられる。生まれた時には数多くいた個体は，死亡により減少していく。

Ⓐ個体群の齢構成

　個体群がどのような発育段階（年齢）の個体から成り立っているか，発育段階ごとにその個体数分布を示したものを**齢構成**という。また，発育段階ごとに個体数を棒グラフにして重ねて図に示したものを**年齢ピラミッド**という。個体群の齢構成によって，その後の個体群の成長や衰退を予測することができる。

　いろいろな動物の個体群について齢構成を調べると，大きく3つに分けることができる。

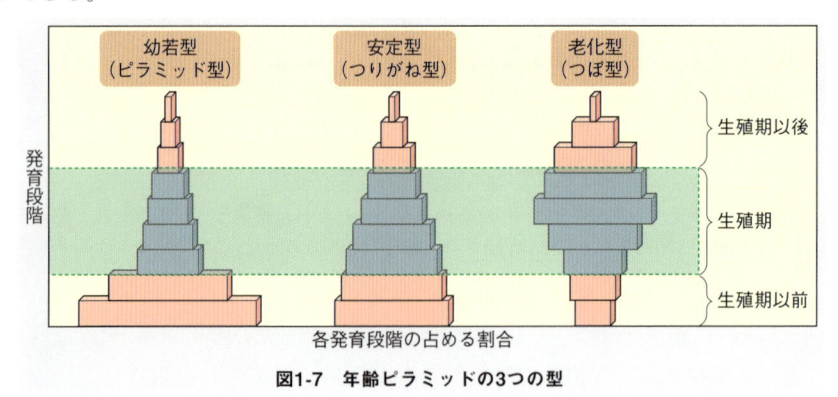

図1-7　年齢ピラミッドの3つの型

●幼若型

　出生率が高く，生殖期以前の個体数が多い個体群では，ピラミッド型になる。このような個体群では，個体数が増加することが予想される。

●安定型

　出生率が幼若型より小さく，各齢の死亡率が寿命近くまでほぼ一定に保たれる個体群ではつりがね型になる。近い将来も個体数は大きく変化しないことが予想される。

●老化型

　安定型より出生率が低下した個体群ではつぼ型になり，将来，個体数が減少することが予想される。

❸生命表と生存曲線

　自然界の生物は，多くの個体が捕食や病気，食物の不足，環境の変化などで親になる前に死亡する。産まれた卵や子，生産された種子が成長する過程でどれだけ生き残るかを示した表を**生命表**といい，これをグラフに表したものを**生存曲線**という。

　下の表はアメリカシロヒトリの生命表で，右のグラフは，生命表をグラフで表した生存曲線である。これを見ると，幼齢・中齢の幼虫では死亡率が低く，老齢幼虫では死亡率が高いことがわかる。これは，幼齢・中齢の幼虫は巣網の中で生活するため，外敵から守られているのに対し，老齢の幼虫は巣網から出るため，鳥やアシナガバチによる捕食が増えるからである。また，蛹の時期は寄生バエにより死亡する個体も多く，成虫になるのはごくわずかである。

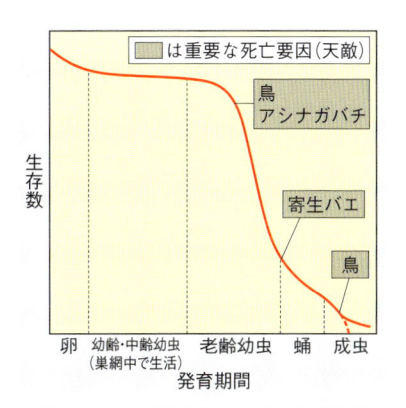

図1-8　アメリカシロヒトリの生存曲線

表　アメリカシロヒトリの生命表

	はじめの生存数	期間内の死亡数	期間内の死亡率(%)		はじめの生存数	期間内の死亡数	期間内の死亡率(%)
卵	4287	134	3.1	四齢幼虫	1414	1373	97.1
ふ化幼虫	4153	746	18.0	七齢幼虫	41	29	70.7
一齢幼虫	3407	1197	35.1	前蛹	12	3	25.0
二齢幼虫	2210	333	15.1	蛹	9	2	22.2
三齢幼虫	1877	463	24.7	羽化成虫	7	7	100.0

❸生存曲線の3つの型

次のグラフは，さまざまな生物の生存曲線を模式的に示したものである。

a 老齢期に死亡が集中する型（晩死型）

産卵・産子数が少ない生物に多くみられる。ヒトやサルなどの哺乳類に多い型である。親が子の保護をするため，幼齢期の死亡率が低い。

b 死亡率が一定の型（平均型）

小型の哺乳類や鳥類，は虫類に多くみられる。各時期における死亡率がほぼ一定している。

c 出生直後の死亡率が高い型（早死型）

産卵・産子数が多い動物に多くみられる。無脊椎動物や魚類に多い型である。出生直後は動きが遅いため，他の動物に捕食されやすいが，成長すると捕食から逃れることができるようになり，死亡率が低下する。

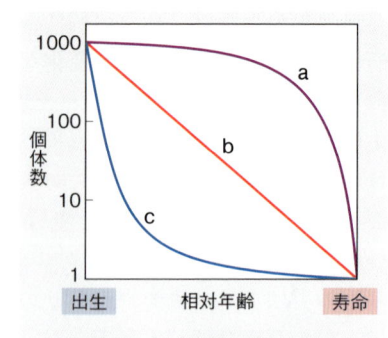

図1-9 生存曲線の3つの型

参考　動物の卵の大きさと産卵数

動物では，卵や子の大きさや数は，種によって異なる。雌が産卵（産子）に使えるエネルギーの量には限りがあるので，小さな卵（子）を産む場合には，1回に産める卵（子）の数が多くなり，大きな卵（子）を産む場合には，1回に産める卵（子）の数は少なくなる。

一般に，気候や食物量などの変動が激しい環境では，子の時期における死亡率が高い。したがって，小さな卵（子）を数多く産んで，広く分散させる**小卵多産型**が有利になる。これに対して，気候が温暖で安定し，得られる食物量も安定している環境や，一定の周期で季節が変化する環境で生活する動物では，大きな卵（子）を少数産んで大きな子に育て，子の競争力を高める**大卵少産型**が有利になる。大型の鳥類や哺乳類のように，大卵少産型の動物は，子の生存をより確実にするため，親が子の保護を行う場合もみられる。

POINT

- **生存曲線**…卵・子・種子が成長とともに生き残る個体数をグラフに表したもの。

2 個体群内の個体間の関係

1 個体群内の相互作用

生物は互いに影響を及ぼし合って生活している。互いに影響を及ぼし合うことを**相互作用**とよぶ。個体群において、同じ種の動物の個体どうしが、摂食や生殖において継続的に相互作用をしている場合、その関係を**社会性**という。ここでは、個体群内における個体間のさまざまな関係や、社会性について考える。

Ⓐ 動物の群れ

動物には、同じ種の個体どうしが集まって、統一のとれた行動を取るものが多い。このような集まりを**群れ**という。

動物は、群れをつくることによって、捕食者を早く発見したり、食物を効率的に得たりすることができる。また、求愛・交尾・育児といった繁殖活動が容易になるなど、利益を得ることができる。一方、群れをつくることによって個体どうしで食物を奪い合う**種内競争**が起きたり、病気が伝染しやすくなったりするような不利益もあり、群れが大きくなりすぎると生存しにくくなる。群れには、利益と不利益がつりあう最適な大きさがある。最適な群れの大きさは、食物の量や外敵の有無などの環境によって変化する。

群れが小さい場合は、外敵を警戒するために個々の個体が使う労力が大きく、群れが大きくなるにつれて、個々が外敵を警戒するために使う労力(a)は軽減される。群れが小さいと個体間の争いに使う労力は少ないが、群れが大きくなるにつれて、個体間の争いに使う労力(b)が増加する。(a)と(b)の合計が最も小さくなる群れの大きさが、最適な群れの大きさとなる。

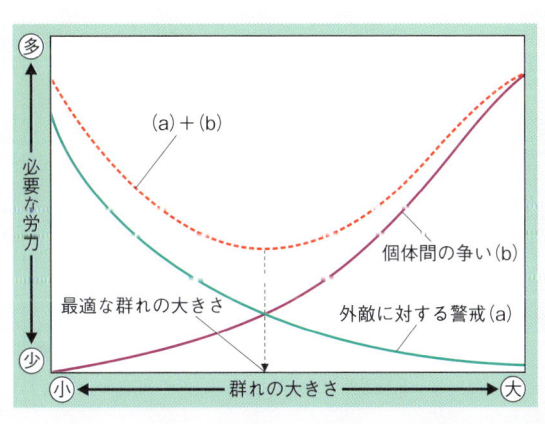

図1-10 最適な群れの大きさ

❸ 縄張り

　動物の個体あるいは群れが，同じ種の他の個体や，ほかの群れを寄せつけず，積極的に一定の空間を占有することがある。このように，他の個体の侵入を防いでいる空間を **縄張り**（**テリトリー**）という。縄張りは，魚類・鳥類・哺乳類・昆虫類などで多くみられる。縄張りをもつ利点としては，縄張り内で効率的に食物や交配相手を確保できることなどがあげられる。

　アユは河川の石に付着する藻類を食物としている。アユがつくる縄張りは，食物を確保するためのものである。シオカラトンボやカワトンボの縄張りは，交配相手を確保するためにつくられる。

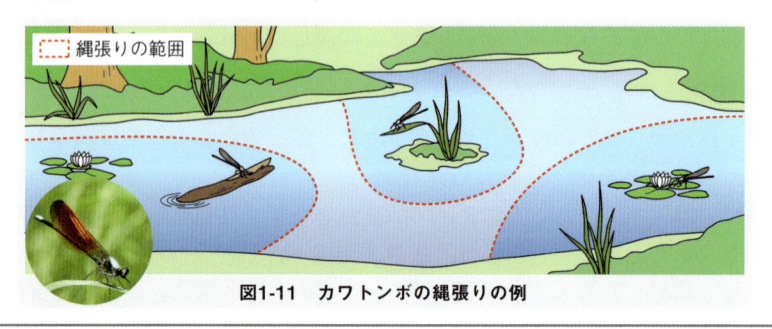

図1-11　カワトンボの縄張りの例

参考　アユの縄張りと友釣り

　アユは，秋に河川の中下流域でふ化し，海に下って沿岸域で生活する。春になると，稚アユは河川を上る。中流域に到着した稚アユは，川底の石に付着する藻類を食べるようになる。このときに，1匹ごとに縄張りをつくり，石に付着する藻類を確保する。しかし，アユの密度が高くなりすぎると，縄張りに侵入する個体が増え，縄張りを守ることができなくなり，結果的に群れがつくられるようになる。

　「友釣り」では，針を体のまわりにつけたおとりのアユを，釣糸の先につけて縄張りに侵入させる。縄張りを守るアユが，侵入したアユに体当たりして追い払う性質を利用して釣る漁法である。

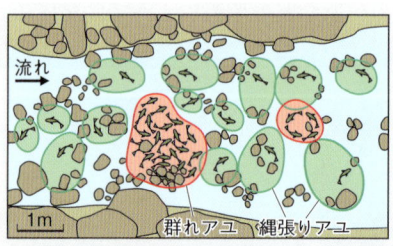

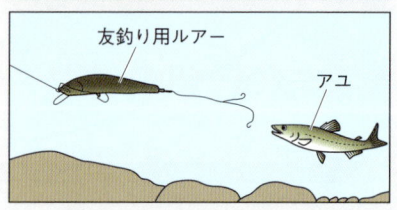

図1-12　アユの縄張りと友釣り

ⓒ 縄張りの最適な大きさ

　縄張りが大きくなるほど得られる食物(利益)は多くなる。しかし、縄張りの面積が大きくなると、侵入者の数も多くなり、縄張りを守るために必要な労力は増す。縄張りが小さいと、得られる食物は少ないが、縄張りを守るための労力は少ない。

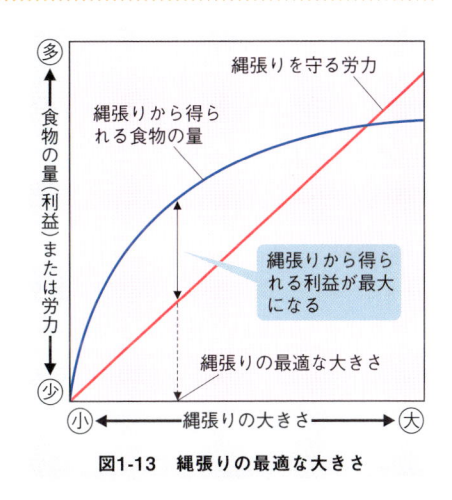

　縄張りは、縄張りを守るために必要な労力を、縄張りから得られる利益が上回るところで成立する。縄張りから得られる利益から、縄張りを守る労力を差し引いた値が大きくなると、生息しやすくなり、その値が最大になる縄張りの面積が、**最適な縄張りの大きさ**となる。

図1-13　縄張りの最適な大きさ

ⓓ 順位制とつがい関係

　群れの中では、強い個体と弱い個体の優劣関係ができることで争いがなくなり、一定の秩序が保たれることが多い。このような関係を**順位制**という。順位性は、鳥類や哺乳類の群れでよくみられる。ふつう、順位の高い個体ほど交配の相手を見つけやすい。したがって、順位制は、雄と雌のつがい関係と深く関係している。

補足　つがい関係とは、繁殖のためにつくる雌と雄の関係をいう。一夫一妻制、一夫多妻制などさまざまな関係が認められる。

2 社会性と血縁関係

● 昆虫の社会性

　ミツバチやアリ、シロアリは、母子や姉妹などの血縁関係にある個体が多数集まり、個体群を形成している。このような個体群を**コロニー**とよぶ。これらの個体群の中では、生殖を行う個体はごく少数であり、自らは生殖を行わず、血縁関係にある他個体の子を育てる個体もいる。集団で生活するうえで、繁殖や労働など、はっきりとした分業がみられる昆虫を**社会性昆虫**という。

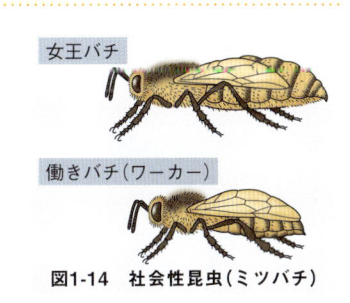

図1-14　社会性昆虫(ミツバチ)

セイヨウミツバチのコロニーは，卵を産む1匹の女王バチと多数の働きバチ（ワーカー），少数の雄バチからできている。働きバチは，巣づくり，花の蜜や花粉の収集，女王バチ・卵・幼虫の世話をする。雄バチは，女王バチと交尾を行うのみで働かない。

(補足) このような分業をカースト制という。

> **POINT**
>
> ● **社会性**…個体群において，個体間の摂食や生殖に関わる相互作用に重点をおいて見たときにみられる継続的な関係。
>   （例）群れ，縄張り，順位制，つがい関係，カースト制

コラム　利他行動はどうして生じたのか

　ある個体が，自分が不利益をこうむるにもかかわらず，他個体に利益を与える行動を「利他行動」という。社会性昆虫において，利他行動はなぜ進化してきたのだろうか。イギリスの生物学者ハミルトンは，生物の個体にとって，自分の子を増やすことより，自分がもっている遺伝子を増やすことの方が重要であると考えた。自分が子を産まなくても，血縁関係のある兄弟や姉妹の子を多く育てれば，自分が子をつくるのと同じように，自分の遺伝子を残せるというのである。

　ミツバチのように，雄バチが一倍体(n)の種では，働きバチの姉妹間で共通する対立遺伝子は，平均すると75％になり，女王バチと働きバチの母娘間で共通する対立遺伝子の50％より大きくなる。つまり，自分の子を残すより，姉妹の世話をする方が自分と同じ遺伝子を多く残すことになる。こうして，利他行動が発達したものと考えられている。

3 異種個体群間の関係

1 種間競争

　生物は，同じ種や異なる種の個体が集まって生活し，互いに影響を及ぼし合っている。同じ場所で生活する異なる種の間には，競争や食う・食われるの関係，共生，寄生など，さまざまな関係がある。

Ⓐ動物の種間競争
　生活する場所や食物などが似ている異種間では，**種間競争**が起こる。例えば，食物について競争関係にあるゾウリムシとヒメゾウリムシを，実験的に一つの容器で一緒に飼育したとする。すると，ゾウリムシの数は減少し，やがて絶滅する。ヒメゾウリムシは，ゾウリムシより体が小さく，少ない量の食物で生きられるため，ゾウリムシとの生存競争に勝つからである。

> （補足）ミドリゾウリムシは，光合成によって有機物を得ることができる。そのため，ゾウリムシとは競争関係になく，共存が可能である。

Ⓑ植物の種間競争
　植物にも，光や水，栄養塩類をめぐる種間競争がある。特に光は，生存と成長に不可欠なため，競争がはげしい。例えば，ソバと，ソバより草丈が低いヤエナリを別の場所に植えると，どちらも成長し個体数が増加する。ところが，ソバとヤエナリの集団を一緒に植えると，やがてヤエナリは激減する。これは，高い位置にあるソバの葉が光を吸収し，ヤエナリの葉まで十分な量の光が届かなくなり，ヤエナリが光合成をすることができなくなるからである。

2 被食者・捕食者相互関係

　動物は，ほかの生物種を食べて生きている。食べるほうを**捕食者**といい，食べられる方を**被食者**という。生態系の中では，被食者が捕食者に食べ尽くされることはなく，共存している。

　捕食者が被食者を食べると，被食者の個体数が減る。被食者の個体数が減ると，捕食者の食物が少なくなり，捕食者の個体数も減少する。捕食者の数が減ると，被食者が再び増加する。このように，捕食者と被食者の個体数は，周期的に変動する。

参考　捕食者と被食者のさまざまな関係

1 捕食者から身を守る被食者の適応

　捕食者の存在は，被食者の形態や行動などに適応をもたらすことがある。ある種のチョウやガの翅は，木の幹や葉にそっくりな色や模様をしており，鳥などの捕食者に見つかりにくくなっている。また，毒針をもつハチや味の悪いチョウに似た形をすることで，鳥などの捕食者に食べられないようにしている昆虫もいる。

2 間接効果

　食う・食われるの関係が，全く別の種の個体数の増減に対し，間接的に影響を与えることがある。このような影響を**間接効果**という。

　アブラムシがソラマメを食べ，そのアブラムシをナナホシテントウが食べる。アブラムシがナナホシテントウに食べられて，アブラムシの数が減ると，アブラムシによるソラマメの食害が減る。これは，捕食者が被食者を減少させることで，間接的に植物への食害を減少させる間接効果の例である。

アブラムシ　　　ナナホシテントウ

3 共生と寄生

異なる種類の生物が一緒に存在することによって，互いに，または片方が利益を受けることがある。この関係を**共生**という。互いに利益を受けている場合を**相利共生**といい，片方のみが利益を受けている場合を**片利共生**という。

片方は利益を得ているが，もう片方は不利益をこうむる関係を**寄生**という。

Ⓐ 根粒細菌とマメ科植物の相利共生

根粒細菌は空気中の窒素を固定し，窒素化合物としてマメ科植物に提供する。一方，マメ科植物は，光合成により生産した有機物を，栄養源として根粒細菌に与えている。窒素を固定することができない植物と，光合成をすることができない根粒細菌が共生することで互いに利益を得ている。

Ⓑ サメとコバンザメの片利共生

コバンザメは，頭部の吸盤で大型の魚に張り付き，保護を受けるとともに，移動するエネルギーを節約している。コバンザメに吸着される魚には利益がない。

コバンザメの吸盤

Ⓒ さまざまな寄生

ダニやシラミは，哺乳類の体表に付着し，血を吸って生きる外部寄生者である。一方，カイチュウやサナダムシのように，宿主の消化管内に侵入し，栄養分を吸収して生きる生物を内部寄生者という。

寄生は，動物に限らず，植物にもみられる。ヤドリギは，樹木に付着して幹から養分を吸い取って生活している。

ヤドリギ

参考 シロアリとシロアリの腸内微生物

シロアリは，シロアリの腸の中にすむ微生物と共生している。シロアリは木材のセルロースを食物とするが，シロアリ自身はセルロースを消化することができない。シロアリの腸内で生活する微生物は，セルロースを分解して，シロアリが利用できる栄養分にする。一方，シロアリは，微生物に生活場所を提供している。シカやウシなどの草食動物も，その腸内にすむ微生物と共生関係にある。

第1章　個体群と生物群集

4 生物群集

　生物はさまざまな環境の中で互いに影響を及ぼしあっている。ひとつの種は個体群をつくり，別の種の個体群と影響を及ぼしあう。個体群の集団をひとまとめにして**生物群集**という。

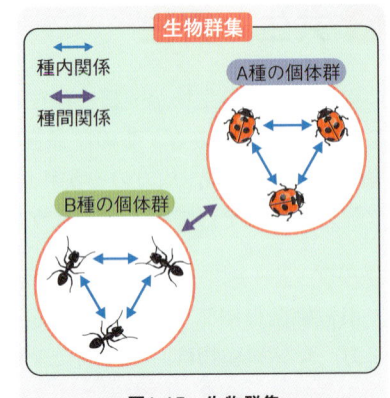

Ⓐ 生態的地位と共存

　それぞれの種は，生物群集の中で，生活空間や食物の確保，活動時間などにおいて，ある位置を占めている。ある種が占める，生態系の中の位置を**生態的地位**（**ニッチ**）という。

　生態系にはさまざまな生態的地位があり，生物はその生態的地位に応じて生きている。**生態的地位が異なる種は，種間競争が少ないため共存できる。互いに似た生活様式をする生物は，生態的地位が同じため，共存することが難しい。**

図1-15　生物群集

Ⓑ リスとムササビ

　リスとムササビは，同じ場所に生息し，どちらも同じ果実や葉を食物としている。しかし，リスは昼間に活動し，ムササビは夜間に活動するため，生態的地位が異なり，共存が可能である。

Ⓒ モンシロチョウとスジグロシロチョウ

　モンシロチョウとスジグロシロチョウは，どちらの幼虫もアブラナ科の植物の葉を食べ，成虫は開けた場所で生活し，昼間に活動する。そのため，両種は生態的地位が重なり共存できないように見える。しかし，よく調べてみると，モンシロチョウの幼虫は，同じアブラナ科でもキャベツの葉を食べ，スジグロシロチョウの幼虫はイヌガラシの葉を食べる。また，スジグロシロチョウは，比較的陰になる場所を好む。このように，両種は，生態的地位を少しだけずらすことで共存している。

> **参考 生態的同位種**
> アジア大陸でトラが占めている生態的地位を，南アメリカ大陸ではジャガーが占めている。また，北アメリカ大陸でピューマが占める生態的地位を，アフリカ大陸ではライオンが占めている。遠く離れて地理的に隔離された場所の生物群集を比較すると，よく似た形態や生活様式をもつ異なる種が，同じ生態的地位を占めていることがある。このような種を**生態的同位種**という。

POINT

生活する場所や食物などが似ていると，競争が起こる。しかし，生態的地位を少しだけ変えることで，共存が可能となる。

コラム 多くの陸上植物と共生する菌根菌

陸上植物の8割は菌類と共生しており，菌類と共生することで生育できる。
植物の根の表面や内部で菌類が共生している根を**菌根**といい，菌根をつくる菌類を**菌根菌**という。菌根菌は，根毛より細い菌糸を土壌中にはりめぐらせて，植物の生育に必要なリンや窒素を吸収して植物に提供している。一方で，菌根菌は，植物が光合成によりつくる有機物の提供を受けている。
菌根菌には，菌糸が根の細胞の中に入るアーバスキュラー菌根菌や，菌糸が根の外側をおおい，根の中に入り細胞を外側から包む外生菌根菌がある。アーバスキュラー菌根菌は草本植物などにみられ，外生菌根菌はブナ科やマツ科などの樹木で多くみられる。キノコをつくる菌類の半分は，外生菌根菌といわれる。

この章で学んだこと

生物は単独で生活することはなく，互いに影響し合って生きている。生物どうしの関係は，捕食－被食，共生，寄生などさまざまであることを学んだ。

1 個体群
1. **個体群** 捕食や競争など，互いに影響し合う同じ種の個体のまとまり。
2. **個体群密度** 個体群の特徴を考える際の指標となる。個体群を構成する個体数を個体群が生活する面積で割ったもの。
3. **個体群の成長** 個体群は，生活する空間や食物が十分にあれば増加し，個体群密度は高くなる。しかし，密度が高くなると個体間に競争が起きるなどし，個体数の増加は止まる。
4. **密度効果** 個体群密度の変化により，個体の生理や形態などが変わること。ハエ：低密度→産卵数多い，高密度→産卵数少ない　ダイズ：低密度→個体は大きい，高密度→個体は小さい
5. **相変異** 個体群密度の影響で生じる形態や行動の変化。トノサマバッタの例がよく知られている。
6. **年齢ピラミッド** **幼若型**：出生率が高い。個体数の増加が見込まれる。**安定型**：出生率は幼若型より少ない。個体数は大きく変化しないと考えられる。**老化型**：出生率は安定型よりも少ない。個体数は減少すると考えられる。
7. **生存曲線** **晩死型**：幼齢期の死亡率が低く，老齢期の死亡率が高い。産卵・産子数が少ない。**平均型**：各時期の死亡率がほぼ一定。**早死型**：出生直後は捕食されやすい。産卵・産子数が多い。

2 個体群内における個体の関係
1. **社会性** 群れ，縄張り，順位制など，継続的な相互作用がみられる関係。
2. **群れ** 捕食者を早く発見できたり，求愛・交尾の効率がよいといった利益がある。その一方，食物の奪い合いが起きるなどの不利益もある。最適な群れの大きさは，利益と不利益がつりあっている。
3. **縄張り** 食物や交配相手を見つけやすいといった利益がある。縄張りが大きくなると，縄張りを守るための労力が増す。
4. **順位制** 個体の優劣関係ができることで，秩序が保たれる場合がある。順位が高いと，交配相手を見つけやすい。
5. **社会性昆虫** ミツバチやアリは，コロニーを作り，生殖や労働など，分業して生活している。

3 異種個体群間の関係
1. **種間競争** 動物：生活場所や食物をめぐって起こる。植物：光，水，栄養塩類をめぐって起こる。
2. **被食者・捕食者の相互関係** 捕食者が被食者を食べる→被食者が減る→捕食者の食物がなくなる→捕食者が減る→被食者が増える
3. **共生** **相利共生**：両方に利益がある。根粒菌とマメ科植物の関係など。
   片利共生：片方のみが利益を得る。
4. **寄生** 一方は利益を得るが，もう一方は不利益をこうむる。カイチュウ，ヤドリギなど。
5. **生態的地位** 生活空間や食物など，生物群集の中で占める位置をさす。生態的地位が異なれば共存できる。

確認テスト1

1 ある小さなため池でアメリカザリガニ(以下ザリガニと略す)を27匹釣り上げ,ザリガニの成体の背中に油性ペンで印をつけて放した。翌日,再び42匹のザリガニの成体が釣れ,その中には印のついた個体が3匹含まれていた。以下の問いに答えなさい。

(1) 上の文の調査によってザリガニの個体数を推定する方法を何というか。
(2) このため池には,何匹のザリガニの成体が生息していると推定されるか。

(名城大 改題)

2 右下の図は,ある生物の個体群における個体数の変化を示したものである。以下の問いに答えなさい。

(1) 図のグラフを何というか。
(2) 図の個体数Kのレベルは何を示しているか。
(3) 図のa,b,cの点について,個体群の成長速度(単位時間当たりに増加した個体数)が大きい順に答えなさい。
(4) 理論的には,個体数はAのように増加するはずである。しかし実際にはBのようになる。その原因として,どのような環境要因が考えられるか。主なものを3つ答えなさい。

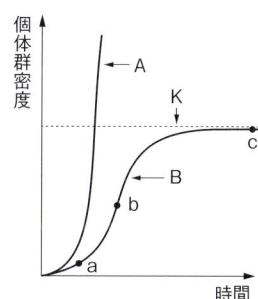

(東邦大,信州大 改題)

3 右下の図は,生物が生まれたときの個体数を1000とし,時間とともに個体数がどのように減少していくかを示したものである。以下の問いに答えなさい。

(1) 図のような曲線を何というか。
(2) 図のA型の生物にあてはまる特徴を次の(ア)～(エ)の中から,C型にあてはまる特徴を(オ)～(キ)からそれぞれ選びなさい。
　(ア) 大卵少産　　(イ) 小卵少産
　(ウ) 大卵多産　　(エ) 小卵多産
　(オ) 死亡率が一生を通じてほぼ一定
　(カ) 死亡率が幼若期に高い
　(キ) 死亡率が老齢期に高い
(3) 図のA型～C型の生物にあてはまる生物を次から全て選びなさい。
　(ア) シジュウカラ　(イ) ゾウ　　(ウ) ブリ
　(エ) ミツバチ　　　(オ) ヘビ　　(カ) カニ

4 次の文の空欄に適する語を答えなさい。

トノサマバッタは，幼虫時代に個体群密度の低い状態で生育すると（ ア ）相とよばれる緑色系のバッタとなる。一方，密度の高い状態で生育すると，黒色系の（ イ ）相のバッタになる。（ イ ）相のバッタは，（ ア ）相のバッタと比べ，体の大きさに対して翅が（ ウ ）なり，集合して移動する傾向が強い。このように，生育時の密度の違いにより，色や形態，行動等に変化が見られる現象を（ エ ）とよぶ。
（宇都宮大 改題）

5 右の図1〜図3は，生物A，Bの個体数の変化を模式的に示したものである。以下の問いに答えなさい。

(1) 図1〜図3で示される生物A，Bの関係は，下のどれにあたるか。
　（ア） 捕食・被食　（イ） 競争　（ウ） 食いわけ（異なる食物を食べ，共存する）

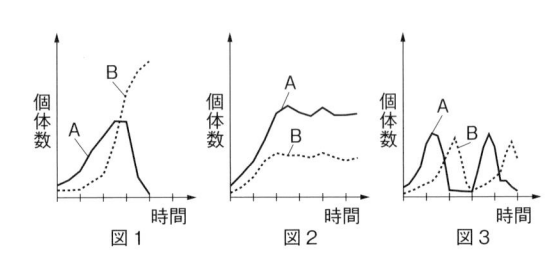

(2) 生物A，Bの生態的地位の重なりが大きいのは，(1)の（イ）と（ウ）のどちらか。

6 動物の個体群や群集において，さまざまな相互作用が同種内や異種間に観察される。そのいくつかの例を下にあげた。以下の問いに答えなさい。

【相互作用例】
（ア） 一方の種が他の種を食物にしている。
（イ） 一定の空間をある個体が占有している。
（ウ） 異種が同じ資源をとり合う。

問　上の（ア）〜（ウ）に示された動物の相互作用例について，最も適切な呼称と最も関係の深い動物名を下からそれぞれ選びなさい。

【呼称】
　a．順位性　　b．捕食・被食　c．寄生
　d．競争　　　e．社会性　　　f．縄張り

【動物名】
　a．ニホンザル　　b．イワシ　　　　c．ヒトとカイチュウ
　d．シロアリ　　　e．オオカミとシカ　f．ニワトリ
　g．アユ　　　　　h．ヒメウとカワウ　i．イワナとヤマメ
　j．イタチとテン
（明治大 改題）

第2章
生物の生活と環境

この章で学習するポイント

- 生態系における物質生産
  - 物質生産
  - 生産構造
  - 生産者の生産量と成長量
  - 消費者の同化量と成長量
  - エネルギー効率

- 生態系と生物多様性
  - 生物多様性
  - かく乱と生物多様性
  - 個体群の絶滅
  - 外来生物の移入

1 生態系における物質生産

1 生態系における物質生産

　葉緑体をもつ植物や藻類などの生産者は，太陽の光を受けて光合成を行い，有機物を生産している。この有機物を生産する過程や，生産によりつくりだされた有機物量を**物質生産**という。

Ⓐ 物質生産

　物質生産は主として同化器官である葉で行われる。光合成のエネルギー源は光なので，植物は光を受ける面積を広くするためにできるだけ多くの葉をつける。しかし，上方にたくさんの葉をつけると，下方の葉には十分な光が当たらなくなる。また，葉を支える茎を発達させることが必要となる。光が当たらない部分に葉をつけたり，非同化器官である茎を発達させたりすることは，植物には負担となる。植物が同化器官である葉を，どこにどのようにつけるかは，その植物の生活と関係する。

参考　植物の葉のつきかた

　植物が同化器官である葉をどこにつけるかは，他の植物との光をめぐる競争で重要なポイントとなる。
　アカザなど**直立形**の草本は長い茎の先に葉をつけるので，草本どうしの光をめぐる競争では有利である。オオバコなどの**ロゼット形**の草本は，地面に放射状に葉を広げる。直立形などの草本との競争では負けるが，動物やヒトに踏みつけられる場所では有利である。ヤブガラシなど**つる形**の草本は，直立形の草本などにつかまって上方に葉をつける。

アカザ　　オオバコ　　ヤブガラシ

❸生産構造

　植物の物質生産は，主として同化器官である葉で行われるので，葉のつき方と密接な関係がある。植物群集の同化器官（葉）と，非同化器官（茎や花・種子など）を，物質生産という観点から見た空間的な分布のようすを**生産構造**という。

　生産構造は，一定の面積に存在する植物群集を上から順に一定の厚さの層で切り取り，それぞれの**層ごとに同化器官と非同化器官の質量を測定**することによって調べることができる。この方法を**層別刈取法**といい，その結果を下図のように表したものを**生産構造図**という。

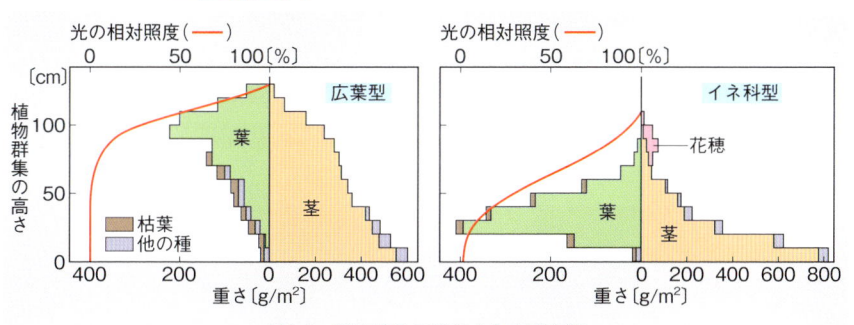

図2-1　草本植物の群集の生産構造図

　草本の場合，生産構造は，大きく2つの型に分けられる。**広葉型**（アカザやダイズなど）は，広い葉が水平に上部につき，光合成を行う層が比較的上部に集まっている。光は上部の葉でさえぎられるので，下部では光は弱くなる。一方，**イネ科型**（チカラシバやススキなどのイネ科植物）は，細長い葉がななめに立っていて，光は葉のつけ根の方まで届くので，下部でも光合成が比較的活発に行われる。また，葉は比較的茎の低い位置に多くつき，非同化器官の占める割合が小さいので，物質生産の効率も高くなる。

　補足　樹高が15m以上に達するような木本（樹木）の群集では，同化器官である葉は上部に集中し，非同化器官である幹が上部から下部まで多くの割合を占めている。上部に同化器官をつけると，より多くの太陽の光を吸収できる。しかし，その一方で，呼吸によりエネルギーを消費する非同化器官が多く必要となる。

❸生態系における物質の生産と消費

●生産者の生産量と成長量

　一定の面積内の生産者が，ある一定期間に生産する有機物の量を**総生産量**という。生産者は，光合成によって有機物を合成すると同時に，呼吸によって有機物を消費する。有機物が呼吸によって消費される量を**呼吸量**といい，総生産量から呼吸量を差し引いたものを，生産者の**純生産量**という。

$$純生産量 = 総生産量 - 呼吸量$$

　生産者は，植物体の一部が枯れ落ちたり，一次消費者である動物に食べられたりして失われる。生産者である植物体が枯れ落ちる量を**枯死量**といい，一次消費者に食べられる量を**被食量**という。純生産量から，枯死量と被食量を差し引いたものを**成長量**という。

$$成長量 = 純生産量 - (枯死量 + 被食量)$$

> 補足　ある時点において，一定の面積内に存在する生物量を現存量（または生物量）という。現存量は乾燥重量やエネルギー量などで表す。

●消費者の同化量と成長量

　消費者である動物は，栄養段階が1段下位の生物を摂食し，同化する。しかし，一部は未消化のまま体外に排出される。摂食した食物の量を**摂食量**といい，未消化のまま体外に排出される物質の量を**不消化排出量**という。摂食量から不消化排出量を差し引いたものを**同化量**という。

$$同化量 = 摂食量 - 不消化排出量$$

　消費者が同化した有機物は呼吸に使われ，エネルギー源として消費される。呼吸によって消費される有機物の量を**呼吸量**という。消費者の同化量から呼吸量を差し引いたものを，消費者の**生産量**という。

消費者の同化量は生産者の総生産量に相当し，同化量から呼吸量を差し引いた生産量が，生産者の純生産量に相当する。消費者は栄養段階が一段階上位の動物に食べられる。また，捕食以外の要因でも死亡する。死亡により失われる量を**死滅量**とすると，消費者の成長量は次のように表せる。

$$成長量 ＝ 同化量 －（呼吸量＋被食量＋死滅量）$$

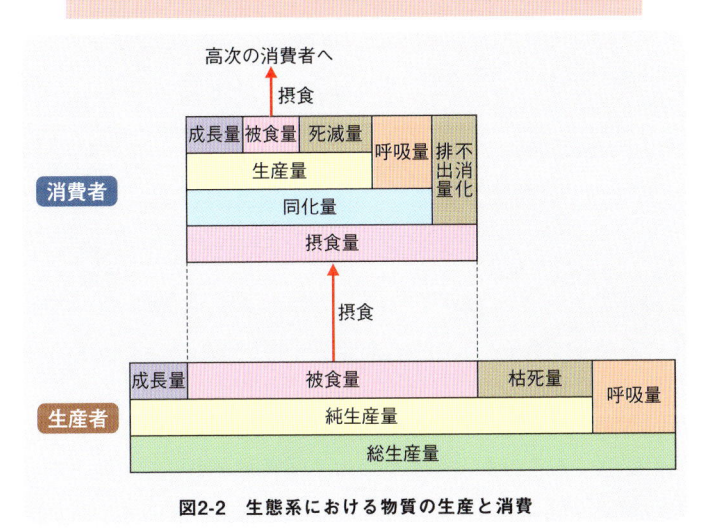

図2-2　生態系における物質の生産と消費

> **POINT**
> - **生産者**　純生産量＝総生産量－呼吸量
>   　　　　　成長量＝純生産量－（被食量＋枯死量）
> - **消費者**　同化量＝摂食量－不消化排出量
>   　　　　　成長量＝同化量－（呼吸量＋被食量＋死滅量）

第2章　生物の生活と環境

2 さまざまな生態系における物質生産

陸地には森林や草原，水界には湖沼や海洋などがあり，そこではいろいろな生態系が広がっている。物質生産，とくに現存量と純生産量の関係は，生態系によって大きな違いが見られる。

Ⓐ 陸上での物質生産

陸上にはさまざまなバイオームがあり，それぞれ特有の生態系が形成されている。物質生産は，生態系の特徴により異なる。

例えば，森林の単位面積当たりの生物体の量は大きく，草原の約10倍になる。これは，同化器官である葉と非同化器官である幹を大量にもっているからである。しかし，幹などの呼吸量も大きいため，単位面積当たりの純生産量は，草原の純生産量の約2倍にとどまる。

同じ森林でも，年齢の若い森林(幼齢林)では，葉の光合成による総生産量に対して，非同化器官である幹などが小さいので呼吸量が小さく，純生産量は大きい。年齢が進み高齢林になると，総生産量に対して，幹などが大きくなり呼吸量も増加するため，純生産量は小さくなる。

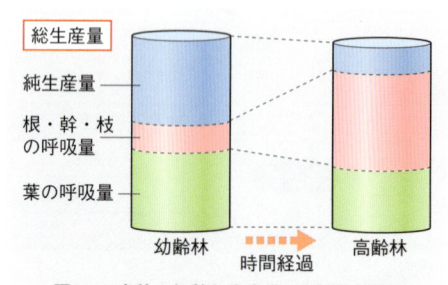

図2-3 森林の年齢と生産量・呼吸量の関係

Ⓑ 水界での物質生産

湖沼や海洋などの水界では，植物プランクトンの光合成による有機物の生産は，表層に限られる。これは，光が水や浮遊物に吸収されるため，ある水深より深くなると植物プランクトンの純生産量がゼロになるからである。植物プランクトンの光合成量と呼吸量が等しくなる水深を**補償深度**という。

水界での単位面積当たりの純生産量は，森林や草原と比べてかなり小さい。海洋では，外洋の純生産量は小さく，沿岸などの浅海では大きい。沿岸では，河川から栄養塩類が供給されるためである。

補足　補償深度は，水中のプランクトンの量などによって異なる。栄養塩類に富んだ湖ではプランクトンが繁殖し，プランクトンによって光が吸収されるため，光が深くまで届かない。そのため，補償深度は数 m 程度しかない。栄養塩類が少ない外洋は，プランクトンが少ないため，光が深くまで届き，補償深度は 100 m 程度にもなる。

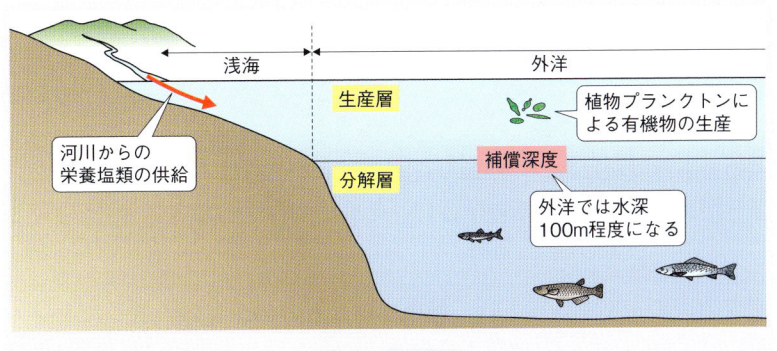

図2-4　補償深度

●地球全体の物質生産

地球全体では，毎年 1.7×10^{14} kg の有機物が生産されている。そのうち，地球の全面積のほぼ30％を占める陸地で約2/3が生産されている。ほぼ70％を占める海洋の生産量は全体の約1/3にとどまる。

> **POINT**
>
> 森林の単位面積当たりの現存量は草原の10倍だが，純生産量は2倍にとどまる。それは森林の呼吸量が大きいためである。

> **参考　おもな生態系の現存量1kg当たりの純生産量**
>
> 　海洋と陸地の現存量1kg当たりの年間の純生産量を比べると，海洋が15kg，陸地が0.063kgで，海洋の方が物質生産の効率が高い。これは，海洋の生産者の多くを占める植物プランクトンの増殖速度が大きく，植物プランクトンには非同化器官がほとんどないからである。
>
> 　海洋の陸地に近い浅海域と外洋域の現存量1kg当たりの年間の純生産量を比べると，浅海域が4.7kg，外洋域が43kgで，外洋域の方が物質生産の効率が高い。これは，浅海域に生育する生産者である海藻(藻類)・海草(種子植物)より，外洋域の生産者である植物プランクトンの増殖速度が大きいからである。
>
> 　また，陸地の生態系をみると，森林は現存量・純生産量ともに最も多いが，現存量1kg当たりの年間の純生産量は0.047kgで，草原の0.25kg，砂漠など荒原の0.15kgを下まわっている。これは，樹木は同化器官ではない幹が現存量の多くの部分を占めているため，物質生産の効率は低くなるためである。

3 生態系におけるエネルギーの利用

生態系では，炭素の循環にともなって，エネルギーの移動が起こっている。生態系において，生産者を出発点とする食物連鎖の各段階を**栄養段階**という。食物連鎖の各栄養段階において，前の段階のエネルギー量のうちのどれくらいのエネルギーが利用されるか，その割合(%)を示したものを**エネルギー効率**という。

Ⓐ エネルギー効率

生産者のエネルギー効率とは，緑色植物などの生産者に入射した太陽エネルギー量に対する，光合成により有機物として取り込まれたエネルギー量(総生産量または同化量)の割合(%)をいう。

$$\text{生産者のエネルギー効率(\%)} = \frac{\text{生産者の総生産量}}{\text{太陽の入射エネルギー量}} \times 100$$

消費者のエネルギー効率は，前の栄養段階の消費者(または生産者)が取りこんだエネルギー量(同化量または総生産量)に対する，現段階の消費者が取り込んだエネルギー量(同化量または総生産量)の割合(%)をいう。

$$\text{消費者のエネルギー効率(\%)} = \frac{\text{その栄養段階の同化量}}{\text{1つ前の栄養段階の同化量}} \times 100$$

● $\text{一次消費者のエネルギー効率(\%)} = \frac{\text{一次消費者の同化量}}{\text{生産者の総生産量}} \times 100$

● $\text{二次消費者のエネルギー効率(\%)} = \frac{\text{二次消費者の同化量}}{\text{一次消費者の同化量}} \times 100$

各栄養段階のエネルギー効率を10%と仮定すると，生産者のもつエネルギーの10%が1次消費者に移り，そのエネルギーのうちの10%が2次消費者に移ることになる。つまり，生産者のエネルギーの1%が2次消費者に移動する。したがって，3次消費者には0.1%，4次消費者には生産者のエネルギーの0.01%が移動することになる。一般に，栄養段階が上位になるほど，エネルギー効率は大きくなることが多い。

(補足) 実際のエネルギー効率は，生産者が0.1〜5%，消費者が10〜20%である。

```
B : 最初の現存量
G : 成長量
P : 被食量
D : 枯死量, 死滅量
R : 呼吸量
F : 不消化排出量
```
（各量の大きさの比率は実際と異なる）

二次消費者（動物食性動物）: B_2 G_2 P_2 D_2 R_2 F_2 → 高次の消費者
　同化量／摂食量

一次消費者（植物食性動物）: B_1 G_1 P_1 D_1 R_1 F_1
　同化量／摂食量

生産者（植物）: B_0 G_0 P_0 D_0 R_0
　純生産量／総生産量（同化量）

太陽光：光合成で固定されるエネルギー／入射した光エネルギー

図2-5　エネルギー効率

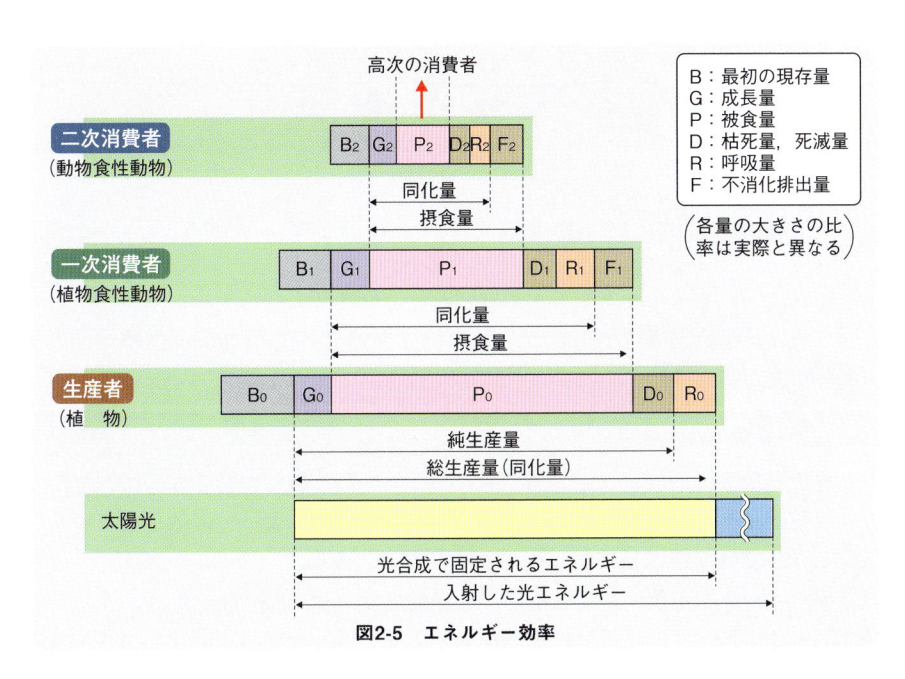

❷生物が利用できるエネルギー量

栄養段階が上位の生物ほど、利用できるエネルギー量は少ない。

各栄養段階で、一定期間内に獲得されるエネルギー量（生物生産量）を横向きの棒グラフに表し、それを下位のものから順に積み重ねると、栄養段階の上位のものほど獲得されるエネルギー量が少ないため、ピラミッド状になる。これを**生産力ピラミッド**という。

(補足) 湖沼や海洋など水界生態系では、生産者である植物プランクトンの生体量が、1次消費者である動物プランクトンの生体量より少ない「逆ピラミッド」になることがある。外洋域の生産者である植物プランクトンの増殖速度は大きいが、現存量が少ないのは、動物プランクトンに活発に食べられるからである。

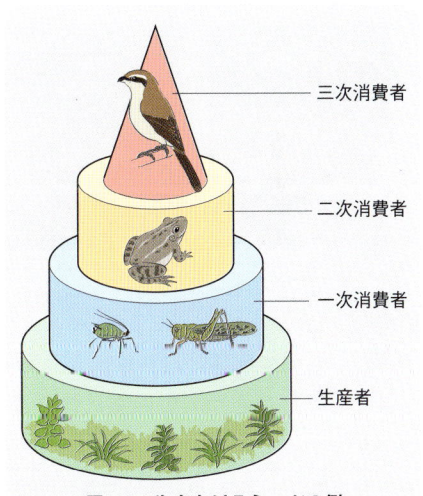

図2-6　生産力ピラミッドの例
（三次消費者／二次消費者／一次消費者／生産者）

第2章　生物の生活と環境

2 生態系と生物多様性

1 生物多様性とは

　地球上にはさまざまな生態系があり，そこには多種多様な生物が生息している。このように，生物が多様であることを**生物多様性**という。生物多様性には，遺伝的多様性，種多様性，生態系多様性の3つのとらえ方がある。

Ⓐ遺伝的多様性

　ある特定の遺伝子について，同じ種のひとつの個体群について塩基配列を調べると，違いがみられることがある。特に，海洋や山地によって隔離されている個体群どうしでは，遺伝子の塩基配列が少しだけ異なることが多い。このように，同じ種内における遺伝子の塩基配列の多様性を**遺伝的多様性**という。遺伝的多様性が大きければ，生息環境に変化が起きても，その環境に適応して生存できる可能性が高まる。逆に，遺伝子の配列に多様性がない個体群は，環境の変化に適応できない可能性が高い。

▲多様な色彩パターンをもつニッポンウミシダ

Ⓑ種多様性

　それぞれの生態系には，細菌から動植物まで，さまざまな生物種の個体群が含まれている。ひとつの生態系に含まれる生物種の多さと割合によって，**種多様性**は表される。

　ある生態系にA，B，C，D，Eの5種の生物がいたとする。すべての種がほぼ同じ割合で含まれている場合と，A種のみが多く，他種はわずかしか含まれていない場合を比べると，存在する種数は同じでも，それぞれの種が同じ割合で含まれている方が，種多様性が大きいといえる。

ⓒ 生態系多様性

地球上には，森林，草原，荒原，河川，海洋など，さまざまな生態系が存在している。森林では，気温や降水量に対応して，熱帯多雨林や照葉樹林，雨緑樹林などがある。水界には，湖沼，浅海域(沿岸域)，外洋域などの生態系がある。このように，さまざまな生態系が存在することを**生態系多様性**という。生態系は，それぞれの環境に適応した生物種の個体群によって構成されている。

2 生物多様性に影響を与える要因

生態系は，台風や洪水，山火事，人間の活動などによりかき乱される。これを**かく乱**という。かく乱は，その地域の生態系の生物多様性に影響を及ぼす。

Ⓐ かく乱の規模と生物多様性

生態系に大規模なかく乱が生じると，生態系のバランスは崩れて，生物多様性が大きく損なわれることがある。例えば，山火事によって広範囲で木が焼失したり，過度の伐採が行われるなどすると，森林は裸地またはそれに近い状態になり，以前の生物多様性はほぼ完全に失われる。

生態系へのかく乱が小規模の場合は，生態系のバランスは保たれ，生物多様性も維持される。例えば，陰樹からなる極相林で木が倒れて**ギャップ**とよばれるすき間ができると，陽樹が生育することがある。倒木というかく乱により，植物の多様性が増し，そこに生息する動物の多様性も大きくなる。

Ⓑ 中規模かく乱説

生態系へのかく乱の規模が大きすぎたり，かく乱が起きないと生物多様性が減少する。中規模のかく乱が起きたほうが，生物群集内でより多くの種が共存し，種の多様性をもたらすという考え方がある。この考え方を**中規模かく乱説**という。

一般に，かく乱がよく起きる場合は，かく乱に強い種だけが生息する生物群集となり，かく乱がほとんど起きない場合は，種間競争に強い種だけが生息する生物群集となる。いずれの場合も種の多様性は低くなる。それに対して，中規模のかく乱が起こる場合は，かく乱に強い種や種間競争に強い種のほかにも，さまざまな種が共存するようになり，種の多様性は大きくなる。

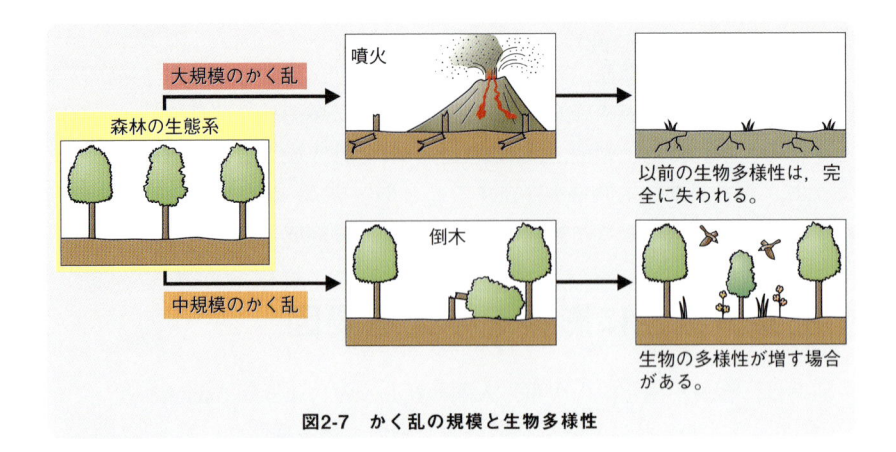

図2-7　かく乱の規模と生物多様性

参考　かく乱による多様な種の共存

　熱帯・亜熱帯地方の浅い海域では，多様な種のサンゴが生息し，サンゴ礁をつくっている。台風などによる強い波がサンゴ礁にあたると，サンゴ礁が破壊される。
　強い波があたりにくい場所では，サンゴははがされにくい。このような，かく乱のほとんど起こらない場所では，種間競争に強いサンゴだけがサンゴ礁を占有することになり，サンゴの種数は少なくなる。
　一方，強い波がよくあたる場所では，サンゴがはがされる。このようなかく乱が大きな場所では，サンゴが生育しにくいため，やはりサンゴの種数は少なくなる。
　サンゴの種数が最も多くなるのは，かく乱の強さが中規模の場所である。中規模のかく乱は，生物の多様な種の共存をもたらす。

サンゴ礁

3 個体群の絶滅を加速する要因

ある生物種，あるいはその個体群が，子孫を残すことなく消滅することを**絶滅**という。絶滅は，環境の変化や人間活動の影響などによって引き起こされる。人間活動によるかく乱を**人為かく乱**という。

Ⓐ 孤立化と分断化

ある生物種の個体群が，面積が大きくて一続きの土地に生息しているとする。道路が通ったり，住宅開発が行われてその生息地が分断されると，個々の生息地は縮小する。これを生息地の**分断化**という。分断化によりできた小さな個体群を**局所個体群**という。分断化された局所個体群が，他の個体群から隔離された状態になることを**孤立化**という。

図2-8 孤立化と分断化

Ⓑ 局所個体群が消滅する要因

ある生物種について，個体数の少ない局所個体群が生じると，どのようなことが起きるのだろうか。

個体数の多い個体群では，雄と雌の個体数の比率がほぼ1：1になる。しかし，個体数が少ない局所個体群では，どちらかの性にかたよる傾向がみられる。その結果，出生率が低下して個体数が減少することがある。

個体数が少なくなると，**近親交配**が起きやすくなる。個体数の多い個体群では，生存に有害な劣性の対立遺伝子が存在しても，優性の正常な対立遺伝子とヘテロ接合になっていれば，表現型として現れてくることはない。しかし，局所個体群では，近親どうしで交配することが多くなるので，生存に有害な対立遺伝子がホモ接合になり，表現型として現れる可能性が高くなる。これを**近交弱勢**とよぶ。

第2章 生物の生活と環境

ⓒ 絶滅の渦

　個体群が分断化され，孤立化が進むと，局所個体群内の生物の出生率は低下し，個体数は少なくなる。その結果，局所個体群間の遺伝的交流がなくなり，近親交配が増加し，遺伝子の多様性が失われる。遺伝子の多様性が失われると，環境の変化に適応できず，個体群は子孫を残しにくくなる。こうして，個体群が小さくなると，近親交配が強まり，さらに個体数は減少する。このようにして，個体群は**絶滅の渦**にまきこまれる。個体群の遺伝子の多様性が失われると，もとの個体群に戻すことは容易ではない。

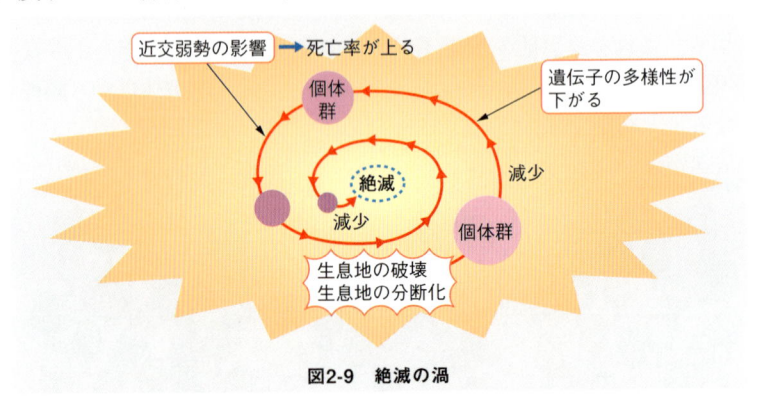

図2-9　絶滅の渦

ⓓ 外来生物の移入

　人間の活動により，意図的にあるいは意図せずに，本来生息していた場所から別の場所へ移され，そこで定着した生物を**外来生物**という。外来生物の中には，移入先で定着して急速に分布を広げるものがある。そのような生物は生態系をかく乱し，その土地の生物多様性に影響を及ぼすこととなる。

　生物は，その種が進化してきた本来の生態系では，捕食・被食，種間競争や共生・寄生などの複雑な種間関係をもちながら，他の種と共存してきた。すなわち，本来の生態系では，ある種が一方的に増えすぎないよう，生態系全体としてバランスが保たれている。ここに外来生物が入ってくると，移入先の生態系には，外来生物の捕食者や寄生者などがいない場合がある。また，在来種が外来生物に捕食されたり，競争に負けたり，外来生物が持ち込む病原体に対して抵抗力がない場合もある。そのため，外来生物が急激に増えて在来種を駆逐し，生物種の多様性が大きく損なわれる可能性がある。

参考　絶滅危惧種と希少種

　野生生物のうち，個体数が特に少なく，近い将来，絶滅のおそれのある種を**絶滅危惧種**とよぶ。日本では，絶滅の危機が迫っているものから順に，絶滅危惧ⅠA類，絶滅危惧ⅠB類，絶滅危惧Ⅱ類の3ランクに分類している。さまざまな原因によって，絶滅の危機にある生物が地球規模で増えており，それらの生物をリストアップしたものを**レッドリスト**とよぶ。

　日本では，レッドリストに記載された生物の中で，特に保護の必要性の高いものを国内希少野生動植物に指定している。国内希少野生動植物には，鳥類ではオオタカ，ヤンバルクイナ，アホウドリなど，哺乳類ではイリオモテヤマネコなどがいる。国内希少野生動植物は，法的な保護措置の対象である。

ヤンバルクイナ

オオタカ

コラム　外来生物による遺伝子かく乱

　食用として輸入された中国原産のタイリクバラタナゴという淡水魚は，在来種であるニッポンバラタナゴと交雑し，在来のニッポンバラタナゴはほとんどみられなくなった。ヨーロッパから食用として持ち込まれたセイヨウタンポポは，在来種のタンポポと雑種をつくるため，在来のタンポポは減少している。

　このように在来種と外来生物との間で雑種が増えることで，在来種の遺伝的固有性がかく乱されている。

タイリクバラタナゴ

この章で学んだこと

エネルギーは，さまざまに形を変えて生態系の中を流れている。地球上には多様な生態系があり，それぞれの環境に適応した生物が生活しているが，時として絶滅に向かうことがある。

1 生態系における物質生産
1. **物質生産** 生産者が有機物を生産する過程や，作り出された有機物の量をいう。物質生産は主として葉で行われる。
2. **生産構造** 同化器官と非同化器官の空間的な分布のようす。広葉型は，広い葉が上部に集まっている。イネ科型は，細長い葉がななめについている。イネ科型のほうが物質生産の効率がよい。

2 生態系における物質の生産と消費
1. **生産者の生産量と成長量**
   純生産量＝総生産量－呼吸量
   成長量＝純生産量－（枯死量＋被食量）
2. **消費者の同化量と成長量**
   同化量＝摂食量－不消化排出量
   成長量＝同化量－（呼吸量＋被食量＋死滅量）

3 さまざまな生態系の物質生産
1. **陸上の物質生産** 物質生産は生態系の特徴によって異なる。森林の生物体の量は草原の10倍ほどあるが，純生産量は2倍程度にとどまる。幼齢林の純生産量は大きいが，高齢林では小さい。
2. **水界の物質生産** 湖沼や海洋など，水界の純生産量は，森林や草原と比べて小さい。海洋では，外洋の純生産量は小さいが，沿岸部では大きい。
3. **補償深度** 水界において，植物プランクトンの純生産量がゼロになる水深。

4 生態系におけるエネルギーの利用
1. **生産者のエネルギー効率** 生産者に入射した太陽エネルギーに対する，光合成によって有機物として取り込まれたエネルギー量の割合。
2. **消費者のエネルギー効率** 前の栄養段階の消費者(生産者)が取り込んだエネルギー量に対する，現段階の消費者が取り込んだエネルギー量の割合。
3. **生産力ピラミッド** 栄養段階が上位の生物ほど，利用できるエネルギー量は少ないため，ピラミッド型となる。

5 生態系と生物多様性
1. **遺伝的多様性** 海洋や山地などで隔てられている場合，同じ種であっても，遺伝子の塩基配列に違いがみられる。
2. **種多様性** ひとつの生態系に含まれる，生物種の多さと割合によって評価される。
3. **生態系多様性** さまざまな生態系が存在し，各生態系は，それぞれの環境に適応した生物種で構成される。
4. **中規模かく乱説** 中規模のかく乱は，生物多様性をもたらすという考え。中規模のかく乱が起こると，かく乱に強い種や種間競争に強い種のほかにも，さまざまな種が共存するようになる。
5. **個体群の絶滅** 生息地が分断化し，孤立化した局所個体群ができる→性比が偏り，出生率が低下する→近親交配が起きる→有害な対立遺伝子がホモ接合となり，近交弱勢が起こる→絶滅
6. **外来生物の移入** 外来生物には捕食者や寄生者がいないことが多い。また，在来の生物が外来生物に捕食されることもある。外来生物が移入すると，生物多様性が大きく損なわれる場合がある。

確認テスト2

解答・解説は p.546

1 下の図A，Bは，物質生産からみた植物群集の構造を示したものである。以下の問いに答えなさい。

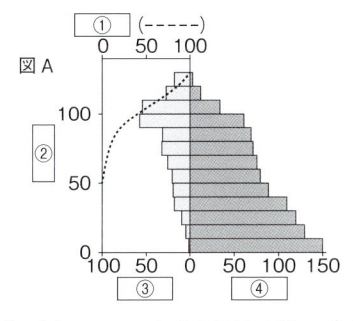

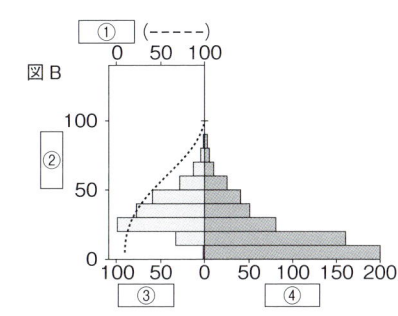

(1) 図A，Bのような図を何というか。
(2) 図A，Bの空欄①～④に最も適当な語句を下から選びなさい。
　（ア）非光合成（非同化）器官の生重量
　（イ）光合成（同化）器官の生重量
　（ウ）植物群集の高さ
　（エ）相対的な光の強さ
(3) 次の文は，図Bの構造をもつ植物について説明したものである。空欄①～③にあてはまる言葉を下から選びなさい。
　　群集の（　①　）に多くの（　②　）葉をつけているので，地表付近まで光が（　③　）。
　　{上部・下部・幅広い・細い・届く・届きにくい}

（東京理科大　改題）

2 ある常緑広葉樹林（照葉樹林）の森林生態系における物質収支は，総生産量が5100，生産者の呼吸による消費量が3410，生産者の枯死量と昆虫などの動物による被食量の合計が1260であった。なお，単位はすべて1年間あたりのg/m^2で示すものとする。

(1) この森林生態系の生産者の純生産量はいくらか。
(2) この植物群集の1年間の成長量はいくらか。
(3) 森林と海洋の沿岸域の生物量を比較すると，前者は後者の20倍以上である。しかし，純生産量を比較すると，逆に沿岸域の方が多い。その理由を，主な生産者の種類を例にあげて説明しなさい。

（京都府立大，熊本大　改題）

3 右下の表は，ある湖沼の栄養段階が生み出す総生産量を表している。以下の問いに答えなさい。

(1) 一次消費者のエネルギー効率を求めなさい。答えは小数第1位を四捨五入して求めること。

栄養段階	総生産量 (kcal/cm²・年)
太陽からの入射光	118872
植物プランクトン，その他の水生植物	111
動物プランクトン，底生動物	14
魚	3

(2) 全栄養段階を通して，エネルギー効率についてどのようなことがいえるか。

(東京慈恵会医大　改題)

4 次の(ア)〜(オ)は，かく乱とかく乱が生物多様性へ与える影響について説明したものである。正しいものを選びなさい。

(ア) かく乱は，生態系における生物多様性を減少させる。
(イ) かく乱は，噴火や台風，山火事などの自然現象をいい，森林伐採や宅地開発，外来生物の移入など人為的な現象は含まない。
(ウ) 陰樹から構成される森林にギャップができ，そこに陽樹が生育すると，生物多様性が高まることがある。
(エ) 一定の期間をおいて伐採が行われる雑木林では，生物多様性が減少する。
(オ) あるサンゴ礁を調査したところ，サンゴの種数は，強い波にさらされる場所が最も多かった。

5 生物の絶滅を引き起こす要因に関する次の文を読み，以下の問いに答えなさい。

生物の絶滅を引き起こす要因は，大きく2つに分けられる。1つは，継続的な(ア)や(イ)による，連続的な個体数の減少である。もう1つは，(イ)が分断化されて(ウ)が生じ，個体数が少ないことそれ自体によって起こる絶滅の危険性の高まりである。例えば，個体数が少ないために，偶然オスだけが生まれたりする場合がこれにあたる。また，個体数が少ないと(エ)により，生存に有害な劣性遺伝子が(オ)接合になり，表現型として現れる可能性が高くなる。

(1) 上の文の空欄(ア)〜(オ)に適する語句を下の語群から選びなさい。
【語群】 遺伝子資源，生息地，乱獲，生物群集，局所個体群，近親交配，自由交雑，ヘテロ，ホモ

(2) 野生生物のうち，個体数が特に少なく，近い将来絶滅の恐れのある生物を何というか。

(和歌山大　改題)

センター試験対策問題

解答・解説はp.546

1 動物個体群の成長と相互作用に関する次の文章を読み，下の問いに答えよ。

右の図は，ゾウリムシの一種を，餌となる細菌と酵母菌を含む0.5 mLの培養液に5個体加えて増殖させ，その後の個体数変化を記録したものである。個体数は，実験期間の初期には加速しながら増えたが，その後，<u>増加がしだいにゆるやかになり</u>，4日目に上限値に達した。

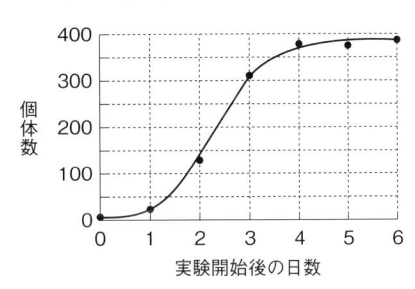

問1 1日当たりの個体数の増加率(増加比)が最も高かったのは，実験開始後1～5日目の間で，どの期間か。正しいものを，次の①～④のうちから一つ選べ。
① 1～2日　② 2～3日　③ 3～4日　④ 4～5日

問2 下線部の変化は，何によってもたらされたか。最も適当なものを，次の①～④のうちから一つ選べ。
① 相変異　② 密度効果　③ 遷移　④ 拡散

問3 他の条件を変えずに，餌を含む培養液の量だけを2倍(1 mL)にして，同様の実験を行った場合，図と比べてどのような結果が予想されるか。最も適当なものを，次の①～④のうちから一つ選べ。
① 初期増加率と上限値がともにほぼ2倍に上昇する。
② 初期増加率がほぼ2倍に上昇するが，上限値はあまり変わらない。
③ 初期増加率はあまり変わらないが，上限値がほぼ2倍に上昇する。
④ 初期増加率，上限値ともにあまり変わらない。

(センター試験　改題)

2 動物における種間の相互作用について，次の文章を読み，次の問いに答えよ。

岩礁海岸の潮間帯(満潮線と干潮線の間に挟まれた部分)に，フジツボa，フジツボbとイボニシの一種(捕食性の巻き貝)が図のように帯状に分布していた。フジツボbは，フジツボaに比べ，乾燥に長時間耐えることができる。しかし，個体の成長率はフジツボaの方が大きいため，フジツボaは隣接するフジツボbの殻を基部から押し上げるようにして岩面からはがし，フジツボbを排除してしまう。一方，フジツボaにとっても海面下での分布に一定の限度が存在する。なぜなら，イボニシが海中の岩礁面に生息しているためである。

問1 潮間帯のア～ウの場所には，フジツボa，フジツボbとイボニシのどれが分布するか。それぞれに最も適当な生物名を，次の①～③のうちから一つ選べ。

① フジツボa　② フジツボb
③ イボニシ

問2 図の分布境界線Pを決めている要因として最も適当な組み合わせはどれか。次の①～⑥のうちから一つ選べ。

① 種間競争，耐乾性　　② 種間競争，捕食
③ 種間競争，種内競争　④ 耐乾性，捕食
⑤ 耐乾性，種内競争　　⑥ 耐乾性，食物量

（センター試験　改題）

3 生態系に関する次の文章を読み，下の問いに答えよ。

地球上の主要な生態系が占める面積，および，それぞれの生態系における面積当たりの生体量(現存量)と純生産量の推定値をまとめると，表のようになる。

	陸　上						海　洋	
	森林	草原	荒原	農耕地	沼沢・湿地	湖沼・河川	浅海	外洋
面積 [$10^6 km^2$]	57.0	24.0	50.0	14.0	2.0	2.0	29.0	332.0
生体量 [kg/m^2]	29.8	3.1	0.4	1.0	15.0	0.03	0.1	0.003
純生産量 [$kg/(m^2 \cdot 年)$]	1.40	0.79	0.06	0.65	2.00	0.25	0.47	0.13

問　表に関する記述として正しいものはどれか。次の①～⑥のうちから二つ選べ。

① 純生産量の総量は草原と農耕地でほぼ等しい。
② 森林は，地球全体で生体量の総量が最も大きい生態系である。
③ 陸上全体の純生産量の総量は，海洋全体の純生産量の約半分である。
④ 荒原の生体量の総量は，農耕地のそれより小さい。
⑤ 生体量当たりの純生産量の値で生産の効率を表すと，その効率は浅海より外洋の方が高い。
⑥ 生体量当たりの純生産量の値で生産の効率を表すと，その効率は農耕地より草原の方が高い。

（センター試験）

生物 第5部

進化と系統

この部で学ぶこと

1. 地球の誕生
2. 生命の起源
3. 生物の誕生と多様化
4. 古生代・中生代・新生代の生物
5. 生物の分類と系統
6. 突然変異
7. 自然選択
8. 遺伝的浮動
9. 種分化
10. 分子進化

ADVANCED BIOLOGY

第1章

生物の進化

> この章で学習するポイント

- □ **生命の起源**
  - □ 地球の誕生
  - □ 生命の誕生

- □ **生物の出現と多様化**
  - □ 光合成生物の出現
  - □ 真核生物の出現
  - □ 地質時代と化石

- □ **古生代**
  - □ カンブリア紀の大爆発
  - □ 脊椎動物の出現
  - □ 生物の陸上進出

- □ **中生代**
  - □ 裸子植物・は虫類の繁栄
  - □ 哺乳類の出現

- □ **新生代**
  - □ 哺乳類の繁栄
  - □ 人類の出現

1 生命の起源

1 地球の誕生と原始の海

　地球上で最初の生命はどのように誕生したのだろうか。約46億年前に誕生した地球の表面は，最初は高温のマグマに覆われていた。地球が冷えて大気中の水蒸気が凝縮し，原始海洋が形成され，生命誕生の条件がそろったのは約40億年前と推定されている。

Ⓐ化学進化

　地球が誕生した当時は，小さな惑星が次々と地球に衝突し，地球の表面は1000℃以上もあるマグマで覆われていた。やがて，表面が冷えて岩となり，地球の表面を覆う地殻が形成された。また，地球は水蒸気(H_2O)や二酸化炭素(CO_2)，窒素(N_2)，二酸化硫黄(SO_2)のガスで覆われた。地表の冷却がさらに進むと，水蒸気は水になり，原始の海が出現した。生命は，この原始の海で生じた。しかし，**生命が誕生する前に，まず，単純な無機物から生命に必要な有機物が化学反応により生じた**と考えられている。この過程を，**化学進化**という。

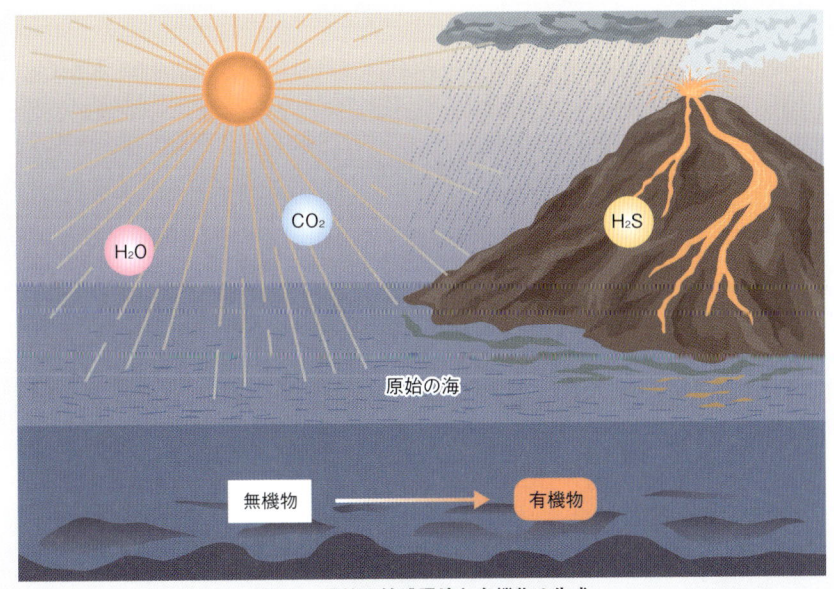

図1-1　原始の地球環境と有機物の生成

深海にある熱水噴出孔の周辺は高圧であり，マグマの活動により350℃以上の高温になる。高温・高圧下では，化学反応が活発に進み，メタン(CH_4)や，アンモニア(NH_3)，硫化水素(H_2S)，水素(H_2)が発生した。これらの化合物からアミノ酸などの有機物が生じ，有機物が互いに結合してタンパク質や核酸が生じたと考えられる。

補足1 地熱で熱せられた水が噴出する割れ目を熱水噴出孔という。

補足2 水や二酸化炭素，窒素，二酸化硫黄が，高温・高圧下の化学反応により還元され，化学エネルギーを蓄えたメタンや，アンモニア，硫化水素，水素が生じた。

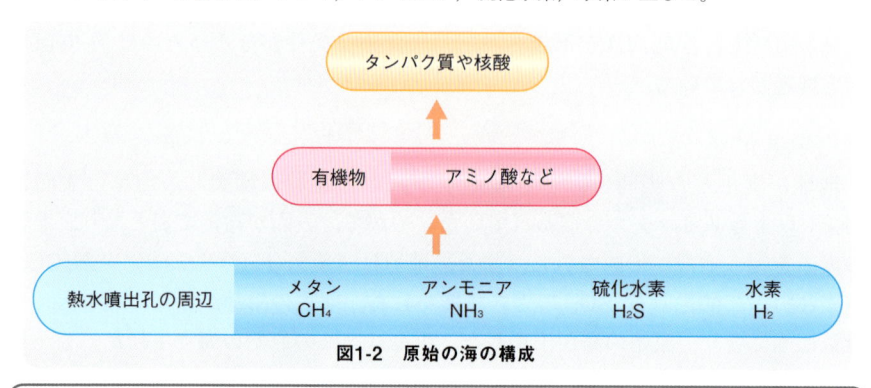

図1-2　原始の海の構成

参考　ミラーの実験

　1953年にアメリカのミラーらは，密封容器にメタンやアンモニア，水素，水蒸気を入れ，高電圧で放電した。その結果，これらの無機物からアミノ酸などの有機物が生じた。それまで，無機物から有機物をつくることができるのは生物だけであると考えられていたが，この実験により，化学進化が実際に起きたことが示された。

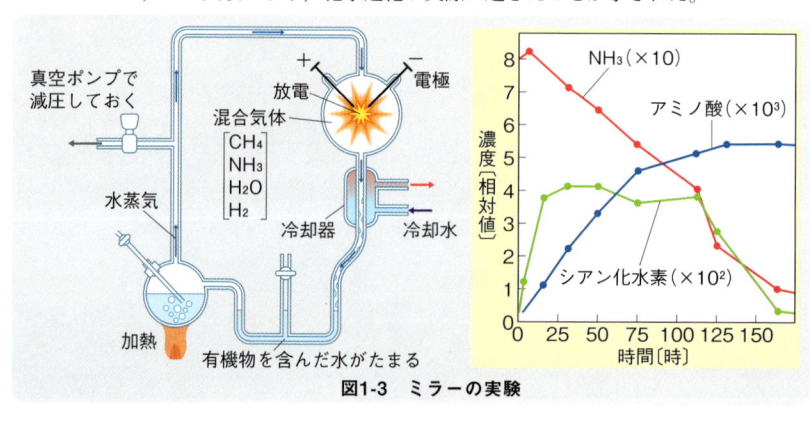

図1-3　ミラーの実験

2 有機物から生命へ

　化学進化により，原始の海にさまざまな有機物が蓄積されていったが，海水に有機物が溶けているだけでは生命が誕生したことにはならない。生命体には，体を外界から隔離し，**自己複製するしくみ**が必要である。

Ⓐ 外界との境界の形成

　現在の生物は細胞を単位としており，細胞膜で外界と細胞内部を隔てることにより，細胞の中に安定した秩序を保っている。水に溶けたリン脂質は，自律的に脂質二重層をつくる。**原始の海でも，リン脂質が膜をつくり，内部に有機物を蓄えた脂質二重層の球状の構造が生じていた**と考えられる。

Ⓑ 代謝と自己複製

　現在の生物において，代謝などの生命活動ではタンパク質が働く。タンパク質は，DNAの情報がRNAに転写され，さらにRNAの情報が翻訳されることによりつくられる。また，生物は，タンパク質の働きによりDNAを複製することで，自己複製を行っている。一方，原始の生命体では，RNAが代謝と自己複製を担っていたと考えられている。

　タンパク質は，タンパク質を鋳型にして自己複製することはできない。一方，**RNAの塩基は互いに相補的に結合することができるため，RNAを鋳型にしてRNAを複製することができる**。また，RNAは1本のRNA鎖の中に相補的な塩基配列があると，その部分で相補的に結合し，1本の鎖の中で一定の立体構造をとる。**一定の立体構造をとれば，特定の機能をもつことが可能**となり，酵素にもなり得る。実際に酵素活性をもつRNAも存在する。

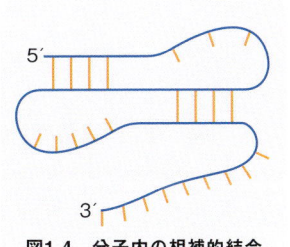

図1-4　分子内の相補的結合

Ⓒ RNAワールド

　リン脂質は二重膜をつくり，外界と隔てられた内部環境をつくることができる。原始の生命体では，脂質二重膜に自己複製可能なRNAが取り込まれ，酵素のような触媒活性をもつRNAが代謝を行っていたと考えられている。このような，RNAが自己複製と代謝を担う世界を**RNAワールド**という。

　やがて，RNAの役割は，生命活動を効率よく行うことができるタンパク質とDNAに移っていった。タンパク質とDNAが代謝と自己複製を担う世界をDNAワールドという。

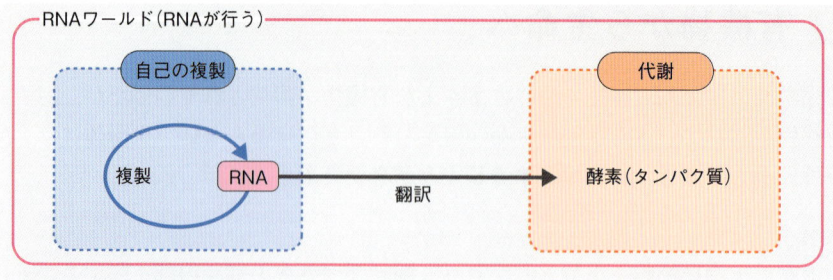

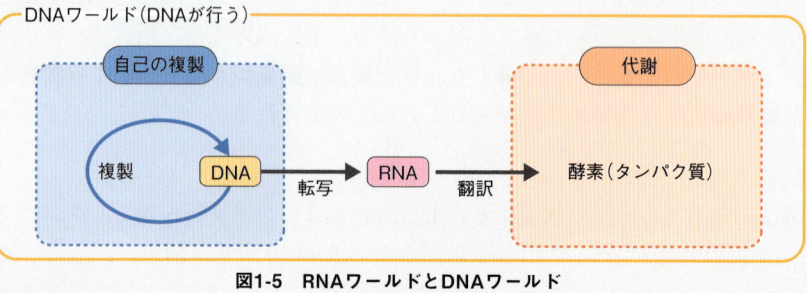

図1-5　RNAワールドとDNAワールド

> **POINT**
> - 化学反応によって無機物から有機物が生じる。→化学進化
> - 内部に有機物を蓄え，外界と隔離された球状の構造が出現する。→細胞の始まり
> - RNAは自己複製できる。

2 生物の出現と多様化

1 生物の出現

　生物の発展の様子は，化石によって知ることができる。生物が出現したのは約40億年前と考えられているが，約21億年前までは原核生物しかいなかった。その後，真核生物が出現し，多細胞生物が進化した。生物は繁殖し，多様化していくが，地球環境の激変により，その多くが絶滅した。しかし，生き残った生物は再び繁殖して多様化し，中には繁栄する生物も生じた。生物の歴史では，特定の生物種の繁栄と絶滅が繰り返し起きている。現在，地球上に生息するすべての生物は，それらの絶滅の危機を何度もくぐり抜け，生命をつないでいる。

Ⓐ 原始的な生物の誕生

　グリーンランドの約38億年前の地層から，生物を構成する炭素の痕跡が見つかっている。このことから，**約40億年前に原始的な生物が誕生した**と考えられている。現在までに知られている最古の化石は，オーストラリアの約35億年前の地層から発見された微小な生物であり，原核生物と考えられている。

　最初の生物は，原始の海に溶けている有機物を利用する従属栄養生物であるとの考えがある。しかし，生物が利用できるだけの十分な濃度の有機物が，すべて化学的に合成されたとは考えにくい。化学エネルギーや太陽光エネルギーを利用する独立栄養生物が最初に出現したとも考えられており，どちらが先に出現したかは解決していない。

Ⓑ 光合成生物の出現

　最初の独立栄養生物は硫化水素（H_2S）や水素（H_2）を分解し，二酸化炭素を還元して有機物を得ていたと考えられている。しかし，硫化水素や水素の量は限られており，生物が分布する範囲は限定されていた。やがて，**太陽の光エネルギーを利用して水を分解し，酸素を発生させ，二酸化炭素を還元して有機物を合成する生物**が現れた。**シアノバクテリア**はこのような独立栄養生物の子孫である。約27億年前の地層から発見された**ストロマトライト**とよばれる層状の化石は，シアノバクテリアの祖先が積もってできたものと考えられている。

ストロマトライト

◉酸素を利用する生物の出現

シアノバクテリアが繁栄すると、光合成により酸素が多量につくられ、有機物の量も増えた。海水中の酸素濃度が高くなると、酸素を利用して有機物を二酸化炭素と水に分解してエネルギーを得る生物が出現した。酸素を利用してエネルギーを得る生物を好気性生物という。

> 補足　海水に溶けた酸素は、海水に溶けた鉄イオンを酸化し、酸化鉄となって沈殿した。製鉄に使われる鉄鉱石は、この時代に沈殿した酸化鉄と考えられている。

◉真核生物の出現

最も古い真核生物の化石は、約21億年前の地層から発見された。その化石は、原核生物より大きく、細胞小器官があり、形態から藻類のものと考えられる。

真核細胞の細胞小器官であるミトコンドリアと葉緑体は、それぞれ独自のDNAをもち、細胞質の中で分裂して増える。ミトコンドリアは、酸素を利用してエネルギーを得るなど、好気性細菌とよく似ている。一方、葉緑体は光合成により有機物を合成するなど、シアノバクテリアとよく似ている。そのため、宿主細胞に取り込まれた好気性細菌がミトコンドリアになり、シアノバクテリアが葉緑体になったと考えられている。この説を**細胞内共生説**という。

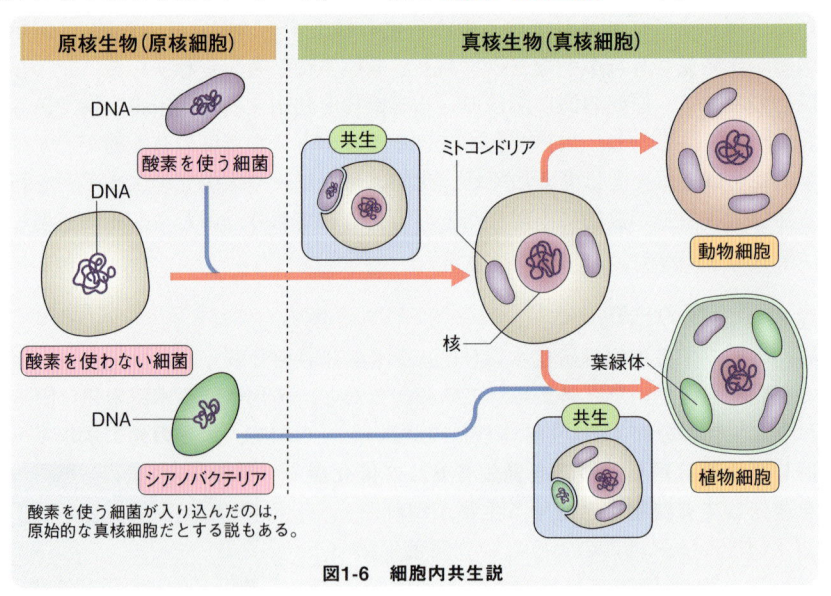

図1-6　細胞内共生説

2 多細胞生物の出現

　生命が誕生してから約5.4億年前までは，原核生物や単細胞の真核生物がほとんどであった。約10億年前には，小型の多細胞生物が出現した。やがて藻類が繁栄すると，水中で生活するさまざまな動物が現れた。

Ⓐ 地質時代

　マグマで覆われていた原始地球が冷えると，岩石が生じた。最初の岩石が形成されてから現在に至るまでを**地質時代**という。**地質時代は生物の出現・絶滅や地球環境の変化に基づいて区分される**。生命が誕生してから約5.4億年前までを**先カンブリア時代**という。

　約7億年前には，地球全体が凍る**全球凍結**とよばれる過酷な環境になり，多くの生物が絶滅した。やがて再び暖かくなり，先カンブリア時代の終わりに近い約6.5億年前には，クラゲのようなやわらかい体をもつ多細胞生物が出現した。先カンブリア時代の多細胞生物は，化石が発見されたオーストラリアのエディアカラの地名をとって，**エディアカラ生物群**とよばれる。

　先カンブリア時代が終わると，さまざまな動物が出現したが，たび重なる地球環境の激変により，絶滅と繁栄を繰り返すことになる。先カンブリア時代の後は，動物の出現と絶滅を境に，**古生代**，**中生代**，**新生代**に区分される。新生代には現代も含まれる。古生代，中生代，新生代は，出現する生物によって，さらにいくつかの**紀**に細分される。

補足　先カンブリア時代に繁栄した多細胞生物は，その後，ほとんどが絶滅した。

Ⓑ 示準化石

　ある特定の地質時代の地層から発見される化石を**示準化石**という。示準化石によって，地層が形成された年代を知ることができる。**三葉虫**や原生生物のなかまの**フズリナ**は，古生代に出現して古生代末に絶滅したので，古生代の示準化石となる。**アンモナイト**は中生代の示準化石である。

三葉虫の化石 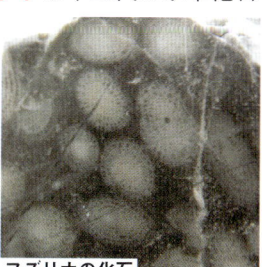　　フズリナの化石 　　アンモナイトの化石

第1章　生物の進化

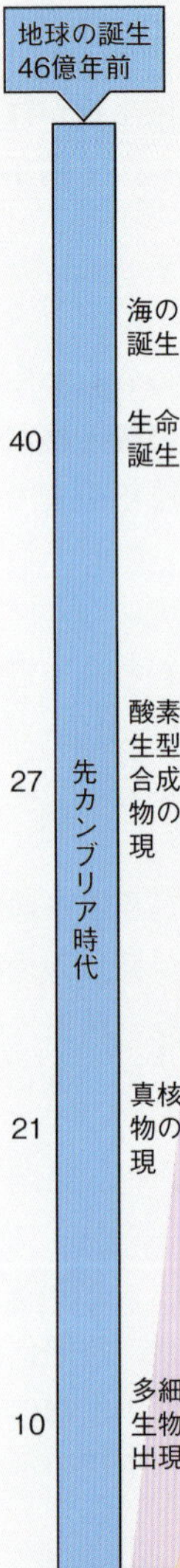

地球の誕生 46億年前		地質時代（×年代）		動物	植物	生物の変遷など
40	海の誕生 生命の誕生	先カンブリア時代				◆藻類の出現・繁栄 ◆海生無脊椎動物の出現・繁栄（エディアカラ）生物群
		古生代	カンブリア紀	無脊椎動物	藻類時代	◆藻類の発展 ◆三葉虫類の出現 ◆脊椎動物（無顎類）出現（チェンジャン動物群）
27	酸素発生型光合成生物の出現		オルドビス紀 5.4億 4.9億			（オゾン層の形成） ◆（あごのある）魚類の出現 ◆陸上植物の出現　　　　大量絶滅
			シルル紀 4.4億	魚類時代	シダ植物時代	◆シダ植物の出現 ◆昆虫類の出現
			デボン紀 4.2億			◆大型シダ植物の出現 ◆裸子植物の出現 ◆両生類の出現　　　　　大量絶滅
21	真核生物の出現		石炭紀 3.6億	両生類時代		◆シダ植物が大森林形成 ◆両生類の繁栄 ◆は虫類の出現
			ペルム紀 3.0億			◆シダ植物の衰退・裸子植物の繁栄 ◆三葉虫類の絶滅　　　　大量絶滅
10	多細胞生物の出現	中生代	三畳紀（トリアス紀） 2.5億	は虫類時代	裸子植物時代	◆は虫類の発達、哺乳類の出現　　大量絶滅
			ジュラ紀 2.0億			◆裸子植物の繁栄 ◆は虫類（恐竜類など）繁栄 ◆アンモナイト類の繁栄 ◆鳥類の出現
			白亜紀 1.4億			◆被子植物の出現 ◆恐竜類繁栄・絶滅 ◆アンモナイト類繁栄・絶滅　大量絶滅
0		新生代	古第三紀 6600万	哺乳類時代	被子植物時代	◆被子植物の繁栄 ◆哺乳類の多様化と繁栄 ◆人類の出現
			新第三紀 2300万			
現代			第四紀 260万			◆草本植物の発展と草原の拡大 ◆ヒトの誕生

図1-7　地質時代の区分と生物の変遷

3 古生代

多細胞生物が急激に増加した約5.4億年前から，三葉虫が絶滅するまでの時代を**古生代**という。

1 カンブリア紀の大爆発

古生代の初期を**カンブリア紀**といい，海の中では藻類が繁栄した。藻類は動物の食物となった。また，藻類が繁茂しているところは，動物が隠れたり生息したりするのに適しているため，動物の繁殖を促進した。藻類が光合成を行うことにより，酸素が放出され，海水中の酸素濃度が高まった。十分な酸素が得られる条件が整うと，動物は活発に活動することが可能になり，さまざまな環境に進出した。その結果，動物は多様化して種類も爆発的に増えた。これを**カンブリア紀の大爆発**という。この時期に，現存するほぼすべての動物のグループが出現した。

カナダにある，カンブリア紀中期の地層から発見された**バージェス動物群**には，大型の肉食動物も存在し，中には触手や硬い殻，ひれなどをもつ動物もいた。バージェス動物群の動物は，絶滅したものも多い。

補足　カンブリア紀には，藻類のほか，三葉虫などの節足動物や，貝などの軟体動物も繁栄した。

図1-8　カンブリア紀の生物

2 脊椎動物の出現

カンブリア紀中期には，原索動物のナメクジウオによく似た動物が出現し，カンブリア紀末期には脊椎動物の**無顎類**が出現した。無顎類は魚類に似ているが，あごがなく，うきぶくろもない最も原始的な脊椎動物である。

また，**オルドビス紀**にはあごをもつ**魚類**が出現し，**デボン紀**にはさまざま軟骨魚類や硬骨魚類が進化し，魚類が繁栄した。

- 補足 原索動物は脊索という器官をもつ。新口動物(→p.493)に含まれる。
- 補足 ヤツメウナギは無顎類のなかまである。ウナギと名付けられているが，魚類ではない。

ナメクジウオ

ヤツメウナギ

3 生物の陸上への進出

カンブリア紀の海では藻類が繁栄したため，光合成により酸素が大量に放出され，大気中の酸素濃度も高くなった。酸素は，太陽から降り注ぐ紫外線によりオゾン(O_3)に変わり，大気圏上層には**オゾン層**が形成された。**オゾン層は，生物にとって有害な紫外線を吸収する**ため，地表に届く紫外線の量が少なくなり，生物が陸上に進出することが可能になった。

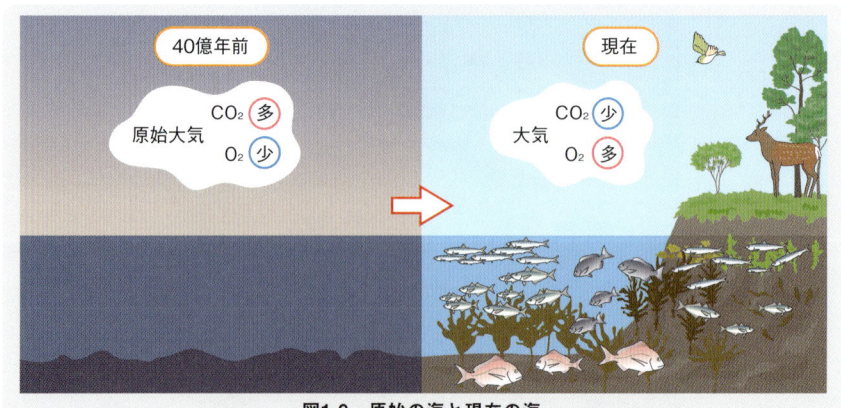

図1-9 原始の海と現在の海

40億年前　原始大気　CO_2 多　O_2 少

現在　大気　CO_2 少　O_2 多

Ⓐ 植物の陸上進出

● シルル紀，デボン紀の植物

陸上に最初に進出した植物は，藻類から進化したコケ植物であった。最も古い植物の化石は約4億年前のシルル紀の地層から発見された**クックソニア**である。クックソニアは，小型で維管束がなく，胞子で増えたと考えられる。シルル紀後期には，維管束をもつ**リニア**が出現した。リニアは葉や根がないが**シダ植物**の祖先と考えられている。デボン紀には，原始的な**裸子植物**も出現していた。

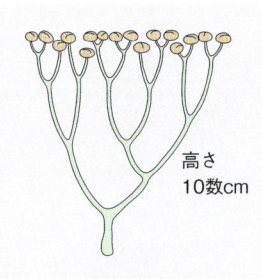

図1-10 クックソニア

図1-11 リニア

● 石炭紀，ペルム紀の植物

石炭紀になると，発達した維管束と，葉や根をもつシダ植物が発展した。それらは，巨大化して，数十メートルもある**木生シダ**が大規模な森林を形成した。現在，産出される石炭の多くは，この時代の植物の遺体が炭化したものである。やがて，地球が寒冷・乾燥化すると，ペルム紀には木生シダは衰退し，デボン紀に出現した種子をつける裸子植物が繁栄するきっかけとなった。裸子植物は，寒冷・乾燥期に種子で休眠し，温暖・湿潤期に発芽して成長する。そのため，気候変動に適応することができ，中生代には木生シダに代わって繁栄した。

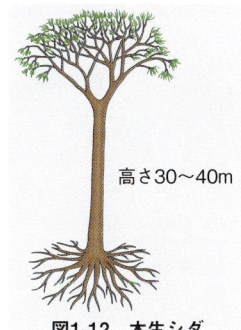

図1-12 木生シダ

（補足）石炭は，植物の遺体が分解される前に地中に埋もれ，高圧・無酸素の状態で地熱により変性し，炭化したものである。

> **POINT**
>
> ● 植物の変遷　シルル紀→クックソニアの出現
>
> 　　　　　　　シルル紀後期→リニア（シダ植物の祖先）の出現
>
> 　　　　　　　デボン紀→裸子植物の出現
>
> 　　　　　　　石炭紀→木生シダの森林形成

Ⓑ 動物の陸上進出

植物が陸上に進出したことにより，動物は陸上で，植物を食物として得られるようになった。また，繁茂した植物は，動物が隠れたり生活したりするための場となり，動物が繁殖するための環境が整った。しかし，水中で生活していた動物が陸上に上がるためには，乾燥と重力に耐え，空気中の酸素を取り入れるしくみを発達させる必要があった。

● 両生類の出現

陸上に最初に進出した動物は，ムカデやクモ，昆虫類などの**節足動物**であった。これらの小型の動物は，体の表面を，外骨格とよばれるかたい殻で覆うことにより体を支え，気管により呼吸していた。デボン紀の中期には，硬骨魚類の中に，原始的な肺をもち，ひれを使って干潟をはって歩く魚類が出現した。デボン紀の後期には，それらの魚類から，幼生期は水中で生活し，成体になると陸上で生活する**両生類**が現れた。両生類は石炭紀に繁栄した。

（補足）肺は硬骨魚類のうきぶくろが起源であり，四肢はひれが起源である。

図1-13　イクチオステガ（デボン紀に繁栄した両生類）

● は虫類の出現

両生類は水中で産卵し発生する。両生類は成体でも皮膚が乾燥に耐えられないため，水辺を離れることはできなかった。石炭紀になると，陸上で発生し，乾燥に耐える皮膚をもつ**は虫類**が出現した。は虫類は体表がうろこで覆われているため，水分の蒸散を防ぐことができた。また，体内で受精し，丈夫な殻で囲まれた卵内に，**胚膜**をつくることで胚を保護していた。胚膜の中につくられた**羊膜**に水を満たして，その中で発生するため，乾燥した陸上でも発生することができる。こうして，は虫類は乾燥に耐えられるしくみを備え，陸上での生活圏を拡大していった。

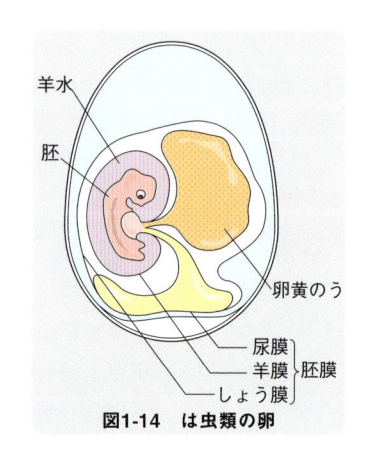

図1-14　は虫類の卵

> **POINT**
> ●動物の出現　　シルル紀→魚類
> 　　　　　　　デボン紀後期→両生類
> 　　　　　　　石炭紀→は虫類

4 古生代末の大量絶滅

　古生代の陸地は，一つにまとまったパンゲアとよばれる超大陸であったが，約3億年前の石炭紀末に大陸の分裂が始まった。大陸の分裂にともない，火山の噴火が活発化し，大気に拡散した火山灰の微粒子のせいで太陽光がさえぎられた。太陽光が届きにくくなったことで光合成が抑制され，酸素濃度が低下し，結果として多くの種が短期間に絶滅する**大量絶滅**が引き起こされた。この大量絶滅により，三葉虫も絶滅した。三葉虫の絶滅を境に，古生代と中生代が区別される。

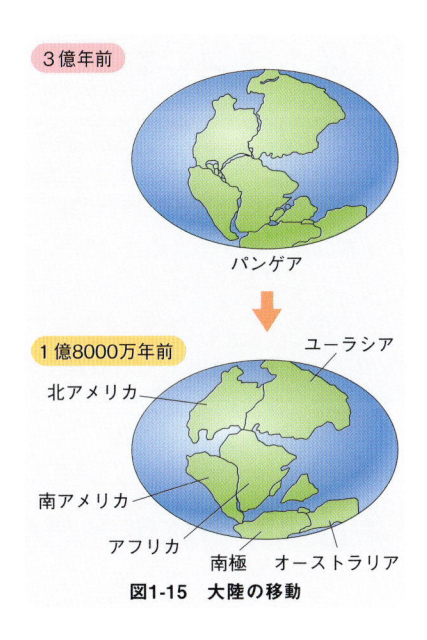

図1-15　大陸の移動

4 中生代

　中生代になると，大量絶滅を生き抜いた裸子植物とは虫類が繁栄し，多様化していった。

1 裸子植物の繁栄

　中生代は高温・乾燥が続き，ソテツやイチョウといった，種子をつくる**裸子植物**が繁栄した。ジュラ紀には裸子植物の森林が形成された。裸子植物は，種子の状態で休眠し，環境の悪化に耐えることができる。白亜紀の前期には，胚珠が子房の中にある**被子植物**が出現した。子房がなく胚珠が裸出している裸子植物に比べ，被子植物はさらに乾燥に強く，やがて森林を形成するようになった。

ソテツ

2 は虫類の繁栄と恐竜の絶滅

　中生代になるとは虫類が多様化し，大型化して大繁栄した。また，陸上には**恐竜**が出現した。また，水中には魚竜，空中には翼竜がそれぞれ出現した。ジュラ紀になると，は虫類から原始的な**鳥類**が出現した。海の中では，イカに似た軟体動物のアンモナイトが繁栄した。

　中生代末期の6600万年前には，地球規模の寒冷化が起こり，恐竜やアンモナイトが絶滅した。その原因は，小惑星の衝突により吹き上げられた粉じんが大気に充満し，地表に太陽光が届かなくなったためと推測されている。

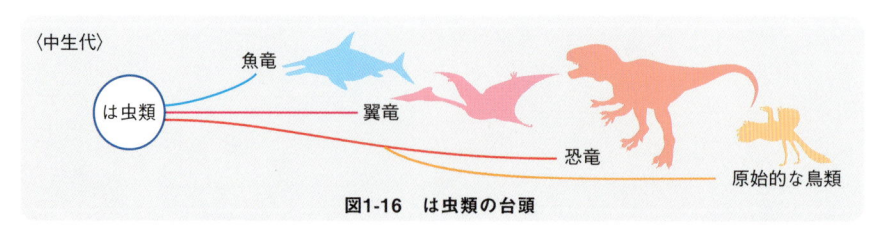

〈中生代〉
は虫類 → 魚竜／翼竜／恐竜／原始的な鳥類

図1-16　は虫類の台頭

> **参考** 小惑星の衝突
>
> メキシコにある直径100kmを超える大きなクレーターから、地殻にはほとんど存在しないイリジウムを高濃度に含んだ層が発見された。この層が6600万年前の白亜紀の地層であることから、この時期に小惑星の衝突が起きたと考えられている。

3 哺乳類の出現

三畳紀に小型の**哺乳類**が出現した。しかし、は虫類の全盛期には、哺乳類は小型で多様化はしていなかった。ジュラ紀になると、カンガルーのような**有袋類**や、カモノハシなどの**単孔類**が出現した。ジュラ紀の後期には、胎盤が発達し、ある程度の大きさになるまで母体内で子を育てる**真獣類**が出現した。

カモノハシ

コラム 生きている化石

地質時代に栄えた化石生物とよく似た特徴を、現代まで保っている生物を、「生きている化石」とよぶ。特にシーラカンスが有名である。生きている化石には他に、古生代に栄えたシャミセンガイ、中生代に栄えたカブトガニ(クモやサソリの祖先に近い)やオウムガイ(アンモナイトに近い形態)、イチョウ、新生代に栄えたメタセコイアなどが挙げられる。生きている化石は、祖先の形質を保持しているため、祖先の遺伝子の情報をもつと考えられる。生きている化石のゲノムや、発生過程の遺伝子の発現パターンを調べ、現生の生物の遺伝子と比較することにより、どのように遺伝子の情報と遺伝子の発現パターンが変化し、その結果、どのように進化してきたかが明らかにされつつある。

現世のシーラカンス

第1章 生物の進化

5 新生代

新生代になると、白亜紀に出現した被子植物から、イネやキクなどの**草本類**が出現した。寒冷・乾燥地帯の広がりとともに、草本類の分布が拡大し、草原が多くみられるようになった。被子植物は動物と相互に影響を及ぼしあいながら、進化して多様性を増した。被子植物は、新生代に大繁栄している。被子植物とともに、陸上の動物も多様性を増して繁栄した。

1 被子植物と動物の共進化

被子植物は花の構造を複雑化させ、蜜をつくり果肉を発達させた。昆虫は蜜に集まり、肢についた花粉を他の個体の花のめしべに運び、受粉する。哺乳類や鳥類は、果肉とともに種子を食べ、移動して糞とともに種子を蒔くため、被子植物の分布が広がる。このように、被子植物と動物との相互関係が形成され、相互関係をさらに発展させる進化が起きた。異なる種の生物が協調的に進化する現象を**共進化**という。

2 哺乳類の繁栄

哺乳類は、気候や外敵といった環境の影響を受けやすい子の時期に、母親に保護されながら母乳によって成長する。また、体温保持に有効な体毛に包まれているだけでなく、体温を一定に保つ恒常性も発達させている。そのため、寒冷化が進む中で適応し、は虫類に代わって繁栄していった。

多様化した哺乳類は、クジラのように海に進出するものもあり、また、コウモリのように空中に進出するものも現れた。そして、樹上で生活していたサルのなかまから人類が出現した。

Ⓐ 人類の出現と霊長類

人類は、サルのなかまで、樹上で生活する霊長類から出現した。

霊長類の祖先は、約6600万年前の大量絶滅を生き抜いた哺乳類の中にいた。霊長類の祖先は、樹上と地上の両方で生活するツパイという小動物に近い形態をしていたと考えられている。新生代の前期には、樹上生活する霊長類が出現した。

霊長類は，手足ともに5本の指をもち，爪は扁平な平爪で，親指が他の4本の指と離れて向かいあっている。そのため，木の枝をしっかり握ることができる。また，両眼が顔の前面にあり，両目でものを見るため，対象を立体的に見る**立体視**（りったいし）ができるという特徴がある。立体視により，遠近感をつかむ能力が発達し，素早く正確な行動ができるようになった。

補足 ツパイはキネズミともよばれ，外見はリスに似ている。

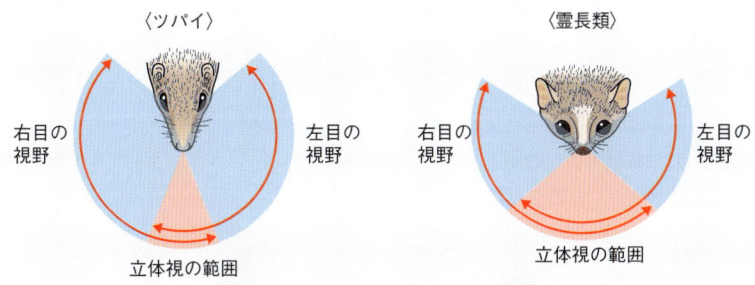

図1-17 ツパイと霊長類（キツネザル）の視野

コラム 発生と進化

個体が卵から幼体，そして成体へと発生する過程（個体発生）を，さまざまな動物間で比較してみると，初期のものほど異なった系統間の類似性が高い。ヘッケルはこの事実を「個体発生は系統発生をくり返す」という言葉で表した。しかし，個体発生は祖先の"成体"の形態を繰り返すわけではなく，正しくは，「脊椎動物の"胚発生の初期"には，すべての脊椎動物に共通する特徴が現れ，その後，個々の系統に限定される特徴が現れる」となる。このことは，すべての脊椎動物は共通の祖先から進化したことを示している。他の動物門においても，初期発生期の形態は，系統・進化を知るための重要な情報となっている。

POINT

- 共進化→異なる種の生物が，相互に影響を及ぼしあって進化する現象。
- 6600万年前→霊長類の祖先が出現。
- 新生代前期→樹上生活をする霊長類が出現。

第1章 生物の進化

❺類人猿から人類へ

　約3000万年前になると，霊長類から尾をもたない**類人猿**が出現した。現在のテナガザルやオランウータン，ゴリラ，チンパンジーの祖先である。類人猿の中でチンパンジーが人類と最も近く，約700万年前にチンパンジーと人類が分かれたと推定されている。

　最初の人類はアフリカで出現したと考えられている。人類と類人猿の大きな違いは，人類は**直立二足歩行**をするということにある。直立二足歩行により，上肢が自由に動かせるようになり，手や指は複雑な動きをすることができるようになった。現生人類(ホモ・サピエンス)は，約20万年前にアフリカで誕生し，約10万年前から世界に広がっていったと考えられている。

> **補足** 初期の人類は猿人とよばれる。現生人類の起源は，ヒトのミトコンドリアDNAの解析から，アフリカであることが突き止められている。

図1-18　類人猿(ゴリラ)と人類(ヒト)

参考　直立二足歩行の影響

　人類は，自在に動かせる手や指を使って道具を作り，火を利用して食物を調理した。調理することにより，食べ物がやわらかくなり，物を噛むためのそしゃく筋が退化した。人類では，頭骨と脊椎をつなぐ大後頭孔が頭骨の真下にあり，頭部は脊椎の真上に位置することになる。そのため，直立した状態で重い頭部を支えることができるようになり，さらに脳を大きくすることが可能になった。また，骨盤が広がったことにより，直立した姿勢でも内臓を支えることができるようになった。

この章で学んだこと

原始の地球はマグマに覆われた過酷な環境であった。原始海洋が生まれると，そこで生命は誕生した。生命の起源から人類の出現に至るまで，どのように生命が育まれ繁栄してきたかを学んだ。

1 生命の起源

1 地球の誕生 地球は約46億年前に誕生した。マグマに覆われていた地表は次第に冷え，原始海洋が形成された。

2 化学進化 化学反応によって，二酸化炭素や窒素のような無機物から，メタンやアンモニアなどの有機物が生じた過程をいう。

3 自己複製 原始の生命体は，RNAを鋳型にRNAを複製していた。また，一定の立体構造をとることで，特定の機能をもち，代謝に関与するRNAもあった。

4 RNAワールド RNAが自己複製と代謝を担う世界をいう。

5 生物の出現 約40億年前に生物が誕生した。生物は多様化し，光合成を行う生物，酸素を利用する生物，真核生物などが次第に出現してきた。

6 地質時代 原始地球が冷えると岩石が生じた。最初の岩石が形成されてから現在までを地質時代といい，生物の出現・絶滅，環境の変化に基づいた区分がなされる。先カンブリア時代→古生代→中生代→新生代。

7 示準化石 特定の地質時代の地層から発見される化石をいう。三葉虫やフズリナは古生代，アンモナイトは中生代の示準化石である。

2 古生代

1 カンブリア紀 古生代の初期をいう。この時期に動物が多様化し，種類が爆発的に増えた。このことをカンブリア紀の大爆発とよぶ。

2 脊椎動物の出現 カンブリア紀末期には脊椎動物の無顎類が出現した。

3 生物の陸上進出 オゾン層が形成されたことで，地表に届く紫外線量が減少し，生物が海から陸上に進出し始めた。

4 古生代末の大量絶滅 火山灰により太陽光がさえぎられて光合成が抑制され，酸素濃度が低下したため大量絶滅が起きた。

3 中生代

1 裸子植物 ソテツやイチョウなどの裸子植物が繁栄した。また，被子植物が出現した。

2 は虫類と鳥類 は虫類が多様化し，大型化して繁栄した。陸上には恐竜が出現したが，中生代末期には絶滅した。鳥類はジュラ紀に出現した。

3 哺乳類の出現 三畳紀に哺乳類が出現した。ジュラ紀には有袋類や単孔類，ジュラ紀後期には真獣類が出現した。

4 新生代

1 共進化 異なる種の生物が協調的に進化することをいう。新生代には被子植物と動物の共進化が起きた。

2 人類の出現 約3000万年前に，霊長類から類人猿が出現し，約700万年前には人類が出現した。現生人類は約20万年前にアフリカで誕生した。

確認テスト1

1 次の文章を読んで，空欄に適する語を答えなさい。

化石は過去の生物を知るための貴重な資料であると同時に，生物の系統関係を推測するうえでも重要である。約5億4千万年前以降の時代は古生代，中生代，新生代に分けられる。「代」の中の区分には（　ア　）が用いられる。地層の代や（　ア　）などの年代を示す基準となる化石は（　イ　）とよばれ，古生代を代表する例として（　ウ　）が，また中生代を代表するものとしては（　エ　）がよく知られている。
(北大　改題)

2 次の文中の空欄に適する語を答えなさい。
(1) （　ア　）が自己複製と代謝を担う世界を（　ア　）ワールドという。
(2) （　イ　）生物群とよばれる化石は，先カンブリア時代の多細胞生物のものである。
(3) 古生代の初期を（　ウ　）紀といい，この時期に動物は多様化し，種類も爆発的に増えた。これを（　ウ　）紀の大爆発という。
(4) （　エ　）類は魚類に似ているが，あごがなく，うきぶくろもない原始的な（　オ　）動物である。
(5) 最も古い植物の化石は，（　カ　）紀の地層から発見された（　キ　）である。
(6) シルル紀後期になると，シダ植物の祖先である（　ク　）が出現した。
(7) 石炭紀に出現した（　ケ　）類は，体内で受精を行い，卵の中に（　コ　）をつくって胚を保護している。
(8) 中生代には，ソテツやイチョウのような（　サ　）植物が繁栄し，（　シ　）紀には（　サ　）植物の森林が形成された。白亜紀の前期には，胚珠が子房の中にある（　ス　）植物が出現した。
(9) 三畳紀に小型の（　セ　）類が出現した。ジュラ紀にはカンガルーのような（　ソ　）類やカモノハシなどの（　タ　）類が出現した。
(10) （　チ　）代にはイネやキクなどの草本が出現した。
(11) 霊長類の祖先は，（　ツ　）という小動物に近い形態だったと考えられている。霊長類は両目でものを見るため，（　テ　）ができる。
(12) ゴリラやチンパンジーの祖先である（　ト　）は，約3000万年前に出現した。
(13) （　ナ　）は，約20万年前にアフリカで誕生した。
(14) 人類と類人猿の大きな違いは，人類は（　ニ　）を行うという点である。

3 地球上に現れた初期の生物は，大気中に酸素がほとんど存在しない環境で生息していたと考えられている。今から20億年以上前の初期の生物やその生息環境に関する記述として最も適当なものを次から一つ選びなさい。
① 地表に降り注ぐ紫外線は強かったが，初期の生物は陸上で活発に増殖することができた。
② 初期の生物は好気呼吸を行うための複雑な細胞内構造が必要なかったので，効率的にエネルギーを得ることができた。
③ 深海底の熱水噴出孔周辺は，ヒトには有害な硫化水素の濃度が高いが，初期の生物が生息していた環境と類似している。
④ ミラーは，原始大気に近い二酸化炭素濃度の高い気体に放電し，生命の起源についての先駆的な実験をした。
⑤ 初期の生物は，大気中に90%以上存在する二酸化炭素を吸収して呼吸を行うことができたが，酸素濃度が高い環境では生息できなかった。
(センター試験)

4 約27億年前から始まった光合成生物の繁栄の痕跡は，断面に縞模様をもつ岩石として世界各地の地層から発見されている。このような岩石の中には，光合成生物の活動と遺骸の蓄積によって形成され，炭酸カルシウムを多く含んだものがある。この岩石の説明として最も適当なものを次から一つ選びなさい。
① 過去の酸化鉄の海底への沈殿によって形成され，世界各地の鉄鉱石の採掘場周辺で観察される。
② 硫黄細菌の活発な活動に伴って生じ，現在も深海底の熱水噴出孔で形成されている。
③ 落葉層，腐植層の発達によって生じ，現在も森林の林床で形成されている。
④ シアノバクテリアによる粘液の活発な分泌によって生じ，現在もオーストラリア西部の海の浅い場所などで形成されている。
⑤ イリジウムを含んだ隕石の落下による光合成生物の絶滅に伴って形成され，世界各地で観察される。
(センター試験　改題)

5 植物と脊椎動物の陸上進出に関する記述として適当でないものを次から一つ選びなさい。
① 植物や脊椎動物が陸上へ進出するためには，オゾン層の形成が必要であった。
② 最初に陸上へ進出した植物は，胞子による繁殖を行っていた。
③ 脊椎動物は四肢が発達して陸上へ進出した。
④ 最初に陸上へ進出した脊椎動物は，肺呼吸をすることができた。
⑤ 脊椎動物は植物よりも早く陸上へ進出した。
(センター試験　改題)

第2章
生物の系統

この章で学習するポイント

☐ 生物の分類と系統
☐ 種
☐ 系統
☐ 原生生物, 植物, 菌類, 動物

☐ 進化のしくみ
☐ 突然変異
☐ 自然選択
☐ 遺伝的浮動
☐ 種分化
☐ 分子進化

1 生物の分類と系統

1 生物の分類

　生命が誕生してから40億年の間に，さまざまな生物が出現し進化した。現在までに知られている生物は約180万種であるが，実際には1億種以上いると推定されている。生物はこのように**多様であるが，共通性があり**，共通性にもとづいてグループごとに分類されている。

Ⓐ分類の単位

　共通性にもとづいて，多様な生物をグループ分けすることを**分類**という。分類の基本となる単位は**種**である。種とは，相互に交配して生殖能力をもつ子を生み出すことができ，なおかつ他の種とは，生殖的に隔離されている自然の個体群と定義される。

参考　イノブタとラバ

　食肉用の家畜として飼育されるイノブタは，ブタとイノシシを交配してつくられる。ブタとイノシシは別の種のように見えるが，交配して生じる子であるイノブタには生殖能力がある。したがって，ブタとイノシシは同種とみなされる。

　ウマの頑丈さと，ロバの飼育しやすさを合わせもつラバは，雌ウマと雄ロバを交配してつくられる。しかしラバは生殖能力をもたないため，ウマとロバは，別種とみなされる。

ラバ

Ⓑ 分類の階層

生物は多様であるが，共通性にもとづいて似たものをグループにまとめることができる。よく似た種をまとめたものを**属**といい，よく似た属をまとめたものを**科**という。さらに，科より上位のグループは，低位から順に**目・綱・門・界・ドメイン**となる。

> 補足　人間の種名はヒトであり，上位のグループとしては順に，ヒト属・ヒト科・サル目・哺乳綱・脊索動物門・動物界・真核生物ドメインとなる。

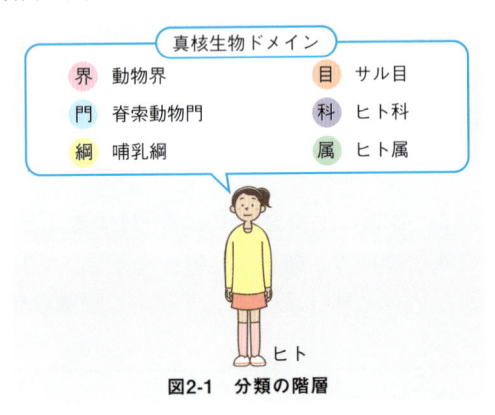

真核生物ドメイン
- 界　動物界
- 門　脊索動物門
- 綱　哺乳綱
- 目　サル目
- 科　ヒト科
- 属　ヒト属

ヒト

図2-1　分類の階層

Ⓒ 種の名前

生物の名前は，世界共通の学名によって表記される。学名には，ふつうラテン語が用いられ，属名の後ろに，種を特定する種小名を並べて記載する**二名法**が使われる。ヒトを二名法で表記すると，*Homo sapiens* となる。*Homo* は属名であり，*sapiens* は種小名である。二名法は「分類学の父」といわれる**リンネ**によって確立された。

> 補足　*Homo sapiens* とは，ラテン語で「知恵のある人」という意味である。「ヒト」のような，日本語による学名の表記を和名という。

リンネ

2 系統と分類

多様な生物は，進化の過程で生じたものである。生物はどのような進化の道筋を通ってきたのだろうか。

Ⓐ 生物の系統と分類

生物が進化してきた道筋を**系統**（けいとう）という。多様な生物は，共通の祖先から派生して進化したものであり，**共通の祖先から分岐した時間が短いほど，多くの共通性をもつ**。生物が進化してきた道筋にもとづき，類縁関係をグループ化することを**系統分類**という。系統を表す図は，太い幹からのびる枝のように見えるため，**系統樹**とよばれる。

Ⓑ 系統の推定法―形質による分類

生物のさまざまな形質を比較し，形質の共通性に着目することにより，系統を推定することができる。生物の形質を，共通性の高い祖先形質（原始形質）と，新たに獲得した子孫形質（派生形質）に分け，共通の子孫形質をもつ生物をそれぞれグループに分類することを繰り返すと，分岐図を描くことができる。

● 系統分類の例

いずれも脊椎動物であるメダカ，ハト，イヌ，ウシの系統を推定する場合を考える。脊椎動物以外の動物は基本的に変温動物である。よって祖先形質として変温動物という特徴をもつメダカと，子孫形質として恒温動物という特徴をもつハト，イヌ，ウシは別のグループであると推定できる。さらにこのハト，イヌ，ウシは卵生という祖先形質と，胎生という子孫形質をもとに，ハトのグループ（卵生）と，イヌとウシのグループ（胎生）に分けることができる。

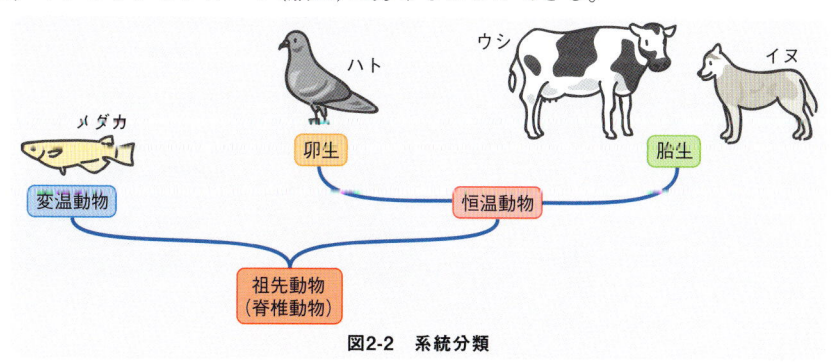

図2-2　系統分類

ⓒ 系統の推定法－分子にもとづく分類

さまざまな生物種でDNAの塩基配列の解析が進んでいる。近年は，「中立的な突然変異は一定の速度でDNA内に蓄積する」という分子時計(→p.507)の考え方を利用した系統分類が行われている。DNAの塩基配列や，タンパク質のアミノ酸配列など，分子レベルの情報にもとづいてつくられた系統樹を**分子系統樹**という。

例えば，レッサーパンダとジャイアントパンダは，体の特徴から近縁種とされてきたが，分子解析により，近縁ではないことが証明された。ジャイアントパンダは，クマのなかまで，レッサーパンダはイタチのなかまである。

レッサーパンダ　　ジャイアントパンダ

3 生物の分類体系

生物の共通祖先は，最初に細菌の共通祖先と，古細菌・真核生物の共通祖先に分岐した。次に，古細菌・真核生物の共通祖先から古細菌と真核生物に分岐した。真核生物は，やがて多細胞生物へと進化し，植物，動物，菌類が生じた。

ⓐ 五界説

アメリカのホイッタカーは，生物を原核生物界(モネラ界)，原生生物界，植物界，動物界，菌界の5つに分類する説を提唱した。これを五界説という。

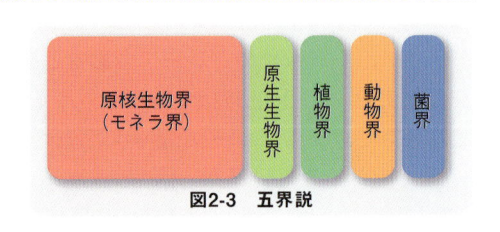

図2-3　五界説

ⓑ 三ドメイン説

細胞の構造を基準に分類すると，生物は核をもたない原核生物と核をもつ真核生物に大きく分けられる。原核生物はさらに，リボソームRNAの塩基配列にもとづいた分子系統樹により，細菌(バクテリア)と**古細菌**(アーキア)に分けられる。アメリカの**ウーズ**は，全生物を**細菌ドメイン**，**古細菌ドメイン**，**真核生物ドメイン**の3つに分ける**三ドメイン説**を提唱した。これらは界より上位の分類段階である。

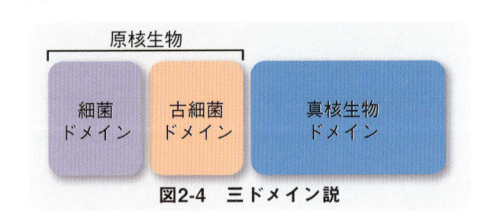

図2-4　三ドメイン説

●細菌ドメイン

細菌には，従属栄養のものもあれば，独立栄養を営むものもある。従属栄養生物の細菌には，大腸菌や乳酸菌などがある。独立栄養生物の細菌には，光合成を行う光合成細菌(シアノバクテリアや緑色硫黄細菌など)や，化学合成を行う化学合成細菌(硫黄細菌など)がある。

●古細菌ドメイン

古細菌には，熱水噴出孔のような高温環境に生息する好熱菌，塩湖のような高塩濃度環境に生息する好塩菌，沼の底のような酸素が欠乏した環境に生息するメタン菌などがある。古細菌は，他の生物が生活できないような極限環境で生息していることが多い。高温や高塩濃度といった極限環境は，生命が誕生したばかりの原始の地球の環境に似ていると考えられるため，**古細菌**と名づけられた。しかし実際は，古細菌のほうが細菌よりも真核生物に近縁であることが示されている。

●真核生物ドメイン

真核生物は，細胞の中に核やミトコンドリアなどの細胞小器官をもつ真核細胞からなる生物である。真核生物ドメインには，**原生生物**，**動物**，**植物**，**菌類**がある。

> 補足　古細菌・真核生物は，細菌と共通の祖先から約38億年前に分岐した。さらに，24億年前に古細菌と真核生物が分岐した。

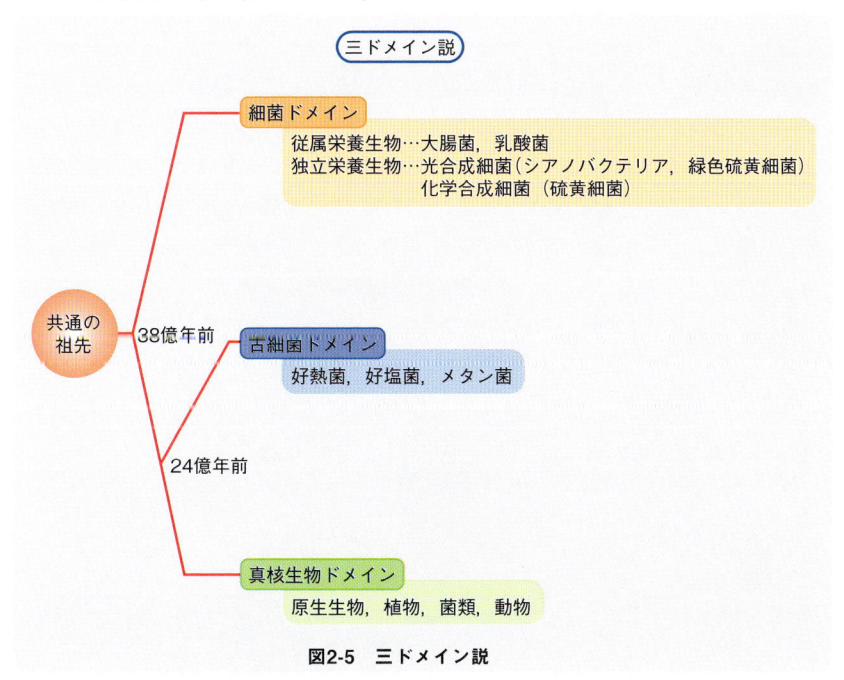

図2-5　三ドメイン説

4 原生生物界

真核生物の中で，単細胞の生物や，多細胞であっても単純で組織が発達していない生物が原生生物界に分類される。

Ⓐ 原生動物

運動性が高い原生生物を**原生動物**という。原生動物には，アメーバやゾウリムシなどがある。有機物や他の生物を捕食する従属栄養生物が多いが，ミドリムシのように葉緑体をもち，光合成を行うものもある。

補足 ミドリムシは，藻類に分類されることもある。動物と藻類の中間の形質をもつ原生生物も多い。

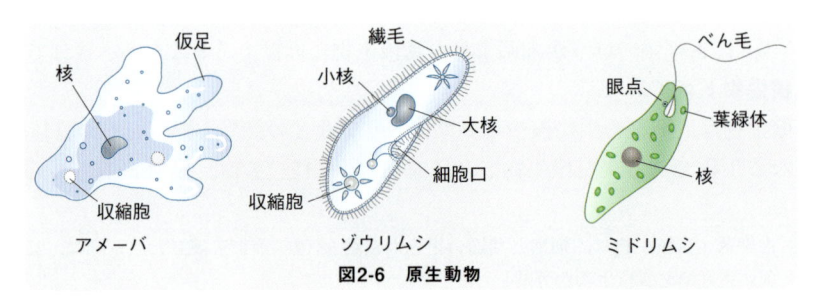

図2-6 原生動物

Ⓑ 藻類

葉緑体をもち，光合成を行う原生生物を**藻類**とよぶ。藻類には単細胞の藻類と多細胞の藻類がある。単細胞の藻類には，プランクトンの**ケイ藻**などがある。多細胞の藻類には，コンブやワカメなどの**褐藻類**，アサクサノリの**紅藻類**，アオサやアオノリなどの**緑藻類**がある。シャジクモは淡水に生育する藻類で，緑藻類に近縁であり，植物の祖先と考えられている。おもな光合成色素として，褐藻類はクロロフィルaとcを，紅藻類はa，緑藻類はaとbをもつ。また，シャジクモはaとbをそれぞれもつ。

補足 アサクサノリは海苔(のり)になる。

図2-7 藻類

表 藻類の主な光合成色素

	褐藻類	紅藻類	緑藻類	シャジクモ類
クロロフィルa	○	○	○	○
クロロフィルb			○	○
クロロフィルc	○			

◉ 粘菌類

　粘菌類は，アメーバのような形の単細胞が細菌などを捕食する時期と，**子実体**とよばれる構造をつくって胞子を形成する時期を繰り返す。胞子が発芽すると，アメーバ状の細胞になる。粘菌には，**変形体**とよばれる多核のアメーバ状の細胞を形成する**真正粘菌類**と，変形体をつくらない**細胞性粘菌**がある。細胞性粘菌は，多数の細胞が集まって子実体をつくる。真正粘菌にはムラサキホコリカビなどがあり，細胞性粘菌にはキイロタマホコリカビなどがある。

細胞性粘菌

アメーバ状 ➡ 集合体を形成 ➡ 移動 ➡ 子実体を形成する
　　　　　　　　　　　　　　　　　　　　　　　　⬇
　　　　　　　　胞子が成長する ⬅ 胞子をつくる

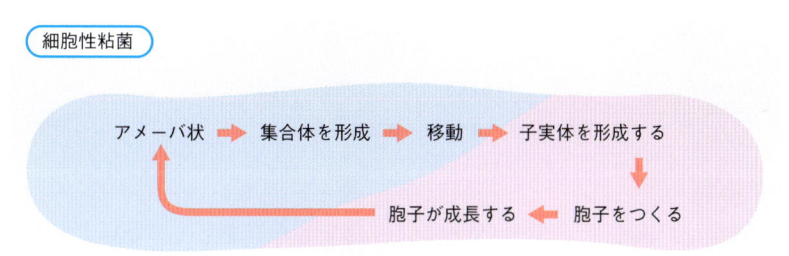

図2-8　細胞性粘菌の生活

◉ 卵菌類

　卵菌類には，水中で生活するミズカビなどがある。**遊走子**とよばれる，べん毛をもつ生殖細胞をつくって繁殖する。

補足　菌類と似ているが，菌類とは異なる。卵菌類はセルロースからなる細胞壁をもつ。

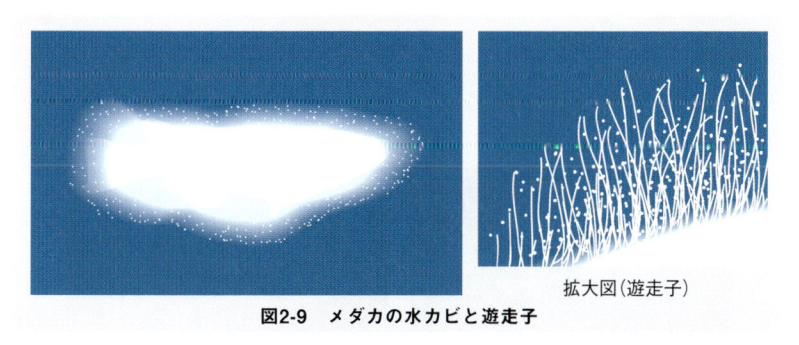

拡大図(遊走子)

図2-9　メダカの水カビと遊走子

5 植物界

　植物界は、おもに陸上で生活し、光合成を行う多細胞生物のグループである。植物には**コケ植物**，**シダ植物**，**裸子植物**，**被子植物**がある。コケ植物とシダ植物は**胞子**で繁殖する。裸子植物と被子植物は種子で繁殖するため、まとめて**種子植物**とよばれる。シダ植物と種子植物は、維管束をもち、被子植物は子房をもつ。植物は、おもな光合成色素としてクロロフィルaとbをもつ。

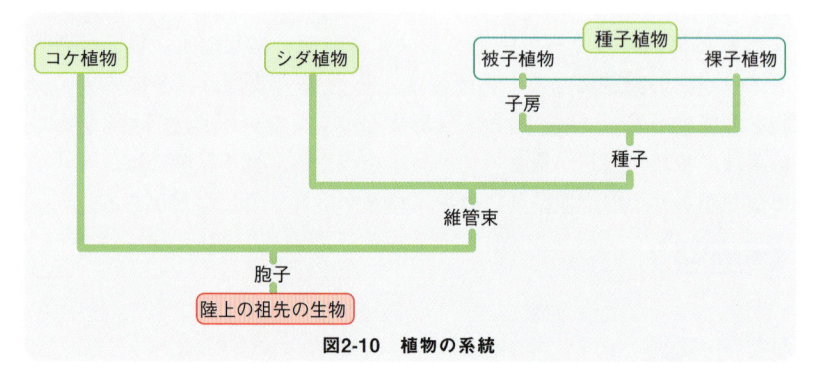

図2-10　植物の系統

Ⓐ コケ植物

　コケ植物は、根や茎、葉の区別がなく、維管束が発達していない。ゼニゴケ、スギゴケなどがある。

> **参考　コケ植物の発生**
> 　多くのコケ植物は雌雄異株で、雄性配偶体と雌性配偶体があり、それぞれ精子と卵をつくる。精子は雨の日などに水中を泳いで移動し、卵と受精する。受精卵はやがて胞子体を形成する。

Ⓑ シダ植物

　シダ植物は、根と茎、葉が分化し、維管束をもつ。葉の裏にある**胞子のう**で胞子がつくられ、胞子を散布することで繁殖する。ワラビ、トクサなど。

●種子植物

●裸子植物
裸子植物の種子には子房がなく，胚珠がむき出しになっている。イチョウやソテツ，マツ，スギなどがある。

●被子植物
被子植物の種子には子房があり，胚珠は子房の中にある。イネやキク，モクレン，ケヤキなどがある。

マツ　　モクレン

> **参考　生活環**
> 生物の一生を，生殖細胞を指標に表したものを生活環という。植物の生活環には，胞子を用いて生殖を行う有性世代と，配偶子を用いて生殖を行う無性世代がある。有性世代と無性世代が交互に繰り返されることを世代交代という。世代交代では，受精によって複相($2n$)に，減数分裂によって単相(n)になる。複相と単相が交互に生じることを核相交代という。世代交代と核相交代のタイミングは一致する。

6 菌界

菌界は，体外で栄養分を分解し(体外消化)，それを吸収する多細胞の従属栄養生物のグループである。光合成は行わない。菌類の体は，**菌糸**とよばれる細い糸状の構造でできており，ほとんどの菌類は陸上で生活する。菌類は，**接合菌類**，**子のう菌類**，**担子菌類**に分類される。

(補足) 菌類の細胞壁の主成分はキチンである。

●接合菌類
接合菌類は，菌糸どうしが接合して胞子がつくられる。クモノスカビなどがある。

●子のう菌類
子のう菌類は，袋状の**子のう**をつくり，子のうの中に**子のう胞子**をつくる。アオカビやアカパンカビなどがある。

ⓒ担子菌類

　担子菌類は，キノコとよばれる**子実体**をつくる。子実体に**担子器**がつくられ，担子器で胞子が形成される。

(補足1) 子のう菌類と担子菌類には，一生を単細胞で過ごすものがあり，これらをまとめて酵母菌とよぶ。

(補足2) 地衣類は，子のう菌類や担子菌類が，シアノバクテリアや緑藻類と共生しているものである。互いに栄養分を補い合うため，栄養分が乏しい環境でも生育する。地衣類には，樹皮に付着しているウメノキゴケなどがある。

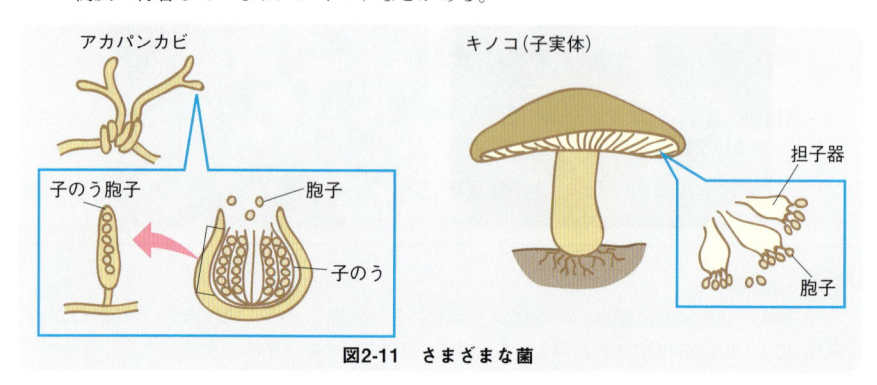

図2-11　さまざまな菌

7 動物界

　動物界は，他の生物や生産物を摂食する**多細胞の従属栄養生物**である。動物は，胚葉の分化の程度によって，胚葉の区別がない動物，二胚葉(外胚葉・内胚葉)動物，三胚葉(外胚葉・内胚葉・中胚葉)動物の3つに大別される。

Ⓐ海綿動物

　海綿動物は最も原始的な多細胞動物である。体のつくりは単純で，胚葉は分化しておらず，組織を形成していないため消化管や神経はない。多くは岩などに固着している。えり細胞の運動によって水流を起こし，浮遊してきた有機物やプランクトンを細胞が直接取り込んで消化している。

Ⓑ 二胚葉動物

　クラゲやイソギンチャク，ヒドラなどの**刺胞動物**は，胚葉が外胚葉と内胚葉に分化している**二胚葉動物**である。外胚葉は，体の表面(外側)に配置されており，内胚葉は体の内側に配置されている。内胚葉は，食物を消化する消化管になる。肛門はなく，口から食物を取り込み，消化管で消化・吸収して口から排出する。神経は網目状に分布しており，中枢神経系はない。

クラゲ

Ⓒ 三胚葉動物

　外胚葉，内胚葉，中胚葉をもつ動物を**三胚葉動物**といい，海綿動物と二胚葉動物以外の多細胞動物は，すべて三胚葉動物である。三胚葉動物は，**旧口動物**と**新口動物**の2つの系統に分類される。旧口動物は，胚発生で生じる原口がそのまま口になる。新口動物は，原口またはその付近に肛門ができ，その反対側に口ができる。

　旧口動物は冠輪動物と脱皮動物の2つの系統に分類される。冠輪動物は脱皮しないで成長し，脱皮動物は脱皮して成長する。冠輪動物には，扁形動物，環形動物，軟体動物がある。脱皮動物には，線形動物，節足動物がある。新口動物には，おもに棘皮動物と脊索動物がある。

カニ(旧口動物)　　カエル(新口動物)

コラム　ホヤとナメクジウオ

　形態にもとづく系統樹は，基本的に分子系統樹でも正確さが裏付けられており，形態の特徴しか利用できなかった時代の研究者の洞察力に驚かされる。一方，DNAの塩基配列の情報を利用して，系統樹の細かな点については見直しが行われている。かつて，脊索動物の系統分類では，ナメクジウオのほうがホヤより脊椎動物に近いとされてきた。ナメクジウオの形態は，魚類などの脊椎動物によく似ているが，ホヤの成体には頭部すらないからである。しかし，ゲノムの情報を詳細に調べると，ホヤの方が脊椎動物に近いことが明らかになり，系統樹が変更された。ホヤの形態が，他の脊索動物と大きく異なるのは，ホックス遺伝子群(→p000)の並び順が大きく変わったためと考えられている。

> 参考　さまざまな旧口動物と新口動物

1 旧口動物の門

● 扁形動物
へん平な体をもつ。肛門はない。プラナリアなど。

● 環形動物
多数の体節からなる細長い体をもつ。脊椎動物と同様に，血管系は閉鎖血管系である。ミミズやゴカイなど。

● 軟体動物
外とう膜につつまれた体をもつ。体節はない。アサリやハマグリなどの二枚貝類，サザエなどの巻貝類，イカやタコなどの頭足類がある。

● 線形動物
成長過程で脱皮する。細長い体をもつ。体節はない。センチュウやカイチュウなど。

● 節足動物
成長過程で脱皮する。多数の体節からなり，肢や触角など節のある付属肢をもつ。体表にキチン質からなる外骨格をもつ。血管系は開放血管系である。ヤスデやムカデなどの多足類，クモやダニなどのクモ類，エビやカニなどの甲殻類，ハエやカブトムシなどの昆虫類がある。

2 新口動物の門

● 棘皮動物
脊索をもたない。水管系が循環系の働きをする。成体は多数の管足を使って運動する。ヒトデやウニ，ナマコなど。

● 脊索動物
脊索動物は，脊索を共通にもつ。脊索動物は原索動物と脊椎動物の2つの系統に分類される。原索動物にはナメクジウオが属する頭索類，ホヤなどの尾索類がある。脊椎動物には，哺乳類や魚類，両生類，は虫類，鳥類などがある。脊椎動物には脊椎があるが，頭索類と尾索類には脊椎はない。

2 進化のしくみ

一般的に，進化とは，ある生物の遺伝的性質が集団内に広がることである。例えば，突然変異によって個体間に性質の違いが生じたとき，その性質が次の世代に広がらない場合は進化とはいわない。進化は，遺伝子の変化が次世代へ受け継がれることで生じる。

1 変異

生物は同じ種でも個体ごとに形態や性質が異なる。例えば，アサガオというひとつの種の中でも，花の大小といった形態の違いや，成長の早い遅いといった性質の違いがある。また，ヒトという種においても，身長や顔つきなどの容姿は多様である。同種内の個体間における形質の違いを**変異**といい，変異は，**環境変異**と**遺伝的変異**とに大別される。

Ⓐ 環境変異

環境変異は，植物であれば光の当たる量や土壌の栄養，動物であれば食べ物の量など，**個体をとりまく環境の違いによって生じる個体間の差であり，遺伝することはない**。例えば，一卵性双生児は遺伝的に全く同じであるが，血管の分布や容姿にわずかな違いがみられる。これはすべて環境変異によるものである。

> 補足　ソメイヨシノは，挿し木で生育するため，日本全国ほぼすべての個体が遺伝的に全く同じである。しかし，個体間の違いは大きい。これも環境変異によるものである。

Ⓑ 遺伝的変異

遺伝的変異は，**個体間の遺伝子の違いによって生じる変異であり，遺伝する**。DNAの塩基配列が変化することを**突然変異**といい，突然変異は進化の原動力となる。突然変異は，DNA複製で起こる誤りや，放射線などの影響により，すべての細胞で一定の頻度で起こる。しかし，次世代に伝わる突然変異は，配偶子に生じた変異だけである。体細胞で生じた突然変異は，その個体が死亡すると消失し，遺伝しない。

シロヘビ

突然変異は，生存や繁殖に影響しないか，不利に働くことがほとんどである。生存や繁殖に影響しない変異は次世代に受け継がれ，集団内に広まることがあるが，不利なものは次世代にほとんど伝わらない。まれに有利な突然変異が生じると，有利な突然変異をもつ個体が競争に勝ち残り，やがて集団内に広まる。

2 自然選択

ひとつの種の集団の中では，常に個体どうしで競争(種内競争)が起こっている。生存や繁殖に不利な突然変異をもつ個体は，種内競争の結果，次世代に残す子の数が少なくなったり，全く残せない場合がある。そのため，不利な突然変異は集団中からやがて消失する。一方，有利な突然変異をもつ個体は，次世代に多くの子を残し，突然変異は集団の中から消失することなく受け継がれる。

Ⓐ自然選択と適応進化

生物集団に存在する個体のうち，生存や繁殖に有利な変異をもつ個体は次世代に多くの子を残す。この変異が遺伝的変異であれば，次世代にはこの変異をもった個体が多くなる。このように個体間の**遺伝的変異によって，生存能力や繁殖力に差が生じ，有利な変異をもつ個体がより多くの子を残す**過程を**自然選択**という。

現存する生物は長い時間をかけた自然選択の結果，自身が生息する環境で生存や繁殖が有利となる形質をもっている。このように生物が生息環境で有利な形質を備えることを**適応進化**という。

図2-12 自然選択(キリンの場合)

参考　生物の温度への適応

　恒温動物である哺乳類では，高緯度の寒冷な地域に生息する種のほうが，低緯度の温暖な地域に生息する同じ種や近縁の種より，体が大きくなる傾向がある。これを**ベルクマンの法則**という。たとえば，北極地方に生息するホッキョクグマは，東南アジアに生息するマレーグマより体が大きい。体が大きくなればなるほど，体重当たりの体の表面積が小さくなり，体表面からの熱の放散が少なくなる。ホッキョクグマは体を大きくすることで，寒冷な気候に適応したものといえる。

　一方，耳や尾，四肢など体から突出した部位は，寒冷な地域に生息する種のほうが，温暖な地域に生息する近縁の種よりも，短く小さい傾向が見られる。これを**アレンの法則**という。体から突出した部分が大きければ大きいほど体の表面積が増え，体温が奪われる。北極地方に生息するホッキョクギツネは，耳を小さくすることで体表面からの熱の放散を少なくし，寒冷な気候に適応したものといえる。逆に，フェネックギツネはアフリカの砂漠地帯に生息している。

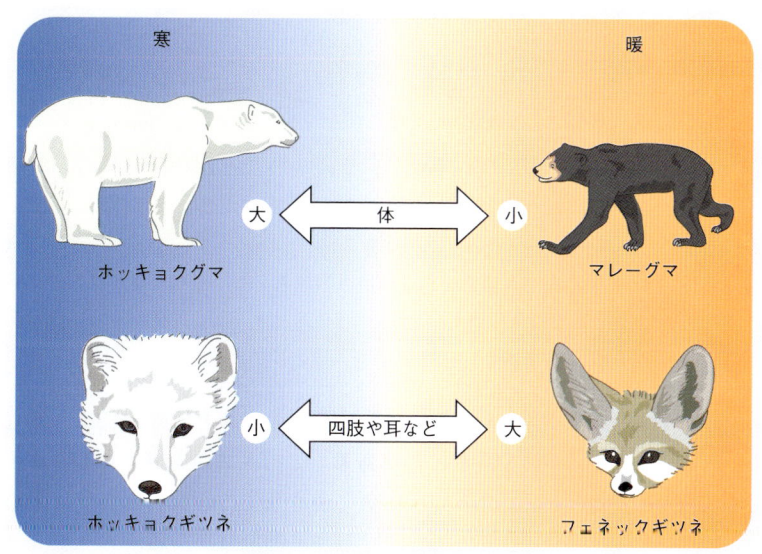

図2-13　生物の温度への適応

POINT

- 突然変異→遺伝的変異は突然変異によって生じる。
- 自然選択→有利な遺伝的変異をもつ個体が，多くの子を残す過程。

Ⓑ 相同器官と適応放散

　外観や働きが異なっていても，発生の起源が同じで，同じ基本構造をもつ器官を**相同器官**という。鳥の翼，コウモリの翼，クジラの胸びれ，ヒトの腕は，それぞれ働きは異なるが，四足動物の前肢という同じ起源をもっており，相同器官である。鳥，コウモリ，クジラ，ヒトは同じ祖先をもつが，それぞれの生息環境に応じて，異なる形態や生理機能をもつ。このように共通の祖先から枝分かれし，形態が多様化することを**適応放散**という。適応放散した生物群はその過程で形態を変化させ，ときには特定の機能をほとんど失う。特定の機能を失っても，**痕跡器官**としてその名残をもつことがあ

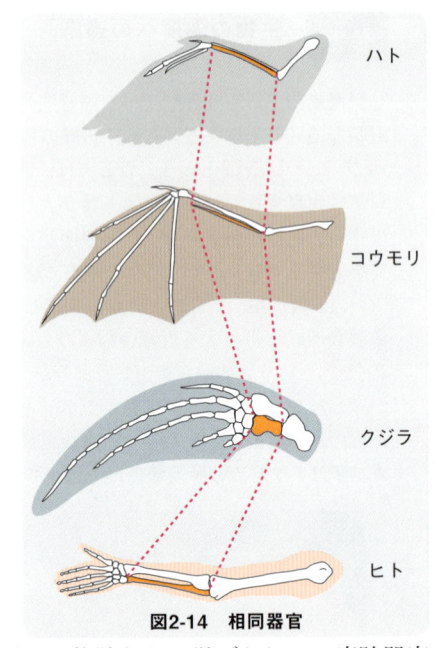

図2-14　相同器官

る。痕跡器官の例には，ヒトの尾骨やクジラの後肢などが挙げられる。痕跡器官は，祖先のいた環境では必要とされる機能をもっていたが，新たな環境で不要になったためその機能を失い，萎縮している。

　補足　肺と魚のうきぶくろは相同器官である。昆虫の触角，脚，翅や，ザリガニのハサミも，発生の起源が同じ相同器官である。

Ⓒ 相似器官と収束進化

　相同器官とは逆に，**同じ働きをもつ器官は発生の起源とは無関係に，異なる生物の間であっても，よく似ていることがある。**こうした器官を**相似器官**という。例えば，チョウの翅と鳥の翼はそれぞれ全く違う発生の起源をもつが，飛行するという機能を果たすために進化したものであり，類似性がある。

　哺乳類は主に，オーストラリア大陸に生息する有袋類と，その他の大陸に生息する真獣類に分けられる。有袋類はカンガルーやコアラに代表され，母親(雌)が子を腹部にある育児のうに入れて育てる。有袋類はオーストラリア大陸で，真獣類はその他の大陸でそれぞれ適応放散し，様々な種が生じた。**両者は個別に適応放散したにもかかわらず，互いによく似た種を生じた。**このように，似た環境で個別に進化した異なる生物群が，似た形質をもつようになることを**収束進化**という。　補足　真獣類とは，胎盤をもち大脳が発達したなかまのことである。

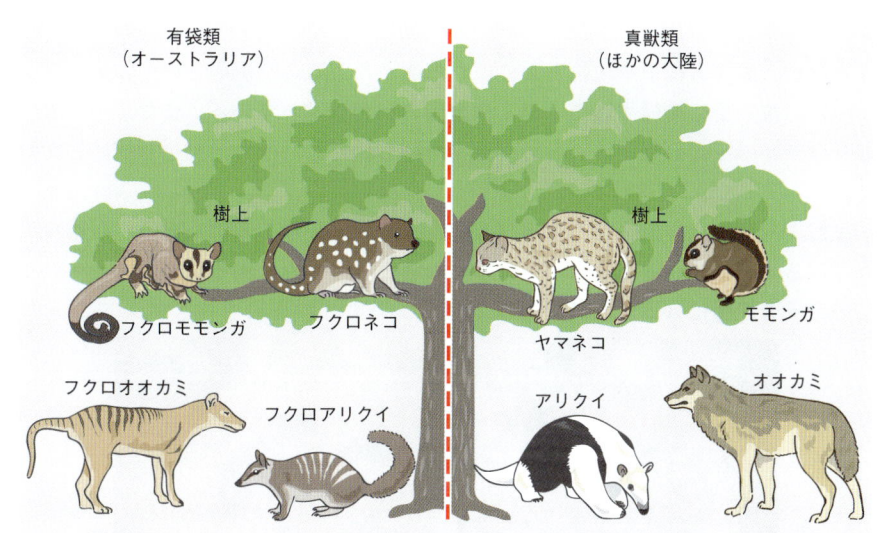

図2-15 オーストラリアに生息する動物とその他の大陸に生息する動物の収束進化

D 共進化

●共進化の例

　異なる種の生物が，互いに影響を及ぼしあいながら進化することを**共進化**という。例えば，ある種のランは非常に細長い管（距）の奥に蜜を溜める。このランの蜜を吸うことができるのは，距と同じほど長い口吻（口）をもったスズメガだけである。ランの蜜は，いわば，スズメガが行う受粉の報酬である。距が短いと，ランは簡単に蜜を奪われ，スズメガに花粉を付着させることができない。そのため，ランは長い距をもつ。一方のスズメガも蜜を得るために十分な長さの口吻をもつ必要がある。こうして二者が影響を及ぼしあい，長い距と口吻が共進化した。

　共進化はこうした協力的な2種の間だけで起こるわけではなく，被食者と捕食者の間にも起こる。例えば，ツバキとその種子を食害するツバキシギゾウムシが良い例である。ツバキはツバキシギゾウムシの食害から種子を守るために，種子を果皮で覆う。この果皮が厚いほど食害を受けにくくなる。しかし，一方のツバキシギゾウムシも，より長い口吻を使って果皮に穴を開け，中にある種子を食べるようになる。すると，ツバキは果皮をより厚くし，それを食害するツバキシギゾウムシの口吻もより長くなる。このように拮抗的な共進化の例もある。

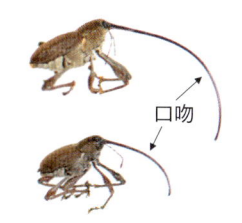

ゾウムシ（上：屋久島，下：関西）　　ツバキの実（左：関西，右：屋久島）

● 擬態

　生物が，周囲の環境や生物とよく似た形態になることを擬態という。ナナフシは植物の枝や葉に擬態することで，捕食者の目から逃れている。また，ハナカマキリはランの花に擬態することで，獲物を待ち伏せし，捕食活動を有利にしている。

　また，擬態には，無毒なハナアブが有毒なミツバチに似る例もある。有毒な生物に似ることで捕食者に攻撃されにくくなるという利点があるためと考えられる。このような擬態は共進化の結果として生じる。

ハナアブ　　　ミツバチ

> **参考　工業暗化**
> 　イギリスにオオシモフリエダシャクとよばれるガがいる。このガには，白っぽい明色型と，黒っぽい黒色型がある。黒色型の方が目につきやすく，鳥に捕食されやすいため，19世紀中ごろまでは白色型がほとんどを占めていた。しかし，街が発展し，工場の煙突から出るすすで，街全体が黒っぽくなると，今度は黒色型がほとんどを占めるようになった。白色型のガは，すすの中では目につきやすく，鳥に捕食されやすくなったためである。この現象を工業暗化という。人間の活動によって，黒色型が有利になるという自然選択が働き，進化が起こったのである。

POINT

- 相同器官→発生の起源が同じで，基本構造も似ている器官。
- 相似器官→発生の起源は異なるが，構造に類似性がある器官。

- 適応放散→共通の祖先から枝分かれし，形態が多様化すること。
- 収束進化→個別に進化した生物群が，似た形質をもつこと。
- 共進化→異なる種の生物が互いに影響しあい進化すること。

3 遺伝的浮動

　DNA の塩基配列には，一定の頻度で突然変異が起きており，同種の生物集団の中でも，遺伝子の塩基配列は個体ごとに少しずつ異なる。そのため，集団内にはさまざまな対立遺伝子をもった個体が存在する。生物集団の大きさは有限なため，集団に存在するそれぞれの**対立遺伝子の割合は，集団の大きさに影響を受けることがある。そして，世代交代をかさねると，対立遺伝子の割合が変化する**可能性がある。

Ⓐ 遺伝子プール

　同種の集団がもつ遺伝子をすべてまとめたものを**遺伝子プール**とよぶ。遺伝子プールには，異なる対立遺伝子も含まれ，それぞれの対立遺伝子の割合を**遺伝子頻度**とよぶ。

● 遺伝子頻度の例

　対立遺伝子 A と a があり，遺伝子型 AA が2個体，遺伝子型 Aa が2個体，遺伝子型 aa が1個体，合計5個体からなる集団があるとする。この集団の遺伝子プールには，A と a について合計10個の対立遺伝子が存在することになる。遺伝子プールの中に A は6個あるので A の遺伝子頻度は，$\frac{6}{10}=0.6$ となる。a は4個あるので a の遺伝子頻度は，$\frac{4}{10}=0.4$ となる。

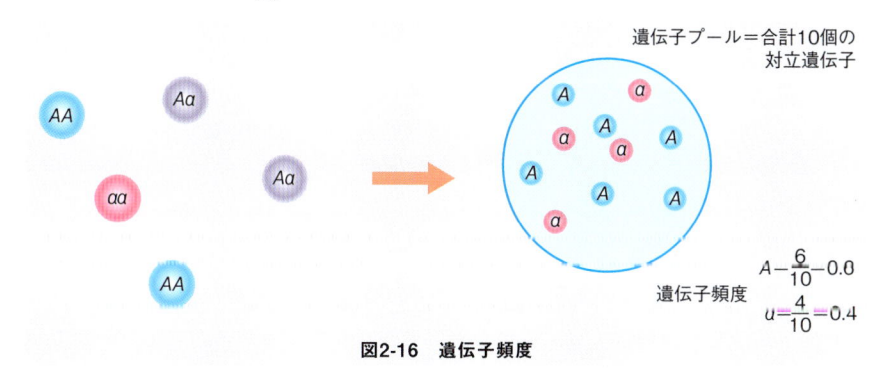

図2-16　遺伝子頻度

❺遺伝的浮動

　自然選択とは無関係に，集団内の遺伝子頻度が偶然に変化することがある。例えば，交配に使用される配偶子の対立遺伝子が偶然偏り，次世代，次々世代の集団の遺伝子プールが変化する場合などである。このような，偶然による遺伝子頻度の変化を**遺伝的浮動**といい，自然選択とは別に進化の原動力のひとつとなっている。

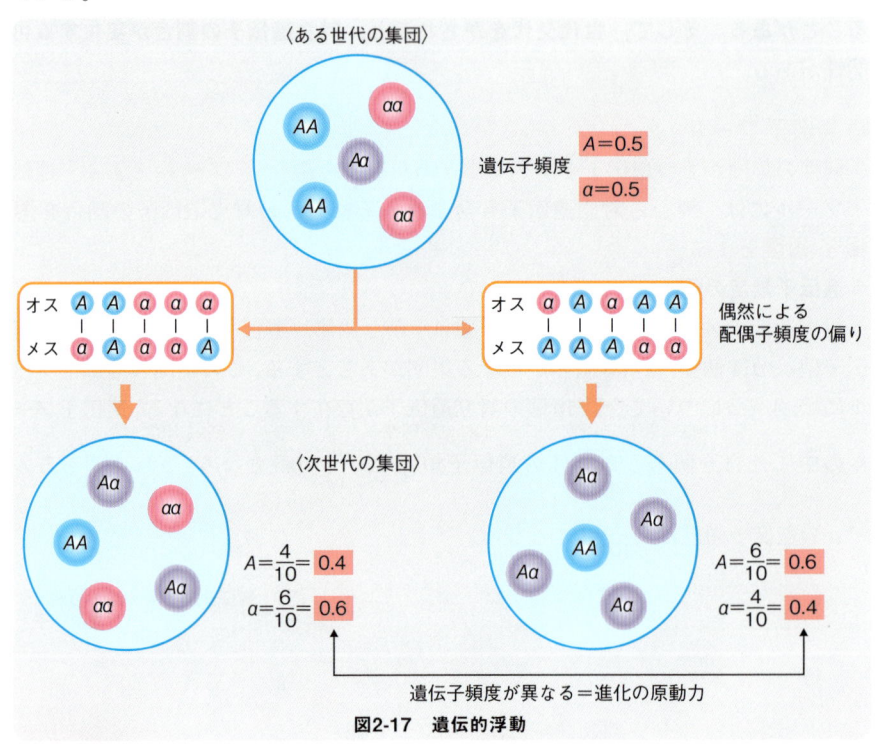

図2-17　遺伝的浮動

> **POINT**
> - 遺伝子プール→同種の集団がもつすべての遺伝子をまとめたもの。
> - 遺伝的浮動→偶然により，遺伝子頻度に偏りが生じること。進化の原動力のひとつである。

参考　びん首効果

　小さな集団ほど，遺伝的浮動の影響が大きい。何らかの原因で，隔離された集団の個体数が減少すると，遺伝子頻度の偏りが起こる可能性がある。例えば，対立遺伝子Aaをもつ個体が100頭いる集団があるとする。対立遺伝子頻度はAが0.5，aが0.5で等しい割合である。この集団が災害にあい，10頭に減ってしまったとする。確率で考えると，10頭の集団中のAとaの頻度は0.5になる。しかし，AAの個体が8頭，aaの個体が2頭残った場合，対立遺伝子頻度はAが0.8，aが0.2になり，当初の集団から遺伝子頻度が大きく変化する。こうした偏りは残された個体数が少ないほど大きい。極端にいえば，生き残りが1頭で，それがホモ接合個体（AAかaa）なら，対立遺伝子がAあるいはaしか集団中に残らないことになる。このように個体数が減少したことにより，遺伝子頻度に大きな影響が出ることを**びん首効果**という。

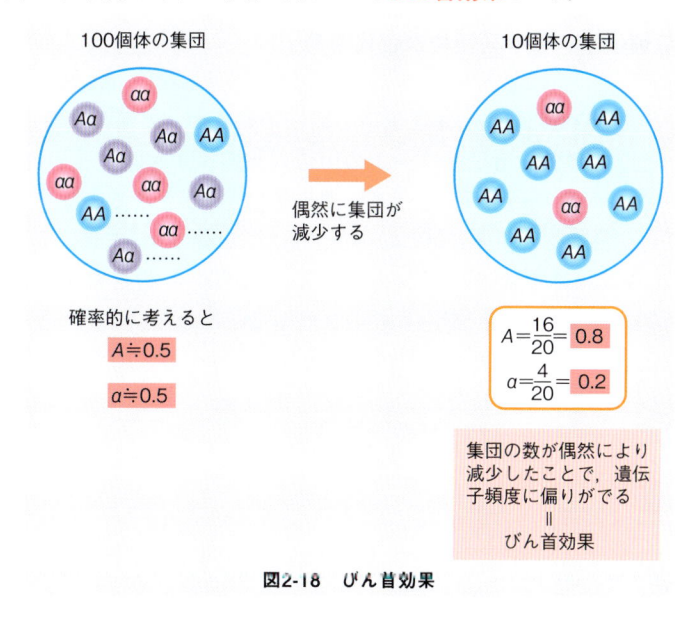

100個体の集団

確率的に考えると
$A ≒ 0.5$
$a ≒ 0.5$

偶然に集団が減少する

10個体の集団

$A = \dfrac{16}{20} = 0.8$
$a = \dfrac{4}{20} = 0.2$

集団の数が偶然により減少したことで，遺伝子頻度に偏りがでる
＝
びん首効果

図2-18　びん首効果

❻ ハーディー・ワインベルグの法則

一定の条件が満たされれば，世代が変わってもある生物種の集団内の遺伝子頻度は変化しない。ハーディーとワインベルグは，これを数学的に示した。この法則を，**ハーディー・ワインベルグの法則**という。

●集団に A と a の対立遺伝子があると仮定する

集団内に，対立遺伝子 A と a があり，A 遺伝子の遺伝子頻度を p，a 遺伝子の遺伝子頻度を q とする。交配により生じる次世代の遺伝子の組合せは右図のようになる。注目するひとつの対立遺伝子は1対（A と a）のため，遺伝子頻度は $p+q=1$ となる。

	$A(p)$	$a(q)$
$A(p)$	$AA(p^2)$	$Aa(pq)$
$a(q)$	$Aa(pq)$	$aa(q^2)$

＊（ ）の中は確率を示す
＊$p+q=1$ となる
図2-19

● A と a の遺伝子をもつ集団の次世代の遺伝子頻度

A 遺伝子の遺伝子頻度が p，a 遺伝子の遺伝子頻度が q の場合，次世代の遺伝子型が AA となるのは，遺伝子プールの中の対立遺伝子が両方とも A だった場合であり，その確率は $p×p=p^2$ になる。遺伝子型が Aa となるのは，2つの対立遺伝子の片方が A で，もう一方が a の場合である。Aa については，「母方から A」「父方から a」を受け継ぐ場合と，「父方から A」「母方から a」を受け継ぐ場合の両方があるため，Aa が生じる確率は pq の2倍の $2pq$ となる。遺伝子型が aa となるのは，遺伝子プールの中の対立遺伝子が両方とも a だった場合であり，確率は $q×q=q^2$ になる。これらを総合すると，$AA:Aa:aa=p^2:2pq:q^2$ と表される。

●次世代の遺伝子 A の頻度

次に，$AA:Aa:aa=p^2:2pq:q^2$ で生じた次世代の遺伝子プールのうち，対立遺伝子 A に注目する。対立遺伝子 A を有するのは AA と Aa である。AA はその数の2倍の A をもつ。そのため，AA がもつ対立遺伝子 A は AA の遺伝子頻度の2倍になり，$p^2×2=2p^2$ である。また，Aa は $2pq$ の確率で生じ，2つの対立遺伝子のうち，1つが A であるため，Aa がもつ対立遺伝子 A は $2pq×1=2pq$ である。AA がもつ対立遺伝子 A と Aa がもつ対立遺伝子 A を合計すると，$2p^2+2pq=2p(p+q)$ となる。遺伝子プール全体の対立遺伝子数は AA，Aa，aa の数を2倍したものなので $2×(p^2+2pq+q^2)=2(p+q)^2$ である。そのため，次世代の対立遺伝子 A の割合は，

$$\frac{2p^2+2pq}{2(p^2+2pq+q^2)}=\frac{2p(p+q)}{2(p+q)^2}=\frac{p}{(p+q)}$$

となる。

ここで $p+q=1$ から

$p=p$　となる。

つまり，次世代の対立遺伝子 A の頻度は前の世代から変化していないことになる。対立遺伝子 A の頻度が変化していないので，当然対立遺伝子 a の頻度も変化していない。$p+q=1$ の関係式から q が変化していないことは明らかである。

補足　A と a の遺伝子頻度が等しい場合，つまり $p=q=0.5$ のとき，$AA:Aa:aa=p^2:2pq:q^2$ にあてはめて考えると $AA:Aa:aa=(0.5)^2:2\times(0.5)\times(0.5):(0.5)^2=1:2:1$ となる。これはヘテロ接合子の個体(Aa)どうしを交配した場合に期待される遺伝子型の比 $AA:Aa:aa=1:2:1$ と同じである。

> **POINT**
>
> 　ハーディー・ワインベルグの法則が成り立つためには，以下の４つの条件すべてが満たされなければならない。
> 　1．任意に交配する大きな集団である（＝遺伝的浮動が起こりにくい）。
> 　2．突然変異が起こらない。
> 　3．自然選択が働かない。
> 　4．同じ種の他の集団との間に移出や移入がない（＝遺伝子の流動がない）。
> しかし，現実にはこれらの条件は満たされないため，進化が起こる。

参考　集団内における対立形質をもつ個体の割合と遺伝子頻度

　ショウジョウバエには，赤眼の個体と白眼の個体があり，赤眼の形質は優性で，白眼は劣性である。赤眼にする遺伝子を A として，その対立遺伝子を a と表すと，AA と Aa は赤眼，aa は白眼となる。ショウジョウバエのある集団について，赤眼と白眼の割合を調べたところ，75％が赤眼であった。この集団における A の遺伝子頻度は次のように導き出すことができる。

　赤眼の割合が75％より，白眼の aa の割合は25％であるので，$AA:Aa:aa=p^2:2pq:q^2$ の関係から，$q^2=0.25$ となる。よって，a の遺伝子頻度 q は0.5となる。一方，A の遺伝子頻度 p は，$p+q=1$ の関係を変形し，$p=1-q$ から，$p=1-0.5=0.5$ となる。赤眼が64％の場合は，白眼の aa の割合は36％となり，$q^2=0.36$ となり，$q=0.6$ である。よって，a の遺伝子頻度は0.6，A の遺伝子頻度は $1-0.6$ より，0.4となる。

4 種分化

　ある生物種から，別の種が生じるには，集団どうしの間に隔離が生じ，遺伝的な交流が起こらない状態になる必要がある。大陸の一部が分かれて島になったり，地殻変動により障壁となる高い山ができたりして，生物集団が隔離されることがある。これを**地理的隔離**といい，**地理的隔離が長く続くと，隔離された集団の中で遺伝的な変化が蓄積され，やがて交配できなくなる**。両者が出会ったとしても，交配できない，あるいは交配しても生殖能力のある子がうまれなくなった状態を**生殖的隔離**という。**生殖的隔離が起きれば，新しい種が形成されたことになる**。このようにひとつの種が複数の種に分かれることを**種分化**という。地理的隔離やそれによって生じる生殖的隔離は種分化の原動力となる。

A 異所的種分化

　種分化のうち，地理的隔離によって分断され，分断された種がそれぞれの場所に適応した結果として起こったものを異所的種分化という。地理的隔離が起きた場合，その環境に適応した独自の進化をたどると考えられる。

B 同所的種分化

　地理的に隔離されていない場合で起こる種分化を同所的種分化という。例えば，A種は繁殖期が4月であるが，突然変異によって繁殖期が10月になってしまった個体が生じたとする。4月に繁殖する個体と10月に繁殖する個体は交配が行われないので，同じ場所にいながら（つまり地理的隔離はないにもかかわらず），生殖的隔離が起こる。このような種分化を同所的種分化という。同所的種分化は繁殖期のずれだけでなく，形態や繁殖行動などの突然変異によっても起こる。

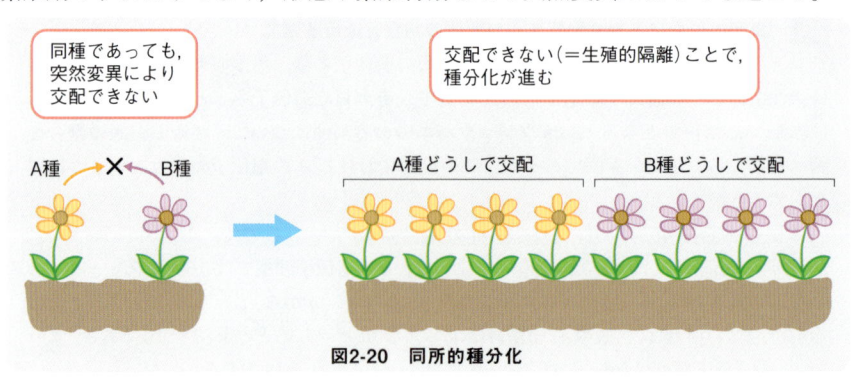

図2-20　同所的種分化

> **参考** 倍数体と種分化
>
> 　植物では，染色体の数が変化することによって，短期間で種分化が起こることがある。例えば，ゲノムの染色体数の基本数を(n)とすると，コムギ類には，$2n=14$ や，$2n=28$，$2n=48$ のように n の倍数の染色体をもつ種がある。このように，基本数(n)と倍数関係にある染色体数をもつ個体を倍数体という。倍数体は，減数分裂の際に，染色体の対合や分配に異常が起きることにより生じたと考えられている。こうした倍数体が生じることによる種分化はわずか1世代で起こりえる。

5 分子進化

　DNA の塩基配列には一定の頻度で突然変異が起こる。その結果，タンパク質のアミノ酸配列も変化することがある。このような，DNA やタンパク質などの分子にみられる変化を**分子進化**という。

Ⓐ 分子時計

　DNA の塩基配列には一定の頻度で突然変異が起きており，それらは一定の速度で蓄積する。したがって，異なる2種の間で，同じ遺伝子について塩基配列やタンパク質のアミノ酸配列を比較すると，**共通の祖先から分かれてからの時間が長い種ほど，配列の違いが大きくなる**。塩基配列やアミノ酸配列の変化の速度は**分子時計**と呼ばれ，進化の過程で分岐した年代を推定する手がかりとなる。

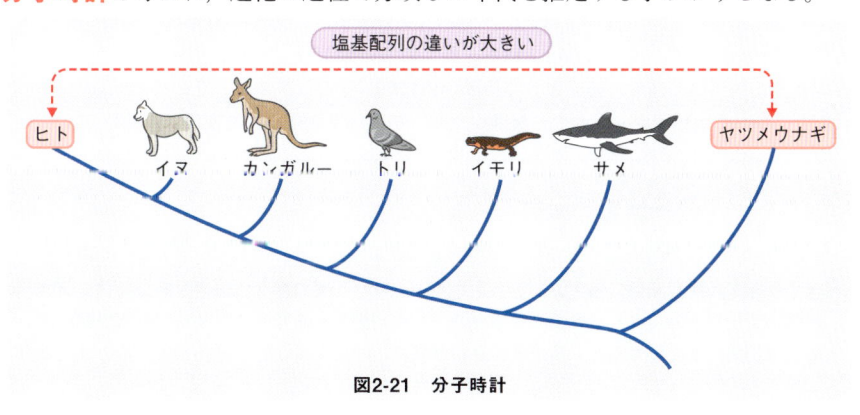

図2-21　分子時計

Ⓑ 中立進化

　DNAの塩基配列やタンパク質のアミノ酸配列の変化には，有利に働くものはほとんどなく，不利に働くか，不利にも有利にもならないものがほとんどである。アミノ酸の種類を決定するコドンの3番目の塩基に突然変異が生じても，多くは指定するアミノ酸は変化しない（下図）。また，たとえ，タンパク質のアミノ酸配列が変化しても，多くの場合は形質に変化を生じない。形質に影響しない，または，形質が変化しても自然選択を受けない変化を**中立進化**という。

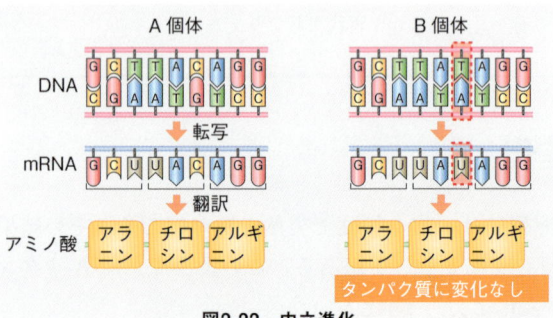

図2-22　中立進化

参考　中立説

　集団遺伝学者の木村資生は中立説を提唱し，突然変異と遺伝的浮動によって分子進化の傾向を説明した。遺伝子の突然変異には，自然選択に対して不利か，有利でも不利でもない中立的な突然変異が多い。このうち，不利な突然変異は自然選択によって集団から排除される。中立的な変異には自然選択が働かないため，集団から排除されることなく残る。こうして，進化のおもな要因は，中立的な突然変異と遺伝的浮動であるという中立説が木村によって提唱された。中立的な突然変異は，有利でも不利でもないため，自然選択が働かず，集団に蓄積される。集団の個体数が減少すると，中立な変異は偶然に偏って集団中に残り，結果として集団全体に広がることがある。そのため，もとの集団とは異なる遺伝子プールをもつ集団が生じ，その結果進化が起こるという説である。

コラム　分子進化の傾向

　DNAの塩基配列には一定の頻度で突然変異が起きるが，自然選択があるため，変異が蓄積する速度は塩基配列の場所によって異なる。タンパク質の働きに重要な部分のアミノ酸配列が変化すると，タンパク質の機能が低下したり失われたりする。また，転写調節に重要な塩基配列が変化すると，遺伝子の発現が異常になったりする。そのため，このような変異をもつ個体は生存能力が低く，多くは自然選択により取り除かれる。したがって，重要な機能に関係するアミノ酸配列や塩基配列は，それ以外の部分に比べて変化する速度が遅い。

この章で学んだこと

生物は進化の過程で多様化した。いかにして生物が進化したかを学ぶとともに，多様化した生物の分類について理解を深めた。

1 生物の分類

❶ 分類の階層 属→科→目→綱→門→界→ドメイン

❷ 種の名前 属名と種小名を並べて記載する二名法が用いられる。

❸ 系統 生物が進化してきた道筋を系統といい，系統にもとづいた分類を系統分類という。

❹ 三ドメイン説 全生物を細菌ドメイン，古細菌ドメイン，真核生物ドメインの3つに分ける分類法。真核生物ドメインには，原生生物，動物，植物，菌類が含まれる。

❺ 原生生物 原生生物のうち，運動性が高いものを原生動物という。アメーバ，ミドリムシなど。光合成を行うものは藻類で，ケイ藻，褐藻，紅藻，緑藻がある。ほかに，粘菌類や卵菌類がある。

❻ 植物 光合成を行う多細胞生物のことをいう。コケ植物，シダ植物，種子植物がある。シダ植物は胞子のうで胞子をつくり，繁殖する。

❼ 菌類 接合菌類，子のう菌類，担子菌類がある。菌類は光合成を行わない。体は菌糸でできている。

❽ 動物 他の生物や生産物を摂食する多細胞の従属栄養生物のことをいう。海綿動物，二胚葉動物（クラゲ，イソギンチャクなど），三胚葉動物がある。三胚葉動物は旧口動物と新口動物に分けられる。

2 進化のしくみ

❶ 変異 環境変異と遺伝的変異に大別される。前者は個体をとりまく環境の違いによって生じ，遺伝することはない。後者は突然変異によって生じ，遺伝する。

❷ 自然選択 遺伝的変異により，生存能力や繁殖力に差が生じ，有利な変異をもつ個体がより多くの子孫を残すようになる過程をいう。また，生息環境において有利となるような形質を備えることを適応進化という。

❸ 相同器官 発生の起源が同じで，同じ基本構造をもつ器官をいう。

❹ 相似器官 発生の起源が異なるが，種を越えて似た形態と働きをもつ器官をいう。

❺ 遺伝的浮動 遺伝子プールにおける対立遺伝子の割合を遺伝子頻度という。自然選択ではなく偶然などにより対立遺伝子が偏り，遺伝子頻度が変化することがある。これを遺伝的浮動という。

❻ 種分化 地理的隔離や生殖的隔離により，遺伝的交流が起こらなくなることで，ひとつの種が複数の種に分かれることをいう。

❼ 分子進化 DNAの塩基配列やタンパク質のアミノ酸配列の変化など分子にみられる変化をいう。分岐した年代が離れているほど変化が大きい。

確認テスト2

1 次の文中の（ ア ）〜（ ハ ）に適する語を答えなさい。

(1) ウマとロバは別（ ア ）であるが，イノシシとブタは同（ ア ）なので（ イ ）をもつ子を生み出す。

(2) ヒトという種は，ヒト属・ヒト（ ウ ）・サル（ エ ）・哺乳（ オ ）・脊索動物（ カ ）・動物（ キ ）・真核生物（ ク ）と分類される。

(3) 学名を表す二名法は「分類学の父」とよばれる（ ケ ）によって確立された。

(4) 原核生物は，（ コ ）の塩基配列にもとづいた（ サ ）系統樹により，細菌と（ シ ）に分けられる。

(5) 胚葉が，体の表面に配置される（ ス ）胚葉と，内部に配置される（ セ ）胚葉に分化している（ ソ ）動物には，クラゲなどの刺胞動物がある。海綿動物と刺胞動物以外の多細胞動物は，すべて（ タ ）動物である。（ タ ）動物は，（ チ ）動物と（ ツ ）動物の2つの系統に分類され，（ チ ）動物は原口がそのまま口になる。

(6) 変異は（ テ ）変異と（ ト ）変異に大別される。前者は個体間の（ ナ ）の違いにより生じる変異で，遺伝する。

(7) 鳥の翼とヒトの腕の起源は同じであり，これらは（ ニ ）器官とよばれる。チョウの翅と鳥の翼の起源は異なり，これらは（ ヌ ）器官とよばれる。

(8) 遺伝的浮動とは，偶然による（ ネ ）の変化をいう。

(9) ハーディー・ワインベルグの法則とは，一定の条件が満たされれば，たとえ（ ノ ）が変わっても，ある生物種の集団内の（ ハ ）は変化しないことを数学的に示した法則である。

2 次の問いに答えなさい。

(1) 次の原生生物を原生動物，藻類，粘菌類，卵菌類に分けなさい。
アサクサノリ　ゾウリムシ　ホコリカビ　ワカメ　ミズカビ

(2) 次の植物をコケ植物，シダ植物，裸子植物，被子植物に分けなさい。
イチョウ　イネ　ワラビ　モクレン　スギゴケ　ソテツ　トクサ

(3) 次の菌類を接合菌類，子のう菌類，担子菌類に分けなさい。
アオカビ　クモノスカビ　シイタケ　アカパンカビ

(4) 次の旧口動物を扁形動物，環形動物，軟体動物，線形動物，節足動物に分けなさい。
クモ　カイチュウ　プラナリア　ハマグリ　ゴカイ　ムカデ

センター試験対策問題

解答・解説は p.199

1 動物の分類と進化について，以下の問いに答えなさい。

問1 以下の特徴をもつ動物として最も適切なものをそれぞれ答えなさい。
(1) 組織や器官の明確な分化は見られず，えり細胞をもつ。
(2) 散在神経系をもち，からだは放射相称である。
(3) 旧口動物で，口は肛門を兼ねる。
(4) 脊索をもつ時期があるが，脊椎骨は終生形成されない。
(5) 新口動物で，成体は背側に中枢神経系をもつ。

① ウミウシ　② エビ　③ カイメン　④ カエル　⑤ クラゲ
⑥ ナマコ　⑦ プラナリア　⑧ ホヤ　⑨ ミミズ　⑩ ワムシ

問2 以下の特徴をもつ動物として適切なものをそれぞれ答えなさい。答えが複数ある場合にはそのすべてを答えなさい。
(1) 無胚葉性である。
(2) 二胚葉性である。
(3) 三胚葉性である。

① イソギンチャク　② ウニ　③ カイメン　④ センチュウ　⑤ ホヤ

（北里大　改題）

2 次の①〜⑤は遺伝的浮動に関して述べたものである。適切なものをすべて選び，番号を記しなさい。
① 遺伝的浮動は，生存に不利な遺伝子よりも生存に有利な遺伝子で起こりやすい。
② 遺伝的浮動は，大きい集団よりも小さい集団の中で起こりやすい。
③ 遺伝的浮動は，遺伝子プールを変化させるが遺伝子頻度は変化させない。
④ 中立的な変異が偶然に集団内に広がるのは，遺伝的浮動によると考えられている。
⑤ ハーディー・ワインベルグの法則は，遺伝的浮動の結果として生じる遺伝子頻度の変化を説明している。

（宮崎大　改題）

3　次の文章を読み，問1〜4に答えなさい。

進化が生じる仕組みとして，ダーウィンは1859年に『　ア　』を出版し，その中で　イ　説を提唱した。この時代には，遺伝の仕組みが明らかにされていなかったために，どのように変異が生じてそれが遺伝するかの記述は不明瞭であった。その後1865年に　ウ　が遺伝の法則を発表したが，この法則は20世紀に再発見された後に広く理解されるようになった。そして1908年に，ハーディーとワインベルグがそれぞれ独自に①集団内の対立遺伝子頻度の変化に関する基本法則を発表した。現代の進化学では，新しい種の形成やそれ以上の大きな時間スケールで生じる現象を大進化とよぶのに対し，小さな時間スケールで生じる集団内の対立遺伝子頻度の変化を小進化とよぶ。

ハーディー・ワインベルグの法則が成り立っている集団では，対立遺伝子頻度に変化が生じないため，生物の進化もおこらない。②　イ　がはたらく場合，異なる遺伝子型をもつ個体間で生存率や残す子の数に違いが生じることで，集団内の対立遺伝子頻度が次世代で変化すると説明できる。一方，集団内の対立遺伝子頻度が変化する要因として，木村資生は③ランダムな偶然による効果を考えた。この効果による対立遺伝子頻度の変化を　エ　という。

ダーウィンの提唱した　イ　説は，現在存在するさまざまな生物種が，どのように進化してきたかという考え方に影響を及ぼした。ヘッケルは，地球上のすべての生物は単一の共通祖先に由来し，生物の類縁関係は　オ　で示されるように，木の枝が分かれるような種分化を繰り返してきたと提唱した。

問1　　ア　〜　オ　に適する語を次から選びなさい。

A	ラマルク	B	びん首効果	C	プリンキピア	D	種の起源
E	反復	F	遺伝的浮動	G	メンデル	H	生物の驚異的な形
I	ド・フリース	J	自然選択	K	系統樹	L	ベルクマンの法則
M	分類図	N	リンネ	O	用不用		

問2　下線部①について，この法則(ハーディー・ワインベルグの法則)が成立するために必要な条件として正しいものを下の(a)〜(d)から2つ選び，記号で記しなさい。
(a)　集団への移入個体数と集団からの移出個体数がつりあっている。
(b)　交配がランダムに行われる。
(c)　集団は十分に多くの種からなる。
(d)　突然変異が生じない。

問3 下線部②の例として工業暗化が挙げられる。オオシモフリエダシャクには暗色型と明色型があるが，イギリスでは工業地帯で暗色型の頻度が高い一方で，田園地帯では明色型の頻度が高かった。これは，暗色型と明色型のどちらの生存率が高いかが，工業地帯と田園地帯で異なるためであると考えられた。つまり，工業地帯では ① が ② よりも生存率が高くなり，田園地帯では ③ が ④ よりも生存率が高くなると予測される。表1に示したケトルウェルが行った実験の結果は，まさにこの予測に合致するものであった。

表1 工業地帯と田園地帯におけるオオシモフリエダシャクの暗色型と明色型の再捕獲実験(1955年)

場所	表現型	標識した後に放した個体数	再捕獲した個体数
A	明色型	496	62
	暗色型	473	30
B	明色型	64	16
	暗色型	154	82

① 〜 ④ に入る語および表1のAとBに入る語の組み合わせとして正しいものを下の(a)〜(d)から選び，記号で記しなさい。

	1	2	3	4	A	B
(a)	明色型	暗色型	暗色型	明色型	田園地帯	工業地帯
(b)	明色型	暗色型	暗色型	明色型	工業地帯	田園地帯
(c)	暗色型	明色型	明色型	暗色型	田園地帯	工業地帯
(d)	暗色型	明色型	明色型	暗色型	工業地帯	田園地帯

問4 下線部③の効果が大きくなる条件として正しいものを下の(a)〜(d)から2つ選び，記号で記しなさい。
(a) 集団が他の集団から隔離される。
(b) 集団のサイズが小さくなる。
(c) 天敵が集団内のどの個体を捕食するかが偶然によって決まる。
(d) 集団内で交配がランダムに行われる。

(岐阜大　改題)

二次試験対策問題

解答・解説は p.549〜

① 　細胞が発見されたのは17世紀なかごろで，その後，多くの研究者によって細胞の研究が進み，19世紀に入ると，[1]が植物について，また，その翌年には，[2]が動物について，「生物のからだはすべて細胞からできており，細胞は生物体の構造と働きの単位である」という細胞説を提唱した。

　細胞には原核細胞と真核細胞の2種類があるが，(ア)細胞の形や大きさはまちまちである。真核細胞はその内部に細胞小器官と呼ばれるいろいろな構造体を含んでいる。(イ)細胞小器官は非常に小さく，そのはたらきを調べるために，おのおのの構造体を大きさや密度の違いによって分離する細胞分画法という方法が開発されている。細胞はたえず水や養分を取り入れ，余分な水や老廃物などを排出している。このような細胞における物質の出入りは，すべて(ウ)細胞膜を通して行われ，細胞膜の働きによって調節されている。

問1　文中の空欄に入る語として最も適切なものを解答群からそれぞれ選びなさい。

【解答群】　A．シュライデン　　B．フック　　C．ブラウン　　D．フィルヒョー　　E．シュペーマン　　F．シュワン

問2　下線部(ア)の細胞の大きさについて，ゾウリムシ，大腸菌，ヒトの赤血球，ミドリムシを小さい順に左から並べたときの並べ方として最も適切なものを選びなさい。

A．ミドリムシ　ヒトの赤血球　大腸菌　ゾウリムシ
B．ミドリムシ　大腸菌　ゾウリムシ　ヒトの赤血球
C．大腸菌　ゾウリムシ　ヒトの赤血球　ミドリムシ
D．大腸菌　ヒトの赤血球　ミドリムシ　ゾウリムシ
E．ゾウリムシ　ミドリムシ　ヒトの赤血球　大腸菌
F．ゾウリムシ　ヒトの赤血球　大腸菌　ミドリムシ
G．ヒトの赤血球　大腸菌　ミドリムシ　ゾウリムシ
H．ヒトの赤血球　大腸菌　ゾウリムシ　ミドリムシ

問3　下線部(イ)に関する以下の問いに答えなさい。

　　ネズミの肝臓を等張なスクロース溶液中ですりつぶし，これを遠心分離機により，以下の図のように次々と遠心し，4つの分画に分離した。

　分画Ⅰ～Ⅲに含まれる構造体の電子顕微鏡像は次のようであった。

構造体①：分画Ⅰに含まれ，2枚の膜で包まれた円形構造体で，ところどころに穴があいている。

構造体②：分画Ⅱに含まれ，2枚の膜で包まれた楕円形構造体で，内膜はところどころで内側にくし状に突き出ている。

構造体③：分画Ⅲに含まれ，1枚の膜で包まれた構造体で，その表面に小さい粒子がびっしりと付着している。

(1)　構造体①～③として最も適切なものを解答群から選びなさい。

【解答群】A．細胞壁　　B．小胞体　　C．液胞　　D．葉緑体　　E．核
　　F．ゴルジ体　　G．ミトコンドリア

(2)　クエン酸回路が働く分画と解糖系が働く分画として最も適切なものを選びなさい。

A．Ⅰ　　B．Ⅱ　　C．Ⅲ　　D．Ⅳ

問4　下線部(ウ)の細胞膜の構造や働きに関する次の問いに答えなさい。

(1)　下記の記述のうち，適切でないものを選びなさい。

A．細胞膜は，脂肪やタンパク質が組み合わさってできている。
B．小腸でのグルコースの吸収には，能動輸送が関わっている。
C．チャネルは受動輸送に関わるタンパク質である。
D．Na-Kポンプは能動輸送に関わるタンパク質である。
E．尿素の透過速度は速くないが，受動輸送で透過できる。
F．受動輸送には，ATPがエネルギー源として使われる。

(2)　ヒトの赤血球を以下の濃度の食塩水中に入れたとき，形の変化が最も小さいのはどれか。最も適切なものを選びなさい。

A．0.01%　　B．0.1%　　C．1%　　D．2%　　E．4%　　F．6%

(明治大)

② 生物の遺伝情報はDNAを構成する4種類の塩基の配列として保存されている。(ア)二本鎖DNAの片方の鎖を鋳型として，配列が相補的な伝令RNA (mRNA) が合成される過程を[1]という。mRNAは細胞質中の[2]に結合し，mRNAの遺伝情報がタンパク質に翻訳される。運搬RNA (tRNA) は，mRNAのコドンが指定するアミノ酸を[2]へ運んでくる。運ばれてきたアミノ酸は，[2]の働きによって，ペプチド結合で互いにつながれ，タンパク質が合成されていく。

　mRNAの合成過程において，真核細胞と原核細胞では，以下の点で異なっている。一般に，真核細胞では(イ)遺伝情報をもつDNA部分が，複数の(ウ)遺伝情報をもたないDNA領域に隔てられて存在する。そのため，[1]されたRNAから遺伝情報を含まない領域が除かれ，遺伝情報を含む部分だけがつなぎ合わされてmRNAが完成する。この過程を[3]とよぶ。これに対して原核細胞では，[3]が起こることはまれであり，[1]されたRNAはそのままmRNAとして働く。

問1　文章中の[1]～[3]に適切な語句を入れよ。

問2　下線部(ア)の過程において，DNAのG, A, T, Cの4種類の塩基に対応するRNAの塩基はそれぞれ何か。アルファベットで記せ。

問3　下線部(イ)と(ウ)の名称を記せ。

問4　mRNAの遺伝情報がタンパク質に翻訳される過程において，真核細胞と原核細胞の間にみられるもっとも大きな違いは何か，80字以内で簡潔に述べよ。

問5　タンパク質合成にかかわるRNAには，mRNAとtRNA以外にどのようなものがあるか，名称を記せ。

問6　遺伝子の塩基配列は様々な原因によって変わり，それが子孫に伝わることがある。ヘモグロビン遺伝子の1塩基の変化が原因で生じるヒトの遺伝性疾患の名称を記せ。

問7　(A)～(F)の記述のうち正しいものを2つ選べ。

(A)　細胞小器官である葉緑体やミトコンドリア，ゴルジ体は真核細胞のみにみられ，原核細胞にはみられない。

(B)　原核生物の中にはクロロフィルをもち，光合成を行う独立栄養性の生物が存在する。

(C)　大腸菌や根粒菌，酵母菌はすべて細胞壁をもつ単細胞生物であり，染色体は核膜で包まれない。

(D)　原核生物でも真核生物でも，細胞中のDNA分子はヒストンとよばれるタンパク質と強固に結合している。

(E)　tRNAにはmRNAのコドンが指定したアミノ酸を結合する部分があり，この部分をアンチコドンという。

(F)　コドンは合計64通りあるが，これらはすべて20種類のアミノ酸のいずれ

か1つに対応する。

(新潟大　改題)

③　次の文を読み，問1〜問3に答えよ。

　動物の卵は精子と受精して受精卵になると，細胞分裂を始め，胚となる。受精卵が親と同じ形をした成体になるまでの過程を(a)という。受精卵の分裂様式は動物の種類によって異なり，特に養分となる(b)の量や分布に強く依存する。ウニや哺乳類などの卵は，(b)の量が少なくほぼ均一に分布するため，(c)とよばれる。一方，カエルやイモリなど両生類の卵は，(b)が(d)側に片寄って分布することから，(e)とよばれる。この片寄りは第三卵割で8細胞になるときにも影響し，(d)側の割球が(f)側に比べて大きくなる。このような片寄った卵割の様式は(g)とよばれる。さらに卵割が進んだ胚は，表面が滑らかな(h)となる。

　カエルの(h)期に，(d)と(f)の細胞塊を切り取り，これらを接触させて培養すると，(f)側の細胞塊から中胚葉性の組織が分化する。中胚葉を誘導する物質として，いくつかの成長因子が知られており，これらが組織や器官をつくるための遺伝子をはたらかせると考えられている。

問1　文中の(a)〜(h)に適切な語を記せ。
問2　下線部について，あてはまる組織名を下記ア)〜コ)からすべて選び，記号で記せ。
ア)脊髄　　イ)腎臓　　ウ)筋肉　　エ)肝臓　　オ)表皮
カ)心臓　　キ)眼胞　　ク)脊索　　ケ)腸管　　コ)脳

(名城大　改題)

④ 次の文章を読み，問1〜問4に答えなさい。

多くの生物は，エネルギー源としてグルコースを用いることが知られている。しかし，グルコースは，そのままの形で細胞の活動に利用されることはない。細胞に取り込まれたグルコースは，さまざまな反応を経てアデノシン三リン酸(ATP)へと変換され，利用される。真核生物の場合，細胞に取り込まれたグルコースは，まず，細胞質基質において　a　によりピルビン酸へと変換される。このとき，1分子のグルコースから　ア　分子のATP，　イ　原子の水素，および2分子のピルビン酸がつくられる。さらに，ピルビン酸は，ミトコンドリアの内膜の内側(マトリックス)に取り込まれ，そこで　b　酵素や　c　酵素などのはたらきを受けて，二酸化炭素と水素に分解される。この反応過程は回路状になっていて，最初の反応で　d　が生じることから　d　回路とよばれている。　d　回路では，2分子のピルビン酸が　ウ　分子の水の添加を受けて　エ　分子の二酸化炭素と20原子の水素とに分解される間に，ATPが　オ　分子つくられる。

　a　と　d　回路で取り出された水素原子は，水素イオン(H^+)と電子に分けられ，電子はミトコンドリア内膜にある電子伝達系によって運搬される。また，電子伝達系のはたらきにより<u>ミトコンドリア内膜の内外でH^+濃度に勾配が生ずる</u>。このH^+濃度勾配を利用して，ミトコンドリア内膜に存在するATP合成酵素が，アデノシン二リン酸(ADP)をATPに変換する。

問1　文中の　a　〜　d　に最も適切な語を記入しなさい。

問2　文中の　ア　〜　オ　に，それぞれあてはまる数を記入しなさい。

問3　下線部に関する記述として正しいものを，次の(ア)〜(エ)からすべて選び，記号で答えなさい。

(ア) マトリックスは，細胞質基質に比べ，アルカリ性に傾いている。

(イ) マトリックスは，細胞質基質に比べ，酸性に傾いている。

(ウ) マトリックスは，ミトコンドリアの外膜と内膜の間の間隙に比べ，アルカリ性に傾いている。

(エ) マトリックスは，ミトコンドリアの外膜と内膜の間の間隙に比べ，酸性に傾いている。

問4　電子伝達系でのATP合成に関する記述として正しいものを，次の(ア)〜(エ)からすべて選び，記号で答えなさい。

(ア) 電子伝達系におけるATP合成には，酸素が必要である。

(イ) 電子伝達系におけるATP合成によって，二酸化炭素が発生する。

(ウ) 電子伝達系におけるATP合成によって，水が発生する。

(エ) 電子伝達系におけるATP合成によって，酸素と水が発生する。

(富山大)

⑤ 次の文章を読んで，問1〜問4に答えなさい。

　ヒトが目でものを見るためには，まず外界からの光が，①様々な構造からなる眼球内を通過しなければならない。光はその後に網膜の②視細胞に到達し，これらを興奮させる。この興奮が視神経を通って脳へと伝わる。眼球内に進入する光の量や，脳へ伝わる視細胞の興奮の量は，さまざまな機能により調節を受けている。たとえば明るい場所から暗い場所へ急に移ると，最初はうまく物を見ることができないが，徐々に見えるようになってくる。これを③暗順応と呼ぶ。またこのような調節機能以外にも，眼球内に入る光の量は，④瞳孔への神経支配を介して調節されることが知られている。

問1　下線部①で，外界からの光が眼球を通過する経路として正しいものはどれか，以下の(a)〜(e)の中から1つ選び，記号で答えなさい。
(a)　外界→角膜→毛様体→虹彩→水晶体→視細胞
(b)　外界→瞳孔→角膜→毛様体→水晶体→視細胞
(c)　外界→角膜→水晶体→虹彩→脈絡膜→視細胞
(d)　外界→角膜→瞳孔→水晶体→ガラス体→視細胞
(e)　外界→瞳孔→ガラス体→水晶体→脈絡膜→視細胞

問2　下線部②の視細胞には2種類の細胞がある。これらの中で色の識別に関与する細胞の名称を答えなさい。

問3　色の識別に関与する細胞は，網膜のどの部分に集中して分布しているか，その分布領域の名称を答えなさい。

問4　ヒトが明るい場所から暗い場所に移った後に，下線部③の暗順応が起こるのに要する時間は，下線部④の調節機能が働くのに要する時間と比較して"長い"か"短い"か，答えなさい。またその理由を60字以内で説明しなさい。

（山口大）

⑥ A．動物の配偶子のもとになる細胞は ア とよばれる。この細胞は，精巣または卵巣の中で，雄では イ に，雌では ウ になる。 イ と ウ は体細胞分裂によって増殖した後，それぞれ一次精母細胞と一次卵母細胞となり，減数分裂を経て配偶子になる。

問1　文中の ア ～ ウ に入る適切な用語を，それぞれ記せ。

問2　被子植物において減数分裂が起こる部位の名称を2つ記せ。

問3　減数分裂の第一分裂で起こる，体細胞分裂にはみられない現象を，50字以内で記せ。

問4　下のa～dは減数分裂の過程における細胞1個当たりのDNA量の変化を示している。正しい変化を示しているものを1つ選び，記号で答えよ。なお，DNA量は，減数分裂が完了した細胞のDNA量を1とした相対値で示している。

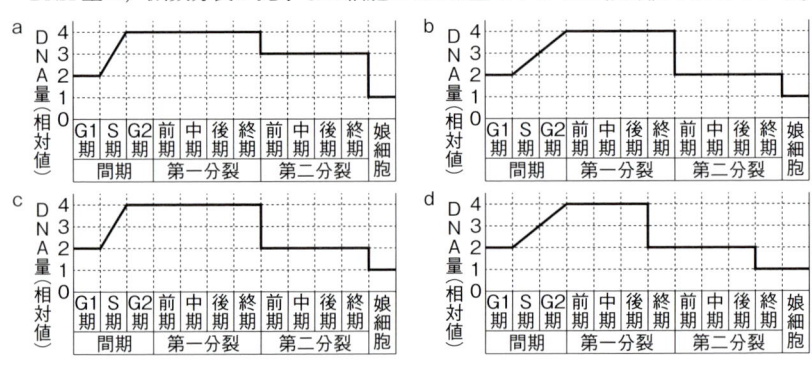

B．ウニの受精では，精子が卵の中に進入すると，卵から卵膜が離れて①受精膜が形成される。卵の細胞質中で精子の核は エ となり， オ と融合して受精が完了する。その後，受精した卵は，②発生初期の胚に特有の細胞分裂を行う。この分裂を カ と呼ぶ。

問5　文中の エ ～ カ に入る適切な用語を，それぞれ記せ。

問6　下線部①の役割を50字以内で記せ。

問7　ウニの発生において，下線部②の細胞分裂にみられる，通常の体細胞分裂と異なる特徴を，50字以内で記せ。

（山形大）

⑦ 生態系において，生産者を出発点とする食物連鎖の各段階を栄養段階という。右の図は，異なる栄養段階におけるエネルギー量の関係を積み上げて表したものである。次の問1～問4に答えなさい。

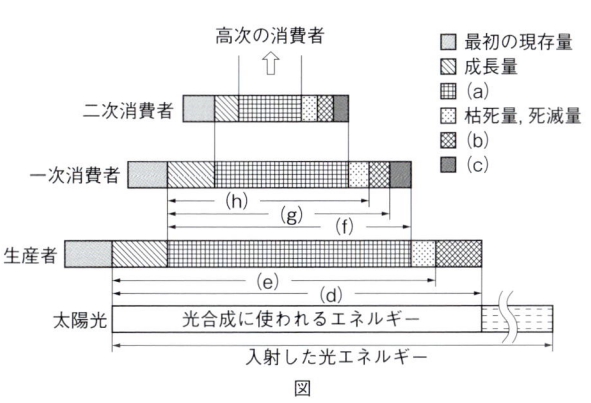

問1　図中の(a)～(c)の項目を表す適切な語句をそれぞれ記せ。

問2　同化量に相当する項目を，図中の(d)～(h)からすべて選び，記号を記せ。

問3　熱帯多雨林では，亜寒帯の針葉樹林に比べて，土壌の表層に蓄積される有機物が少ない傾向にある。その理由として最も適切なものを，次の①～⑥から選び，番号を記せ。

① 熱帯多雨林では，亜寒帯の針葉樹林よりも成長量が多いから。
② 熱帯多雨林では，亜寒帯の針葉樹林よりも枯死量が多いから。
③ 熱帯多雨林では，亜寒帯の針葉樹林よりも図中の(f)が多いから。
④ 熱帯多雨林では，亜寒帯の針葉樹林よりも図中の(b)が少ないから。
⑤ 熱帯多雨林では，亜寒帯の針葉樹林よりも生産者による有機物の再吸収量が多いから。
⑥ 熱帯多雨林では，亜寒帯の針葉樹林よりも分解者の活性が高いから。

問4　極相林で，図中の(b)の項目を生態系全体で合計した量とほぼ等しくなるのは，次の①～⑥のうちどれか。番号を記せ。

① 図中の枯死量および死滅量を生態系全体で合計した量
② 図中の成長量を生態系全体で合計した量
③ 図中の成長量，枯死量および死滅量を生態系全体で合計した量
④ 図中の(d)
⑤ 図中の(e)
⑥ 図中の(f)

（宮崎大）

⑧ 動物は，(ア)神経系を介して行動することで外部環境に適応する。一方，からだの内部の調節は，(イ)自律神経系と(ウ)ホルモンとの協調作用で行われることが多い。その一つが(エ)血糖濃度の恒常性である。マラソンなどの激しい運動により血糖濃度の減少した血液が視床下部に入ると，この中枢から指令が出て，各種ホルモンが分泌され，血糖濃度が一定範囲内にもどるように調節されている。血糖は組織に運ばれて，(オ)細胞の呼吸基質となり，エネルギー源として用いられるので，動物のからだに大きな影響を与えないように，恒常性が保たれている。

問1　下線部(ア)の応答のひとつに，反射がある。「顔に水がかかったので，思わず目を閉じた」という反射を行った場合の中枢として最も適切なものを選びなさい。
　　A．大脳　　B．中脳　　C．小脳　　D．間脳　　E．脊髄　　F．延髄

問2　下線部(イ)の一つである，交感神経のはたらきについて，組織・器官とはたらきの組み合わせとして最も適切なものを選びなさい。ただし，選択肢の語は，組織・器官―はたらきの順に示してある。
　　A．だ液腺―粘性の小さいだ液を分泌　　B．胃―運動を促進
　　C．ぼうこう―排尿を促進　　　　　　　D．汗腺―汗の分泌を促進
　　E．すい臓―すい液分泌を促進　　　　　F．目―瞳孔の縮小

問3　下線部(ウ)に関して，血液中のカルシウム量の調節を担っているホルモンとして最も適切なものを選びなさい。
　　A．アドレナリン　　　B．チロキシン　　　C．インスリン
　　D．グルカゴン　　　　E．バソプレシン　　F．パラトルモン
　　G．糖質コルチコイド　H．鉱質コルチコイド

問4　下線部(エ)に関して，健康な人の空腹時の血糖濃度は約何％に維持されているか。最も適切なものを選びなさい。
　　A．0.001％　　B．0.01％　　C．0.1％　　D．1％　　E．10％

問5　下線部(オ)に関する次の文を読み，解答しなさい。
　動物の筋肉は，活動が激しいとき，無酸素状態のまま運動を続ける。100 mを10秒で疾走するとき，グルコースの85％は無酸素状態で消費される。この時の疾走でグルコース0.05分子が消費されたとすると，ATPは何分子作られたかを計算しなさい。ただし，ATPの生成に利用できるのはグルコースだけとする。

（明治大　改題）

⑨ 次の文章を読み，下記の問1～問4に答えよ。

　生物が誕生して以来，現在では学名が付けられた生物だけでも約150万種が存在する。このように多様な生物の存在は a) 進化とよばれる事象の結果だと考えられている。進化を実証することは困難であるが，ある種類の生物が連続的に変化していった過程を示すような一連の化石がみつかることは進化の有力な証拠である。また，ヒトの手，イヌの前足，クジラの胸びれのような脊椎動物の前肢は，外見や機能が違っていても骨格の構造に共通点が見られる　1　器官であり，これらの動物が共通の祖先から進化してきたことを示している。このほか b) 生物の分布や生態に関する情報も進化を検証する重要な手がかりとなる。

　現在の多様な生物群を理解するために，これまでは形態的な類似性に基づく系統分類が行われてきた。しかし，チョウの翅とトリの翼のように，異なる系統の生物が同じような環境や生活様式に適応した結果，発生上の起源は異なるのに形態や働きがよく似た　2　器官をもつ例がある。このような現象を　3　というが，　2　器官を生物の比較に用いた場合や，イヌのチワワとコリーのように同一種であるにもかかわらず外見的特徴が著しく異なる場合などは，系統分類が困難になることがある。そこで近年では形態情報に加え， c) DNAの塩基配列やタンパク質のアミノ酸配列を利用した分子系統学により，生物間の類縁関係や分岐年代を推定する試みも盛んになっている。

問1　文中の　1　～　3　にあてはまる適切な語句を答えよ。

問2　下線部a)の進化のしくみに関する理論のうち，以下のⅰ)～ⅲ)を提唱した人物と，その理論の名称を答えよ。

ⅰ) 突然変異で変化した形質が子孫にも遺伝することで進化が起こる。

ⅱ) 同じ親から産まれた子にも個体差があるため，生存競争のなかでより環境に適した個体が生き残り，その個体の形質が遺伝することで進化が起こる。

ⅲ) 生物はそれぞれの環境において，よく使われる器官は発達し，そうでない器官は退化していく。それによって獲得した形質が遺伝によって子孫に伝えられることで進化が起こる。

問3　下線部b)について，ガラパゴス諸島のフィンチやオーストラリア大陸の有袋類の例で知られているように，共通の祖先をもつ生物群が様々な異なる環境に適した多数の種へと分かれていく現象をなんというか答えよ。

問4　下線部c)の手法を用いて，大腸菌，ラン藻，昆虫，は虫類，ほ乳類，被子植物すべての類縁関係を調べるために適したものを選択肢から選びなさい。

［選択肢］（ア）ヘモグロビンα鎖のアミノ酸配列
　　　　　（イ）葉緑体DNAの塩基配列　　（ウ）リボソームRNAの塩基配列
　　　　　（エ）ミトコンドリアDNAの塩基配列

（熊本大　改題）

「生物基礎」解答・解説

第1部 生物の特徴

確認テスト1　p.35・p.36

1 【解答】(1) (ア)180万　(イ)多様
(ウ)共通　(エ)遺伝　(オ)遺伝子
(カ)DNA　(キ)系統樹
(2) ①細胞　②生殖　③形質
④ATP　⑤刺激

【解説】(1) 生物に共通性があることが，共通の祖先から進化してきたことを裏付ける。共通の祖先は，酸素を使わない呼吸を行う原核生物の細菌だと考えられている。進化にもとづく類縁関係を系統という。よく似た種をまとめて属に，さらに科，目，綱，門，界と上位の階層にまとめられ，分類される。これまで形質や発生の過程の比較などで描かれてきた系統樹も，近年は遺伝情報の比較により見直されている。分子系統樹では，生物全体は大きく真正細菌（バクテリア），古細菌（アーキア），真核生物の3つのグループ（ドメイン）に分けられる。
(2) ① 細胞の成分にも共通性がある。およそ7割が水，残りの半分がタンパク質。その他，脂質，炭水化物，核酸(DNA)，無機塩類など。
⑤ 体の内部の状態を一定に保とうとする性質を恒常性（ホメオスタシス）という。第3部で学ぶ。

POINT 共通の祖先から進化して多様な生物ができた。生物は多様だが共通性がある。細胞・生殖・遺伝・ATP・体の調節。

2 【解答】(1) (ア)単細胞生物　(イ)多細胞生物　(2) (ア)体細胞　(イ)生殖細胞　(3) (ア)原核　(イ)原核生物　(ウ)シアノバクテリア
(4) (ア)組織　(イ)階層
(5) (ア)フック　(イ)(ウ)シュライデン，シュワン(順不同)　(エ)細胞説

【解説】(1) 細菌（バクテリア）やシアノバクテリア（ラン藻）などの原核生物は単細胞生物。ボルボックスなど群体をつくって生活する単細胞生物もいる。
(2) 生殖細胞には卵，精子，胞子などがある。単細胞生物は分裂や出芽によって増える。
(3) 原核生物では，染色体はむき出しで細胞質基質中に存在する。
(4) 植物には根・茎・葉・花などの器官がある。根端や成長点にある分裂組織のほか，分裂しない組織として表皮組織，通道組織の道管や師管，基本組織系のさく状組織や海綿状組織などがある。
(5) フィルヒョーは細胞が細胞からできることを見つけた。

POINT 原核生物は核膜につつまれた核をもたない。1つの細胞からなるのは単細胞生物，複数の細胞からなり，細胞・組織・器官と階層構造をもつのは多細胞生物。

3 【解答】(1) a—エ　b—オ　c—ア　d—イ　e—ク　f—キ
(2) a, e および c
(3) ア—d　イ—f　ウ—c　エ—e
(4) 細胞分画法

【解説】(3) 核のほか，ミトコンドリアと葉緑体も独自のDNAをもつ。花の色は液胞のアントシアンのほか，有色体の色などにもよる。
(4) 遠心力を利用して特定の大きさの細胞小器官を沈めて分離する。

POINT 細胞壁，葉緑体，発達した液胞が植物細胞の特徴。

4 【解答】(1) 長い　(2) 短い　(3) しぼ

る　(4)　d　(5)　$\frac{1}{16}$　(6)　低倍率，平面鏡

解説 (1)(2)　低倍率でピントを合わせ，レボルバーを回転させれば高倍率でもほぼピントが合っている。
(4)　通常，顕微鏡の視野は上下左右ともに逆転している。
(6)　高倍率では，狭くなった視野に凹面鏡で光を集めて観察する。

確認テスト2　　p.53・p.54

1　**解答**　(ア)代謝　(イ)エネルギー　(ウ)同化　(エ)光合成　(オ)吸収　(カ)独立　(キ)異化　(ク)呼吸　(ケ)放出　(コ)ATP　(サ)酵素

解説　(ウ)植物には，光合成を行う同化器官と光合成を行わない非同化器官がある。(エ)光合成のできない動物などは，従属栄養生物であり，他の生物の体(有機物)を食物として取り入れて分解し，体をつくる材料としたり呼吸基質にする。(コ)光合成，呼吸ともにATPがつくられる。(サ)酵素はタンパク質を主成分とする生体触媒である。

POINT　同化→エネルギー吸収，有機物の合成，例：光合成。
異化→エネルギー放出，有機物の分解，例：呼吸。

2　**解答**　(1)　アデノシン二リン酸
(2)　ア　アデノシン　イ　リン酸　ウ　高エネルギーリン酸　(3)　葉緑体，ミトコンドリア

解説　(2)　リン酸どうしの結合は他に比べて切れたり結合したりしやすく，エネルギーの貯蔵や放出に適している。ATPはRNAの成分とも共通しており，生物体に多く存在する分子である。リン酸が1つはずれるとADPとなり，エネルギーが放出される。葉緑体は光エネルギーを，ミトコンドリアは化学エネルギーを用いてADPとリン酸を結合させ，ATPをつくる。

POINT　代謝にともないエネルギーは移動し変換される。ATPが化学エネルギーを一時保管し，運搬する。

3　**解答**　(ア)タンパク質　(イ)アミラーゼ　(ウ)マルターゼ　(エ)触媒

解説　酵素は化学反応を促進する生体触媒。酵素自身は反応の前後で変化しない。

4　**解答**　(1)　(ア)グルコース　(イ)(ウ)二酸化炭素，水(順不同)　(エ)ATP　(オ)ミトコンドリア　(カ)光　(キ)ATP　(ク)(ケ)二酸化炭素，水(順不同)　(コ)酸素　(サ)葉緑体
(2)　①有機物(グルコース)＋酸素→二酸化炭素＋水＋エネルギー(ATP)
②二酸化炭素＋水＋光エネルギー→有機物＋酸素

別解　① $C_6H_{12}O_6＋6H_2O＋6O_2$ →$6CO_2＋12H_2O＋$エネルギー(最大38ATP)
② $6CO_2＋12H_2O＋$光エネルギー →$C_6H_{12}O_6＋6H_2O＋6O_2$

解説　(1)　呼吸や光合成には，多くの酵素が働き，反応は段階的に進む。
(オ)真核生物は共通してミトコンドリアをもつ。(コ)光合成で発生する酸素は水の分解で生じる。
(サ)藻類(大型の海藻や単細胞のクロレラなど)にも葉緑体があり，光合成を行う。
(2)　①呼吸は，解糖系(細胞質)，クエン酸回路(ミトコンドリア)，電子伝達系(ミトコンドリア)と細胞内の2か所で起こる3段階の反応からなる。②光合成は，クロロフィルを含むチラコイドとその周りのストロマの2か所で反応が進む。光の吸収，ATPの合成，水の分解はチラコイド，二酸化炭素の固定はストロマで行われる。

> **POINT**
> 呼吸（ミトコンドリア）でも，光合成（葉緑体）でもATPがつくられる。呼吸→酸素を消費して有機物を分解する。光合成→光エネルギーを吸収して有機物を合成する（炭酸固定または炭酸同化）。

5 【解答】 (1) 葉緑体　(2) ミトコンドリア　(3) 細胞内共生説　(4) マーグリス

【解説】 (1) シアノバクテリアはクロロフィルに似た色素をもち，光合成を行う。
(2) 酸素を用いた呼吸を行う細菌を好気性細菌という。

センター試験対策問題　p.55〜p.57

1 【解答】 問1　①　問2　④　問3　⑧　問4 (1)④　(2)⑦

【解説】 問2　対物ミクロメーター5目盛り×対物ミクロメーター1目盛り10μm＝50μmが，接眼ミクロメーター20目盛りに対応するので，接眼ミクロメーター1目盛りの長さは50μm÷20＝2.5μm。よって，この細胞の長さは，2.5μm×49目盛り＝122.5μm　となる。

問3　原核生物は細胞小器官をもたない。ネンジュモは原核生物のシアノバクテリアの一種，大腸菌は原核生物の細菌の一種である。真核生物は膜で囲まれた細胞小器官をもつ。クラミドモナス，酵母，アメーバは真核生物。

問4　植物に特徴的な構造は，葉緑体，細胞壁，液胞である。成長した植物細胞では大きく発達した液胞が観察できる。液胞は，老廃物やアントシアン(色素)，有機酸などを含む。小胞体とゴルジ体はタンパク質の分泌，中心体は細胞分裂の際の染色体の分離にそれぞれかかわっている。

2 【解答】 問1　②⑥(順不同)　問2　④

【解説】 問1　②従属栄養生物は，大気からの二酸化炭素を利用できない。⑥異化の過程で放出されるエネルギーの一部がATPを合成するのに使われて，残りは熱エネルギーとなって放出される。

3 【解答】 ⑤

【解説】 光合成の反応は，二酸化炭素＋水＋光エネルギー→有機物＋酸素である。光合成により生じた有機物($C_6H_{12}O_6$：グルコース)はデンプンになり，葉緑体中に同化デンプンとして蓄積される。デンプンはグルコースに分解されたのちスクロースとなり，師管を通って植物体の各部へ運ばれる。この移動を転流という。

第2部 遺伝子とその働き

確認テスト1 p.71・p.72

1 解答 (1) (ア)メンデル (イ)遺伝子 (ウ)染色体 (エ)DNA (オ)ヌクレオチド (カ)塩基 (キ)デオキシリボース (ク)シトシン (ケ)チミン (コ)二重らせん
(2) AとT, GとC
(3) ワトソン, クリック

解説 (ア)遺伝の法則を発見したのは1865年のことであるが, 1900年に3人の研究者に再発見されるまで理解されなかった。(イ)メンデルは「要素」とよび, 仮定の因子としていた。(エ)デオキシリボ核酸。酸性を示す。(カ)アルカリ性を示す。(キ)5つの炭素からできていて, 5炭糖とよぶ。グルコースは6炭糖。

POINT DNAは, 糖（デオキシリボース）にリン酸と塩基が結合したヌクレオチドが長く鎖状につながった分子。塩基の結合は, 必ずAとT, GとCが対になっているため, 一方が決まれば, もう一方も決まる相補的な関係にある。

2 解答 (1) 30億 (2) ヒトゲノム (3) 22,000 (4) 1.5 (5) 染色体 (6) ヒストン

解説 遺伝子として働く部分はゲノムのごく一部であり, DNA＝遺伝子ではない。

3 解答 (1) 2.4倍 (2) 1.5倍 (3) 1250塩基対 (4) 2000塩基対 (5) 150万個 (6) 平均的な遺伝子のサイズが大きい。または遺伝子の間が大きく空いている。

解説 原核生物の遺伝子は近接して存在している。一方, 真核生物の遺伝子はゲノム上に点在しており, 遺伝子どうしの間隔は大きく空いている。遺伝子ではない部分は, 反復配列が多くを占めている。反復配列では, 同じ塩基配列が繰り返されている。

確認テスト2 p.79・p.80

1 解答 ②, ③, ⑥

解説 ②先に起きるのは核分裂。③④間期とは, M期を除く, G_1期・S期・G_2期である。⑤染色体が中央に並ぶのは中期。⑦染色体の移動は後期。⑧体細胞分裂では, 娘細胞と母細胞は同じDNAを同じ量もつ。

POINT 細胞周期では, DNAの複製は間期に, 分配は分裂期に行われている。

2 解答 (1) TACCGTCGAT (2) (ウ)
(3) (a)(ア) (b)(ウ) (c)(イ) (d)(オ) (e)(エ)

解説 (1) AとT, GとCが対になっている。(3) DNAの複製は, 間期のS期に起き, その前後がG_1期とG_2期である。2倍になったDNA量は, 分裂期の終わりにもとに戻る。

POINT DNAの複製は, 塩基の相補性をもとにしている。2本鎖の片方を鋳型にして, もう1本の新しいヌクレオチド鎖がつくられる。複製後のDNAの2本鎖のうち1本はもとのヌクレオチド鎖であるから, これを半保存的複製という。

3 解答 (1) 16時間 (2) 12分 (3) ADECBF

解説 (1) Aが間期でB〜Fが分裂期であるから, 分裂期の細胞数はB〜Fの細胞数を足して80, 細胞周期全体での細胞数は560＋80で640である。分裂期は2時間であるから, 細胞周期：分裂期＝640：80より, 細胞周期＝$2\times\dfrac{640}{80}$となる。(2) 後期はBである。したがって, 後期：分裂期＝8：80, 分裂期は120分だから, 後期＝$120\times\dfrac{8}{80}$となる。
(3) Eは中期に赤道面に並ぶ前の状態

と考える。

> **POINT** かかる時間は，細胞数に比例する。

確認テスト3　p.93・p.94

1 解答 (1) リン酸　(2) ヌクレオチド
(3) デオキシリボース
(4) リボース　(5) チミン
(6) ウラシル　(7) 2　(8) 1
(9) 転写　(10) 翻訳

解説 ヌクレオチドには5種類ある。アデニンヌクレオチド，グアニンヌクレオチド，シトシンヌクレオチド，チミンヌクレオチドはDNAの構成成分となる。RNAは，チミンヌクレオチドのかわりにウラシルヌクレオチドが構成成分となる。転写では，DNAのヌクレオチド鎖の片方だけが鋳型となるので，できるRNAは1本鎖である。

> **POINT** **DNAとRNAの違い**
>
> | | DNA | RNA |
> |---|---|---|
> | 糖 | デオキシリボース | リボース |
> | 塩基 | A, G, C, T | A, G, C, U |

2 解答 (1) ①ウラシル　②シトシン
③グアニン　④アデニン
(2) ④

解説 (1) RNAは，AとU，GとCが対をつくる。(2) RNAは，1本鎖なので，塩基対をつくらない。そのためAとU，GとCの割合は等しくならない。

> **POINT** RNAは1本のヌクレオチド鎖のため，AとU，GとCの塩基の数が同じとはいえない。

3 解答 (1) ①(a)核　(b)細胞質またはリボソーム　②タンパク質を構成するアミノ酸は20種類である。塩基は4種類しかないので，塩基1つでは4通り，2つでは16通りにしかならず不十分であるため。
(2) セントラルドグマ　(3) 逆転写

解説 真核生物では，転写は核で行われ，翻訳は細胞質で行われる。原核生物では，転写と翻訳は同時に進む。どちらも，遺伝情報は，DNA→RNA→タンパク質の向きに流れ，これをセントラルドグマという。例外として，RNAを遺伝子としてもつウイルスには，RNAからDNAを合成するものがある。RNAからDNAが合成されることを逆転写という。

> **POINT** DNAからRNA，そしてタンパク質へという情報の流れは普遍のものと考えられ，セントラルドグマとよばれている。

4 解答 ③

解説 まず，遺伝暗号表をもとにグリシンを指定する3つの塩基(コドン)を調べる。グリシンを指定するコドンは4種類あるが，ここでは「GGA」という配列しか見当たらない。そこで，各コドンの切れ目が以下のようになっていることが推測できる。

AA/GCC/ACU/GGA/AUG/CAU/C

> **POINT** どこから翻訳を始めるかによってアミノ酸の指定が変わってしまうことに注意。

センター試験対策問題　p.95〜p.97

1 解答 問1 ①　問2 ②　問3 ①
問4 ④

解説 問1 間期の染色体は，光学顕微鏡では見えない。染色体が凝縮して，ひも状に見え始めるのは前期である。
問2 図1の培養皿Aの細胞数が2倍になるのに要する時間が細胞周期である。実験3より，M期の細胞は，全体の $\frac{20}{200}=0.1$ しかない。細胞数の割合は，かかる時間に比例する。したがって，20時間×0.1＝2時間となる。

問3　G_1期は，分裂直後からDNAの複製が始まるまでなので，DNA量が1のときである。

> **POINT** DNAの複製は間期のS期に起きる。

2 解答 ⑤
3 解答 ③

解説 塩基の相補性に注意する。例えば，一方のヌクレオチド鎖にアデニンAが多ければ，それと相補的なもう一方のヌクレオチド鎖にはチミンTが多くなる。

4 解答 (1) ⑥ (2) ① (3) ⑧
　　　(4) ② (5) ⑩ (6) ④
　　　(7) ⑤ (8) ⑦

解説 真核生物においては，転写は核内で，翻訳は細胞質で行われる。転写から翻訳という順序は，遺伝子の発現の大原則で「セントラルドグマ」という。タンパク質の種類ごとにアミノ酸配列が異なり，働きも異なる。

> **POINT** DNAのもつ遺伝情報とは，3つの塩基の組合わせで1つのアミノ酸を示していることである。

5 解答 (1) ② (2) ③

解説 2本鎖であれば，相補的結合により，AとTまたはAとU，GとCの割合が等しくなる。Tが0%であればRNA，Uが0%であればDNAである。

> **POINT** DNAの塩基は，AとT，GとCが対になる。RNAではAとU，GとCが対になる。

第3部 生物の体内環境の維持

確認テスト1　p.114・p.115

1 解答 (1) (ア)恒常性　(イ)外部環境
(ウ)体液　(エ)内部環境　(オ)(カ)塩類濃度，血糖濃度(順不同)　(キ)一定
(2) ②

解説 (1) 体内環境は体液で満たされているが，実際のところ，それは組織液を指している。血液(血しょう)は血管内に限定されているので，その違いを確認しておく。
(2) 細胞外液濃度＞細胞内液濃度の場合は，細胞内に水が入ってこない(出ていく)ので，水の排出は必要がない(実際にはこのような環境下では生育できない)。

> **POINT** 多細胞動物の内部環境＝組織液(体液)

2 解答 (1) (ア)組織液　(イ)血液(血しょう)　(ウ)リンパ管
(エ)リンパ液
(2) (ア)動脈　(イ)毛細血管
(ウ)血しょう　(エ)組織液
(オ)酸素　(カ)老廃物　(キ)静脈
(ク)赤血球　(ケ)閉鎖血管系
(3) (ア)拍動　(イ)右
(ウ)洞房結節(ペースメーカー)
(エ)左心房　(オ)左心室　(カ)体
(キ)右心房　(ク)右心室　(ケ)肺

解説 (2) 閉鎖血管系にとって，毛細血管はきわめて重要な存在である。組織液と血しょうが行き来する構造であることが，大きな特徴になっている。
(3) 体循環は，動脈血を全身に送り出す。肺循環は，静脈血を肺へ送り出す。

解答・解説　529

> **POINT**
> ①体液＝組織液＋血しょう（血液）＋リンパ液
> ②閉鎖血管系は毛細血管で動脈と静脈をつなぐ。

3 解答 (1) A－ウ B－キ C－エ
　　　　　D－ア E－イ F－オ
　　　(2) ①A ②C ③B ④B ⑤E

解説 (2) ①尿素は肝臓でつくられて血中に放出される。したがって肝組織から出る血液に多く含まれる。
②酸素は動脈血で送られてくる。左心室から直行してくる血管はどれかを確認する。門脈を流れる血液は消化管やひ臓の毛細血管を通過してきたものである。つまり酸素は消化管やひ臓の組織で取り込まれている。
③消化管で吸収した栄養分は消化管から出る血液に多く含まれている。
④ひ臓は古くなった赤血球を破壊する役割を担う臓器である。したがって，ひ臓から出る血液の中に多く含まれる。
⑤これは肝臓でつくられて，毛細血管ではなく胆細管に放出される。これが集まったものが胆管であり，消化管内（体外）に排出する。

> **POINT**
> 肝臓につながる4本の管
> →肝動脈・肝静脈・肝門脈・胆管。

4 解答 (1) A－ろ過 B－再吸収
　　　(2) ①ボーマンのう ②糸球体
　　　　　③細尿管(腎細管)
　　　(3) グルコース，無機塩類

解説 (3) 赤血球・血小板・タンパク質・脂肪はろ過されないので，③の細尿管内にはない。残った2つ，グルコースと無機塩類が再吸収の対象となる。

> **POINT**
> 腎臓の働き→大量ろ過・大量再吸収で体液の塩分濃度と水分量を調節する。

5 解答 (1) (ア)0 (イ)0
　　　　　(ウ)グルコース (エ)尿素 (オ)67

　　　(2) 肝臓 (3) 不要なもの

解説 (1) タンパク質は糸球体でろ過されないので，尿中濃度は0％。よって濃縮率も0となる。血しょう中に0.1％あるもので，全て再吸収されるものはグルコース。尿中に最も多いのは尿素。

濃縮率＝$\dfrac{B}{A}=\dfrac{2}{0.03}=66.66\cdots$

(2) 尿素は肝細胞で生合成される。オルニチン回路という回路反応で二酸化炭素とアンモニアからつくられる。
(3) 濃縮率が高いということは，あまり再吸収されていない物質ということになる。老廃物など，体にとって不要な物質は，再吸収率がきわめて低く，結果的に濃縮率は高くなる。クレアチニンも老廃物である。

> **POINT**
> 濃縮率の高い物質＝再吸収率の低い物質＝老廃物など

確認テスト2　p.130・p.131

1 解答 (ア)脳 (イ)脊髄 (ウ)末梢神経系
　　　(エ)感覚 (オ)運動 (カ)自律
　　　(キ)(ク)交感，副交感(順不同)
　　　(ケ)拮抗 (コ)ホルモン
　　　(サ)血液(血しょう) (シ)標的器官
　　　(ス)受容体 (セ)タンパク質

解説 神経系は中枢神経系と末梢神経系に大きく分けられる。末梢神経系は，体性神経系と自律神経系に分けられる。体性神経系は，感覚や運動といった随意的な働きと関係がある神経で，感覚神経と運動神経に分類される。

2 解答 表

拡大	促進	拡張	収縮	抑制	弛緩
縮小	抑制	収縮	—	促進	収縮

(ア)盛ん(活発) (イ)多く(増加)
(ウ)高め(盛んにし) (エ)交感
(オ)消費 (カ)副交感
(キ)蓄積(貯蔵) (ク)上昇
(ケ)抑制 (コ)低下 (サ)促進

解説 交感神経はエネルギー消費型活動にかかわり，副交感神経はエネルギー蓄積型活動にかかわる。

3 **解答** (1) ①副交感神経 ②交感神経
③脳下垂体前葉
④すい臓ランゲルハンス島
⑤副腎 ⑥肝臓 ⑦消化管
⑧副腎皮質刺激ホルモン
⑨インスリン ⑩グルカゴン
⑪アドレナリン
⑫糖質コルチコイド
(2) ⑦→⑲→⑬→①→⑨→⑮・⑯

解説 高血糖濃度に対応するしくみは1通りだが，低血糖濃度に対応するしくみは複数ある。低血糖濃度は生命にかかわるため，何通りもの対応経路が備わっている。

4 **解答** (1) A－間脳視床下部
B－脳下垂体後葉
C－脳下垂体前葉
(2) ①④⑤⑥⑦ (3) ア－⑦
イ－⑦ ウ－④ (4) ②→⑥

解説 (2) 毛細血管に分泌している神経分泌細胞がどれであるかを確認する。該当する流れは②③である。

POINT 脳下垂体後葉は視床下部の一部が変化してできたもの（発生的に脳下垂体後葉は視床下部に由来している。脳下垂体前葉は由来が違う）。

確認テスト3　p.146・p.147

1 **解答** (ア)皮膚 (イ)粘膜 (ウ)繊毛
(エ)リゾチーム (オ)がん
(カ)抗原(異物) (キ)免疫
(ク)細胞 (ケ)抗体 (コ)体液

解説 皮膚や鼻，気管には物理的，化学的に異物を排除するしくみが備わっている。物理的，化学的な防御と免疫を合わせて生体防御とよぶ。

POINT 物理的・化学的防御と免疫を区別する。

2 **解答** (ア)食 (イ)(ウ)好中球，マクロファージ(順不同) (エ)樹状細胞
(オ)抗原 (カ)T (キ)B
(ク)抗体 (ケ)体液
(コ)がん細胞 (サ)ウイルス
(シ)細胞 (ス)記憶 (セ)二次応答
(ソ)ヒト免疫不全 (タ)日和見感染
(チ)エイズ(AIDS，後天性免疫不全症候群)

解説 異物認識による食作用は自然免疫といい，抗体をつくる体液性免疫や細胞傷害で感染細胞などを破壊する細胞性免疫（両方をあわせて獲得免疫という）とは，メカニズムが大きく異なる。自然免疫は細菌などが共通してもつ物質を抗原として認識し，そのような非自己に対して食作用を行う。それは，その抗原の侵入にかかわらず，あらかじめ用意されたものである。

POINT 異物の侵入に対して，自然免疫（白血球による食作用），そして獲得免疫（抗体による体液性免疫，細胞傷害による細胞性免疫）の順に応答する。二度目の侵入で速やかな応答をするのは，獲得免疫のしくみにある免疫記憶による。

3 **解答** (1) A－体液性免疫
B　細胞性免疫
(2) (ア)樹状細胞
(イ)ヘルパーT細胞 (ウ)B細胞
(エ)抗体産生細胞
(オ)キラーT細胞
(3) T細胞とB細胞の記憶細胞のうち，抗原に対応するものが速やかに増殖する。

解説 抗原提示をする細胞は樹状細胞，体液性免疫にかかわるのはB細胞，細胞性免疫にかかわるのはキラーT細胞である。ヘルパーT細胞は体液性免疫と

細胞性免疫の両方に関与する。

> **POINT** 免疫に関与する細胞は，好中球，マクロファージ，樹状細胞，ヘルパーT細胞，キラーT細胞，B細胞。これらがどのような役割をもっているかを整理する。

4 解答 (1) ①
(2) 1回目の注射のあと，抗原Aに対する抗体をつくる抗体産生細胞が記憶細胞として準備されていたため，2回目の注射で，これらの記憶細胞が速やかに増殖したから。

解説 2回目の注射では，抗原Aに対する抗体が1回目よりも短時間で素早く応答している。そのため，1回目が初回の侵入であると考えられる。もしすでに経験している抗原であれば，1回目の注射で2回目のような応答をするはずである。抗原Bに対しては，2回目の注射が初めての侵入である。

> **POINT** 二次応答は一次応答よりも抗体量が多く，応答も早い。二次応答は，記憶細胞による。

センター試験対策問題　p.148～p.150

1 解答　問1　④　問2　②
　　　問3　②⑤（順不同）

解説　問1　過程Ⅰは糸球体における血液のろ過である。ろ過の原動力は血圧と，糸球体にある小穴の電気的な力（マイナスに帯電している）であり，大型の物質で特にマイナスに帯電しているタンパク質は通れない。問2　ろ過においてグルコースは何ら妨げられないので，血糖濃度が上がった分，グルコースの移動量も増える。細尿管におけるグルコースの再吸収は，細尿管内にあるグルコース運搬体が飽和するまでは原尿中のグルコース移動量（濃度）の増加にともなって増える（つまり①～④全てが正解となる可能性がある）。しかし，グルコース運搬体が飽和するまで原尿のグルコース移動量（濃度）が増えると，その分は再吸収しきれなくなる。そして，ある一定のところで原尿の再吸収量は頭打ちになる（ここで正解は②または③に絞り込まれる）。原尿中のグルコース移動量（濃度）にともなうだけの再吸収ができなくなる（aとbのグラフにずれが生じる）と，その分だけ尿中にグルコースが出てくる。つまりグラフcはaとbのずれが生じた段階から増加し始め，bが頭打ちになった段階で，aと同じ増分（グラフの傾き）で増加する。②が正解となる。
問3　後葉を除去すると，その直後は，バソプレシンを分泌する能力がないので，細尿管における水分の再吸収量が低下する。そのため，尿量は大幅に増加する。それにともない体内の水分量が著しく減少するので，それを補うように水を飲む行動が促進され，飲水量が増える。もしこのままであれば，尿量と飲水量は対照群と比べて高い値をとり続けるはずである。しかし，実際には1週後から低下し始める。そして3週以降は対照群より高めながらも，飲水量と尿量は平行になる。この原因を，文中の「2週後に脳下垂体を観察すると，神経分泌細胞の軸索が集まって後葉を再生していた」ことから，バソプレシンも再び分泌するようになったとすれば，この変化が説明できる。

2 解答　問1　①⑥⑧（順不同）　問2　②
　　　問3　①⑥（順不同）

解説　問1　実験1～3について，その結果を考察する。
実験1―Aに由来する細胞同士は，自己と認識されるので生着し続ける。AとBは非自己という認識で，初めての侵入（移植）なので，Bの皮膚は「生着14日後脱落」となる。（→⑧）
実験2―二度目の非自己Bの侵入（移植）に対しては「生着不可・6日後脱落」。A

とCも非自己という認識で，Cの皮膚は「生着14日後脱落」(→①，⑧)。

実験3—B_5の皮膚が一回目の移植にもかかわらず二回目の応答「6日後脱落」を示したことから，リンパ球(B系統へのキラーT細胞)は移植への拒絶反応の中心的な役割をもつことが推定される。対比して，血清(B系統への抗体)は移植への拒絶反応に関与しないことが推定される(→⑥)。

問2　実験4の結果について考察する。実験4—AとBの子のリンパ系器官の細胞(T細胞)をA_6に入れることで，A_6はB系統に対して自己と認識する＝B系統を抗原として認識する反応性が失われてしまった(自己寛容)。よって，A_6はBを自己と認識する。しかし，Cに対しては変わらずに，非自己と認識する。

問3　すい臓は「外分泌(消化液を分泌する)器官」と「内分泌(ホルモンを分泌する)器官」の両面をもつ。肝臓は「生体内の化学工場」と「大型物質の排出」の役割を担う。甲状腺は内分泌器官，だ腺は外分泌器官である。

第4部　生物の多様性と生態系

⑧ 確認テスト1　p.170・p.171

1　**解答**　(1)　①光補償点　②光飽和点　③見かけの光合成速度　④呼吸速度　⑤光合成速度
(2)　階層構造　(3)　(ア)高木層　(イ)亜高木層　(ウ)低木層　(エ)草本層
(4)　(エ)層の植物，陰生植物

解説　(1)　③見かけの光合成速度＝⑤光合成速度－④呼吸速度，で表される。④呼吸速度は光の強さが変化しても一定であるとみられてきたが，呼吸速度は光が強くなると小さくなることがわかってきた。ただ，この問題の図1では，呼吸速度が一定であるものとして表している。

(4)　A植物は陰生植物で，光補償点が小さいので弱い光で生育できる。光飽和点が小さく，強い光があたっても光合成速度は大きくならない。B植物は陽生植物で，光補償点が大きく，弱い光では生育できない。光飽和点が大きく，強い光で高い光合成能力を発揮する。

> **POINT**
> 見かけの光合成速度＝光合成速度－呼吸速度
> (陰生植物)　光補償点・光飽和点：小さい→弱い光でも育つ
> (陽生植物)　光補償点・光飽和点：大きい→強い光でよく育つ

2　**解答**　(1)　遷移　(2)　①(ア)　②(エ)
(3)　(a)草原　(b)陽樹　(c)陰樹
(4)　非生物的環境：光
作用：陽樹林の林床は暗くなるので陽樹の幼木は生育できないが，陰樹の幼木は生育できるので，時間とともに陽樹林から陰樹林に移行させる。
(5)　極相，(エ)

解説　(2)　この問題の図で扱われている

解答・解説　533

遷移は模式的に表したものである。つまり，実際には，裸地・荒原→草原→低木林→陽樹林→陽樹と陰樹の混交林→陰樹林（極相）に至る遷移のようにならないことが多い。極相をつくる陰樹の老木が枯死（倒木）したときや，遷移の途中で台風や土砂崩れ・雪崩・洪水などのかく乱が起きたときなどに，遷移は部分的に逆戻りしているといえる。
(4) 遷移の(b)陽樹林から(c)陰樹林への移行は，光環境の変化にともなって起きるものである。遷移の初期では，土壌の形成が関係している。
(5) 遷移の(c)陰樹林（極相）でも安定した状態が続くわけではない。倒木は森林のどこかで度々起きており，ここにできたギャップが小さければ林床に届く光が弱いので陰樹が育つ。ギャップが大きければ林床に届く光が強いので陽樹が成長してくる。つまり，陰樹林の中に陽樹がモザイク状に分布する。

POINT
（遷移のモデル）裸地・荒原→草原→低木林→陽樹林→陽樹と陰樹の混交林→陰樹林（極相）
ギャップ（小）→林床に弱い光→陰樹が育つ
ギャップ（大）→林床に強い光→陽樹が育つ→極相林（陰樹林）に陽樹が混じる

3 【解答】(1) ①j，雨緑樹林 ②f，熱帯多雨林 ③h，ステップ (2) ア－気温 (3) イ－低，ウ－高

【解説】(1) ①東南アジアで雨季と乾季がある地方に成立するバイオームは，乾季に落葉する雨緑樹林である。②熱帯多雨林の樹高は，高いものでは50mに達する。樹高が高く，つる植物・着生植物も多いとあるので，熱帯多雨林が適当であろう。③バイオームで草原といえば，熱帯地方に広がるサバンナか，温帯地方のステップである。気候が「乾燥と冬の低温」とあるので，ステップ（温帯草原）が適当である。

(2) バイオームを決める気候要因は，降水量と気温である。(3) 図で，降水量の多・少で4種類のバイオームがみられるのが，気温の高い熱帯地方である。ウが「高」と答える。

POINT
世界のバイオーム
（気温の高い地方）降水量「多」→「少」の順に，熱帯多雨林→雨緑樹林→サバンナ→砂漠
（降水量の多い地方）気温「高」→「低」の順に，熱帯多雨林→亜熱帯多雨林→照葉樹林→夏緑樹林→針葉樹林→ツンドラ

4 【解答】(1) B－(イ) C－(ウ) D－(エ) E－(ア) (2) (イ)
(3) B－(ウ) C－(イ) D－(エ) E－(ア) (4) ア

【解説】(1) 日本列島を南から北に平地を移動すると，バイオームは亜熱帯多雨林→照葉樹林→夏緑樹林→針葉樹林へと変化する（水平分布）。ある緯度でのバイオームは，平地から標高が高くなるにつれて気温が下がるので，南から北への水平分布の変化と同じ順にバイオームが変化する（垂直分布）。

(2) (ア)照葉樹の葉は厚いクチクラ層でおおわれ，夏の高温・乾燥期に葉から水分が逃げるのを防ぐ。
(イ)夏緑樹は冬に葉をつけていても，低温で光が弱く，光合成が十分できないので落葉する。その前に，紅葉・黄葉するものが多い。
(ウ)針葉樹の葉はとがっているものが多く，クチクラ層におおわれ，冬の低温に耐えられるつくりとなっている。

(4) 垂直分布で，バイオームが森林であるのは(E)から(B)までで，図の(A)は高山植物や低木のハイマツがみられる高山草原である。

> **POINT**
> （日本列島の水平分布）南から北，すなわち気温「高」→「低」の順に，亜熱帯多雨林→照葉樹林→夏緑樹林→針葉樹林
> （日本列島の垂直分布）標高「低」→「高」，すなわち気温「高」→「低」の順に，水平分布と同じ順に変化

確認テスト2　p.190・p.191

1 【解答】(1)　（ア）作用　（イ）環境形成作用　（ウ）有機　（エ）生産　（オ）消費
(2)　光，温度，水，湿度，酸素，二酸化炭素，土壌などから3つ選ぶ。
(3)　分解者

【解説】(3)　消費者は，生産者が生産した有機物を直接または間接的に取り込んで栄養源にする生物をいうので，菌類や細菌なども消費者の一部に含まれる。消費者のうちで，枯死体・遺体・排出物に含まれる有機物を無機物に分解する生物は，特に分解者とよぶ。

> **POINT**
> 生態系の成り立ち
> 　　　　　　　作用
> 非生物的環境 ⇄ 生物
> 　　　　環境形成作用
> 生物＝生産者と消費者（分解者も含む）

2 【解答】(1)　(a)(エ)　(b)(イ)　(c)(ウ)　(d)(ア)
(2) 炭素は生態系を循環するが，エネルギーの流れは一方向で，循環しない。
(3)　①(イ)　②(ウ)　③(ア)
(4)　(ウ)　(5)　(e)(ウ)　(f)(エ)　(g)(ア)

【解説】(3)　①②植物が光合成により有機物を合成する働きは，光エネルギーを化学エネルギーに変換する働きである。③生物は呼吸などにより有機物から化学エネルギーを得るが，その過程で，一部は熱エネルギーとなって宇宙に放散する。

(4)　一般に，栄養段階が下位のものほど生物量(生体量)は多い。
(5)　矢印(f)は，生産者が光合成を行うときに大気中から吸収する二酸化炭素の移動を示す。矢印(e)は，生物(a)(b)(c)(d)が呼吸により大気中に放出する二酸化炭素の移動を示す。

> **POINT**
> 炭素は生態系を循環する。エネルギーの流れは一方向で，生態系外（宇宙空間）に放出される。

3 【解答】(1)　窒素固定，(生物名)アゾトバクター，クロストリジウム，ネンジュモ，根粒菌から2つ選ぶ。
(2)　窒素同化，(ウ)(エ)(オ)(カ)
(3)　根粒菌　(4)　脱窒素細菌
(5)　工場で窒素肥料を合成するなど工業的固定を行っている。

【解説】(1)　窒素固定と窒素同化は，間違えやすいので注意する。アゾトバクターとクロストリジウム，根粒菌は細菌(窒素固定細菌という)，ネンジュモはシアノバクテリアである。これらの微生物は，大気中の N_2 を NH_4^+ につくり変える。
(2)　(ア)炭水化物，(イ)脂肪をつくる元素は C，H，O で，N は含まない。(ウ)タンパク質，(エ)核酸(DNA，RNA)，(オ)クロロフィル，(カ)ATP(アデノシン三リン酸)をつくるには，N が必要である。
(5)　工業的に空気中の N_2 を固定し(NH_4^+ につくり変える)，化学肥料を生産している。これが農地に大量に投入され，生態系の窒素を増加させている。

> **POINT**
> 窒素固定…窒素固定細菌などが大気中の N_2 を取り入れ，NH_4^+ を放出すること。
> 窒素同化…植物が土壌中の NH_4^+，NO_3^- を吸収して有機窒素化合物を合成すること。

4 【解答】(ア)生態系のバランス　(イ)自然浄化　(ウ)窒素　(エ)富栄養化　(オ)

アオコ(水の華) (カ)赤潮 (キ)生物濃縮 (ク)排出 (ケ)外来生物
(1) 大量発生した植物プランクトンなどの遺体が分解されると,酸素が消費され海水が低酸素状態になり,魚介類が死ぬ。また,魚のエラにプランクトンがつまって呼吸ができなくなる。プランクトンの中には毒を生産するものがあり,その毒によって魚介類が死ぬ。
(2) 植物-セイヨウタンポポ,セイタカアワダチソウ,オオカナダモ
動物-オオクチバス,ブルーギル,ジャワマングース,アメリカザリガニ,ウシガエル,カダヤシ などから1つずつ選ぶ。

解説 (ア)生態系は常に変動しており,その変動が一定の範囲内にあることを「生態系のバランス」とよぶ。
(イ)自然浄化は,微生物により有機物が分解されることだけではなく,希釈や沈殿も含む概念である。
(キ)生物濃縮は,有害物質が生物体内に蓄積することのみをいうのではない。
(ケ)外来生物は,時として移入先で猛烈に増えて生態系のバランスをくずし,在来種を減少させることがあるのはなぜか。生物は,長い進化の歴史の中で,「食う-食われる」の関係や競争の関係の中を生きのびてきた。つまり,ある種の生物のみが増えすぎないように調節されてきた。ここに外来生物が移入されると,捕食者や競争相手,病原体などがいない,在来種が外来生物の捕食に対して身を守る術をもたないというようなことが起きる。そのため,外来生物が一気に増えることがある。
(2) 身近なところでみられる外来生物は,あげればきりがないほど多い。クズのように,日本から外国に移入されて猛烈に増えて,生態系のバランスをくずしている生物もいる。

POINT 生態系のバランス…生態系はかく乱により常に変動しているが,その変動が一定の範囲に保たれていること。
生態系のバランスをくずす例…河川や湖沼などの富栄養化,有害物質の生物濃縮,外来生物の移入,森林の過度の伐採,地球温暖化など

センター試験対策問題 p.192~p.194

1 **解答** 問1 ②⑥(順不同) 問2 ⑥
問3 ②

解説 問1 ①正しい。②誤り。遷移の初期に現れる先駆植物は,多くの小さな種子を遠くに飛ばして,裸地などに生育域を広げる。遷移の後期に出現する極相樹種では,発芽したときに十分な光を得ることができない場合が多いので,栄養分をたくさん蓄えた大きい種子をつくる。③正しい。⑥誤り。先駆植物は,強い光のもとでよく成長する陽生植物であることが多いが,幼植物の耐陰性(光の弱いところでも育つ性質)は低い。極相樹種は,幼植物には耐陰性は高く,成長は遅い陰樹が多い。
④⑤正しい。遷移の初期では土壌中の養分も少ないので,草本または低木が多くみられる。これらの植物は,成体でも背丈は低く,寿命も短い。遷移の後期に出現する極相樹種の成体は大きく成長し,寿命も長い。
問2 ⑥が正しい。極相を構成する樹種は主として陰樹で,その林床で生育している植物は主として陰生植物である。大きなギャップができると,陽樹が生育することがある(問3で解説)。
問3 高木や亜高木が枯れたり倒れたりしてできる空間をギャップという。
①誤り。一般に,極相林の下の林床では,陽樹は生育できない。
②極相の高木・亜高木の幼樹は耐陰性が

あり，林床でも生育している。ギャップができると，これが成長を始める。③誤り。低木層の陰樹は，ギャップに差し込んだ光で枯れることはない。④誤り。低木層の植物に光が当たることで，種子をつけることはない。

POINT
先駆植物…種子「小さい」「多い」
→遠くに飛ばす
極相樹種…主に陰樹・陰生植物。
ギャップでは陽樹が育つことがある。

2 解答 ア―④，イ―①，ウ―⑦
解説 土壌中の有機物は，一般に，気温の高い地域では分解が速く，気温の低い地域では分解が遅い。
ア．「秋から冬に枯れ落ちた広葉」と書かれているので，夏緑樹林があてはまる。タイガ(針葉樹林)の葉は，広葉ではない。ツンドラ，山地草原では，昆虫・ヤスデなどの節足動物やミミズが生息できる有機物が供給されない。
イ．スゲ類，コケ類，地衣類などが多くみられ，土壌有機物の分解速度がきわめて遅いのは，気温が低いツンドラである。ステップは温帯草原ともいわれ，イネ科の草本が多くみられる。
ウ．きわめて多種類の植物が繁茂し，土壌有機物の分解速度が速いのは，高温多雨の熱帯多雨林である。サバンナは熱帯地方のやや乾燥した地域に分布し，イネ科草原に低木が点在している。熱帯多雨林と比べると，植物の種類は少ない。

POINT
土壌中の有機物…「高温」→分解が速い。「低温」→分解が遅い。

3 解答 ①⑤
解説 この実験は，ペイン(米国)がある湾の岩場の潮間帯(満潮時と干潮時の海面にはさまれた場所)で行ったものである。栄養段階が一番上のヒトデの存在により生物の多様性が維持されている。ヒトデのように，生態系のバランスを保つのに重要な役割を果たしている生物をキーストーン種という。
①誤り。ヒザラガイとカサガイは，もともとエサである紅藻をめぐって競争しながら共存しているので，このことが，両者が消滅した理由にはならない。問題文に，「イソギンチャクと紅藻は，増えたイガイやフジツボに生活空間を奪われて，ほとんど姿を消した」と書かれているので，これが理由である。
②正しい。イガイとフジツボの多くはヒトデに捕食されていたために，個体数の増加が抑制されていた。ヒトデがいなくなれば，イガイやフジツボは増加する。
③正しい。最上位捕食者であるヒトデを除去すると，フジツボやイガイが増えて岩場を占領するために，紅藻が生育する場所がなくなる。一次消費者であるフジツボやイガイと，生産者である紅藻では栄養段階は異なるが競争は起きている。フジツボやイガイが増えたことで，生息する岩場がなくなったイソギンチャクも減少する。フジツボやイガイは一次消費者，イソギンチャクは二次消費者で栄養段階は異なるが，競争は起きている。
④正しい。③で考えたように，上位捕食者(ヒトデ)の除去によりフジツボ・イガイが増えると，岩場の生息場所を奪われるイソギンチャクと紅藻は減少する。イソギンチャクも紅藻も，ヒトデの被食者ではない。
⑤誤り。上位捕食者であるヒトデの存在は，この図の多様な生物群の生存を保障している。また，問題文で，ヒトデを除去したら「生物群の単純化が進んだ」と書かれていることからも誤りといえる。

> **POINT**
> ペインの実験…ヒトデが存在しているとき→多様な生物が共存→生態系のバランスが保たれる
> ヒトデを取り除くと→多様な生物の共存ができなくなる→生態系のバランスが崩れる
> キーストーン種…生態系のバランスを保つのに重要な役割を果たす生物

> **POINT**
> 自然浄化…河川などの汚れが，分解者の働きや沈殿・希釈により減少すること。
> 河川の有機物→好気性細菌→原生動物→NH_4^+→NO_2^-→NO_3^-→藻類

4 【解答】 問1　(1)—③，(2)—①，
　　　　問2　(1)—①　(2)—⑨，(3)—③

【解説】問1　図1で，汚水流入と同時に相対量が急激に多くなっているグラフBは，汚水の有機物量である。有機物が急増すると，これを栄養源とする好気性細菌(酸素を使ってエネルギーをつくる細菌)が増える。しばらくすると，この細菌を食べる原生動物が増える。この頃には有機物は好気性細菌などによって分解されて減少し，かわってNH_4^+(アンモニウムイオン)，NO_3^-(硝酸イオン)などの栄養塩類が増加する。その結果，藻類が増加する。よって，グラフAは細菌，グラフDは原生動物，グラフCは藻類の相対量を示す。

問2　図2で，汚水が流入と同時に急増しているグラフFが水中の有機物量である。有機物を栄養源とする好気性細菌が増加すると酸素が消費され，溶存酸素(水中に溶けている酸素)の量が減少する。溶存酸素は，藻類が増加すると水中に酸素が供給されるので，再び増加する。したがって，溶存酸素の相対濃度を示すグラフはEである。有機物が好気性細菌によって分解されるとNH_4^+が増加する。NH_4^+は硝化菌によって酸化され，NO_2^-を経てNO_3^-になる。このことから，グラフGとグラフHを比べたときに，先に増加するグラフGがNH_4^+の相対濃度で，あとで増加するグラフHがNO_3^-の相対濃度である。

「生物」解答・解説

第1部 生命現象と物質

確認テスト1 p.226・p.227

1 解答 (1) (A)水 (B)脂質
(C)炭水化物 (D)無機塩類
(E)タンパク質 (F)核酸
(2) ①脂肪 ②A ③グルコース
④セルロース ⑤アミノ酸
⑥ヌクレオチド ⑦DNA

2 解答 (1) a核小体 b核膜孔 c滑面
d中心体 eゴルジ体
fミトコンドリア g粗面
hリボソーム
(2) ア-葉緑体
イ-ミトコンドリア ウ-液胞
エ-リソソーム オ-リボソーム
カ-ゴルジ体
(3)核,葉緑体,ミトコンドリア

3 解答 (1) (ア)受動 (イ)能動
(ウ)選択的 (エ)ポンプ
(2) ①リン脂質
②脂質二重層でできており,さまざまなタンパク質が埋め込まれている。
③イオン:イオンチャネル
水:アクアポリン ④ATP
(3) ①細胞外 ②細胞内
③ナトリウムポンプ

4 解答 (1) ペプチド結合 (2) ◯
(3) 変性 (4) ◯ (5) 抗体
(6) ◯
解説 (2) ペプチド結合でつながったアミノ酸の並び順を一次構造という。ひとつの分子からなるタンパク質の全体的な立体構造を三次構造,複数のタンパク質が組み合わさってできる立体構造を四次構造という。

> **POINT**
> チャネル→受動輸送
> ポンプ→能動輸送

確認テスト2 p.254・p.255

1 解答 A—①④⑤ B—②③⑥

2 解答 (1) アデノシン三リン酸
(2) a—リン酸 b—リボース
c—アデニン d—アデノシン
(3) e・f—ADP・リン酸(H_3PO_4)
(4) g・h—ADP・リン酸(H_3PO_4)
(5) 呼吸,有機物を分解した際に生じるエネルギー(有機物に含まれる化学エネルギー)
光合成,光エネルギー
解説 光合成も呼吸も共にATPを合成しており,膜における合成の方法(電子伝達系)は似ている。ATPは生命活動に利用されて,ADPとリン酸に分解されるが,呼吸と光合成でADPとリン酸を再合成してATPを作り出している。

3 解答 (1) 解糖系—④
クエン酸回路—①
電子伝達系—②⑤
(2) ③④
解説 二酸化炭素は解糖系の後にクエン酸回路で生じる。その際に水が使われる。

4 解答 (1) 電子伝達系—②④⑤⑥⑧
カルビン・ベンソン回路—①③⑦⑨
(2) a—ストロマ b—チラコイド
(3) b (4) ②④
解説 吸収されるのは赤色光と青色光。緑色光はほとんど吸収されず,反射・透過するため,葉は緑色に見える。

5 解答 (1) b, ③ (2) d, ①
(3) a, ⑤ (4) e, ②

> **POINT**
> あらゆる生物が,生命活動のエネルギーを供給する物質ATPを生成(再合成)している。

確認テスト3　p.290・p.291

1 解答
(1) (ア)デオキシリボース
(イ)リン酸
(2) (ウ)半保存的複製　(エ)開裂
(オ)DNAポリメラーゼ　(カ)5
(キ)3　(ク)リーディング
(ケ)ラギング　(コ)DNAリガーゼ
(3) (サ)プライマー

2 解答
(1) (ア)プロモーター
(イ)RNAポリメラーゼ
(ウ)基本転写因子　(エ)イントロン
(オ)エキソン　(カ)スプライシング
(2) (ⅰ)核内
(ⅱ)フェニルケトン尿症

3 解答 (ア)開始コドン　(イ)メチオニン
(ウ)終止コドン　(エ)tRNA
(オ)アンチコドン

4 解答
(1) (ア)調節領域　(イ)促進
(ウ)調節遺伝子　(エ)オペレーター
(2) 関連のある複数の遺伝子が連続して並んでいて，まとめて転写される構造。

5 解答
(1) (ア)置換　(イ)欠失
(ウ)挿入　(エ)重複　(オ)1000
(カ)一塩基多型
(2)指定するアミノ酸が変わることで，正常なタンパク質が合成されないことがあるから。

> **POINT**　かま状赤血球症やフェニルケトン尿症は，塩基配列の変化が形質に影響する例である。

6 解答 ③

センター試験対策問題　p.292〜p.294

1 解答 問1　③　問2　③
解説　問1　下線部アの「しくみ」とは，動物細胞に存在するナトリウムポンプのことである。ナトリウムポンプは能動輸送をつかさどる酵素であり，分子を変形させることにより，Na^+を細胞内から細胞外へ，K^+を細胞外から細胞内へそれぞれ移す働きをもつ。この働きにより，細胞内外には，Na^+とK^+の濃度差が生じる。Na^+濃度は赤血球内よりも血しょう中が高く，K^+濃度は赤血球内のほうが血しょう中よりも高く保たれている。
問2　細胞内外の濃度差に逆らって物質を輸送する場合はエネルギーが必要だが，濃度差に従って物質を輸送する場合はエネルギーは必要ない。「細胞膜Aにおけるグルコースの細胞内への取り込みにはエネルギーが必要」とあるので，これは濃度差に逆らった輸送である。そのため，腸管内のグルコース濃度Cよりも小腸の上皮細胞内のグルコース濃度Dの方が高いといえる。一方，「細胞膜Bにおけるグルコースの細胞外への輸送にはエネルギーは必要ない」とあるので，この輸送は濃度差に従った受動輸送である。そのため，小腸の上皮細胞内のグルコース濃度Dは血液の血しょう中のグルコース濃度Eよりも高いといえる。

> **POINT**　濃度差に逆らった輸送…能動輸送，エネルギーが必要，ポンプ
> 濃度差に従った輸送…受動輸送，エネルギー不要，チャネル

2 解答 問1　A—①　B—④　C—②
D—③　E—①
問2　A—⑤　B—⑥　C—⑨
D—③　E—④
問3　③
解説　問1　物質の出入りや光の吸収などを基準にA〜Eが何であるかを確認する。AとEは共に電子伝達系であるが，

Aの方は光化学系Ⅰ・Ⅱを含む。
問3 光合成色素は，青紫色光と赤色光を吸収するので，吸収スペクトルのピークは2つである。よって④は不適切。作用スペクトルのピークと，吸収スペクトルのピークがほぼ一致するので，③が正しいと判断する。

POINT
吸収スペクトル…光の波長と吸収の関係を示す
作用スペクトル…光の波長と光合成の効率の関係を示す

3 解答 問1 ①，③，⑧
　　　問2 ④　問3 ④
解説 問1 開始コドンの位置が不明で，コドンの読み枠は特定できない。そのため，次の3種類の可能性がある。

|CAG|CAG|CAG|…
　　グルタミン

C|AGC|AGC|AGC|…
　　セリン

CA|GCA|GCA|GCA|…
　　アラニン

問2
|CAG|ACC|AGA|CCA|GAC|CAG|…
グルタミン，トレオニン，アルギニン，プロリン，アスパラギン酸が順に繰り返している。

第2部 生殖と発生

確認テスト1　p.311

1 解答 (1) (ア)無性　(イ)有性
(ウ)分裂　(エ)出芽　(オ)栄養
(2) (カ)遺伝子座　(キ)対立
(ク)ホモ　(ケ)ヘテロ　(コ)22
(サ)常　(シ)性
(3) (ス)連鎖　(セ)独立
(ソ)組換え

POINT
性決定の様式は雄ヘテロ接合型と雌ヘテロ接合型に分けられる。

2 解答 (1) AA，Aa，aa
(2) AaBb
(3) AABB，AABb，AAbb，AaBB，AaBb，Aabb，aaBB，aaBb，aabb

解説 (3) 配偶子の交配表を作ると下記のようになる。

	AB	Ab	aB	ab
AB	AABB	AABb	AaBB	AaBb
Ab	AABb	AAbb	AaBb	Aabb
aB	AaBB	AaBb	aaBB	aaBb
ab	AaBb	Aabb	aaBb	aabb

3 解答 (1) ACDB（またはBDCA）
(2) 2%

解説 組換えが起こりやすい遺伝子どうしほど，染色体上で離れていると考えることができる。

確認テスト2　p.336・p.337

1 解答 (1) (ア)体細胞　(イ)精原
(ウ)一次精母　(エ)減数　(オ)精
(カ)n(または単相)　(キ)核
(2) (ク)二次卵母　(ケ)第二極体

2 解答 (1) (ア)等　(イ)不等　(ウ)盤
(エ)表
(2) (オ)小　(カ)胞　(キ)原腸
(ク)肛門
(3) (ケ)外　(コ)中　(サ)内

3 **解答** (1) ① (2) ⑤ (3) ①
解説 (1) 一次精母細胞以外は核相が n。

> **POINT** 予定内胚葉は，予定外胚葉に働きかけ，中胚葉を誘導する。

4 **解答** (1) (ア)全能性
(2) (イ)体 (ウ)iPS細胞(または人工多能性幹細胞)
(3) (エ)ホメオティック

確認テスト3　p.348・p.349

1 **解答** (1) (ア)生殖 (イ)茎頂 (ウ)根端
(2) (エ)母細胞 (オ)四分子 (カ)花粉管細胞 (キ)雄原細胞
(3) (ク)胚のう母細胞 (ケ)胚のう細胞 (コ)3 (サ)胚のう
(4) (シ)卵細胞 (ス)助細胞 (セ)反足細胞 (ソ)極核
(5) (タ)重複 (チ)胚乳

> **POINT** 受精卵は分裂して胚を，胚乳核は胚乳を形成する。

2 **解答** (ア)子葉 (イ)無胚乳 (ウ)胚球 (エ)胚柄 (オ)幼芽 (カ)胚軸 (キ)幼根

3 **解答** ウ
解説 アはA遺伝子を欠損した変異体，イはC遺伝子を欠損した変異体，エはB遺伝子を欠損した変異体である。

センター試験対策問題　p.350〜p.352

1 **解答** 問1 ④ 問2 ④ 問3 ② 問4 ②
解説 問1 ①〜③は誤文。Y染色体は母親も娘ももたない。父親から息子に伝えられる。
問2 ①は誤文。体細胞分裂は減数分裂のときに頻繁に起こる。「体細胞分裂のときに」と限定しているので誤り。②は誤文。雌は，XXの2本の性染色体をもち，乗換えが起こる。③は誤文。乗換えは相同染色体間でしか起こらない。
問3 DEとdeの連鎖だから，組換えが起こったときの配偶子はDeとdEである。したがって組換え価10％の場合，配偶子の比率は，DE：De：dE：de＝90：10：10：90。つまり45：5：5：45である。
問4 色彩の発現結果から，Dがないときには白色，Dだけでは橙色，DとEで黒色となる。①は誤文。DDeeは橙色であり，Eが存在しなくても形質を発現している。③は誤文。DがEの形質発現を抑制するのであれば，DDEEとDDeeは同じ形質になるはず。④は誤文。EがDの形質発現を抑制するのであれば，DDEEとddEEは同じ形質になるはず。

2 **解答** 問1 ① 問2 ②
解説 問1 受精後に胚を横転させると，重力の影響を受けて植物極の内部細胞質がさらに90度回転し，植物極の内部細胞質の位置を基点として表層回転が約30度の角度で起こる。そのため，原口は進入点とほぼ同じか20度ほどの位置に多く生じる。最も離れていても60度である。つまり，精子侵入点と同じ半球に原口が生じる。
問2 受精すると，精子が進入した点を基点として，植物極の方向に表層回転が起こる。その結果，精子の進入点の反対側では，植物半球の表層が動物半球側に回転し，灰色三日月環が形成される。灰色三日月環は将来，背側の構造を形成する。したがって，精子が進入した点と反対側が背側となる。

3 **解答** 問1 ③ 問2 ③ 問3 ④
解説 問2 花粉が1cm進むのにかかる時間を計算すると，1 cm＝10 mm＝10000 μm だから，10000 μm ÷ 40 μm/分＝250分＝4時間10分。花粉が到達する前に，めしべを切らなければならないため，解答は

③の4時間。
問3　裸子植物は，花粉管中の精細胞が，卵と受精する。シダ植物は動物と同様に精子が水中を泳いで卵と受精する。

> **POINT**
> 花粉管は，細胞内と細胞外の濃度の違いを利用して吸水を行う。
> 伸長に必要なエネルギーは，花粉自身のものでは足りないため，周囲から供給される。

第3部 生物の環境応答

確認テスト1　　p.385・p.386

1　**解答**　A－角膜　B－黄斑　C－チン小帯　D－ガラス体　（ア）虹彩　（イ）網膜　（ウ）毛様体(毛様体筋)　（エ）盲斑

2　**解答**　A－耳小骨　B－半規管　C－前庭　D－うずまき管　E－鼓膜　F－耳管　G－コルチ　H－おおい膜

3　**解答**　②と⑦
解説　①聴細胞・聴神経は内耳のコルチ器にある。
③音波を機械的な振動に変えるのは鼓膜。
④うずまき管ではなく耳小骨。
⑤中耳でなく内耳。
⑥空気中でなくリンパ液中。

4　**解答**　(1)　（ア）髄鞘　（イ）絞輪　（ウ）チャネル　（エ）活動　（オ）全か無か　（カ）シナプス　（キ）伝達
(2)　（ク）カルシウム　（ケ）ミオシン　（コ）アクチン　（サ）ATP
(3)　（シ）フェロモン　（ス）重力　（セ）太陽　（ソ）速さ　（タ）近い

5　**解答**　①×　②○　③○　④×
解説　①②神経細胞の細胞体は大脳では皮質に脊髄では髄質にある。軸索は逆。
③体の左半身の情報は，脳の右半球に伝わる。
④中脳や延髄には反射の中枢がある。

6　**解答**　④
解説　①心筋は横紋筋。
②筋繊維は筋細胞からなる。束になってあるのは筋原繊維である。
③活動電位の大きさは一定。
⑤伝達という。

> **POINT**
> 細胞体は，大脳では皮質に，脊髄では髄質に集まる。

確認テスト2　p.411・p.412

1 【解答】
①屈性　②傾性　③光屈性
④温度傾性　⑤膨圧運動
⑥オーキシン　⑦頂芽優勢
⑧サイトカイニン　⑨エチレン
⑩ジベレリン　⑪アブシシン酸

2 【解答】
(1) C
(2) (ウ)根　(エ)芽　(オ)茎
(3) b1の成長にともない，側芽の成長を抑制する物質(オーキシン)が合成され，b2の成長を抑えた。

3 【解答】
(1) ①光周性　②長日植物
③短日植物　④限界暗期
⑤中性植物　⑥フロリゲン　⑦師管
⑧春化処理
(2) ②アブラナ，カーネーション
③アサガオ，キク
⑤トウモロコシ，トマト

4 【解答】
(1) ①光発芽種子　②赤　③長
④遠赤　⑤最後
(2) ア：フィトクロム
イ：フォトトロピン

5 【解答】
(1) 短日植物
(2) 日長が短くなると，光合成に利用できるエネルギーが減り，成長や開花に必要な物質が確保できないため。
(3) (ⅰ)A 形成しない　B 形成する　(ⅱ)A 形成しない　B 形成する

【解説】(3) 図1より，Aは日長15時間(暗期が9時間(24時間－15時間＝9時間))で開花するが，日長16時間(暗期8時間)では開花しないことがわかる。(ⅰ)(ⅱ)とも，暗期は8時間であるため，花芽は形成されない。図1より，Bの開花は日長に左右されないことから，Bは中性植物であると考えられる。そのため，(ⅰ)

(ⅱ)どちらの条件でも花芽は形成される。

> **POINT**
> 長日植物…限界暗期より長い継続した暗期では花芽を形成しない。(ホウレンソウ・コムギなど)
> 短日植物…限界暗期より長い継続した暗期で花芽形成。(キク・イネ・アサガオ・オナモミ・ダイズなど)

センター試験対策問題　p.413～p.415

1 【解答】問1　③　問2　④　問3　③

【解説】問1　反応の潜伏期とは，刺激してから応答が起こるまでの時間である。光刺激が強いほうが潜伏期が短くなっている。

問2　①比は一定ではない。10^2と10^6のときを比べると，光刺激の強さが10^2では夜30回，昼5回で，夜：昼＝6：1である。10^6では夜65回，昼35回で，夜：昼＝1.8：1である。※活動電位の発生回数は，おおよその数である。(以下同)
②閾値とは，活動電位が発生する最小限の刺激の強さである。光刺激の強さが1の場合，夜は活動電位が発生しているのに対して昼は発生していない。これは夜のほうが閾値が低いことを表している。
③光刺激の強さ10^4のときを読み取ると，夜50回，昼20回で，昼の反応は夜の反応の約40％である。
④30回の活動電位を引き起こす刺激の強さは，夜が10^2，昼が10^5であるからちょうど千倍。

問3　実験結果から，Yは昼に分泌され，Xの光刺激に対する閾値を上げて反応を低下させると考えられる。①夜にYを作用させると昼に近い反応をするということは，Xの反応を低下させると考えられるから不適切。②Yの分泌は昼である。④YはXの閾値を上げる。

> **POINT** 閾値が低下すると小さい刺激でも反応する。

2 解答 ③
解説 ①「軸索が相互に融合した網目状」が誤り。神経細胞はシナプスで融合せずに接続している。②白質と灰白質が逆。④視覚や聴覚の中枢は新皮質にある。⑤食欲や体温調節の中枢は間脳。

3 解答 ①
解説 ①伸長促進に最適なオーキシンの濃度は、根＜芽＜茎 の順で高い。②茎ではオーキシン濃度が低い方、根では高い方へ屈曲する。③④茎でも根でもオーキシン濃度は下側(重力側)が高くなる。

4 解答 ③

> **POINT** エチレン…気体状の植物ホルモン。果実の成熟促進、器官の老化や離脱を促進。

5 解答 ④
解説 ②コムギは発芽後一定期間低温にさらされると花芽形成が促進される。③頂芽があると側芽の成長が抑制される(頂芽優勢)が、頂芽が無くなると抑制作用が無くなり、側芽が成長し始める。④植物は乾燥にさらされると、気孔を閉じて蒸散を抑制する。⑤日長の変化は葉で感知される。オナモミは短日植物。⑥レタス、タバコ、マツヨイグサ、シロイヌナズナ等の種子は赤色光の照射で発芽が促進される。

第4部 生態系と環境

確認テスト1　p.437・p.438

1 解答 (1)標識再捕法
(2)378匹
解説 (2)$27 \times \frac{42}{3} = 378$（匹）

2 解答 (1)成長曲線
(2)環境収容力
(3) b a c
(4)食物の不足、排出物の増加、生活空間の不足
解説 (3)個体群の成長速度とは、単位時間当たりに増加した個体数をいう。a, b, c各点において、グラフの傾きの大きいところほど、個体群の成長速度は大きい。

3 解答 (1)生存曲線
(2)A型－(エ)　C型－(キ)
(3)A型－(ウ)(カ)
B型－(ア)(オ)
C型－(イ)(エ)
解説 (3)通常、昆虫はA型の生存曲線を示す。しかし、ミツバチは社会性昆虫で、子(幼虫)は働きバチの保護を受けて育つため死亡率が低くなり、C型になる。

> **POINT** ミツバチは、ヒトやサルと似た生存曲線を示す。

4 解答 (ア)－孤独　(イ)－群生
(ウ)－長く　(エ)－相変異
解説 個体群密度の変化にともない、個体群を構成する個体の発育や生理、形態などが変化することを密度効果という。バッタの相変異も密度効果である。

5 解答 (1)図1－(イ)　図2－(ウ)
図3－(ア)
(2)(イ)
解説 (2)生態的地位(ニッチ)の重なりが大きいとは、この問題の場合、生物A、Bの食物が共通している割合が高いことを指し、両者の間では食物をめぐって競

争が起きる。生物A，Bが同じ場所で生活していても，食物が異なっていれば競争は起きず，共存できる。

6 【解答】【呼称】(ア)-b　(イ)-f
　　　　　　(ウ)-d
　　　　【動物名】(ア)-e　(イ)-g
　　　　　　(ウ)-j
【解説】イタチとテンはともに雑食で，ウサギやネズミなど小型の哺乳類やカエルなどの両生類，果実を食べる。ヒメウとカワウは同じ場所でともに潜水して食物をとるが，ヒメウは浅いところにいる魚類を，カワウは底にいる魚類や甲殻類などを食べる(食いわけ)。ヤマメは河川の下流域に生息し，イワナはその上流域に生息することが多い(すみわけ)。

確認テスト2　p.455・p.456

1 【解答】(1)生産構造図
　　(2)①-エ　②-ウ　③-イ
　　　④-ア
　　(3)①下部　②細い　③届く

2 【解答】(1) 1690 ($g/m^2/$年)
　　(2) 430 ($g/m^2/$年)
　　(3) 森林の主な生産者は樹木である。樹木は，非光合成器官である幹の呼吸量が大きいため，純生産量が少なくなる。沿岸域の主な生産者は藻類で，体のほぼ全部が光合成器官であるため純生産量は多くなる。
【解説】(1)純生産量＝総生産量－呼吸量＝5100－3410＝1690
　　(2)成長量＝純生産量－(枯死量＋被食量)＝1690－1260＝430

3 【解答】(1) 13%
　　(2)栄養段階が高くなるほどエネルギー効率が高くなる。
【解説】(1)表の生産者は「植物プランクトン，その他の水生植物」，一次消費者は，「動物プランクトン，底生動物」，二次消費者は「魚」である。一次消費者のエネルギー効率(%)＝一次消費者の総生産量／生産者の総生産量×100＝$\frac{14}{111}\times 100$＝12.6…(%)
　　(2)生産者のエネルギー効率(%)＝生産者の総生産量／太陽からの入射光×100＝$\frac{111}{118872}\times 100$＝0.093…(%)，二次消費者のエネルギー効率(%)＝二次消費者の総生産量／一次消費者の総生産量×100＝$\frac{3}{14}\times 100$＝21.4…(%)

4 【解答】(ウ)
【解説】(ア)誤り。適度なかく乱(中規模なかく乱)は，生態系における生物多様性を増すことがある。(イ)誤り。かく乱には人為的なものも含まれる。(ウ)正しい。陰樹林にギャップが生じて陽樹が生育すると，陽樹とともに生育する動植物が増えるので多様性が増すことがある。(エ)誤り。雑木林を伐採すると，林床に光が差し込み，多くの草本植物，昆虫や鳥類などが生育し，生物多様性は維持される。(オ)誤り。強い波にさらされる場所では，波にサンゴが破壊されるのでサンゴの種数が減る。

5 【解答】(1)(ア)-乱獲　(イ)-生息地
　　　(ウ)-局所個体群　(エ)-近親交配
　　　(オ)-ホモ
　　(2)絶滅危惧種

POINT
人為的かく乱→生息地の分断化(局所個体群)→性比のかたより・近親交配(近交弱勢)→遺伝子の多様性の喪失→環境の変化への不適応→絶滅へ

センター試験対策問題　p.457・p.458

1 【解答】問1　①　問2　②　問3　③
【解説】問1 「1日当たりの個体数の増加率(増加比)」とは，「期間の最初の個体数に対して何倍に増えたか」を意味している。「1日当たりの増加数」を求めるのではないことに注意する。1～2日の場

合，25個体から140個体に増えたとすると，$\frac{140}{25}=5.6$（倍）である。グラフの傾きからある程度予測がつくが，同様に計算して比べてみると，①の1～2日の増加率が最も大きいことがわかる。

問3 培養液が0.5 mL，1 mLのいずれの場合でも，0日から3日頃までは，培養液の体積に占めるゾウリムシの個体数が少ないので，図のグラフのように増加すると考えられる。しかし，3日以降では，培養液1 mLの場合，ゾウリムシの生活空間や餌の量に余裕があるのでさらに増加を続け，環境収容力，つまり約800匹まで増えるものと考えられる。

2 【解答】 問1 ア—② イ—① ウ—③
問2 ①

【解説】問1 フジツボbは乾燥に強い。フジツボaとフジツボbは隣接して生息し，種間競争関係にある。イボニシはフジツボaを捕食している。以上の3点をおさえる。乾燥に強いフジツボbは，海面からの露出時間が長く，乾燥しやすいアに生息できる。一方，アに生息できないフジツボaはイに生息し，ウに生息するイボニシに捕食されていると考えられる。

問2 フジツボaはフジツボbとの生活場所をめぐる種間競争関係で優位にあるが，フジツボaはフジツボbより乾燥に弱いので，分布境界線Pはフジツボaが生息可能な上限である。よって，分布境界線Pは種間競争と耐乾性で決まる。

3 【解答】 ②，⑤

【解説】選択肢ごとに，比較する数値を求める必要がある。
① 誤り。
純生産量の総量＝純生産量×面積
草原では，0.79×24.0＝18.96，農耕地では，0.65×14.0＝9.1である。両者の純生産量の総量は大きく異なる。
② 正しい。
生体量の総量＝生体量×面積
森林では，29.8×57.0＝1698.6である。他の生態系より森林の生体量の総量が大きいことは明らかである。
③ 誤り。海洋全体の純生産量の総量は，浅海と外洋の純生産量の総量。0.47×29.0＋0.13×332.0＝13.63＋43.16＝56.79，森林の純生産量の総量＝1.40×57.0＝79.8。森林のみで海洋全体の純生産量の総量を上まわっているので誤り。
④ 誤り。荒原の生体量の総量は，0.4×50.0＝20.0，農耕地の生体量の総量は，1.0×14.0＝14.0。荒原の方が農耕地より大きいので誤り。
⑤ 正しい。
生産効率＝純生産量/生体量
浅海では，$\frac{0.47}{0.1}=4.7$。外洋では，$\frac{0.13}{0.003}=43.33$。外洋の方が浅海より大きいので正しい。
⑥ 誤り。農耕地の生産効率は，$\frac{0.65}{1.0}=0.65$，草原の生産効率は，$\frac{0.79}{3.1}=0.25$。農耕地の方が草原より大きいので誤り。

第5部 進化と系統

確認テスト1　p.480・p.481

1　**解答**　(ア)紀　(イ)示準化石　(ウ)三葉虫またはフズリナ　(エ)アンモナイト

2　**解答**　(1)(ア)RNA
(2)(イ)エディアカラ
(3)(ウ)カンブリア
(4)(エ)無顎　(オ)脊椎
(5)(カ)シルル　(キ)クックソニア
(6)(ク)リニア
(7)(ケ)は虫　(コ)胚膜
(8)(サ)裸子　(シ)ジュラ
(ス)被子
(9)(セ)哺乳　(ソ)有袋
(タ)単孔
(10)(チ)新生
(11)(ツ)ツパイ　(テ)立体視
(12)(ト)類人猿
(13)(ナ)現生人類(ホモ・サピエンス)
(14)(ニ)直立二足歩行

3　**解答**　③
解説　熱水噴出孔は原始海洋中に多く存在していたと考えられ，メタンやアンモニア，硫化水素や水素が発生する。

4　**解答**　④
解説　ストロマトライトについて述べている文を選択する。

5　**解答**　⑤
解説　植物，昆虫などの無脊椎動物，脊椎動物の順に陸上進出した。

確認テスト2　p.510

1　**解答**　(1)(ア)－種　(イ)－生殖能力
(2)(ウ)－科　(エ)－目　(オ)－綱
(カ)－門　(キ)－界
(ク)－ドメイン
(3)(ケ)－リンネ
(4)(コ)－リボソームRNA
(サ)－分子　(シ)－古細菌
(5)(ス)－外　(セ)－内
(ソ)－二胚葉　(タ)－三胚葉
(チ)－旧口　(ツ)－新口
(6)(テ)遺伝的変異　(ト)環境変異
(ナ)遺伝子
(7)(ニ)相同　(ヌ)相似
(8)(ネ)遺伝子頻度
(9)(ノ)世代　(ハ)遺伝子頻度

2　**解答**　(1)原生動物－ゾウリムシ
藻類－アサクサノリ，ワカメ
粘菌類－ホコリカビ
卵菌類－ミズカビ
(2)コケ植物－スギゴケ
シダ植物－ワラビ，トクサ
裸子植物－イチョウ，ソテツ
被子植物－イネ，モクレン
(3)接合菌類－クモノスカビ
子のう菌類－アオカビ，アカパンカビ　担子菌類－シイタケ
(4)扁形動物－プラナリア
環形動物－ゴカイ
軟体動物－ハマグリ
線形動物－カイチュウ
節足動物－クモ，ムカデ

センター試験対策問題　p.511〜p.513

1　**解答**　問1　(1)③　(2)⑤　(3)⑦　(4)⑧
(5)④
問2　(1)③　(2)①　(3)②④⑤
解説　問1　(4)脊椎骨をもたない原索動物である。(5)新口動物とは，初期胚に形成される原口が肛門となり，原腸の端に口が形成される動物である。
問2　二胚葉動物の胚葉は内胚葉と外胚葉に，三胚葉動物の胚葉は内胚葉，中胚葉，外胚葉に分化している。

2　**解答**　②④
解説　遺伝的浮動は，偶然による遺伝子頻度の偏りであり，遺伝子の不利・有利は関係ないため，①は不正解。遺伝子プールとは，集団内の全ての対立遺伝子のこ

とである。遺伝子プールが変化する場合，対立遺伝子頻度は変化するため，③は不正解。ハーディー・ワインベルグの法則とは，世代が変わっても対立遺伝子頻度が変化しないという法則のことである。遺伝的浮動は，偶然による遺伝子頻度の偏りのことであり，⑤は不正解。

3 **解答** 問1　ア－D　イ－J　ウ－G
　　　　エ－F　オ－K
問2　（b）（d）
問3　（c）
問4　（a）（b）

解説 問3　田園地帯は明色型，工業地帯は暗色型の頻度が高い。
問4　集団が隔離されたり，集団のサイズが小さくなると，遺伝的浮動(＝遺伝子頻度の偏り)が生じやすい。

二次試験対策問題

① **解答** 問1　1－A　2－F
問2　D
問3　(1)①－E　②－G　③－B
　　(2)クエン酸回路－B　解糖系－D
問4　(1)F　(2)C

解説 問2　それぞれの大きさはおよそ，ゾウリムシ($200\,\mu m$)，大腸菌($3\,\mu m$)，ヒトの赤血球($7.5\,\mu m$)，ミドリムシ($70\,\mu m$)である。
問3　(2)解糖系は細胞質基質での反応。細胞質基質は細胞小器官の間をうめている物質で，遠心分離すると上澄み液に含まれる。
問4　(1)F．受動輸送は濃度勾配に従って起こるため，エネルギーを必要としない。(2)ヒト赤血球にとって，0.9％の食塩水が等張液である。等張液に入れても変化は起きない。これより高い濃度の食塩水では赤血球は収縮し，低い濃度の食塩水では膨らむ。

② **解答** 問1　1－転写　2－リボソーム
　　　3－スプライシング
問2　順にC，U，A，G
問3　(イ)エキソン
　　(ウ)イントロン
問4　真核細胞では，転写が完了してから翻訳が行われる。原核細胞では，転写が始まると，転写途中のmRNAにリボソームが結合し，すぐに翻訳が開始される。
問5　リボソームRNA（rRNA）
問6　鎌状赤血球貧血症
問7　（A），（B）

解説 問7　（C)酵母菌は真核生物であるため，染色体は核膜につつまれている。(D)ヒストンをもつのは真核生物のみ。(E)アンチコドンは，mRNAと結合する部分である。(F)UAA, UAG, UGA

解答・解説　549

の3つは，対応するアミノ酸をもたない。

③ **解答** 問1 （a）－発生　（b）－卵黄
（c）－等黄卵　（d）－植物極
（e）－端黄卵　（f）－動物極
（g）－不等割　（h）－胞胚
問2　イ，ウ，カ，ク

④ **解答** 問1　a－解糖系　b, c－脱炭酸，脱水素(順不同)　d－クエン酸
問2　ア－2　イ－4　ウ－6
エ－6　オ－2
問3　（イ），（ウ）
問4　（ア），（ウ）

解説 問3　電子伝達系が働いている状況と考える。マトリックス内には，細胞質基質から運ばれてきたNADHが，水素イオンと電子に分かれて存在する。水素イオンが多いと酸性になるため，マトリックスは細胞質基質に比べて酸性に傾く。また，マトリックスにたまった水素イオンは，ミトコンドリアの内膜と外膜の間（膜間）へ次々と運搬されていく。そのため，マトリックスの水素イオンは減少し，膜間に比べてアルカリ性に傾く。

⑤ **解答** 問1　（d）
問2　錐体細胞
問3　黄斑
問4　長い　理由：瞳孔の調節は，毛様筋によって起こる素早い反応であるが，暗順応は，時間がかかるロドプシン合成を必要とするから。

解説 暗順応は数十分以上の時間がかかるが，明順応は数分程度しかかからない。ロドプシンの合成よりも分解の方がはるかに早く進む。

⑥ **解答** 問1　ア－始原生殖細胞
イ－精原細胞　ウ－卵原細胞
問2　胚珠，やく
問3　相同染色体の対合が起こり，二価染色体が形成される。娘細胞の染色体数は，母細胞の半数になる。
問4　c
問5　エ－精核　オ－卵核
カ－卵割

問6　受精時に，ひとつの精子しか卵内に進入させないようにしたり，発生初期の胚を保護している。
問7　細胞周期のひと回りが速い。割球の成長が起こらず，各割球は小さくなる。初期では，割球は同時に分裂する。

解説 問6　卵内に複数の精子が入らないようにすることを，多精拒否という。
問7　卵割時の細胞周期は，G_1期，G_2期がないことがあるため，スピードが速い。各割球が同時に分裂することを同調分裂といい，割球数は2倍ずつ増えていく。

⑦ **解答** 問1　（a）被食量　（b）呼吸量
（c）不消化排出量
問2　（d），（g）
問3　⑥
問4　④

解説 問3　熱帯多雨林では，微生物によって落ち葉などはすばやく分解されるため，表土は数cm程度である。
問4　極相林では，総生産量と呼吸量が等しい。そのため，純生産量はゼロである。

⑧ **解答** 問1　B
問2　D
問3　F
問4　C
問5　0.37

解説 問1　とっさに目を閉じる反射（眼瞼反射），瞳孔反射の中枢は中脳。屈筋反射，しつがい腱反射の中枢は脊髄。
問2　自律神経は交感神経と副交感神経からなり，互いに拮抗的に働く。交感神経は，動物が興奮した状態のときに強く働き，副交感神経は，休息や睡眠中に活発に働く。
問4　健康な人の血糖濃度は，血液100mlあたり，約100mg（＝0.1％）。糖尿病の場合，空腹時の血糖濃度がこれより高くなる。
問5　グルコースの85％は無酸素で消

費されたため，乳酸発酵が行われたと考えられる。乳酸発酵では，1分子のグルコースにつき，2ATPが生成される。よって，0.05分子のグルコースが消費されたとき，$0.05 \times 0.85 \times 2 = 0.085$のATPが生成される。また，残り15％のグルコースは，呼吸で消費されたと考えられる。呼吸では，1分子のグルコースにつき，38ATPが生成される。よって，0.05分子のグルコースが消費されたとき，$0.05 \times 0.15 \times 38 = 0.285$のATPが生成される。両者を足し，$0.285 + 0.085 = 0.37$のATPが生成することとなる。

⑨ 解答 問1　1－相同　2－相似　3－収れん（収束進化）
問2　ⅰ）－ド・フリース，突然変異説　ⅱ）－ダーウィン，自然選択説　ⅲ）－ラマルク，用不用説
問3　適応放散
問4　（ウ）

解説 問4　すべての生物に共通するものは何かを考える。原核生物は，葉緑体やミトコンドリアなどの細胞小器官をもたない。哺乳類とは虫類はヘモグロビンをもつが，昆虫はもたない。大腸菌とラン藻は原核生物で，その他は真核生物である。原核生物と真核生物に共通するのは，この中ではリボソームRNAだけである。

さくいん　生物基礎

あ

rRNA ……………………… 83
RNA ……………………… 82
RNA ポリメラーゼ ……… 85
アカガシ …………… 156, 164
赤潮 ………………… 182, 183
アカマツ ………………… 160
亜高山帯 ………………… 167
亜高木層 ………………… 156
亜硝酸菌 ………………… 179
アセチルコリン ………… 119
アデニン …………… 40, 65
アデノシン ……………… 40
アデノシン三リン酸 …… 40
アデノシン二リン酸 …… 40
アドレナリン ……… 125, 127
アナフィラキシーショック
………………………… 140
亜熱帯 …………………… 164
亜熱帯多雨林 …………… 164
アポトーシス …………… 141
アミノ酸 …………… 82, 86
アミラーゼ ………… 41, 43
アメーバ ………………… 23
アメリカザリガニ ……… 187
アレルギー ……………… 140
アレルゲン ……………… 140
アンチコドン …………… 87
アントシアン …………… 25
アンモニウムイオン …… 178

い

異化 ………………… 38, 39
イガイ …………………… 181
鋳型 ………………… 74, 85
維管束 …………………… 17
維管束系 ………………… 17
一次応答 ………………… 139
一次消費者 ……………… 174
一次遷移 ………………… 159
一年生植物 ……………… 154
遺伝 ………………… 13, 61
遺伝子 ……………… 13, 61
遺伝子組換え …………… 91

遺伝子診断 ……………… 91
遺伝子治療 ……………… 91
イヌビワ ………………… 156
陰樹 ………………… 155, 160
インスリン …… 89, 126, 127
陰生植物 ………………… 155
インターロイキン ……… 136

う

ウイルス …………… 19, 63
ウシガエル ……………… 186
ウメノキゴケ …………… 159
ウラシル ………………… 82
運動神経系 ……………… 117

え

エイズ（AIDS） ………… 143
HIV ………………… 85, 143
エイブリー ……………… 63
A ……………………… 65, 82
A 細胞 …………………… 125
ATP ………… 15, 40, 45, 48
ADP ……………………… 40
ATP 合成酵素 ……… 46, 49
液胞 ………………… 25, 26
液胞膜 …………………… 25
S 期 ………………… 76, 77
エネルギー ………… 38, 176
エネルギー吸収反応 …… 38
エネルギーの移動 ……… 38
エネルギーの通貨 ……… 40
エネルギー放出反応 …… 38
mRNA …………… 29, 83, 86
M 期 ………………… 75, 77
塩基 ………………… 40, 65
塩基性色素 ……………… 22
塩基配列 ………………… 66

お

オオクチバス …………… 187
オオヒゲマワリ ………… 19
オコジョ ………………… 167
オゾン層 ………………… 185
オゾンホール …………… 185
オリーブ ………………… 164

温室効果 …………… 177, 185
温室効果ガス …………… 185

か

階層構造 ………………… 156
解糖系 …………………… 46
外部環境 ………………… 101
外分泌腺 …………… 16, 117
開放血管系 ……………… 107
外膜 ……………………… 24
外来生物 ………………… 186
化学エネルギー ………… 180
核 ……………… 20, 21, 22, 26
核小体 …………………… 22
核分裂 …………………… 75
核膜 ………………… 20, 22
核膜孔 ……………… 22, 85
カサノリ ………………… 23
過酸化水素 ……………… 41
化石燃料 …………… 177, 185
カダヤシ ………………… 187
カタラーゼ ……………… 41
活性部位 ………………… 43
カバーガラス ……… 31, 33
可変部 …………………… 136
カラマツ ………………… 165
夏緑樹林 ………………… 164
感覚神経系 ……………… 117
間期 ………………… 75, 77
環境 ……………………… 153
環境形成作用 ……… 159, 173
肝細胞 …………………… 109
緩衝作用 ………………… 103
乾性遷移 ………………… 161
肝門脈 …………………… 109

き

キーストーン種 ………… 181
記憶細胞 …… 139, 140, 141
器官 ……………………… 15
基質 ……………………… 43
基質特異性 ……………… 43
基本組織系 ……………… 17
逆転写 …………………… 85
逆転写酵素 ……………… 85

ギャップ……………… 162	ゲノムプロジェクト……… 67	**さ**
ギャップ更新………… 162	原核細胞…………… 20, 21	再吸収………………… 111, 112
休眠芽………………… 154	原核生物………………… 21	最適温度………………… 43
丘陵帯………………… 167	原形質……………… 20, 21	最適pH ………………… 43
共生…………………… 51	原形質流動……………… 33	細尿管………………… 111, 112
胸腺…………………… 134	減数分裂…………… 61, 62, 76	細胞……………………… 15, 18
極相…………………… 160	原生林………………… 153	細胞液…………………… 25
拒絶反応……………… 142	原尿…………………… 111	細胞群体………………… 19
キラーT細胞	**こ**	細胞質…………………… 21
……………… 134, 141, 142	高エネルギーリン酸結合… 40	細胞質基質…………… 21, 26
銀染色…………………… 27	光学顕微鏡…………… 22, 31	細胞質分裂……………… 75
筋組織…………………… 16	交感神経……………… 118	細胞周期………………… 75
く	交感神経系…………… 117	細胞小器官……………… 21
グアニン………………… 65	後期………………… 75, 77	細胞性免疫………… 134, 141
クエン酸回路…………… 46	抗原…………………… 133	細胞説…………………… 18
クライマックス………… 160	抗原抗体反応……… 135, 140	細胞内共生説…………… 51
グリコーゲン……… 109, 126	光合成……………… 38, 48	細胞分化………………… 90
クリック………………… 65	光合成色素……………… 24	細胞分画法……………… 30
グリフィス……………… 63	光合成速度…………… 155	細胞壁………………… 21, 26
グルカゴン…………… 125	耕作地………………… 153	細胞膜…………… 18, 20, 26
グルコース	高山帯………………… 167	酢酸カーミン…………… 22
……………… 41, 45, 109, 126	恒常性……………… 16, 101	砂漠…………………… 165
クロモ………………… 161	甲状腺刺激ホルモン	サバンナ………… 155, 165
クロユリ……………… 167	………………… 122, 124	作用…………………… 173
クロロフィル……… 24, 49	甲状腺刺激ホルモン放出ホルモン	サルオガセ…………… 159
け	………………………… 124	酸化マンガン(Ⅳ)………… 41
形質…………………… 61	酵素……………… 41, 89	酸素解離曲線………… 105
形質転換………………… 63	酵素―基質複合体……… 43	酸素ヘモグロビン…… 104
形成層…………………… 17	抗体……… 134, 136, 138, 139	山地帯………………… 167
系統…………………… 13	抗体産生細胞……… 135, 137	**し**
系統樹……………… 13, 14	好中球………… 106, 133, 134	シアノバクテリア
血液…………………… 102	後天性免疫不全症候群… 143	………………… 21, 51, 178
血液凝固……………… 108	高木層………………… 156	C ………………… 65, 82
血球…………………… 102	後葉……………… 122, 123	G ………………… 65, 82
ケッケイヌ…………… 164	硬葉樹林……………… 164	GFP …………………… 91
結合組織………………… 16	呼吸………………… 38, 45	G_0期 …………………… 76
血しょう……………… 102	呼吸基質………………… 45	G_2期 ………………… 76, 77
血小板………………… 102	コケ…………………… 156	G_1期 ………………… 76, 77
血清…………………… 108	コケ植物……………… 159	色素体…………………… 24
血清療法……………… 140	コケ層………………… 156	糸球体………………… 111
血糖……………… 109, 125	骨髄…………………… 134	自己免疫疾患………… 143
血糖調節中枢………… 125	コドン…………………… 87	視床下部………… 122, 123
血ぺい………………… 108	コヨーテ……………… 165	自然浄化……………… 182
解毒作用……………… 109	コラーゲン……………… 89	湿性遷移……………… 161
ゲノム………………… 67	コルクガシ………… 18, 164	シトシン………………… 65
ゲノムサイズ…………… 67	ゴルジ体…………… 27, 29	シャクナゲ…………… 167
	根粒菌………………… 178	

シャルガフ……………… 66
ジャワマングース……… 186
終期………………… 75, 77
集合管………………… 111
重症筋無力症………… 143
従属栄養生物…………… 39
樹状細胞…133, 135, 137, 141
受容体………………… 120
シュライデン…………… 18
シュワン………………… 18
純生産量……………… 175
硝化菌………………… 179
消化酵素………………… 41
硝酸イオン…………… 178
硝酸菌………………… 179
消費者………………… 173
上皮組織………………… 16
小胞体……………… 27, 29
静脈……………… 104, 106
照葉樹林……………… 164
常緑広葉樹…………… 163
食細胞………………… 133
食作用…………… 106, 133
植生…………… 153, 163
触媒……………………… 41
植物細胞…………… 26, 28
植物プランクトン…182, 184
食物網………………… 174
食物連鎖……………… 173
シラカシ……………… 160
自律神経系…………… 117
腎う…………………… 111
進化……………………… 13
真核細胞…………… 20, 21
真核生物………………… 20
神経細胞…………… 17, 19
神経組織…………… 16, 17
神経伝達物質………… 119
神経分泌細胞…… 122, 123
腎小体………………… 111
腎単位………………… 111
針葉樹林………… 155, 165
森林限界………… 167, 168

す

水生植物……………… 161
水素結合………………… 66
垂直分布………… 167, 168

水平分布………… 167, 168
ススキ………………… 160
スタール………………… 74
スダジイ………… 156, 160
ステージ………………… 31
ステップ……………… 165
ストロマ…………… 24, 50
スライドガラス……… 31, 33

せ

生活形………………… 153
生活様式……………… 153
生産者………………… 173
生殖細胞………………… 19
生態系………………15, 173
生態系のバランス…… 181
生態系の復元力……… 182
生体触媒………………… 41
生態ピラミッド… 174, 175
生体防御……………… 133
セイタカアワダチソウ… 186
成長ホルモン…… 122, 125
成長量………………… 175
生物多様性…………… 187
生物的環境…………… 153
生物濃縮……………… 184
生物量………………… 174
セイヨウタンポポ…… 186
接眼ミクロメーター…… 32
接眼レンズ……………… 31
赤血球………………… 102
セルロース………… 21, 48
遷移…………………… 159
前期………………… 75, 77
先駆植物……………… 160
染色体………… 20, 22, 61
全身性エリテマトーデス
　…………………… 143
セントラルドグマ……… 82
繊毛運動……………… 133
前葉…………… 122, 123

そ

相観…………………… 155
雑木林………………… 153
造血幹細胞……… 102, 134
草原…………………… 153
草食動物……………… 173

総生産量……………… 175
相同染色体………… 61, 62
相補性………………… 65
草本層………………… 156
ゾウリムシ………… 19, 101
組織…………………… 15
組織液…………… 102, 106
組織系………………… 17

た

体液…………………… 101
体液性免疫…… 134, 135, 136
体細胞………………… 19
体細胞分裂……………… 74
代謝……………………… 38
体循環………………… 107
対物ミクロメーター…… 32
対物レンズ……………… 31
多細胞生物……………… 19
脱窒………………… 178
脱窒素細菌…………… 178
多肉植物……………… 165
多年生植物…………… 154
タブノキ……………… 164
単球…………………… 106
単細胞生物……………… 19
胆汁…………………… 109
炭素…………………… 176
団粒構造……………… 157

ち

地衣類………………… 159
チェイス………………… 63
地上植物……………… 154
地中植物……………… 154
窒素…………… 176, 178
窒素固定……………… 178
窒素同化……………… 178
地表植物……………… 154
チミン………………… 65
着生植物……………… 163
中期………………… 75, 77
中心体………………… 27
中枢神経系…………… 117
調節ねじ……………… 31
頂端分裂組織…………… 17
貯蔵デンプン…………… 48
チラコイド……………… 24

つ

チラコイド膜……… 24, 49
チロキシン…… 122, 124, 127

ツンドラ……… 165

て

T ……………………… 65
tRNA ……………… 83, 87
DNA ……………… 20, 61, 65
DNA 合成期 …………… 76
DNA 合成準備期 ………… 76
T 細胞 ………………… 134
定常部 ………………… 136
低木層 ………………… 156
デオキシリボース…… 65, 83
デオキシリボ核酸 ……… 61
適応 …………………… 153
鉄ヘマトキシリン……… 27
電子顕微鏡 ……………… 22
電子伝達系 ………… 46, 49
転写 ………………… 82, 84
デンプン ………… 41, 43, 48
転流 …………………… 48
伝令 RNA ……………… 83

と

糖 ……………………… 65
同化 ………………… 38, 39
同化器官 ……………… 38
同化デンプン ………… 48
糖質コルチコイド
　………………… 122, 125, 127
糖尿病 ………………… 127
トウヒ ………………… 165
動物細胞 ………… 26, 28
動物プランクトン ……… 184
洞房結節 ………… 106, 107
動脈 …………………… 104
特定外来生物 ………… 187
独立栄養生物 ………… 39
土壌 …………………… 157
トリプレット …………… 87
トロンビン …………… 108

な

内部環境 ……………… 101
内分泌系 ……………… 117
内分泌腺 ……… 16, 117, 120
内膜 …………………… 24

に

肉食動物 ……………… 173
二次応答 ……………… 139
二次消費者 …………… 174
二次遷移 ……………… 161
二重らせん構造 ……… 65

ぬ

ヌクレオチド …………… 65

ね

熱エネルギー ………… 180
熱帯多雨林 …………… 163
ネフロン ……………… 111

の

脳下垂体 ………… 122, 123
脳下垂体前葉 ………… 124
ノルアドレナリン ……… 119

は

ハーシー ………………… 63
肺炎双球菌 ……………… 63
バイオーム ………… 163, 167
配偶子 ……………… 62, 67
肺循環 ………………… 107
バイソン ……………… 165
ハイマツ ……………… 167
白色体 ………………… 24
バクテリオファージ …… 63
拍動 …………………… 106
ハコネウツギ ………… 160
バセドウ病 …………… 143
バソプレシン ………… 122
白血球 …………… 102, 106
発現 …………………… 82
ハナゴケ ……………… 159
反射鏡 ………………… 31
半地中植物 …………… 154
半保存的複製 ………… 74

ひ

B 細胞 ………… 134, 135, 139
B 細胞(すい臓) ………… 126
PCB …………………… 184
光エネルギー ………… 180
光飽和点 ……………… 155
光補償点 ……………… 155
ヒシ …………………… 161
非自己 ………………… 133
ヒストン ……………… 62
非生物的環境 ………… 153
非同化器官 …………… 38
ヒトデ ………………… 181
ヒト免疫不全ウイルス… 143
標的器官 ……………… 120
表皮系 ………………… 17
日和見感染 …………… 143

ふ

フィードバック ……… 124
フィブリノーゲン …… 108
フィブリン …………… 108
フィルヒョー ………… 18
富栄養化 ……………… 182
副交感神経 …………… 118
副交感神経系 ………… 117
副甲状腺 ……………… 124
副甲状腺ホルモン …… 124
副腎皮質刺激ホルモン… 122
複製 …………………… 74
フジツボ ……………… 181
腐植層 ………………… 157
浮水植物 ……………… 161
ブナ …………………… 164
負のフィードバック …… 124
ブルーギル …………… 187
プレパラート ……… 31, 33
プロトロンビン ……… 108
フロンガス …………… 185
分解者 ………………… 173
分解能 ………………… 22
分裂期 …………… 75, 77
分裂準備期 …………… 76
分裂組織 ……………… 17

へ

閉鎖血管系 …………… 106
ペースメーカー ……… 106
ペプチド結合 ………… 89
ヘモグロビン ……… 89, 104
ヘルパー T 細胞
　………………… 134, 135, 141, 143

さくいん　555

変異 91

ほ

放出ホルモン 122
紡錘体 27
ボーマンのう 111
牧草地 153
母材 157
母細胞 74, 75
ホメオスタシス 101
ポリペプチド 89
ホルモン 117, 120
翻訳 82, 86, 87

ま

マーグリス 51
マクロファージ 133, 141
末梢神経系 117
マツモ 161
マトリックス 24, 46
マメ科植物 178, 179
マルターゼ 41, 43
マルトース 41, 43
マングローブ 164

み

見かけの光合成速度 155
ミクロメーター 32
ミズナラ 164
水の華 182, 183
ミトコンドリア
  24, 26, 45, 51

む

無機触媒 41
娘細胞 74

め

メセルソン 74
メチレンブルー 33
免疫 133
免疫グロブリン 136
メンデル 61

も

モミ 165

や

ヤシャブシ 160
ヤヌスグリーン 24
ヤブツバキ 156

ゆ

U 82
有色体 24
優占種 155

よ

陽樹 155, 160
陽生植物 155
葉緑体 24, 26, 48, 51
抑制ホルモン 122
ヨモギ 160

ら

ライチョウ 167
ラウンケル 154
ラウンケルの生活形 154
落葉広葉樹 164
落葉層 157
ランゲルハンス島 125

り

立体構造 43, 89
リボース 40, 82, 83
リボソーム 27, 29, 83
林冠 156
リン酸 40, 65
林床 156
リンパ液 102
リンパ球 102, 106, 134

れ

レトロウイルス 85
レボルバー 31
レマーク 18

ろ

ロバート・フック 18

わ

ワクチン 140
ワトソン 65

さくいん　　生物

あ

rRNA（リボソーム RNA）
　　　　　　　　　268, 270
RNA　　　　　　　　　264
RNA ポリメラーゼ　　　265
RNA ワールド　　　　　463
iPS 細胞（人工多能性幹細胞）
　　　　　　　　　　　331
アクアポリン　　　　　　206
アクチン　　　　　　　　202
アクチンフィラメント
　　　　　　　202, 371, 372
アグロバクテリウム　　　286
味細胞　　　　　　　　　363
亜硝酸菌　　　　　　　　249
アセチル CoA　　　　　 235
アデニン　　　　　　　　257
アデノシン三リン酸　　　230
アデノシン二リン酸　　　230
アブシシン酸
　　　　　　395, 396, 400,
　　　　　　403, 406, 409
アポトーシス　　　　　　333
アミノ基　　　　　　　　208
アミノ酸　　　197, 208, 209
アミラーゼ　　　　　　　400
アルコール発酵　　　　　240
α-ヘリックス　　　　　210
アレンの法則　　　　　　497
アロステリック酵素　　　216
暗期　　　　　　　　　　397
暗順応　　　　　　　　　360
暗帯　　　　　　　　　　371
アンチコドン　　　　　　270
安定型　　　　　　　　　424
アンテナペディア遺伝子群
　　　　　　　　　　　333
アンモナイト　　　　　　467

い

硫黄細菌　　　　　249, 250
イオンチャネル　　　　　206
異化　　　　　　　　　　229
閾値　　　　　　　　　　369
異所的種分化　　　　　　506
一塩基多型（SNP）　　　274
一次間充織細胞　　　　　318
一次構造　　　　　　　　210
一次精母細胞　　　　　　313
一次卵母細胞　　　　　　313
一様分布　　　　　　　　419
遺伝暗号表　　　　　　　269
遺伝子型　　　　　　　　300
遺伝子組換え　　　　　　279
遺伝子組換え食品　　　　285
遺伝子座　　　　　　　　299
遺伝子治療　　　　　　　288
遺伝子導入　　　　　　　279
遺伝子頻度　　　　　　　501
遺伝子プール　　　　　　501
遺伝的多様性　　　　　　448
遺伝的浮動　　　　　501, 502
遺伝的変異　　　　　　　495
イトヨ　　　　　　　　　380
イネ科型　　　　　　　　441
イントロン　　　　　　　266

う

ウーズ　　　　　　　　　486
うずまき管　　　　　　　361
ウラシル　　　　　　　　264
運動神経　　　　　　　　364

え

栄養器官　　　　　　　　344
栄養生殖　　　　　　　　297
栄養段階　　　　　　　　446
A ソメ遺伝子　　　　　 345
ATP（アデノシン三リン酸）
　　　　　　　　　　　230
ADP（アデノシン二リン酸）
　　　　　　　　　　　230
ATP 合成酵素　　　　　 236
ABC モデル　　　　　　345
AUX1　　　　　　　　 392
AUG　　　　　　　　　269
エキソサイトーシス
　　　　　　　　　218, 219
エキソン　　　　　　　　266
液胞　　　　　　　　　　201
エタノール　　　　　　　240
エチレン　　　　　　395, 406
エディアカラ生物群　　　467
NAD$^+$　　　　　　 233, 235
NADH　　　　　233, 235, 236
エネルギー効率　　　　　446
エネルギー通貨　　　　　230
FADH$_2$　　　　　　235, 236
mRNA（伝令 RNA）266, 268
mRNA 前駆体　　　　　266
MHC（主要組織適合抗原）
　　　　　　　　　　　222
円形ダンス　　　　　　　380
延髄　　　　　　　　375, 376
遠赤色光　　　　　　　　402
エンドサイトーシス 218, 219

お

黄斑　　　　　　　　　　359
横紋筋　　　　　　　　　371
オーガナイザー　　　　　327
オーキシン
　　　　　　391, 392, 393,
　　　　　　394, 403, 406
岡崎フラグメント　　　　260
おしべ　　　　　　　　　345
オゾン層　　　　　　　　470
オプシン　　　　　　　　360
オペレーター　　　　　　278
オペロン　　　　　　　　278
オリゴデンドロサイト　　364
オルドビス紀　　　　　　470

か

科　　　　　　　　　　　484
界　　　　　　　　　　　484
介在神経　　　　　　　　364
外耳　　　　　　　　　　361
開始コドン　　　　　　　269
解糖　　　　　　　　　　240
解糖系　　　　　　　　　233
外胚葉　　　　　　　318, 323
灰白質　　　　　　　375, 376
海綿動物　　　　　　　　492

外来生物⋯⋯⋯⋯⋯⋯ 452
花芽⋯⋯⋯⋯⋯⋯ 344, 397
化学エネルギー⋯⋯⋯⋯ 242
化学合成⋯⋯⋯⋯⋯⋯ 249
化学合成細菌⋯⋯⋯⋯⋯ 249
化学進化⋯⋯⋯⋯⋯⋯ 461
核⋯⋯⋯⋯⋯⋯⋯⋯ 198
核酸⋯⋯⋯⋯⋯⋯⋯ 198
拡散⋯⋯⋯⋯⋯⋯⋯ 205
学習⋯⋯⋯⋯⋯⋯⋯ 382
学習行動⋯⋯⋯⋯ 379, 383
核小体⋯⋯⋯⋯⋯⋯ 198
がく片⋯⋯⋯⋯⋯⋯ 345
核膜⋯⋯⋯⋯⋯⋯⋯ 198
角膜⋯⋯⋯⋯⋯⋯⋯ 357
核膜孔⋯⋯⋯⋯⋯⋯ 199
かく乱⋯⋯⋯⋯⋯⋯ 449
花成ホルモン⋯⋯⋯⋯ 398
花托⋯⋯⋯⋯⋯⋯⋯ 408
割球⋯⋯⋯⋯⋯⋯⋯ 316
活性化エネルギー⋯⋯⋯ 213
活性化状態⋯⋯⋯⋯⋯ 213
活性部位⋯⋯⋯⋯⋯⋯ 213
褐藻類⋯⋯⋯⋯⋯⋯ 488
活動電位⋯⋯⋯⋯⋯⋯ 365
活動電流⋯⋯⋯⋯⋯⋯ 366
滑面小胞体⋯⋯⋯⋯⋯ 200
カドヘリン⋯⋯⋯ 223, 224
花粉管細胞⋯⋯⋯⋯⋯ 340
花粉四分子⋯⋯⋯⋯⋯ 340
花粉母細胞⋯⋯⋯⋯⋯ 340
花弁⋯⋯⋯⋯⋯⋯⋯ 345
かま状赤血球症⋯⋯⋯ 273
カルビン・ベンソン回路
⋯⋯⋯⋯⋯⋯⋯⋯ 246
カルボキシ基⋯⋯⋯⋯ 208
カロテノイド⋯⋯⋯⋯ 243
カロテン⋯⋯⋯⋯⋯ 243
感覚細胞⋯⋯⋯⋯⋯ 355
感覚神経⋯⋯⋯⋯⋯ 364
環境収容力⋯⋯⋯⋯⋯ 420
環境変異⋯⋯⋯⋯⋯⋯ 495
環形動物⋯⋯⋯⋯⋯⋯ 494
還元⋯⋯⋯⋯⋯⋯⋯ 235
間接効果⋯⋯⋯⋯⋯⋯ 432
桿体細胞⋯⋯⋯⋯⋯⋯ 359
陥入⋯⋯⋯⋯⋯⋯⋯ 318
間脳⋯⋯⋯⋯⋯⋯ 375, 376

眼杯⋯⋯⋯⋯⋯⋯⋯ 329
カンブリア紀⋯⋯⋯⋯ 469
カンブリア紀の大爆発⋯ 469
眼胞⋯⋯⋯⋯⋯⋯⋯ 329

き

気孔⋯⋯⋯⋯⋯⋯⋯ 396
キサントフィル⋯⋯⋯ 243
基質特異性⋯⋯⋯⋯⋯ 213
寄生⋯⋯⋯⋯⋯⋯⋯ 433
擬態⋯⋯⋯⋯⋯⋯⋯ 500
キネシン⋯⋯⋯⋯⋯ 221
基本転写因子⋯⋯ 265, 276
ギャップ⋯⋯⋯⋯⋯ 449
ギャップ結合⋯⋯⋯⋯ 223
求愛行動⋯⋯⋯⋯⋯⋯ 380
嗅覚⋯⋯⋯⋯⋯⋯⋯ 363
嗅覚器⋯⋯⋯⋯⋯⋯ 363
嗅細胞⋯⋯⋯⋯⋯⋯ 363
旧口動物⋯⋯⋯⋯ 493, 494
吸収スペクトル⋯⋯⋯ 243
休眠⋯⋯⋯⋯⋯⋯⋯ 400
共進化⋯⋯⋯⋯⋯ 476, 499
共生⋯⋯⋯⋯⋯⋯⋯ 433
競争⋯⋯⋯⋯⋯⋯ 419, 420
競争の阻害⋯⋯⋯⋯⋯ 215
極核⋯⋯⋯⋯⋯⋯⋯ 341
局所個体群⋯⋯⋯⋯⋯ 451
局所生体染色法⋯⋯⋯ 330
極性⋯⋯⋯⋯⋯⋯⋯ 391
極性移動⋯⋯⋯⋯⋯⋯ 392
棘皮動物⋯⋯⋯⋯⋯⋯ 494
菌界⋯⋯⋯⋯⋯⋯⋯ 491
筋原繊維⋯⋯⋯⋯⋯⋯ 371
近交弱勢⋯⋯⋯⋯⋯⋯ 451
菌根菌⋯⋯⋯⋯⋯⋯ 435
菌糸⋯⋯⋯⋯⋯⋯⋯ 491
筋収縮⋯⋯⋯⋯ 372, 373, 374
筋小胞体⋯⋯⋯⋯⋯⋯ 371
近親交配⋯⋯⋯⋯⋯⋯ 451
筋繊維⋯⋯⋯⋯⋯⋯⋯ 371

く

グアニン⋯⋯⋯⋯⋯ 257
クエン酸回路⋯⋯⋯⋯ 234
区画法⋯⋯⋯⋯⋯⋯ 423
屈曲⋯⋯⋯⋯⋯⋯⋯ 388
屈筋反射⋯⋯⋯⋯⋯⋯ 377

クックソニア⋯⋯⋯⋯ 471
屈性⋯⋯⋯⋯⋯⋯⋯ 388
組換え⋯⋯⋯⋯⋯⋯ 307
組換え価⋯⋯⋯⋯⋯⋯ 308
組換え DNA⋯⋯⋯⋯ 279
グラナ⋯⋯⋯⋯⋯⋯ 201
グリア細胞⋯⋯⋯⋯⋯ 364
クリステ⋯⋯⋯⋯⋯ 199
グリセルアルデヒドリン酸
⋯⋯⋯⋯⋯⋯⋯⋯ 246
クリプトクロム⋯⋯⋯ 404
グルカゴン⋯⋯⋯⋯⋯ 220
クローニング⋯⋯⋯⋯ 281
クロロフィル
⋯⋯⋯⋯ 201, 243, 244, 403
クロロフィル b⋯⋯⋯ 243
群生相⋯⋯⋯⋯⋯⋯⋯ 421

け

傾性⋯⋯⋯⋯⋯⋯⋯ 389
形成体(オーガナイザー)
⋯⋯⋯⋯⋯⋯⋯ 327, 330
ケイ藻⋯⋯⋯⋯⋯⋯ 488
茎頂分裂組織⋯⋯⋯⋯ 344
系統⋯⋯⋯⋯⋯⋯⋯ 485
系統樹⋯⋯⋯⋯⋯⋯⋯ 485
系統分類⋯⋯⋯⋯⋯⋯ 485
警報フェロモン⋯⋯⋯ 379
欠失⋯⋯⋯⋯⋯⋯⋯ 272
ゲル電気泳動⋯⋯⋯⋯ 283
限界暗期⋯⋯⋯⋯⋯⋯ 397
原基⋯⋯⋯⋯⋯⋯⋯ 330
原基分布図⋯⋯⋯⋯⋯ 330
原形質分離⋯⋯⋯⋯⋯ 207
原口⋯⋯⋯⋯⋯⋯⋯ 318
原口背唇⋯⋯⋯⋯⋯⋯ 320
減数分裂⋯⋯⋯⋯ 302, 304
原生生物界⋯⋯⋯⋯⋯ 488
原生動物⋯⋯⋯⋯⋯⋯ 488
原腸⋯⋯⋯⋯⋯⋯⋯ 318
原腸胚⋯⋯⋯⋯⋯⋯⋯ 318

こ

綱⋯⋯⋯⋯⋯⋯⋯⋯ 484
高エネルギーリン酸結合
⋯⋯⋯⋯⋯⋯⋯⋯ 230
光化学系 I⋯⋯⋯ 243, 244
光化学系 II⋯⋯⋯ 243, 244

光化学反応……………… 244
効果器……………………… 355
工業暗化………………… 500
抗原………………………… 222
光合成……………………… 229
光合成細菌……………… 249
光合成色素……………… 242
光合成の電子伝達系…… 244
虹彩………………………… 356
光周性……………………… 397
紅色硫黄細菌…………… 249
紅藻類……………………… 488
酵素活性………………… 214
酵素－基質複合体……… 213
抗体………………………… 222
高張液……………………… 207
行動………………………… 379
興奮
　… 355, 364, 365, 366, 369
興奮性シナプス………… 370
孔辺細胞………………… 396
酵母菌……………………… 240
肛門………………………… 318
広葉型……………………… 441
コエンザイムA………… 235
五界説……………………… 486
呼吸……………………… 229, 232
呼吸基質………………… 241
呼吸量……………………… 442
コケ植物………………… 490
古細菌………………… 486, 487
古細菌ドメイン………… 487
枯死量……………………… 442
古生代………………… 467, 469
個体群………………… 419, 420
個体群の成長…………… 420
個体群密度……………… 420
個体数……………………… 420
骨格筋……………………… 371
孤独相……………………… 421
コドン……………………… 268
糊粉層……………………… 400
鼓膜………………………… 361
5′末端……………………… 258
孤立化……………………… 451
ゴルジ体………………… 200
コルチ器………………… 361
コロニー………………… 429

痕跡器官………………… 498
根端分裂組織…………… 344
根粒………………………… 252
根粒菌……………………… 252

さ

細菌ドメイン…………… 487
最終収量一定の法則…… 421
最適温度………………… 214
最適pH……………………… 214
サイトカイニン 394, 395, 406
細胞骨格………………… 202
細胞小器官……………… 198
細胞性粘菌……………… 489
細胞接着……………… 223, 224
細胞選別………………… 224
細胞体……………………… 364
細胞内共生説…………… 466
細胞分化………………… 276
作用スペクトル………… 243
サルコメア………… 371, 372
酸化………………………… 235
酸化的リン酸化………… 236
散在神経系……………… 378
三次構造………………… 210
三ドメイン説…………… 486
三胚葉動物……………… 493
3′末端……………………… 258
三葉虫……………………… 467

し

シアノバクテリア… 249, 465
Cクラス遺伝子………… 345
視覚………………………… 356
視覚器……………………… 356
軸索………………………… 364
始原生殖細胞…………… 313
試行錯誤………………… 383
視細胞……………………… 356, 359
子実体………………… 489, 492
脂質二重層……………… 205
示準化石………………… 467
視床………………………… 376
視床下部………………… 376
耳小骨……………………… 361
視神経……………………… 359
ジスルフィド結合……… 211
自然選択………………… 496

シダ植物………………… 490
しつがい腱反射………… 377
失活………………………… 212
シトシン………………… 257
シナプス…………… 369, 370
シナプス間隙…………… 369
シナプス小胞…………… 369
子のう菌類……………… 491
ジベレリン 395, 400, 403, 405
脂肪………………………… 198
脂肪酸……………………… 241
刺胞動物………………… 493
社会性………………… 427, 429
社会性昆虫……………… 429
ジャスモン酸…………… 409
種…………………………… 483
集合フェロモン………… 379
終止コドン……………… 269
収束進化………………… 498
集中神経系……………… 378
集中分布………………… 419
重複………………………… 272
重複受精………………… 341
就眠運動………………… 390
重力屈性……………… 388, 393
種間競争………………… 431
主根………………………… 344
種子………………………… 342
種子植物………………… 491
樹状突起………………… 364
受精………………………… 298
受精卵……………………… 298
種多様性………………… 448
出芽………………………… 297
受動輸送………………… 206
種内競争……………… 420, 427
珠皮………………………… 342
種皮………………………… 342
種分化……………………… 506
受容器……………………… 355
受容体……………………… 219
シュワン細胞…………… 364
順位制……………………… 429
春化………………………… 399
春化処理………………… 399
純生産量………………… 442
子葉………………… 342, 343
硝化………………………… 249

小割球	318
条件づけ	383
硝酸菌	249
常染色体	300
小脳	375, 376
小胞体	200
情報伝達物質	219
小卵多産型	426
女王バチ	430
植物界	490
植物極	316
植物半球	316
植物ホルモン	391
助細胞	341
自律神経系	378
シルル紀	471
人為かく乱	451
心黄卵	317
真核生物ドメイン	487
神経管	321
神経冠細胞	322
神経系	375
神経細胞	364
神経終末	369
神経鞘	364
神経節	375
神経伝達物質	219, 369, 370
神経胚	321
神経板	321
神経網	378
神経誘導	328
新口動物	493, 494
真獣類	475
親水性	205
新生代	467, 476
真正粘菌類	489
新皮質	375

す

髄鞘	364
水晶体	357
水素結合	258
水素原子	208
錐体細胞	359
ストロマ	201, 242, 246
ストロマトライト	465
スプライシング	266
刷込み	383

せ

精核	341
制限酵素	279
精原細胞	313
精細胞	313, 341
生産構造	441
生産構造図	441
生産量	442
生産力ピラミッド	447
精子	298, 313
静止電位	364
生殖	297
生殖的隔離	506
生成物	213
性染色体	300, 301
精巣	313
生存曲線	425, 426
生態系多様性	448, 449
生態的地位（ニッチ）	434
生態的同位種	435
生体膜	205
成長曲線	420
成長量	442
生得的行動	379
正（＋）の屈性	388
正の重力屈性	394
生物群集	434
生物多様性	448
生命表	425
脊索	321
脊索動物	494
赤色光	402
脊髄	376
脊髄神経節	376
脊髄反射	377
赤道面	303, 316
接合	297
接合菌類	491
接合子	297
摂食量	442
節足動物	472, 494
接着結合	223
Z膜	371
絶滅危惧種	453
絶滅の渦	452
全割	317
全か無かの法則	369

先カンブリア時代	467
全球凍結	467
線形動物	494
染色体地図	308
選択的遺伝子発現	275
選択的スプライシング	267
選択的透過性	206
前庭	361, 363
全能性	331

そ

相互作用	427
早死型	426
相似器官	498
桑実胚	318
走性	379
相同器官	498
相同染色体	299
挿入	272
層別刈取法	441
相変異	421
相補的結合	258
草本類	476
相利共生	433
藻類	488
属	484
側芽	344, 394
側鎖	208
側板	321
疎水性	205
側根	344
粗面小胞体	200

た

第一極体	313
第一分裂	303
体外受精	315
大割球	318
対合	303
体軸	325
代謝	229
体性神経系	378
体節	321
体内受精	315
第二極体	313
第二分裂	303
ダイニン	221
大脳	375

大脳髄質……………… 375
大脳皮質……………… 375
大卵少産型…………… 426
対立遺伝子…………… 300
大量絶滅……………… 473
だ腺染色体…………… 277
脱アミノ反応………… 241
脱水素酵素……… 233, 235
脱炭酸酵素…………… 235
種なしブドウ………… 408
単為結実……………… 400
端黄卵………………… 316
単孔類………………… 475
炭酸同化……………… 229
担子器………………… 492
担子菌類………… 491, 492
短日条件……………… 397
短日植物……………… 397
短日処理……………… 398
炭水化物……………… 198
単相…………………… 302
炭素原子……………… 208
タンパク質…………… 197

ち

置換…………………… 272
地質時代……………… 467
窒素固定………… 251, 252
窒素固定細菌………… 252
窒素同化……………… 251
知能行動………… 379, 383
チミン………………… 257
チャネル………… 206, 218
中割球………………… 318
中間径フィラメント… 202
中規模かく乱説……… 449
中耳…………………… 361
中心体………………… 201
中枢神経系…………… 375
中性植物……………… 397
中生代…………… 467, 474
中脳……………… 375, 376
中胚葉…………… 318, 323
中胚葉誘導…………… 327
チューブリン………… 202
中立進化……………… 508
中立説………………… 508
頂芽…………………… 394

聴覚…………………… 361
頂芽優勢……………… 394
聴細胞………………… 361
長日条件……………… 397
長日植物……………… 397
長日処理……………… 398
聴神経………………… 361
調節遺伝子……… 275, 276
調節タンパク質… 275, 276
調節領域……………… 275
跳躍伝導……………… 366
鳥類…………………… 474
直立形………………… 440
直立二足歩行………… 478
貯蔵デンプン………… 248
チラコイド……… 201, 242
地理的隔離…………… 506
チン小帯……………… 357

つ

つがい関係…………… 429
つる形………………… 440

て

tRNA（転移RNA）268, 270
DNA…………………… 257
DNAシークエンサー… 284
DNAポリメラーゼ…… 260
DNAリガーゼ………… 260
ディシェベルド……… 326
低張液………………… 207
デオキシリボース…… 257
適応進化……………… 496
適応放散……………… 498
適刺激………………… 355
デスモソーム………… 223
デボン紀……………… 470
転移RNA……………… 268
電位依存性チャネル… 218
電気泳動法……… 281, 283
電子伝達系…………… 236
転写…………………… 264
伝達…………………… 369
伝達物質依存性イオンチャネル…………………… 218
伝導…………………… 366
転流…………………… 248
伝令RNA………… 266, 268

と

等黄卵………………… 316
同化…………………… 229
等割…………………… 316
同化デンプン………… 248
同化量………………… 442
瞳孔…………………… 356
糖質コルチコイド…… 220
同所的種分化………… 506
動物界………………… 492
動物極………………… 316
動物半球……………… 316
独立……………… 304, 305
突然変異………… 272, 495
ドメイン……………… 484
友釣り………………… 428
トランスジェニック生物
……………………… 285
トランスジェニックマウス
……………………… 285
トロポニン…………… 374
トロポミオシン……… 374

な

内耳…………………… 361
内胚葉…………… 318, 323
内膜…………………… 236
ナトリウムポンプ…… 217
ナノス………………… 327
慣れ…………………… 382
縄張り（テリトリー）
………………… 428, 429
なわばり防衛行動…… 380
軟体動物……………… 494

に

二価染色体…………… 303
二次構造……………… 210
二次精母細胞………… 313
二次胚………………… 330
二重らせん構造……… 258
二次卵母細胞………… 313
二胚葉動物…………… 493
二名法………………… 484
乳酸…………………… 239
乳酸発酵……………… 239
ニューロン……… 364, 375

さくいん 561

ぬ

ヌクレオチド………… 198, 257

ね

粘菌類………………………… 489
年齢ピラミッド……………… 424

の

脳下垂体……………………… 376
能動輸送……………………… 206
濃度勾配……………………… 205
ノックアウト………………… 286
ノックアウトマウス………… 286
乗換え………………… 303, 307

は

バージェス動物群…………… 469
ハーディー・ワインベルグの
法則………………………… 504
胚……………………………… 342
灰色三日月環………… 320, 325
バイオテクノロジー………… 279
胚球…………………………… 343
配偶子………………………… 297
背根…………………………… 376
胚軸…………………………… 343
胚珠…………………………… 341
バイソラックス遺伝子群
……………………………… 333
胚乳…………………………… 342
胚乳核………………………… 341
胚のう………………………… 341
胚のう細胞…………………… 341
胚のう母細胞………………… 341
胚柄…………………………… 343
胚膜…………………………… 472
胚葉…………………………… 323
白質………………… 375, 376
バクテリオクロロフィル
……………………………… 249
働きバチ……………………… 430
8の字ダンス………… 380, 381
発芽…………………………… 402
発酵…………………………… 239
盤割…………………………… 317
半規管………………… 361, 363
晩死型………………………… 426

反射………………… 377, 380
反射弓………………………… 377
反足細胞……………………… 341
反応能………………………… 332
半保存的複製………… 259, 262

ひ

Pr 型 ………………………… 403
PIN …………………………… 392
Pfr 型 ………………………… 403
B クラス遺伝子……………… 345
PCR法(ポリメラーゼ連鎖反
応法)……………………… 281
尾芽胚………………………… 321
光エネルギー………………… 242
光屈性………………………… 388
光受容体……………………… 403
光中断………………………… 397
光発芽種子…………………… 402
光リン酸化…………………… 245
非競争的阻害………………… 216
ビコイド……………………… 327
被子植物……… 340, 474, 491
微小管………………… 202, 204
被食者………………………… 432
被食量………………………… 442
必須アミノ酸………………… 208
ヒト白血球抗原(HLA)… 222
表割…………………………… 317
表現型………………………… 300
標識再捕法…………………… 423
表層回転……………………… 325
標的細胞……………………… 219
ピルビン酸…………… 233, 235
びん首効果…………………… 503

ふ

ファイトアレキシン………… 409
フィードバック調節………… 215
フィトクロム………… 403, 404
フェニルケトン尿症………… 273
フェロモン…………………… 379
フォトトロピン……………… 403
複製………………… 259, 260
複相…………………………… 302
不消化排出量………………… 442
フズリナ……………………… 467
腹根…………………………… 376

物質生産……… 440, 444, 445
不等割………………………… 316
負(一)の屈性……………… 388
負の重力屈性………………… 394
部分割………………………… 317
プライマー…………… 260, 281
ブラシノステロイド………… 405
プラスミド…………………… 280
プルテウス幼生……………… 319
プログラム細胞死…………… 333
プロモーター………… 264, 265
フロリゲン…………… 398, 406
分子系統樹…………………… 486
分子進化……………………… 507
分子時計……………………… 507
分断化………………………… 451
分類…………………………… 483
分裂…………………………… 297

へ

平均型………………………… 426
平衡覚………………………… 363
平衡器………………………… 361
平衡石………………………… 363
βカテニン…………………… 326
β-シート …………………… 210
ベクター……………………… 280
ヘテロ接合…………………… 300
ペプチド結合………………… 210
ベルクマンの法則…………… 497
変異…………………………… 495
辺縁皮質……………………… 375
変形体………………………… 489
扁形動物……………………… 494
変性…………………………… 212
片利共生……………………… 433

ほ

膨圧………………… 207, 389, 396
膨圧運動……………………… 389
胞子…………………………… 490
胞胚…………………………… 318
胞胚腔………………………… 318
補酵素………………… 216, 233
補償深度……………………… 444
捕食…………………………… 419
捕食者………………………… 432
ホスホグリセリン酸………… 246

ホックス遺伝子群………	333	
哺乳類………………	475	
ホメオティック遺伝子…	333	
ホメオティック突然変異		
…………………………	333	
小モ接合…………	300	
ポリペプチド………	210	
ポリメラーゼ連鎖反応法		
…………………………	281	
ホルモン……………	220	
ポンプ………… 206,	217	
翻訳…………………	268	

ま

末梢神経系………… 375, 378
マトリックス… 199, 234, 236

み

ミオシン……………	221
ミオシンフィラメント	
………………… 371,	372
味覚器………………	363
味覚…………………	363
水……………………	197
道しるべフェロモン…	379
密着結合……………	223
密度効果……………	420
ミトコンドリア…… 199,	232
ミラーの実験………	462

む

無顎類………………	470
無機塩類……………	198
無髄神経……………	366
無髄神経繊維………	364
無性生殖……………	297
無胚乳種子…………	342
群れ…………………	427

め

明順応………………	360
明帯…………………	371
めしべ………………	345
メチオニン…………	269
免疫グロブリン遺伝子…	222

も

盲斑…………………	359

網膜…………………	357	
毛様体………………	357	
モータータンパク質…	221	
目……………………	484	
木生シダ……………	471	
モノグリセリド……	241	
門……………………	484	

ゆ

有機酸………………	241
有機窒素化合物……	251
雄原細胞……………	340
有髄神経……………	366
有髄神経繊維………	364
有性生殖……………	297
遊走子………………	489
有袋類………………	475
誘導………………… 327,	332
誘導の連鎖…………	329
有胚乳種子…………	342

よ

幼芽…………………	343
溶血…………………	207
幼根…………………	343
幼若型………………	424
葉枕…………………	389
葉柄…………………	389
羊膜…………………	472
葉緑体…………… 201,	242
抑制性シナプス……	370
四次構造……………	211
予定運命………… 330,	332

ら

ラギング鎖…………	260
ラクトースオペロン…	278
裸子植物………… 474,	491
卵………………… 298,	313
卵黄栓………………	321
卵割………………… 316,	317
卵割腔………………	318
卵菌類………………	489
卵原細胞……………	313
卵細胞………………	341
卵巣…………………	313
ランダム分布………	419
ランビエ絞輪………	364

り

リーディング鎖……	260
リグニン……………	409
離層…………………	407
離層細胞……………	407
リソソーム…………	201
利他行動……………	430
立体構造……………	209
立体視………………	477
リニア………………	471
リプレッサー………	278
リブロース二リン酸…	246
リボース……………	264
リボソーム RNA……	268
硫化水素……………	249
緑色硫黄細菌………	249
緑色蛍光タンパク質 (GFP)	
…………………………	287
緑藻類………………	488
リン脂質………… 198,	205
リンネ………………	484

る

類人猿………………	478

れ

齢構成………………	424
レチナール…………	360
レッドリスト………	453
連鎖………… 304, 306,	307

ろ

老化型………………	424
ロゼット形…………	440
ロドプシン…………	360

さくいん 563

EDITORIAL STAFF

ブックデザイン	グルーヴィジョンズ
図版作成	青木　隆，川崎悟司，杉生一幸，有限会社　熊アート
写真	楠浦順子，小宮輝之，竹本晴香，
	東樹宏和（京都大学　人間・環境学研究科），日野綾子，南澤究，
	和田洋（筑波大学　生命環境系）
	OADIS，OPO，株式会社大和農園種苗販売部，佐野市葛生化石館，
	千葉公園（千葉市），東京都健康安全研究センター，フォトライブラリー
編集協力	佐野美穂，内山とも子，大塚尭慶，大森啓介，小林幸司，佐藤玲子，
	高木直子，田島美裕，西岡小央里，平山寛之，株式会社U-Tee
図版協力	株式会社新興出版社啓林館，株式会社第一学習社，
	数研出版株式会社，東京書籍株式会社
DTP	株式会社四国写研
印刷所	株式会社リーブルテック